Stefan Florczyk

Datenbank-Tuning

Weitere empfehlenswerte Titel

Data Mining, 2. Auflage
Jürgen Cleve/Uwe Lämmel, 2016
ISBN 978-3-11-045675-2, e-ISBN 978-3-11-045677-6,
e-ISBN (EPUB) 978-3-11-045690-5

Advanced Data Management
For SQL, NoSQL, Cloud and Distributed Databases
Lena Wiese, 2015
ISBN 978-3-11-044140-6, e-ISBN 978-3-11-044141-3,
e-ISBN (EPUB) 978-3-11-043307-4

Smart Data Analytics
Mit Hilfe von Big Data Zusammenhänge erkennen und Potentiale nutzen
Andreas Wierse/Till Riedel, 2017
ISBN 978-3-11-046184-8, e-ISBN 978-3-11-046395-8,
e-ISBN (EPUB) 978-3-11-046191-6

Big Data Analysen
Für den schnellen Einstieg
Sebastian Müller, 2018
ISBN 978-3-11-045552-6, e-ISBN 978-3-11-045780-3,
e-ISBN (EPUB) 978-3-11-045561-8

Stefan Florczyk

Datenbank-Tuning

Mit innovativen Methoden

DE GRUYTER

Autor
Dr. Stefan Florczyk
Bismarckstr. 16B
85356 Freising
dr.florczykstefan@alice.de

ISBN 978-3-11-060060-5
e-ISBN (PDF) 978-3-11-060181-7
e-ISBN (EPUB) 978-3-11-059892-6

Library of Congress Control Number: 2019948744

Bibliografische Information der Deutschen Nationalbibliothek
Die Deutsche Nationalbibliothek verzeichnet diese Publikation in der Deutschen Nationalbibliografie; detaillierte bibliografische Daten sind im Internet über http://dnb.dnb.de abrufbar.

Umschlaggestaltung: Mikedabell / iStock / Getty Images
Satz: le-tex publishing services GmbH, Leipzig
Druck und Bindung: CPI books GmbH, Leck

www.degruyter.com

Inhalt

Abbildungsverzeichnis

https://doi.org/10.1515/9783110601817-201

Tabellenverzeichnis

https://doi.org/10.1515/9783110601817-202

Abkürzungsverzeichnis

AIX	**A**dvanced **I**nteractive e**X**ecutive
AMD	Advanced Micro Devices
AMM	Automatic Memory Management
AQ	Oracle Streams Advanced Queuing
ASM	Automatic Storage Management
AWR	Automatic Workload Repository
BMB	Bitmap Block
CORDA	Charging Objects into RAM for Database Acceleration
CPU	Central Processing Unit
CRS	Oracle Cluster Ready Services
CSS	Cluster Synchronization Services
CTAS	CREATE TABLE AS SELECT
DB	Database
DBA	Datenbankadministrator
DCL	Data Control Language
DDL	Data Definition Language
DML	Data Manipulation Language
DNS	Domain Name System
ERM	Entity Relationship Model
FTP	File Transfer Protocol
GB	Gigabyte
GHz	Gigahertz
GNS	Grid Naming Service
GRD	Global Resource Directory
HTML	Hypertext Markup Language
I/O	Input/Output
IO	Informelle Abkürzung für Input/Output
IDP	Intelligent Data Placement
INITRANS	Initial Transaction Slots
IP	Internet Protocol
ITL	Interested Transaction List
JDBC	Java Database Connectivity
KB	Kilobyte
LAN	Local Area Network
LC	Library Cache
LLV	Low Level View
LRU	Least Recently Used
MB	Megabyte
MBR	Multi Block Read
MRU	Most Recently Used
ms	Millisecond(s)
MTTR	Mean Time to Recover
MUTEX	Mutual Execution
NAS	Network Attached Storage
NetCa	Network Configuration Assistent
OCR	Oracle Cluster Registry

https://doi.org/10.1515/9783110601817-203

OLTP	Online Transaction Processing
OMF	Oracle Managed Files Facility
OR	Object Relationship
OS	Operating System
PCIE	Peripheral Component Interconnect Express
PGA	Program Global Area
PL/SQL	Procedural Language/Structured Query Language
PM	Prefetch Module
QMON	Query Monitor
RAC	Real Application Cluster
RAID	Redundant Array of Independent Disks
RAM	Random Access Memory
RMAN	Recovery Manager
SAN	Storage Area Network
SBR	Single Block Read
SCAN	Single Client Access Name
SGA	System Global Area
SID	Session Identification
SPM	SQL Plan Management
SQL	Structured Query Language
SSD	Solid State Drive
TB	Terabyte
UGA	User Global Area
USB	Universal Serial Bus
VIP	Virtual Internet Protocol
µs	Microsecond

1 Einleitung

1.1 Motivation

Die Bearbeitungsgeschwindigkeit eines Software-Programms hat typischerweise erheblichen Einfluss auf die Produktivität von dessen Nutzern. Nachhaltige Investitionen in die Performanz der Software amortisieren sich dann recht schnell. Mitunter kann man durch eine schnelle Verarbeitung sogar Arbeitskräfte einsparen, weil deren Aufgaben durch die produktiveren Nutzer übernommen werden können.

Jedoch wird durch eine schnelle Software nicht nur die Produktivität der Nutzer gesteigert. Auch die Entwicklungsabteilung profitiert von einer beschleunigten Software, weil diese dann auch schneller getestet und weiterentwickelt werden kann. Der Programmierer kann seine Veränderungen am Programm zügiger testen, so dass die Softwareentwicklung auch produktiver wird. Ebenso erhöht sich die Effizienz der Testabteilung, weil durch eine Beschleunigung des Programms in derselben Zeit mehr Tests ausgeführt werden können, so dass die Qualität der Software sich verbessern wird. Ein Software-Programm von hoher Qualität benötigt weniger Fehlerbehebungen, was somit eine Reduktion der Wartungskosten zur Folge hat.

Auch die Kunden haben Vorteile von einer schnellen Software. Denn deren Anfragen werden zügiger bearbeitet. Das kann eine Umsatzsteigerung zur Folge haben. Auch das Ansehen einer Firma steigt beim Kunden, wenn dessen Anfragen schneller bearbeitet werden können.

Das Management kann ebenso von einer schnelleren Software profitieren, weil durch eine zügigere Bearbeitung auch der Umsatz steigen kann.

Es gibt also mehrere Gruppen, welche von der beschleunigten Verarbeitung profitieren. Die bereits genannten Gruppen werden hier in einer Liste zusammengefasst:
- Nutzer
- Entwickler
- Tester
- Kunden
- Management

1.2 OLTP-Applikation

OLTP (*Online Transaction Processing*) wird typischerweise mit Anwendungen realisiert, welche das Unternehmen bei der Bearbeitung der Geschäftsvorfälle unterstützen. Bei einer Rentenversicherung kann das beispielsweise ein Geschäftsvorfall sein, mit dem die monatliche Rente für einen Versicherten berechnet und festgelegt wird. Die OLTP-Applikation unterstützt dann viele maßgebliche Geschäftsvorfälle der

https://doi.org/10.1515/9783110601817-001

Rentenversicherung. Die Sachbearbeiter der Rentenversicherung sind die hauptsächlichen Nutzer der OLTP-Applikation.

Eine OLTP-Applikation muss eine gute Performanz aufweisen, damit die im vorigen Abschnitt 1.1 „Motivation" genannten Nutzer die erwünschte Produktivität erreichen. Häufig leidet die Produktivität dieser Anwendungen jedoch daran, dass große Datenmengen für die Verarbeitung von Festplatten geladen werden müssen. Dieser Vorgang wird auch als IO-Verarbeitung bezeichnet. IO ist die informelle Schreibweise für I/O. Dies ist die Abkürzung für Input/Output. In der Datenbank-Verarbeitung werden damit Vorgänge zum Lesen und Schreiben von Daten bezeichnet. Bei dem lesenden Vorgang werden Datenblöcke von dem externen Speichermedium in das Memory geladen. Die Datenblöcke werden mit SBR (*Single Block Read*) oder mit MBR (*Multi Block Read*) geladen. Mit MBR werden die Blöcke parallel von mehreren Festplatten geladen. Mit SBR werden die Blöcke sequentiell geladen.

Wenn die Produktivität der Nutzer aufgrund der IO-Verarbeitung erkennbar sinkt, müssen Maßnahmen ergriffen werden, mit denen die Anwendung beschleunigt wird. Wenn die OLTP-Applikation mit einer Oracle-Datenbank arbeitet, dann hat man meistens eine größere Auswahl an Möglichkeiten, mit denen man den Laufzeitproblemen begegnen kann. Für die Auswahl einer geeigneten Option zur Beschleunigung der OLTP-Applikation sollte man vorher eine Kosten-Nutzen-Analyse vornehmen.

1.3 Kosten-Nutzen-Analyse

Wenn die Performanz einer OLTP-Applikation zu gering ist, dann kann dies die Produktivität der Nutzer beinträchtigen, so dass Kosten verursacht werden. Diese Kosten können gemessen werden. Damit das möglich ist, muss man die folgenden Parameter ermitteln:
- kalkulatorische Kosten pro Stunde und Nutzer
- die Anzahl der Stunden, die durch Verbesserung der Performanz eingespart werden können

Die kalkulatorischen Kosten muss man der Kosten- und Leistungsrechnung entnehmen. Die kalkulatorischen Kosten sind deutlich höher als der tariflich vereinbarte Lohn. Denn die kalkulatorischen Kosten setzen sich aus mehreren Bestandteilen zusammen. Einige Beispiele für diese Bestandteile werden hier aufgelistet:
- Lohnkosten
- Raumkosten
- Strom
- Büromaterial
- Arbeitsplatzausstattung

Die Bestandteile werden in der Kosten- und Leistungsrechnung erfasst und werden für die Berechnung der kalkulatorischen Kosten verwendet. Typischerweise unterscheiden sich die kalkulatorischen Kosten auch bei den unterschiedlichen Nutzergruppen. Die kalkulatorischen Kosten eines Programmierers sind höher im Vergleich zu den kalkulatorischen Kosten für einen Sachbearbeiter.

Danach werden die Stunden ermittelt, die durch die Verbesserung der Performanz eingespart werden können. Dazu muss man die verfügbaren technischen Möglichkeiten und deren Beschleunigungseffekte kennen, mit denen die Performanz verbessert werden kann. Das hierfür erforderliche Wissen wird in diesem Buch vermittelt. Mit Hilfe dieses Wissens kann man dann eine fundierte Kosten-Nutzen-Analyse erstellen. Hierbei handelt es sich um eine Prognose, bei der die zu erwartenden Kosten dem zu erwartenden Nutzen gegenübergestellt werden. Für jede technische Möglichkeit, welche die Performanz der OLTP-Applikation verbessert, werden die zu erwartenden Kosten und der Nutzen ermittelt. Der Nutzen einer technologischen Möglichkeit kann sich aus mehreren Bestandteilen zusammensetzen. Einige Bespiele werden in der folgenden Liste genannt:

- die kalkulatorischen Kosten der Nutzer, die durch die Verbesserung eingespart werden
- Umsatzsteigerungen durch beschleunigte Bearbeitung der Geschäftsvorfälle
- verbesserte Kundenzufriedenheit durch schnellere Antwortzeiten

Man muss hier quantitativen und qualitativen Nutzen unterscheiden. Die ersten beiden Beispiele in der Liste gehören zum quantitativen Nutzen, weil dieser Nutzen direkt mit Geldbeträgen gemessen werden kann. Der qualitative Nutzen kann nicht direkt mit Geldbeträgen bewertet werden. Dazu zählt das letzte Beispiel in der Liste. Denn eine verbesserte Kundenzufriedenheit kann nicht unmittelbar beziffert werden. Jedoch wird hiermit ein langfristiger strategischer Vorteil gegenüber der Konkurrenz erzielt, so dass dieser qualitative Nutzen dauerhaft den Gewinn des Unternehmens nachhaltig steigern wird. Dieser langfristig zu erwartende Gewinnzuwachs muss prognostiziert werden und kann dann auch in der Kosten-Nutzen-Analyse berücksichtigt werden.

Auf der anderen Seite müssen auch die Kosten für jede technische Möglichkeit ermittelt werden. Einige Beispiele dafür sind in der folgenden Liste aufgeführt:

- Hardwarekosten
- Lizenzgebühren für Software
- Kosten für erforderliche Programmierarbeiten
- Testaufwände
- Kosten für die Fehlerbehebung
- Kosten für die Weiterentwicklung

Auch die Kosten müssen mit Geldbeträgen beziffert werden. Danach ermittelt man für jede technologische Möglichkeit den Netto-Nutzen, indem man die Kosten vom Brutto-Nutzen abzieht. Dann entscheidet man sich für diejenige technologische Möglichkeit, mit welcher der größte Netto-Nutzen erzielt wird.

1.4 Reduktion der IO-Verarbeitung

Wenn die IO-Verarbeitung reduziert wird, dann werden weniger Datenblöcke von dem externen Speichermedium geladen, so dass dadurch eine Beschleunigung der OLTP-Applikation erreicht werden kann. Die Minderung der IO-Verarbeitung kann durch verschiedene Maßnahmen erreicht werden:

- Änderung von Ausführungsplänen
- Änderung der fachlichen Verarbeitungslogik des Anwendungsprogramms
- bessere Ausnutzung der SGA (*System Global Area*) des Datenbankservers
- Reduktion des *Logging*

1.4.1 Änderung von Ausführungsplänen

SQL (*Structured Query Language*) ist eine Programmiersprache der vierten Generation. Programmiersprachen, welche dieser Kategorie angehören, können selbständig Ausführungspläne erzeugen, so dass dadurch der Programmieraufwand deutlich reduziert wird, weil der Programmierer die IO-Verarbeitung nicht mehr selbst realisieren muss. Mit SQL beschreibt der Entwickler, welche Datensätze selektiert werden sollen. Er muss sich jedoch nicht damit beschäftigen, welche Techniken für das Laden eingesetzt werden müssen. Die zu selektierenden Datensätze sind in Tabellen enthalten und können mit Hilfe eines indizierten Zugriffs oder mit einem *Full Table Scan* geladen werden. Grundsätzlich werden diejenigen Zugriffstechniken eingesetzt, mit denen alle gewünschten Datensätze am schnellsten geladen werden können. Um die Auswahl der optimalen Zugriffstechnik muss sich ein Programmierer nicht kümmern, wenn er eine Programmiersprache der vierten Generation einsetzt. Oracle setzt für diesen Zweck einen Ausführungsplanoptimierer ein. Diesem Optimierer sollte der Anwender statistische Werte zu den Tabellen, Attributen und Leistungsparametern des Systems bereitstellen. Dann kann der Ausführungsplanoptimierer mit Hilfe der statistischen Kennzahlen einen Ausführungsplan erzeugen, welcher die optimalen Zugriffstechniken enthält. Zu diesem Zweck arbeitet der Ausführungsplanoptimierer mit Heuristiken. Mit Hilfe der Heuristiken findet der Ausführungsplanoptimierer in der Regel den besten Ausführungsplan. Jedoch kann das mit Heuristiken nicht garantiert werden. Es besteht also durchaus die Gefahr, dass der Optimierer einen Ausführungsplan erzeugt, mit dem zu viele Datenblöcke vom externen Speichermedium geladen werden, so dass die Laufzeit für die Selektion dann zu lang ist. Das kann beispielsweise dann der Fall sein, wenn sich der Ausführungsplanoptimierer für einen *Full Table Scan* entscheidet. Bei einem *Full Table Scan* werden alle Datensätze der Tabelle vom externen Speichermedium in das Memory geladen, die dort noch nicht verfügbar sind. Jeder Datensatz wird dabei geprüft. Wenn er bei der Prüfung die Selektionskriterien erfüllt, dann wird er in die Ergebnismenge aufgenommen. Jedoch kann die Entscheidung für den *Full Table Scan* aufgrund einer falschen Prognose der Treffermenge erfolgt sein.

Wenn also tatsächlich wesentlich weniger Datensätze aus der Tabelle in die Treffermenge übernommen werden, dann kann ein indizierter Zugriff auf die Tabelle wesentlich schneller sein. Denn dann werden die zu selektierenden Datensätze mit Hilfe von Indexzugriffen ermittelt. Der Index ermöglicht das exklusive Laden der gewünschten Datensätze vom externen Speichermedium. Denn jeder Datensatz in der Tabelle ist mit einem eindeutigen Key gekennzeichnet. Dies ist die ROWID, welche man als Ergebnis des Indexzugriffs erhält. Dadurch kann die IO-Verarbeitung insbesondere dann reduziert werden, wenn nur ein kleiner Anteil der Tabelle in die Treffermenge übernommen wird. Bei einem größeren Anteil kann jedoch ein *Full Table Scan* schneller sein, weil dann die Indexzugriffe entfallen. Denn bei Indexzugriffen werden auch Datenblöcke des Index vom externen Speichermedium in die SGA geladen. Wenn der Ausführungsplanoptimierer sich für einen *Full Table Scan* entscheidet, obwohl der indizierte Zugriff schneller ist, dann kann man Einfluss auf den Ausführungsplan nehmen. Oracle bietet für diesen Zweck Techniken an:

- Anreicherung der Statistiken
- Verwendung von *Hints*
- Verwendung von Baselines

1.4.1.1 Anreicherung der Statistiken

Der Ausführungsplanoptimierer ist eventuell nicht in der Lage, den optimalen Plan zu erzeugen, weil die Statistiken nicht die ausreichenden Informationen liefern. Man sollte beispielsweise prüfen, ob Histogramme verfügbar sind. Histogramme werden jeweils für ein Attribut erzeugt. Histogramme enthalten für jede Ausprägung des Attributs die Häufigkeit. Die folgende Tabelle zeigt eine solche Häufigkeitsverteilung für das Attribut FARBE:

Tab. 1.1: Häufigkeitsverteilung eines Attributs.

Ausprägung	Häufigkeit
ROT	100
BLAU	900
SCHWARZ	9.000
GELB	90.000
GRUEN	900.000

Das Beispiel zeigt von der Farbe abhängende stark schwankende Häufigkeiten. Wenn beispielsweise alle Datensätze mit der Farbe GRUEN selektiert werden sollen, dann sollte ein *Full Table Scan* erfolgen, weil der prozentuale Anteil dieser Datensätze sehr groß ist. Das sind nämlich 90 % der Datensätze. Die Farbe ROT hat dagegen nur einen Anteil von 0,1 ‰. Hier sollte ein indizierter Zugriff erfolgen. Wenn ein Histogramm verfügbar ist, dann kann der Ausführungsplanoptimierer mit Hilfe des prozentualen Anteils der Ausprägung die Treffermenge abschätzen und die optimale Entscheidung entweder für den *Full Table Scan* oder den indizierten Zugriff treffen. Ohne ein Histogramm wird jedoch eine Gleichverteilung der Ausprägungen angenommen. Diese Annahme weicht jedoch stark von der Realität ab. Denn bei einer Gleichverteilung hätte jedes Attribut einen Anteil von 20 %. Der Optimierer wird sich dann nicht in Abhängigkeit von der zu selektierenden Ausprägung für einen *Full Table Scan* oder indizierten Zugriff entscheiden, sondern stattdessen unabhängig von der zu selektierenden Ausprägung immer für denselben Ausführungsplan entscheiden. Da für jede Ausprägung ein relativ beachtlicher Anteil von 20 % angenommen wird, ist zu erwarten, dass der Planoptimierer sich immer für den *Full Table Scan* entscheidet. Wenn jedoch beispielsweise nach Datensätzen mit der Ausprägung `ROT` gesucht wird, dann verursacht der *Full Table Scan* zu viel IO-Verarbeitung und die Abfrage dauert dann länger als nötig. Wenn man die Statistiken mit einem Histogramm anreichert, hat der Planoptimierer eine realistische Häufigkeitsverteilung zur Verfügung. Er wird sich dann für den indizierten Zugriff entscheiden, wenn nach der Farbe `ROT` gesucht wird. Somit hat die Ergänzung des Histogramms eine Reduktion der IO-Verarbeitung bewirkt, wodurch eine Beschleunigung der Selektion erreicht wird.

1.4.1.2 Verwendung von Hints

Durch die Verwendung von *Hints* kann die IO-Verarbeitung reduziert werden. Erreicht man beispielsweise mit einem *Hint*, dass die benötigten Blöcke einer Tabelle mit Hilfe eines Index anstelle eines *Full Table Scan* geladen werden, dann kann die IO-Verarbeitung reduziert werden, wenn die Anzahl der benötigten Blöcke nicht so groß ist. Müssen jedoch sehr viele Blöcke der Tabelle geladen werden, dann können die indizierten Zugriffe mehr IO-Verarbeitung verursachen als ein *Full Table Scan*, weil zusätzlich zu den Blöcken der Tabellen auch die Blöcke der Indizes geladen werden müssen. Die richtige Entscheidung trifft daher der Planoptimierer automatisch, wenn er auf verlässliche Statistiken zugreifen kann. Wenn jedoch der Planoptimierer trotz optimaler Statistiken eine Entscheidung trifft, die eine lange Laufzeit wegen der IO-Verarbeitung verursacht, dann kann man diese Entscheidung mit Hilfe von *Hints* korrigieren. Wenn jedoch die Statistiken nicht optimal sind, dann sollte man diese aktualisieren. Denn *Hints* haben den Nachteil, dass dadurch ein statischer Ausführungsplan entstehen kann, weil der Planoptimier den *Hint* immer beachten muss, sofern das technisch möglich ist. Auch wenn der Planoptimierer einen schnelleren Ausführungsplan kennt, darf er ihn nicht verwenden. Daher ist die Aktualisierung der Statistiken die bevorzugte Möglichkeit, den Ausführungsplan zu optimieren. Denn aktuelle Statistiken gewährleisten die dynamische Erzeugung des am schnellsten ausführbaren Plans. Müssen *Hints* jedoch verwendet werden, dann sollten die *Hints* so gewählt werden, dass der Planoptimierer möglichst wenig bei der Gestaltung des Ausführungsplans eingeschränkt wird. Können also beispielsweise zwei Indizes im Ausführungsplan verwendet werden, dann kann man die Entscheidung des Planoptimierers korrigieren, wenn dieser sich für den Index entscheidet, der zu einer längeren Laufzeit führt.

Dann verbietet man die Nutzung dieses Index mit Hilfe des *Hint* NO_INDEX. Die explizite Auswahl des optimalen Index mit dem *Hint* INDEX ist nicht empfehlenswert, weil dann die Entscheidungsfreiheit des Optimierers stärker eingeschränkt wird. Denn die Erzeugung des Ausführungsplans hat dann eine geringere Dynamik.

Mit der folgenden Selektion wird das erläutert:

```
SELECT
  GREATEST (BEZH.DATUMANMELDUNG_DATE, :B1)        AS BEGINN,
         LEAST (NVL (BEZH.DATUMABMELDUNG_DATE, :B2), :B2) AS ENDE,
         BEZH.PERSONALNR
    FROM  ZVK_BEZIEHUNGRO BEZH
   WHERE      BEZH.DISCRIMINATOR = 'BESCHAEFTIGTBEI'
         AND BEZH.PARTK1_ID = :B5
         AND BEZH.PARTK2_ID = :B4
         AND NVL (BEZH.ABMELDEGRUND_CD, -1) <> :B3
         AND :B2 >=  BEZH.DATUMANMELDUNG_DATE
         AND NVL (BEZH.DATUMABMELDUNG_DATE, :B2) >= :B1
ORDER BY BEZH.DATUMANMELDUNG_DATE, BEZH.DATUMABMELDUNG_DATE DESC NULLS
FIRST;
```

In dem Statement wird von der *View* ZVK_BEZIEHUNGRO selektiert. Man erhält zur Laufzeit den folgenden Ausführungsplan:

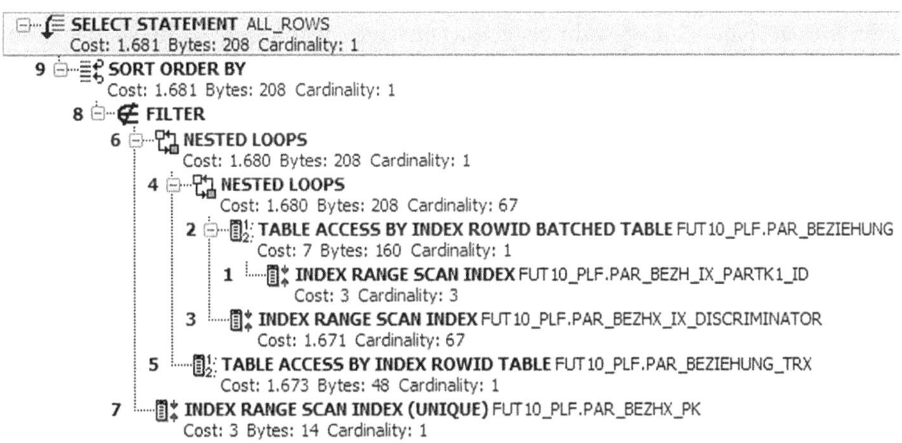

Abb. 1.1: Suboptimaler Ausführungsplan mit ungünstigem *Range Index Scan*.

Hier ist maßgeblich, dass der Ausführungsplan zur Laufzeit ausgewählt wird. Bei SQL-Befehlen mit Binde-Variablen werden während der Laufzeit des SQL-Befehls Analysen ausgeführt. Das Resultat der Laufzeitanalysen kann dazu führen, dass ein Ausführungsplan zur Anwendung kommen kann, obwohl dieser aufgrund der hinterlegten Statistiken mit hohen Kosten bewertet wird. In diesem Fall waren die Laufzeitanalysen jedoch fehlerbehaftet, so dass ein ungünstiger Ausführungsplan angewendet wurde. Verursacht wurde der ungünstige Ausführungsplan durch den Index PAR_BEZHX_IX_DISCRIMINATOR im dritten Ausführungsschritt. Es ist besser, im dritten Schritt den Index PAR_BEZHX_PK zu verwenden:

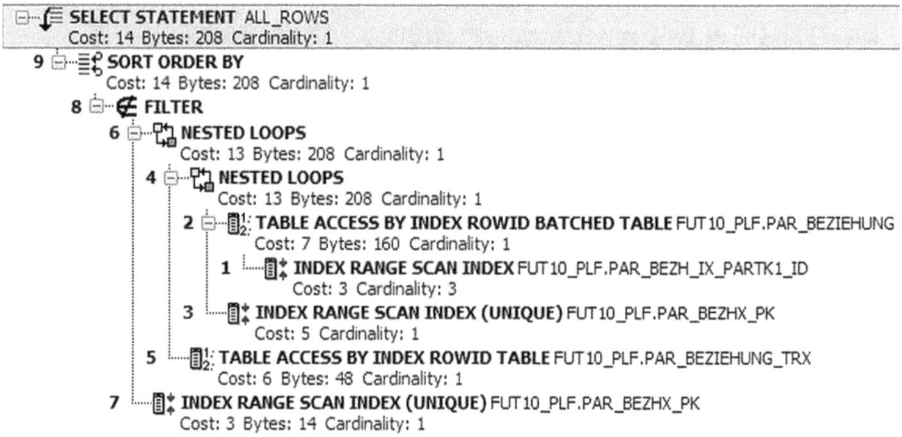

Abb. 1.2: Optimaler Ausführungsplan mit *Unique Range Index Scan*.

Der Ausführungsplan zeigt, dass dieser Index einen *Unique Range Index Scan* ermöglicht. Dieser *Unique Scan* gewährleistet die effiziente Ausführung. Da in der Selektion jedoch Binde-Variablen enthalten sind, ist zur Laufzeit nicht garantiert, dass der effiziente Ausführungsplan zur Anwendung kommt. Mit einem *Hint* kann man das jedoch sicherstellen. Man sollte dann den *Hint*

/+ NO_INDEX(@SEL$3 BEZHX PAR_BEZHX_IX_DISCRIMINATOR) */*

verwenden.

Den *Hint*

/+ INDEX(@SEL$3 BEZHX PAR_BEZHX_PK) */*

sollte man dagegen nicht verwenden. Denn dieser *Hint* schränkt den Planoptimierer stärker ein. Mit dem ersten *Hint* wird vermieden, dass der ungünstige Index verwendet wird. Der Planoptimierer kann jedoch alle anderen verfügbaren Indizes verwenden. Bei dem ungünstigen *Hint* ist das nicht der Fall. Der Optimierer kann nicht mehr aus verfügbaren Indizes auswählen. Er muss den Index verwenden, der im *Hint* eingetragen ist. Das kann sich für die Zukunft negativ auswirken. Denn durch Veränderungen des Datenbestandes und des Datenbank-Schemas kann ein anderer Index in Zukunft besser sein. Wenn man den ersten *Hint* verwendet, dann kann der Optimierer auch in Zukunft immer den besten Index auswählen. Lediglich die Verwendung des ungünstigen Index ist nicht möglich.

1.4.1.3 Verwendung von SQL Plan Management

Wenn man den Planoptimierer mit *Hints* nicht einschränken möchte, dann kann man Ausführungspläne auch mit SPM (*SQL Plan Management*) abspeichern. Man kann für einen SQL-Befehl mehrere Ausführungspläne speichern. Einer der Pläne wird als optimaler Ausführungsplan gekennzeichnet. SPM gewährleistet dann zur Laufzeit, dass der optimale Ausführungsplan angewendet wird, wenn der zugeordnete SQL-Befehl ausgeführt wird. Es ist möglich, dass nur für die Erzeugung des optimalen Ausführungsplans ein *Hint* im SQL-Befehl temporär ergänzt wird. Der daraus resultierende Ausführungsplan wird mit SPM gespeichert. Der SQL-Befehl wird jedoch ohne *Hint* gespeichert. Dann werden der optimale Ausführungsplan und der SQL-Befehl miteinander verbunden. Der Ausführungsplan wird als optimaler Plan gekennzeichnet. Wenn zur Laufzeit der SQL-Befehl ohne *Hint* aufgerufen wird, dann verwendet SPM den optimalen Ausführungsplan, der mit dem *Hint* erzeugt wurde. Wenn während der Laufzeit ein Ausführungsplan erzeugt wird, der niedrigere Kosten hat als der optimale Plan, dann wird dieser Plan gespeichert. Er wird jedoch nicht verwendet. Denn die niedrigeren Kosten können durch fehlerhafte Statistiken verursacht werden. Daher werden die Ausführungspläne evaluiert. Man kann die Datenbank so konfigurieren, dass die Pläne automatisch mit der Hintergrundverarbeitung evaluiert werden. Eine Evaluierung kann jedoch auch manuell aufgerufen werden. Hierbei handelt es sich um ein *Evolving* der Ausführungspläne. Bei dem *Evolving* wird die Laufzeit der Ausführungspläne gemessen. Wenn einem SQL-Befehl mehrere Ausführungspläne zugeordnet sind, dann wird derjenige Ausführungsplan als optimal gekennzeichnet, der die niedrigste Laufzeit hat. Mit dem *Evolving* findet also eine Weiterentwicklung statt, so dass die Laufzeit der SQL-Befehle mit SPM dynamisch verbessert werden kann. Wenn man anstelle von SPM lediglich *Hints* in den SQL-Befehlen verwendet, dann findet keine dynamische Verbesserung statt. Dies ist ein entscheidender Nachteil im Vergleich mit SPM. Denn *Hints* bieten nur ein statisches Vorgehen an. Mit *Hints* findet keine kontrollierte Weiterentwicklung der Ausführungspläne statt. Der Planoptimierer wird bei der Auswahl der optimalen Ausführungspläne durch die *Hints* eingeschränkt, so dass ein *Hint* in einem SQL-Befehl dazu führen kann, dass der optimale Ausführungsplan nicht mehr gefunden werden kann. Wenn man stattdessen mit SPM arbeitet, dann braucht man keine *Hints* und sollte diese daher in den SQL-Befehlen auch nicht verwenden. Dann wird mit SPM gewährleistet, dass mit dem dynamischen *Evolving* der optimale Ausführungsplan gefunden werden kann. Da das *Evolving* kontrolliert erfolgt und nicht die Statistiken verwendet, sondern die tatsächlichen Laufzeiten der Ausführungspläne evaluiert, wird eine Planstabilität gewährleistet. Durch diese Planstabilität wird garantiert, dass sich die Laufzeit nicht negativ entwickelt. Denn ein kostenoptimaler Ausführungsplan wird erst dann angewendet, wenn seine Laufzeit gemessen wurde und diese sich als die niedrigste erwiesen hat.

SPM erfordert die konsequente Anwendung von Binde-Variablen. Denn jeder SQL-Befehl wird durch eine Signatur eindeutig gekennzeichnet. SPM speichert zu jedem SQL-Befehl die Signatur ab. Die Signatur ist ein Primärschlüssel. Wenn ein SQL-Befehl ausgeführt wird, dann prüft SPM, ob die Signatur gespeichert ist. Wenn das der Fall ist, dann wird der Ausführungsplan angewendet, der in SPM gespeichert ist und als optimaler Ausführungsplan gekennzeichnet ist. Durch die Verwendung der Binde-Variablen wird sichergestellt, dass keine übermäßige Anzahl von SQL-Befehlen gespeichert werden muss. Wenn also beispielsweise die Anwendung zur Laufzeit die Binde-Variablen mit 1.000 verschiedenen Ausprägungen initialisiert, dann müsste man in SPM auch 1.000 SQL-Befehle abspeichern. Denn für jede Ausprägung hat der zugehörige SQL-Befehl eine eigene Signatur. Es gibt dann also 1.000 Signaturen. Verwendet man jedoch stattdessen eine Binde-Variable, benötigt man nur einen SQL-Befehl in SPM. Es gibt dann auch nur eine Signatur. Durch die Verwendung von Binde-Variablen wird also die Anzahl der SQL-Befehle, die mit SPM verwaltet werden müssen, reduziert. SPM gibt es seit der Oracle-Version 11g. Diese Version bietet jedoch nur ein manuelles *Evolving* der Ausführungspläne an. Das *Evolving* muss also explizit aufgerufen werden. Die Version 12c bietet ein automatisches *Evolving* an. Die Datenbank kann so konfiguriert werden, dass die Ausführungspläne permanent während des regulären Betriebs mit der Hintergrundverarbeitung evaluiert werden. Die Version 12c ermöglicht also eine kontinuierliche Weiterentwicklung der Ausführungspläne. Dies hat den Vorteil, dass das *Evolving* immer auf einem sehr aktuellen Stand ist.

1.4.2 Verlagerung von Physical Reads auf den Buffer Cache

Die IO-Verarbeitung kann reduziert werden, indem *Physical Reads* auf den *Buffer Cache* verlagert werden. *Physical Reads* sind dann erforderlich, wenn ein benötigter Datenblock im *Buffer Cache* nicht vorhanden ist. Dann muss der Datenblock von einem permanenten Speichermedium mit einem *Physical Read* in den *Buffer Cache* geladen werden. Anschließend erfolgt der Zugriff auf den Datenblock im *Buffer Cache* mit einem *Logical Read*. *Physical Reads* sind langsamer als *Logical Reads*. Durch die Vermeidung von *Physical Reads* kann daher oft die Performanz einer Anwendung wesentlich verbessert werden. Die Anzahl der *Physical Reads* kann durch geeignete Maßnahmen reduziert werden:
- Vergrößerung der Kapazität des *Buffer Cache*
- Vorladen von Datenblöcken
- fachliche Optimierung des Inhalts von Datenblöcken
- permanentes Vorhalten von Datenblöcken im *Buffer Cache*

Durch die Realisierung einer dieser Maßnahmen kann die Laufzeit der SQL-Befehle oft schon deutlich reduziert werden. Noch bessere Ergebnisse werden erzielt, wenn man ausgewählte Maßnahmen miteinander kombiniert.

1.4.2.1 Kapazität des Buffer Cache vergrößern

Die IO-Verarbeitung kann auch ohne Änderung der Ausführungspläne reduziert werden, indem die Zugriffe auf den *Buffer Cache* gesteigert werden. Eine einfache Möglichkeit für diese Zielerreichung ist die Vergrößerung des *Buffer Cache*. Dadurch wird erreicht, dass Blöcke, die während der Laufzeit in den *Buffer Cache* geladen werden, dort dann länger verharren, weil durch die Vergrößerung des *Buffer Cache* die Verdrängung von alten Blöcken durch neue Blöcke reduziert wird. Wenn Blöcke länger im *Buffer Cache* verfügbar sind, dann können diese öfter von SQL-Befehlen genutzt werden, die diese Blöcke benötigen. Dadurch reduziert sich die IO-Verarbeitung für diese SQL-Befehle, weil die verfügbaren Blöcke nicht mit *Physical Reads* geladen werden müssen. Die Reduktion der IO-Verarbeitung erfolgt jedoch nicht kontrolliert. Daher kann die Laufzeit der SQL-Befehle schwanken. Denn wenn die Datenbank neu gestartet wird, sind noch keine Blöcke im *Buffer Cache* vorhanden. Dies hat dann eine längere Laufzeit der SQL-Befehle zur Folge. Sind jedoch schon sehr viele SQL-Befehle ausgeführt worden, dann sind schon Blöcke im *Buffer Cache* vorhanden. Dementsprechend wird sich die Laufzeit der SQL-Befehle reduzieren, wenn diese vorhandenen Blöcke verwendet werden können. Die Reduktion der Laufzeit wird jedoch vom Zufall bestimmt. Welche Blöcke in den *Buffer Cache* geladen werden, hängt davon ab, welche Funktionalität der Anwendung von den Benutzern aufgerufen wird. Je größer der *Buffer Cache* jedoch ist, umso mehr steigt die Wahrscheinlichkeit, dass Blöcke im *Buffer Cache* vorhanden sind, die von dem aktuell auszuführenden SQL-Befehl verwendet werden können. Die Wahrscheinlichkeit erhöht sich dann mit zunehmender Laufzeit der Anwendung. Nichtsdestotrotz ist die Reduktion der Laufzeit zufallsbedingt. Eine kontrollierte Reduktion der Laufzeit erfolgt mit dieser Strategie nicht.

1.4.2.2 Vorladen von Datenblöcken

Die Laufzeit der SQL-Befehle ist häufig dann recht lange, wenn die erforderlichen Datenblöcke noch nicht im *Buffer Cache* vorhanden sind. Diese müssen während der Verarbeitung mit *Physical Reads* in den *Buffer Cache* geladen werden. Wenn das während der Verarbeitung erfolgt, werden insbesondere beim Laden von Indizes häufig *Single Reads* eingesetzt. Das sind *Physical Reads*, mit denen nur ein Datenblock in das Memory geladen wird. Die Datenblöcke werden also sequentiell geladen. Die *Physical Reads* können reduziert werden, indem vor dem Start der Verarbeitung ausgewählte Datenblöcke mit MBRs in das Memory geladen werden. Dadurch wird die Anzahl der *Physical Reads* reduziert, weil mit einem *Read* mehrere Datenblöcke parallel geladen werden. Die Oracle-Datenbank lädt daher beim Start die Blöcke von häufig verwendeten Indizes mit MBRs in das Memory. Dieser Mechanismus wird *Prefetching* genannt. In welchem Ausmaß das *Prefetching* eingesetzt wird, kann man dem AWR-Report (*Automatic Workload Repository Report*) entnehmen.

1.4.2.3 Fachliche Optimierung des Inhalts von Datenblöcken

Ein Datenblock enthält in der Regel mehrere Datensätze. Die Anzahl der *Reads* kann reduziert werden, wenn ein Datenblock nur die Datensätze enthält, welche eine Selektion benötigt. Durch die Sortierung der Datensätze einer Tabelle kann das erreicht werden. Bei diesem *Row Resequencing* wird die Tabelle mit einem oder mehreren Indizes synchronisiert. Die Sortierung der Tabelle erfolgt also nach den Attributen der Indizes, mit denen die Synchronisierung erfolgen soll. Gibt es also beispielsweise eine Tabelle `VERTRAGSKOMPONENTE` mit dem Attribut `VERTRAG_ID`, dann kann die Sortierung nach diesem Attribut erfolgen, wenn es dafür auch einen Index gibt. Erfolgt dann auf diese Tabelle ein indizierter Zugriff mit dem *Range Index Scan*, werden die fachlich benötigten Vertragskomponenten, die zu dem selektierenden Bereich passen, mit möglichst wenig *Reads* geladen. Denn durch die Synchronisierung der Tabelle mit dem Index sind die benötigten Datensätze auf möglichst wenige Datenblöcke verteilt. Wenn es also beispielsweise zehn Vertragskomponenten mit derselben `VERTRAG_ID` gibt, dann sollen diese zehn Vertragskomponenten in einem Datenblock enthalten sein. Erfolgt dann ein indizierter Zugriff mit dieser `VERTRAG_ID` auf die Tabelle `VERTRAGSKOMPONENTE` mit dem *Range Index Scan*, muss nur ein *Read* erfolgen. Es wird also nur ein Datenblock der Tabelle geladen. Dieser Datenblock enthält alle zehn Vertragskomponenten. Im völlig nicht synchronisierten Fall sind dagegen alle zehn Vertragskomponenten auf zehn Datenblöcke verteilt. Es müssen also im nicht synchronisierten Fall mit dem *Range Index Scan* zehn Datenblöcke der Tabelle geladen werden. Die Selektion wird somit im nicht synchronisierten Fall wesentlich länger laufen, weil mehr IO-Verarbeitung erforderlich ist. Die Laufzeit wird umso schlechter, wenn im nicht synchronisierten Fall mit dem *Range Index Scan* eine große Anzahl von `VERTRAG_ID`s selektiert wird. Dann steigt die IO-Verarbeitung erheblich an. In dem Beispiel müssen ja im nicht synchronisierten Fall jeweils pro `VERTRAG_ID` zehnmal mehr Datenblöcke geladen werden im Vergleich zum synchronisierten Fall.

Die Statistik eines Index enthält den *Clustering Factor*. Mit dieser Maßzahl wird der Grad der Synchronisierung zwischen Index und Tabelle gemessen. Bei einer vollen Synchronisierung entspricht die Anzahl der Datenblöcke der Tabelle diesem *Clustering Factor*. Ist jedoch die Tabelle mit dem Index vollkommen nicht synchronisiert, dann ist der *Clustering Factor* mit der Anzahl der Datensätze der Tabelle identisch.

Mit dem *Row Resequencing* kann die Anzahl der *Reads* nur reduziert werden, wenn auf die Tabelle ein indizierter Zugriff mit dem *Range Index Scan* erfolgt, der nicht *Unique* ist. Man kann also zu einem Indexeintrag mehrere Datensätze aus der Tabelle erhalten. Wenn diese Datensätze in einem Datenblock der Tabelle enthalten sind, dann ist das der Optimalfall, weil nur ein *Read* benötigt wird.

Die fachliche Sortierung der Tabelle kann erfolgen, wenn man den Befehl `CREATE TABLE AS SELECT` nutzt. Die Selektion muss ein `ORDER BY` enthalten, damit die fachliche Sortierung nach den erforderlichen Attributen erfolgen kann. Die sortierten

Datensätze werden in einer temporären Tabelle gespeichert. Dann werden die *Constraints* der Originaltabelle deaktiviert und die Tabelle anschließend vollständig gelöscht. Die temporäre Tabelle wird in die Originaltabelle umbenannt. Die Originaltabelle erhält dann wieder ihr ursprüngliches Datenbank-Schema, indem zum Beispiel die erforderlichen Indizes, *Constraints*, Trigger, *Grants* und Synonyme wiederaufgebaut werden.

1.4.2.4 Permanentes Vorhalten von Datenblöcken im Buffer Cache

Grundsätzlich verharren die Datenblöcke nicht beliebig lange im *Buffer Cache*. Es findet eine permanente Verdrängung von alten Datenblöcken durch neue Datenblöcke statt. Die Oracle-Datenbank verwendet dafür Verdrängungsmechanismen. Beispielsweise werden Datenblöcke, welche mit einem *Full Table Scan* geladen werden, schneller verdrängt als Datenblöcke, die mit einem indizierten Zugriff geladen werden. Denn wenn Datenblöcke mit einem *Full Table Scan* geladen werden, dann wird in der Regel nur ein kleiner Anteil der geladenen Datenblöcke benötigt. Datenblöcke werden dagegen mit indizierten Zugriffen gezielter geladen, so dass diese Datenblöcke nicht so schnell verdrängt werden. Für diesen Zweck verwaltet die Oracle-Datenbank die Adressen der Datenblöcke in einer Liste. Adressen der Datenblöcke, welche schnell verdrängt werden sollen, werden an das Ende der *LRU Region* (*Least Recently Used Region*) der Liste eingefügt. Dies betrifft Datenblöcke, die mit dem *Full Table Scan* geladen werden. Wenn Datenblöcke länger im *Buffer Cache* verweilen sollen, dann werden deren Adressen an das Ende der *MRU Region* (*Most Recently Used Region*) eingefügt. Davon sind Datenblöcke betroffen, die mit einem indizierten Zugriff geladen wurden. Von der Verdrängung ist jedoch kein Datenblock ausgenommen. Jeder Datenblock kann aus dem *Buffer Cache* verdrängt werden. Jedoch können die Datenblöcke, deren Adressen in der *MRU Region* verwaltet werden, länger im *Buffer Cache* verweilen. Somit hat der Verdrängungsmechanismus einen Einfluss auf die Verweildauer im *Buffer Cache*. Ein weiterer Parameter, der auf die Verweildauer wirkt, ist die Größe des *Buffer Cache*. Denn die Verdrängung erfolgt dann, wenn die Kapazität des *Buffer Cache* erschöpft ist, so dass keine neuen Datenblöcke aufgenommen werden können, ohne dass vorhandene Datenblöcke verdrängt werden. Ist der *Buffer Cache* also sehr klein, dann wird erhebliche IO-Verarbeitung verursacht. Denn es findet sehr viel Verdrängung von Datenblöcken statt. Datenblöcke, die bereits verdrängt wurden und zu einer späteren Laufzeit wieder benötigt werden, müssen erneut geladen werden. Um das erneute Laden der Datenblöcke zu reduzieren, muss man die Kapazität des *Buffer Cache* vergrößern. Dann wird die Verdrängung reduziert. Datenblöcke bleiben also im Durchschnitt länger im *Buffer Cache*, so dass auf diese Datenblöcke zu unterschiedlichen Zeitpunkten zugegriffen werden kann. Aufgrund der reduzierten Verdrängung wird somit das erneute Laden der Datenblöcke gespart. Die Anzahl der *Physical Reads* wird reduziert. Jedoch kann auch das Vergrößern des *Buffer Cache* nicht verhindern, dass eine Verdrängung stattfindet. Man kann diese Verdrängung jedoch vermeiden. Hierfür bietet die Oracle-Datenbank die *Keep Pool Region* an. Der *Keep Pool* ist ein Teil des *Buffer Cache*.

Der Nutzer kann bestimmen, welche Tabellen und Indizes in der *Keep Pool Region* verwaltet werden sollen. Datenblöcke, die in der *Keep Pool Region* verwaltet werden, können nicht mehr verdrängt werden. Wird also beispielsweise eine Tabelle mit dem *Full Table Scan* in die *Keep Pool Region* geladen, dann können die geladenen Datenblöcke dieser Tabelle nicht mehr aus dem *Buffer Cache* verdrängt werden. Es ist also sogar möglich, dass die Datenblöcke von Tabellen und Indizes mit *Full Table Scans* und *Full Index Scans* gezielt in den *Keep Pool* vorgeladen werden. Wenn dann noch der *Keep Pool* entsprechend groß dimensioniert ist, dann kann eine große Anzahl von Tabellen und Indizes für eine Anwendung vorgeladen werden. Dadurch kann die IO-Verarbeitung der Anwendung erheblich reduziert werden. Es fallen auch keine zusätzlichen Lizenzkosten für diese Strategie an, weil der *Keep Pool* keine zusätzlichen Lizenzkosten verursacht. Er ist bereits im Lieferumfang der *Oracle Database Enterprise Edition* enthalten. In diesem Buch wird dieses intelligente Vorladen von Datenblöcken noch detailliert erläutert. Der Autor hat für diese Strategie ein Programm entwickelt, welches im Kapitel 10 vorgestellt wird. Mit diesem Programm können Datenblöcke generisch in den *Keep Pool* intelligent vorgeladen werden, so dass bereits direkt nach einem Neustart der Datenbank der *Keep Pool* aufgeladen ist. Das intelligente Vorladen muss natürlich bei jedem Neustart erfolgen, weil der *Keep Pool* Bestandteil des Memory ist und somit die Verwaltung im RAM (*Random Access Memory*) erfolgt, welcher ein flüchtiges Speichermedium ist.

Obwohl es den *Keep Pool* schon seit vielen Oracle-Versionen gibt, so wurde er bisher doch sehr unterschätzt. Denn zu der Zeit, als der *Keep Pool* entwickelt wurde, war der RAM sehr teuer. Er war daher recht klein und man konnte deshalb nur sehr kleine Tabellen und Indizes in den *Keep Pool* laden. Dies hatte dann auch nur sehr geringe Auswirkung auf die Reduktion der Laufzeit einer Anwendung. Daher ist der *Keep Pool* in Vergessenheit geraten und wird hauptsächlich nur für die Zwecke der Kompatibilität von Anwendungen, die mit alten Oracle-Versionen entwickelt wurden, angeboten. Da heute jedoch die Rechner über ein sehr großes RAM verfügen, kann der *Keep Pool* eine Renaissance erleben. Denn jetzt ist RAM sehr günstig. Der Autor hat das im Kapitel 10 beschriebene Programm entwickelt, das den *Keep Pool* für intelligentes Vorladen benutzt. Das Programm erzielte außerordentliche Ergebnisse bei der Reduktion der IO-Verarbeitung für eine große OLTP-Applikation.

1.4.3 Optimierung von Physical Reads

Physical Reads dauern wesentlich länger als *Logical Reads*. Daher kann die Laufzeit einer Anwendung deutlich reduziert werden, wenn die *Physical Reads* signifikant optimiert werden. Diese Optimierung muss Kosten und Nutzen abwägen. Denn wenn die

Physical Reads mit schnelleren Speichermedien optimiert werden, dann steigen die Kosten für diese Hardware. Die Optimierung von *Physical Reads* kann auf verschiedene Weise erfolgen:
- Nutzung schnellerer Speichermedien
- Nutzung von *Optimized Physical Reads*

1.4.3.1 Nutzung schnellerer Speichermedien

Festplatten sind günstige Speichermedien. Jedoch dauert ein SBR auch verhältnismäßig lange. Typischerweise muss man im Durchschnitt mit 5 ms (*Millisecond*) für einen SBR kalkulieren. Durch optimale Parameter der Festplatte kann man diesen Wert noch etwas reduzieren. Wenn die Festplatte eine hohe Umlaufgeschwindigkeit erreicht, dann wirkt sich das günstig auf die Beschleunigung des SBR aus. Die mittlere Zugriffszeit einer Festplatte mit einer Umlaufgeschwindigkeit von 5.400 Umdrehungen (U) pro Minute beträgt 5,8 ms. Denn diese mittlere Zugriffszeit entspricht der Dauer für die halbe Umdrehung einer Festplatte. Wenn eine Festplatte 7.200 Umdrehungen pro Minute leisten kann, dann berechnet sich die Dauer einer Umdrehung für diese Umlaufgeschwindigkeit folgendermaßen:

$$\frac{60.000\,\text{ms}}{7.200\,\text{U}} = 8{,}3\frac{\text{ms}}{\text{U}}\,. \tag{1.1}$$

Denn eine Minute hat 60.000 ms, so dass eine Umdrehung 8,3 ms dauert. Wenn man diesen Wert halbiert, dann erhält man die Dauer für eine halbe Umdrehung. Das ist die mittlere Zugriffszeit von 4,2 ms für eine Festplatte, die 7.200 Umdrehungen pro Minute erreicht. Verwendet man Festplatten mit einer Umdrehungsgeschwindigkeit von 5.400 U/Minute, dann steigt die mittlere Zugriffszeit auf 5,8 ms an.

Ebenso wirkt sich die Größe der Festplatte auf die Zugriffsdauer aus. Denn kleinere Festplatten begünstigen einen schnelleren Zugriff, so dass die mittlere Zugriffszeit reduziert wird. Denn der Lese-/Schreibkopf der Festplatte muss weniger Wegeleistungen erbringen. Denn genau diese Bewegungen des Lese-/Schreibkopfs haben den größten Anteil am Zeitverbrauch für den SBR. Wenn in einem optimalen Fall alle zu lesenden Datenblöcke auf der Festplatte physikalisch benachbart sind, kann ein SBR im Durchschnitt nahezu genauso schnell sein im Vergleich zur Dauer eines SBR von SSD (*Solid State Drive*). Es können dann durchaus Zeiten von 0,25 ms pro Datenblock erreicht werden. Typischerweise sind die Blöcke jedoch auf der Festplatte verteilt, so dass Bewegungen des Lese-/Schreibkopfes erforderlich sind. Da dann im Durchschnitt nur 5 ms erreicht werden, ergibt sich eine durchschnittliche Dauer für die Bewegung des Lese-/Schreibkopfes von 4,75 ms. Daraus resultiert der Vorteil von SSD. Hier werden die Blöcke elektronisch gelesen. Es gibt keine mechanische Bewegung. Im optimalen Fall können Blöcke mit einer SSD in 0,2 ms gelesen werden. In einem durchschnittlichen System werden typischerweise Zeiten zwischen 0,5 ms und 1 ms erreicht. Wenn man also SSD nutzt, kann man in der Regel eine fünf- bis zehnfache Beschleunigung eines *Physical Read* erreichen. Das ist immer noch langsamer als ein

Logical Read, bei dem der Datenblock aus dem *Buffer Cache* gelesen wird. Ein *Logical Read* kann im Durchschnitt einhundertmal schneller sein als ein *Physical Read* von der Festplatte. Das sind dann nur noch 0,05 ms und das ist auch immer noch mindestens zehnmal schneller als ein *Physical Read* von SSD. Die Verlagerung von *Physical Reads* auf den *Buffer Cache* ist daher effektiver im Vergleich zur Beschleunigung von *Physical Reads*. Wenn man die *Physical Reads* beschleunigen möchte, dann muss man auch die Spiegelung der Platten beachten. Die Spiegelung der Platten wird benötigt, um die Ausfallwahrscheinlichkeit des Systems zu reduzieren. Die Spiegelung ist ein redundantes Konzept. Denn wenn eine Platte ausfällt, wird stattdessen auf die gespiegelte Platte zugegriffen. Das bedeutet jedoch für die Beschleunigung zusätzliche Kosten, weil auch die gespiegelten Platten durch schnellere Speichermedien ersetzt werden müssen. Denn wenn dies nicht erfolgt, steigt die Laufzeit der Anwendung, wenn der Ausfall eintritt. Ein SSD-Backend kann daher teuer werden, wenn eine große Datenmenge gespeichert wird. Größere Anwendungen benötigen durchaus viele TBS (*Terabytes*). Das kann dann schon erhebliche Kosten verursachen.

1.4.3.2 Nutzung von Optimized Physical Reads

Die Reduktion der IO-Verarbeitung mit *Optimized Physical Reads* kann eine günstige Alternative im Vergleich zur Beschleunigung der *Physical Reads* sein. Konzeptionell entsprechen die *Optimized Physical Reads* der Verlagerung von *Physical Reads* auf den *Buffer Cache*. Der Unterschied besteht darin, dass kein RAM verwendet wird, sondern es wird mit SSD gearbeitet. Mit SSD wird eine Erweiterung des *Buffer Cache* erzielt. Er wird daher als Sekundärspeicher betrachtet. Dieser Sekundärspeicher wird als Smart-Flash-Cache bezeichnet. Er wird erst dann in Anspruch genommen, wenn Datenblöcke aus dem *Buffer Cache* verdrängt werden. Diese verdrängten Datenblöcke werden auf den Smart-Flash-Cache ausgelagert. Wenn diese Blöcke wieder benötigt werden, müssen diese nicht mit einem *Physical Read* erneut geladen werden. Stattdessen erfolgt ein *Optimized Physical Read* auf den Smart-Flash-Cache. Mit diesem *Optimized Physical Read* erfolgt die Wiedereinlagerung in den *Buffer Cache*. Dort stehen die Datenblöcke dann wieder für den Zugriff mit *Logical Reads* zur Verfügung. Der *Optimized Physical Read* ist langsamer als ein *Logical Read*, weil der Sekundärspeicher durch *SSD Storage* etabliert wird. Er ist jedoch viel schneller als ein *Physical Read*, wenn das Backend aus Festplatten besteht. Der Smart-Flash-Cache ist günstiger als ein Backend aus SSD. Denn der Smart-Flash-Cache ist ebenso wie der *Buffer Cache* ein flüchtiger Speicher. Beim Neustart der Datenbank ist der Smart-Flash-Cache also zunächst leer. Wenn während der Laufzeit der Datenbank dann Verdrängung aus dem *Buffer Cache* erfolgt, füllt sich der Smart-Flash-Cache. Wenn der Smart-Flash-Cache gefüllt ist, erfolgt auch hier eine Verdrängung der Datenblöcke. Wenn die Datenblöcke aus dem Smart-Flash-Cache verdrängt wurden, können diese nur erneut mit einem *Physical Read* geladen werden. Konzepte, die auf den *Buffer Cache* angewendet werden können, sind auch für den Smart-Flash-Cache anwendbar. Der Smart-Flash-Cache kann intelligent vorgeladen werden. Da gibt es beim Vorgehen keinen Unterschied zum intelligenten Vorladen des *Buffer Cache*. Wenn man einen Smart-Flash-Cache zur Verfügung hat und intelligentes Vorladen anwendet, wird man die Datenmenge erhöhen, die vorzuladen ist. Wenn ein Teil dieser Datenmenge nicht mehr in den *Buffer Cache* passt, dann findet die Verdrängung statt. Die verdrängten Datenblöcke werden automatisch auf den Smart-Flash-Cache ausgelagert. Es sind also keine weiteren Maßnahmen beim intelligenten Vorladen erforderlich. Es ist auch möglich, Tabellen und Indizes im Smart-Flash-Cache permanent zu behalten. Eine Verdrängung von diesen Tabellen und Indizes aus dem Smart-Flash-Cache kann also verhindert werden. Denn das Konzept des *Keep Pool* gibt es ebenso beim Smart-Flash-Cache. Der Smart-Flash-Cache kann aus einer beliebigen Anzahl von Platten des Typs SSD bestehen. Wenn der Smart-Flash-Cache also groß genug ist, können alle Indizes und Tabellen mit dem Konzept des intelligenten Vorladens in *Buffer Cache* und Smart-Flash-Cache geladen werden. In diese beiden Caches kann dann die vorgeladene Datenmenge permanent mit Hilfe des *Keep Pool* verfügbar gemacht werden. Die Datenblöcke dieser Indizes und Tabellen werden dann nicht mehr mit *Physical Reads* geladen. Es ist natürlich auch möglich, alle Tabellen und Indizes in den *Keep Pool* des *Buffer Cache* zu laden. Da dafür sehr viel RAM benötigt wird, ist dieses Vorgehen teurer. Es ist jedoch im Vergleich zur zusätzlichen Nutzung des Smart-Flash-Cache schneller. Denn dann werden auch noch die *Optimized Physical Reads* vermieden. Kosten und Nutzen müssen daher abgeglichen werden, um die geeignete Architekturentscheidung zu treffen. Hier muss man auch beachten, dass der Smart-Flash-Cache nur genutzt werden kann, wenn das Betriebssystem „Oracle-Linux®“ verwendet wird. Hat man die *Exadata* von Oracle im Einsatz, ist das der Fall. Denn die *Exadata* basiert auf diesem Betriebssystem. Hat man jedoch beispielsweise die Oracle-Datenbank auf einem AIX OS (***A**dvanced **I**nteractive e**X**ecutive Operating System*) oder *Suse Linux* OS installiert, steht der Smart-Flash-Cache nicht zur Verfügung. Es muss Oracle-Linux® sein. Das setzt auch voraus, dass Prozessoren von Intel oder AMD (*Advanced Micro Devices*) verwendet werden. Denn Oracle-Linux® kann nur mit diesen Prozessoren betrieben werden. Wenn Oracle-Linux® im Einsatz ist, kann der Smart-Flash-Cache konfiguriert werden. Dazu wird *SSD Storage* im Datenbank-Rechner installiert. Dadurch ist der Zugriff auf die Datenblöcke des Smart-Flash-Cache auch sehr schnell. Denn die Datenblöcke werden mit Hilfe von sehr schnellen Datenleitungen geladen. Wenn die Datenblöcke stattdessen von einem *SSD Backend* geladen würden, dann würden langsamere Datenleitungen des Netzwerks genutzt. Ein weiterer Nachteil eines *SSD Backend* wären auch die zusätzlichen Kosten für die Spiegelung. Denn der Smart-Flash-Cache ist ebenso wie der *Buffer Cache* ein flüchtiger Speicher und wird daher nicht gespiegelt. Der Smart-Flash-Cache kann also kostengünstig in der Kombination mit einem Backend aus Festplatten betrieben werden.

1.4.4 Paralleles Laden von Datenblöcken

1.4.4.1 Single Block Reads

Datenblöcke können mit SBRs oder MBRs geladen werden. Mit einem SBR wird ein Datenblock geladen. Wenn also mehrere Datenblöcke mit SBRs geladen werden, erfolgt das sequentiell. Die Datenblöcke werden also nacheinander geladen. Daher kann das Laden einer Vielzahl von Datenblöcken mit SBRs recht lange dauern, wenn die Datenblöcke von Festplatten geladen werden. Das gilt insbesondere dann, wenn die Datenblöcke auf der Festplatte nicht physikalisch benachbart sind. Denn dann muss der Lese-/Schreibkopf viele Wegeleistungen erbringen. Das ist jedoch die Regel und man muss pro Datenblock mit einer mittleren Zugriffzeit von 5 ms rechnen. Ein Oracle-Datenblock hat typischerweise eine Größe von 8 KB (*Kilobyte*). Bei dieser mittleren Zugriffszeit ergibt sich eine stündliche Ladeleitung gemäß der folgenden Formel:

$$\frac{\frac{3.600 \times 1.000\,\text{ms}}{\text{h}}}{\frac{5\,\text{ms}}{\text{Datenblock}}} = \frac{\frac{3.600.000\,\text{ms}}{\text{h}}}{\frac{5\,\text{ms}}{\text{Datenblock}}} = 720.000\,\frac{\text{Datenblöcke}}{\text{h}}\,. \tag{1.2}$$

Eine Stunde (h) hat 3.600 Sekunden. Das sind 3,6 Millionen ms pro Stunde. Dieser Wert muss durch die mittlere Zugriffszeit von 5 ms pro Datenblock geteilt werden. Es werden also im Durchschnitt 720.000 Datenblöcke pro Stunde geladen. Wenn ein Datenblock 8 KB groß ist, dann ergibt das in GB (Gigabyte) umgerechnet eine stündliche Ladeleistung von 5,5 GB:

$$\frac{720.000\,\text{Datenblöcke}}{\text{h}} \times \frac{8}{1.024^2} \times \frac{\text{GB}}{\text{Datenblock}} = 5{,}5\,\frac{\text{GB}}{\text{h}}\,. \tag{1.3}$$

Wenn natürlich ein Teil der Datenblöcke auf der Festplatte physikalisch benachbart ist, erhöht sich die stündliche Ladeleistung. Die 5,5 GB sind also ein Wert, der mindestens erreicht wird. Wenn beispielsweise eine Tabelle mit dem *Full Table Scan* geladen wird, sind sicherlich viele Datenblöcke auch physikalisch benachbart. Dann kann die mittlere Zugriffszeit im günstigen Fall auf bis zu 0,2 ms sinken. Die stündliche Ladeleistung wird sogar um den Faktor 25 natürlich deutlich gesteigert. Denn wenn man die Minimalleistung von 5,5 GB mit 25 multipliziert, erreicht man 137,5 GB pro Stunde. Ein *Full Table Scan* einer Tabelle, die 280 GB groß ist, dauert mit SBRs im günstigsten Fall etwas mehr als zwei Stunden. Tabellen dieser Größe sind bei größeren Applikationen nicht unüblich. Mit dem günstigsten Fall kann man in der Praxis eher nicht rechnen.

Grundsätzlich muss man sogar mit einer längeren Verarbeitung rechnen. Auch eine Verarbeitungszeit von acht Stunden ist selbst bei einer geringeren Verarbeitungsmenge nicht ungewöhnlich. In der folgenden Selektion werden alle Attribute einer großen Tabelle mit dem *Full Table Scan* selektiert. Die Tabelle enthält 311 Attribute. Für jede Ausprägung eines Attributs wird die Länge berechnet. Alle Längen werden pro Attribut summiert. Durch diese Aggregation [1] der Attribute wird eine lang dauernde Ausgabe des gesamten Inhalts der Tabelle vermieden. Denn es wird für jedes der 311 Attribute jeweils nur ein aggregierter Wert ausgegeben. Der SBR wird durch den *Hint* NO_PARALLEL bewirkt:

```
SELECT
/*+ NO_PARALLEL(D) */
SUM(LENGTH(D.ID )),
SUM(LENGTH(D.DAKOK_ID )),
SUM(LENGTH(D.MAND_ID )),
SUM(LENGTH(D.DISCRIMINATOR )),
  :
  :
  :
FROM
FUT10_PLF.VTG_DAUERKOMPONENTE D;
```

Die Abbildung zeigt für diese Selektion einen *Full Table Scan* mit SBRs. Im Schritt 1 ist die Verarbeitungsmenge mit dem Schlüsselwort „Bytes“ eingetragen:

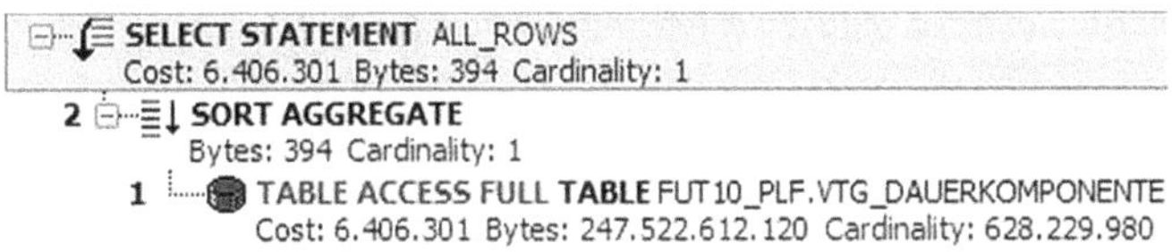

Abb. 1.3: Ausführungsplan mit *Full Table Scan* und SBRs.

Damit der *Full Table Scan* nicht so lange dauert, erfolgt dieser typischerweise mit dem MBR. Der Planoptimierer wählt die Lademethode aus, wenn im Ausführungsplan ein *Full Table Scan* enthalten ist. Daher wird hier der *Hint* NO_PARALLEL verwendet, damit der Planoptimierer den MBR nicht nehmen kann.

Im Schritt 1 werden 230 GB verarbeitet. Wenn ein Oracle-Datenblock 8 KB hat, dann müssen 30.215.162 Blöcke geladen werden. Wenn die Verarbeitung dieser Blöcke acht Stunden dauert, dann ergibt sich eine durchschnittliche Verarbeitungsdauer von 0,95 ms. Das ist für ein System mit Festplatten recht schnell und nur dann zu erreichen, wenn ein großer Teil der Datenblöcke benachbart ist. Dies ist für die Datenblöcke unterhalb der *High Water Mark* der Fall. Die benachbarten Datenblöcke vermeiden die neue Positionierung des Lese-/Schreibkopfs, so dass die Blöcke schnell von der Platte geladen werden können.

Dieses Beispiel zeigt, dass *Full Table Scans* für große Tabellen sehr lange dauern können. Das gilt jedoch nur, wenn auch alle Attribute dieser großen Tabelle selektiert werden. Je weniger Attribute selektiert werden, umso weniger Bytes werden verarbeitet. Dadurch reduziert sich die Laufzeit des *Full Table Scan.* In dem vorigen Beispiel wurden alle Attribute der Tabelle selektiert. Im nun folgenden Beispiel wird nur noch ein Attribut derselben Tabelle selektiert. Nun muss auch noch der *Hint* FULL verwendet werden, weil hier der Primärschlüssel selektiert wird, für den ein Index vorhanden ist. Daher würde sich der Planoptimierer ohne den *Hint* für einen *Fast Full Index Scan* entscheiden:

```
SELECT
/*+ NO_PARALLEL(D) FULL(D) */
SUM(LENGTH(D.ID))
FROM
FUT10_PLF.VTG_DAUERKOMPONENTE D;
```

Nun reduziert sich die Verarbeitungsmenge für den *Full Table Scan* im Ausführungsplan:

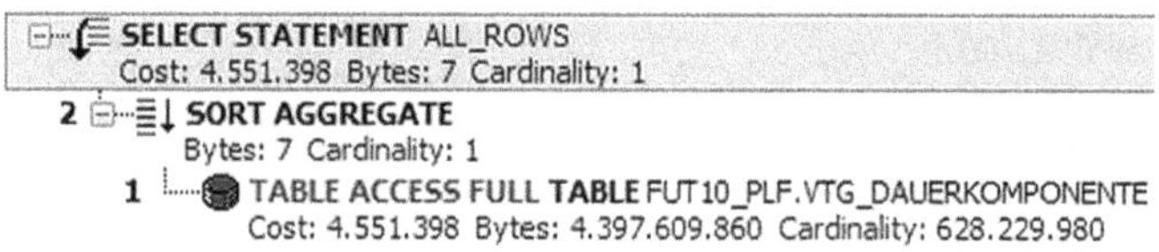

Abb. 1.4: Ausführungsplan mit *Full Table Scan* und reduzierter Attributmenge.

Die Selektion von nur noch einem Attribut der Tabelle reduziert die Verarbeitungsmenge auf 4 GB. Das sind 536.818 Blöcke. Bei einer durchschnittlichen Verarbeitungsdauer von 0,95 ms pro Block dauert der *Full Table Scan* dann nur 8,5 Minuten.

Es ist also für eine optimale Laufzeit sehr wichtig, nur diejenigen Attribute zu selektieren, welche auch fachlich benötigt werden. Bei großen Tabellen kann es ansonsten zu unnötig langen Laufzeiten kommen, wenn Attribute selektiert werden, die fachlich gar nicht benötigt werden.

1.4.4.2 Multi Block Reads

Grundsätzlich lädt der Planoptimierer für *Full Table Scans* die Datenblöcke mit MBRs von Festplatte. In diesem Modus werden mehrere Datenblöcke parallel geladen. Ein *Read* enthält also mehrere Datenblöcke. Das parallele Laden wird durch mehrere Festplatten ermöglicht. Wenn also beispielsweise die Datenblöcke einer Tabelle auf zwölf Festplatten möglichst gleichmäßig verteilt sind, dann können mit jedem *Read* zwölf Datenblöcke parallel geladen werden. Denn auf jede Festplatte kann parallel zugegriffen werden. Typischerweise enthält eine Festplatte mehrere Datenscheiben, auf deren beiden Seiten die Datenblöcke gespeichert werden. Für jede Seite einer Datenscheibe gibt es einen eigenen Lese-/Schreibkopf. Alle Lese-/Schreibköpfe einer Festplatte nutzen einen gemeinsamen Antrieb. Das ist der Aktor, an dem die Lese-/Schreibköpfe angebracht sind. Daher kann auf die Seitenscheiben einer Festplatte nicht parallel zugegriffen werden, weil ja der Aktor nur den Zugriff auf eine Seitenscheibe zu einem bestimmten Zeitpunkt bedienen kann. Daher bestimmt sich der Grad der Parallelität ausschließlich nach der Anzahl der Festplatten. Für den Grad der Parallelität hat die Anzahl der Scheiben innerhalb einer Festplatte keine Bedeutung, weil es ja nur einen gemeinsamen Antrieb für alle Lese-/Schreibköpfe innerhalb der Festplatte gibt.

Ein *Read* kann natürlich auch mehr als zwölf Datenblöcke enthalten. Auch wenn mehr als zwölf Datenblöcke geladen werden, kann noch eine hohe Parallelität erreicht werden, wenn die Datenblöcke auf den Festplatten benachbart sind, so dass keine Lese-/Schreibkopfpositionierungen erforderlich sind. Denn dann muss der Lese-/Schreibkopf nur geringfügig weitergerollt werden, um den nächsten Datenblock zu lesen. Diese Rollbewegungen sind so schnell, dass bei einem System mit zwölf Festplatten dann mit einem *Read* durchaus 120 Datenblöcke geladen werden können. Es werden also von jeder Festplatte ungefähr zehn Datenblöcke geladen. Ein MBR wird dann natürlich im Durchschnitt etwas länger dauern als ein SBR, weil die Rollbewegungen der Lese-/Schreibköpfe geringfügige Zeit beanspruchen, um jeweils die zehn Datenblöcke von der Festplatte zu laden. Wenn man die optionale Softwarekomponente ASM (*Automatic Storage Management*) von Oracle verwendet, werden damit die Datenblöcke auf die verfügbaren ASM-Platten gleichverteilt. Dann können auch *Full Table Scans* mit einer großen Verarbeitungsmenge schnell ausgeführt werden.

Wenn man den *Hint* für die Deaktivierung der Parallelität entfernt, erhält man für die Selektion aller Attribute mit dem *Full Table Scan* den folgenden Ausführungsplan:

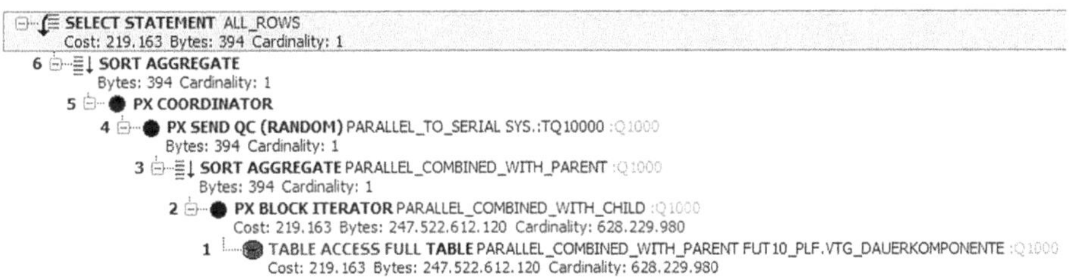

Abb. 1.5: Ausführungsplan mit *Full Table Scan* und MBRs.

Der Ausführungsplan zeigt, dass die Ausführung mit MBRs erfolgen wird. Dies erkennt man an den zusätzlichen Verarbeitungsschritten, welche mit PX gekennzeichnet sind. Dabei kennzeichnet das PX die parallele Ausführung. Dabei reduzieren sich die Kosten von 6,4 Millionen auf 219.163. Diese Kosten werden von Oracle mit einer internen Einheit bewertet. Die Anzeige dieser Kosten dient ausschließlich der Vergleichbarkeit von Ausführungsplänen. Anhand der Reduktion dieser Kosten kann man eine gewisse Abschätzung abgeben, mit welcher Parallelität die Blöcke mindestens geladen werden sollen. Dazu teilt man die Kosten des SBR durch die Kosten des MBR. Man erhält dann ungefähr eine Parallelität von 30 Blöcken. Die Parallelität zur Laufzeit muss höher sein, weil die Parallelität koordiniert werden muss. Diese Koordination benötigt auch Laufzeit. Wenn also die Kosten um den Faktor 30 gesenkt werden sollen, müssen mit jedem MBR mehr als 30 Datenblöcke geladen werden. Diese Reduktion der

Laufzeit wird auch nur dann erreicht, wenn die Datenblöcke auf den Festplatten möglichst gleichverteilt und benachbart sind. Wenn diese beiden Voraussetzungen nicht gewährleitet sind, kann es zu einer wesentlich längeren Laufzeit kommen, weil dann unerwartet viele Lese-/Schreibkopfbewegungen erforderlich sind. Das kann die Ursache für eine Fehleinschätzung der Kostenreduktion durch den Planoptimierer sein. Der Planoptimierer erkennt natürlich, wenn ASM-Platten verfügbar sind. Dann berücksichtigt er das bei der Kostenabschätzung. Die tatsächliche Anordnung der Datenblöcke auf den Festplatten kann jedoch von der vom Planoptimierer angenommenen Anordnung deutlich abweichen. Wenn diese Anordnung ungünstig abweicht, dann dauern die MBRs im Durchschnitt wesentlich länger. Dies ist die Ursache für die Fehleinschätzung der Kosten. In dem Beispiel würde eine Kostenreduktion um den Faktor 30 dazu führen, dass die Laufzeit von acht Stunden auf eine gute Viertelstunde absinkt. In der Praxis muss man jedoch eher mit einer längeren Laufzeit rechnen, weil die optimale Anordnung der Blöcke auf den Festplatten in der Regel nicht erreicht wird. Aus der Laufzeitreduktion um den Faktor 30 kann man schließen, dass drei parallele ASM-Platten verfügbar sind, so dass von jeder Festplatte mit einem MBR zehn Datenblöcke geladen werden. Jedoch gilt das nur, wenn Oracle den Grad der Parallelität selbst bestimmt. Wenn man nämlich die Parallelität mit dem *Hint* aktiviert, dann kann man den Parallelitätsgrad auch mit dem *Hint* setzen.

1.4.5 Partitioning

Mit der *Database Enterprise Edition* von Oracle können nur *Full Table Scans* mit MBRs geladen werden. Bei großen Datenbanken können auch *Range Index Scans* lange dauern. Dann kann das Laden der Blöcke des Index mit MBRs erwünscht sein. Mit der *Oracle Database Enterprise Edition* kann der Nutzer das jedoch nicht anfordern. Der Nutzer hat keinerlei Einfluss darauf, in welcher Weise die Blöcke für einen Index geladen werden. Das gilt sogar für jede Art von Index-Scans. Oracle lädt *Fast Full Index Scans* grundsätzlich mit MBRs. Bei dieser Art des Index-Scans wird der Index jedoch unsortiert in das Memory geladen, so dass eventuell noch zusätzliche Kosten für die Sortierung der geladenen Blöcke anfallen. Wenn die Oracle-Datenbank die Indizes automatisiert beim Start der Datenbank vorlädt, dann können diese Indizes mit MBRs geladen werden. Jedenfalls hat der Nutzer keinen Einfluss darauf, ob ein Index-Scan mit MBRs oder SBRs erfolgt. Wenn dies jedoch für *Range Index Scans* erwünscht ist, dann muss man die lizenzpflichtige Zusatzoption *Partitioning* nutzen.

Mit dieser Zusatzoption ist es möglich, dass *Range Index Scans* auch während der Verarbeitung grundsätzlich mit MBRs in das Memory geladen werden. Dazu müssen die Indizes jedoch partitioniert werden. Indizes können aber nur mit der Zusatzoption *Partitioning* partitioniert werden. Mit dieser Option können Indizes auf Partitionen verteilt werden. Eine Partition enthält dann jeweils eine Teilmenge des Index. Blöcke aus diesen Partitionen können parallel in das Memory geladen werden. Dieses Verfahren verursacht in der Regel hohe Lizenzkosten und ist recht aufwändig, weil für die Partitionierung der Indizes das Datenbank-Schema angepasst werden muss. Die Partitionierung ist erforderlich, damit die parallel zu ladenden Blöcke in der richtigen Reihenfolge in das Memory geladen werden. Denn die Blöcke innerhalb derselben Partition werden mit dem *Range Index Scan* sequentiell geladen. Das parallele Laden wird dadurch erreicht, dass Blöcke aus verschiedenen Partitionen geladen werden. Dadurch kann der *Range Index Scan* parallel ausgeführt werden, ohne dass am Ende des Ladevorgangs die Blöcke noch sortiert werden müssten. Dies wäre nämlich dann der Fall, wenn man einen Index ohne Partitionierung parallel in das Memory lädt. Da das abschließende Sortieren auch erhebliche Laufzeit verbrauchen kann, ist dieses Verfahren nur effizient, wenn die Sortierung nicht maßgeblich ist. Dann kann man den *Fast Full Index Scan* verwenden. Mit diesem Index-Scan werden die Blöcke des Index auch ohne Partitionierung parallel in das Memory geladen. Für den *Range Index Scan* ist die Sortierung des Index jedoch maßgeblich. Denn die Sortierung ermöglicht die schnelle Identifikation der jeweils zugeordneten Tabellenblöcke. Daher ermöglicht die Sortierung des Index die effiziente Abwicklung von indizierten Zugriffen auf die Tabelle. Diese indizierten Zugriffe kommen zum Einsatz, wenn eine nicht zu große Teilmenge der Datensätze einer Tabelle benötigt wird und nicht alle zu selektierenden Attribute im Index enthalten sind. Wenn bei einem *Range Index Scan* alle benötigten Attribute im Index enthalten sind, entfällt der Tabellenzugriff. Jedoch ist auch in diesem Fall die Sortierung maßgeblich, damit die Teilmenge der benötigten Blöcke des Index schnell lokalisiert werden kann. Die Partitionierung des Index ist daher für das parallele Laden von Blöcken mit dem *Range Index Scan* erforderlich.

Wenn man die Indizes partitioniert, können diese partitionierten Indizes mit MBRs geladen werden, wenn ein *Range Index Scan* ausgeführt wird. Das kann der Nutzer dann auch mit *Hints* steuern. Mit der Partitionierung können Tabellen und Indizes auf Partitionen verteilt werden. Jede Partition enthält also nur einen Teil der Tabelle oder eines Index. Dadurch werden auch die SBRs beschleunigt. Denn die Datenblöcke werden in den kleineren Partitionen schneller gefunden. Daraus folgt natürlich auch, dass die MBRs ebenfalls schneller werden. Denn ein MBR besteht aus parallel ausgeführten SBRs. Mit *Partitioning* werden also die *Reads* grundsätzlich beschleunigt, weil die Blöcke in den kleineren Partitionen lokalisiert werden. Wenn der Zugriff auf Blöcke in einer Tabellenpartition beispielsweise mit Hilfe eines *Range Index Scan* erfolgt und dieser Index auch partitioniert ist, dann muss auch nur die kleinere Indexpartition gescannt werden, damit die Tabellenblöcke physikalisch lokalisiert werden können. Das Scannen einer kleineren Indexpartition ist schneller im Vergleich zur Suche im gesamten Index.

Die Partitionierung von Tabellen und Indizes ist aufwändig. Denn das Datenbank-Schema muss angepasst werden. Die Partitionierung erfolgt mit Hilfe von Attributen. Diese werden bei der Partitionierung der Tabelle festgelegt. Der Wertebereich dieser Attribute wird in Partitionen zerlegt. Die Datenblöcke der Tabellen und Indizes werden dann auf diese gebildeten Partitionen verteilt. Die Indizes werden mit denselben

Attributen partitioniert, welche auch für die zugehörige Tabelle verwendet werden. Dieses Attribut muss nicht im Index enthalten sein. Es gilt jedoch, dass die Partition einer Tabelle diejenigen Datensätze enthält, deren zugeordnete Indexblöcke ebenfalls in genau einer Indexpartition enthalten sind. Die Partitionierung von Indizes und Tabellen wird also mit Hilfe der Partitionierungs-Attribute synchronisiert. Diese Synchronisation gewährleistet die effiziente Ausführung von indizierten Tabellenzugriffen mit dem *Range Index Scan*. Wenn also beispielsweise zwei Tabellenpartitionen benötigt werden, müssen auch zwei Indexpartitionen analysiert werden, um den *Range Index Scan* auszuführen. Durch die Synchronisation ist gewährleistet, dass alle zugeordneten Tabellenblöcke einer Indexpartition immer aus derselben Tabellenpartition geladen werden. Dies ermöglicht effiziente Ausführungen, weil der Speicherplatz der beteiligten Partitionen dadurch minimiert wird. Denn wenn die Partitionierung von Index und Tabelle nicht synchronisiert wäre, würde der Speicherbedarf der beteiligten Partitionen steigen. Dies würde die Zugriffsgeschwindigkeit auf die Datenblöcke reduzieren. Die durchschnittliche Dauer eines *Read* würde sich also erhöhen. Beispielsweise könnten dann einer Indexpartition zwei Tabellenpartitionen zugeordnet sein. Insgesamt steigt damit der Speicherbedarf der beteiligten Partitionen in diesem Beispiel auf drei Partitionen an. Im synchronisierten Fall haben nur zwei Partitionen Speicherbedarf. Dieser geringere Speicherbedarf aufgrund der Synchronisierung ermöglicht schnellere *Reads*.

Die Partitionen decken also jeweils einen Teil der Wertebereiche der Partitionierungs-Attribute ab. Werden diese Attribute bei dem *Range Index Scan* verwendet, wird die schnellere Lokalisierung der Datenblöcke in den Partitionen gewährleistet. Die Menge der Partitionen kann dynamisch verändert werden. Vergrößert sich also die Anzahl der Datensätze in den Partitionen, können auch neue Partitionen ergänzt werden, um die vergrößerte Datenmenge mit Partitionen abzudecken, ohne dass die Größe der betroffenen Partitionen sich deutlich erhöht. Durch die Ergänzung der Partitionen kann also die Größe der Partitionen auch dann stabil gehalten werden, wenn sich die Anzahl der Datensätze erhöht.

1.4.6 Compression

Die IO-Verarbeitung kann durch die Komprimierung der Daten reduziert werden. Für die Komprimierung der Daten benötigt man die kostenpflichtige Zusatzoption *Compression* von Oracle. Damit kann man sowohl Tabellen als auch Indizes komprimieren. Durch die Komprimierung der Daten kann die Größe der Tabellen oder Indizes reduziert werden. Dadurch wird die IO-Verarbeitung vermindert. Denn wenn beispielsweise ein *Full Table Scan* erfolgt, dann werden weniger Datenblöcke in das Memory geladen.

Es ist jedoch zu beachten, dass man mit der Komprimierung nur eine Reduktion der Daten erreicht, wenn die Tabellen nicht mindestens in der dritten Normalform sind. Denn wenn diese Normalform nicht erreicht wird, kann es redundante Daten geben. Die Komprimierung repräsentiert nämlich die Daten in der internen Repräsentation redundanzfrei, so dass mit der Komprimierung kein Effekt erzielt wird, wenn die Daten bereits redundanzfrei sind. Primärschlüssel sind beispielsweise redundanzfrei. Daher können Primärschlüssel nicht komprimiert werden. Der Nutzer bemerkt von der Komprimierung nichts. Denn die redundanzfreie Repräsentation der Daten erfolgt nur intern. Wenn die Daten dem Nutzer präsentiert werden, dann erfolgt das in der nicht komprimierten Form, welche die Redundanz enthält. Dazu muss die interne Repräsentation dekomprimiert werden. Eine Dekomprimierung der Daten erfolgt nur, wenn diese präsentiert werden. Die interne Verarbeitung erfolgt immer mit den komprimierten Daten. Wenn also komprimierte Daten in das Memory geladen werden, dann erfolgt zunächst keine Dekomprimierung. Die Dekomprimierung erfolgt nur dann, wenn die Daten präsentiert werden. Eine Dekomprimierung ist auch dann erforderlich, wenn die Daten verändert werden. Diese Dekomprimierung benötigt Rechenzeit. Daher erreicht man mit der Komprimierung nur dann einen Laufzeitvorteil, wenn die *Reads* überwiegen. Ist jedoch der Anteil der *Writes* sehr hoch, kann sich die Komprimierung negativ auf die Laufzeit auswirken. Das hängt von dem Mengenverhältnis zwischen *Reads* und *Writes* ab und von dem Grad der redundanten Datenhaltung. Je höher der Grad der redundanten Datenhaltung ist, umso mehr wird die Menge der *Physical* und *Logical Reads* reduziert. Durch diese Reduktion der IO-Verarbeitung wird die Laufzeit reduziert. Gibt es jedoch auch *Physical Writes*, dann müssen die Daten zunächst dekomprimiert werden, bevor die Daten geändert werden können. Danach müssen die Daten wieder komprimiert werden. Dies verursacht zusätzliche Laufzeit und wirkt sich daher negativ auf die Gesamtlaufzeit aus. Man kann deshalb keine pauschale Aussage über den Nutzen der Komprimierung treffen. Das muss individuell beurteilt werden. Denn sowohl die redundante Datenhaltung als auch der Anteil der *Physical Writes* sind Variablen in einer Anwendung. Im Zweifelsfall muss man die Komprimierung zunächst mit der Anwendung testen. Oracle bietet diese Möglichkeit an. Man kann eine Testlizenz für die Komprimierung beantragen. Dann kann man die Komprimierung über mehrere Wochen testen. Wenn die Tests erfolgreich sind, kann man die Lizenzen für die Komprimierung erwerben, um diese in der produktiven Umgebung einzusetzen. Beim Entwurf einer Datenbank sollte man jedoch darauf achten, die Datenbank zu normalisieren. Die Datenbank sollte also in der dritten Normalform sein. Eine Datenbank in der dritten Normalform ist redundanzfrei. Die Verarbeitung mit einer normalisierten Datenbank ist schneller als mit einer komprimierten Datenbank. Denn für eine normalisierte Datenbank müssen die Daten nicht dekomprimiert werden. Der Betrieb einer normalisierten Datenbank ist auch günstiger, weil man sich die Kosten für die Lizenzen erspart. Daher ist eine Normalisierung der Daten zu bevorzugen. Dies ist jedoch nicht immer möglich. Wenn beispielsweise auch die Historie gespeichert werden soll, lässt sich die redundante Datenhaltung nicht vermeiden. Denn wenn die Historie gespeichert wird, wird die Veränderung von Datensätzen aufgezeichnet. Es gibt dann also eine Menge von Datensätzen, von denen nur einer aktuell ist. Die anderen Datensätze sind historisch und enthalten in der Regel redundante Daten. Denn selten werden alle Daten eines Datensatzes verändert. Meistens werden nur wenige Daten geändert. Werden zum Beispiel Personendaten geändert, verändert der Sachbearbeiter beispielsweise nur den Nachnamen wegen Heirat. Wenn in dem Datensatz jedoch auch der Vorname gespeichert wird, ändert dieser sich nicht. Dann gibt es den aktuellen Datensatz mit dem neuen Nachnamen und den historischen Datensatz mit dem alten Nachnamen. In beiden Datensätzen ist jedoch derselbe Vorname eingetragen. Wenn also in einer Anwendung ein signifikanter Anteil von redundanter Datenhaltung nicht vermeidbar ist, kann die Komprimierung eine Option sein, um die Laufzeit der Anwendung durch Reduktion der IO-Verarbeitung zu vermindern.

1.5 Beschleunigung des Single Block Read

Wenn man in der OLTP-Applikation kein *Partitioning* verwendet, hat man oft einen großen Anteil von SBRs. Durch die Verwendung von *Partitioning* kann man diesen Anteil reduzieren, weil dann auch *Range Index Scans* parallelisiert ausgeführt werden können. *Partitioning* ist auch eine kostenpflichtige Zusatzoption von Oracle, welche Veränderungen am Datenbank-Schema notwendig macht, so dass diese Option nicht grundsätzlich in OLTP-Applikationen zum Einsatz kommt. Unabhängig davon, ob *Partitioning* verwendet wird, sollte man den Anteil der SBRs überprüfen. Das ist beispielsweise mit einem AWR-Report möglich. Dort ist der Anteil der SBRs eingetragen. Der AWR-Report sollte eine längere Laufzeit der OLTP-Applikation abdecken. Dieser Zeitraum sollte so gewählt werden, dass er einen durchschnittlichen Betrieb der OLTP-Applikation repräsentiert. Wenn die Auswertung ergibt, dass die Applikation während eines durchschnittlichen Betriebes einen hohen Anteil von SBRs hat, kann man die Laufzeit der Applikation signifikant reduzieren, indem man die SBRs beschleunigt. SBRs dauern im Durchschnitt recht lange, wenn die Datenblöcke von Festplatte geladen werden. Bei einem durchschnittlichen Betrieb sind die erforderlichen Datenblöcke auf Festplatten verteilt. Daher sind Positionierungen des Lese-/Schreibkopfes erforderlich. Je weiter die Datenblöcke auseinander liegen, umso länger dauern diese Positionierungen, weil der Lese-/Schreibkopf eine größere Wegstrecke überwinden muss. Typischerweise dauern SBRs im Durchschnitt 5 ms. Diese Dauer ist für Festplatten akzeptabel. Wenn der SQL-Befehl jedoch viele Datenblöcke laden muss, kann die IO-Verarbeitung schon recht lange dauern. Dann kann man eine Beschleunigung der SBRs evaluieren. Man kann die Paramater der Festplatte optimieren. Wenn man kleinere Festplatten verwendet, kann der SBR beschleunigt werden, weil der durchschnittliche Abstand zwischen den Datenblöcken reduziert wird, so dass die Positionierungen des Lese-/Schreibkopfs schneller werden. Eine Beschleunigung erreicht man auch durch die Verwendung von Festplatten mit einer höheren Umlaufgeschwindigkeit.

1.5.1 Intelligent Data Placement

Wenn man die ebenfalls kostenpflichtige Zusatzoption ASM von Oracle verwendet, kann man IDP (*Intelligent Data Placement*) [2] nutzen. Damit kann man die Datendateien auf der Festplatte optimieren. Wenn auf Datenbank-Dateien oft zugegriffen wird, werden diese Dateien am Rand der Festplatte positioniert. Dateien, auf welche seltener zugegriffen wird, werden in die Nähe der Spindel verlagert. Die Positionen der Dateien werden mit ASM verwaltet. Der Bereich am Rand der Festplatte wird als *Hot Region* bezeichnet. Die *Cold Region* befindet sich in der Nähe der Spindel. Man kann für Datenbank-Dateien die Zugehörigkeit zur *Hot Region* oder *Cold Region* festlegen. Das wirkt sich zunächst nur für zukünftige Erweiterungen der Datenbank-Dateien aus. Diese Erweiterungen werden dann in der gewünschten Region gespeichert. Schon existierende Datenbank-Dateien können reorganisiert werden. Dies kann durch das *Rebalancing* der *Diskgroup* erfolgen, welcher die Datenbank-Datei zugeordnet ist. Bei dem *Rebalancing* der *Diskgroup* werden die Datenbank-Dateien auf konfigurierte *Hot Regions* und *Cold Regions* verteilt. Durch das *Rebalancing* der *Diskgroup* werden also bereits existierende Datenbank-Dateien mit dem Inhalt vom DBA (Datenbankadministrator) auf zugewiesenen Regionen verschoben. Denn dieses initiale Setup wird von IDP nicht geleistet. Durch diese Positionierung wird die Strecke zwischen zwei Datenblöcken reduziert, wenn diese sich in derselben Region befinden. Denn wenn sich der Lese-/Schreibkopf nur in einer Region bewegt, wird aufgrund der kürzeren Wegstrecke die Positionierung schneller. Zusätzlich werden in derselben Zeit von der *Hot Region* mehr Datenblöcke eingelesen im Vergleich zur *Cold Region*, und zwar auch dann, wenn nur Rollbewegungen des Lese-/Schreibkopfes erfolgen, ohne dass neue Positionierungen erfolgen. Denn am Rand hat die Platte einen größeren Umfang, so dass mit einer Umdrehung mehr Datenblöcke gelesen werden im Vergleich zu einer Umdrehung in der *Cold Region*. Das Laden von Datenblöcken aus der *Cold Region* ist daher langsamer als das Laden der Daten aus der *Hot Region*. Mit Hilfe von ASM kann der Inhalt von *Data Files* ermittelt werden. Dann können gezielt die *Data Files* in die *Hot Region* verschoben werden, welche Daten enthalten, auf die häufig zugegriffen wird.

1.5.2 SSD-Backend

Wenn alle Optimierungsmaßnahmen für Festplatten ausgeschöpft sind, kann man SBRs mit schnelleren Speichermedien beschleunigen. Das kann dann ein *SSD-Backend* sein. Diese Speichermedien sind jedoch auch teurer als Festplatten. Daher kann das Ersetzen von Festplatten durch schnellere Speichermedien spürbare Kosten verursachen. Hier muss man auch eine eventuelle Spiegelung des Systems beachten. Denn für eine Ausfallsicherheit des Systems ist eine redundante Datenspeicherung erforderlich. Wenn eine Spiegelung der Daten im Einsatz ist, verdoppeln sich die Kosten durch die Spiegelung. Denn es wird die doppelte Menge der Speichermedien im Vergleich zu Systemen ohne Spiegelung benötigt. Die Kosten können reduziert werden, wenn man die gespiegelten Daten auf Festplatten speichert. Dann reduziert sich aber die Geschwindigkeit eines Systems mit SSD, wenn *Drives* mit den Primärdaten defekt werden. Jedoch sind Defekte bei SSD im Vergleich zu Festplatten häufiger, so dass öfter damit gerechnet werden muss, dass das System langsamer wird, wenn die gespiegelten Daten auf Festplatte gespeichert werden.

Auch können die Betriebskosten steigen, wenn die neuen Speichermedien eine geringere Lebensdauer haben als Festplatten. Dies ist bei SSD der Fall. Wenn man daher die Festplatten durch SSD ersetzen möchte, sollte man vorher Kosten und Nutzen abwägen. Dies sollte im Rahmen eines Testbetriebs der OLTP-Applikation mit SSD erfolgen. Im Testbetrieb kann man langlaufende Prozesse ausführen. Danach ermittelt man die erzielte Beschleunigung und die zu erwartenden Kosten. Wenn die schnellere Performanz der OLTP-Applikation die prognostizierten Kosten kompensiert, kann eine sorgfältige Abwägung der Investition erfolgen. Wenn die Entscheidung für SSD fällt, wird der Beschaffungsvorgang ausgelöst. SSD hat dann einen wesentlichen Vorteil im Vergleich zu Festplatten, wenn die benötigten Datenblöcke auf dem Speichermedium verstreut sind. Dann können bis zu 90 % der Zeit für das Laden der Blöcke und für die Positionierung des Lese-/Schreibkopfs verbraucht werden. SSD hat diese Mechanik nicht. Auf die Datenblöcke wird elektronisch zugegriffen. Es ist dann möglich, die Datenblöcke mit einer Geschwindigkeit von 0,1 ms zu laden. Die Verteilung der Datenblöcke auf der Platte ist hier nicht maßgeblich. Bei Festplatten hat die Verteilung der Datenblöcke dagegen einen erheblichen Einfluss auf die Zugriffszeit. Durchschnittliche Systeme erreichen bei einer verstreuten Verteilung der Datenblöcke nur eine Geschwindigkeit von 5 ms pro Datenblock. Davon entfallen 90 % auf die Positionierung des Lese-/Schreibkopfs. Das sind 4,5 ms. Wenn also die Datenblöcke nicht auf der Festplatte verteilt sind, sondern ausschließlich benachbarte Datenblöcke mit Rollbewegungen des Lese-/Schreibkopfs geladen werden, sinkt die durchschnittliche Ladegeschwindigkeit auf 0,5 ms ab, weil keine Positionierungen des Lese-/Schreibkopfs mehr erfolgen. Mit optimierten Festplatten kann diese Ladegeschwindigkeit noch auf 0,2 ms gesenkt werden. Das ist möglich, wenn kleine Festplatten mit einer hohen Umdrehungsgeschwindigkeit verwendet werden und die Datenblöcke zusätzlich mit IDP in der *Hot Region* positioniert werden. Bei diesen günstigen Umständen können die Datenblöcke von der Festplatte fast genauso schnell geladen werden im Vergleich zum Laden der Datenblöcke von SSD.

1.5.3 Partielle Nutzung von SSD

Bei der durchschnittlichen Verarbeitung einer OLTP-Applikation ist SSD typischerweise schneller im Vergleich zu Festplatten, weil nicht ausschließlich benachbarte Datenblöcke von der Festplatte geladen werden, so dass der Laufzeitnachteil der Festplatten durch die häufigen Positionierungen des Lese-/Schreibkopfs verursacht wird.

Dennoch erfolgt häufig keine Umstellung des *Backend* auf SSD, weil dadurch hohe Kosten verursacht werden, die durch den manchmal nur recht geringen Laufzeitvorteil nicht kompensiert werden. In einem solchen Fall kann man eine partielle Einführung von SSD prüfen. Bei einer partiellen Nutzung werden nur ausgewählte *Tablespaces* auf SSD platziert. Das kann beispielsweise der *Tablespace* TEMP sein. Mit dieser Strategie werden vor allem *Hash Joins* beschleunigt, welche mit größeren Tabellen arbeiten, welche nicht mehr in die *Hash Area* der SGA passen. Dann erfolgt während des *Join Processing* eine temporäre Auslagerung von Datenblöcken auf den *Tablespace* TEMP. Diese Datenblöcke werden im weiteren Verlauf des *Hash Join* dann wieder vom *Tablespace* TEMP geladen. Wenn der *Tablespace* TEMP auf SSD verlagert wird, dann wird diese IO-Verarbeitung beschleunigt, so dass ein *Hash Join* schneller ausgeführt werden kann. Eine partielle Einführung von SSD kann natürlich für beliebige *Tablespaces* erfolgen. Es ist also denkbar, dass man gezielt ausgewählte Tabellen und Indizes, welche für lange Laufzeiten verantwortlich sind, auf einen eigenen *Tablespace* verlagert. Dieser *Tablespace* wird dann auf SSD platziert. Eine solche Lösung ist jedoch in der Regel teurer im Vergleich zur Verlagerung des *Tablespace* TEMP auf SSD, weil es in der Regel große Tabellen und Indizes sind, welche Probleme bei der Laufzeit verursachen, so dass für diese Datenbank-Objekte relativ viel teurer Speicher benötigt wird. Dann ist es unter Umständen eine bessere Alternative, diesen laufzeitkritischen *Tablespace* mit Hilfe von *Rebalancing* und IDP auf den Rand von Festplatten zu verlagern und weiterzuentwickeln.

1.6 Beschleunigung des Multi Block Read

Beim Betrieb von OLTP-Applikationen sollten die Datenblöcke möglichst mit MBRs geladen werden. Denn dann werden mehrere Datenblöcke parallel geladen, so dass im Vergleich zum SBR mehr Datenblöcke in derselben Zeit geladen werden können. Denn mit SBRs werden die Datenblöcke sequentiell geladen. Paralleles Laden von Datenblöcken kann durch ein System aus Festplatten ermöglicht werden. Die Datenblöcke werden dann mit Hilfe von ASM möglichst gleichmäßig auf die Platten verteilt. Üblich sind Systeme mit mindestens zwölf Platten. In der Regel werden bei einem System mit zwölf Platten mit einem *Read* deutlich mehr als zwölf Blöcke geladen, weil nach der Positionierung des Lese-/Schreibkopfs mehrere benachbarte Blöcke geladen werden. Die benachbarten Blöcke müssen zwar von derselben Platte sequentiell geladen werden, jedoch erfolgt das Laden mit einer Rollbewegung des Lese-/Schreibkopfs. Wenn jedoch nur einige benachbarte Blöcke geladen werden, dann ist die Rollbewegung so schnell, dass das Laden dieser Blöcke auch kaum länger dauert im Vergleich zum Laden von nur einem einzigen Block. Es können durchaus bis zu zehn benachbarte Blöcke mit einem *Read* geladen werden, ohne dass es zu einer spürbaren Verzögerung des *Read* kommt. Es können also mit einem MBR bis zu 120 Datenblöcke parallel geladen werden, wenn das System aus zwölf Festplatten besteht. Auf Tabellen kommt ein parallelisierter Zugriff nur bei *Full Table Scans* zum Einsatz. Daher können die MBRs beschleunigt werden, wenn die Datenblöcke der Tabellen optimal auf den Festplatten platziert sind. Denn wenn die Datenblöcke benachbart sind oder zumindest auf der Platte nahe beieinander positioniert sind, kann der Zeitverbrauch für die Positionierung des Lese-/Schreibkopfs reduziert werden, so dass die MBRs beschleunigt werden.

1.6.1 Intelligent Data Placement

Mit IDP kann das erreicht werden. Denn *Data Files*, in denen laufzeitkritische Tabellen gespeichert sind, können mit IDP am Rand einer ASM-Platte platziert werden. Datenblöcke werden vom Rand mit einer höheren Geschwindigkeit gelesen. Dies ist deshalb möglich, weil der Lese-/Schreibkopf bei einer Umdrehung am Rand einer Festplatte eine größere Kreisbewegung auf der Platte ausführt im Vergleich zur Kreisbewegung in der Nähe der Spindel. Mit einer größeren Kreisbewegung werden mehr Datenblöcke gelesen. Es wird also am Rand eine höhere Lesegeschwindigkeit erreicht. Wenn die Datenblöcke der Tabelle ausschließlich am Rand positioniert sind, werden auch die Lese-/Schreibkopfbewegungen reduziert, weil keine größeren Strecken auf der Festplatte bewältigt werden müssen. Denn wenn eine Tabelle vollständig am Rand gespeichert wird, werden weniger Spuren benötigt. Denn auf einer Spur am Rand können mehr Datenblöcke gespeichert werden als auf einer Spur in der Nähe der Spindel. Dies war bei früheren Festplatten nicht der Fall. Früher wurden die Datenblöcke am Rand mit einer geringeren Dichte gespeichert, so dass eine Spur in der Nähe der Spindel genauso viele Datenblöcke enthielt wie eine Spur am Rand. Diese Datenblöcke wurden Bereichen zugeordnet. Die Festplatte war wie eine Torte in Stücke eingeteilt. Diese Einteilungen wurden Sektoren genannt. Ein Sektor hatte also die Form eines Tortenstücks. Die Spuren auf der Festplatte haben die Form von Kreisen. Die äußerste Spur hat den größten Kreisumfang, und die innerste Spur hat den geringsten Kreisumfang. Auf jeder Spur wurde den Sektoren jeweils nur ein einziger Datenblock zugeordnet. Die Anzahl der Sektoren bestimmte also die Anzahl der Datenblöcke pro Spur. Daher hatten alle Datenblöcke, die demselben Sektor zugeordnet waren, dieselben Winkelkoordinaten auf der Festplatte. Die Datenblöcke am Rand der Platte wurden mit einer geringeren Datendichte gespeichert als die Datenblöcke in der Nähe der Spindel, da ein Sektor pro Spur nur einen Datenblock enthielt. Durch diese ineffektive Speicherung wird Magnetschicht-Oberfläche der Festplatte verschwendet. Denn ein Datenblock am Rand der Platte belegt mehr Magnetschicht-Oberfläche als ein Datenblock in der Nähe der Spindel.

Für moderne Festplatten gilt das nicht mehr, weil die Spuren am Rand mehr Datenblöcke enthalten als die Spuren in der Nähe der Spindel, so dass die Sektoren dadurch ihre Bedeutung für die Verwaltung und Lokalisation der Datenblöcke auf der Festplatte verloren haben. Die modernen Festplatten ermöglichen also eine effizientere Speicherung der Datenblöcke. Weil alle Datenblöcke auf der Festplatte nun mit derselben Datendichte gespeichert werden, wird kein Plattenplatz mehr verschwendet, und zusätzlich steigt die Lesegeschwindigkeit der Datenblöcke mit zunehmender Entfernung zur Spindel.

1.6.2 SSD-Backend

Wenn der Anteil der MBRs sehr hoch ist, dann ist ein *SSD-Backend* in der Regel nicht interessant. Vielmehr kann dann ein System von Festplatten mit einer ähnlichen Geschwindigkeit betrieben werden. Festplatten sind nur dann langsamer, wenn viele Lese-/Schreibkopfbewegungen benötigt werden. Werden die Datenblöcke jedoch überwiegend mit Rollbewegungen geladen, dann ist ein *SSD-Backend* kaum schneller. Der Anteil der MBRs kann groß sein, wenn die Datenblöcke mit *Full Table Scans* oder *Fast Full Index Scans* geladen werden. Dann können viele benachbarte Datenblöcke parallel von mehreren Platten geladen werden. Die Datenblöcke werden also mit parallelen Rollbewegungen der Lese-/Schreibköpfe geladen. Dabei kann eine sehr hohe Ladegeschwindigkeit erreicht werden. Ein *SSD-Backend* bringt dann keinen zusätzlichen Laufzeitvorteil.

1.6.3 Parallelisierung des Full Table Scan

Grundsätzlich werden die Datenblöcke einer Tabelle bei einem *Full Table Scan* mit MBRs geladen. Dies berücksichtigt der Planoptimierer bei der Erstellung der Ausführungspläne. Wenn eine Selektion direkt auf eine Tabelle zugreift, dann können diese MBRs problemlos erfolgen, wenn die Konfiguration der Datenbank die MBRs für Tabellen unterstützt. Nutzt die Selektion jedoch *Views*, um auf die Tabellen zuzugreifen, dann kann es Probleme geben, wenn die *Views* Funktionen verwenden, die einen parallelen Zugriff nicht unterstützen. Wenn beispielsweise Objektzustände mit Datensätzen gespeichert werden, ist es möglich, einen Objektzustand zu selektieren, der zu einem bestimmten Zeitpunkt gültig war, wenn das Änderungsdatum in dem Objektzustand gespeichert wird. Die *View* kann man dann verwenden, um den passenden Objektzustand zu ermitteln. Zu diesem Zweck kann man eine Session-Variable nutzen, in welcher ein beliebiges Datum beim Start der Session gesetzt wird. Für jede Tabelle gibt es nun eine *View*. Diese *Views* verwenden Funktionen, mit denen der Objektzustand ermittelt wird, der zu dem Zeitpunkt gültig war, welcher in der Session-Variablen gesetzt ist. Diese Funktionen sind jedoch nicht *Thread Safe*. Denn der Zeitpunkt ist nur in der Variablen der Master-Session gespeichert. Bei der Parallelisierung werden Slave-Sessions erzeugt. Dort ist die Session-Variable nicht initialisiert, so dass eine parallele Verarbeitung der Slave-Sessions erst dann möglich ist, wenn der Zeitpunkt auch in den Variablen der Slave-Sessions gesetzt wird. Wenn das nicht der Fall ist, darf die Funktion nicht für die Parallelverarbeitung gekennzeichnet werden, weil ansonsten der Zugriff auf eine nicht initialisierte Session-Variable einer Slave-Session zum Abbruch der Verarbeitung führen würde. Wenn die Funktion nicht für die parallele Verarbeitung gekennzeichnet ist, erkennt das der Planoptimierer und lädt dann bei Verwendung der *Views* die Datenblöcke der Tabellen beim Zugriff mit dem *Full Table Scan* mit SBRs.

Das Laden von Indizes mit dem *Fast Full Index Scan* erfolgt ebenfalls mit MBRs. Durch das parallele Laden der Datenblöcke geht jedoch die Sortierung des Index im Memory verloren. Wenn diese Sortierung benötigt wird, muss das im Memory erfolgen. Bei einem großen Index kann die Sortierung lange dauern. Dann kann ein *Full Index Scan* schneller sein. Mit diesem Scan werden die Datenblöcke des Index mit SBRs geladen. Dadurch wird gewährleistet, dass die Datenblöcke des Index auch im Memory sortiert sind, so dass kein zusätzlicher Zeitaufwand für die Sortierung der Datenblöcke benötigt wird.

1.7 CORDA

In den bisherigen Abschnitten sind Aspekte erläutert worden, mit denen OLTP-Applikationen beschleunigt werden können. Von Oracle gibt es kein ganzheitliches Konzept, welches alle erwähnten Aspekte abdeckt. Es gibt punktuelle Lösungen. Dies sind beispielsweise *Partitioning* und *Compression*. Dies sind jedoch lizenzpflichtige Optionen. Daher muss man den Einsatz dieser Konzepte mit Hilfe einer Kosten-Nutzen-Analyse evaluieren. Wenn diese Optionen eingesetzt werden, benötigt man in der Regel weitere Maßnahmen, um die OLTP-Applikation nachhaltig zu beschleunigen. Dazu gehört die Überwachung der Ausführungspläne.

Da Oracle kein maßgeschneidertes Konzept anbietet, mit dem OLTP-Applikationen nachhaltig beschleunigt werden können, hat der Autor das Beschleunigungskonzept CORDA entwickelt. Sowohl CORDA als auch die bereits erwähnten Aspekte zur Beschleunigung von OLTP-Applikationen werden in diesem Buch ausführlich erläutert.

1.7.1 Funktion

CORDA ist die Abkürzung für *Charging Objects into RAM for Database Acceleration.* Dies beschreibt die Kernfunktionalität von CORDA. Es geht um die vollautomatische Verlagerung von *Physical Reads* auf den *Buffer Cache.* Mit CORDA werden jedoch weitere hier bereits vorgestellte Aspekte abgedeckt. CORDA kann auch mit den lizenzpflichtigen Oracle-Optionen kombiniert werden, um die Beschleunigung der OLTP-Applikation noch zu steigern. CORDA nutzt dafür den *Keep Buffer Cache.* Mit CORDA wird der *Keep Buffer Cache* intelligent vorgeladen. Die Vorladung kann für die komplette Anwendung oder nur für ausgewählte Prozesse der Applikation erfolgen. Der Nutzer muss nur konfigurieren, welche Tabellen und Indizes für den jeweiligen Prozess vorgeladen werden sollen. Diese Datenbank-Objekte trägt der Nutzer jeweils für jeden Prozess in eine Datei ein. CORDA wertet dann die Datei vor dem Start des Prozesses aus. CORDA verfügt über einen Codegenerator. Mit Hilfe dieses Generators werden zur Laufzeit die Vorladebefehle vollautomatisch erzeugt. Mit diesen Vorladebefehlen werden alle Datenbank-Objekte in den *Keep Buffer Cache* geladen. Die Objekte sind dann während der Prozessverarbeitung im vollen Umfang im *Buffer Cache* verfügbar. Während der Prozessverarbeitung erfolgen also nur *Logical Reads* für diese Objekte. Nur bei der intelligenten Vorladung mit CORDA erfolgen *Physical Reads* für diese Datenbank-Objekte. Für CORDA ist jedoch vom Autor ein sehr leistungsfähiges Vorladeprogramm entwickelt worden. Mit diesem Programm werden die Datenbank-Objekte auf zwei parallelen Wegen in das Memory geladen. Der erste Weg nutzt die Oracle-Parallelität, um Tabellen mit MBRs zu laden. Ebenso werden auf diesem ersten Weg auch die benötigten Indizes parallel geladen. Es gibt jedoch von Oracle kein Konzept, mit dem *Full Index Scans* parallelisiert ausgeführt werden können. Daher hat der Autor für Indizes ein eigenes Konzept entwickelt, welches das parallele Laden von Indizes im vollen Umfang unterstützt. Mit dem zweiten Weg lädt CORDA alle konfigurierten Indizes und Tabellen gleichzeitig. Durch diese Vorladung auf zwei Wegen wird eine sehr hohe Vorladegeschwindigkeit erreicht. Bei Tests wurden Geschwindigkeiten bis zu 1,2 GB pro Sekunde mit einem durchschnittlichen Festplatten-System gemessen. Aufgrund dieser sehr hohen Vorladegeschwindigkeit ist die Nutzung eines *SSD-Backend* nicht erforderlich, denn die Vorladung mit CORDA ist so schnell, dass diese keinen maßgeblichen Anteil am gesamten Zeitverbrauch hat, wenn laufzeitkritische Prozesse der OLTP-Applikation aufgerufen werden. Bei großen OLTP-Applikationen können die Massenverarbeitungs-Prozesse mehrere Stunden dauern. Die Vorladezeit von CORDA kann dann völlig vernachlässigt werden.

1.7.2 CORDA für OLTP-Applikationen

Die Datenbank-Objekte verharren so lange im *Keep Buffer Pool*, bis eine neue Konfiguration mit CORDA geladen wird. Das ist dann der Fall, wenn ein neuer Prozess aufgerufen wird, für den eine Vorladekonfiguration existiert. Die extrem hohe Vorladegeschwindigkeit von CORDA ermöglicht das prozessorientierte Vorladen. Mit diesem Konzept können die Betriebskosten für CORDA deutlich reduziert werden. Denn der *Keep Buffer Pool* muss maximal so groß sein, dass immer nur die Konfiguration für einen Prozess in diesen Pool passen muss. Dadurch kann der *Keep Buffer Pool* kleiner dimensioniert werden im Vergleich zum programmorientierten Vorladen. Denn bei dieser Vorladungsart müssen gleich beim Programmstart für alle laufzeitkritischen Prozesse der Applikation die benötigten Datenbank-Objekte vorgeladen werden. Dann benötigt man deutlich mehr Memory, so dass die Betriebskosten steigen. CORDA unterstützt beide Vorladungsarten. Wenn sich der Nutzer für die prozessorientierte Vorladung entscheidet, kann eine erhebliche Beschleunigung der OLTP-Applikation mit CORDA kostengünstig erreicht werden. Bei einer Kosten-Nutzen-Analyse schneidet CORDA im Vergleich zu den lizenzpflichtigen Zusatzoptionen von Oracle oder einem *SSD-Backend* in der Regel deutlich besser ab.

CORDA erreicht die hohe Vorladegeschwindigkeit durch das parallele Laden von Blöcken. Tabellen werden mit MBRs geladen. Indizes kann CORDA mit einer eigenen Strategie parallelisiert laden. Damit kann CORDA eine typische Ursache beseitigen, welche oft für die lange Laufzeit bei OLTP-Applikationen verantwortlich ist. Denn häufig haben OLTP-Applikationen einen hohen Anteil an SBRs. Mit CORDA wird dieser Mangel ausgeglichen. Denn nachdem CORDA die Datenblöcke parallel mit *Physical Reads* in das Memory geladen hat, erfolgt der Zugriff auf diese Blöcke ausschließlich mit *Logical Reads*. Die OLTP-Applikation benötigt also die SBRs zum Laden dieser Blöcke nicht mehr.

1.7.3 CORDA für die Beschleunigung von Ausführungsplänen

CORDA kann sogar genutzt werden, um die Ausführungspläne der OLTP-Applikation zu beschleunigen. Denn nun sind die laufzeitkritischen Tabellen im Memory verfügbar. Die Ausführungspläne sind oft sehr schnell, wenn der Zugriff auf diese Tabellen mit Hilfe von parallelisierten *Full Table Scans* erfolgt. Dann können die Ausführungspläne der OLTP-Applikation dadurch beschleunigt werden, indem indizierte Zugriffe auf Tabellen im Memory durch parallele *Full Table Scans* ersetzt werden. Das hat wiederum zur Folge, dass *Nested Loops* durch *Hash Joins* ersetzt werden können. *Hash Joins* sind schneller als *Nested Loops*, wenn auf die beteiligten Tabellen im Memory parallel zugegriffen wird. Wenn CORDA im Einsatz ist, können die Ausführungspläne der OLTP-Applikation mit *Hints* zusätzlich optimiert werden, so dass eine optimale Ausrichtung auf CORDA erfolgt.

Tests mit CORDA haben sogar gezeigt, dass Selektionen von OLTP-Applikationen bis zum Faktor 100 beschleunigt werden können. Um diesen exorbitant hohen Beschleunigungs-Faktor zu erreichen, war es nicht einmal nötig, die Ausführungspläne mit Hilfe von *Hints* zu tunen, um das volle Potential von CORDA auszuschöpfen. Wenn diese Möglichkeit zusätzlich genutzt wird, können die Selektionen eine Beschleunigung durch CORDA erreichen, welche den Faktor 100 sogar noch deutlich übersteigt.

1.7.4 CORDA für die Systemadministration

Durch dieses enorme Beschleunigungspotential kann CORDA für andere Gebiete genutzt werden. Es kann sogar als Analyseinstrument in der Systemadministration eingesetzt werden. Es kann dort beispielsweise vorkommen, dass Datenblöcke einer

Anwendung korrupt werden, weil zum Beispiel die Speicherung auf der Platte fehlgeschlagen ist. In der Praxis hat es sogar schon Fälle gegeben, bei denen die Spiegelung mit ASM versagt hat. Jedoch haben die Systemadministratoren keine eindeutigen Signale von ASM bekommen. Es gab zwar einen ORA-600-Fehler. Dies ist jedoch ein allgemeiner Fehler, aus dem die Systemadministratoren nicht erkennen können, wenn die Speicherung auf einem permanenten Datenträger fehlschlägt. Wenn der Systemadministrator das nicht erkennt, besteht die Gefahr, dass mit einer korrupten Anwendung weitergearbeitet wird. Denn bei großen Anwendungen ist das Zurücksetzen auch für die Sachbearbeiter mit großem Aufwand verbunden, so dass eine Rücksetzung in der Regel nur erfolgt, wenn der Systemadministrator die Korruption erkennt. Bei einer allgemeinen Fehlermeldung besteht jedoch die Gefahr, dass mit dem korrupten System noch tagelang oder wochenlang weitergearbeitet wird. Erst wenn im weiteren Bearbeitungs-Verlauf die Korruption eindeutig erkannt wird, erfolgt das unvermeidliche Zurücksetzen der Anwendung. Wenn die Anwendung jedoch bereits vor vielen Tagen korrupt wurde, ist die Arbeit der Sachbearbeiter verloren, welche nach dem Eintreten der Korruption geleistet wurde. Das Zurücksetzen einer großen Anwendung bedeutet eine längere Leerlaufzeit, in der die Sachbearbeiter nicht produktiv sein können. Wenn dann die Anwendung wiederhergestellt ist, muss zunächst die verlorene Arbeit wiederholt werden. Wenn mehrere hundert Sachbearbeiter parallel mit dem System arbeiten, können erhebliche Kosten entstehen, weil die Sachbearbeiter über einen längeren Zeitraum nicht produktiv sind und danach zuerst dieselbe Arbeit wiederholen müssen. Bei solch großen Systemen kann der Ausfall insgesamt Kosten im siebenstelligen Bereich verursachen. Mit CORDA kann das zuverlässig verhindert werden. Denn wenn beispielsweise ein `ORA-600 ERROR` auftritt, dann kann man mit CORDA alle Datenblöcke der Anwendung schnell überprüfen. CORDA kann mit einem Festplatten-System pro Sekunde bis zu 1,2 GB validieren. Damit können selbst große Anwendungen schnell geprüft werden. Eine Anwendung mit einer Datenmenge von einem Terabyte kann in weniger als 15 Minuten vollständig validiert werden. Sobald also ein `ORA-600 ERROR` auftritt, startet der Administrator die Validierung mit CORDA. In weniger als 15 Minuten erhält er die Information, wenn es korrupte Blöcke gibt. Dann wird er sofort das Rücksetzen einleiten. Es werden durch dieses Vorgehen teure Folgekosten vermieden, die ansonsten durch den Weiterbetrieb einer korrupten Anwendung entstehen. Die Überprüfung aller Tabellen- und Indexblöcke einer Anwendung mit CORDA ist sehr günstig. Denn für dieses Anwendungsgebiet benötigt CORDA den *Keep Buffer Pool* nicht. Denn für die Validierung der Blöcke müssen diese nur einmal in den *Default Buffer Pool* geladen werden. Es wird also für die Überprüfung nicht einmal zusätzlicher RAM benötigt. Wenn ein Block defekt ist, wird das beim Laden erkannt. CORDA muss für dieses Anwendungsgebiet so konfiguriert werden, dass alle Tabellen und Indizes in den *Default Buffer Pool* geladen werden. Die enorm hohe Ladegeschwindigkeit von CORDA liefert dann in sehr kurzer Zeit die Information über die korrupten Blöcke. Denn es gibt Einträge in *Log Files*, die von CORDA bei der Validierung erzeugt werden.

1.7.5 CORDA für die Beschleunigung von Tests

Langlaufende Prozesse einer OLTP-Applikation vermindern die Produktivität der Testdurchführung, weil die Tests länger dauern. Dies kann dazu führen, dass im Zeitfenster, das für die Tests verfügbar ist, nicht alle erforderlichen Tests durchgeführt werden können. Dann kann die Qualität der OLTP-Applikation sinken, weil weniger Fehler aufgedeckt werden. Dies wiederum verursacht höhere Wartungskosten. Ebenso steigen die Kosten, wenn das Zeitfenster für die Tests aufgrund der langlaufenden Prozesse vergrößert wird. Denn in diesem Fall steigen die Kosten für die Tests. Mit CORDA ist es möglich, die Kosten für Wartung und Testaufwand zu reduzieren. Dies wird durch die Beschleunigung der langlaufenden Prozesse mit Hilfe von CORDA erreicht. CORDA ermöglicht für jeden Prozess eine intelligente Vorladung von Datenblöcken mit hoher Geschwindigkeit. Dadurch kann eine erhebliche Beschleunigung der Tests erreicht werden. Mit CORDA kann die Vergrößerung des Zeitfensters für den Test vermieden werden. Durch die erhebliche Beschleunigung der Prozesse können sogar die Kosten für Tests vermindert werden, wenn die Größe des Zeitfensters reduziert werden kann. In diesem Fall sinken die Kosten für den Test, weil die Produktivität der Tests gesteigert wird. Dann wird sich die zusätzliche Investition für CORDA schnell amortisieren. Wenn es gelingt, die Produktivität der Tests zu erhöhen, werden auch mehr Fehler in der OLTP-Applikation identifiziert. In der Folge sinken dann die Wartungskosten. Es ist durchaus möglich, dass CORDA nur bei der Testdurchführung zum Einsatz kommt. Dies erfordert nicht zwangsläufig den Einsatz in der Produktion. Es ist also möglich, dass CORDA exklusiv für den Test genutzt wird, um dessen Produktivität zu steigern und somit die Kosten für Test und Wartung zu reduzieren. Ein Einsatz von CORDA in der Produktion ist deshalb noch nicht erforderlich. Wenn es jedoch möglich ist, die Prozesse der OLTP-Applikation mit CORDA zu beschleunigen, dann ist der Einsatz auch in der Produktion zu empfehlen. Denn durch die Beschleunigung der Prozesse wird auch die Produktivität der Sachbearbeiter erhöht.

1.7.6 Exklusive Eigenschaften von CORDA

Mit CORDA kann eine OLTP-Applikation erheblich beschleunigt werden, wenn die Anwendung mit einem *Oracle Backend* betrieben wird. Dies wird durch eine intelligente Vorladung erreicht, welche prozessorientiert erfolgen kann. Durch die prozessorientierte Vorladung wird Memory gespart. Dies wird durch die hohe Geschwindigkeit ermöglicht, mit der die Daten in den *Keep Buffer Cache* geladen werden. Diese schnelle Vorladung ermöglicht es, dass bei einem Prozesswechsel die erforderlichen Daten im Memory schnell ausgetauscht werden können. Durch diesen schnellen Austausch der Daten im Memory wird RAM eingespart. Denn es müssen immer nur die erforderlichen Datenblöcke für einen einzigen Prozess im Memory verfügbar sein. Für diesen prozessorientierten Austausch der Daten muss eine hohe Vorladegeschwindigkeit erreicht werden. CORDA kann Datenblöcke mit einer Geschwindigkeit von bis zu 1,2 GB pro Sekunde vorladen. Diese Geschwindigkeit für die intelligente Vorladung wird in einem durchschnittlichen System erreicht, welches lediglich ein *Backend* aus Festplatten hat. Eine Zeitdauer von 5 ms für einen SBR ist ausreichend. CORDA erreicht die hohe Geschwindigkeit in solchen durchschnittlichen Systemen durch das parallele Laden von Datenblöcken und Indizes. Für diesen Zweck verfügt CORDA über ein exklusives Modul, mit dem parallele *Full Index Scans* erfolgen können.

Parallele *Full Index Scans* können nur mit CORDA erfolgen. Die Oracle-Datenbank verfügt über kein Modul, das diese parallelen *Full Index Scans* ermöglicht. Es besteht allenfalls die Möglichkeit, dass parallele *Range Index Scans* genutzt werden. Dies ist jedoch auch nur dann möglich, wenn man die kostenpflichtige Zusatzoption *Partitioning* nutzt. Mit der *Database Enterprise Edition* von Oracle können überhaupt keine parallelen Index-Scans ausgeführt werden.

Von Oracle gibt es auch kein Modul für die Beschleunigung von OLTP-Applikationen mit Hilfe einer intelligenten Vorladung. Es gibt nur die kostenpflichtige Zusatzoption *In Memory* [3–7] für *Dataware House Applications*. Diese Option ist für OLTP-Applikationen nicht geeignet. Mit dieser Option können auch keine Indizes vorgeladen werden. Es können nur Tabellen vorgeladen werden. Jedoch ist eine prozessorientierte Vorladung mit *In Memory* nicht möglich.

1.7.7 Kombination von CORDA mit der virtuellen Partitionierung

Mit CORDA ist es sogar möglich, bereits verwendete kostenpflichtige Zusatzoptionen von Oracle zu ersetzen, um die Lizenzkosten einzusparen. Der Autor hat das Konzept der virtuellen Partitionierung entwickelt. Dieses Konzept kann mit CORDA kombiniert werden. Dadurch ist es möglich, die kostenpflichtige Zusatzoption *Partitioning* abzulösen. Denn die Laufzeitvorteile dieser Zusatzoption werden mit CORDA prinzipiell noch wesentlich besser realisiert. Die Zusatzoption bietet auch die Möglichkeit an, die Partitionen zu verwalten. Diese Funktionalität wird im vollen Ausmaß durch die virtuelle Partitionierung bereitgestellt.

1.8 Reduktion der Laufzeit von OLTP-Applikationen

Wenn Prozesse einer OLTP-Applikation beschleunigt werden sollen, dann muss zuerst eine Analyse der aktuellen Laufzeit erfolgen. Das Ergebnis der Analyse ist die Grundlage für die Diagnose. Bei der Diagnose werden die Ursachen für die derzeitige Laufzeit festgestellt. Wenn die Ursachen bekannt sind, können die Maßnahmen festgelegt werden, mit denen die Prozesse beschleunigt werden.

1.8.1 Analyse

1.8.1.1 Datenbank-Konfiguration

Die Analyse startet zunächst sehr allgemein mit der Datenbank-Konfiguration. Hier werden zunächst keine spezifischen Bedingungen der Prozesse überprüft. Denn die Verbesserung der Datenbank-Konfiguration kann auch die Laufzeit der kritischen Prozesse reduzieren. Bei der Analyse der Datenbank-Konfiguration wird beispielsweise das *Logging* geprüft. *Redo Log Switches* sollten ca. alle 15 bis 30 Minuten erfolgen. Häufigere *Redo Log Switches* können die Laufzeit der Prozesse negativ beeinflussen. Die Analyse der allgemeinen Datenbank-Konfiguration hat also keinen direkten Bezug zu den langlaufenden Prozessen der OLTP-Applikation. Die allgemeine Datenbank-Konfiguration ist jedoch die Grundlage für die Ausführung der Prozesse. Die Optimierung der Grundlage kann daher die Laufzeit der Prozesse reduzieren. Für die Analyse der Datenbank-Konfiguration können AWR-Reporte mit Hilfe der Oracle-Datenbank erzeugt werden. Die Auswertung der AWR-Reporte ist im Kapitel 8 beschrieben. In diesem Kapitel werden die Bestandteile der Datenbank-Konfiguration vorgestellt und deren Überprüfung beschrieben. Das Kapitel beschreibt, wie die Analyse mit Hilfe der AWR-Reporte erfolgt. Wenn diese Analyse abgeschlossen ist, können bereits Teile der Datenbank-Konfiguration identifiziert worden sein, welche verbessert werden können. Durch die Optimierung kann die Laufzeit der Prozesse reduziert werden.

1.8.1.2 Normalisierung des Datenmodells

Wenn diese Beschleunigung der Prozesse bereits ausreicht, kann die Analyse schon beendet werden. Muss diese jedoch fortgesetzt werden, überprüft man im nächsten Schritt die Normalisierung des ERM (*Entity Relationship Model*) der OLTP-Applikation. Das ERM sollte mindestens in der dritten Normalform sein. Wenn diese dritte Normalform nicht erreicht wird, kann es eine Menge von Datensätzen mit zumindest teilweise identischen Inhalten geben. Dies führt zu unnötig großen Tabellen. Daher ist es grundsätzlich sehr wichtig, bei dem Entwurf des ERM mindestens die dritte Normalform zu erreichen. Wenn diese Normalisierung jedoch nicht beachtet wurde, kann die nachträgliche Korrektur dieser Modellierung viel Aufwand verursachen. Dann muss man eventuell Alternativen prüfen. Denn ein *Full Table Scan* auf einer großen Tabelle kann die Laufzeit der Prozesse negativ beeinflussen. Für große Tabellen gibt es auch große Indizes. Dann dauert auch ein *Full Index Scan* sehr lange. Der Index kann auch redundante Daten enthalten. Die Redundanz kann mit Hilfe von *Compression* aus den Tabellen und Indizes beseitigt werden, ohne dass die Normalisierung des ERM verändert wird. *Compression* ist im Kapitel 7.1 beschrieben.

1.8.1.3 Datenbank-Architektur

Große Tabellen können auch entstehen, wenn alle abgeleiteten Objekte einer Basisklasse in derselben Tabelle gespeichert werden. Wenn es also beispielsweise eine Tabelle PARTNER gibt, kann man darin die Objekte der Klassen PERSON und ORGANISATION speichern. Beide Objekte sind von der Basisklasse PARTNER abgeleitet. In der Tabelle PARTNER wird dann die Zugehörigkeit des Objekts zu der jeweiligen Klasse durch ein zusätzliches Attribut DISCRIMINATOR kenntlich gemacht. In diesem Attribut wird der Name der Klasse eingetragen, der das Objekt angehört. Das sind also die beiden Ausprägungen PERSON oder ORGANISATION. Es ist jedoch auch möglich, für jede Klasse eine eigene Tabelle anzulegen. Wenn Prozesse nur mit Objekten der Klasse PERSON arbeiten, ist beispielsweise ein *Full Table Scan* auf dieser Tabelle deutlich schneller im Vergleich zu einem *Full Table Scan* auf der Tabelle PARTNER. Denn die Tabelle PARTNER ist viel größer, weil dort auch die Organisationen gespeichert sind, die der Prozess nicht benötigt. Wenn die Analyse der Datenbank-Architektur dann ergibt, dass die Tabelle PARTNER die Ursache für die lange Laufzeit des Prozesses ist, kann man die Tabelle PARTNER in die beiden Tabellen PERSON und ORGANISATION splitten. Die Abbildung des Objektmodells der OLTP-Applikation auf das ERM der Datenbank kann also auf unterschiedliche Weise erfolgen. Bei der Entscheidung für eine Variante muss man die Konsequenzen für die Laufzeit mit einbeziehen.

1.8.1.4 Optimierung der Ausführungspläne

In den bisherigen Abschnitten dieses Kapitels wurden allgemeine Rahmenbedingungen erläutert, welche Auswirkungen auf die Laufzeit der Prozesse haben. Durch die Optimierung der Ausführungspläne kann ein gezielter Einfluss auf die Laufzeit des Prozesses erreicht werden. Dazu müssen diejenigen Ausführungspläne analysiert werden, die den SQL-Befehlen des Prozesses zugeordnet sind. Besonders beachtet werden die langlaufenden SQL-Befehle. Die Identifikation und Analyse dieser SQL-Befehle sind im Kapitel 8 beschrieben. Dieses Kapitel befasst sich mit dem AWR-Report. Die Analyse der SQL-Befehle wird im Abschnitt 8.15 vorgestellt. In diesem Abschnitt werden die SQL-Statistiken erläutert. Mit Hilfe dieser Statistiken kann man beispielsweise erkennen, wenn ein SQL-Befehl einen hohen Anteil der CPU (*Central Processing Unit*) genutzt hat oder erhebliche IO-Verarbeitung verursacht. Man erhält also mit den SQL-Statistiken die Anhaltspunkte für die Optimierung der Ausführungspläne. Durch die Änderung der Ausführungspläne kann sich die SQL-Statistik eines SQL-Befehls deutlich ändern. Beispielsweise kann die IO-Verarbeitung reduziert werden, wenn man die Zugriffspfade im Ausführungsplan anpasst. Das kann zum Beispiel ein indizierter Zugriff auf eine Tabelle sein, der einen bisherigen *Full Table Scan* ersetzt. Für die Auswahl der optimalen Zugriffspfade benötigt man detaillierte statistische Informationen zu den einzelnen Schritten des Ausführungsplans. Diese Information erhält man nicht mit AWR-Reporten. Diese enthalten nur aggregierte Statistiken der SQL-Befehle. Diese aggregierten Statistiken setzen sich aus den Statistiken der einzelnen Schritte zusammen. Daher braucht man diese detaillierten Statistiken, wenn man den Ausführungsplan optimieren möchte. Die detaillierten Statistiken erhält man mit dem *SQL Monitoring Report*. Die Erzeugung und Auswertung dieses Reports sind im Abschnitt 4.2.15 „MONITOR“ des Kapitels 4 erklärt. Dieser Abschnitt gehört zum Kapitel, das sich mit *Hints* beschäftigt. Denn die Erzeugung der detaillierten Statistiken für den *SQL Monitoring Report* kann mit dem *Hint* `MONITOR` veranlasst werden. Handelt es sich jedoch um einen länger laufenden SQL-Befehl, dann muss der *Hint* nicht verwendet werden. Dann werden die detaillierten Statistiken automatisch erzeugt. Der *SQL Monitoring Report* bereitet diese Statistiken dann für eine Präsentation auf. Mit dem AWR-Report werden also in einem ersten Schritt die SQL-Befehle identifiziert, welche optimiert werden sollen. Für diese SQL-Befehle wird dann jeweils ein *SQL Monitoring Report* erzeugt. Dieser Report ist die Grundlage für die Optimierung des zugehörigen Ausführungsplans. Die Anpassung der Ausführungspläne kann mit Hilfe von *Hints* erfolgen. Diese sind in den Kapiteln 4 und 5 beschrieben. Der Einsatz von *Hints* kann erforderlich werden, wenn der Ausführungsplanoptimierer nicht selbständig den besten Ausführungsplan findet. Das kann insbesondere bei komplexen SQL-Befehlen der Fall sein. Denn der Optimierer verwendet ein heuristisches Vorgehen. Es gibt daher keine Garantie, dass der erzeugte Ausführungsplan auch der beste ist. Denn bei komplexen SQL-Befehlen gibt es eine Vielzahl von potentiellen Ausführungsplänen, so dass der Optimierer nicht alle möglichen Pläne überprüfen kann. Dann versucht er durch ein heuristisches Vorgehen, den besten Plan zu identifizieren. Dies gelingt jedoch nicht immer. In diesem Fall kann man den Plan des Optimierers mit Hilfe von *Hints* verbessern. Der Optimierer kann so konfiguriert werden, dass er sich bei Erzeugung der Ausführungspläne auf Statistiken stützt, welche für den Datenbestand erstellt wurden. Der Optimierer findet eventuell den besten Plan auch dann nicht, wenn diese Statistiken unzureichend sind. In diesem Fall sollte die Verwendung von *Hints* nur temporär sein. Denn langfristig sollen die Statistiken verbessert werden. Das ist dann die Aufgabe des DBA (Datenbankadministrator). Die Statistiken für den Ausführungsplanoptimierer werden im Kapitel 3 vorgestellt. Weitere Informationen zu den Ausführungsplänen erhält man in den Kapiteln 2 und 7.3.

Die Ausführungspläne können auch durch die Verwendung von Binde-Variablen beeinflusst werden. Verwendet man in den SQL-Befehlen die Binde-Variablen, wird der Zeitanteil für das Parsen der SQL-Befehle reduziert. Denn mit Binde-Variablen werden die SQL-Befehle parametrisiert. Die Parametrisierung macht es möglich, dass ein erzeugter Ausführungsplan im LC (*Library Cache*) gespeichert wird und wiederverwendet wird. Der LC ist Teil des *Shared Pool*. Erst wenn der *Shared Pool* geleert wird, erfolgt ein erneutes Parsen des SQL-Befehls. Wenn ein parametrisierter SQL-Befehl aus dem LC wiederverwendet wird, werden nur die Binde-Variablen zur Laufzeit durch Ausprägungen ersetzt, welche beim Aufruf an die Datenbank geleitet wurden. Gibt es jedoch keine Binde-Variablen, muss der Parser erneut auf den SQL-Befehl angewendet werden, wenn es den SQL-Befehl mit den gesetzten Ausprägungen im LC nicht gibt. Dann wird mehr Zeit für das Parsen verbraucht. Denn es muss jedes Mal ein neuer Ausführungsplan erzeugt werden. Das kann jedoch dann erwünscht sein, wenn die Ausprägungen der betroffenen Attribute nicht gleichverteilt sind. Denn bei einer ungleichen Verteilung der Ausprägungen müssen eventuell in Abhängigkeit von den zur Laufzeit gesetzten Ausprägungen jeweils passende Ausführungspläne erzeugt werden. Das ist nur dann möglich, wenn der Ausführungsplanoptimierer Kenntnis über die Verteilung der Ausprägungen hat. Diese Verteilungen werden mit Histogrammen erfasst. Wenn SQL-Befehle nicht parametrisiert sind, werden die Histogramme ausgewertet, um den passenden Ausführungsplan zu erzeugen. Sind die Befehle jedoch parametrisiert, werden die Histogramme nicht beachtet. Es wird stattdessen eine Gleichverteilung der Ausprägungen angenommen. Binde-Variablen sind im Kapitel 7.2 beschrieben. Das Kapitel 3 befasst sich mit Histogrammen.

1.8.1.5 Identifikation der laufzeitkritischen Objekte

Lange Laufzeiten von Prozessen können durch laufzeitkritische Datenbank-Objekte verursacht werden. Das können große Tabellen sein. Der Zugriff auf diese großen Tabellen kann lange dauern. Dafür kann beispielsweise ein *Full Table Scan* verantwortlich sein. Damit werden alle Blöcke der Tabelle geladen. Auch *Range Index Scans* auf diese Tabellen beeinflussen die Laufzeit der Prozesse oft negativ. *Joins* mit großen Tabellen dauern auch länger. Die Identifikation dieser Objekte kann im AWR-Report erfolgen. Der Report hat einen Abschnitt für Segment-Statistiken. Segmente enthalten mehrere *Extents*. Die *Extents* sind Container für Datenblöcke. Ein Datenbank-Objekt wird in Segmenten gespeichert. Die Segment-Statistiken informieren über die Zugriffe auf dessen Segmente. Man erhält statistische Informationen über lesende und schreibende Zugriffe auf die Segmente der Datenbank-Objekte. Ebenso wird der Anteil der *Full Table Scans* für die jeweiligen Datenbank-Objekte in den Segment-Abschnitt des Reports eingetragen. Der Segment-Abschnitt ist im Kapitel 8.22 beschrieben. Wenn laufzeitkritische Objekte identifiziert wurden, kann man die Zugriffe auf diese Objekte beschleunigen. Dazu sollte man den Zugriffspfad kennen. Wenn das beispielsweise ein *Range Index Scan* ist, kann man die Menge der Datenblöcke reduzieren, die mit einem indizierten Zugriff geladen werden. Dazu muss man diejenigen Attribute der Tabelle sortieren, die im Index enthalten sind. Durch diese Sortierung werden der Index und die Tabelle synchronisiert. Die Attribute der Tabelle müssen in der Reihenfolge sortiert werden, die auch für den Index gilt. Durch diese Sortierung werden fachlich zusammengehörige Datensätze in der minimal möglichen Menge von Datenblöcken gespeichert. Diese Optimierung bewirkt dann, dass bei einem indizierten Zugriff mit dem *Range Index Scan* so wenige Datenblöcke wie möglich geladen werden.

Bei diesem Verfahren handelt es sich um das *Row Resequencing*, welches im Kapitel 6.3 erklärt wird. Für die Sortierung muss eine neue Tabelle erzeugt werden. In dieser Tabelle werden die Datensätze der Quell-Tabelle in der sortierten Reihenfolge gespeichert. Anschließend wird die Quell-Tabelle gelöscht. Dieses Vorgehen hat den zusätzlichen Vorteil, dass es keine leeren Datenblöcke für die neue Tabelle gibt. In der Quell-Tabelle können dagegen leere Datenblöcke vorhanden sein, welche durch das Löschen der darin vorhandenen Datensätze entstanden sind. Leere Datenblöcke beeinflussen die Laufzeit negativ. Durch die Erzeugung der neuen Tabelle werden die Datenblöcke auf dem Speichermedium benachbart platziert. Dadurch können *Full Table Scans* mit einem Festplatten-System beschleunigt werden, weil benachbarte Datenblöcke durch eine Rollbewegung des Lese-/Schreibkopfs geladen werden. Da die Blöcke nicht auf der Platte verteilt sind, entfallen Positionierungen des Lese-/Schreibkopfs. Dadurch ergibt sich ein weiterer positiver Effekt für die Laufzeit. Denn die Positionierung verbraucht ca. 90 % der gesamten Zeitdauer zum Laden des Blocks. Die restlichen 10 % werden für die Rollbewegung benötigt. Dauert das Laden eines Blocks von der Platte 5 ms, dann entfallen 4,5 ms auf die Positionierung. Nur 0,5 ms werden für die Rollbewegung benötigt. Wenn also keine Positionierungen erforderlich sind, können alle Datenblöcke mit dem *Full Table Scan* mit einer durchschnittlichen Geschwindigkeit von 0,5 ms geladen werden. Selbst mit SSD können die Blöcke dann kaum noch schneller geladen werden.

1.8.1.6 Anteil der Single Block Reads

Wenn Prozesse für die Verarbeitung größere Datenmengen mit *Physical Reads* laden müssen und das lange dauert, dann kann ein großer Anteil von SBRs dafür verantwortlich sein. In diesem Fall kann eine Beschleunigung erreicht werden, indem der Anteil der SBRs gesenkt wird. Dies kann durch eine stärkere Nutzung von MBRs erfolgen. Es ist bei einem System mit zwölf Festplatten möglich, dass 120 Datenblöcke mit einem *Read* gelesen werden. Es werden dann von jeder Festplatte im Durchschnitt zehn Datenblöcke gelesen. Dies ist mit einem *Read* möglich, weil benachbarte Blöcke auf der Platte mit einer Rollbewegung gelesen werden. Das Lesen von zehn Datenblöcken dauert nicht viel länger im Vergleich zum Lesen eines Datenblocks, weil keine Positionierungen des Lese-/Schreibkopfs erforderlich sind. Daraus folgt wiederum, dass ein MBR von 120 Datenblöcken auch kaum mehr Zeit verbraucht als ein MBR von zwölf Datenblöcken, wenn zwölf Festplatten im System vorhanden sind. Daher können Prozesse mit Hilfe von MBRs beschleunigt werden, wenn ein hoher Anteil von SBRs eine längere Laufzeit der Prozesse verursacht. Durch Analyse des AWR-Reports kann der Anteil von SBRs und MBRs ermittelt werden. Das ist im Abschnitt 8.7 beschrieben. Dort werden die *Top Foreground Events* erläutert. Wenn die SBRs einen hohen Anteil an der Vordergrund-Verarbeitung haben, ist der Anteil als ein solcher *Foreground Event* erfasst. Wenn das der Fall ist, sind weitere Analysen erforderlich, damit die geeignete Maßnahme ausgewählt werden kann, um den Anteil der MBRs zu erhöhen. Durch die Analyse der Ausführungspläne kann man Hinweise erhalten, mit denen der konkrete Handlungsbedarf ermittelt wird. Im Unterkapitel 4.2.15 „MONITOR" des Kapitels 4 ist beschrieben, wie die Ausführung des Plans mit Hilfe von Laufzeit-Informationen ausgewertet werden kann. Das Ergebnis der Auswertung könnte beispielsweise sein, dass die lange Laufzeit durch indizierte Zugriffe auf große Tabellen verursacht wird. Indizierte Zugriffe auf Tabellen erfolgen mit SBRs. Wenn damit sehr viele Datenblöcke geladen werden, kann das lange dauern, weil viele Positionierungen des Lese-/

Schreibkopfs erforderlich sind. Dann kann stattdessen ein *Full Table Scan* mit MBRs effektiver sein. Der Ausführungsplan kann durch *Hints* entsprechend angepasst werden. Die Verwendung von *Hints* ist in den Kapiteln 4 und 5 beschrieben. Die Effektivität der MBRs kann mit einem RAC (*Real Application Cluster*) gesteigert werden. Denn die parallele Verarbeitung des Ausführungsplans kann auf die verfügbaren Rechner im RAC verteilt werden. Diese Verteilung kann auch mit *Hints* kontrolliert werden. Im Kapitel 6.1 ist das RAC beschrieben.

Eine alternative Möglichkeit für das Beispiel ist die Verwendung von CORDA. Die Verwendung von CORDA hat den großen Vorteil, dass der Ausführungsplan nicht verändert werden muss. Mit CORDA wird die Tabelle vor dem Prozessstart mit hoher Geschwindigkeit in das Memory geladen. Dabei können in einem durchschnittlichen System Geschwindigkeiten von mehr als einem GB pro Sekunde erreicht werden. Während der Ausführung des Plans ist die laufzeitkritische Tabelle im Memory vorhanden. Die indizierten Zugriffe können dann sehr schnell erfolgen, weil nur noch *Logical Reads* auf Datenblöcke der laufzeitkritischen Tabelle im *Buffer Cache* erfolgen. Aufgrund der hohen Vorladegeschwindigkeit, über die CORDA verfügt, kann die Ausführung der Pläne in der Regel mit Hilfe von CORDA schneller erfolgen im Vergleich zur Änderung des Ausführungsplans. Es ist auch nicht immer möglich, die Ausführungspläne zu verbessern. Es ist auch häufig der Fall, dass indizierte Zugriffe auf Tabellen lange dauern und man keine Alternative hat, weil stattdessen *Full Table Scans* noch länger dauern würden. Wenn daher der Ausführungsplan nicht mehr optimiert werden kann, besteht dennoch die Möglichkeit, die Ausführung mit CORDA erheblich zu beschleunigen. CORDA ist im Kapitel 10 beschrieben. Mit CORDA werden die laufzeitkritischen Objekte permanent im *Keep Buffer Pool* gespeichert. Da dieser Pool zur SGA gehört, wird mit CORDA im Vergleich zum Smart-Flash-Cache ein schnellerer Zugriff ermöglicht. Der Smart-Flash-Cache ist nämlich nur ein Sekundärspeicher für Datenbank-Objekte, die aus der SGA verdrängt wurden. Der Smart-Flash-Cache wird auf SSD verwaltet und erreicht deshalb nicht die Zugriffsgeschwindigkeit, die CORDA bietet. Der Smart-Flash-Cache ist auch nur dann verfügbar, wenn man Oracle-Linux® oder *Exadata* verwendet. Beschrieben ist der Smart-Flash-Cache im Kapitel 7.4.

CORDA ermöglicht das intelligente Vorladen von Tabellen und Indizes mit hoher Geschwindigkeit. Der Nutzer von CORDA legt fest, welche Datenbank-Objekte in den *Keep Buffer Pool* vorgeladen werden sollen. Die Oracle-Datenbank bietet auch ein automatisiertes Vorladen von Indizes mit dem *Block Prefetching* an. Das *Block Prefetching* erfolgt jedoch automatisch. Der Nutzer hat keinen Einfluss darauf, welche Indizes vorgeladen werden. Das *Block Prefetching* von Oracle erreicht auch nicht die Vorladegeschwindigkeit von CORDA. Das *Block Prefetching* ist im Kapitel 6.2 beschrieben.

CORDA kann mit dem Konzept der virtuellen Partitionierung kombiniert werden. Dieses Konzept wurde vom Autor entwickelt. Die virtuelle Partitionierung kann die kostenpflichtige Zusatzoption *Partitioning* von Oracle für typische Anwendungsfälle oft im vollen Ausmaß ersetzen, ohne dass es zu Einbußen bei der Ausführungsgeschwindigkeit und der Funktionalität kommt. Das Konzept der virtuellen Partitionierung ist im Kapitel 11 beschrieben.

1.8.2 Behebung

Wenn die Analyse abgeschlossen ist, kennt man die Ursachen für die Laufzeitprobleme. Die Analyse ist die Grundlage für die Festlegung der Maßnahmen, mit denen die Laufzeitprobleme behoben werden. Für die Behebung gibt es mitunter mehrere Alternativen. Diese können oft sogar kombiniert werden. Die Auswahl einer Alternative erfolgt dann nach einer Kosten-Nutzen-Analyse. Es wird die günstigste Alternative ausgewählt, mit der die gewünschte Beschleunigung der Prozesse erreicht wird. Wenn mit einer Alternative die angestrebte Beschleunigung nicht erreicht wird, muss man die Kombination von verfügbaren Alternativen prüfen. Der Einsatz von mehreren Alternativen ist jedoch teurer.

2 Grundlagen

2.1 Ausführungsplan

SQL ist eine Sprache der vierten Generation. Bei diesen Programmiersprachen muss der Entwickler den Algorithmus nicht mehr selber programmieren. Diese Aufgabe übernimmt bei Oracle-Datenbanken der Ausführungsplanoptimierer. Der Entwickler muss mit SQL nur beschreiben, welche Datensätze verarbeitet werden sollen. Auf dieser Basis entwickelt der Optimierer den Ausführungsplan. Dieser Plan beschreibt den Algorithmus, der angewendet wird, um die gewünschte Verarbeitung zu erreichen. Das kann beispielsweise eine Selektion sein, die der Entwickler in SQL formuliert und damit festlegt, welche Datensätze aus dem Bestand selektiert werden sollen. Der Optimierer analysiert dann die Selektion und entwickelt einen maßgeschneiderten Ausführungsplan, der gewährleisten soll, dass die gewünschten Datensätze so schnell wie möglich aus dem Bestand selektiert werden. Der Optimierer muss dabei aus einer Menge von verfügbaren Verarbeitungsschritten auswählen. Maßgeblichen Einfluss auf die Laufzeit haben die folgenden Faktoren:

- Zugriffspfade
  - *Table Scan*
  - *Index Scan*
- Parallelverarbeitung
- *Joins*
- *Views*
  - *Merge*
  - *No Merge*
- Verarbeitungsreihenfolge
- *Hints*

Der Entwickler kann dem Optimierer Statistiken über den Datenbestand zur Verfügung stellen. Diese Statistiken helfen dem Optimierer bei der Auswahl der geeigneten Arbeitsschritte für den Ausführungsplan. Der Optimierer kann auch selbständig Statistiken mit Hilfe von Stichproben aus dem Datenbestand erheben. Die Berechnung von dynamischen Statistiken benötigt jedoch Laufzeit, so dass dann die Bereitstellung des Ergebnisses etwas länger dauern kann.

Der Optimierer muss die Zugriffspfade [8, 9] festlegen, mit denen die gewünschten Datensätze ermittelt werden sollen. Er kann diese Datensätze durch das Scannen der betroffenen Tabellen oder von verfügbaren Indizes ermitteln. Das Scannen von Tabellen oder Indizes kann parallel [10, 11] oder sequentiell erfolgen. Das parallele Scannen von Indizes ist auch nur dann möglich, wenn der Index partitioniert ist. Die Partitionierung von Indizes muss durch den Entwickler erfolgen. Dies ist nur möglich, wenn die kostenpflichtige Zusatzoption *Partitioning* zur Verfügung steht.

https://doi.org/10.1515/9783110601817-002

Wenn Tabellen miteinander verknüpft werden müssen, dann kann der Optimierer die optimale Verknüpfungstechnik im Ausführungsplan eintragen. Das kann beispielsweise die Verknüpfungstechnik *Nested Loop* sein. Hier werden die passenden Datensätze aus beiden beteiligten Tabellen mit Hilfe einer äußeren und inneren Schleifenverarbeitung miteinander verknüpft. Der Ausführungsplan kann *Views* enthalten, welche von einer Selektion verwendet werden. Der Optimierer kann die *Views* im Ausführungsplan separat einbinden. Es ist jedoch auch möglich, die *Views* mit der verwendenden Selektion zu verschmelzen. Der Optimierer legt auch die Reihenfolge fest, in welcher die Arbeitsschritte verarbeitet werden. Bei der Entwicklung des Ausführungsplans beachtet er auch *Hints*, sofern diese vorhanden sind. *Hints* werden vom Entwickler in den SQL-Befehl eingetragen. Dadurch kann der Entwickler den Ausführungsplan beeinflussen. Wenn sich also beispielsweise der Optimierer für einen *Table Scan* entscheidet, dann kann der Entwickler diese automatische Entscheidung mit einem *Hint* übersteuern und stattdessen beispielsweise mit dem *Hint* einen Index-Scan anfordern.

Mit dem Befehl `EXPLAIN PLAN FOR {<SQL COMMAND>}` wird die Erzeugung des Ausführungsplans für den SQL-Befehl bewirkt:

```
EXPLAIN PLAN
    FOR
        SELECT *
          FROM (SELECT P.PARTK_ID, F.PARTNER_ID,  P.ID
                  FROM (SELECT ID, GEBURTSDATUM_DATE,  P.PARTK_ID
                          FROM PAR_PARTNER P
                         WHERE    GEBURTSDATUM_DATE IS NOT NULL
                               AND PARTK_ID IS NOT NULL) P,
                       PRO_FACHTRANSAKTION  F
                 WHERE P.PARTK_ID = F.PARTNER_ID);
```

Der Ausführungsplan wird dann in der Tabelle `PLAN_TABLE` gespeichert. Dann kann man mit der Funktion `DISPLAY` aus dem Package `DBMS_XPLAN` den Ausführungsplan anzeigen:

```
SELECT PLAN_TABLE_OUTPUT
FROM   TABLE(DBMS_XPLAN.DISPLAY(NULL, NULL, 'ALL'));
```

Das Resultat wird im Attribut `PLAN_TABLE_OUTPUT` gespeichert. Die Funktion erhält im Beispielaufruf drei Argumente:

- `TABLE_NAME`
  - Der Name der Tabelle, in welcher der Ausführungsplan gespeichert wird.
  - Der *Default Value* ist `PLAN_TABLE`, wenn das Argument `NULL` ist.

- STATEMENT_ID
  - Ist ein Attribut aus PLAN_TABLE und kennzeichnet einen Ausführungsplan.
  - Wenn das Argument NULL ist, wird der zuletzt erzeugte Ausführungsplan angezeigt.
- FORMAT
  - Bestimmt die Menge der Attribute aus der Tabelle PLAN_TABLE, die angezeigt werden.
  - BASIC
    - Es werden die wenigsten Attribute angezeigt.
  - TYPICAL
    - Ist der *Default Value* und zeigt viele Attribute aus der Tabelle an.
  - ALL
    - Zeigt alle Attribute von TYPICAL an und ergänzt noch weitere Attribute.

Man erhält dann als Ergebnis den folgenden Ausführungsplan:

```
-----------------------------------------------------------------------------------------------------------
| Id  | Operation              | Name                      | Rows  | Bytes |TempSpc| Cost (%CPU)| Time     |
-----------------------------------------------------------------------------------------------------------
|   0 | SELECT STATEMENT       |                           |   39M|   914M|       | 96705   (1)| 00:00:04 |
|*  1 |  HASH JOIN             |                           |   39M|   914M|    12M| 96705   (1)| 00:00:04 |
|*  2 |   TABLE ACCESS FULL    | PAR_PARTNER               |  419K|  7778K|       |  6150   (1)| 00:00:01 |
|*  3 |   INDEX FAST FULL SCAN| PRO_FTRX_IX_PARTNER_ID_4 |   27M|   131M|       | 67428   (1)| 00:00:03 |
-----------------------------------------------------------------------------------------------------------
```

Abb. 2.1: Mit Funktion DISPLAY erzeugter Ausführungsplan.

Die Länge der Einrückungen für die Operationen bestimmt deren Ausführungsreihenfolge. Die Längen werden absteigend sortiert. Wenn Operationen gleich lange Einrückungen haben, dann wird die Operation mit der kleineren ID zuerst ausgeführt. Daher wird als erstes der *Full Table Scan* für die Tabelle PAR_PARTNER ausgeführt. Die Einträge in den dann folgenden Spalten sind Schätzwerte für die jeweilige Operation:

- ROWS
  - Anzahl der zu erwartenden Datensätze
- BYTES
  - erwartete Verarbeitungsmenge in Bytes
- TEMPSPC
  - erwartete Größe des *Tablespace* TEMP
- COST
  - geschätzte Kosten
- %CPU
  - benötigter prozentualer Anteil der CPU
- TIME
  - erwartete Laufzeit

Die Werte werden aufsummiert. Daher enthält eine Operation auch die Schätzwerte der untergeordneten Operationen. Das Endresultat ist daher in der Operation mit `ID` 0 eingetragen.

Die Schätzwerte dieser Operation 0 haben folgende Bedeutung:

- `ROWS`
  - 39 Millionen Treffer werden insgesamt erwartet.
- `BYTES`
  - Die Treffer haben einen Speicherbedarf von 914 MB (*Megabyte*).
- `COST`
  - Gesamtkosten von 96.705.
- `%CPU`
  - Der gesamte CPU-Anteil beträgt 1 %.
- `TIME`
  - Die erwartete Gesamtlaufzeit der Selektion beträgt vier Sekunden.

Der Optimierer schätzt die Kosten für einen Ausführungsplan mit Hilfe der Statistiken. Diese Statistiken enthalten Informationen über die Leistungsparameter des Systems, die Datenverteilung und die Eigenschaften des Speichers für die Tabellen, Indizes und Partitionen.

Bei den Kosten handelt es sich um einen Schätzwert für den Ressourcenbedarf eines Ausführungsplans.

Der Ressourcenbedarf wird aus mehreren Ressourcenanteilen berechnet:

- *I/O Operations* (*Input/Output Operations*)
- *CPU Activity*
- *Memory Operations*

Der Schätzwert ist proportional zum Ressourcenbedarf. Ein Ausführungsplan mit größeren Kosten hat daher einen größeren Ressourcenbedarf. Der Optimierer schätzt den Ressourcenbedarf mit Hilfe der Zugriffspfade und der Verknüpfungs-Reihenfolge des Ausführungsplans.

Wenn die Kosten von Ausführungsplänen verglichen werden, die sequentiell ausgeführt werden, dann hat ein Plan mit höheren Kosten auch eine längere Laufzeit. Bei parallel auszuführenden Plänen kann man jedoch nicht mit Hilfe der Kosten die zu erwartenden Laufzeiten dieser Pläne vergleichen, weil dann der Ressourcenbedarf nicht direkt mit der Laufzeit verknüpft ist.

2.1.1 Query-Blöcke

Der Optimierer formt den ursprünglichen SQL-Befehl eventuell um, bevor der Ausführungsplan erzeugt wird. Durch die Umformung können *Views* und Sub-Querys entstehen, welche im originalen SQL-Befehl nicht existierten. Jede neue *View* und Sub-Query wird als Query-Block behandelt. Die Namen der Query-Blöcke werden mit Hilfe von

```
DBMS_XPLAN.DISPLAY(NULL, NULL, 'ALL')
```

im zweiten Abschnitt der Ausgabe aufgelistet:

```
-------------------------------------------------------------

Query Block Name / Object Alias (identified by operation id):
-------------------------------------------------------------

   1 - SEL$5C160134
   2 - SEL$5C160134 / P@SEL$3
   3 - SEL$5C160134 / F@SEL$2
```

In diesem Abschnitt erkennt man, dass keine Transformation stattgefunden hat, denn es gibt nur einen Query-Block mit dem Namen `SEL$5C160134`. Dieser Query-Block besteht aus drei Operationen, die mit den IDs 1 bis 3 im Ausführungsplan gekennzeichnet sind. Die Operationen 2 und 3 haben jeweils einen Alias erhalten.

2.1.2 Planstabilität

Mit Hilfe der Planstabilität wird gewährleistet, dass zur Laufzeit ein Ausführungsplan zur Anwendung kommt, den der Programmierer bereits während des Entwicklungsprozesses als stabilen und gewünschten Plan abgespeichert hat. Der Programmierer kann dazu die Techniken *Stored Outlines* oder SPM nutzen. *Stored Outlines* ist die Vorgängerversion von SPM und kann noch in älteren Projekten im Einsatz sein. SPM ist jedoch die modernere Technik für die Unterstützung der Planstabilität und wird daher nun auch von Oracle empfohlen. Wenn in einem Projekt noch *Stored Outlines* eingesetzt wird, dann sollte das nun durch SPM abgelöst werden. Mit dem Befehl `EXPLAIN PLAN FOR` erhält man auch Informationen für die Planstabilität.

2.1.2.1 Stored Outlines

Wenn man **`DBMS_XPLAN.DISPLAY`** mit der Formatierungs-Option `'+alias +outline'` anstelle von `'ALL'` aufruft, dann erhält man die *Outline Data*:

```
SELECT PLAN_TABLE_OUTPUT
FROM TABLE (DBMS_XPLAN.DISPLAY(NULL, NULL, '+alias +outline'));
```

In den *Outline Data* werden die *Query Block Names* und die *Object Aliases* verwendet:

```
Outline Data
-----------------
  /*+
   BEGIN_OUTLINE_DATA
   USE_HASH(@"SEL$5C160134" "F"@"SEL$2")
   LEADING(@"SEL$5C160134" "P"@"SEL$3" "F"@"SEL$2")
   INDEX_FFS(@"SEL$5C160134" "F"@"SEL$2" "PRO_FTRX_IX_PARTNER_ID_4")
   FULL(@"SEL$5C160134" "P"@"SEL$3")
   OUTLINE(@"SEL$3")
   OUTLINE(@"SEL$2")
   MERGE(@"SEL$3")
   OUTLINE(@"SEL$335DD26A")
   OUTLINE(@"SEL$1")
   MERGE(@"SEL$335DD26A")
   OUTLINE_LEAF(@"SEL$5C160134")
   ALL_ROWS
   OPT_PARAM('optimizer_index_caching' 90)
   OPT_PARAM('_optim_peek_user_binds' 'false')
   OPT_PARAM('_b_tree_bitmap_plans' 'false')
   DB_VERSION('12.1.0.2')
   OPTIMIZER_FEATURES_ENABLE('12.1.0.2')
   IGNORE_OPTIM_EMBEDDED_HINTS
   END_OUTLINE_DATA
  */
```

Die *Outline Data* enthalten die *Hints*, mit denen der Ausführungsplan vollständig beschrieben wird:

- `USE_HASH`
  - *Hash Join*
- `LEADING`
  - Festlegung der *Join Order*
- `INDEX_FFS`
  - *Fast Full Index Scan*
- `FULL`
  - *Full Table Scan*
- `OUTLINE`
  - Erzeugung der *Outline*
- `OUTLINE_LEAF`
  - Erzeugung der nicht transformierbaren *Outline*

- MERGE
  - Verschmelzung eines Blocks mit der umgebenden Selektion
- ALL_ROWS
  - Finden aller Datensätze so schnell wie möglich
- OPT_PARAM
  - Setzen des Wertes eines Datenbank-Parameters
- DB_VERSION
  - die Datenbank-Version, mit welcher der Ausführungsplan optimiert wurde.
- OPTIMIZER_FEATURES_ENABLE
  - Die Optimierung erfolgt mit der spezifizierten Datenbank-Version.
- IGNORE_OPTIM_EMBEDDED_HINTS
  - Keine Beachtung der im SQL-Befehl enthaltenen *Hints*

Man könnte diese *Hints* im SQL-Befehl ergänzen und bei Bedarf manuell optimieren. Dieses Vorgehen ist jedoch nicht empfehlenswert, weil die *Outline Data* mit automatisch vergebenen Namen für Query-Blöcke und *Aliases* arbeiten, so dass die *Outline Data* schwer zu lesen und warten sind. Die *Outline Data* beschreiben den Ausführungsplan eindeutig, so dass der Optimierer keine eigenen Entscheidungen mehr treffen kann. Das kann dazu führen, dass die *Outline Data* schon nach relativ kurzer Zeit nur noch suboptimal funktionieren. Es ist daher besser, den Ausführungsplan nur punktuell mit *Hints* zu beeinflussen, so dass der Optimierer weiterhin Freiheiten bei der Optimierung hat. Das hat den Vorteil, dass der SQL-Befehl langfristig genutzt werden kann, ohne dass Änderungen am Ausführungsplan erforderlich sind. Wenn man jedoch eine Planstabilität anstrebt, dann wurde das auch mit Hilfe von *Stored Outlines* unterstützt. Die *Stored Outlines* werden in den folgenden Tabellen gespeichert:
- OL$
- OL$HINTS
- OL$NODES

2.1.2.2 SQL Plan Management

Wenn die Planstabilität angestrebt wird, dann wird jedoch seit der Version 11g empfohlen, nicht mehr *Stored Outlines* zu verwenden, sondern stattdessen SPM zu nutzen. SPM unterstützt die automatisierte Weiterentwicklung von stabilen Plänen. Die Weiterentwicklung basiert auf Laufzeittests. Ein stabiler Plan wird nur weiterentwickelt, wenn der weiterentwickelte Plan bei diesen Tests die beste Laufzeit erreicht hat. Die Auswahl eines unbekannten Ausführungsplans wird dann also nicht mehr auf die geschätzten Statistiken gestützt, sondern alle verfügbaren Ausführungspläne werden mit Laufzeittests evaluiert.

Der Ausführungsplan wird mit dem Befehl EXPLAIN PLAN FOR nur geschätzt. Bei der Ausführung der Selektion kann zur Laufzeit ein anderer Ausführungsplan zur Anwendung kommen, sofern die Planstabilität nicht mit Hilfe von SPM gewährleistet wird. Mit SPM wird sichergestellt, dass der gespeicherte Ausführungsplan zur Anwendung kommt. Pläne, die mit SPM gespeichert werden, bezeichnet man als Baselines. Für einen SQL-Befehl können mehrere Baselines gespeichert sein. Diejenige Baseline, welche bei den Laufzeittests die besten Ergebnisse erzielt, wird als Master-Baseline bezeichnet. Wenn es für einen SQL-Befehl nur eine Baseline gibt, dann ist das die Master-Baseline. Mit dem Befehl `EXPLAIN PLAN FOR` wird auch bei aktiviertem SPM nicht die Master-Baseline angezeigt, sondern derjenige Ausführungsplan mit den geringsten statistischen Kosten. Wenn dieser Plan nicht mit der Master-Baseline übereinstimmt, dann kommt bei aktiviertem SPM die Master-Baseline zur Anwendung. Dadurch wird die Planstabilität garantiert. Eine detaillierte Beschreibung von SPM erfolgt in Kapitel 9.

2.1.2.3 AUTOTRACE

Den tatsächlich angewendeten Ausführungsplan erhält man mit dem Befehl

```
SET AUTOTRACE ON
```

Der Befehl muss im Skript vor der Selektion eingetragen werden. Dann wird anschließend die Selektion mit aktiviertem `AUTOTRACE` ausgeführt. Nach Abschluss der Selektion wird der tatsächlich angewendete Ausführungsplan angezeigt. Mit `AUTOTRACE` kann man prüfen, ob die Planstabilität in der gewünschten Weise funktioniert. Denn der ausgeführte Plan muss dann mit dem gespeicherten Plan übereinstimmen. Wenn das nicht der Fall sein sollte, ist die gewünschte Planstabilität nicht gewährleistet. Dann muss man die Ursache für die Differenz erkunden.

2.1.3 Prädikat-Informationen

Prädikate sind im *Where Clause* des SQL-Befehls enthalten.

2.1.3.1 Zugriffsprädikat (Access)

Mit Zugriffsprädikaten wird der Bereich eines Index identifiziert, der für den SQL-Befehl gelesen werden muss. Für die Speicherung der Ausprägungen kommen überwiegend B-Bäume zum Einsatz. Diejenigen Knoten des Baums, in welchen die Ausprägungen des Index sortiert gespeichert werden, bezeichnet man als Blätter. Der Bereich eines Index, der gelesen werden muss, wird durch einen Startknoten und Endknoten identifiziert. Die Navigation zu diesen beiden Blättern erfolgt ausgehend von der Wurzel des Baumes.

Jeder Knoten wird in einem Datenblock [12–15] gespeichert, der meistens eine Größe von acht KB hat. Diese Größe kann vom DBA parametrisiert werden. Die Blätter sind untereinander durch eine doppelte Verkettung miteinander verbunden. Aufgrund dieser doppelten Verkettung hat jedes Blatt eine gerichtete Kante, welche auf den Vorgänger zeigt, und eine weitere Kante, die auf den Nachfolger zeigt. Dadurch ergibt sich für die Blätter eine doppelt verkettete Liste. Wenn nun ein Bereich eines Index gelesen werden muss, werden zuerst der Startknoten und der Endknoten durch die Navigation im B-Baum identifiziert. Dann beginnt das Lesen der Datenblöcke bei dem Startknoten. Von diesem Ausgangspunkt wird die doppelt verkettete Liste genutzt, um alle Blätter zwischen dem Startknoten und Endknoten zu lesen. Die doppelte Verkettung ermöglicht das Lesen der Blätter in aufsteigender oder absteigender Reihenfolge. Durch den Ausführungsplan wird festgelegt, ob die doppelt verkettete Liste aufsteigend oder absteigend gescannt werden soll. Die doppelte Verkettung ermöglicht auch ein effizientes Einfügen von neuen Blättern. Dazu muss jeweils eine Kante der beiden Nachbarn des neuen Knotens auf diesen referenziert werden. Die beiden Kanten des neuen Blatts müssen wiederum auf die beiden Nachbarn gesetzt werden. Dadurch wird der neue Knoten in die doppelt verkettete Liste integriert. Durch die doppelt verkettete Liste der Blätter wird eine logische Verwaltung der Blätter ermöglicht, weil dadurch die physikalische Reihenfolge der Blätter auf dem permanenten Speichermedium irrelevant wird. Dies ermöglicht das Einfügen neuer Knoten, ohne dass zeitaufwändige Verschiebe-Operationen großer Datenmengen auf dem physikalischen Speicher notwendig sind.

2.1.3.2 Index-Filterprädikat

Index-Filterprädikate werden angewendet, während die Blätter zwischen dem Startknoten und Endknoten gelesen werden. Es werden dabei diejenigen Datensätze identifiziert, welche in die Treffermenge aufgenommen werden müssen, weil diese den Filterkriterien entsprechen. Mit Index-Filterprädikaten wird die Menge der *Reads* [16–18] nicht reduziert, weil Index-Filterprädikate sich nicht auf die Position des Startknotens oder Endknotens auswirken und deshalb der Indexbereich, der gelesen werden muss, nicht verringert wird.

2.1.3.3 Filterprädikat auf Tabellenebene

Filterprädikate auf Tabellenebene müssen angewendet werden, wenn Attribute von dem Filter betroffen sind, die nicht in einem Index enthalten sind, welcher im Ausführungsplan genutzt wird. Es müssen also Datenblöcke der Tabelle gelesen werden. Auf die im Block enthaltenen Datensätze wird der Filter dann angewendet. Datensätze, die dem Filterkriterium entsprechen, werden in die Ergebnismenge aufgenommen. Wenn der Zugriff auf die Tabelle mit einem *Full Table Scan* erfolgt, werden alle Datenblöcke der Tabelle gelesen. Mit einem indizierten Zugriff kann die Anzahl der *Reads* reduziert werden. Dies wird mit einem *Range Index Scan* ermöglicht. Dabei werden alle Datenblöcke des Index zwischen dem Startknoten und dem Endknoten gelesen. In jedem Datenblock des Index sind ROWNUMs eingetragen. Das sind technische Schlüssel, welche die Datensätze in der Tabelle eindeutig identifizieren. Es werden dann nur diejenigen Datenblöcke der Tabelle gelesen, welche die ROWNUMs enthalten. Je kleiner der Bereich ist, der mit dem *Range Index Scan* gelesen werden soll, umso weniger Datenblöcke der Tabelle müssen gelesen werden. Dadurch kann sich ein Laufzeitvorteil im Vergleich zum *Full Table Scan* ergeben. Ab einer bestimmten Größe des *Range Index Scan* ist jedoch der *Full Table Scan* schneller, weil mit diesem Scan keine Indexblöcke gelesen werden müssen. Der Planoptimierer entscheidet mit Hilfe von Statistiken, ob ein indizierter Tabellenzugriff oder ein *Full Table Scan* zum Einsatz kommen soll. Mit Hilfe der Statistiken berechnet der Optimierer die Anzahl der Datenblöcke, welche mit einem indizierten Zugriff oder einem *Full Table Scan* gelesen werden müssen. Diese prognostizierten *Reads* pro Zugriffsart sind dann die Grundlage für die Entscheidung.

2.1.3.4 Prädikat-Informationen im Ausführungsplan

Die folgende Tabelle zeigt die Prädikat-Informationen, welche man erhält, wenn man das Kommando

```
SELECT PLAN_TABLE_OUTPUT
FROM   TABLE(DBMS_XPLAN.DISPLAY(NULL, NULL, 'ALL'));
```

auf den SQL-Befehl anwendet, der in diesem Kapitel als Beispiel dient:

```
Predicate Information (identified by operation id):
---------------------------------------------------


  1 - access ("P"."PARTK_ID"="F"."PARTNER_ID")
  2 - filter ("GEBURTSDATUM_DATE" IS NOT NULL AND "PARTK_ID" IS NOT NULL)
  3 - filter ("F"."PARTNER_ID" IS NOT NULL)
```

Die Prädikat-Informationen erhält man für drei Operationen. Operation eins ist ein *Hash Join*. Hier werden die Tabelle PAR_PARTNER und der Index PRO_FTRX_IX_PARTNER_ID_4 miteinander verknüpft. Für diese Operation kommt ein Zugriffsprädikat zur Anwendung, mit dem der Startknoten und Endknoten des Index [19] identifiziert wird. Eine Einschränkung auf einen Bereich des Index ist nicht möglich. Daher müssen alle Datenblöcke des Index gelesen werden. Demzufolge müssen für die Verknüpfung auch alle Datenblöcke der Tabelle geladen werden, so dass ein *Full Table Scan* zum Einsatz kommt. Der *Full Table Scan* ist die zweite Operation. Für diese Operation ist ein Filterprädikat auf Tabellenebene eingetragen. Betroffen sind die beiden Attribute GEBURTSDATUM_DATE und PARTK_ID. Für diese beiden Attribute der Tabelle PAR_PARTNER wird im SQL-Befehl gefordert, dass deren Ausprägungen nicht NULL sein dürfen. Das Index-Filterprädikat für die Operation drei folgt aus dieser Forderung. Das Attribut PARTNER_ID ist im Index PRO_FTRX_IX_PARTNER_ID_4 enthalten. Dieses Attribut wird mit dem Attribut PARTK_ID verknüpft. PARTK_ID darf nicht NULL sein. Aufgrund der Verknüpfung darf daher das Attribut PARTNER_ID auch nicht NULL sein, so dass für die Operation drei ein Index-Filterprädikat eingetragen ist.

2.1.4 Column Projection Information

Die Projektion eines SQL-Befehls beschreibt die Spalten, welche ausgewählt werden sollen. Die Projektion unterscheidet sich von der Selektion, da mit der Selektion die Zeilen ausgewählt werden. Die Selektion wird mit Hilfe der Prädikate formuliert. Die nächste Tabelle enthält die Projektion für den SQL-Befehl, der in diesem Kapitel als Beispiel verwendet wird. Diese Tabelle erhält man als letzte Ausgabe, wenn man den Befehl

```
SELECT PLAN_TABLE_OUTPUT
FROM   TABLE(DBMS_XPLAN.DISPLAY(NULL, NULL, 'ALL'));
```

verwendet. Die Tabelle liefert für jede der drei Operationen des Ausführungsplans die jeweilige Projektion:

```
Column Projection Information (identified by operation id):
-----------------------------------------------------------
1 - (#keys=1) "P"."PARTK_ID"[NUMBER,22], "F"."PARTNER_ID"[NUMBER,22],
      "ID"[NUMBER,22]
2 - (rowset=200) "ID"[NUMBER,22], "PARTK_ID"[NUMBER,22]
3 - "F"."PARTNER_ID"[NUMBER,22]
```

Alle Attribute, die in der Tabelle eingetragen sind, haben das Format NUMBER.

Bei der Operation eins handelt es sich um einen *Hash Join*. Das Resultat des *Hash Join* enthält die drei Attribute PARTK_ID, PARTNER_ID und ID. Das Attribut ID ist ein Primärschlüssel. Mit dem Eintrag #keys=1 erhält man die Information, dass ein Primärschlüssel in der Projektion der Operation eins enthalten ist. Bei der Operation zwei findet ein *Full Table Scan* für die Tabelle PAR_PARTNER statt. Das Ergebnis der Projektion für diese Operation enthält die beiden Attribute ID und PARTK_ID. Die Projektion der Operation drei enthält das Attribut PARTNER_ID. Dieses Attribut ist im Index PRO_FTRX_IX_PARTNER_ID_4 enthalten.

2.2 Full Table Scan

Mit einem *Full Table Scan* wird jede Zeile einer Tabelle eingelesen:

```
SELECT * FROM PAR_PARTNER;
```

Für die Schätzung wird ein kostenbasierter Ansatz verwendet. Hierbei handelt es sich um eine Heuristik. Die angegebenen Einheiten entsprechen keiner realen Messgröße. Die Kosten verschiedener Pläne können miteinander verglichen werden, um zu entscheiden, welcher Plan schneller ausführbar ist. Die Vergleichbarkeit ist gewährleistet, wenn die Statistiken verlässlich sind und die Datenbank korrekt konfiguriert wurde. Abbildung 2.2 zeigt einen Ausführungsplan, der mit Hilfe von Statistiken erstellt wurde:

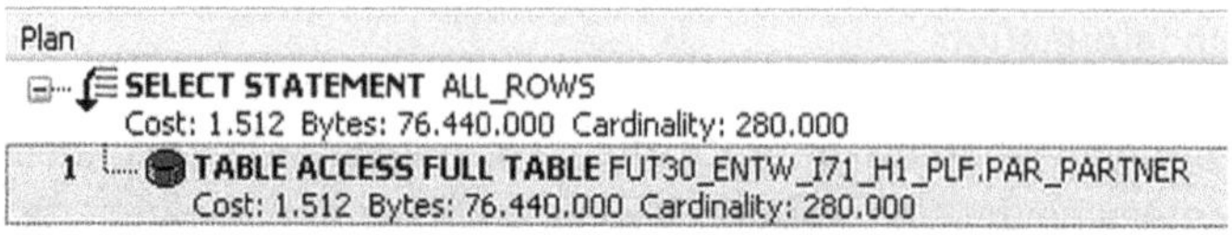

Abb. 2.2: Ausführungsplan mit *Full Table Scan*.

Auf Basis der Statistiken werden die Bytes angegeben, die voraussichtlich eingelesen werden müssen. Ebenso basiert die *Cardinality* auf den Statistiken. Hiermit wird die Anzahl der zu erwartenden Treffer geschätzt.

Mit Hilfe der *Cardinality* kann man die Güte der Statistiken einfach nachweisen, indem man die tatsächliche Trefferanzahl mit Test-Abfragen ermittelt und diese dann mit der *Cardinality* abgleicht.

2.3 Index-Scan

2.3.1 Range Index Scan

Der *Range Index Scan* [20] wird für den selektiven Zugriff verwendet, wenn der Wertebereich durch die Selektion eingegrenzt wird. Die Selektion kann einseitig oder zweiseitig begrenzt sein. Auch eine unbegrenzte Selektion ist möglich.

Somit kann der *Range Index Scan* bei den Vergleichsoperatoren =, <, > und BETWEEN zum Einsatz kommen.

2.3.1.1 Range Index Scan Ascending

Der *Range Index Scan Ascending* wird grundsätzlich aufsteigend ausgeführt, und dementsprechend werden die Datensätze auch in dieser Reihenfolge ausgegeben:

```
SELECT GEBURTSDATUM_DATE
  FROM PAR_PARTNER
 WHERE GEBURTSDATUM_DATE BETWEEN '01.01.1960' AND '01.01.1961';
```

Da nur ein Attribut selektiert wird, reicht die Nutzung eines Index aus. Ein indizierter Zugriff auf eine Tabelle erfolgt nicht. Da also nur ein Index genutzt wird, kann eine schnelle Ausführung der Selektion gewährleistet werden. Abbildung 2.3 zeigt den zugehörigen Ausführungsplan:

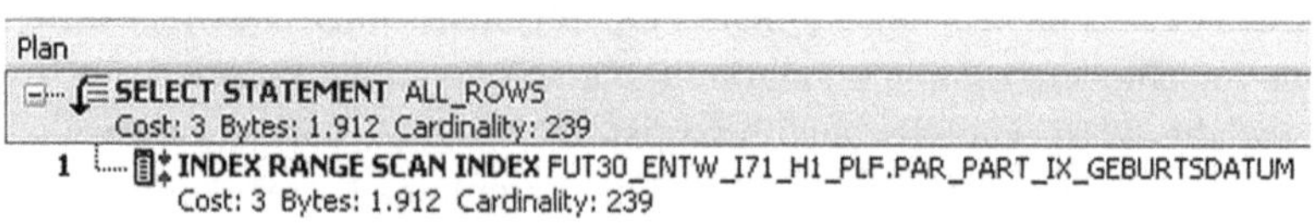

Abb. 2.3: Ausführungsplan mit *Range Index Scan Ascending*.

2.3.1.2 Range Index Scan Descending

Mit dem *Range Index Scan Descending* wird die absteigende Ausgabe von Daten optimiert. Die Voraussetzungen für den Einsatz dieses Index entsprechen denen des *Range Index Scan Ascending*. Zusätzlich fordert die Datenbankanfrage die absteigende Ausgabe der Daten. Dies wird durch diesen Index berücksichtigt. Grundsätzlich sind Indizes aufsteigend sortiert.

```
SELECT  GEBURTSDATUM_DATE
  FROM PAR_PARTNER
WHERE GEBURTSDATUM_DATE BETWEEN '01.01.1960' AND '01.01.1961'
ORDER BY GEBURTSDATUM_DATE DESC;
```

Die Abbildung zeigt den zugehörigen Ausführungsplan mit dem *Range Index Scan Descending*:

Abb. 2.4: Ausführungsplan mit *Range Index Scan Descending.*

Attribute eines Index können auch in absteigender Reihenfolge gespeichert werden. Wenn die absteigende Sortierung gewünscht ist, dann muss dies mit dem SQL-Befehl zum Anlegen des Index festgelegt werden:

```
CREATE INDEX FUTFLORCZYK_PLF.PAR_PART_IX_GEBURTSDATUM ON
FUTFLORCZYK_PLF.PAR_PARTNER (GEBURTSDATUM_DATE DESC);
```

Attribute von Indizes, die absteigend sortiert sind, werden auch grundsätzlich in aufsteigender Reihenfolge untersucht. Wenn also der Index aus diesem Beispiel absteigend sortiert wäre, dann würde ein *Range Index Scan Ascending* erfolgen.

2.3.2 Fast Full Index Scan

Beim *Fast Full Index Scan* wird der Index mit der Technik *Multi Block Read* vollständig eingelesen. Damit werden mehrere Datenblöcke parallel mit einem *Read* gelesen. Der Index muss alle Spalten umfassen, die für die Abfrage benötigt werden. Es müssen also alle Attribute, die im *Select Clause* und im *Where Clause* der SQL-Abfrage eingetragen sind, auch im Index enthalten sein.

Der Zugriff auf die Daten erfolgt dann ausschließlich über den Index und nicht über die zugehörige Tabelle. Der *Fast Full Index Scan* beachtet nicht die Sortierung des Index. Mit *Multi Block Reads* werden die Datenblöcke gemäß ihrer Positionierung auf dem Speichermedium eingelesen. Wenn für die Selektion eine Sortierung des Index erforderlich ist, muss nach dem *Fast Full Index Scan* noch ein *Sort* erfolgen, das zusätzliche Kosten verursacht. Diese zusätzlichen Kosten für die Sortierung müssen dann auch bei der Auswahl der optimalen Scan-Methode berücksichtigt werden.

In dem folgenden SQL-Befehl wird eine Spalte des Index mittels `NOT NULL` selektiert. Ohne diese Einschränkung würde ein *Full Table Scan* erfolgen:

```
SELECT NAME
  FROM PAR_PARTNER
 WHERE NAME IS NOT NULL;
```

Die Abbildung zeigt die Verwendung des *Fast Full Index Scan* im Ausführungsplan:

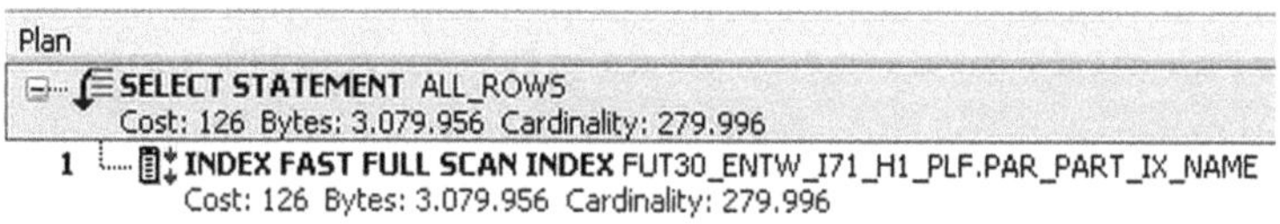

Abb. 2.5: Ausführungsplan mit *Fast Full Index Scan*.

Ein typisches Einsatzfeld für den *Fast Full Index Scan* ist das Zählen von Datensätzen in einer Tabelle:

```
SELECT COUNT (*)
  FROM PAR_PARTNER P;
```

Im Ausführungsplan ist nun zusätzlich ein *Sort Aggregate* enthalten:

Abb. 2.6: Ausführungsplan mit *Fast Full Index Scan* zum Zählen von Datensätzen.

Nachdem der *Fast Full Index Scan* abgeschlossen ist, muss noch im zweiten Schritt das Zählen der Datensätze mit Hilfe der Operation *Sort Aggregate* erfolgen.

2.3.3 Skip Index Scan

Der *Skip Index Scan* kommt zum Einsatz, wenn sich die Selektion nur auf eine Teilmenge der Index-Schlüssel eines zusammengesetzten Index bezieht:

```
SELECT *
  FROM VTG_DAUERKOMPONENTE
 WHERE PERIODEBIS_DATE = '31.12.2003';
```

Der Ausführungsplan enthält einen *Skip Index Scan* in Kombination mit einem indizierten Zugriff auf die Tabelle VTG_DAUERKOMPONENTE:

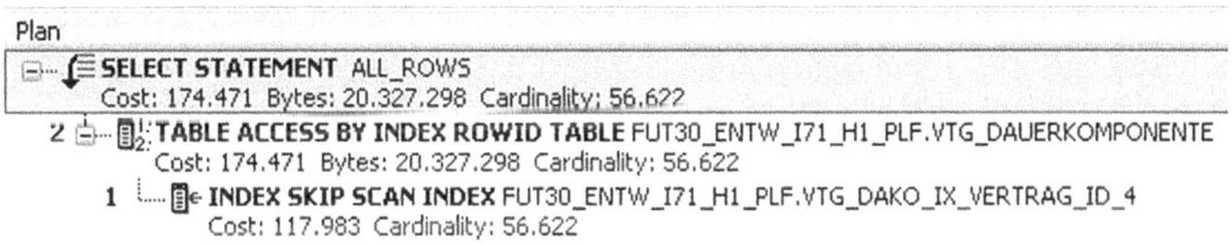

Abb. 2.7: Ausführungsplan mit indiziertem Zugriff auf eine Tabelle mit dem *Skip Index Scan*.

Der verwendete Index besteht aus den Index-Schlüsseln VERTRAG_ID, NAME, PERIODEVON_DATE, PERIODEBIS_DATE. Im *Where Clause* der Selektion ist jedoch nur der vierte Index-Schlüssel eingetragen. Die ersten drei Schlüssel, welche Subindizes repräsentieren, werden daher beim Index-Scan übersprungen. Über die ROWID des Index wird der Datensatz in der Tabelle selektiert.

2.3.4 Unique Index Scan

Der *Unique Index Scan* kommt zum Einsatz, wenn durch Zugriff auf einen vorhandenen Primärschlüssel genau ein Treffer geliefert werden kann. Dies wird durch Formulierung der Gleichheitsbedingung auf allen Spalten eines Primärschlüssels sichergestellt:

```
SELECT  *
  FROM KTF_BUCHUNG
WHERE ID = 23459;
```

In der nächsten Abbildung ist ein indizierter Zugriff auf eine Tabelle mit dem *Unique Index Scan* zu sehen:

Abb. 2.8: Indizierter Zugriff auf eine Tabelle mit dem *Unique Index Scan*.

Der Index liefert die ROWID des Treffers, der damit in der Tabelle identifiziert wird. Man kann den *Unique Index Scan* als eine spezielle Form des *Range Index Scan* betrachten.

Der entscheidende Unterschied besteht darin, dass man mit einem *Unique Index Scan* maximal einen Treffer für ein Selektionskriterium erhalten kann. Mit einem *Range Index Scan* kann man für ein Selektionskriterium mehrere Treffer erhalten. Insofern besteht bei einem *Range Index Scan* eine 1:N-Beziehung zwischen Selektionskriterium und Treffermenge. Bei einem *Unique Index Scan* ist das hingegen eine 1:1-Beziehung.

2.4 Index Join

Wenn die Datenbankanfrage sich ausschließlich auf Spalten bezieht, die auf mehrere Indizes verteilt sind, wird der *Index Join* [21] eingesetzt. Es wird also ein *Hash Join* auf diese beiden Indizes durchgeführt, um das Ergebnis zu erhalten. Das auszugebende Ergebnis dieses *Hash Join* wird also nur mit Hilfe der Daten der beteiligten Indizes gebildet. Ein Zugriff auf die Tabelle erfolgt daher nicht.

```
SELECT  BEITRAGSZAHLER_ID
  FROM KTF_BUCHUNG B
WHERE BELEG_ID < 4008018 AND BEITRAGSZAHLER_ID < 170514;
```

Im ersten Ausführungsschritt des Ausführungsplans erfolgt ein *Range Index Scan* auf dem Index, welcher das Attribut `BEITRAGSZAHLER_ID` enthält, welches im *Select Clause* enthalten ist. Im zweiten Schritt wird der *Range Index Scan* auf den zweiten Index angewendet. Dieser Index enthält das Attribut `BELEG_ID`, welches im *Where Clause* der SQL-Abfrage eingetragen ist. Die beiden Ergebnisse der *Range Index Scans* werden dann mit dem *Hash Join* verknüpft. Aus dem Resultat des *Hash Join* wird eine *View* gebildet:

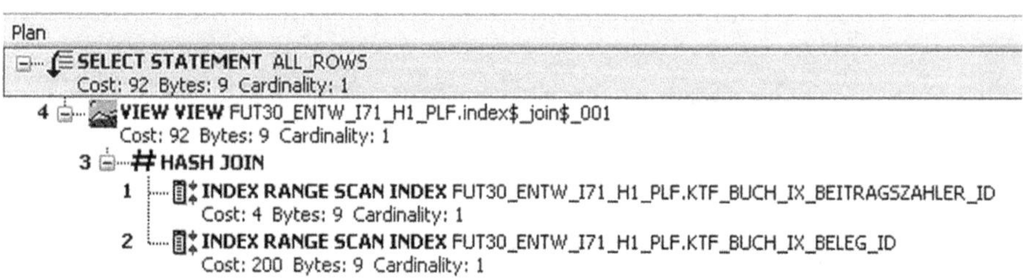

Abb. 2.9: Ausführungsplan mit *Index Join*.

2.5 Join

2.5.1 Hash Join

Ein *Hash Join* [22–26] kann effizient durchgeführt werden, wenn zwei Tabellen über eine *Join Condition* miteinander verknüpft werden sollen. Diese muss als Gleichheitsbedingung formuliert werden:

```
SELECT P.NAMEANZEIGE, R.CODE
  FROM PAR_PARTNER P, REF_CODE R
WHERE P.STATUSNACH_CD = R.ID;
```

Zumindest eine der beiden Tabellen soll eine Datengröße haben, die mit einem *Full Table Scan* vollständig in den verfügbaren Hauptspeicher geladen werden kann. Für die andere Tabelle gibt es keine Beschränkung.

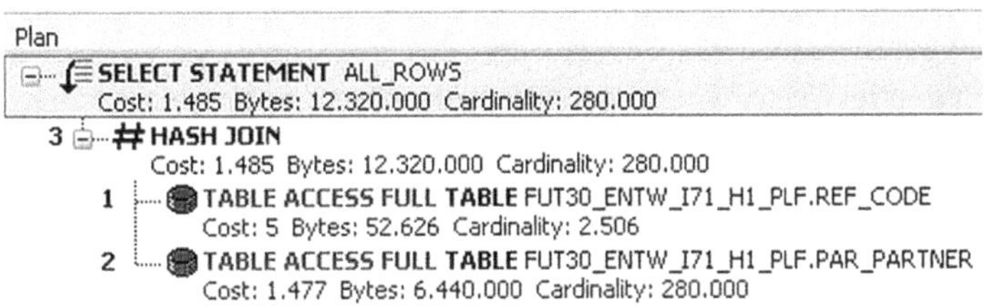

Abb. 2.10: Ausführungsplan mit *Hash Join*.

Mit der kleineren Tabelle wird eine transiente Hashtabelle erstellt. Die Hashtabelle enthält den *Join Key* der Tabelle. Zur Identifikation wird dann ebenfalls ein *Full Table Scan* auf der größeren Tabelle durchgeführt, um die zu kombinierenden Datensätze beider Tabellen mit Hilfe der transienten Hashtabelle zu ermitteln. Die transiente Hashtabelle dient daher quasi als Ersatz für einen Index. Abbildung 2.10 zeigt den daraus resultierenden Ausführungsplan.

2.5.2 Nested Loop Join

Nested Loop Joins [27–29] bestehen aus innerer und äußerer Schleife. Die Tabelle, die mit einer äußeren Schleife durchlaufen wird, wird im Ausführungsplan zuerst aufgeführt. Danach folgt die Tabelle, welche in einer inneren Schleife durchlaufen wird.

```
SELECT P.NAME, P.NAMEANZEIGE, VX.PERSON_ID
  FROM PAR_PARTNER P, VTG_VERSORGVERHAELTNIS_TRX VX
 WHERE VX.PERSON_ID = P.PARTK_ID;
```

Die erste Tabelle wird als Treibertabelle bezeichnet. Die Treibertabelle wird zeilenweise durchlaufen. Für jede dieser Zeilen erfolgt der Zugriff auf alle Zeilen der inneren Tabelle.

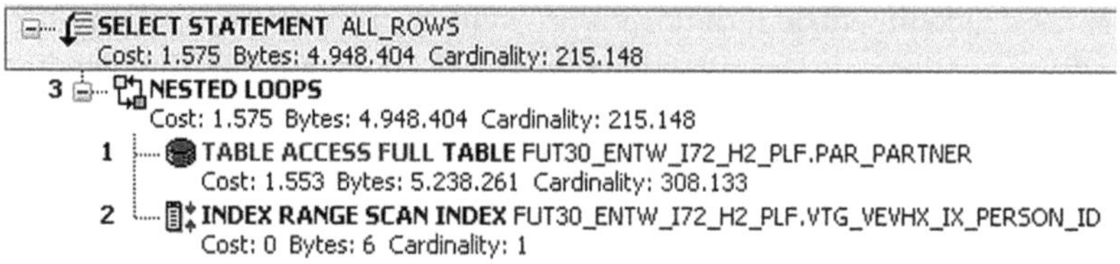

Abb. 2.11: Ausführungsplan mit *Nested Loop*.

In dem Beispiel der Abbildung 2.11 wird mittels *Full Table Scan* auf jede Zeile der Treibertabelle zugegriffen. Dann wird für jede Zeile dieser Tabelle auf alle Zeilen des Index mit Hilfe der inneren Schleife zugegriffen, um so die Verknüpfung der beiden Tabellen über die *Join Condition* herzustellen.

Der Optimierer verwendet *Nested Loop Joins*, wenn die Anzahl der zu verknüpfenden Zeilen gering ist und die *Join Condition* effizient umgesetzt werden kann. In dem Beispiel wird die effiziente Umsetzung durch einen Index unterstützt. Dies ist der Idealfall für den Einsatz von *Nested Loop Joins*.

Die Reihenfolge der Tabellen im Ausführungsplan hat bei *Nested Loop Joins* entscheidenden Einfluss auf die geschätzten Kosten. Daher ist es wichtig, dass die größere Tabelle als Treibertabelle verwendet wird.

Nested Loop Joins können auch beliebig verschachtelt werden, indem mehr als zwei Tabellen miteinander verknüpft werden. In diesem Fall wird das Ergebnis eines *Nested Loop Joins* für einen weiteren sich anschließenden *Nested Loop Join* verwendet usw.

2.5.3 Sort Merge Join

Sort Merge Joins [30–33] können zum Einsatz kommen, wenn die *Join Condition* nicht als Gleichheitsbedingung formuliert ist. Dies betrifft die Operatoren <, <=, > oder >=. Hier ist zu beachten, dass das Ungleichheitszeichen kein Auswahlkriterium für den *Sort Merge Join* durch den Optimierer ist. Grundsätzlich arbeiten *Hash Joins* schneller als *Sort Merge Joins*. Zum Einsatz kommen *Sort Merge Joins* daher unter bestimmten Bedingungen. Vorteile ergeben sich für einen *Sort Merge Join*, wenn die zu verknüpfenden Zeilen bereits sortiert sind oder eine Sortierung nicht erforderlich ist. Gegenüber dem *Nested Loop Join* ergibt sich ein Vorteil, wenn größere Datenmengen miteinander verknüpft werden sollen. Der Optimierer greift auf den *Sort Merge Join* zu, wenn die Verknüpfung über die bereits erwähnten Operatoren erfolgt oder eine Sortierung aus anderem Grunde erforderlich ist und sich damit ein Vorteil gegenüber dem *Hash Join* ergibt.

Der *Sort Merge Join* umfasst zwei Schritte. Im ersten Schritt erfolgt eine Sortierung der zu verknüpfenden Tabellen. Dann werden die sortierten Tabellen im zweiten Schritt durch eine *Merge Join Operation* miteinander verbunden. Damit unterscheidet sich das Vorgehen beim Verknüpfen über den *Nested Loop Join*, weil hier keine Treibertabelle zum Einsatz kommt. Die Reihenfolge, in der die Tabellen sortiert werden, hat daher keine Auswirkungen auf die Kosten des Ausführungsplans.

Eine Sortieroperation entfällt natürlich, wenn eine Tabelle bereits sortierte Zeilen aufweist, wie dies bei Zugriff auf einen Index der Fall ist. Dies wird anhand des folgenden Beispiels demonstriert:

```
SELECT P.NAME
  FROM PAR_PARTNER P, VTG_VERSORGVERHAELTNIS_TRX VX
WHERE P.PARTK_ID < VX.PERSON_ID;
```

In dem Beispiel erhält man im ersten Schritt sortierte Zeilen durch den Zugriff auf den Index. Hierdurch ergibt sich ein Kostenvorteil, weil kein weiterer Sortieraufwand erforderlich ist. Der *Sort Join* in Schritt zwei weist daher dieselben Kosten aus wie der erste Schritt im Ausführungsplan:

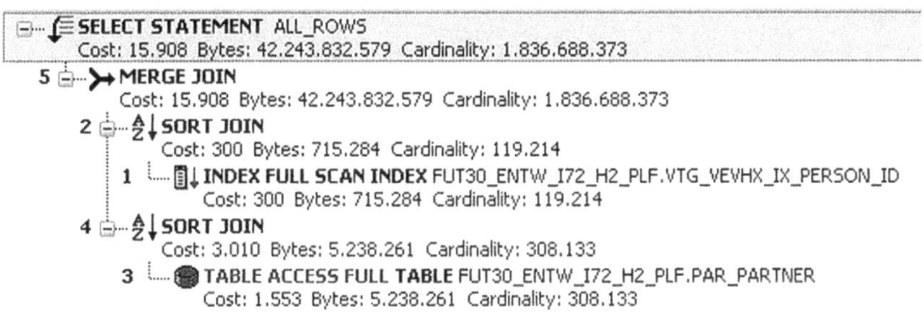

Abb. 2.12: Ausführungsplan mit *Sort Merge Join*.

Für die Sortierung der Tabelle in Schritt vier fallen weitere Kosten an, da hier im vorausgehenden Schritt ein *Full Table Scan* durchgeführt wurde, der die Zeilen in unsortierter Reihenfolge als Ergebnis liefert. Da nun aufgrund der Schritte zwei und vier beide zu verknüpfenden Tabellen sortiert vorliegen, kann der *Merge Join* in Schritt fünf durchgeführt werden.

2.5.4 Cartesian Join

Mit einem *Cartesian Join* werden zwei Tabellen miteinander verknüpft, wenn keine *Join Condition* formuliert wird. In diesem Fall wird jede Zeile der ersten Tabelle mit jeder Zeile der zweiten Tabelle verbunden. Wenn sich ein *Cartesian Join* im Ausführungsplan findet, dann sollte dies grundsätzlich analysiert werden. Häufig handelt es sich um falsch formulierte SQL-Statements, da nur in den seltensten Anwendungsfällen die Notwendigkeit für einen *Cartesian Join* besteht.

```
SELECT
P.POSTLEITZAHL, B.BANKLEITZAHL
FROM PAR_POSTLEITZAHL P, PAR_BANKLEITZAHL B;
```

In dem Beispiel erhält man als Resultat die Kombination jeder Postleitzahl mit jeder Bankleitzahl. Dazu wird auf beide Tabellen mit einem *Full Table Scan* zugegriffen. Die Postleitzahlen werden in einem weiteren Schritt sortiert. Diese Sortierung ist hier der größte Kostentreiber. Danach wird der *Cartesian Join* durchgeführt, der aufgrund der vorausgehenden Sortierung der Postleitzahlen kostengünstig durchgeführt werden kann:

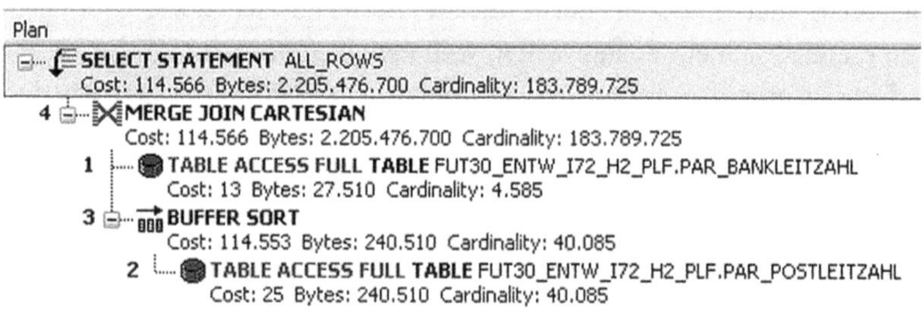

Abb. 2.13: Ausführungsplan mit *Cartesian Join*.

2.5.5 Outer Join

Mit einem *Outer Join* [34–36] wird die Ergebnismenge einer gewöhnlichen Verknüpfung erweitert. Es werden auch Datensätze von Tabellen in die Resultatmenge aufgenommen, die nicht mit einer anderen Tabelle verknüpft werden können. Für welche Tabellen dies gelten soll, muss mit dem SQL-Statement festgelegt werden.

2.5.5.1 Nested Loop Outer Join

Der *Nested Loop Outer Join* wird vom Optimierer für *Outer Joins* eingesetzt. Die Treibertabelle enthält die Datensätze, die nicht mit der optionalen Tabelle verknüpft werden können. Die optionale Tabelle wird in der inneren Schleife durchlaufen. Der Optimierer entscheidet sich daher für einen *Nested Loop Outer Join*, wenn die Bedingungen für einen *Nested Loop Join* erfüllt sind. Die innere Tabelle darf daher nur eine kleinere

Datenmenge enthalten im Vergleich zur äußeren Tabelle. Der Optimierer hat hier nicht mehr die Möglichkeit, die Reihenfolge der zu verknüpfenden Tabellen selbst festzulegen, so wie das beim gewöhnlichen *Nested Loop Join* der Fall ist. Die Reihenfolge ergibt sich durch die Festlegung der optionalen Tabelle, da diese für den inneren Schleifendurchlauf eingesetzt werden muss. Wenn also der Optimierer für ein SQL-Statement einen *Nested Loop Outer Join* einsetzt und dann die optionale Tabelle in der Verknüpfungsbedingung vertauscht wird, kann das dazu führen, dass der Optimierer einen *Nested Loop Outer Join* nicht mehr verwendet, sondern eher mit einem *Hash Outer Join* arbeitet.

```
SELECT P.NAME
  FROM PAR_PARTNER P, VTG_VERSORGVERHAELTNIS_TRX VX
WHERE P.PARTK_ID = VX.PERSON_ID (+);
```

In dem Beispiel erfolgt der Zugriff auf die Treibertabelle mit einem *Full Table Scan*. Für die Verknüpfung mit der optionalen Tabelle existiert ein Index, so dass das Datenvolumen für die Abarbeitung der inneren Schleife gering ist. Die optionale Tabelle wird mit dem Zeichen + festgelegt. Aus der optionalen Tabelle werden nur die Datensätze in die Ergebnismenge übernommen, welche die Verknüpfungsbedingung erfüllen. Aus der obligatorischen Tabelle werden dagegen alle Datensätze in die Ergebnismenge übernommen. Es werden also auch alle Datensätze aus der obligatorischen Tabelle in die Ergebnismenge übernommen, wenn diese Datensätze die Verknüpfungsbedingung nicht erfüllen.

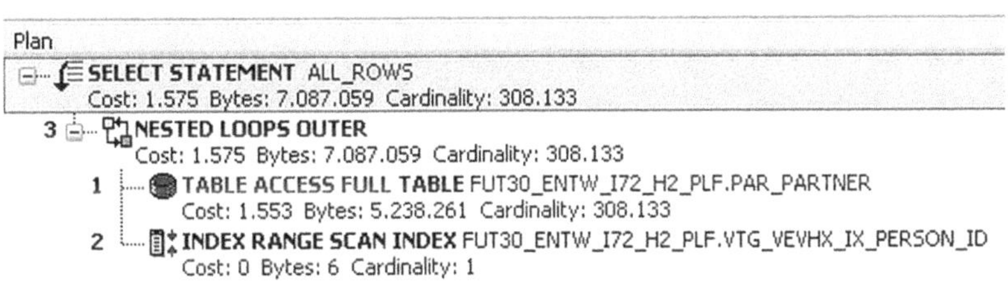

Abb. 2.14: Ausführungsplan mit *Nested Loop Outer Join*.

Wenn das Verknüpfungsattribut der obligatorischen Tabelle auf der linken Seite der Verknüpfungsbedingung eingetragen ist, dann handelt es sich um einen `LEFT JOIN`. Im umgekehrten Fall wird ein `RIGHT JOIN` ausgeführt. In diesem Beispiel wurde also ein `LEFT JOIN` formuliert. Der zugehörige Ausführungsplan wird in Abbildung 2.14 gezeigt.

2.5.5.2 Hash Outer Join

Der *Hash Outer Join* wird anstelle des *Nested Loop Outer Join* verwendet, wenn eine große Datenmenge zu verarbeiten ist. Dies ist der Fall, wenn die optionale Tabelle eine große Datenmenge umfasst. Das Durchlaufen dieser Tabelle in der inneren Schleife wäre dann im Vergleich zum *Hash Outer Join* teurer.

```
SELECT P.NAME
  FROM PAR_PARTNER P, VTG_VERSORGVERHAELTNIS_TRX VX
WHERE P.PARTK_ID(+) = VX.PERSON_ID;
```

Dies wird an dem vorausgehenden Beispiel zum *Nested Loop Outer Join* veranschaulicht. Die optionale Tabelle wurde nun in dem SQL-Statement vertauscht. Damit müsste nun die ehemals als Kostentreiber verwendete Tabelle in der inneren Schleife durchlaufen werden, was im Vergleich zum *Hash Outer Join* zu hohe Kosten verursachen würde. Der Optimierer entscheidet sich daher für den *Hash Outer Join*:

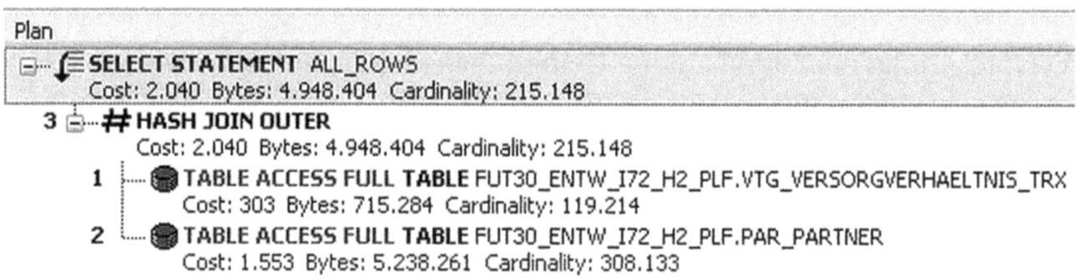

Abb. 2.15: Ausführungsplan mit *Hash Outer Join*.

Hier ist das Verknüpfungsattribut der obligatorischen Tabelle auf der rechten Seite der Verknüpfungsbedingung eingetragen. Daher wird ein `RIGHT JOIN` ausgeführt.

2.5.5.3 Sort Merge Outer Join

Der *Sort Merge Outer Join* kann gegenüber dem *Hash Outer Join* Kostenvorteile bieten, wenn Datensätze bereits in sortierter Ordnung vorliegen oder die Sortierung kostengünstig durchgeführt werden kann, weil das zu sortierende Datenvolumen sehr klein ist. Es ergeben sich auch dann grundsätzlich Kostenvorteile, wenn eine Sortierung aufgrund anderer erforderlicher Operationen sowieso notwendig ist.

Im Vergleich zum *Nested Loop Outer Join* sind Kostenvorteile gegeben, wenn die zu verknüpfende Datenmenge sehr groß ist.

```
SELECT P.NAME
  FROM PAR_PARTNER P, VTG_VERSORGVERHAELTNIS_TRX VX
WHERE P.PARTK_ID < VX.PERSON_ID(+);
```

In dem Beispiel erfolgt der Zugriff auf die erste Tabelle mit *Full Table Scan*. Als Resultat erhält man die Datensätze in unsortierter Reihenfolge. Eine Sortierung gemäß der Verknüpfungsbedingung ist daher erforderlich. Zur Verknüpfung der optionalen Tabelle wird ein Index herangezogen. Der Zugriff auf diesen Index erfolgt mit einem

Fast Full Scan. Hier werden die Indexdaten mit dem *Multi Block Read* parallel eingelesen. Die ursprüngliche Sortierung des Index geht dadurch verloren, so dass auch dieses Resultat noch sortiert werden muss. Es ergeben sich aber Kostenvorteile, weil die zu sortierende Datenmenge gering ist, so dass der anschließende *Merge Outer Join* effizient durchgeführt werden kann:

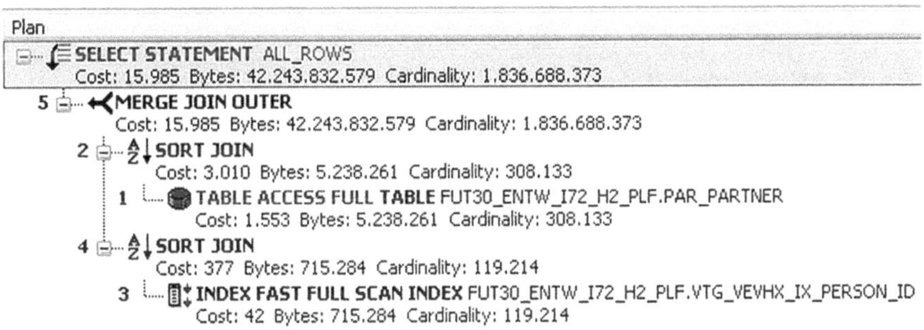

Abb. 2.16: Ausführungsplan mit *Sort Merge Outer Join*.

2.5.5.4 Full Outer Join

Der `FULL OUTER JOIN` ist eine Kombination aus `LEFT OUTER JOIN` [37] und `RIGHT OUTER JOIN` [38]. Der gewöhnliche `JOIN` wird um Datensätze erweitert, die bei beiden Tabellen aufgrund der Verknüpfungsbedingung bei einem gewöhnlichen `JOIN` herausgefiltert würden.

In dem Beispiel kombiniert der Optimierer einen *Hash Right Outer Join* mit einem *Hash Anti Join* und vereinigt die Ergebnismengen. Der *Anti Join* bewirkt, dass die Datensätze der ersten Tabelle des *Anti Join* aus der Ergebnismenge entfernt werden, wenn diese aufgrund der Verknüpfungsbedingung zur zweiten Tabelle des *Anti Join* passen. Diese Datensätze werden in dem folgenden Beispiel unter Zuhilfenahme eines Index aus der Tabelle `PAR_PARTNER` identifiziert:

```
SELECT VX.VERSICHERUNGSNUMMER
  FROM     PAR_PARTNER P
        FULL OUTER JOIN
           VTG_VERSORGVERHAELTNIS_TRX  VX
        ON P.PARTK_ID = VX.PERSON_ID;
```

Im Ausführungsplan dieses Beispiels wird mit einem `LEFT OUTER JOIN` begonnen, bei dem die Tabelle `VTG_VERSORGVERHAELTNIS_TRX` optional ist. Es werden dann also alle Datensätze der Tabelle `PAR_PARTNER` in die Ergebnismenge übernommen. Aus der Tabelle `VTG_VERSORGVERHAELTNIS_TRX` werden nur diejenigen Datensätze berücksichtigt, welche die *Join Condition* erfüllen:

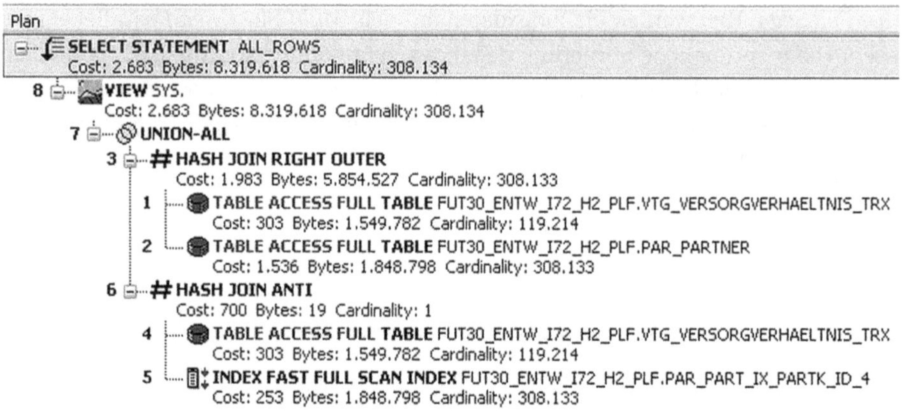

Abb. 2.17: Ausführungsplan mit `FULL OUTER JOIN`.

Damit enthält diese Ergebnismenge zusätzlich zu einer gewöhnlichen Verknüpfung auch diejenigen Datensätze aus der Tabelle `PAR_PARTNER`, die ansonsten nicht in der gewöhnlichen Verknüpfung enthalten sind. Diese sind jedoch in der Ergebnismenge des `LEFT OUTER JOIN` enthalten. Bei diesem `LEFT OUTER JOIN` ist die Tabelle `VTG_VERSORGVERHAELTNIS_TRX` optional. Aus dieser Tabelle werden also nur die Datensätze in die Ergebnismenge übernommen, welche die Verknüpfungsbedingung erfüllen. Es fehlen also noch die Datensätze aus der Tabelle `VTG_VERSORGVERHAELTNIS_TRX`, welche die Verknüpfungsbedingung nicht erfüllen. Diese Datensätze werden mit dem *Anti Join* ermittelt. Denn in der Ergebnismenge des *Anti Join* sind nur die Datensätze aus der Tabelle `VTG_VERSORGVERHAELTNIS_TRX` enthalten, welche die Verknüpfungsbedingung nicht erfüllen. Diese Datensätze werden daher mit der Ergebnismenge aus dem `LEFT OUTER JOIN` vereinigt. Die Vereinigung dieser beiden Ergebnismengen bildet dann das Resultat für den `FULL OUTER JOIN`.

Durch die Vereinigung dieser beiden Ergebnismengen ergibt sich also die Kombination aus `LEFT OUTER JOIN` und `RIGHT OUTER JOIN`. Kostentreiber sind hier insbesondere die erforderlichen *Full Table Scans*. Kostengünstig sind dagegen die *Hash Join Operators* und die Vereinigung.

3 Statistik

3.1 Systemstatistik

Mit Hilfe von Systemstatistiken werden Leistungsparameter des Systems gemessen. Hierbei geht es um die Leistung der CPU und des permanenten Speichers. Die Systemparameter lässt der Ausführungsplanoptimierer dann in die Kostenschätzung einfließen. Dabei nutzt er die Information über die Leistungsfähigkeit der CPU. Diese wird in Prozessorzyklen pro Sekunde gerechnet. Ebenso wird die Anzahl der Blöcke gemessen, die in einer Millisekunde vom permanenten Speicher geladen werden. Dabei wird nach dem Lademodus unterschieden. Die Messung erfolgt sowohl für das Laden der Blöcke im *Multi Block Read Mode* als auch im *Single Block Read Mode*. Für den *Multi Block Read Mode* muss auch die Anzahl der Blöcke gespeichert werden, die mit einem *Read Process* von dem permanenten Speicher geladen wurden. Mit diesen Parametern kann der Planoptimierer entscheiden, welcher Lademodus für den zu analysierenden SQL-Befehl optimal ist. Es folgt eine Liste, die einen Überblick über die erwähnten Leistungswerte gibt:

Tab. 3.1: Leistungsparameter der Systemstatistik.

Systemparameter	Beschreibung
CPUSPEED	Anzahl der Prozessorzyklen in Millionen Zyklen pro Sekunde
SREADTIM	Zeit in Millisekunden zum Laden eines Blockes im *Single Block Read Mode*
MREADTIM	Zeit in Millisekunden zum Laden von Blöcken im *Multi Block Read Mode*
MBRC	Anzahl der geladenen Blöcke pro *Read* im *Multi Block Read Mode*
MAXTHR	Maximaler IO-Durchsatz des IO-Subsystems in Bytes pro Sekunde
SLAVETHR	Durchschnittlicher IO-Durchsatz eines parallelen *Slave* in Bytes pro Sekunde

Das folgende Beispiel zeigt die Parameter mit möglichen Werten:

```
SREADTIM = 0,28
MREADTIM = 1,453
CPUSPEED = 1.454
MBRC  = 7
MAXTHR = 492.546.048
SLAVETHR = 4.912.128
STATUS = COMPLETED
DSTART = 07.02.15
DSTOP  = 09.02.15
```

Die gemessenen Werte besagen hier, dass das Laden eines Blockes im *Single Block Read Mode* (SREADTIM) 0,28 ms dauerte. Im *Multi Block Read Mode* (MREADTIM) wurden

https://doi.org/10.1515/9783110601817-003

sieben (MBRC = 7) Blöcke in 1,453 ms geladen. Der maximale IO-Durchsatz (MAXTHR) beträgt 492.546.048 Bytes pro Sekunde. Der durchschnittliche IO-Durchsatz eines parallelen *Slave* (SLAVETHR) beträgt 4.912.128 Bytes pro Sekunde. Der Status der Messung ist abgeschlossen. Die Messung begann (DSTART) am 07.02.2015 und endete (DSTOP) am 09.02.2015.

Wenn man nach Abschluss der Messung die Werte erhält, muss man diese zunächst testen, bevor die Messwerte produktiv gesetzt werden. Dazu gehört eine Plausibilitätsüberprüfung. Dabei analysiert man auch das Verhältnis zwischen SREADTIM und MREADTIM:

$$\texttt{SREADTIM} < \texttt{MREADTIM}\,. \tag{3.1}$$

Diese Ungleichung muss erfüllt sein. Ansonsten können die Messwerte nicht verwendet werden. Das Lesen eines einzigen Blocks muss grundsätzlich immer schneller möglich sein als das Lesen mehrerer Blöcke im *Multi Block Read Mode*. Wenn dagegen das Lesen eines Blockes im *Single Block Read Mode* länger dauern würde als das Lesen mehrerer Blöcke im *Multi Block Read Mode*, hätte das negative Auswirkungen auf die Ausführungspläne. Der Planoptimierer würde dann immer den *Multi Block Read Mode* gegenüber dem *Single Block Read Mode* bevorzugen, so dass suboptimale Ausführungspläne die Folge sein könnten. Als Nächstes folgt eine weitere Ungleichung, die ebenfalls erfüllt sein muss:

$$\texttt{SREADTIM} \times \texttt{MBRC} > \texttt{MREADTIM}\,. \tag{3.2}$$

Wenn also die gleiche Anzahl von Blöcken im *Single Block Read Mode* und im *Multi Block Read Mode* eingelesen wird, muss das im *Multi Block Read Mode* schneller erfolgen. Grundsätzlich können Systeme so konfiguriert werden, dass diese Forderung erfüllt wird. Wenn die Daten beispielsweise auf Festplatten gespeichert werden, kann das Einlesen der Blöcke im *Multi Block Read Mode* schneller erfolgen, wenn auf die Festplatten parallelisiert zugegriffen wird. Hat man also beispielsweise sieben Datenblöcke auf sieben Festplatten gleichmäßig verteilt, dann können alle sieben Blöcke im *Multi Block Read Mode* mit einem *Read* parallel geladen werden. Im *Single Block Read Mode* braucht man dagegen sieben sequentielle *Reads*. In diesem günstigsten Fall müssten die sieben Blöcke im *Multi Block Read Mode* also nahezu siebenmal so schnell eingelesen werden wie im *Single Block Read Mode*.

Wenn die Ungleichung jedoch nicht erfüllt ist, hätte das wiederum negative Effekte auf die Ausführungspläne. Dann würde der Planoptimierer grundsätzlich Daten im *Single Block Read Mode* einlesen lassen. Es könnten also ebenfalls suboptimale Ausführungspläne entstehen.

3.1.1 Read Ahead Cache Functionality

Mitunter stellt man bei der Ausführung von Messungen fest, dass SREADTIM größer ist als MREADTIM. Dann muss man die Ursache feststellen und beseitigen. Ein häufiger

Grund für diese Beobachtung ist die *Read Ahead Cache Functionality* [39]. Wenn diese Methode im System zum Einsatz kommt, dann werden Blöcke im *Multi Block Read Mode* in den Festplatten-Cache geladen, obwohl diese aktuell noch nicht angefordert wurden. Wenn also ein *Multi Block Read Mode* angefordert wird, dann liefert das System beispielsweise sieben Oracle-Blöcke. Dies sind die geforderten Blöcke. Zusätzlich werden aber jeweils benachbarte Blöcke in die Festplatten-Caches geladen. Es werden also weitere sieben Oracle-Blöcke, die nicht angefordert wurden, in die Festplatten-Caches geladen. Das Laden dieser zusätzlichen Blöcke hat keine negative Auswirkung auf die Performanz. Während die angeforderten Blöcke über das Netzwerk in die SGA geladen werden, erfolgt parallel dazu das Weiterrollen der Lese-/Schreibköpfe, so dass die zusätzlichen Blöcke gleichzeitig in die Festplatten-Caches geladen werden. Das Weiterrollen über den nächsten benachbarten Block geht nämlich im Vergleich zur neuen Positionierung des Kopfs sehr schnell.

Das Laden dieser benachbarten Blöcke erfolgt ausschließlich aufgrund der Vermutung, dass häufig in nachfolgenden *Reads* diese bereits vorgeladenen Blöcke angefordert werden, weil es sich um Nachbarn der angeforderten Blöcke handelt. Benachbarte Blöcke haben nämlich häufig eine fachliche Zugehörigkeit und werden daher häufig bei der Verarbeitung von Ausführungsplänen gemeinsam angefordert. Wenn dann also der nächste *Read* erfolgt, werden die bereits vorgeladenen sieben Oracle-Blöcke vom Festplatten-Cache in die SGA geladen. Es erfolgt also überhaupt kein Festplattenzugriff. Die sieben Blöcke werden im *Multi Block Read Mode* sehr schnell geladen. Wenn nun Messungen durchgeführt werden, kann diese *Read Ahead Cache Functionality* nicht berücksichtigt werden. Es ist für den messenden Oracle-Prozess nicht erkennbar, ob die Daten von der Festplatte geladen werden oder vom Festplatten-Cache. Daher setzt der Prozess bei der Messung voraus, dass die Daten von der Festplatte geladen wurden. Dies kann dann die Messergebnisse deutlich verzerren. Der Wert für den *Multi Block Read Mode* kann zu optimistisch ausfallen und unter Umständen sogar kleiner sein als der gemessene Wert für den *Single Block Read Mode*. Denn im *Single Block Read Mode* wird die *Read Ahead Cache Functionality* nicht eingesetzt.

Wenn man bei dem Plausibilisieren der Messergebnisse feststellt, dass die Resultate nicht konsistent sind, kann dies durch die *Read Ahead Cache Functionality* verursacht worden sein. Der messende Oracle-Prozess hat keine Information darüber, von welchem Medium angeforderte Oracle-Blöcke geliefert werden, wenn dies im *Multi Block Read Mode* erfolgt. Dann können die Blöcke aufgrund der *Read Ahead Cache Functionality* von der Festplatte oder dem Festplatten-Cache geliefert werden. Der Oracle-Prozess notiert immer physikalische Zugriffe in seiner statistischen Aufzeichnung. Dann besteht die Gefahr, dass der *Multi Block Read Mode* zu optimistisch beurteilt wird, wenn Oracle-Blöcke in einem signifikanten Ausmaß vom Festplatten-Cache geliefert werden, so dass die Statistik des messenden Prozesses verzerrt wird, weil in den Statistiken die Lieferungen aus dem Festplatten-Cache als physikalische Plattenzugriffe notiert werden. Dann muss man sich Maßnahmen überlegen, mit denen die

Verzerrung der Messung durch die *Read Ahead Cache Functionality* beseitigt werden kann. Dies erreicht man am besten dadurch, dass man die Messungen über einen längeren Zeitraum durchführt. Das können durchaus mehrere Tage sein. Man kann die Messungen beispielsweise über das Wochenende durchführen, um Störungen des produktiven Betriebs zu vermeiden. Während der Dauer der Messungen muss man das System einer hohen Last aussetzen. Dabei müssen sowohl *Single Block Reads* als auch *Multi Block Reads* im erheblichen Ausmaß vorkommen. Die Blöcke sollen aus möglichst vielen Tabellen und Indizes geladen werden. Mit diesem Vorgehen kann die Verzerrung durch die *Read Ahead Cache Functionality* vermieden werden. Nach Abschluss der Messungen evaluiert man die Ergebnisse erneut. Hat man dann noch kein zufriedenstellendes Ergebnis erreicht, muss man erneut nach den Ursachen suchen und das Skript für die Messung nachjustieren. Man könnte also beispielsweise bei der Validierung zu dem Ergebnis kommen, dass von dem Skript nicht genügend *Multi Block Reads* ausgelöst werden. Dann passt man das Skript entsprechend an, indem man also zum Beispiel zusätzlich Selektionen ergänzt, bei denen *Fast Full Index Scans* im Ausführungsplan vorhanden sind, und führt dann die Messung erneut durch. Wenn trotzdem keine konsistenten Werte gemessen werden können, besteht auch die Möglichkeit, die Werte manuell anzupassen. Wenn also beispielsweise `MREADTIM` kleiner ist als `SREADTIM`, kann man den Wert für `MREADTIM` manuell erhöhen, um die Plausibilität herzustellen. Dazu kann man mit Faustformeln arbeiten. In dem beschriebenen Fall hat e sich bewährt, den Wert für `SREADTIM` um 50 % zu erhöhen. Dieser neu berechnete Wert wird dann für `MREADTIM` gesetzt. Der Wert für `SREADTIM` sollte grundsätzlich nicht verändert werden, weil die *Read Ahead Cache Functionality* nur im *Multi Block Read Mode* zum Einsatz kommt, so dass eine statistisch korrekte Messung für `SREADTIM` immer möglich sein sollte.

3.1.2 Methoden für die Systemstatistiken

Die Messung der Systemstatistiken kann mit Oracle-Methoden ausgeführt werden. Die Aufzeichnung kann zu einem beliebigen Zeitpunkt mit der Methode `GATHER_SYSTEM_STATS` begonnen werden. Diese Methode befindet sich im Package `DBMS_STATS`:

```
BEGIN
    DBMS_STATS.GATHER_SYSTEM_STATS(
        GATHERING_MODE => 'START'
    );
END;
/
```

Das Starten wird durch das Setzen des `GATHERING_MODE` gesteuert. Diese Variable erhält den String `START` zugewiesen. Nach der Ausführung ist die Aufzeichnung ausgelöst und wird beliebig lange fortgesetzt. Das Beenden der Aufzeichnung muss nämlich durch ein erneutes Aufrufen der Methode signalisiert werden:

```
BEGIN
    DBMS_STATS.GATHER_SYSTEM_STATS(
        GATHERING_MODE => 'STOP'
    );
END;
/
```

Das Signal zum Beenden wird wiederum mit dem GATHERING_MODE gesteuert. Diesmal wird der Parameter mit dem String STOP initialisiert. Damit wird die Aufzeichnung unverzüglich beendet. Die während der Aufzeichnung gesammelten Daten, werden dann verwendet, um die Systemstatistiken zu berechnen und zu setzen. Diese gesetzten Statistiken kann man dann mit der Methode GET_SYSTEM_STATS abfragen:

```
SET SERVEROUTPUT ON

DECLARE

    L_STATUS VARCHAR2(50);
    L_DSTART DATE;
    L_DSTOP DATE;
    L_PVALUE NUMBER;

BEGIN
    --
        DBMS_STATS.GET_SYSTEM_STATS
            (STATUS => L_STATUS
            ,DSTART => L_DSTART
            ,DSTOP =>  L_DSTOP
            ,PNAME => 'MREADTIM'
            ,PVALUE => L_PVALUE
            );
    DBMS_OUTPUT.PUT_LINE('mreadtim: ' || L_PVALUE);
    DBMS_OUTPUT.PUT_LINE('status: '   || L_STATUS);
    DBMS_OUTPUT.PUT_LINE('dstart: '   || L_DSTART);
    DBMS_OUTPUT.PUT_LINE('dstop: '    || L_DSTOP);
END;
/
```

Die Methode benötigt als Eingabeparameter PNAME den Namen des Systemparameters, dessen Wert mit Hilfe des Ausgabeparameters PVALUE geliefert werden soll. In dem Beispiel wird der Wert des Systemparameters MREADTIM abgefragt.

Zusätzlich erhält man den Status der Messung mit dem Parameter STATUS. Der Status für eine abgeschlossene Messung ist COMPLETED. Mit den beiden Parametern DSTART und DSTOP werden Start und Ende der Messung geliefert.

Wenn man die Systemstatistiken manuell beeinflussen möchte, dann verwendet man dafür die Methode SET_SYSTEM_STATS:

```
DBMS_STATS.SET_SYSTEM_STATS (PNAME => 'MREADTIM', PVALUE => 1.571);
```

In dem Beispiel wird die Methode benutzt, um den Parameter MREADTIM mit dem Wert 1,571 zu initialisieren. Die Methode kann daher zum Einsatz kommen, wenn man für diesen Parameter keinen geeigneten Wert ermitteln kann, weil der Wert durch die *Read Ahead Cache Functionality* zu optimistisch gemessen wurde. Das manuelle Setzen von nicht gemessenen Werten sollte nur in solchen Fällen zum Einsatz kommen, bei denen eine statistische Messung nicht erfolgen kann.

3.2 Tabellenstatistiken

Bei der statistischen Analyse [40–43] des Datenbestands werden Kennzahlen für die analysierten Tabellen ermittelt und als Tabellenstatistik gespeichert:

Tab. 3.2: Parameter der Tabellenstatistik.

Parameter	Beschreibung
NUM_ROWS	Anzahl der Zeilen in der Tabelle
BLOCKS	Anzahl der benutzten Blöcke in der Tabelle
EMPTY_BLOCKS	Anzahl von leeren Blöcken in der Tabelle
AVG_SPACE	Durchschnittlicher freier Speicherplatz im Block in Bytes
AVG_ROW_LEN	Durchschnittliche Größe einer Zeile der Tabelle in Bytes
AVG_SPACE_FREELIST_BLOCKS	Durchschnittlicher freier Speicherplatz aller Blöcke in der *Freelist*
NUM_FREELIST_BLOCKS	Anzahl der Blöcke in der *Freelist*
SAMPLE_SIZE	Größe der Stichprobe für die statistische Analyse der Tabelle
LAST_ANALYZED	Datum der letzten statistischen Analyse der Tabelle

Die bei den beiden Parametern AVG_SPACE_FREELIST_BLOCKS und NUM_FREELIST_BLOCKS erwähnte *Freelist* wird grundsätzlich jeweils einem Oracle-Segment zugeordnet. Jedes Segment besteht aus mehreren *Extents*. Die *Extents* enthalten dann auch wiederum mehrere Oracle-Blöcke. Welche Oracle-Blöcke in der *Freelist* des Segments enthalten sind, wird mit dem Parameter PCTFREE gesteuert. Der Block bleibt in der *Freelist*, solange die darin enthaltenen Daten nicht größer sind als der mit PCTFREE gesetzte Wert. Durch Einfügen weiterer Daten mit einem *Insert Command* wird der Datenblock größer. Wenn er dadurch PCTFREE überschreitet, wird er aus der *Free-*

list entfernt. In dem entfernten Datenblock werden dann keine weiteren Daten mehr eingefügt.

Die statistischen Werte der Tabelle kann man mit der *View* USER_TABLES abfragen. Diese *View* liefert die statistischen Kennzahlen für die Tabellen, bei denen der aktuell eingeloggte User der Besitzer ist:

```
SELECT TABLE_NAME,
       NUM_ROWS,
       BLOCKS,
       EMPTY_BLOCKS,
       AVG_SPACE,
       AVG_ROW_LEN,
       AVG_SPACE_FREELIST_BLOCKS,
       NUM_FREELIST_BLOCKS,
       SAMPLE_SIZE,
       LAST_ANALYZED
  FROM USER_TABLES
 WHERE TABLE_NAME = 'PAR_ADRESSE';
```

In dem Beispiel werden die statistischen Kennzahlen für die Tabelle PAR_ADRESSE abgefragt:

TABLE_NAME	NUM_ROWS	BLOCKS	EMPTY_BLOCKS	AVG_SPACE	AVG_ROW_LEN
PAR_ADRESSE	8785	188	0	0	137

AVG_SPACE_FREELIST_BLOCKS	NUM_FREELIST_BLOCKS	SAMPLE_SIZE	LAST_ANALYZED
0	0	8785	09.09.2015 22:17:48

Abb. 3.1: Attribute der Tabellenstatistik.

Gemäß der Abbildung sind 8.785 Zeilen in der Tabelle PAR_ADRESSE enthalten. Dafür werden 188 Oracle-Blöcke benötigt. Jede Zeile verbraucht im Durchschnitt 137 Byte. Die statistischen Kennzahlen wurden mit einer Stichprobe ermittelt, in welcher 8.785 Zeilen enthalten waren. Die Stichprobe enthielt also die vollständige Tabelle, so dass eine hohe Güte bei der Berechnung gewährleistet war. Die letzte statistische Analyse wurde am 09.09.2015 ausgeführt.

3.3 Attributstatistiken

Zusätzlich zu den Statistiken der Tabelle kann man auch für jedes Attribut der Tabellen die Attributstatistiken berechnen. Für das Attribut werden dann auch statistische Kennzahlen berechnet und gespeichert:

Tab. 3.3: Parameter der Attributstatistik.

Parameter	Beschreibung
NUM_DISTINCT	Anzahl der unterschiedlichen Ausprägungen eines Attributs
LOW_VALUE	Die kleinste vorkommende Ausprägung des Attributs
HIGH_VALUE	Die größte vorkommende Ausprägung des Attributs
DENSITY	Kehrwert von NUM_DISTINCT
NUM_NULLS	Anzahl von NULL Einträgen des Attributs
NUM_BUCKETS	Anzahl der *Buckets* für das Attribut
LAST_ANALYZED	Datum der letzten statistischen Berechnung für das Attribut
SAMPLE_SIZE	Größe der Stichprobe für die Berechnung
AVG_COL_LEN	Durchschnittliche Größe einer Ausprägung in Bytes

3.4 Histogramm

Die erwähnten *Buckets* sind relevant, wenn für das Attribut ein Histogramm [44–48] berechnet wird. Mit den *Buckets* werden Intervalle für die Ausprägungen gebildet. Den *Buckets* werden Ausprägungen zugeordnet. Die Zuordnung der Ausprägungen erfolgt gemäß den Endpunkten der *Buckets*. Es können für ein Attribut bis zu maximal 254 *Buckets* berechnet werden. Auch die statistischen Kennzahlen der Histogramme werden abgespeichert:

Tab. 3.4: Parameter des *Bucket*.

Parameter	Beschreibung
ENDPOINT_NUMBER	Nummer des *Bucket*
ENDPOINT_VALUE	Normalisierte Ausprägung des *Bucket Endpoint*
ENDPOINT_ACTUAL_VALUE	Aktuelle Ausprägung des *Bucket Endpoint*

Die dem Endpunkt des *Bucket* zugeordnete Ausprägung ist in der Spalte ENDPOINT_ACTUAL_VALUE eingetragen. Ebenso findet man die Ausprägung in verschlüsselter Darstellung in der Spalte ENDPOINT_VALUE. Die Verschlüsselung ermöglicht die Umwandlung von Strings in Zahlen. Diese Informationen können mit der *View* USER_TAB_HISTOGRAMS abgefragt werden:

```
SELECT  *
    FROM  USER_TAB_HISTOGRAMS
   WHERE TABLE_NAME = 'PAR_PARTNER_TRX' AND COLUMN_NAME = 'NUMMER'
ORDER BY ENDPOINT_NUMBER, ENDPOINT_ACTUAL_VALUE;
```

Es wird dabei zwischen Histogrammen vom Typ FREQUENCY und HEIGHT BALANCED unterschieden. Bei Histogrammen vom Typ FREQUENCY gibt es maximal so viele Ausprägungen, wie es *Buckets* gibt. Bei Histogrammen vom Typ HEIGHT BALANCED überschreitet die Anzahl der Ausprägungen die Anzahl der existierenden *Buckets*.

3.4.1 Height Balanced

Die folgende Abbildung zeigt zwei Zeilen für ein Histogramm vom Typ HEIGHT BALANCED:

TABLE_NAME	COLUMN_NAME	ENDPOINT_NUMBER	ENDPOINT_VALUE	ENDPOINT_ACTUAL_VALUE
PAR_PARTNER_TRX	NUMMER	0	2,50207622737197E35	000011
PAR_PARTNER_TRX	NUMMER	0	2,50207622745678E35	000085

Abb. 3.2: Attribute eines Histogramms vom Typ HEIGHT BALANCED.

Das Histogramm bezieht sich auf die Tabelle PAR_PARTNER_TRX mit dem Attribut NUMMER. Das *Bucket* hat die Nummer 0. Für dieses *Bucket* sind zwei Endpunkte gespeichert. Dies sind die beiden Strings 000011 und 000085. Alle Nummern, die in den Wertebereich dieser beiden Endpunkte fallen, gehören zu dem *Bucket*. Für Strings wird zusätzlich auch immer eine normierte Repräsentation als Nummer berechnet. Diese Nummer steht in der Spalte ENDPOINT_VALUE. Alle *Buckets* haben ungefähr die gleiche Größe. Das bedeutet, dass in jedem *Bucket* ungefähr gleich viele Datensätze enthalten sind. Die Häufigkeit einer Ausprägung hängt daher davon ab, über wie viele *Buckets* sich eine Ausprägung erstreckt.

TABLE_NAME	COLUMN_NAME	ENDPOINT_NUMBER	ENDPOINT_VALUE	ENDPOINT_ACTUAL_VALUE
KTF_BUCHUNG	BETRAG	116	98,13	
KTF_BUCHUNG	BETRAG	116	98,56	
KTF_BUCHUNG	BETRAG	119	100	
KTF_BUCHUNG	BETRAG	120	100	
KTF_BUCHUNG	BETRAG	120	103,63	
KTF_BUCHUNG	BETRAG	121	102,26	
KTF_BUCHUNG	BETRAG	121	107,81	

Abb. 3.3: *Buckets* eines Histogramms vom Typ HEIGHT BALANCED.

In dem Beispiel der Abbildung 3.3 sieht man, dass sich der ENDPOINT_VALUE 100 über zwei *Buckets* erstreckt. Das *Bucket* 119 enthält ausschließlich die Ausprägung 100. Das *Bucket* 120 enthält die Ausprägungen 100 und 103,63. Nun kann man mit Hilfe dieser Informationen des Histogramms vom Typ HEIGHT BALANCED die Häufigkeit der Ausprägung 100 für das Attribut BETRAG in der Tabelle KTF_BUCHUNG abschätzen, sofern man noch weitere statistische Kennzahlen heranzieht. Man benötigt zusätzlich die Anzahl der *Buckets*. Diese Anzahl wird mit dem SQL-Befehl

```
SELECT NUM_BUCKETS,  HISTOGRAM
  FROM USER_TAB_COLS
 WHERE TABLE_NAME = 'KTF_BUCHUNG' AND COLUMN_NAME = 'BETRAG';
```

ermittelt.

Die Abfrage liefert als Resultat 254 *Buckets*:

NUM_BUCKETS	HISTOGRAM
254	HEIGHT BALANCED

Abb. 3.4: Gesamtanzahl der *Buckets* eines Histogramms vom Typ HEIGHT BALANCED.

Eine weitere erforderliche Information ist die Anzahl der Zeilen in der Tabelle KTF_BUCHUNG. Auch diese Information erhält man mit einer SQL-Abfrage:

```
SELECT NUM_ROWS,  NUM_NULLS
  FROM USER_TABLES T, USER_TAB_COLS C
 WHERE       T.TABLE_NAME = 'KTF_BUCHUNG'
         AND C.TABLE_NAME = T.TABLE_NAME
         AND C.COLUMN_NAME = 'BETRAG';
```

Als Resultat erhält man 27.494.103 Datensätze:

NUM_ROWS	NUM_NULLS
27494103	0

Abb. 3.5: Gesamte Anzahl der Ausprägungen eines Attributs.

Für das Attribut BETRAG in der Tabelle KTF_BUCHUNG gibt es keine Einträge mit NULL.

Die Anzahl der Zeilen in den *Buckets* kann man nun berechnen. Dazu berechnet man zunächst den prozentualen Anteil eines *Bucket*. Dazu muss man lediglich 100 durch die Anzahl der *Buckets* teilen:

$$\frac{100}{254}\,\% = 0{,}3937\,\% \,. \tag{3.3}$$

Ein *Bucket* enthält also jeweils einen Anteil von 0,3937 %. Die Anzahl der Ausprägungen in einem *Bucket* erhält man nun durch Anwendung dieses Prozentwertes auf die Anzahl der Datensätze:

$$27.494.103 \times \frac{0{,}3937}{100} = 108.244 \,. \tag{3.4}$$

Ein *Bucket* enthält also 108.244 Ausprägungen. Die Ausprägung 100 erstreckte sich über zwei *Buckets*. In dem *Bucket* 119 war die Ausprägung vollständig enthalten. Das

Bucket 120 teilte sie sich noch mit einer weiteren Ausprägung. Der prozentuale Anteil der Ausprägung 100 errechnet sich daher wie folgt:

$$0{,}3937\,\%\ (100\,\%\ \text{von Bucket 119}) + \frac{0{,}3937\,\%}{2\ (50\,\%\ \text{von Bucket 120})} = 0{,}59055\,\%\,. \quad (3.5)$$

Die Ausprägung 100 hat also einen geschätzten statistischen Anteil von 0,59055 %. Dies entspricht

$$27.494.103 \times \frac{0{,}59055}{100} = 162.366\,. \quad (3.6)$$

Datensätzen.

3.4.2 Komprimierung

Wenn sich eine Ausprägung über mehrere *Buckets* erstreckt, erfolgt die Speicherung dieser Ausprägung im Histogramm in komprimierter Darstellung. Bei der komprimierten Darstellung wird nicht jedes betroffene *Bucket* abgespeichert. Es wird nur das letzte *Bucket* gespeichert. Diese Information ist ausreichend, um die betroffenen *Buckets* zu identifizieren.

```
SELECT  *
    FROM  USER_TAB_HISTOGRAMS
   WHERE      TABLE_NAME = 'KTF_BUCHUNG'
          AND COLUMN_NAME = 'BETRAG'
          AND ENDPOINT_NUMBER BETWEEN 24 AND 64
ORDER BY ENDPOINT_NUMBER;
```

Mit dieser Selektion werden alle *Buckets* ausgegeben, die eine Nummer zwischen 24 und 64 haben. Es handelt sich um ein Histogramm vom Typ HEIGHT BALANCED für das Attribut BETRAG der Tabelle KTF_BUCHUNG.

TABLE_NAME	COLUMN_NAME	ENDPOINT_NUMBER	ENDPOINT_VALUE	ENDPOINT_ACTUAL_VALUE
KTF_BUCHUNG	BETRAG	24	12,14	
KTF_BUCHUNG	BETRAG	64	12,5	

Abb. 3.6: Komprimierte Speicherung der *Buckets*.

Die Selektion liefert aufgrund der komprimierten Darstellung nur zwei Treffer, welche in Abbildung 3.6 gezeigt sind. Das *Bucket* mit der Nummer 64 hat die Ausprägung 12,5 als ENDPOINT_VALUE. Zwischen dem *Bucket* mit der Nummer 24 und dem *Bucket* mit der Nummer 64 gibt es eine Lücke. Diese Lücke wird durch die komprimierte Darstellung begründet. Die *Buckets* mit Nummern zwischen 25 und 63 haben nämlich ebenfalls die Ausprägung 12,5. Aufgrund der komprimierten Darstellung werden diese *Buckets* nicht gespeichert. Trotzdem sind alle Informationen verfügbar, um die Häufigkeit für die Ausprägung 12,5 mit Hilfe des Histogramms vom Typ HEIGHT BALANCED zu ermitteln. Dazu benötigt man die Anzahl aller *Buckets*:

```
SELECT  NUM_BUCKETS
  FROM USER_TAB_COLS
 WHERE TABLE_NAME = 'KTF_BUCHUNG' AND COLUMN_NAME = 'BETRAG';
```

Als Resultat der Query erhält man 254 *Buckets*:

NUM_BUCKETS
254

Abb. 3.7: Anzahl aller *Buckets* für ein Attribut.

Ebenso benötigt man die Anzahl der Datensätze in der Tabelle KTF_BUCHUNG:

```
SELECT  NUM_ROWS
  FROM USER_TABLES
WHERE TABLE_NAME = 'KTF_BUCHUNG';
```

Diese Query liefert 27.494.103 Zeilen:

NUM_ROWS
27494103

Abb. 3.8: Anzahl der Datensätze einer Tabelle.

Damit kann man die Anzahl der Zeilen pro *Bucket* berechnen:

$$\frac{27.494.103}{254} \approx 108.245\,. \tag{3.7}$$

In jedem *Bucket* sind also ungefähr 108.245 Zeilen enthalten.

Aufgrund der komprimierten Darstellung ist die Ausprägung 12,5 in *Buckets* mit den Nummern 25 bis 64 enthalten. Das sind 40 *Buckets*. Damit lässt sich die zu erwartende Treffermenge berechnen:

$$40\,\text{Buckets} \times \frac{108.245\,\text{Zeilen}}{\text{Bucket}} = 4.329.800\,\text{Zeilen}\,. \tag{3.8}$$

Für 4.329.800 Datensätze der Tabelle KTF_BUCHUNG wird somit die Ausprägung 12,5 für das Attribut BETRAG statistisch geschätzt.

3.4.3 Frequency

Liegt dagegen ein Intervall vom Typ FREQUENCY vor, ist die genaue Anzahl für jede Ausprägung bekannt. Denn für jede Ausprägung gibt es ein *Bucket*. Für jedes *Bucket* ist dann nämlich auch die Häufigkeit für die darin enthaltene Ausprägung bekannt.

```
SELECT TABLE_NAME,
       COLUMN_NAME,
       NUM_DISTINCT,
       NUM_BUCKETS,
       HISTOGRAM
  FROM USER_TAB_COLS
WHERE TABLE_NAME = 'PAR_ADRESSE' AND COLUMN_NAME = 'LAND_CD';
```

Diese Abfrage liefert Informationen zum Attribut LAND_CD in der Tabelle PAR_ADRESSE. Man erhält die Anzahl der unterschiedlichen Ausprägungen, die Anzahl der *Buckets* und den Typ des Histogramms:

	TABLE_NAME	COLUMN_NAME	NUM_DISTINCT	NUM_BUCKETS	HISTOGRAM
▶	PAR_ADRESSE	LAND_CD	98	98	FREQUENCY

Abb. 3.9: Attribute eines Histogramms vom Typ FREQUENCY.

Für das Attribut gibt es ein Histogramm vom Typ FREQUENCY. Daher stimmt die Anzahl der *Buckets* mit der Anzahl der unterschiedlichen Ausprägungen überein. Es gibt 98 *Buckets*. Also enthält das Histogramm für jede Ausprägung ein *Bucket*.

Die Häufigkeit der jeweiligen Ausprägung kann man nun dem Histogramm entnehmen.

```
SELECT  *
    FROM USER_TAB_HISTOGRAMS
   WHERE     TABLE_NAME = 'PAR_ADRESSE'
         AND COLUMN_NAME = 'LAND_CD'
         AND ENDPOINT_NUMBER <= 272263
ORDER BY ENDPOINT_NUMBER;
```

Mit dieser Abfrage erhält man alle *Buckets* für das Attribut, deren Nummer die Zahl 272.263 nicht übersteigt:

TABLE_NAME	COLUMN_NAME	ENDPOINT_NUMBER	ENDPOINT_VALUE	ENDPOINT_ACTUAL_VALUE
PAR_ADRESSE	LAND_CD	270811	1827	
PAR_ADRESSE	LAND_CD	272263	1828	

Abb. 3.10: *Buckets* eines Histogramms vom Typ FREQUENCY.

Man erhält dann als Ergebnis der Abfrage die ersten beiden *Buckets* des Histogramms. Mit Hilfe der *Bucket Number* kann man die Häufigkeit für die Ausprägung des *Bucket* bestimmen. Dazu benötigt man auch die *Bucket Number* des Vorgängers. Für das erste *Bucket* des Histogramms existiert allerdings kein Vorgänger. Dann muss als *Bucket Number* des Vorgängers die Nummer 0 angenommen werden. Die Häufigkeit bestimmt man dann durch die Differenzbildung zwischen der *Bucket Number* der Ausprägung, für welche die Häufigkeit ermittelt werden soll, und der *Bucket Number* des Vorgängers. Für die Ausprägung `1.827` erhält man als Häufigkeit `270.811` Einträge in der Tabelle `PAR_ADRESSE`. Möchte man die Häufigkeit für die Ausprägung `1.828` bestimmen, muss man von der *Bucket Number* `272.263` die *Bucket Number* `270.811` abziehen. Als Ergebnis erhält man `1.452` Einträge der Ausprägung `1.828` in der Tabelle `PAR_ADRESSE`. Mit der folgenden Abfrage kann man das auch verifizieren:

```
SELECT COUNT (*)  ANZAHL_EINTRAEGE
  FROM PAR_ADRESSE
 WHERE LAND_CD = 1828;
```

Als Resultat erhält man die prognostizierten `1.452` Einträge:

	ANZAHL_EINTRAEGE
▸	1452

Abb. 3.11: Anzahl der prognostizierten Ausprägungen eines Attributs.

3.4.4 Chiffrierung von Strings

Um die normierten Werte zu erhalten, wird ein Algorithmus auf den jeweiligen String angewendet. Die Normierung erfolgt in mehreren Schritten:

- ASCII-Konvertierung
  - ist die Konvertierung jedes Zeichens des Strings in seine ASCII-Nummer.
- Hexadezimal-Konversion
  - Jede ASCII-Nummer wird in das Hexadezimal-Format umgewandelt.
- Verknüpfung
  - Alle Hexadezimalzahlen werden zu einer einzigen Hexadezimalzahl verknüpft.
- Vereinheitlichung
  - Die neue Hexadezimalzahl wird ggf. durch Auffüllen mit 0 auf eine Läge von 15 Bytes bzw. 30 Zeichen normiert.
  - Ziffer Nummer 31 und folgende Ziffern werden abgeschnitten, wenn sie existieren.
  - Das Ergebnis wird als Hexadezimalzahl mit 30 Ziffern interpretiert.

- Hexadezimal-Konversion
  - Die Hexadezimalzahl wird in eine Dezimalzahl konvertiert.
- Ergebnisbildung
- Die Dezimalzahl wird auf 15 relevante Ziffern gerundet.

Es folgt eine Selektion, mit der das Vorgehen veranschaulicht wird:

```
SELECT TO_NUMBER (
          SUBSTR (
             RPAD (
                   TO_CHAR (ASCII ('0'), 'fmxx')
                || TO_CHAR (ASCII ('0'), 'fmxx')
                || TO_CHAR (ASCII ('0'), 'fmxx')
                || TO_CHAR (ASCII ('0'), 'fmxx')
                || TO_CHAR (ASCII ('8'), 'fmxx')
                || TO_CHAR (ASCII ('5'), 'fmxx'),
                30,
                0),
             1,
             30),
          'xxxxxxxxxxxxxxxxxxxxxxxxxxxxxx')
          DEZIMAL
  FROM DUAL;
```

Mit dieser Selektion wird der String ‚000085' in die normierte Repräsentation konvertiert. Zuerst wird die ASCII-Funktion auf jedes Zeichen angewendet. Die Funktion liefert für jedes Zeichen eine zweistellige ASCII-Nummer:

```
48 48 48 48 56 53.
```

Null hat die ASCII-Nummer 48 und ist daher viermal hintereinander aufgeführt. Dann folgen noch 56 für die Acht und 53 für die Fünf.

Die Nummern werden mit der Funktion TO_CHAR in ihre Hexadezimalzahl konvertiert. Alle Hexadezimalzahlen werden verknüpft:

```
303030303835.
```

Die Dezimalzahl 48 wird durch die Hexadezimalzahl 30 repräsentiert. Daher erscheint diese Hexadezimalzahl viermal hintereinander. Dann folgen noch die beiden Hexadezimalzahlen 38 und 35 für die beiden Dezimalzahlen 56 und 53.

Mit der Funktion RPAD wird auf maximal 30 Ziffern mit 0 aufgefüllt. Das Resultat wird dann mit der Funktion SUBSTR auf 30 Stellen begrenzt:

```
303030303835000000000000000000.
```

Diese Hexadezimalzahl wird dann mit der Funktion TO_NUMBER in eine auf 15 relevante Ziffern gerundete Dezimalzahl konvertiert:

2,50207622745678E35.

Die Selektion diente nur dazu, das Vorgehen zu erläutern. Denn die Konvertierung beliebiger Strings kann man bequem mit der Oracle-Funktion CAST_TO_RAW aus dem Package UTL_RAW realisieren:

```
SELECT TO_NUMBER (
           SUBSTR (RPAD (UTL_RAW.CAST_TO_RAW ('000085'), 30, 0), 1, 30),
           'xxxxxxxxxxxxxxxxxxxxxxxxxxxxxx')
           DEZIMAL
  FROM DUAL;
```

Die Funktion CAST_TO_RAW konvertiert jedes Zeichen des Strings in das ASCII-Format und ermittelt dazu die jeweiligen Hexadezimalzahlen. Auch das Verknüpfen der Hexadezimalzahlen erfolgt durch die Funktion. Man muss dann lediglich mit 0 auf eine Hexadezimalzahl mit 30 Ziffern auffüllen und anschließend mit SUBSTR auf maximal 30 Ziffern begrenzen. Mit der Funktion TO_NUMBER erfolgt dann noch die Konvertierung in die Dezimalzahl.

3.4.5 Dechiffrierung von Dezimalzahlen

Mitunter möchte man auch zu einem verschlüsselten ENDPOINT_VALUE den unverschlüsselten ENDPOINT_ACTUAL_VALUE ermitteln. Die hierfür erforderliche Dekodierung wird in mehrere Schritte zerlegt. Dabei muss man jedoch beachten, dass bei der Verschlüsselung gerundet wird. Diese Rundung kann zu Informationsverlust führen. Dann kann mit der Dechiffrierung der ursprüngliche String nicht wieder vollständig restauriert werden.

- Hexadezimalzahl-Konversion
  - Die chiffrierte Dezimalzahl wird in eine Hexadezimalzahl konvertiert.
- Vereinheitlichung
  - Die Hexadezimalzahl wird ggf. durch Auffüllen mit führenden Nullen auf 30 Zeichen normiert.
  - Das Ergebnis wird auf die ersten 14 Ziffern begrenzt.
- Dezimalzahlen-Konversion
  - Zerlegen der 14 Ziffern von links nach rechts in Ziffernpaare
  - Konvertierung der Ziffernpaare in Dezimalzahlen
- Ergebnisbildung
  - Ermittlung des ASCII-Zeichens für jede Dezimalzahl
  - Verknüpfung der Zeichen zum Ergebnis-String

Diese Schritte werden nun für die Dechiffrierung der Dezimalzahl

```
2,50207622745678E35
```

angewendet.

Zunächst erfolgt die Umwandlung in die normierte Hexadezimalzahl

```
303030303834f0
```

mit dem folgenden SQL-Befehl:

```
SELECT SUBSTR (
          LPAD (
             TO_CHAR (2.50207622745678E35,
                      'fmxxxxxxxxxxxxxxxxxxxxxxxxxxxxxx'),
             30,
             '0'),
          1,
          14)
          HEX
  FROM DUAL;
```

Danach erhält man den dechiffrierten String

```
0000840
```

durch die Dezimalzahlen-Konversion mit anschließender Ergebnisbildung:

```
SELECT    CHR (TO_NUMBER ('30', 'xx'))
       || CHR (TO_NUMBER ('30', 'xx'))
       || CHR (TO_NUMBER ('30', 'xx'))
       || CHR (TO_NUMBER ('30', 'xx'))
       || CHR (TO_NUMBER ('38', 'xx'))
       || CHR (TO_NUMBER ('34', 'xx'))
       || CHR (TO_NUMBER ('f0', 'xx'))
  FROM DUAL;
```

Der Originalstring lautete

```
000085.
```

Die Abweichung ist auf die Rundung zurückzuführen, die bei der Chiffrierung angewendet wird, so dass dadurch ein Informationsverlust verursacht wird. Mit der Funktion

```
CAST_TO_VARCHAR2
```

aus dem Package UTL_RAW kann man die Dechiffrierung bequem ausführen. Die Funktion deckt die Dezimalzahlen-Konversion und Ergebnisbildung komplett ab:

```
SELECT UTL_RAW.CAST_TO_VARCHAR2 (
          SUBSTR (
             LPAD (
                TO_CHAR (2.50207622745678E35,
                         'fmxxxxxxxxxxxxxxxxxxxxxxxxxxxxxx'),
                30,
                '0'),
             1,
             14))
  FROM DUAL;
```

Der Informationsverlust, der durch die Rundung verursacht wird, wird natürlich auch bei der Verwendung der Funktion CAST_TO_VARCHAR2 nicht vermieden. Die Selektion liefert daher auch das Ergebnis

```
000084ð.
```

Die beschriebene Dechiffrierung kann man nun auch verwenden, um Ergebnisse der Attributstatistiken zu entschlüsseln.

3.5 Statistische Kennzahlen

Mit der *View* USER_TAB_COLS erhält man nun statistische Informationen zu Attributen. Dies betrifft die Attributstatistiken inklusive eventuell vorhandener Histogramme:

```
SELECT TABLE_NAME,
       COLUMN_NAME,
       NUM_DISTINCT,
       LOW_VALUE,
       HIGH_VALUE,
       DENSITY,
       NUM_NULLS,
       NUM_BUCKETS,
       LAST_ANALYZED,
       SAMPLE_SIZE,
       AVG_COL_LEN
  FROM USER_TAB_COLS
WHERE COLUMN_NAME = 'NUMMER' AND TABLE_NAME = 'PAR_PARTNER_TRX';
```

Mit dieser Abfrage werden die statistischen Informationen für das Attribut NUMMER aus der Tabelle PAR_PARTNER_TRX abgefragt:

TABLE_NAME	COLUMN_NAME	NUM_DISTINCT	LOW_VALUE	HIGH_VALUE
PAR_PARTNER_TRX	NUMMER	152688	303030303031	414E3938303030303036

DENSITY	NUM_NULLS	NUM_BUCKETS	LAST_ANALYZED	SAMPLE_SIZE	AVG_COL_LEN
7,22318932701545E-6	0	254	13.10.2014 20:09:42	5491	8

Abb. 3.12: Statistische Kennzahlen für das Attribut einer Tabelle.

Aus den Attributstatistiken geht hervor, dass für das Attribut NUMMER eine Anzahl von 152.688 verschiedener Ausprägungen existiert. In dem Attribut werden die Ausprägungen als String gespeichert. Oracle berechnet für Strings zusätzlich eine eindeutige Zahl für jede vorkommende Ausprägung. Die der kleinsten vorkommenden Ausprägung zugeordnete Zahl wird als LOW_VALUE gespeichert. Für die größte vorkommende Ausprägung wird deren zugeordnete größte Zahl in der Tabelle HIGH_VALUE gespeichert. Dies sind die beiden verschlüsselten Werte, die mit Hilfe der Funktion CAST_TO_VARCHAR2 entschlüsselt werden können:

```
SELECT UTL_RAW.CAST_TO_VARCHAR2 ('303030303031') LOW_VALUE,
       UTL_RAW.CAST_TO_VARCHAR2 ('414E3938303030303036')  HIGH_VALUE
  FROM DUAL;
```

Als Ergebnis erhält man dann zwei unverschlüsselte Strings:

LOW_VALUE	HIGH_VALUE
000001	AN98000006

Abb. 3.13: Entschlüsselte Werte für LOW_VALUE und HIGH_VALUE.

Der Eintrag im Attribut DENSITY ist der Kehrwert des Eintrags aus dem Attribut NUM_DISTINCT. In diesem Attribut gibt es keine Einträge mit NULL. Für das Attribut wurde ein Histogramm mit 254 *Buckets* erstellt. Das Histogramm enthält also die maximal mögliche Anzahl von *Buckets*. Zuletzt wurde das Attribut am 13.10.2014 um 20:09:42 analysiert. Bei der Analyse wurde eine Stichprobe mit 5.491 Einträgen verwendet. Eine Ausprägung hat eine durchschnittliche Größe von 8 Bytes.

4 Fundamentale Hints

Mit Hilfe von *Hints* kann der automatisch erzeugte Ausführungsplan geändert werden. Der Planoptimierer erzeugt den Ausführungsplan mit Hilfe von Heuristiken. Es ist daher nicht gewährleistet, dass der optimale Ausführungsplan gefunden wird. Wenn die Datenbank einwandfrei konfiguriert ist, kann es insbesondere bei komplexeren SQL-Befehlen vorkommen, dass der beste Ausführungsplan nicht gefunden wird.

```
SELECT P.NACHNAME, P.NUMMER,  A.ORT
    FROM PLF_MANDANT M
         JOIN ZVK_PARTNERRO P ON M.ID =  P.MAND_ID
         JOIN PLF_ADRESSE A ON P.ID =  A.PARTK_ID
         JOIN ZVK_ROLLERO R ON R.PARTK_ID =  P.ID
         LEFT OUTER JOIN  ZVK_VERSORGVERHAELTNISRO VV
             ON VV.ID =  R.VERSORGUNGSVERHAELTNISZVK_ID
         JOIN ZVK_VERTRAGRO VTG ON VTG.ID =  R.VERTK_ID
         JOIN PLF_CODE C ON VTG.VERTRAGSART_CD =  C.ID
   WHERE     R.DISCRIMINATOR IN ('VERSICHERTERZVK', 'WITWEZVK',
                                 'WAISEZVK')
         AND REP_PLFCOMMON.GETAUFZTEXTFROMID (A.ADRESSENART_CD) =
                 'Korrespondenzadresse'
         AND C.CODE = 'VGA_V1'
ORDER BY P.NUMMER;
```

Dieses Beispiel enthält die Verknüpfung von mehreren Tabellen. Der Planoptimierer erzeugt dafür den Ausführungsplan in Abbildung 4.1.

Der Fehler des automatischen Planoptimierers ist im Schritt 5 zu erkennen. Denn es findet ein *Merge* der *View* ZVK_ROLLERO statt. Der *Merge* hat zur Folge, dass die Tabelle VTG_ROLLE_TRX mit dem Index VTG_VERTX_PK verknüpft wird. Die Verknüpfung erfolgt mit der *Nested Loop*. Durch diese Verknüpfung werden fast die gesamten Kosten des Ausführungsplans verursacht. Es ist daher besser, zuerst den Filter des SQL-Befehls für die *View* ZVK_ROLLERO anzuwenden und dann die Verknüpfung auszuführen. Dadurch wird die Menge der Datensätze deutlich reduziert, die verknüpft werden sollen, und die Kosten werden erheblich gesenkt. Diese Strategie kann man realisieren, indem man die *View* ZVK_ROLLERO nicht verschmilzt. Dafür verwendet man den *Hint* NO_MERGE:

```
SELECT /*+ NO_MERGE(R)  */  P.NACHNAME, P.NUMMER, A.ORT
   :
   :
   :
```

Der neue Ausführungsplan zeigt nun, dass die Kosten mit dem *Hint* deutlich gesenkt werden (siehe Abbildung 4.2).

https://doi.org/10.1515/9783110601817-004

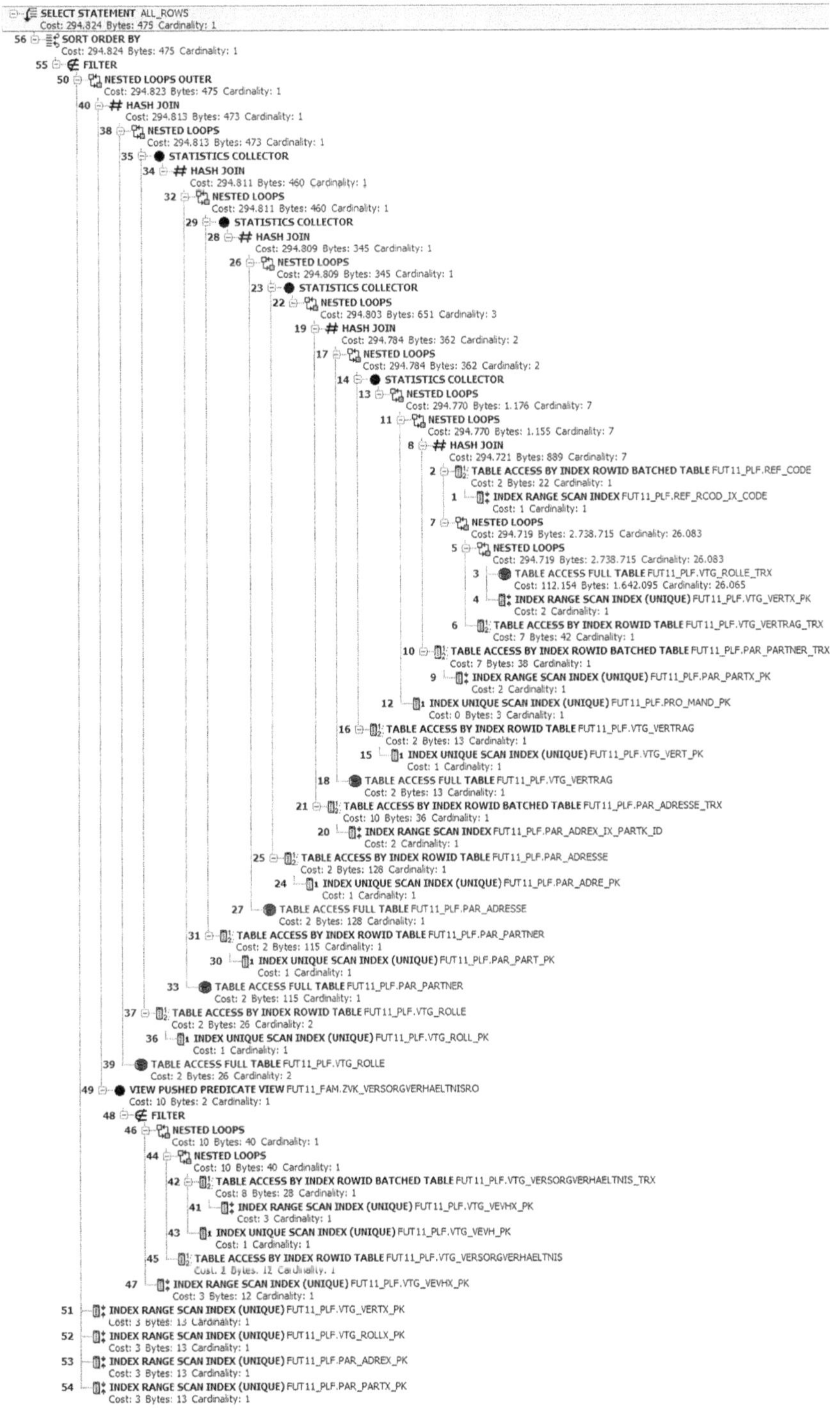

Abb. 4.1: Suboptimaler Ausführungsplan für einen komplexen SQL-Befehl.

Abb. 4.2: Korrektur eines suboptimalen Ausführungsplans mit einem *Hint*.

Denn nun wird zuerst der Filter für ZVK_ROLLERO angewendet und erst dann erfolgt die *Nested Loop*, mit der die *View* mit dem Index VTG_VERTX_PK verknüpft wird. Dadurch werden die gesamten Kosten des Ausführungsplans deutlich reduziert. Der Planoptimierer findet aufgrund seines heuristischen Vorgehens diesen optimalen Plan jedoch nicht selbständig. Denn aufgrund des komplexen SQL-Befehls kann der Optimierer nicht alle Ausführungspläne untersuchen, welche erzeugt werden können. Dies führt dazu, dass der optimale Ausführungsplan bei der heuristischen Suche unberücksichtigt bleibt. Daher muss man einen *Hint* verwenden, um den besten Plan zu erzeugen.

4.1 Optimierungsprinzipien

4.1.1 ALL_ROWS

Mit dem *Hint* ALL_ROWS legt man den Optimierer ausdrücklich darauf fest, dass der kostenbasierte Ansatz bei der Planoptimierung zu wählen ist:

```
SELECT /*+ ALL_ROWS */
        * FROM PAR_PARTNER;
```

Der *Hint* ist nun im Ausführungsplan eingetragen:

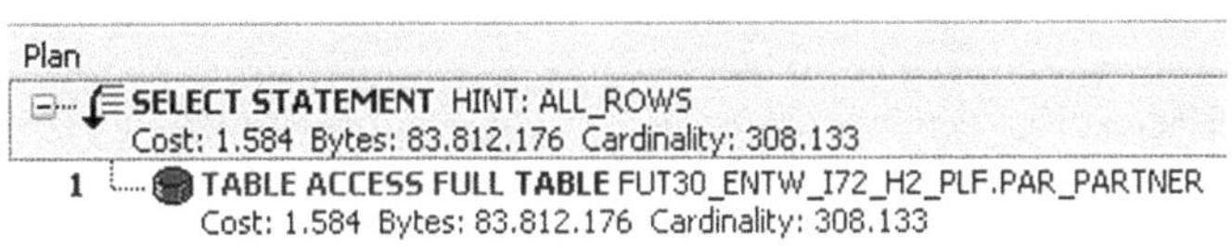

Abb. 4.3: Ausführungsplan mit dem *Hint* ALL_ROWS.

Im Ausführungsplan erkennt man, dass der Optimierer den *Hint* berücksichtigt hat. In der grauen Leiste ist der *Hint* eindeutig kenntlich gemacht. Dadurch wird erreicht, dass die Selektion aller Datensätze in der Partner-Tabelle so optimiert wird, dass die Gesamtkosten für den Zugriff minimiert werden.

4.1.2 FIRST_ROWS(n)

Hiermit wird ebenfalls der kostenbasierte Ansatz unterstützt. Es wird derjenige Ausführungsplan ausgewählt, der die ersten n Datensätze mit geringsten Kosten liefern kann. Dabei steht n für eine beliebige Ganzzahl. Damit dieses Ziel erreicht wird, setzt der Optimierer Heuristiken ein. Er bevorzugt einen verfügbaren Index-Scan gegenüber einem *Full Table Scan.*

Er bevorzugt einen *Nested Loop Join* gegenüber dem *Sort Merge Join*, wenn für die zu sortierenden Datensätze ein Index-Scan verfügbar ist, so dass dadurch die Kosten für die Sortierung entfallen und auf diese Tabelle in der inneren Schleife der *Nested Loop* zugegriffen wird.

Ebenso greift der Optimierer auf einen verfügbaren Index-Scan zurück, wenn Kosten für eine Sortierung aufgrund eines `ORDER BY` anfallen würden.

Bei `DELETE` und `UPDATE` wird dieser *Hint* nicht berücksichtigt. Dies gilt auch für `SELECT`, wenn die Schlüsselwörter `UNION`, `INTERSECT`, `MINUS`, `UNION ALL`, `GROUP BY` [49], `FOR UPDATE` oder `DISTINCT` enthalten sind. Das gilt auch für Aggregatsfunktionen.

Im folgenden Beispiel wird das heuristische Vorgehen des Optimierers anhand von `ORDER BY` demonstriert:

```
SELECT /*+ FIRST_ROWS(1000) */
          VERTRAG_ID
    FROM VTG_DAUERKOMPONENTE
ORDER BY VERTRAG_ID;
```

Im Ausführungsplan ist der *Hint* nun eingetragen:

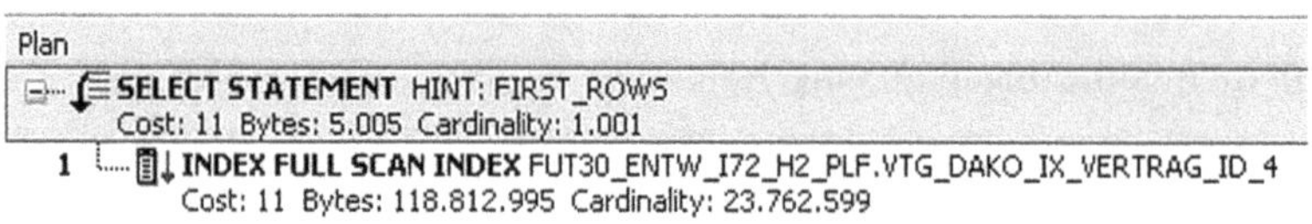

Abb. 4.4: Ausführungsplan mit dem *Hint* `FIRST_ROWS`.

In der grauen Leiste sieht man, dass der *Hint* berücksichtigt wurde. Daher werden die Kosten für eine etwaige Sortierung vermieden, indem ein verfügbarer *Full Index Scan* eingesetzt wird, weil der Index bereits sortiert ist. Dadurch werden die Kosten für den Zugriff auf die ersten 1.000 Zeilen sehr niedrig geschätzt. Denn es werden nur die Kosten für die Ermittlung der ersten 1.000 Treffer im Ausführungsplan ausgewiesen. Die Kosten für die Selektion der restlichen Treffer bleiben unberücksichtigt.

Es ergibt sich dadurch eine schnellere Ausführung für die Ermittlung der ersten 1.000 Treffer im Vergleich zu dem folgenden Ausführungsplan, der ohne *Hint* erstellt wurde:

```
SELECT    VERTRAG_ID
    FROM VTG_DAUERKOMPONENTE
ORDER BY VERTRAG_ID;
```

Der nun erzeugte Ausführungsplan unterscheidet sich im Vergleich zu dem Plan, der mit dem *Hint* `FIRST_ROWS` erzeugt wurde:

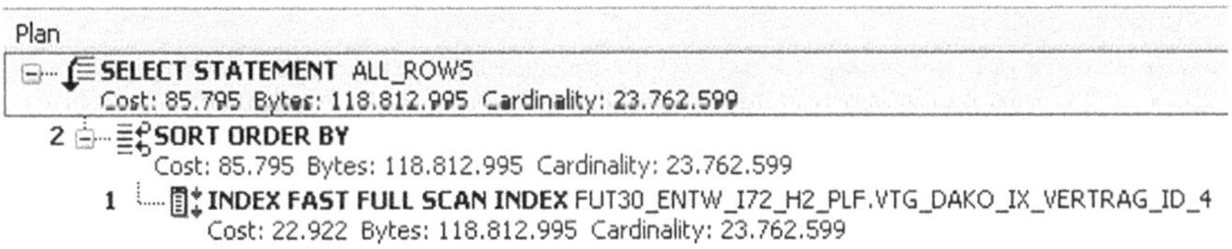

Abb. 4.5: Ausführungsplan ohne den *Hint* `FIRST_ROWS`.

Ohne den *Hint* muss der Optimierer die Gesamtkosten für den Zugriff auf knapp 24 Millionen Datensätze kalkulieren. Er entscheidet sich daher für einen *Fast Full Index Scan*. Da dieser parallel ausführbar ist und die Multiblock-Lesetechnik einsetzt, wird der Index unsortiert geladen. Es fallen daher weitere Kosten für die Sortierung an, so dass sich insgesamt ein wesentlich schlechterer Ausführungsplan ergibt, sofern mit diesem Plan die ersten 1.000 Treffer so schnell wie möglich ermittelt werden sollen. Denn für die Optimierung der Gesamtkosten wird die Heuristik nicht eingesetzt. Die Ausführung dieses Plans ist daher für die ersten 1.000 Treffer deutlich langsamer im Vergleich zum Ausführungsplan mit dem *Hint*.

Wenn jedoch mehr Treffer auf dem schnellsten Weg ermittelt werden sollen, steigen auch die Kosten für den *Full Index Scan*.

Wenn man nämlich n signifikant erhöht, ergibt sich folgendes Szenario:

```
SELECT /*+ FIRST_ROWS(11000000) */
         VERTRAG_ID
    FROM VTG_DAUERKOMPONENTE
ORDER BY VERTRAG_ID;
```

Die Erhöhung von n erkennt man im Ausführungsplan:

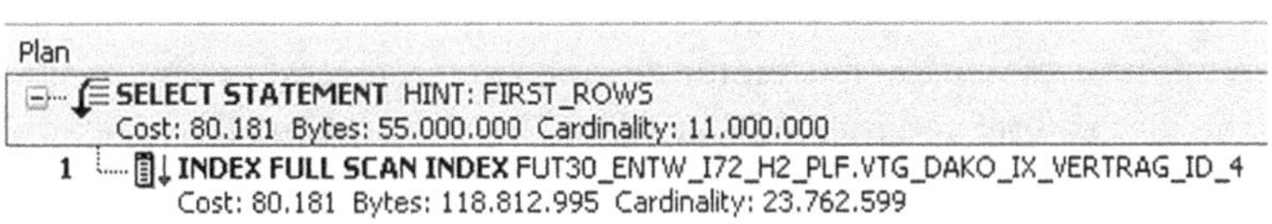

Abb. 4.6: Ausführungsplan mit höherer Treffermenge für *Hint* `FIRST_ROWS`.

Wenn n den Wert elf Millionen bekommt, werden die Gesamtkosten für den Zugriff auf die ersten elf Millionen Treffer bereits auf gut 80.000 geschätzt. Damit liegen diese Kosten noch knapp unter den Kosten für den Zugriff mittels *Fast Full Index Scan*. Noch entscheidet sich der Optimierer daher für diesen Ausführungsplan. Sobald man aber n um eine weitere Million erhöht, ergibt sich ein geschätzter Kostenvorteil für den *Fast Full Index Scan*:

```
SELECT /*+ FIRST_ROWS(12000000) */
         VERTRAG_ID
    FROM VTG_DAUERKOMPONENTE
ORDER BY VERTRAG_ID;
```

Nun hat der *Hint* keine Wirkung mehr auf den Ausführungsplan:

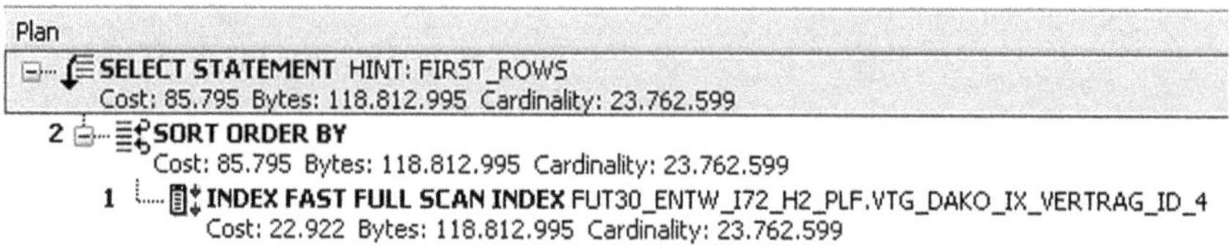

Abb. 4.7: Ausführungsplan mit wirkungslosem *Hint* FIRST_ROWS.

Wenn also die ersten zwölf Millionen Treffer auf dem schnellsten Weg ermittelt werden sollen, wird derjenige Ausführungsplan verwendet, der optimal ist, wenn alle Treffer auf dem schnellsten Weg ermittelt werden sollen. Es gibt keinen anderen Ausführungsplan, mit dem die ersten zwölf Millionen Treffer schneller ermittelt werden können. Die vom Ausführungsplanoptimierer verwendeten Heuristiken finden jetzt keinen schnelleren Ausführungsplan mehr. Das erkennt man auch an der *Cardinality*, welche nun der gesamten Treffermenge entspricht. Denn wenn mit den Heuristiken ein Ausführungsplan gefunden wird, mit dem die ersten n Treffer am schnellsten gefunden werden, ist bei der *Cardinality* auch die Anzahl der Treffer eingetragen, für welche die Optimierung mit Hilfe der Heuristik erfolgt ist. Zusätzlich werden dann auch nur die Kosten für die Ermittlung der ersten n Treffer berücksichtigt. Auch das ist hier nicht mehr der Fall. Denn es sind die Kosten für die Selektion aller Treffer eingetragen. In diesem Beispiel kann der *Hint* also gar nicht mehr beachtet werden. In einem solchen Fall sollte man den *Hint* entfernen.

Damit der Ausführungsplan die Kosten für die Selektion der ersten n Treffer gut schätzen kann, benötigt dieser verlässliche Statistiken. Bei der Erhebung der Statistiken müssen auch sorgfältige Messungen für das Multiblock-Lesen von Datenblöcken erfolgen. Aufgrund der Statistiken wird die Geschwindigkeit für die Multiblock-Lesetechnik geschätzt. Der Optimierer greift dann häufig auf diese Technik zu, wenn damit ein Index schnell mit dem *Fast Full Index Scan* gelesen werden kann. Er beachtet auch, dass die Datenblöcke unsortiert in das Memory geladen werden, und berücksichtigt die zusätzlichen Kosten für die Sortierung, wenn eine Sortierung für den SQL-Befehl erforderlich ist.

Dieser *Hint* wird auch eingesetzt, damit der Ausführungsplanoptimierer einen Index-Scan gegenüber einem *Full Table Scan* bevorzugen soll, und zwar auch dann, wenn nicht nur die ersten n Treffer auf die schnellste Weise ermittelt werden sollen. Von einer solchen Verwendung des *Hint* ist jedoch abgeraten, weil damit Defizite ausgeglichen werden sollen. Das können beispielsweise mangelhafte Statistiken sein, die dazu führen, dass ein *Full Table Scan* im Ausführungsplan erscheint, obwohl ein Index-Scan schneller wäre. In solchen Fällen ist es besser, die Defizite zu identifizieren und zu beseitigen, so dass der Ausführungsplanoptimierer selbständig den besten Ausführungsplan ermitteln kann.

4.1.3 CHOOSE

Mit diesem *Hint* wählt der Planoptimierer automatisch zwischen dem kostenbasierten Ansatz und dem regelbasierten Ansatz aus. Der Optimierer entscheidet sich für den regelbasierten Ansatz, wenn keine Statistiken verfügbar sind. Dies ist der Fall, wenn im *Data Dictionary* für die Tabellen des SQL-Befehls keine Statistiken gespeichert sind. Es erfolgt dann die Optimierung nach dem regelbasierten Ansatz. Ansonsten wird gemäß dem kostenbasierten Ansatz optimiert und derjenige Ausführungsplan ausgewählt, für den das beste Laufzeitverhalten prognostiziert wird. Bei dem regelbasierten Ansatz versucht der Ausführungsplanoptimierer grundsätzlich verfügbare Indizes zu nutzen, um einen *Full Table Scan* zu vermeiden. Es handelt sich also um ein heuristisches Vorgehen, das suboptimal ist. Denn bei einer größeren Treffermenge kann die Selektion mit einem *Full Table Scan* schneller ausgeführt werden. Diese Entscheidung kann jedoch nur mit Hilfe von Statistiken erfolgen. Wenn also keine Statistiken vorhanden sind, muss man sich mit dem regelbasierten Ansatz begnügen.

```
SELECT /*+ CHOOSE */
       *
  FROM PARAM_TAB
 WHERE TAB = 'PLT_TARIF';
```

Im Ausführungsplan werden nun keine Kosten und statistischen Kennzahlen eingetragen:

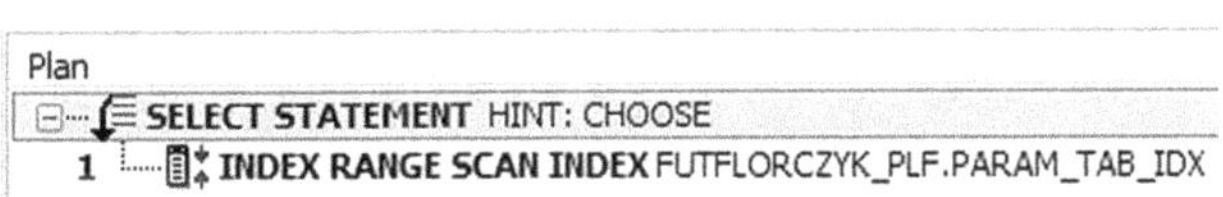

Abb. 4.8: Ausführungsplan mit *Hint* CHOOSE ohne Statistiken.

Auf der Tabelle PARAM_TAB ist der Index PARAM_TAB_IDX für das Attribut TAB vorhanden. Es wurden keine Statistiken gerechnet. Daher hat der Planoptimierer auch keine Information über die zu erwartende Treffermenge. Da die Selektion mit dem *Hint* CHOOSE ausgeführt wird, muss der Planoptimierer den regelbasierten Ansatz auswählen. Gemäß dem regelbasierten Ansatz wird ein verfügbarer Index bei der Planerstellung genutzt.

Nun werden Statistiken für die Tabelle gerechnet, die bei der Planerstellung berücksichtigt werden können. Die Planerstellung wird nun bei unveränderter Selektion erneut aufgerufen:

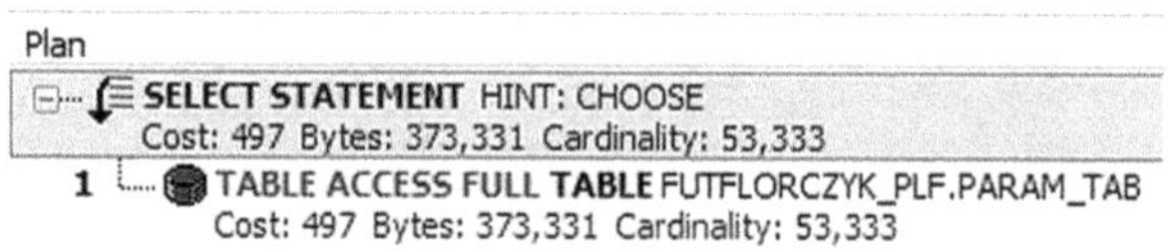

Abb. 4.9: Ausführungsplan mit *Hint* CHOOSE und Statistiken.

Aufgrund der vorliegenden Statistiken wird eine hohe Treffermenge erwartet. Dies wird durch die *Cardinality* im Ausführungsplan angezeigt. Der Planoptimierer rechnet mit 53.333 Treffern. Daher wird der verfügbare Index jetzt ignoriert. Aufgrund der hohen Treffermenge ist ein *Full Table Scan* schneller als ein Indexzugriff. Der *Hint* CHOOSE verwendet nun aufgrund der verfügbaren Statistiken das kostenbasierte Vorgehen bei der Planoptimierung. Dementsprechend sind die zu erwartenden Kosten im Ausführungsplan eingetragen.

4.1.4 RULE

Mit dem *Hint* RULE wird der Optimierer ausgeschaltet. Von der Verwendung ist daher grundsätzlich abzuraten.

```
SELECT /*+ RULE */
         VERTRAG_ID
    FROM VTG_DAUERKOMPONENTE
ORDER BY VERTRAG_ID;
```

Obwohl Statistiken für diese Tabelle vorhanden sind, werden diese nicht verwendet. Im Ausführungsplan sind daher die statistischen Kennzahlen nicht eingetragen:

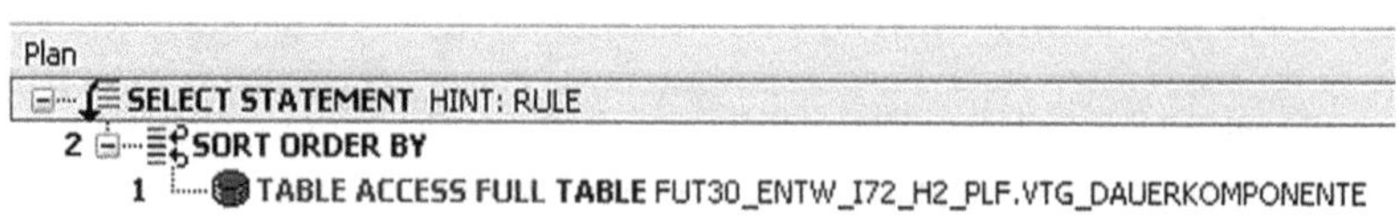

Abb. 4.10: Ausführungsplan mit ausgeschaltetem Optimierer.

Es findet in dem Beispiel keine Optimierung statt. Der Zugriff erfolgt daher mit einem *Full Table Scan*. Es ist dann in der Folge mit einer sehr langen Laufzeit zu rechnen, denn aufgrund eines Index ist ein besserer Ausführungsplan verfügbar. Wenn man nämlich den *Hint* aus der Selektion entfernt, wird der Index auch verwendet:

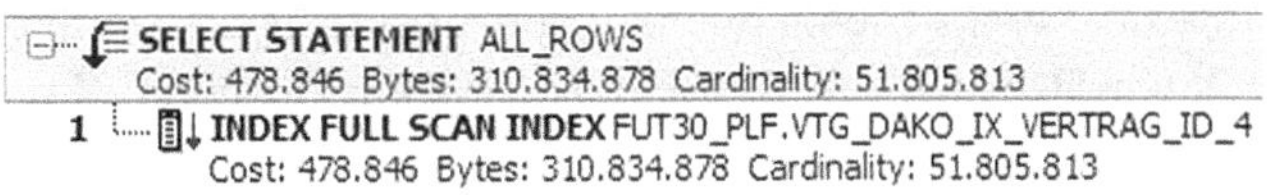

Abb. 4.11: Mit Hilfe von Statistiken verbesserter Ausführungsplan.

In der grauen Leiste sieht man, dass jetzt mit dem Modus `ALL_ROWS` optimiert wurde. Mit dem *Full Index Scan* erfolgt nun eine schnellere Ausführung. Für diesen Vergleich wurde derselbe SQL-Befehl mit dem *Hint* `FULL` ausgeführt:

```
SELECT /*+ FULL(D) */
          VERTRAG_ID
     FROM VTG_DAUERKOMPONENTE D
ORDER BY VERTRAG_ID;
```

Nun sieht man durch den Vergleich der beiden Ausführungspläne, dass die Kosten von knapp 500.000 beim *Full Index Scan* auf mehr als 2,5 Millionen beim *Full Table Scan* ansteigen. Durch die Abschaltung des Optimierers mit dem *Hint* `RULE` wurde also nur ein suboptimaler Ausführungsplan gefunden:

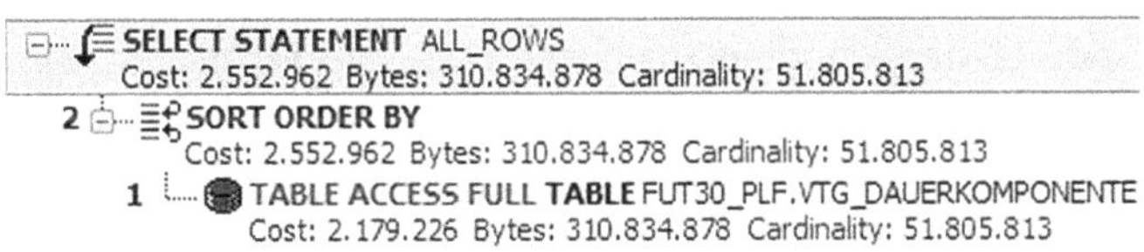

Abb. 4.12: Mit *Hint* `FULL` erzeugter Ausführungsplan, der suboptimal ist.

4.2 Weitere Hints

4.2.1 APPEND

Mit diesem *Hint* werden die Datensätze mit Hilfe des Direktlade-Modus an das Ende der Tabelle angefügt.

Beim gewöhnlichen Einfügen von Datensätzen wird verfügbarer freier Speicherplatz genutzt, welcher der Tabelle zugeordnet ist, so dass die einzufügenden Datensätze dort gespeichert werden. Dies entspricht dem seriellen Vorgehen, so dass durch sequentielle Plattenzugriffe das Einfügen abgewickelt wird.

```
INSERT /*+ APPEND */
        INTO  VTG_DAUERKOMPONENTE_BAK
          SELECT * FROM VTG_DAUERKOMPONENTE;
```

Daher ist das Laden mit Hilfe des Direktlade-Modus häufig der schnellere Weg. Mit dieser Technik werden die Datensätze oberhalb der *High Water Mark* eingefügt. Man benötigt daher auch kein *Undo*. Damit können die Datensätze im Parallelbetrieb in die Datenbank geladen werden. Dadurch werden die Kostenvorteile erreicht. Im Ausführungsplan erkennt man den Direktlade-Modus im zweiten Schritt anhand der Schlüsselwörter *Load As Select*:

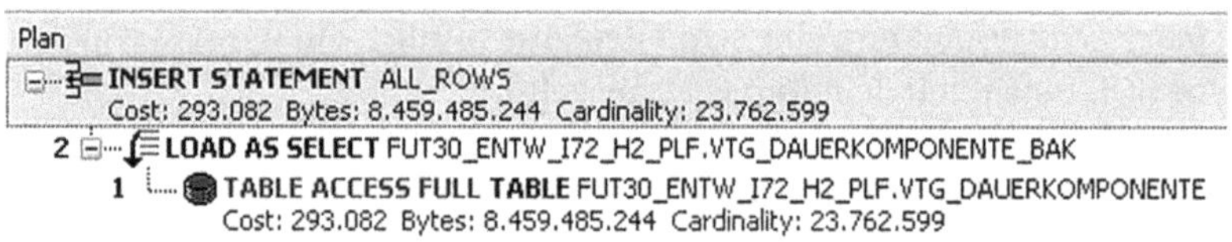

Abb. 4.13: Ausführungsplan mit Direktlade-Modus.

Wenn die Datensätze jedoch oberhalb der *High Water Mark* eingefügt werden, bleibt noch verfügbarer freier Speicherplatz unterhalb der *High Water Mark* ungenutzt. Wenn also Datensätze mit APPEND eingefügt werden, wird mehr permanenter Speicherplatz verbraucht. Daher soll man den *Hint* nur dann verwenden, wenn aufgrund des schnellen Einfügens der Datensätze ein Nutzen erzielt werden kann, der größer ist als die zusätzlichen Kosten, welche durch den erhöhten Speicherplatz-Bedarf verursacht werden.

4.2.2 NO_APPEND

Mit diesem *Hint* wird der Parallelbetrieb während der Durchführung abgeschaltet. Somit werden die Datensätze im seriellen Betrieb in die Datenbank geladen. Die Daten werden also mit gewöhnlichem Einfügemodus in die Datenbank geschrieben.

```
INSERT /*+ NO_APPEND */
        INTO  VTG_DAUERKOMPONENTE_BAK
    SELECT * FROM VTG_DAUERKOMPONENTE;
```

Im gewöhnlichen Einfügemodus wird verfügbarer freier Speicherplatz ausgenutzt, um die Schreiboperationen abzuwickeln. Datensätze werden erst dann oberhalb der *High Water Mark* eingefügt, wenn es keinen freien Speicherplatz unterhalb der *High Wa-*

ter Mark mehr gibt. Daher wird mit diesem Einfügemodus der permanente Speicherplatz effizient genutzt, jedoch werden die Datensätze im Vergleich zum Einfügemodus APPEND langsamer in die Datenbank geladen.

Abb. 4.14: Ausführungsplan mit gewöhnlichem Einfügemodus.

Das Einfügen der Datensätze im Modus NO_APPEND entspricht dem konventionellen Vorgehen. Dies erkennt man in der Abbildung 4.14 im Ausführungsplan im zweiten Schritt an den Schlüsselwörtern *Load Table Conventional*. Datensätze werden bevorzugt in diesem Modus eingefügt, weil damit der permanente Speicherplatz effizient genutzt wird. Der Einfügemodus APPEND wird hingegen nur dann genutzt, wenn das schnelle Einfügen der Datensätze eine höhere Priorität hat als die effiziente Nutzung des permanenten Speicherplatzes.

4.2.3 CACHE

Der *Hint* CACHE eignet sich für verhältnismäßig kleine Tabellen. Damit werden die geladenen Blöcke bei Durchführung eines *Full Table Scan* in die Liste LRU am Ende des Bereichs MRU eingetragen, der die Blöcke identifiziert, auf die am häufigsten zugegriffen wird. Die Liste LRU gehört zum *Buffer Cache* [50–55].

```
SELECT /*+ CACHE(RC) */
       *
  FROM REF_CODE RC;
```

Daher wird mit diesem *Hint* die übliche Verwaltung von Datenblöcken im *Buffer Cache* deaktiviert. Denn grundsätzlich werden Datenblöcke aus dem *Buffer Cache* schneller verdrängt, wenn diese mit Hilfe eines *Full Table Scan* in den *Buffer Cache* geladen wurden. Dagegen verbleiben Datenblöcke länger im *Buffer Cache*, wenn diese mit Hilfe der ROWID in den *Buffer Cache* geladen werden. Die ROWID kann dann vorher durch einen Indexzugriff ermittelt worden sein.

4.2.4 NOCACHE

Wenn ein *Full Table Scan* erfolgt, werden die Blöcke mit dem *Hint* NOCACHE an das Ende des Bereichs LRU eingetragen. Dieser Bereich gehört zur Liste *Least Recently*

Used. Dieser Bereich enthält also diejenigen Blöcke, die nur selten verwendet werden. Grundsätzlich werden die Blöcke in diesen Bereich eingetragen, wenn die Blöcke mit Hilfe des *Full Table Scan* in den *Buffer Cache* geladen werden. Denn Datenblöcke, die mit dieser Technik geladen werden, sollen schnell aus dem *Buffer Cache* verdrängt werden.

```
SELECT /*+ FULL(D) NOCACHE(D) */  NAME
FROM VTG_DAUERKOMPONENTE D;
```

Daher handelt es sich hier um das Standardverhalten der Caching-Funktionalität. Denn Blöcke, die in den Bereich LRU eingetragen sind, werden schnell aus dem *Buffer Cache* verdrängt.

4.2.5 RESULT_CACHE

Mit dem *Hint* RESULT_CACHE wird das Ergebnis einer Query im dafür reservierten Bereich des *Shared Pool* gespeichert. Damit besteht für nachfolgende SQL-Befehle die Möglichkeit, auf das im *Shared Pool* gespeicherte Ergebnis bei Bedarf zurückzugreifen, um die Laufzeit für die Query zu beschleunigen. Jedoch wird das gespeicherte Resultat ungültig, wenn ein am Ergebnis beteiligtes Datenbank-Objekt verändert wird. Grundsätzlich kann man den *Result Cache* mit dem Datenbank-Parameter RESULT_CACHE_MODE aktivieren. Dazu muss der Parameter mit dem Wert FORCE initialisiert werden. Wenn eine Deaktivierung des *Result Cache* gewünscht ist, erfolgt das mit dem Wert MANUAL. In diesem Fall kann man die standardmäßig eingestellte Deaktivierung mit dem *Hint* RESULT_CACHE übersteuern. Grundsätzlich kann das Ergebnis nur dann im *Result Cache* gespeichert werden, wenn die in der Query enthaltenen Funktionen deterministisch sind. Das ist dann der Fall, wenn sich das Ergebnis der Funktion nicht verändert, wenn diese mit denselben Argumenten mehrmals aufgerufen wird. Dann brauchen nachfolgende Aufrufe der Funktion nicht erneut ausgeführt werden, weil das Ergebnis des ersten Aufrufs im *Result Cache* gespeichert wurde. Wenn jedoch beispielsweise eine benutzerdefinierte Funktion zur Ermittlung des Resultats auf die Inhalte einer Tabelle zugreift, deren Inhalt sich verändert, darf diese Funktion nicht mit DETERMINISTIC gekennzeichnet werden, weil sich das Ergebnis der Funktion ändern kann, auch wenn diese mehrmals hintereinander immer mit denselben Parametern aufgerufen wird.

Im folgenden Beispiel wird das Ergebnis der Verknüpfung zweier Tabellen im *Result Cache* gespeichert:

```
SELECT /*+ RESULT_CACHE */
       *
  FROM PAR_PARTNER_TRX PX, VTG_ROLLE_TRX RX
 WHERE PX.PARTK_ID = RX.PARTK_ID;
```

Die Speicherung im *Result Cache* wird hier durch den *Hint* bewirkt. Man kann das auch dem Ausführungsplan entnehmen:

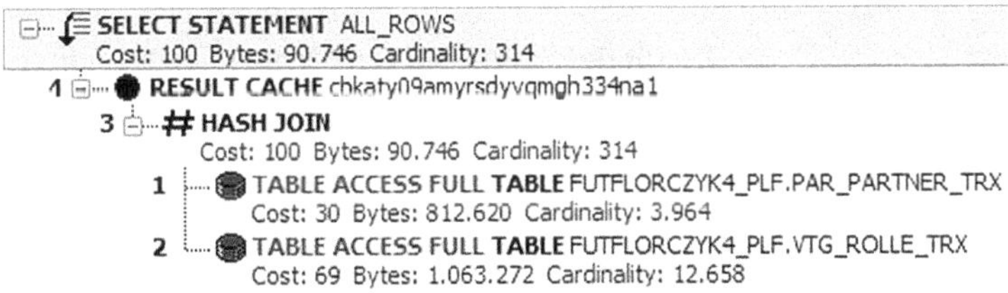

Abb. 4.15: Ausführungsplan mit *Hint* RESULT_CACHE.

In den ersten beiden Ausführungsschritten erfolgt zunächst jeweils ein *Full Table Scan* für die beiden Tabellen. Anschließend erfolgt die Verknüpfung mit dem *Hash Join* im dritten Ausführungsschritt. Das Ergebnis des *Hash Join* wird dann im vierten Ausführungsschritt im *Result Cache* gespeichert. Bei der Erstellung des Ausführungsplans war der Parameter RESULT_CACHE_MODE mit MANUAL initialisiert. Daher verändert sich der Ausführungsplan, wenn man den *Hint* weglässt:

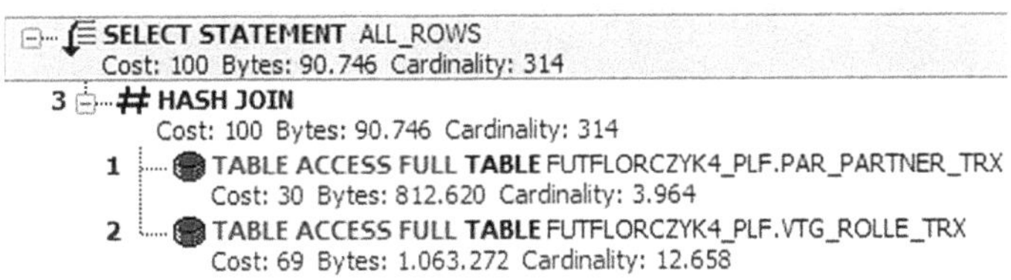

Abb. 4.16: Ausführungsplan ohne *Hint* RESULT_CACHE.

Dann verschwindet nämlich der vierte Ausführungsschritt. Man erkennt also, dass das Ergebnis des *Hash Join* nicht im *Result Cache* gespeichert wird.

4.2.6 NO_RESULT_CACHE

Im vorigen Kapitel wurde erläutert, wie mit dem *Hint* RESULT_CACHE Ergebnisse von SQL-Abfragen in einem reservierten Bereich des *Shared Pool* gespeichert werden können. Der *Hint* kommt dann zum Einsatz, wenn der Datenbank-Parameter RESULT_CACHE_MODE mit dem Wert MANUAL initialisiert ist. Damit wird festgelegt, dass grundsätzlich keine Abspeicherung der Query-Resultate erfolgt. Man kann dann also im Bedarfsfall das Standardverhalten der Datenbank mit dem *Hint* RESULT_CACHE übersteuern. Es ist jedoch auch möglich, die Datenbank so zu konfigurieren, dass die Query-Resultate grundsätzlich im *Shared Pool* gespeichert werden. Wenn dies gewünscht ist, muss man den Parameter RESULT_CACHE_MODE mit dem Wert FORCE belegen:

```
ALTER SYSTEM SET RESULT_CACHE_MODE=FORCE;
```

Damit wird festgelegt, dass die Query-Resultate nun grundsätzlich in dem reservierten Bereich des *Shared Pool* gespeichert werden. Es kann nun jedoch auch Gründe geben, die der Anlass dafür sind, dass man das Resultat einer Query nicht im *Shared Pool* speichern möchte. Dies wird dann der Fall sein, wenn man auf das Ergebnis der Abfrage nicht noch einmal zurückgreifen muss. In diesem Fall würden durch den Speichervorgang nur unnötig Ressourcen verbraucht. Je grösser das Resultat der Query ist, umso mehr werden die Ressourcen belastet. Diese negativen Auswirkungen kann man mit dem *Hint* NO_RESULT_CACHE vermeiden:

```
SELECT /*+ NO_RESULT_CACHE */
       *
  FROM PAR_PARTNER_TRX PX, VTG_ROLLE_TRX RX
 WHERE PX.PARTK_ID = RX.PARTK_ID;
```

Diese Query wurde bereits schon im vorigen Kapitel verwendet. Jedoch enthält sie hier den *Hint* NO_RESULT_CACHE.

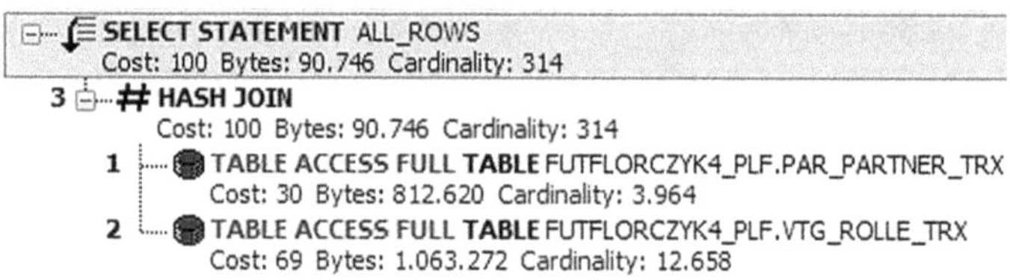

Abb. 4.17: Ausführungsplan mit *Hint* NO_RESULT_CACHE.

Anhand des Ausführungsplans erkennt man nun die Wirkung des *Hint*. Denn es gibt in der Abbildung 4.17 keinen Ausführungsschritt, in welchem die Speicherung des Resultats im *Result Cache* stattfindet. Ohne den *Hint* gäbe es diesen Ausführungsschritt, weil der Datenbank-Parameter RESULT_CACHE_MODE jetzt auf Systemebene mit dem Wert FORCE belegt ist. Dieselbe Wirkung hätte man natürlich auch dann, wenn der Parameter nur für die aktuelle Session mit diesem Wert belegt wäre. In beiden Fällen würde ohne den *Hint* das Resultat der Query im *Result Cache* gespeichert (siehe Abbildung 4.18).

Ohne den *Hint* gibt es im Ausführungsplan im vierten Ausführungsschritt den Speichervorgang. Hier erfolgt also die Speicherung des Resultats der Query im *Result Cache*.

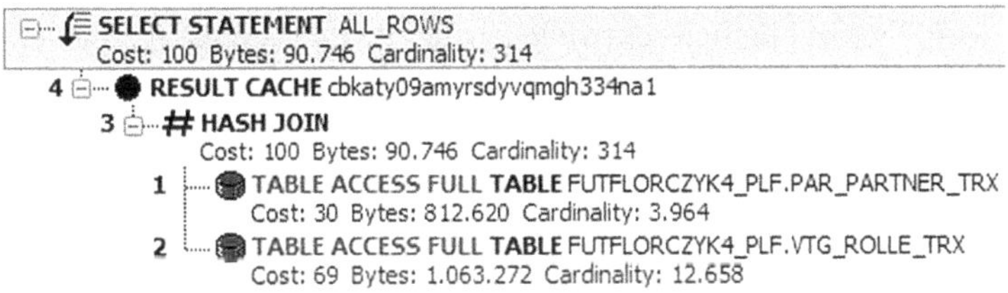

Abb. 4.18: Ausführungsplan ohne *Hint* NO_RESULT_CACHE.

4.2.7 QB_NAME

Mit dem *Hint* QB_NAME wird einem Query-Block ein Name zugeordnet. Mit diesem Namen kann der Query-Block in einem *Hint* referenziert werden. Es ist also möglich, eine Sub-Query oder eine *View* mit dem Namen in einem *Hint* aufzuführen. Die Namen müssen eindeutig vergeben werden. Mehrere Query-Blöcke dürfen also nicht denselben Namen bekommen. Ebenso darf auch nicht derselbe Query-Block mehrere Namen bekommen. Wenn diese Eindeutigkeit nicht gewährleistet ist, dann ignoriert der Planoptimierer den Namen des Query-Blocks und somit auch diejenigen *Hints*, die den Namen verwenden, um den Block anzusprechen.

```
SELECT /*+ QB_NAME(QB) FULL(@QB P) */
       PARTK_ID,  NUMMERANZEIGE
  FROM PAR_PARTNER P
 WHERE NAME = 'Müller';
```

In dem Beispiel gibt es einen Query-Block. Dieser erhält den Namen QB mit dem *Hint* QB_NAME. Nun ist es möglich, den Namen des Query-Blocks in einem anderen *Hint* zu benutzen, um den Query-Block anzusprechen. Dies geschieht mit dem *Hint* FULL. Der Name eines Query-Blocks kann in dem *Hint* FULL als optionaler Parameter verwendet werden. Wenn diese Möglichkeit genutzt wird, muss der Name des Query-Blocks als erstes Argument aufgelistet werden. Das zweite Argument nennt die Tabelle, die in dem Query-Block enthalten ist. In dem Beispiel gibt es nur eine Tabelle. Die hat den Namen P und wird als zweites Argument im *Hint* FULL aufgeführt.

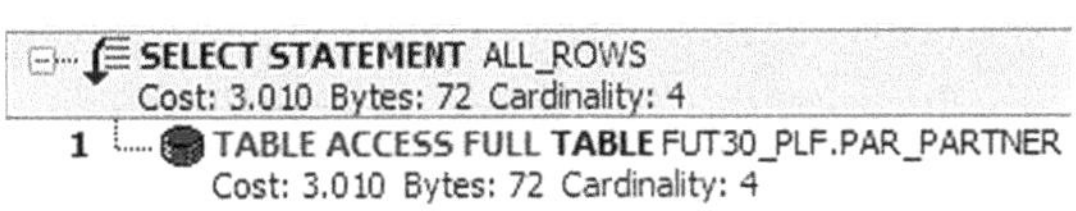

Abb. 4.19: Ausführungsplan mit *Hints* QB_NAME und FULL.

Der Name des Query-Blocks erscheint nicht in dem Ausführungsplan der Abbildung 4.19. Er wird jedoch vom Planoptimierer beachtet. Denn es wird ein *Full Table Scan* angewendet. Dies wird durch den Namen des Partners begründet, nach dem mit der Query gesucht wird. Es gibt nämlich sehr viele Partner in der Datenbank, die den Namen 'Müller' haben. Über diese fachliche Information verfügt der Planoptimierer nicht. Aufgrund der Statistiken geht der Planoptimierer von einer Gleichverteilung der Attributwerte aus und verfügt daher nicht über diese fachliche Information, die nötig ist, um sich für den *Full Table Scan* zu entscheiden. Grundsätzlich ist es möglich, ungleiche Attributverteilungen mit Histogrammen abzubilden. Benutzt man jedoch Binde-Variablen in der Query, können die Informationen der Histogramme typischerweise nicht genutzt werden, denn dann wird generell bei der ersten Ausführung der Ausführungsplan im LC hinterlegt und bei nachfolgenden Ausführungen wiederverwendet. Bei der Wiederverwendung wird in der Regel nicht mehr reagiert, wenn die Binde-Variable einen anderen Wert bekommt, so dass der Ausführungsplan unverändert angewendet wird. Da also der Planoptimierer in diesem Beispiel nicht auf ein Histogramm zugreifen kann, wird im Ausführungsplan ein Indexzugriff erfolgen, wenn der *Hint* nicht verwendet wird:

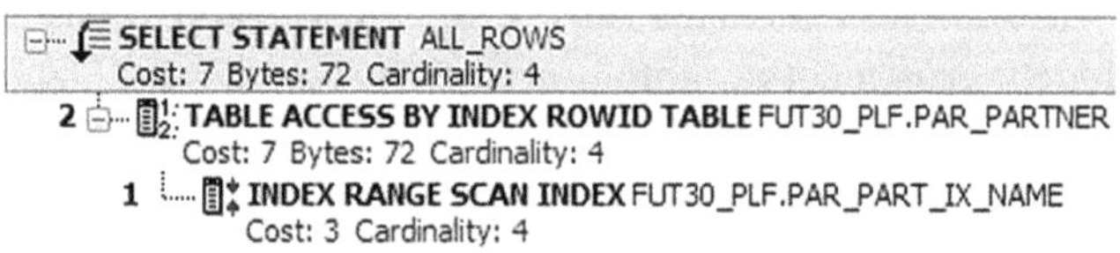

Abb. 4.20: Ausführungsplan ohne *Hints* QB_NAME und FULL.

Der Indexzugriff erfolgt hier im ersten Ausführungsschritt, um die relevanten ROWIDs zu ermitteln. Mit Hilfe dieser ROWIDs werden dann alle erforderlichen Datensätze in der Partner-Tabelle selektiert, in denen der Name mit dem Attributwert 'Müller' belegt ist.

4.2.8 UNNEST

Mit UNNEST wird eine Sub-Query mit der diese umgebenden Query verschmolzen. Damit hat der Planoptimierer die Möglichkeit, *Joins* und Zugriffspfade für den neu entstehenden Verbund auszuwählen. Die separate Optimierung von Query und Sub-Query wird damit vermieden.

```
SELECT /*+ NO_PARALLEL(P) */
       P.PARTK_ID
  FROM PAR_PARTNER_TRX P
 WHERE P.PARTK_ID IN (SELECT /*+ UNNEST */
                             R.PARTK_ID FROM VTG_ROLLE_TRX R);
```

In dem Beispiel wird eine Sub-Query mit `UNNEST` in die umgebende Query integriert. Dadurch ist es möglich, einen Ausführungsplan zu erzeugen, der von der Struktur her einem Ausführungsplan ähnelt, wenn man anstelle der Sub-Query einen `JOIN` verwenden würde, um die beiden Tabellen miteinander zu verbinden:

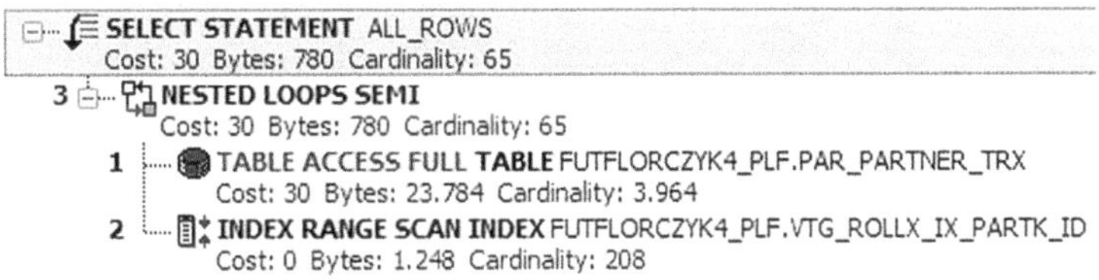

Abb. 4.21: Ausführungsplan mit *Hint* `UNNEST`.

Der Ausführungsplan zeigt, dass auf die Partner-Tabelle mit einem *Full Table Scan* zugegriffen wird. Für den Zugriff auf das Attribut der Rollen-Tabelle wird ein Index genutzt. Die Ergebnisse des *Range Index Scan* und des *Full Table Scan* werden dann mit einer *Semi Nested Loop* verknüpft. Die *Semi Nested Loop* liefert die Datensätze aus der Partner-Tabelle, deren `PARTK_ID`s in der Rollen-Tabelle enthalten sind.

Mit der folgenden *Join Operation* erhält man die gleiche Ergebnismenge:

```
SELECT
      DISTINCT P.PARTK_ID
  FROM PAR_PARTNER_TRX P, VTG_ROLLE_TRX R
 WHERE P.PARTK_ID = R.PARTK_ID;
```

Da nun keine Sub-Query verwendet wird, erhält man einen abweichenden Ausführungsplan:

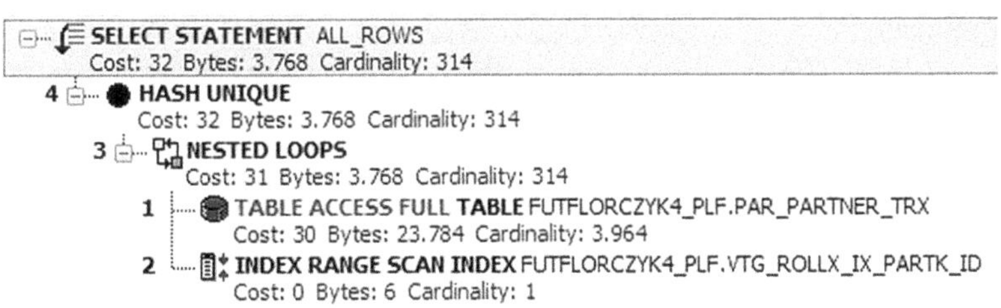

Abb. 4.22: Ausführungsplan mit `JOIN` anstelle einer Sub-Query.

Die Struktur der beiden Ausführungspläne ist jedoch sehr ähnlich. Es wird bei diesem `JOIN` jedoch eine *Nested Loop* anstelle einer *Semi Nested Loop* verwendet. Daher ist dann noch ein sich anschließender *Hash Unique* erforderlich, damit die doppelten Einträge aus der Ergebnismenge entfernt werden.

4.2.9 NO_UNNEST

Mit NO_UNNEST wird das Verbinden der Sub-Query mit der sie umgebenden Query vermieden. Der Planoptimierer muss dann diese beiden Bestandteile des SQL-Befehls separat optimieren.

```
SELECT
       P.PARTK_ID
  FROM PAR_PARTNER_TRX P
 WHERE P.PARTK_ID IN (SELECT /*+ NO_UNNEST */
                             R.PARTK_ID
                        FROM VTG_ROLLE_TRX R);
```

Der Ausführungsplan zeigt, dass hier die Verknüpfung über die *Semi Nested Loop* nicht möglich ist. Stattdessen müssen die nicht passenden Datensätze der umgebenden Query herausgefiltert werden:

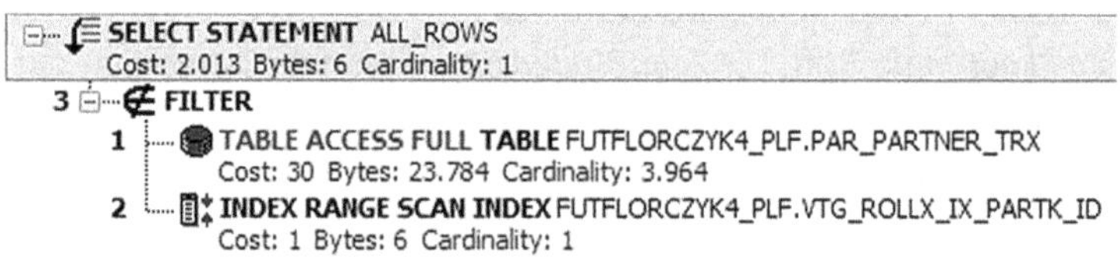

Abb. 4.23: Ausführungsplan mit *Hint* NO_UNNEST.

Es werden also diejenigen Datensätze aus dem Schritt 1 entfernt, deren Attributwerte nicht in der Ergebnismenge des *Range Index Scan* enthalten sind.

4.2.10 Push Predicate

Mit PUSH_PRED wird das *Join Predicate* einer Query in die *View* geschoben.

```
SELECT /*+ NO_MERGE(V) PUSH_PRED(V) */
       *
  FROM PAR_PARTNER_TRX P,
       (SELECT
               PARTK_ID
          FROM VTG_ROLLE_TRX R) V
WHERE P.PARTK_ID = V.PARTK_ID(+) AND P.MAND_ID = 1000;
```

Das Beispiel zeigt die *View* V, für die der *Hint* definiert wird. Die *View* wird mit der Partner-Tabelle durch einen JOIN verknüpft. Es ergibt sich dann der folgende Ausführungsplan:

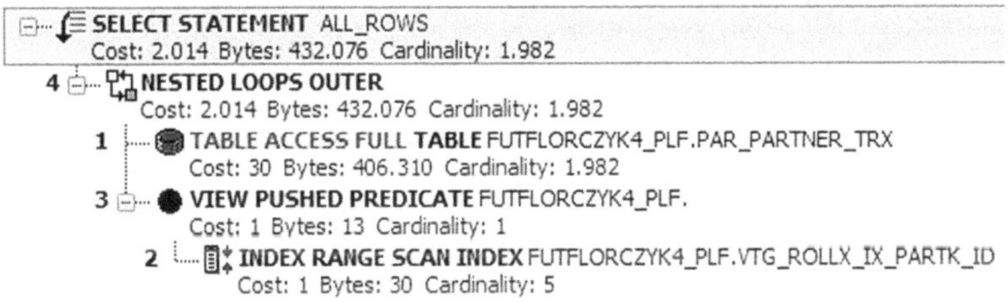

Abb. 4.24: Ausführungsplan mit *Hint* PUSH_PRED.

Im ersten Schritt erfolgt ein *Full Table Scan* auf die Partner-Tabelle. Da das *Join Attribute* in die *View* integriert wird, ist nun der Zugriff auf dieses Attribut über einen Index möglich. Dieser Zugriff erfolgt mit der Technik *Range Scan* im zweiten Schritt. Als Resultat erhält man im dritten Schritt die *View* mit dem integrierten *Join Attribute*. Diese *View* wird im vierten Schritt mit Hilfe einer *Nested Loop Outer Join* mit der Partner-Tabelle verbunden.

Durch das Verschieben des *Join Predicate* in die *View* wird also hier der *Full Table Scan* auf die Rollen-Tabelle vermieden. Ohne diese Verschiebung erfolgt der *Full Table Scan*, weil die *View* dann separat optimiert wird. Es ist nämlich nicht möglich, die *View* ausschließlich mit einem Indexzugriff zu erzeugen. Es gibt zwar für das Attribut PARTK_ID den Index VTG_ROLLX_IX_PARTK_ID. Jedoch kann das Attribut PARTK_ID auch mit NULL belegt sein und der Index enthält kein weiteres Attribut. Das ist der Grund, warum der Index für die Optimierung der separaten *View* nicht genommen werden kann. In diesem Fall können also nur Indizes verwendet werden, die auch Attribute enthalten, deren Ausprägung nicht mit NULL belegt sein darf. Dies muss mit Hilfe eines *Not Null Constraint* gewährleistet sein. Solche Indizes sind auch verfügbar, jedoch enthalten diese Indizes nicht das Attribut PARTK_ID. Wenn aber ein solcher Index verwendet wird, muss zusätzlich auf die Rollen-Tabelle zugegriffen werden, um die Ausprägung für das Attribut PARTK_ID zu ermitteln, so dass bei der separaten Optimierung der *View* ein *Full Table Scan* schneller ist. Nur durch die Nutzung von *Pushed Predicate* kann daher ein Ausführungsplan erstellt werden, der den exklusiven Zugriff auf den Index VTG_ROLLX_IX_PARTK_ID ermöglicht. Somit wird der Zugriff auf die Rollen-Tabelle vermieden. Man erhält damit den schnellsten Ausführungsplan.

4.2.11 No Push Predicate

Mit dem *Hint* NO_PUSH_PRED wird das Verschieben des *Join Predicate* in die *View* unterbunden.

In dem Beispiel aus dem vorigen Abschnitt mit dem *Hint* PUSH_PRED wird der dort eingesetzte *Range Index Scan* durch einen *Full Table Scan* auf die Rollen-Tabelle ersetzt.

```
SELECT /*+ NO_MERGE(V) NO_PUSH_PRED(V) */
       *
  FROM PAR_PARTNER_TRX P,
       (SELECT
               PARTK_ID
          FROM VTG_ROLLE_TRX R) V
 WHERE P.PARTK_ID = V.PARTK_ID(+) AND P.MAND_ID = 1000;
```

Dieser *Full Table Scan* erfolgt im ersten Schritt. Daraus wird im zweiten Schritt eine *Standard View* gebildet. Der *Full Table Scan* auf die Partner-Tabelle erfolgt im dritten Schritt:

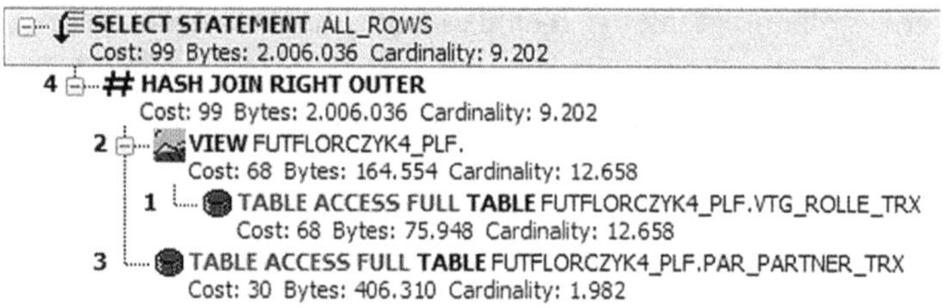

Abb. 4.25: Ausführungsplan mit *Hint* NO_PUSH_PRED.

Schließlich wird die *View* mit dem Resultat des *Full Table Scan* für die Partner-Tabelle im vierten Schritt durch einen *Outer Join* verknüpft. Der *Outer Join* wird mit Hilfe eines *Hash Join* realisiert.

Weil nun das Verknüpfungs-Prädikat nicht in die *View* integriert werden darf, erhält man einen ungünstigeren Ausführungsplan. Denn jetzt muss die *View* separat optimiert werden. Es gibt jedoch keinen geeigneten Index, mit dem die *View* exklusiv realisiert werden kann. Daher muss auf jeden Fall auf die Rollen-Tabelle zugegriffen werden, damit die *View* erzeugt werden kann. Aus diesem Grund entscheidet sich der Planoptimierer für den *Full Table Scan* auf die Rollen-Tabelle. Würde es jedoch einen geeigneten Index geben, mit dem die *View* hergestellt werden könnte, ohne dass ein Zugriff auf die Rollen-Tabelle notwendig wäre, wird mit dem *Hint* PUSH_PRED immer noch ein Laufzeitvorteil erzielt, weil dann für die separate Erzeugung der *View* ein *Full Index Scan* anstelle des *Range Index Scan* erforderlich wäre. Allerdings wäre der Laufzeitvorteil geringer.

4.2.12 Push Sub-Query

Mit dem *Hint* PUSH_SUBQ wird Einfluss auf die Ausführungsreihenfolge genommen, wenn das Statement eine nicht verschmolzene Sub-Query enthält. Dann bewirkt der *Hint*, dass die Sub-Query als erstes ausgeführt wird. Nicht verschmolzene Sub-Querys werden im Standardfall an der letzten Position im Ausführungsplan ausgeführt. Jedoch kann die Ausführung an der ersten Position einen Vorteil bringen, wenn die Kosten für die Ausführung der Sub-Query gering sind und die Sub-Query zur signifikanten Reduktion der insgesamt zu selektierenden Datensätze beiträgt.

```
SELECT /*+ PUSH_SUBQ(@SUBQBLOCK1) */
      P.PARTK_ID
  FROM PAR_PARTNER_TRX P, PAR_ADRESSE_TRX AX, PAR_ADRESSE A
 WHERE     AX.PARTK_ID = P.PARTK_ID
       AND A.ADREK_ID = AX.ADREK_ID
       AND A.ORT = 'München'
       AND P.PARTK_ID IN (SELECT /*+ NO_UNNEST QB_NAME(SUBQBLOCK1) */
                                R.PARTK_ID
                            FROM VTG_ROLLE_TRX R);
```

In dem Beispiel ist eine nicht verschmolzene Sub-Query mit dem Namen SUBQBLOCK1 enthalten. Die Sub-Query erhält diesen frei wählbaren Namen mit dem *Hint* QB_NAME. Zusätzlich enthält die Sub-Query den *Hint* NO_UNNEST. Der *Hint* verhindert das Verschmelzen der Sub-Query mit der Haupt-Query. Nach dem Schlüsselwort SELECT der Haupt-Query folgt dann der *Hint* PUSH_SUBQ, welcher als Argument den Namen der Sub-Query enthält. Dem Argument muss das Sonderzeichen @ vorangestellt werden. Wenn ein Statement mehrere Sub-Querys enthält, kann jede Sub-Query einen Namen erhalten, der dann jeweils im *Hint* PUSH_SUBQ verwendet wird.

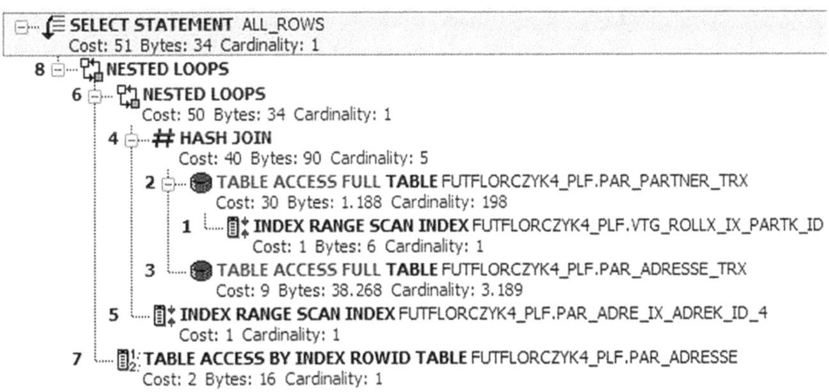

Abb. 4.26: Ausführungsplan mit *Hint* PUSH_SUBQ.

Im Ausführungsplan der Abbildung 4.26 ist der Zugriff auf die Sub-Query nun auch an der ersten Position enthalten. Dort erfolgt der Zugriff auf einen Index der Rollen-Tabelle mit dem *Range Index Scan*. Erst in den folgenden Schritten des Ausführungsplans werden dann die Anweisungen für die Umsetzung der Haupt-Query aufgeführt.

Wenn man keinen Namen für die Sub-Query mit dem *Hint* QB_NAME vergeben hat, kann man den *Hint* PUSH_SUBQ nicht in die Haupt-Query eintragen, da man hier den Namen der Sub-Query als Argument eintragen muss. Alternativ hat man jedoch auch die Möglichkeit, den *Hint* PUSH_SUBQ nach dem Schlüsselwort SELECT der Sub-Query einzutragen.

Die Zuordnung des *Hint* zur Sub-Query ist in diesem Fall eindeutig. Daher wird hier nicht der Name der Sub-Query als Argument erwartet. Der *Hint* QB_NAME ist dann natürlich nicht erforderlich:

```
SELECT
      P.PARTK_ID
  FROM PAR_PARTNER_TRX P, PAR_ADRESSE_TRX AX, PAR_ADRESSE A
 WHERE      AX.PARTK_ID = P.PARTK_ID
        AND A.ADREK_ID = AX.ADREK_ID
        AND A.ORT = 'München'
        AND P.PARTK_ID IN (SELECT          /*+ NO_UNNEST PUSH_SUBQ */
                                  R.PARTK_ID
                             FROM VTG_ROLLE_TRX R);
```

Der daraus resultierende Ausführungsplan unterscheidet sich nicht von demjenigen Plan, bei dem der *Hint* PUSH_SUBQ in die Haupt-Query mit dem Namen der Sub-Query eingetragen wird.

4.2.13 No Push Sub-Query

Mit dem *Hint* NO_PUSH_SUBQ wird die Ausführungsreihenfolge einer nicht verschmolzenen Sub-Query beeinflusst. Mit dem *Hint* wird erreicht, dass die Sub-Query zum Schluss ausgeführt wird. Der Einsatz dieses *Hint* ist dann sinnvoll, wenn die Ausführung der Sub-Query mit hohen Kosten verknüpft ist oder diese keinen signifikanten Beitrag zur Reduktion der zu selektierenden Datensätze leistet.

```
SELECT /*+ NO_PUSH_SUBQ(@SUBQBLOCK1) */
      P.PARTK_ID
  FROM PAR_PARTNER_TRX P, PAR_ADRESSE_TRX AX, PAR_ADRESSE A
 WHERE      AX.PARTK_ID = P.PARTK_ID
        AND A.ADREK_ID = AX.ADREK_ID
        AND A.ORT = 'München'
        AND P.PARTK_ID IN (SELECT /*+ NO_UNNEST QB_NAME(SUBQBLOCK1) */
                                  R.PARTK_ID
                             FROM VTG_ROLLE_TRX R);
```

In dem Beispiel ist eine nicht verschmolzene Sub-Query mit Namen SUBQBLOCK1 enthalten. Durch den *Hint* NO_UNNEST wird eine Verschmelzung verhindert. Der Name der Sub-Query wird mit dem *Hint* QB_NAME vergeben. Der *Hint* NO_PUSH_SUBQ ist in der Haupt-Query enthalten. Diese erhält als Argument den Namen der Sub-Query, dessen Ausführungsreihenfolge beeinflusst werden soll.

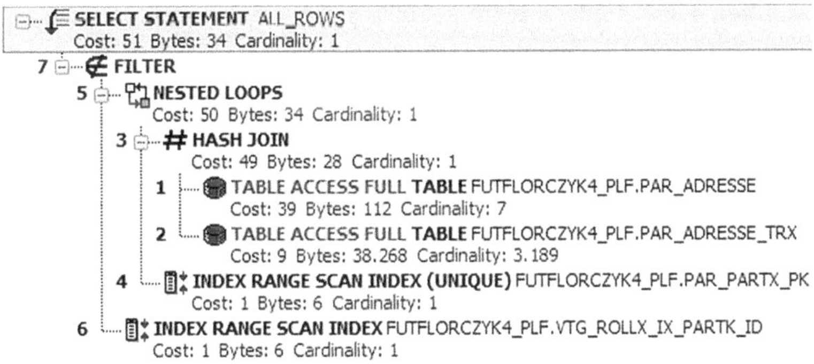

Abb. 4.27: Ausführungsplan mit *Hint* NO_PUSH_SUBQ.

Am Ausführungsplan der Abbildung 4.27 sieht man, dass die gewünschte Reihenfolge erreicht wird. Auf den Index der Rollen-Tabelle wird als Letztes zugegriffen. Dies erfolgt im sechsten Schritt. Auf alle anderen Tabellen bzw. deren Indizes wird in den vorigen Schritten zugegriffen.

Im vorigen Abschnitt zum *Hint* PUSH_SUBQ ist erläutert, dass auch die Möglichkeit besteht, den *Hint* nach dem Schlüsselwort SELECT in der Sub-Query zu platzieren. Diese Positionierung ist ebenso für den *Hint* NO_PUSH_SUBQ möglich. Die Ausführungen zu diesem Aspekt für den *Hint* PUSH_SUBQ gelten daher in gleicher Weise auch für den *Hint* NO_PUSH_SUBQ.

4.2.14 MODEL_MIN_ANALYSIS

Mit dem *Hint* MODEL_MIN_ANALYSIS wird bei der Optimierung des Ausführungsplans auf bestimmte Strategien zur Optimierung des Plans verzichtet. Damit kann die Kompilierungszeit für das Statement reduziert werden. Der Planoptimierer arbeitet auch mit einer detaillierten Graphen-Analyse zur Ermittlung des optimalen Ausführungsplans. Durch Nutzung dieses *Hint* wird auf die Graphen-Analyse verzichtet. Daneben werden bei der Erstellung des Ausführungsplans weitere Regeln zur Optimierung eingesetzt, auf die der *Hint* keinen Einfluss hat.

Die Verwendung des *Hint* wird dann geprüft, wenn die Kompilierungszeit einen signifikanten Zeitanteil beansprucht. Man muss natürlich beachten, dass möglicherweise nicht der optimale Ausführungsplan gefunden wird. Daher muss über die Nutzung des *Hint* nach Durchführung einer Evaluierung entschieden werden. Der *Hint* wird also nur dann genutzt, wenn die Summe aus Kompilierungszeit und Ausführungszeit insgesamt kleiner ist als die Zeit, die insgesamt für den SQL-Befehl ohne die Nutzung des *Hint* benötigt wird. Zusätzlich muss man beachten, dass kompilierte SQL-Befehle im LC gespeichert werden und bei einem erneuten Aufruf wiederverwendet werden. Bei einer Wiederverwendung entfällt dann die Kompilierungszeit. Jedoch wird der LC bei Eintreten bestimmter Ereignisse vollständig geleert. Das Leeren des LC kann durch Ausführung des SQL-Befehls

```
ALTER SYSTEM FLUSH SHARED_POOL;
```

ausgelöst werden. Auch beim Herunterfahren der Datenbank wird der LC geleert. SQL-Befehle im LC können auch ungültig werden. Das ist beispielsweise dann der Fall, wenn ein Index verändert wurde, der im Ausführungsplan des SQL-Befehls verwendet wird. Dann kann der Ausführungsplan nicht mehr verwendet werden, so dass der SQL-Befehl erneut kompiliert werden muss. Dieses Verhalten der Datenbank muss man in die Evaluierung einfließen lassen. Je häufiger ein SQL-Befehl aus dem LC wiederverwendet werden kann, einen umso geringeren Einfluss hat die Kompilierungszeit insgesamt auf das Laufzeitverhalten des SQL-Befehls. Dann kann es eventuell besser sein, auf den *Hint* zu verzichten, wenn dadurch ein schnellerer Ausführungsplan ermittelt werden kann, auch wenn die Kompilierung länger dauert. Die Entscheidung kann leicht erfolgen, wenn sich durch Nutzung des *Hint* der Ausführungsplan nicht ändert. Dies wird im folgenden Beispiel gezeigt:

```
SELECT /*+ MODEL_MIN_ANALYSIS MERGE(V) */
       PX.NUMMER, V.AVG_ENDBETRAG
  FROM VTG_ROLLE_TRX RX,
       PAR_PARTNER_TRX PX,
        (SELECT ROLLE1_ID, AVG (ENDBETRAGVERWENDET)  AVG_ENDBETRAG
            FROM VTG_STICHTAGKOMPONENTE  S
        GROUP BY ROLLE1_ID) V
 WHERE      RX.ROLLK_ID = V.ROLLE1_ID
       AND PX.PARTK_ID = RX.PARTK_ID
       AND V.AVG_ENDBETRAG > 1000;
```

In dem Beispiel wird der *Hint* `MODEL_MIN_ANALYSIS` genutzt. Daraus resultiert der Ausführungsplan in Abbildung 4.28.

Wenn man jetzt den *Hint* weglässt, so ändert sich der Ausführungsplan nicht. Es gibt also keine Auswirkungen auf die zu erwartenden Kosten, die zu selektierenden Bytes und die prognostizierte Treffermenge, welche durch die *Cardinality* geschätzt wird. Somit kann die Nutzung des *Hint* grundsätzlich in Frage kommen.

Man beachte jedoch, dass bei der Weiterentwicklung der Oracle-Datenbank neue Optimierungsregeln hinzukommen können, die eventuell bei der Nutzung des *Hint* nicht beachtet werden. Wenn also die Evaluierung des *Hint* im aktuellen Release positiv ausfällt, so kann sich das in einem zukünftigen Release ändern. Diesen Aspekt muss man ebenfalls in seine Beurteilung einfließen lassen. Jedenfalls sollte man den

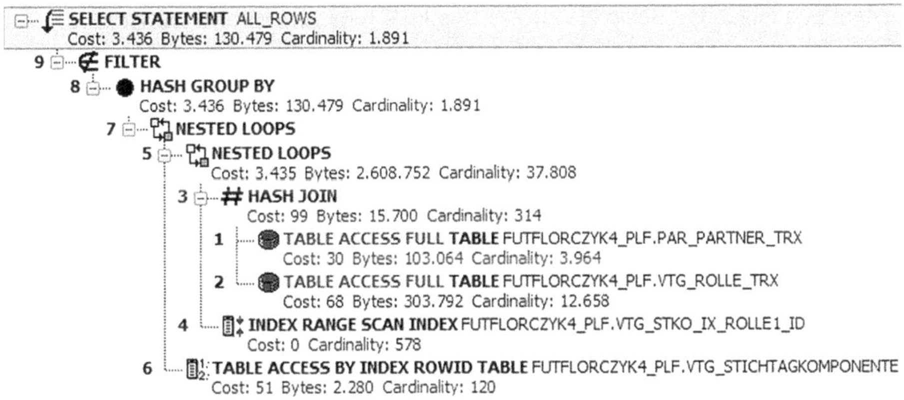

Abb. 4.28: Ausführungsplan mit *Hint* MODEL_MIN_ANALYSIS.

Hint nur dann einsetzen, wenn damit die Validierung eindeutig zugunsten des *Hint* ausfällt. Dies wird typischerweise nur dann der Fall sein, wenn mit dem *Hint* auch ein signifikanter Laufzeitvorteil erreicht werden kann.

4.2.15 MONITOR

Mit dem *Hint* MONITOR wird das *Real Time SQL Monitoring* aktiviert.

Eine Aktivierung ist nur dann möglich, wenn für den Datenbank-Parameter CONTROL_MANAGEMENT_PACK_ACCESS der Wert DIAGNOSTIC+TUNING gesetzt ist und für den Parameter STATISTICS_LEVEL entweder der Wert TYPICAL oder der Wert ALL gesetzt ist. Dies kann man mit dem Befehl SHOW PARAMETER überprüfen, wenn man als SYSDBA angemeldet ist und den Befehl jeweils auf der Kommandozeile von *SQL*Plus®* eingibt:

```
SQL> SHOW PARAMETER control_management_pack_access

NAME                          TYPE   VALUE
------------------------------------ ----------- ----------------
control_management_pack_access string DIAGNOSTIC+TUNING
SQL> SHOW PARAMETER statistics_level

NAME              TYPE    VALUE
------------------------------------ ----------- ----------------
statistics_level  string  TYPICAL
SQL>
```

In dem nun folgenden Beispiel wird der *Hint* `MONITOR` explizit angefordert:

```
SELECT /*+ MONITOR MERGE(V) */
       PX.NUMMER, V.AVG_ENDBETRAG
  FROM VTG_ROLLE_TRX RX,
       PAR_PARTNER_TRX PX,
        (SELECT ROLLE1_ID, AVG (ENDBETRAGVERWENDET)  AVG_ENDBETRAG
            FROM VTG_STICHTAGKOMPONENTE  S
        GROUP BY ROLLE1_ID) V
 WHERE      RX.ROLLK_ID = V.ROLLE1_ID
       AND PX.PARTK_ID = RX.PARTK_ID
       AND V.AVG_ENDBETRAG > 1000;
```

Der zugehörige Ausführungsplan wird auch im *SQL Monitoring Report* ausgegeben:

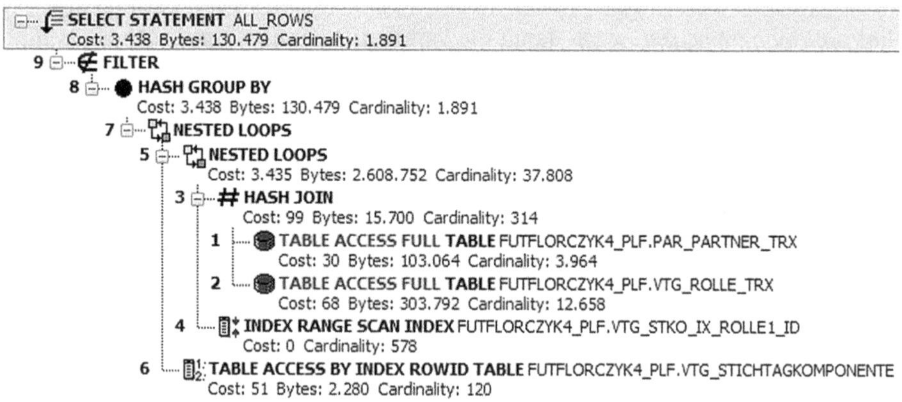

Abb. 4.29: Ausführungsplan mit *Hint* `MONITOR`.

Um diesen Report zu erstellen, muss man zunächst die `SQL_ID` ermitteln, die dem Statement bei der Ausführung zugeordnet wurde. Dazu meldet man sich als SYSDBA an und ruft dann den folgenden Befehl auf:

```
SELECT SQL_ID, STATUS,  SQL_TEXT
  FROM V$SQL_MONITOR
 WHERE USERNAME = 'FUTFLORCZYK4_PLF';
```

Ausgeführt wurde das SQL mit dem User `FUTFLORCZYK4_PLF`. Der User wird als Selektionskriterium verwendet, um die `ID` zu ermitteln. Abbildung 4.30 zeigt den Treffer der Selektion:

SQL_ID	STATUS	SQL_TEXT
by6n9n9qsvthn	DONE (ALL ROWS)	SELECT /*+ MONITOR MERGE(v) NO_PARALLEL(rx) NO_PARALLEL(px) NO_PARALLEL(s) NO_PARALLEL(v) */...

Abb. 4.30: Selektion eines Datensatzes aus der *View* `V$SQL_MONITOR`.

Mit der SQL_ID wird nun der *SQL Monitoring Report* erstellt. Dazu wird in dem Beispiel das Package DBMS_SQLTUNE verwendet. Anstelle dieses Packages kann man auch den *Enterprise Manager* oder den SQL-Developer nutzen.

```
SET LONG 1000000
SET LONGCHUNKSIZE 1000000
SET LINESIZE 1000
SET PAGESIZE 0
SET TRIM ON
SET TRIMSPOOL ON
SET ECHO OFF
SET FEEDBACK OFF

SPOOL H:\Performanz\Training\Monitor\report_sql_monitor.htm
SELECT DBMS_SQLTUNE.REPORT_SQL_MONITOR(
  SQL_ID       => 'by6n9n9qsvthn',
  TYPE         => 'HTML',
  REPORT_LEVEL => 'ALL') AS REPORT
FROM DUAL;
SPOOL OFF
```

Damit wird das *Html File* REPORT_SQL_MONITOR erzeugt, dessen Inhalt Abbildung 4.31 zeigt.

Das *Real Time SQL Monitoring* liefert zusätzlich zum Ausführungsplan die zur Laufzeit tatsächlich angefallenen Kosten für die Ausführung. Zu den Kosten gehören:

- Pufferzugriff
- IO-Request
- Datenbank-Zeit
- Warte-Aktivität

In dem Report werden die insgesamt angefallenen Mengengerüste für die Kostenkategorien aufgeführt. Zusätzlich wird das Mengengerüst für jede Kostenkategorie ausgegeben, das in dem jeweiligen Ausführungsschritt angefallen ist. Es werden auch zu jedem Ausführungsschritt die geschätzten und tatsächlich selektierten Datensätze aufgeführt und die Häufigkeit, mit der ein Ausführungsschritt ausgeführt wurde.

Mit diesen Informationen kann man den auf Basis der Statistiken erstellten Ausführungsplan mit den zur Laufzeit tatsächlich angefallenen Kosten vergleichen.

Das *Real Time SQL Monitoring* wird nicht für jeden SQL-Befehl aktiviert. Vielmehr ist dies an bestimmte Laufzeit-Bedingungen geknüpft. Jedenfalls erfolgt dann ein Monitoring, wenn für das Statement eine Parallelverarbeitung stattfindet, oder das Statement verbraucht mehr als fünf Sekunden CPU- oder IO-Zeit für eine Ausführung. Wenn das SQL-Statement keine dieser Bedingungen erfüllt, erfolgt kein Monitoring; es sei denn, man fordert das Monitoring mit dem *Hint* MONITOR explizit an.

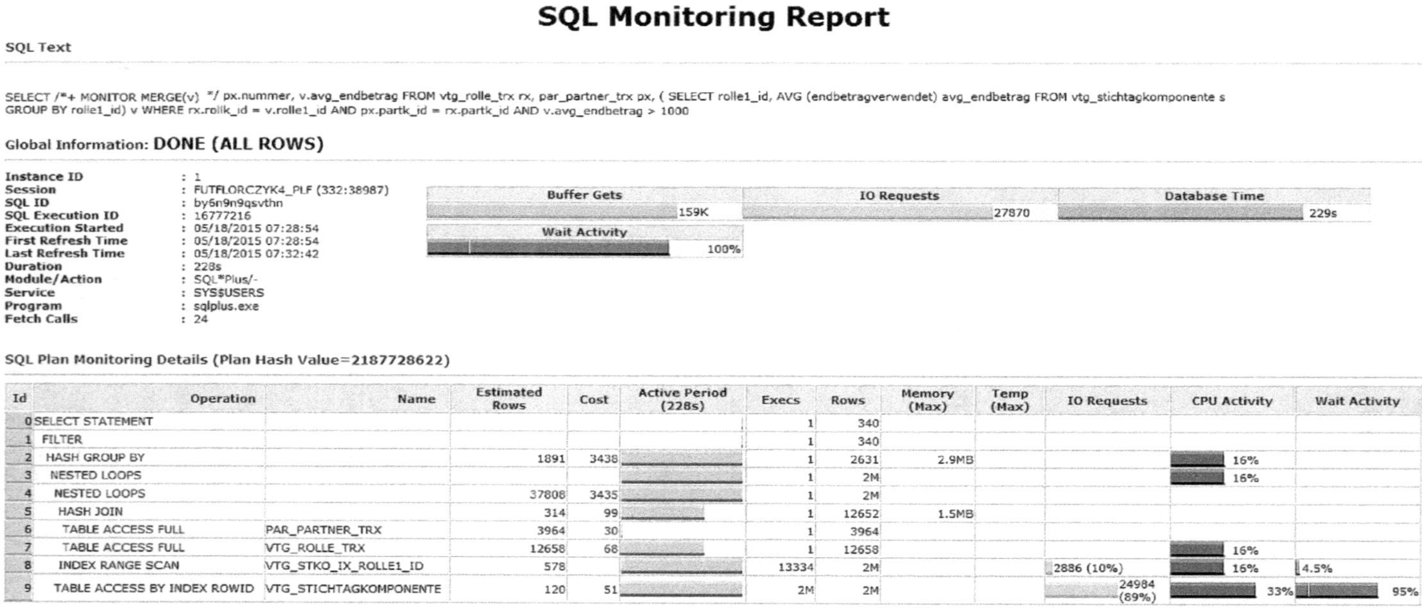

SQL Monitoring Report

SQL Text

```
SELECT /*+ MONITOR MERGE(v) */ px.nummer, v.avg_endbetrag FROM vtg_rolle_trx rx, par_partner_trx px, ( SELECT rolle1_id, AVG (endbetragverwendet) avg_endbetrag FROM vtg_stichtagkomponente s
GROUP BY rolle1_id) v WHERE rx.rollk_id = v.rolle1_id AND px.partk_id = rx.partk_id AND v.avg_endbetrag > 1000
```

Global Information: **DONE (ALL ROWS)**

Instance ID	: 1
Session	: FUTFLORCZYK4_PLF (332:38987)
SQL ID	: by6n9n9qsvthn
SQL Execution ID	: 16777216
Execution Started	: 05/18/2015 07:28:54
First Refresh Time	: 05/18/2015 07:28:54
Last Refresh Time	: 05/18/2015 07:32:42
Duration	: 228s
Module/Action	: SQL*Plus/-
Service	: SYS$USERS
Program	: sqlplus.exe
Fetch Calls	: 24

Buffer Gets	IO Requests	Database Time
159K	27870	229s

Wait Activity
100%

SQL Plan Monitoring Details (Plan Hash Value=2187728622)

Id	Operation	Name	Estimated Rows	Cost	Active Period (228s)	Execs	Rows	Memory (Max)	Temp (Max)	IO Requests	CPU Activity	Wait Activity
0	SELECT STATEMENT					1	340					
1	FILTER					1	340					
2	HASH GROUP BY		1891	3438		1	2631	2.9MB			16%	
3	NESTED LOOPS					1	2M				16%	
4	NESTED LOOPS		37808	3435		1	2M					
5	HASH JOIN		314	99		1	12652	1.5MB				
6	TABLE ACCESS FULL	PAR_PARTNER_TRX	3964	30		1	3964					
7	TABLE ACCESS FULL	VTG_ROLLE_TRX	12658	68		1	12658				16%	
8	INDEX RANGE SCAN	VTG_STKO_IX_ROLLE1_ID	578			13334	2M			2886 (10%)	16%	4.5%
9	TABLE ACCESS BY INDEX ROWID	VTG_STICHTAGKOMPONENTE	120	51		2M	2M			24984 (89%)	33%	95%

Abb. 4.31: *SQL Monitoring Report.*

4.2.16 CURSOR_SHARING_EXACT

Die Datenbank kann mit dem Startparameter CURSOR_SHARING so konfiguriert werden, dass bei dem Parsen des SQL-Statements geprüft wird, ob darin vorkommende Zeichenketten durch Binde-Variablen ersetzt werden können. Bei erfolgreicher Evaluierung wird dann anstelle der Zeichenkette eine Binde-Variable eingetragen. Diese Konfiguration kann mit dem *Hint* CURSOR_SHARING_EXACT deaktiviert werden.

```
SELECT
       *
  FROM PAR_ADRESSE
 WHERE ORT = 'München';
```

In dem Beispiel ist das Literal 'München' enthalten. Bei entsprechender Konfiguration kann daher dieses Literal durch eine Binde-Variable ersetzt werden. Nachdem die Ersetzung erfolgt ist, erhält man das folgende Statement:

```
SELECT
       *
  FROM PAR_ADRESSE
 WHERE ORT = :B1;
```

Das Literal 'München' ist hier durch die Binde-Variable „:B1" ersetzt worden. Man kann dieses Verhalten für ausgewählte SQL-Statements unterbinden, indem man dort den *Hint* einfügt:

```
SELECT /*+ CURSOR_SHARING_EXACT */
       *
  FROM PAR_ADRESSE
 WHERE ORT = 'München';
```

Es wird dann nicht das Ersetzen des Literals durch eine Binde-Variable geprüft. In diesem Fall wird das Statement ohne Binde-Variable ausgeführt.

4.2.17 DYNAMIC_SAMPLING

Mit dem *Hint* DYNAMIC_SAMPLING werden Statistiken zur Laufzeit des SQL-Befehls berechnet. Der *Hint* wird eingesetzt, wenn für den SQL Befehl keine ausreichenden Statistiken vorliegen, mit denen der optimale Ausführungsplan ermittelt werden kann. *Dynamic Sampling* [56–59] wird durch die Auswahl eines Berechnungs-Levels zwischen 0 und 10 gesteuert. Der *Hint* erhält diesen Level als Argument. Je größer dieser Level gewählt wird, umso umfangreicher werden die Statistiken berechnet. Als weiteres optionales Argument kann der Tabellenname oder ein Alias für die Tabelle übergeben werden. Wenn auf dieses optionale Argument verzichtet wird, müssen die folgenden Bedingungen erfüllt sein:

- In dem SQL-Befehl muss auf mehrere Tabellen zugegriffen werden.
- Für zumindest eine Tabelle gibt es keine Statistiken und keine Indizes.
- Der Scan dieser Tabelle muss aufwändig sein.

Diese Bedingungen werden durch den Planoptimierer verifiziert.

Es folgen nun die Berechnungsstufen mit Erläuterung:

- Stufe 0
  - *Dynamic Sampling* wird unterdrückt.
- Stufe 1
  - Es werden alle Tabellen in dem SQL-Befehl analysiert, für die keine Statistiken existieren. Für diese Stufe müssen mehrere Voraussetzungen erfüllt werden. In dem SQL-Befehl muss es mindestens eine Tabelle geben, für die keine Statistiken und kein Index existieren. Diese Tabelle muss durch einen *Join* mit einer anderen Tabelle verknüpft werden. Alternativ kann die Tabelle auch in einer Sub-Query oder in einer nicht verschmolzenen *View* enthalten sein. Die Tabelle muss sich über mehr Blöcke erstrecken als die Anzahl der Blöcke, die für *Dynamic Sampling* benötigt werden. Der Default-Wert für die benötigten Blöcke zur Durchführung des Samplings zur Laufzeit beträgt 32. Somit muss die Tabelle mehr als 32 Blöcke umfassen.
- Stufe 2
  - Bei dieser Stufe erfolgt *Dynamic Sampling* für alle nicht analysierten Tabellen. Die Stichprobe umfasst die Default-Anzahl der Blöcke für *Dynamic Sampling*.
- Stufe 3
  - Es erfolgt in dieser Stufe eine Berücksichtigung aller Tabellen, die in Stufe 2 auch analysiert würden. Zusätzlich wird für weitere Attribute aus anderen Tabellen *Dynamic Sampling* ausgeführt, wenn dies aufgrund von im SQL-Befehl vorhandenen Prädikaten erforderlich ist, in denen Attribute dieser Tabellen enthalten sind. Die Stichprobe umfasst die Default-Anzahl der Blöcke für *Dynamic Sampling*.
- Stufe 4
  - Für alle Tabellen, die in der Stufe 3 berücksichtigt wurden, erfolgt in dieser Stufe *Dynamic Sampling*. Zusätzlich werden Tabellen berücksichtigt, von denen mindestens zwei Attribute in Prädikaten vorkommen. Diese Prädikate dürfen sich nur auf eine Tabelle beziehen. Die Stichprobe umfasst die Default-Anzahl der Blöcke für *Dynamic Sampling*.
- Stufe 5
  - Für alle Tabellen, die in der Stufe 4 berücksichtigt wurden, erfolgt in dieser Stufe *Dynamic Sampling*. Die Stichprobe umfasst die doppelte Default-Anzahl der Blöcke für *Dynamic Sampling*.

- Stufe 6
  - Für alle Tabellen, die in der Stufe 5 berücksichtigt wurden, erfolgt in dieser Stufe *Dynamic Sampling*. Die Stichprobe umfasst die vierfache Default-Anzahl der Blöcke für *Dynamic Sampling*.
- Stufe 7
  - Für alle Tabellen, die in der Stufe 6 berücksichtigt wurden, erfolgt in dieser Stufe *Dynamic Sampling*. Die Stichprobe umfasst die achtfache Default-Anzahl der Blöcke für *Dynamic Sampling*.
- Stufe 8
  - Für alle Tabellen, die in der Stufe 7 berücksichtigt wurden, erfolgt in dieser Stufe *Dynamic Sampling*. Die Stichprobe umfasst die zweiunddreißigfache Default-Anzahl der Blöcke für *Dynamic Sampling*.
- Stufe 9
  - Für alle Tabellen, die in der Stufe 8 berücksichtigt wurden, erfolgt in dieser Stufe *Dynamic Sampling*. Die Stichprobe umfasst die hundertachtundzwanzigfache Default-Anzahl der Blöcke für *Dynamic Sampling*.
- Stufe 10
  - Für alle Tabellen, die in der Stufe 9 berücksichtigt wurden, erfolgt in dieser Stufe *Dynamic Sampling*. Die Stichprobe umfasst alle Blöcke der Tabelle.

Wenn *Dynamic Sampling* durch einen *Hint* ausgelöst wird, wird mit abweichenden Größen für die Stichprobe gerechnet:

- Stufe 0
  - *Dynamic Sampling* wird unterdrückt.
- Stufe 1
  - Die Stichprobe umfasst die Default-Anzahl (32) der Blöcke für *Dynamic Sampling*.
- Stufe 2
  - Die Stichprobe umfasst die zweifache Default-Anzahl der Blöcke für *Dynamic Sampling*.
- Stufe 3
  - Die Stichprobe umfasst die vierfache Default-Anzahl der Blöcke für *Dynamic Sampling*.
- Stufe 4
  - Die Stichprobe umfasst die achtfache Default-Anzahl der Blöcke für *Dynamic Sampling*.
- Stufe 5
  - Die Stichprobe umfasst die sechzehnfache Default-Anzahl der Blöcke für *Dynamic Sampling*.
- Stufe 6
  - Die Stichprobe umfasst die zweiunddreißigfache Default-Anzahl der Blöcke für *Dynamic Sampling*.

- Stufe 7
  - Die Stichprobe umfasst die vierundsechzigfache Default-Anzahl der Blöcke für *Dynamic Sampling.*
- Stufe 8
  - Die Stichprobe umfasst die hundertachtundzwanzigfache Default-Anzahl der Blöcke für *Dynamic Sampling.*
- Stufe 9
  - Die Stichprobe umfasst die zweihundertsechsundfünfzigfache Default-Anzahl der Blöcke für *Dynamic Sampling.*
- Stufe 10
  - Die Stichprobe umfasst alle Blöcke der Tabelle.

Ein typischer Anwendungsfall für *Dynamic Sampling* sind temporäre Tabellen, die zur Laufzeit mit dem *Create Table Command* erstellt werden. Dann existieren zunächst keine Statistiken.

```
CREATE TABLE VTG_DAKOK_VERTRAG
AS
   SELECT
         D.DAKOK_ID, D.VERTRAG_ID, VX.VERTRAGSNR
     FROM VTG_DAUERKOMPONENTE D, VTG_VERTRAG_TRX  VX
    WHERE VX.VERTK_ID = D.VERTRAG_ID;

CREATE TABLE VTG_ROLLE_PARTNER
AS
SELECT
RX.ROLLK_ID, PX.NUMMER, RX.VERTK_ID
FROM VTG_ROLLE_TRX RX, PAR_PARTNER_TRX PX
WHERE RX.PARTK_ID = PX.PARTK_ID;
```

Mit diesen beiden Befehlen werden also zwei neue Tabellen mit Hilfe von Selektionen erzeugt. Für diese beiden Tabellen existieren jetzt noch keine Statistiken und keine Indizes. Wenn diese beiden Tabellen nun in einer nachfolgenden Selektion verwendet werden, kann sich eine Anwendung für *Dynamic Sampling* ergeben:

```
SELECT /*+ DYNAMIC_SAMPLING(1) */
      *
  FROM VTG_DAKOK_VERTRAG DV, VTG_ROLLE_PARTNER RP
 WHERE      RP.VERTK_ID = DV.VERTRAG_ID
        AND RP.NUMMER = '004748'
        AND RP.VERTK_ID = 104121
        AND DV.DAKOK_ID = 2160168;
```

In dem Beispiel werden in der Selektion beide Tabellen verwendet. Daher wird der *Hint* DYNAMIC_SAMPLING ohne das optionale Argument für den Tabellennamen verwendet. Die Stichprobe enthält die Default-Anzahl der Blöcke für DYNAMIC_SAMPLING. Das sind 32 Blöcke. Dies wird durch das Argument für den *Hint* festgelegt, da es sich um die Stufe 1 der Berechnungstiefe handelt.

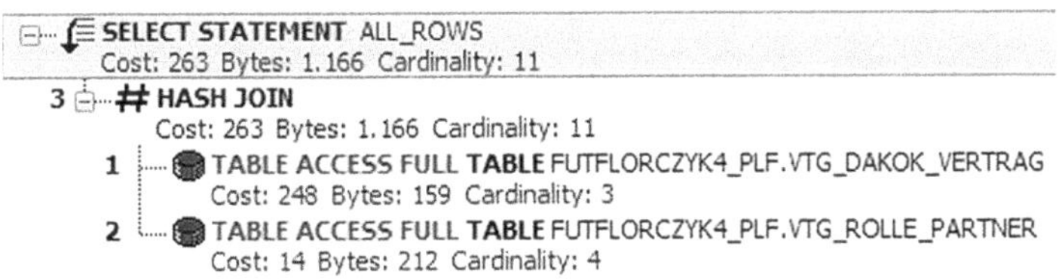

Abb. 4.32: *Hint* DYNAMIC_SAMPLING mit zu geringer Berechnungsstufe.

Der Ausführungsplan in der Abbildung 4.32 zeigt, dass eine *Cardinality* von elf eingetragen ist. Dies ist die erwartete Treffermenge. Die tatsächliche Treffermenge beträgt jedoch drei. Die gewählte Berechnungsstufe reicht also nicht aus, um eine korrekte Schätzung für die Treffermenge zu liefern. Wenn das angestrebt wird, dann muss die Berechnungstiefe erhöht werden, so dass mehr Blöcke in der Stichprobe berücksichtigt werden. Der nächste Ausführungsplan wird daher mit dem *Hint*

```
DYNAMIC_SAMPLING(5)
```

erstellt:

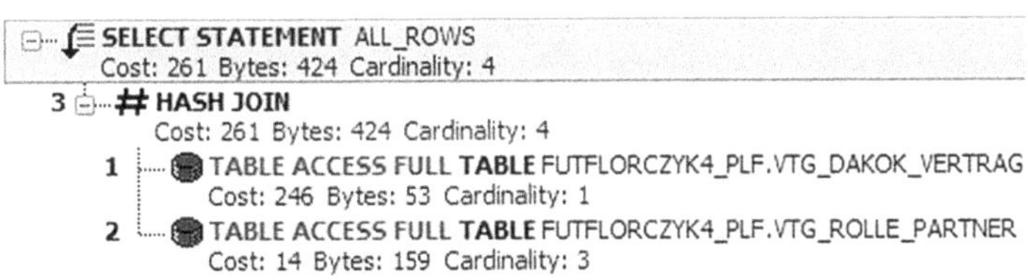

Abb. 4.33: *Hint* DYNAMIC_SAMPLING mit geeigneter Berechnungsstufe.

Bei der Stufe 5 wird die sechszehnfache Default-Anzahl der Blöcke für *Dynamic Sampling* in der Stichprobe berücksichtigt. Das sind 16*32 Blöcke. In der Stichprobe sind also 512 Blöcke enthalten. Daher wird die Schätzung der Treffermenge nun besser. Es werden bei einer *Cardinality* von vier also vier Treffer erwartet. Für eine exakte Schätzung muss die Berechnungstiefe jedoch noch weiter gesteigert werden. Daher wurde der folgende Ausführungsplan mit der Berechnungstiefe acht erstellt:

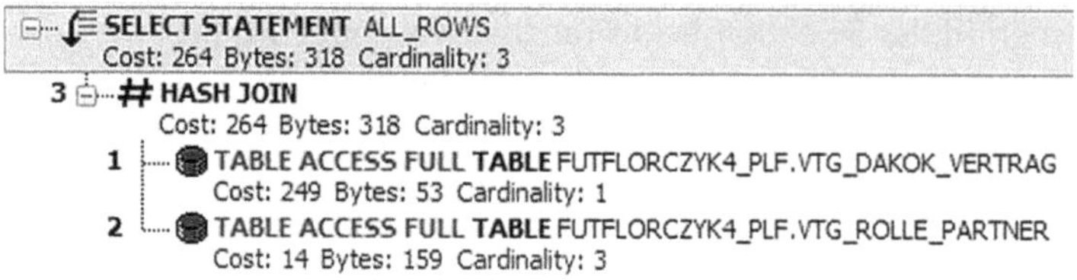

Abb. 4.34: *Hint* DYNAMIC_SAMPLING mit exakt passender Berechnungsstufe.

Jetzt zeigt die *Cardinality* von drei im Ausführungsplan die richtige Schätzung der Treffermenge an. Dafür werden in der Stichprobe 128*32 Blöcke benötigt. Das sind 4.096 Blöcke. Eine weitere Steigerung der Berechnungstiefe bringt daher nun keinen weiteren Nutzen und sollte somit auch nicht erfolgen. Denn dann müssen noch mehr Blöcke in der Stichprobe analysiert werden. Dies würde unnötigerweise zusätzliche Laufzeit verbrauchen.

Ob *Dynamic Sampling* bei der Ausführung der Selektion tatsächlich zur Anwendung kommt, das kann man mit dem AUTOTRACE überprüfen.

Man schreibt also ein Skript, das mit dem Befehl

```
SET AUTOTRACE ON
```

beginnt. Dann folgt die Selektion. Anschließend führt man das Skript mit *SQL*Plus®* aus und analysiert die Ausgaben.

Man erhält nach der Ausgabe des zur Laufzeit verwendeten Ausführungsplans die folgenden Ausgaben:

```
Predicate Information (identified by operation id):
---------------------------------------------------
1 - access("RP"."VERTK_ID"="DV"."VERTRAG_ID")
2 - filter("DV"."VERTRAG_ID"=104121 AND "DV"."DAKOK_ID"=2160168)
3 - filter("RP"."VERTK_ID"=104121 AND "RP"."NUMMER"='004748')
Note
-----
- dynamic sampling used for this statement (level=8)
SQL>
```

Zuerst werden drei Informationen zu den in der Selektion enthaltenen Prädikaten aufgeführt. Die erste Information bezieht sich auf die *Join Condition*. Die zweite Information auf den Filter für die Tabelle mit dem Alias DV. Die dritte Information führt den Filter für die Tabelle mit dem Alias RP auf.

Am Ende der Ausgabe erkennt man, dass *Dynamic Sampling* mit der gewählten Berechnungsstufe zur Laufzeit auch eingesetzt wurde.

Dynamic Sampling kann mit einem *Hint* auch für eine ausgewählte Tabelle angefordert werden. Dann werden zwei Argumente in den *Hint* eingetragen. Das erste Argument liefert den Tabellennamen und das zweite Argument die Berechnungsstufe:

```
SELECT /*+ DYNAMIC_SAMPLING(DV 6) */
       *
  FROM VTG_DAKOK_VERTRAG DV
 WHERE DV.VERTRAGSNR = '004748';
```

Mit der hier gewählten Stufe 6 wird bereits eine exakte Schätzung der Treffermenge erreicht. Diese beträgt 535:

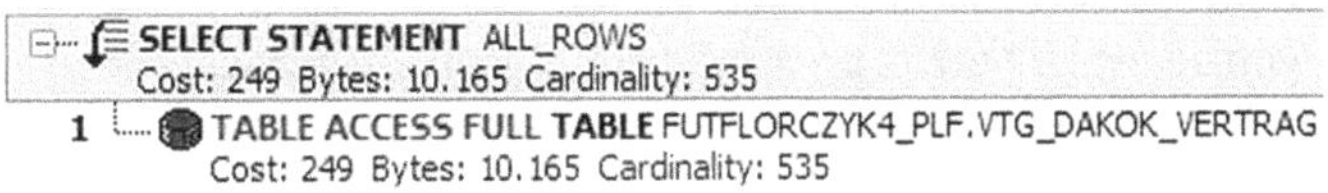

Abb. 4.35: *Hint* DYNAMIC_SAMPLING für eine ausgewählte Tabelle.

Im Ausführungsplan erkennt man die exakte Schätzung an der *Cardinality*. Dort ist 535 eingetragen. Dies entspricht der Anzahl der bei der Ausführung tatsächlich selektierten Datensätze.

Der *Hint* wird jedoch nicht beachtet, wenn es bereits Statistiken für die Tabelle gibt und keine Prädikate im SQL-Befehl für die Tabelle vorhanden sind.

Für die Tabelle VTG_VERTRAG existieren Statistiken. Daher wird der *Hint* aus dem folgenden Beispiel ignoriert:

```
SELECT /*+ DYNAMIC_SAMPLING(V 2) */
       *
  FROM VTG_VERTRAG V;
```

Die Schätzung der *Cardinality* von 2.650 erfolgt hier also nicht mit Hilfe von *Dynamic Sampling*. Die *Cardinality* wird mit den vorhandenen Statistiken berechnet:

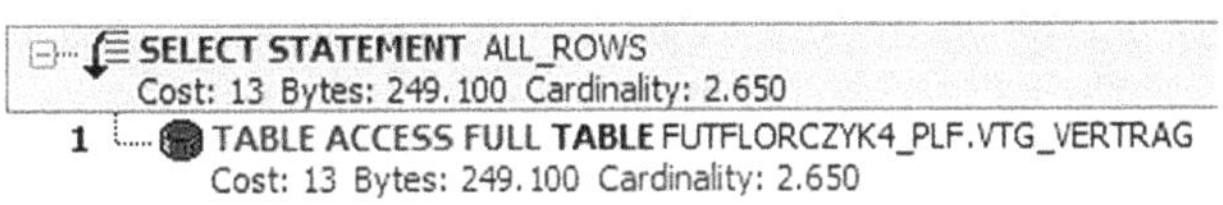

Abb. 4.36: Wegen verfügbarer Statistiken ignorierter *Hint* DYNAMIC_SAMPLING.

Der *Hint* wird daher ignoriert.

In dem nächsten Beispiel enthält der SQL-Befehl ein Prädikat für den Vertragsbeginn. Aufgrund dieses Prädikats wird der *Hint* beachtet. Die Schätzung der *Cardinality* erfolgt mit *Dynamic Sampling*:

```
SELECT /*+ DYNAMIC_SAMPLING(V 2) */
       *
  FROM VTG_VERTRAG  V
 WHERE BEGINN_DATE = '01.01.2010';
```

Mit dem Befehl werden sechs Treffer gefunden.

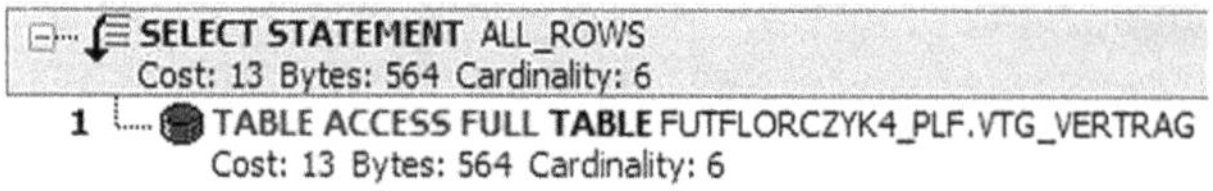

Abb. 4.37: Trotz verfügbarer Statistiken beachteter *Hint* DYNAMIC_SAMPLING.

Im Ausführungsplan der Abbildung 4.37 erkennt man, dass hier bereits die zweite Berechnungsstufe ausreicht, um eine exakte Schätzung der Treffer zu erreichen. Denn die korrekte *Cardinality* von sechs ist bereits im Ausführungsplan eingetragen.

4.2.18 OPTIMIZER_FEATURES_ENABLE

Wenn der *Hint* OPTIMIZER_FEATURES_ENABLE verwendet wird, erzeugt der Planoptimierer einen Ausführungsplan nach den Richtlinien der Datenbank-Version, die im *Hint* spezifiziert wird. Der *Hint* wird typischerweise verwendet, wenn sich der Ausführungsplan verschlechterte, weil ein Patch oder ein neues Release installiert wurde.

```
SELECT /*+ OPTIMIZER_FEATURES_ENABLE('9.2.0') */
       V.NUMMER
  FROM PAR_ADRESSE_TRX AX,
       PAR_ADRESSE A,
       (SELECT P.PARTK_ID, PX.NUMMER
          FROM PAR_PARTNER P, PAR_PARTNER_TRX  PX
         WHERE P.PARTK_ID = PX.PARTK_ID) V
WHERE     A.ADREK_ID = AX.ADREK_ID
       AND A.ORT = 'München'
       AND AX.PARTK_ID = V.PARTK_ID
       AND AX.TRX_ADT_SICHTBAR_FLAG = 1;
```

In dem Beispiel erfolgt die Optimierung des Ausführungsplans mit der Datenbank-Version 9.2.0. Als Ergebnis erhält man dann einen Ausführungsplan mit neun Schritten (siehe Abbildung 4.38).

Grundsätzlich sollte man die Datenbank so konfigurieren, dass Ausführungspläne mit einer aktuellen Datenbank-Version erstellt werden. Dies wird mit einem Datenbank-Parameter für das System eingestellt. Der Datenbank-Parameter stimmt mit dem Namen des *Hint* überein. Mit dem Befehl

```
SHOW PARAMETER optimizer_features_enable
```

kann man die aktuelle Einstellung ermitteln:

```
NAME                         TYPE   VALUE
------------------------------------ ----------- --------
optimizer_features_enable string 11.2.0.3
```

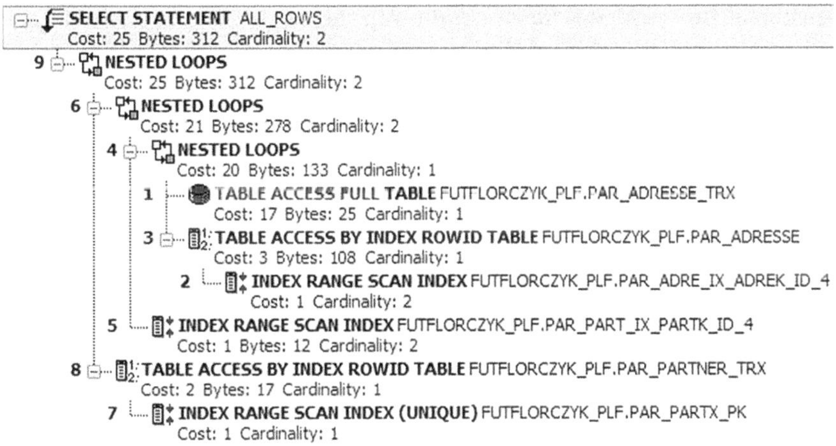

Abb. 4.38: Ausführungsplan mit *Hint* OPTIMIZER_FEATURES_ENABLE.

Das Ergebnis der Anfrage zeigt, dass der Ausführungsplan grundsätzlich mit der Version 11.2.0.3 optimiert wird. Diese Version wird also verwendet, wenn man den *Hint* nun aus dem SQL-Befehl entfernt. Dann erhält man nämlich einen anderen Ausführungsplan:

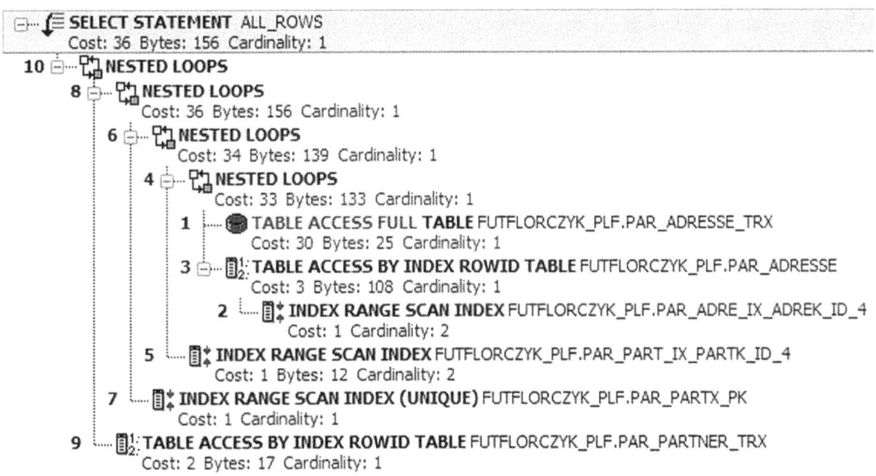

Abb. 4.39: Ausführungsplan ohne *Hint* OPTIMIZER_FEATURES_ENABLE.

Der Vergleich der beiden Ausführungspläne zeigt Unterschiede bei

- Kosten,
- Bytes,
- *Cardinality* und
- Anzahl der Ausführungsschritte.

Der wesentliche Unterschied wird durch die Anzahl der Ausführungsschritte begründet. Der aktuelle Ausführungsplan hat einen Ausführungsschritt mehr. Dieser zusätzliche Ausführungsschritt ist eine *Nested Loop* im achten Ausführungsschritt. In diesem Ausführungsschritt wird der Index mit der vorausgehenden *Nested Loop* verknüpft. Das Resultat dieser Verknüpfung wird dann wiederum mit Hilfe einer weiteren *Nested Loop* im zehnten Ausführungsschritt mit der Tabelle PAR_PARTNER_TRX verknüpft. In der älteren Version werden dagegen die Tabelle PAR_PARTNER_TRX und der Index PAR_PARTX_PK direkt miteinander verknüpft, so dass dadurch die *Nested Loop* im achten Schritt des aktuellen Ausführungsplans ersetzt wird.

Grundsätzlich sollte dieser *Hint* nur vorübergehend eingesetzt werden. Denn die Ursache für die Verschlechterung des Ausführungsplans sollte ermittelt und beseitigt werden. Nachdem die Beseitigung erfolgt ist, muss der *Hint* dann wieder entfernt werden, damit der Ausführungsplan wieder mit der aktuellen Version optimiert wird.

Die älteste Version, die gewählt werden kann, ist 8.0.0.

In der folgenden Liste sind alle wählbaren Versionen bis maximal 12.1.0.2 eingetragen. Alle Versionen eines *Major Release* sind jeweils in derselben Zeile eingetragen:

```
OPTIMIZER_FEATURES_ENABLE =
{
8.0.0 | 8.0.3 | 8.0.4 | 8.0.5 | 8.0.6 | 8.0.7 | 8.1.0 | 8.1.3 | 8.1.4 |
8.1.5 | 8.1.6 | 8.1.7 |
9.0.0 | 9.0.1 | 9.2.0 | 9.2.0.8 |
10.1.0 | 10.1.0.3 | 10.1.0.4 | 10.1.0.5 | 10.2.0.1 | 10.2.0.2 |
10.2.0.3 | 10.2.0.4 | 10.2.0.5 |
11.1.0.6 | 11.1.0.7 | 11.2.0.1 | 11.2.0.2 | 11.2.0.3 | 11.2.0.4 |
12.1.0.1 | 12.1.0.2
}
```

Für den *Default Value* wird die jüngste Version verwendet. Das ist also die Version 12.1.0.2.

4.3 Hints für Zugriffspfade

4.3.1 FULL

Mit dem *Hint* FULL wird für eine Tabelle der *Full Table Scan* verlangt. Wenn sich der Planoptimierer ohne diesen *Hint* für einen Index-Scan entscheidet, so kann mit diesem *Hint* der Index-Scan durch einen *Full Table Scan* ersetzt werden. Der *Full Table Scan* soll eingesetzt werden, wenn mit einer großen Treffermenge zu rechnen ist. Wenn sich die Mengen der Ausprägungen eines Attributs stark unterscheiden, kann das dazu führen, dass der Planoptimierer die Treffermenge zu gering einschätzt und sich daher für einen Index-Scan entscheidet. Ein *Full Table Scan*, der durch einen *Hint* ausgelöst wird, kann dann eine schnellere Ausführung bewirken.

```
SELECT /*+ FULL(D) */
       *
  FROM VTG_DAUERKOMPONENTE D
 WHERE DISCRIMINATOR = :B1;
```

Der Planoptimierer beachtet den *Hint* und trägt den *Full Table Scan* in den Ausführungsplan ein:

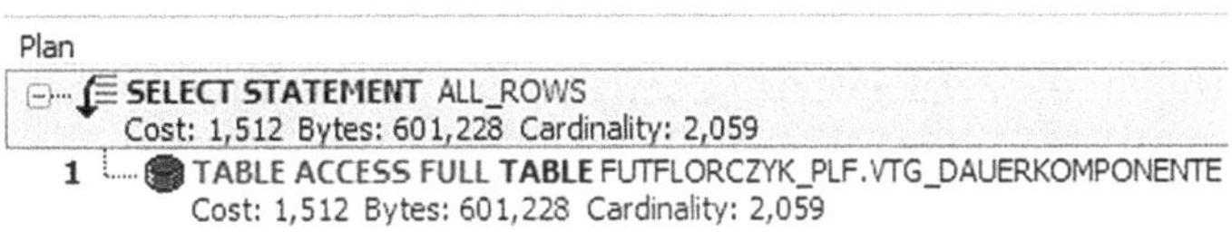

Abb. 4.40: Ausführungsplan mit *Hint* FULL.

Für das Attribut DISCRIMINATOR gibt es einen Index. Im Ausführungsplan erscheint der Index jedoch wegen des *Hint* FULL nicht. Der *Hint* wird beachtet und der geforderte *Full Table Scan* ausgeführt.

Aufgrund der Binde-Variablen „:B1" kann der Planoptimierer die Treffermenge nicht vor der Ausführung kennen. Daher wird er bei der Erzeugung des Ausführungsplans die Gleichverteilung der verschiedenen Ausprägungen des Attributs annehmen. Die aufgrund der Gleichverteilung zu erwartende Treffermenge wird von dem Planoptimierer mit Hilfe der Statistiken ermittelt.

Die Annahme der Gleichverteilung kann dazu führen, dass die tatsächliche Treffermenge zur Laufzeit unterschätzt wird. Wenn jedoch der Entwickler darüber Informationen hat, welche Ausprägungen für die Binde-Variablen gesetzt werden, kann er die Treffermenge realistisch einschätzen. Wenn also eine größere Treffermenge erwartet wird, nutzt man den *Hint* FULL, um den vom Planoptimierer ausgewählten Index-Scan zu vermeiden. In diesem Fall sind die verschiedenen Ausprägungen jedoch nicht gleichverteilt. Es gibt also Ausprägungen, die die Gleichverteilung überschreiten, und ebenso gibt es Ausprägungen, welche die Gleichverteilung unterschreiten. Wenn also mit dem *Hint* FULL gearbeitet wird, erwartet man, dass die Binde-Variable zur Laufzeit mit Ausprägungen gesetzt wird, die eine Treffermenge liefern, welche die Gleichverteilung deutlich überschreitet. Diese Annahme kann man nur aufgrund von fachlichen Informationen treffen. Jedoch hat der Planoptimierer diese fachlichen Informationen nicht, was den Einsatz des *Hint* dann erforderlich macht, damit die fachlichen Kenntnisse in die Optimierung des Ausführungsplans einfließen können.

Histogramme liefern Informationen über die Verteilung der Ausprägungen. Jedoch werden Histogramme bei der Verwendung von Binde-Variablen grundsätzlich nicht genutzt. Die Nutzung von Histogrammen ist nur möglich, wenn der Ausführungsplan bei jeder Änderung der Ausprägung neu erzeugt wird. Jedoch soll durch die Verwendung von Binde-Variablen dieses erneute Erzeugen des Ausführungsplans vermieden werden, damit die dafür erforderliche Laufzeit eingespart werden kann.

4.3.2 ROWID

Mit dem *Hint* ROWID erfolgt der Zugriff auf eine Tabelle mit der ROWID. Damit kann ein Indexzugriff übersteuert werden. Die ROWID ist sowohl im Index als auch in der Tabelle verfügbar. Dabei handelt es sich um eine Zeichenkette, die einen Datensatz der Tabelle eindeutig kennzeichnet. Die ROWID kann über die Zeichenkette alphabetisch sortiert werden. Die Struktur der Zeichenkette ist vergleichbar mit der Struktur einer Nummer. Zeichenketten gleicher Länge, die sich nur anhand des letzten Zeichens unterscheiden, werden mit diesem letzten Zeichen alphabetisch sortiert. Die Sortierung der ROWID erfolgt mit ORDER BY ROWID:

```
SELECT /*+ ROWID(P) */
       NUMMER
   FROM PAR_PARTNER_TRX P
  WHERE DISCRIMINATOR = 'KRANKENKASSE' AND ROWID > 'AAAFApAAIAAAAU7AAO'
ORDER BY ROWID;
```

Im Ausführungsplan ähnelt der Zugriff auf die Tabelle mit der ROWID einem indizierten Zugriff. Man spart sich jedoch den zusätzlich erforderlichen Zugriff auf den Index. Das kann Laufzeit sparen. Im Ausführungsplan ist der direkte Zugriff mit der ROWID auf die Tabelle mit den Schlüsselwörtern TABLE ACCESS BY ROWID anstelle von TABLE ACCESS BY INDEX ROWID eingetragen. Denn bei einem indizierten Zugriff wird die ROWID zuerst mit Hilfe des Index ermittelt. Anschließend erfolgt der Zugriff auf die Tabelle mit der ermittelten ROWID:

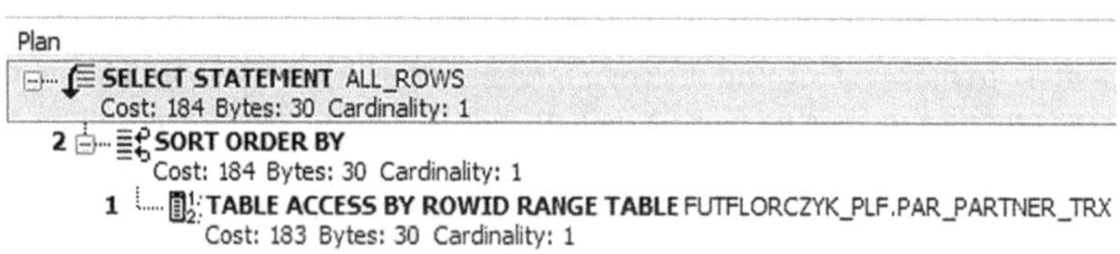

Abb. 4.41: Ausführungsplan mit *Hint* ROWID.

Der Ausführungsplan zeigt, dass der *Hint* beachtet wird. Der Zugriff auf die Tabelle PAR_PARTNER_TRX erfolgt mit der ROWID. Zwar gibt es einen Index für das Attribut DISCRIMINATOR. Dieser Index wird jedoch wegen des *Hint* im Ausführungsplan nicht berücksichtigt.

4.3.3 INDEX

Mit dem *Hint* INDEX wird ein Index-Scan für eine Tabelle ausgewählt. Wenn für die Tabelle ein Index-Scan für den SQL-Befehl verfügbar ist, wird mit diesem *Hint* erreicht, dass der Index-Scan auch im Ausführungsplan berücksichtigt wird. Der Optimierer nimmt dann also keinen *Full Table Scan*.

Der *Hint* ist grundsätzlich für den *B Tree Index* [60, 61] als auch den *Bitmap Index* [62] geeignet. Jedoch wird die Verwendung für den *Bitmap Index* nicht empfohlen. Stattdessen soll man in diesem Fall den *Hint* INDEX_COMBINE nutzen. Der *Hint* muss den Namen der Tabelle enthalten, für die der Index-Scan aufgerufen werden soll. Wenn ein Alias für den Tabellennamen verfügbar ist, kann auch anstelle des Tabellennamens der Alias im Index enthalten sein. Zusätzlich kann man optional einen oder auch mehrere Indexnamen angeben, die zu der Tabelle gehören. Enthält der *Hint* genau einen Indexnamen, wählt der Planoptimierer diesen Index im Ausführungsplan. Sind dagegen mehrere Indizes im *Hint* angegeben, wählt der Optimierer den Index aus der Liste aus, der im Ausführungsplan die geringsten Kosten verursacht. Bei dieser Analyse berücksichtigt der Optimierer auch einen Scan mit anschließender Vereinigung der Ergebnisse über mehrere Indizes, deren Namen im *Hint* aufgeführt sind. Der Optimierer wählt also dann entweder einen Index-Scan oder einen *Multiple Index Scan*, sofern die Indexnamen zumindest als Teilmenge im Index aufgelistet sind. Es wird derjenige Index-Scan oder *Multiple Index Scan* ausgewählt, der die geringsten Kosten verursacht. Jedenfalls ist die Nennung von einem oder mehreren Indexnamen optional. Ist also nur der Tabellenname im Index aufgeführt, dann hat der Planoptimierer die freie Auswahl von Indizes, die der Tabelle zugeordnet sind. Das Auswahlverfahren unterscheidet sich im Vorgehen nicht von dem Verfahren, das zur Anwendung kommt, wenn ein oder mehrere Indexnamen im *Hint* enthalten sind. Der Unterschied besteht darin, dass der Planoptimierer alle verfügbaren Indizes bei der Analyse berücksichtigen kann und nicht nur die, deren Namen ansonsten im *Hint* enthalten sind.

Im folgenden Beispiel enthält ein *Hint* zwei Indexnamen. Daher berücksichtigt der Planoptimierer nur diese beiden Indizes bei der Erstellung des Ausführungsplans:

```
SELECT /*+ INDEX(P PAR_PART_IX_GEBURTSDATUM PAR_PART_IX_U_NACHNAME_3) */
       GEBURTSDATUM_DATE
  FROM PAR_PARTNER P
 WHERE GEBURTSDATUM_DATE = TO_DATE ('01.01.1950');
```

Der Ausführungsplan zeigt, dass der Optimierer sich nach der Analyse für den ersten Index des *Hint* entscheidet, weil für diesen Index-Scan geringere Kosten zu erwarten sind (siehe Abbildung 4.42).

Weil das Attribut des Index in dem Prädikat des SQL-Befehls verwendet wird, ergibt sich der Kostenvorteil für den Index. Denn aufgrund dieses Prädikats kann auf den Index mit einem *Range Index Scan* zugegriffen werden. Der verwendete Index er-

Plan

```
⊟ SELECT STATEMENT ALL_ROWS
     Cost: 3 Bytes: 112 Cardinality: 14
  1  INDEX RANGE SCAN INDEX FUT30_PLF.PAR_PART_IX_GEBURTSDATUM
       Cost: 3 Bytes: 112 Cardinality: 14
```

Abb. 4.42: Ausführungsplan mit *Hint* INDEX.

möglicht den *Range Index Scan*, weil nur das im Prädikat verwendete Attribut im Index enthalten ist:

FUTFLORCZYK_PLF.PAR_PART_IX_GEBURTSDATUM

PAR_PART_IX_GEBURTSDATUM: Created: 04.04.2016 11:23:46 Last DDL: 14.04.2016 11:29:01

Columns | Constraints | Partitions | Subpartitions | Script

Column Name	Order	Position	Length	Table Name
GEBURTSDATUM_DATE	Asc	1	7	PAR_PARTNER

Abb. 4.43: Index mit einem Attribut.

Bei dem alternativen Index ist ein *Range Index Scan* nicht möglich:

FUTFLORCZYK_PLF.PAR_PART_IX_U_NACHNAME_3

PAR_PART_IX_U_NACHNAME_3: Created: 04.04.2016 11:23:46 Last DDL: 14.04.2016 11:29:03

Columns | Constraints | Partitions | Subpartitions | Script

Column Name	Order	Position	Length	Table Name
UPPER("NACHNAME")	Asc	1	200	PAR_PARTNER
GEBURTSDATUM_DATE	Asc	2	7	PAR_PARTNER
UPPER("VORNAME")	Asc	3	200	PAR_PARTNER

Abb. 4.44: Index mit drei Attributen.

Zwar enthält auch der alternative Index das Attribut GEBURTSDATUM_DATE. Dennoch ist ein *Range Index Scan* nicht möglich, weil das Attribut auf der zweiten Position in der Reihenfolge ist. Ein *Range Index Scan* wäre nur möglich, wenn das Attribut auf der ersten Position wäre.

Im nächsten Beispiel ist das anders. Der Planoptimierer muss nun den teureren Index in den Ausführungsplan aufnehmen, weil nur dessen Indexname im *Hint* enthalten ist. Dieser Index besteht aus mehreren Attributen und enthält neben dem Geburtsdatum auch den Nachnamen. Den kostengünstigeren Index-Scan aus dem ersten Beispiel darf der Planoptimierer jetzt nicht verwenden:

```
SELECT /*+ INDEX(P PAR_PART_IX_U_NACHNAME_3) */
       GEBURTSDATUM_DATE
  FROM PAR_PARTNER P
 WHERE GEBURTSDATUM_DATE = TO_DATE ('01.01.1950');
```

Im Ausführungsplan wird der Index verwendet, der im *Hint* eingetragen ist:

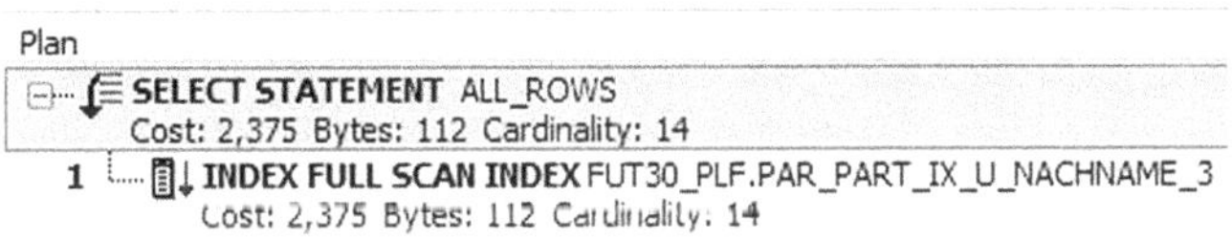

Abb. 4.45: Ausführungsplan mit Indexname im *Hint* INDEX.

Der *Range Index Scan* steht jetzt also nicht zur Verfügung. Nun entscheidet sich der Planoptimierer für einen *Full Index Scan*.

Das folgende letzte Beispiel enthält einen *Hint*, der nur den Tabellenamen enthält. Daher kann der Planoptimierer alle verfügbaren Indizes für die Partner-Tabelle bei der Analyse berücksichtigen. Er wählt dann denjenigen Index für den Scan, der mit den geringsten Kosten verknüpft ist. Dies ist der Index, der nur das Geburtsdatum als Attribut enthält.

```
SELECT /*+ INDEX(P) */
       GEBURTSDATUM_DATE
  FROM PAR_PARTNER P
 WHERE GEBURTSDATUM_DATE = TO_DATE ('01.01.1950');
```

Dieser Index ermöglicht den *Range Index Scan*:

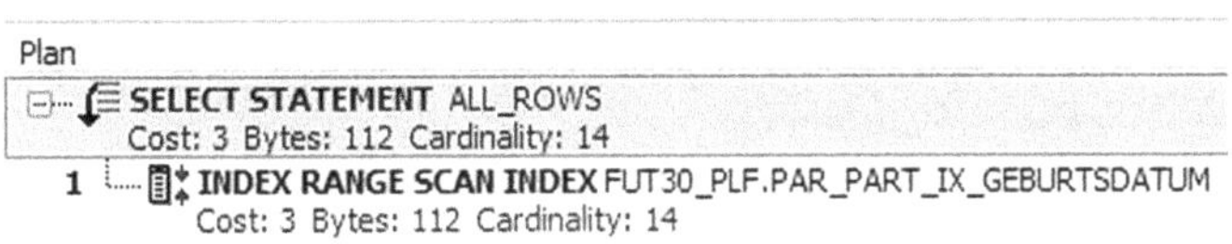

Abb. 4.46: Ausführungsplan mit Tabellenname im *Hint* INDEX.

4.3.3.1 INDEX_ASC

Mit dem *Hint* INDEX_ASC erfolgt das Durchsuchen eines Index in aufsteigender Reihenfolge, sofern es sich um einen *Range Index Scan* handelt. Grundsätzlich ist der Zusatz ASC nicht erforderlich, weil dies das Default-Vorgehen bei einem *Range Index Scan* ist. Wenn jedoch der Planoptimierer von dem Default-Verhalten abweicht, kann man das mit diesem Index übersteuern. Ansonsten erreicht man mit diesem *Hint* keinen anderen Ausführungsplan als mit dem *Hint* INDEX. Auch weicht die Syntax bei beiden *Hints* nur beim Namen ab. Ansonsten unterscheidet sich die Syntax nicht.

```
SELECT /*+ INDEX_ASC (P PAR_PARTX_IX_NUMMER) */
       NUMMER
  FROM PAR_PARTNER_TRX P
 WHERE NUMMER < '045679' AND NUMMER > '044679';
```

Der Ausführungsplan zeigt, dass der im *Hint* aufgeführte Index für den *Range Index Scan* genutzt wird. Die Suche erfolgt aufsteigend. Dies kann dem Ausführungsplan jedoch nicht explizit entnommen werden, weil es sich um das Default-Verhalten handelt:

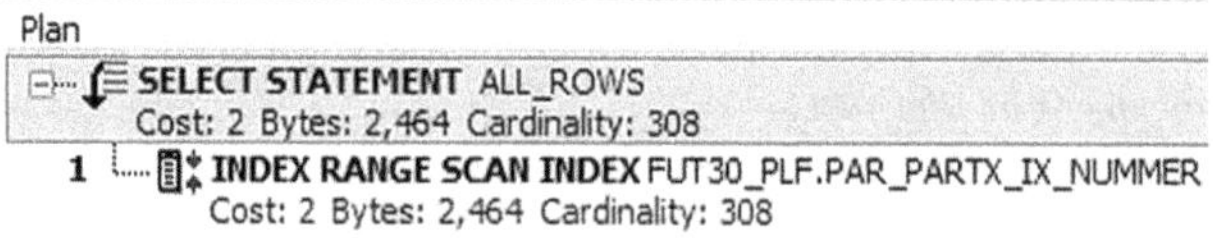

Abb. 4.47: Ausführungsplan mit *Hint* INDEX_ASC.

4.3.3.2 INDEX_DESC

Mit diesem Index wird bei einem *Range Index Scan* festgelegt, dass der Index absteigend durchsucht wird. Dieses Merkmal unterscheidet diesen *Hint* von dem *Hint* INDEX_ASC. Somit ist das absteigende Durchsuchen eines Index kein Default-Verhalten und muss daher mit dem *Hint* explizit angefordert werden. Auch bei der Syntax unterscheidet sich der *Hint* INDEX_DESC vom *Hint* INDEX_ASC nur im Namen. In dem folgenden Beispiel wird dieser *Hint* für die leicht modifizierte Selektion aus dem Kapitel zum *Hint* INDEX_ASC angewendet. Der Unterschied besteht darin, dass der Wertebereich für die Nummer, die selektiert werden soll, größere Werte enthalten muss. Dies hat zur Folge, dass die Nummern, die zu diesem zulässigen Intervall passen, schneller gefunden werden, wenn der Index absteigend durchsucht wird.

```
SELECT /*+ INDEX_DESC (P PAR_PARTX_IX_NUMMER) */
       NUMMER
  FROM PAR_PARTNER_TRX P
 WHERE NUMMER < '953030001' AND NUMMER > '877030000';
```

Im Ausführungsplan erscheint das Schlüsselwort *Descending*, an dem man den *Range Index Scan* mit absteigender Suche erkennt. Das Schlüsselwort wird hier explizit aufgeführt, weil die absteigende Suche vom Default-Verhalten abweicht:

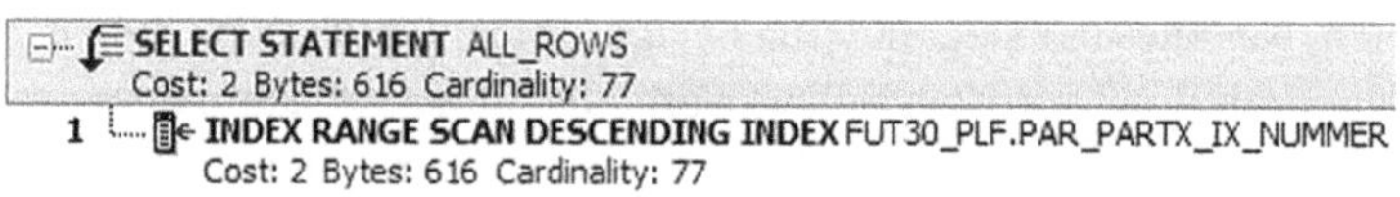

Abb. 4.48: Ausführungsplan mit *Hint* INDEX_DESC.

4.3.3.3 INDEX_JOIN

Der *Index Join Hint* `INDEX_JOIN` kann dann angewendet werden, wenn es Indizes gibt, die alle Attribute enthalten, auf die der Zugriff zur Ausführung des SQL-Befehls erforderlich ist. Diese Indizes werden mit der *Join Operation* miteinander verknüpft. Die zu verknüpfenden Indizes können im *Hint* genannt werden. Hierbei handelt es sich um einen optionalen Bestandteil des *Hint*. Erforderlich ist nur der Name der Tabelle, deren Attribute durch einen *Index Join* ermittelt werden sollen. In dem folgenden Beispiel ist der Zugriff auf zwei Attribute erforderlich, damit der SQL-Befehl erfolgen kann. Hierbei handelt es sich um das Geburtsdatum und den Primärschlüssel aus einer Tabelle, in der Partner gespeichert werden. Für jedes Attribut existiert ein Index. Diese beiden Indizes sind im *Hint* aufgelistet:

```
SELECT /*+ INDEX_JOIN ( P PAR_PART_IX_GEBURTSDATUM PAR_PART_PK ) */
       ID,  GEBURTSDATUM_DATE
  FROM PAR_PARTNER P
 WHERE GEBURTSDATUM_DATE IS NOT NULL;
```

Der Ausführungsplan zeigt, dass die beiden Indizes durch einen *Hash Join* miteinander verbunden werden. Davor werden die beiden Indizes jeweils mit einem *Fast Full Index Scan* geladen. Somit kann der SQL-Befehl ausgeführt werden, ohne dass der Zugriff auf die Tabelle erfolgt; stattdessen werden nur die beiden Indizes verwendet:

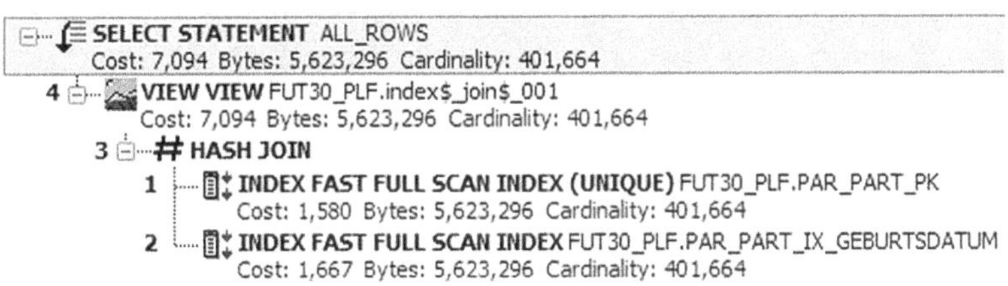

Abb. 4.49: Ausführungsplan mit *Hint* `INDEX_JOIN`.

4.3.3.4 INDEX_FFS

Der *Hint* `INDEX_FFS` kann dann verwendet werden, wenn die Ausführung eines SQL-Befehls ausschließlich durch Zugriff auf einen Index ausgeführt werden kann. Ein zusätzlicher Zugriff auf die zugehörige Tabelle darf nicht erfolgen. Der Index wird im Multiblock-Lesemodus in den Hauptspeicher geladen. Diese Ladetechnik ist daher der Namensgeber für den Index. In diesem Modus werden die Blöcke unsortiert in den Hauptspeicher geladen. Dies ist die Konsequenz des parallelen Ladevorgangs. Denn bei diesem parallelen Ladevorgang wird die Sortierung des Index nicht beachtet. Stattdessen wird das schnelle Laden des Index dadurch erreicht, indem die Datenblöcke des Index nach ihrer physikalischen Anordnung auf dem Speichermedium mit parallelen Threads eingelesen werden.

Daher fallen also weitere Kosten für die Sortierung an, wenn dies für die Ausführung des SQL-Befehls erforderlich ist. Die Höhe dieser Zusatzkosten für die Sortierung entscheidet dann auch darüber, ob mit diesem *Hint* der SQL-Befehl schneller ausgeführt werden kann im Vergleich zum *Full Index Scan*. Maßgeblich für die Effizienz dieses *Hint* ist auch die Konfiguration der Hardware. Mit dem Multiblock-Lesemodus kann der Index effizient geladen werden, wenn mehrere Blöcke parallel eingelesen werden können. Dies ist bei einem Speichersystem mit Festplatten dann der Fall, wenn eine größere Anzahl von Festplatten für den parallelen Zugriff zur Verfügung steht. Ein effizienter Zugriff wird auch durch eine möglichst gute Gleichverteilung der Blöcke des Index auf die Festplatten erreicht. Eine gute Gleichverteilung gewährleistet die Ausnutzung des parallelen Ladevorgangs für die Blöcke des Index. Im optimalen Fall lädt dann von jeder verfügbaren Festplatte jeweils ein Thread die Datenblöcke von der Platte in der dort vorkommenden physikalischen Anordnung. Wenn die Datenblöcke auf jeder Festplatte auch noch lückenlos aufeinanderfolgen, muss der Lese-/Schreibkopf auf jeder Platte nur einmal positioniert werden, so dass alle Blöcke von der Platte geladen werden, ohne dass zusätzliche Wartezeiten für weitere Lese-/Schreibkopfpositionierungen anfallen. Denn der Lese-/Schreibkopf muss nur so lange weitergerollt werden, bis alle Datenblöcke des Index von der jeweiligen Platte geladen wurden. Wenn diese optimalen Bedingungen erfüllt sind, kann der Index mit einer sehr hohen Geschwindigkeit geladen werden. Die lückenlose Anordnung der Datenblöcke auf der Festplatte kann man durch einen *Rebuild* des Index erreichen:

```
ALTER INDEX PAR_PARTX_IX_DISCR_N3 REBUILD;
```

Der *Rebuild* kann bei einem großen Index recht lange dauern. Daher muss der *Rebuild* außerhalb der Produktionszeit in einem Wartungsfenster zum Beispiel am Wochenende erfolgen.

Für die gewünschte Gleichverteilung des Index auf mehrere Festplatten bietet Oracle eine optionale Softwarekomponente an, welche die Gleichverteilung gewährleistet. Die Komponente hat den Namen ASM. Grundsätzlich wird ein verfügbarer Index mit der *Fast Full Scan Technique* eingelesen, wenn die Anzahl der Datensätze einer Tabelle mit dem `COUNT(*)`-Befehl ermittelt werden soll. Die Syntax unterscheidet sich auch bei diesem Index nur im Namen von dem *Hint* `INDEX`, wie das folgende Beispiel zeigt. In diesem Beispiel wird der *Hint* genutzt, um die Nutzung des im *Hint* genannten Index festzulegen, da für den *Fast Full Index Scan* in dem Beispiel mehrere Indizes verfügbar sind:

```
SELECT /*+ INDEX_FFS (P PAR_PARTX_IX_DISCR_N3) */
       DISCRIMINATOR
  FROM PAR_PARTNER_TRX P;
```

Der zugehörige Ausführungsplan zeigt, dass der im *Hint* enthaltene Index genutzt wird:

```
SELECT STATEMENT ALL_ROWS
Cost: 621 Bytes: 1,730,135 Cardinality: 157,285
1   INDEX FAST FULL SCAN INDEX FUT30_PLF.PAR_PARTX_IX_DISCR_N3
    Cost: 621 Bytes: 1,730,135 Cardinality: 157,285
```

Abb. 4.50: Ausführungsplan mit *Hint* INDEX_FFS.

Zum Vergleich folgt nun noch der SQL-Befehl ohne den *Hint*:

```
SELECT  DISCRIMINATOR
  FROM PAR_PARTNER_TRX P;
```

Im Ausführungsplan wird dann für den *Fast Full Index Scan* ein anderer verfügbarer Index genutzt, weil der Planoptimierer diesen Indexzugriff mit niedrigeren Kosten bewertet:

```
SELECT STATEMENT ALL_ROWS
Cost: 516 Bytes: 1,730,135 Cardinality: 157,285
1   INDEX FAST FULL SCAN INDEX FUT30_PLF.PAR_PARTX_IX_DISCR_NA3
    Cost: 516 Bytes: 1,730,135 Cardinality: 157,285
```

Abb. 4.51: Ausführungsplan mit automatisch erzeugtem *Fast Full Index Scan*.

Der weitere Vergleich der beiden Ausführungspläne zeigt, dass die geschätzten Bytes, die eingelesen werden müssen, und die erwartete Treffermenge, die im Ausführungsplan als *Cardinality* bezeichnet wird, sich nicht unterscheiden. Die Kosten unterscheiden sich jedoch. Dies ist auf eine unterschiedliche Anzahl von Datenblöcken zurückzuführen, aus denen der jeweilige Index besteht. Die Anzahl der Datenblöcke entnimmt der Planoptimierer den Statistiken und entscheidet sich dann für den Index, bei dem die kleinere Anzahl von Datenblöcken geladen werden muss. Das kann man nachvollziehen, indem man den Parameter LEAF BLOCKS des Index vergleicht. Es wird vom Planoptimierer derjenige Index bevorzugt, bei dem ein kleinerer Wert eingetragen ist.

Parameter	Value
Index Name	PAR_PARTX_IX_DISCR_N3
Leaf Blocks	70

Parameter	Value
Index Name	PAR_PARTX_IX_DISCR_NA3
Leaf Blocks	52

Abb. 4.52: Vergleich der LEAF BLOCKS zweier Indizes.

Bei dem Index PAR_PARTX_IX_DISCR_NA3 ist in Abbildung 4.52 eine kleinere Anzahl von LEAF BLOCKS eingetragen. Daher entscheidet sich der Planoptimierer für diesen Index.

Durch den bereits erwähnten REBUILD eines Index kann die Anzahl der Datenblöcke verringert werden. Das ist dann möglich, wenn die Datenblöcke nicht mit der maximal möglichen Anzahl von Datensätzen gefüllt sind.

4.3.3.5 NO_INDEX_FFS

Mit diesem *Hint* wird die Verwendung des *Fast Full Index Scan* vermieden. Der *Hint* kann also dann zum Einsatz kommen, wenn sich der Planoptimierer für den *Fast Full Index Scan* entscheidet, obwohl dies nicht gewünscht ist. Im vorigen Kapitel wurde erläutert, dass sich der Planoptimierer grundsätzlich für den *Fast Full Index Scan* entscheidet, wenn die Anzahl der Datensätze mit `COUNT(*)` ermittelt werden soll. In diesem Fall ist es also möglich, die Nutzung des *Fast Full Index Scan* zu unterbinden. Es könnte stattdessen ein *Full Table Scan* zum Einsatz kommen. Dieses Vorgehen kann bei Vorliegen bestimmter Voraussetzungen die Laufzeit reduzieren. Es wäre ja beispielsweise denkbar, sogar eine recht große Tabelle komprimiert in die *Keep Area* eines Smart-Flash-Cache zu laden und somit die Tabelle dort permanent vorzuhalten. Befindet sich dagegen der für den *Fast Full Index Scan* benötigte Index auf einer Festplatte im SAN (*Storage Area Network*), kann der *Full Table Scan* auf die komprimierte Tabelle im Smart-Flash-Cache schneller sein als das Laden des Index im *Multi Block Read Mode* von der Festplatte. Dann ist es möglicherweise schneller, die Anzahl der Datensätze mit Hilfe des *Full Table Scan* zu ermitteln und somit den vom Planoptimierer standardmäßig entwickelten Ausführungsplan mit dem *Hint* `NO_INDEX_FFS` zu übersteuern.

Ein anderes denkbares Szenario für den Einsatz dieses Index mag die Verfügbarkeit mehrerer Indizes sein, welche zur Ermittlung der Anzahl der Datensätze mit dem *Fast Full Index Scan* herangezogen werden können. Durch Nutzung des *Hint* `NO_INDEX_FFS` kann für einen ausgewählten Index ein Ausschluss formuliert werden. Dann darf der Planoptimierer diesen Index bei der Planerstellung nicht berücksichtigen.

```
SELECT /*+ NO_INDEX_FFS(D VTG_DAKO_PK) */
       COUNT (*)
  FROM VTG_DAUERKOMPONENTE D;
```

In dem Beispiel wird der *Hint* genutzt, um die Nutzung des Index `VTG_DAKO_PK` im Ausführungsplan zu verhindern:

Abb. 4.53: Ausführungsplan mit *Hint* `NO_INDEX_FFS`.

Anhand des Ausführungsplans erkennt man, dass der Planoptimierer auf einen alternativen Index mit dem Namen `VTG_DAKO_IX_DISCRIMINATOR_2` zugreifen kann. Dies erfolgt im ersten Ausführungsschritt. Da der Index im *Multi Block Read Mode* unsortiert eingelesen wird, muss noch eine Sortierung erfolgen. Dies passiert im zweiten Ausführungsschritt. Lässt man stattdessen den *Hint* weg, kommt der unterdrückte Index zum Einsatz:

Abb. 4.54: Ausführungsplan ohne *Hint* NO_INDEX_FFS.

Denn der Planoptimierer erwartet bei diesem Index deutlich niedrigere Kosten, welches der Vergleich der beiden Ausführungspläne zeigt.

Im nächsten Beispiel wird schließlich die Nutzung aller verfügbaren Indizes mit dem *Hint* NO_INDEX_FFS ausgeschlossen:

```
SELECT /*+ NO_INDEX_FFS(D) */
       COUNT (*)
  FROM VTG_DAUERKOMPONENTE D;
```

Alle Indizes werden ausgeschlossen, indem der Index nur noch den Aliasnamen der Tabelle als Argument bekommt. Wenn nämlich zusätzlich ein Indexname aufgeführt wird, dann gilt der Ausschluss nur für diesen Index. In dem Beispiel kann dagegen kein Index der Tabelle VTG_DAUERKOMPONENTE für den *Fast Full Index Scan* genutzt werden:

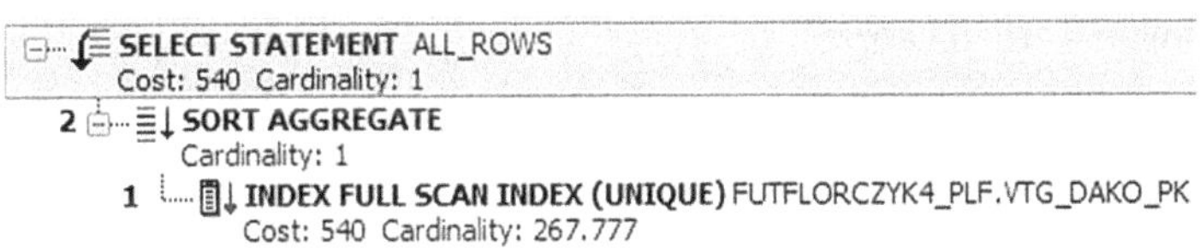

Abb. 4.55: Ausführungsplan mit Tabellenname im *Hint* NO_INDEX_FFS.

Nun kann der Planoptimierer den *Fast Full Index Scan* gar nicht mehr nutzen. Er weicht stattdessen auf den *Full Index Scan* aus.

4.3.3.6 INDEX_SS

Mit dem *Hint* INDEX_SS wird der *Skip Index Scan* explizit angefordert. Dieser *Hint* wird genutzt, wenn der Zugriff auf alle Attribute eines Index nicht erforderlich ist. Es besteht dann also die Möglichkeit, dass die nicht benötigten Attribute bei der Ausführung übersprungen werden.

```
SELECT /*+ INDEX_SS(PX PAR_PART_IX_PARTK_ID_4) */
       *
  FROM PAR_PARTNER PX
 WHERE       PARTK_ID = 11447
         AND HIST_ADT_HISTVON_DATE =
                TO_DATE ('10/01/2012 00:00:00', 'MM/DD/YYYY HH24:MI:SS')
         AND HIST_ADT_KENNTNIS_TIST =
                TO_TIMESTAMP ('25.09.2012 11:33:24,195000',
                              'DD.MM.YYYY HH24:MI:SS,FF');
```

Der im *Hint* genannte Index PAR_PART_IX_PARTK_ID_4 wird in der Abbildung 4.56 gezeigt. Der Index besteht insgesamt aus den vier Attributen:

PARTK_ID, HIST_ADT_HISTVON_DATE, HIST_ADT_KENNTNIS_TIST, TRX_ADT_FTRX_ID.

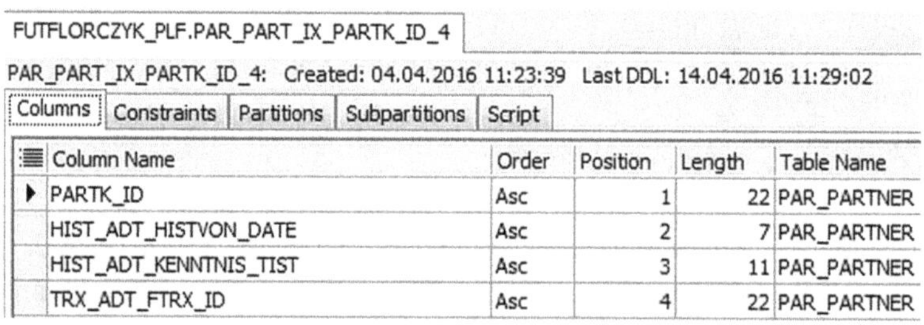

Column Name	Order	Position	Length	Table Name
PARTK_ID	Asc	1	22	PAR_PARTNER
HIST_ADT_HISTVON_DATE	Asc	2	7	PAR_PARTNER
HIST_ADT_KENNTNIS_TIST	Asc	3	11	PAR_PARTNER
TRX_ADT_FTRX_ID	Asc	4	22	PAR_PARTNER

Abb. 4.56: Index mit vier Attributen als Kandidat für den *Skip Index Scan*.

Im *Where Clause* gibt es jedoch kein Prädikat für das Attribut TRX_ADT_FTRX_ID, welches somit übersprungen werden kann.

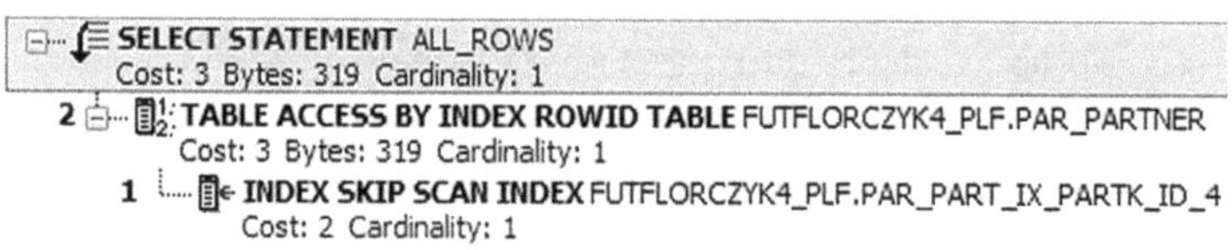

Abb. 4.57: Ausführungsplan mit indiziertem Zugriff und *Hint* INDEX_SS.

Im ersten Ausführungsschritt der Abbildung 4.57 wird der *Skip Index Scan* genutzt, um die ROWIDs der Datensätze zu ermitteln. Der Zugriff auf die relevanten Datensätze der Tabelle erfolgt dann mit Hilfe der jeweiligen ROWID im zweiten Arbeitsschritt. Wenn man in dem Beispiel den *Hint* entfernt, entscheidet sich der Planoptimierer für den *Range Index Scan*:

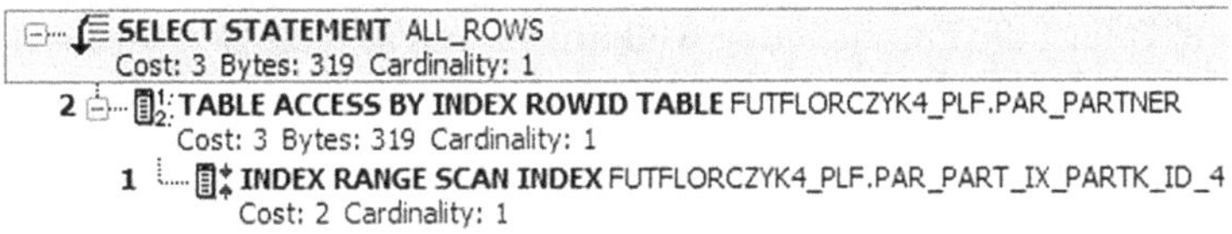

Abb. 4.58: Ausführungsplan mit indiziertem Zugriff ohne *Hint* INDEX_SS.

Der Ausführungsplan unterscheidet sich im ersten Schritt. Dort findet jetzt der *Range Index Scan* statt. Anhand der Kostenbewertung erkennt man, dass hier eine beliebige Auswahl zwischen den beiden Ausführungsplänen erfolgen kann, weil die Bewertungen bei beiden Ausführungsplänen gleich sind.

Für die nächste SQL-Abfrage werden nur die Attribute des *Skip Index Scan* benötigt:

```
SELECT /*+ INDEX_SS(PX PAR_PART_IX_PARTK_ID_4) */
      PARTK_ID, HIST_ADT_HISTVON_DATE,  HIST_ADT_KENNTNIS_TIST
  FROM PAR_PARTNER PX
 WHERE      PARTK_ID = 11447
       AND HIST_ADT_HISTVON_DATE =
              TO_DATE ('10/01/2012 00:00:00', 'MM/DD/YYYY HH24:MI:SS')
       AND HIST_ADT_KENNTNIS_TIST =
              TO_TIMESTAMP ('25.09.2012 11:33:24,195000',
                            'DD.MM.YYYY HH24:MI:SS,FF');
```

Es entfällt dann der zweite Bearbeitungsschritt:

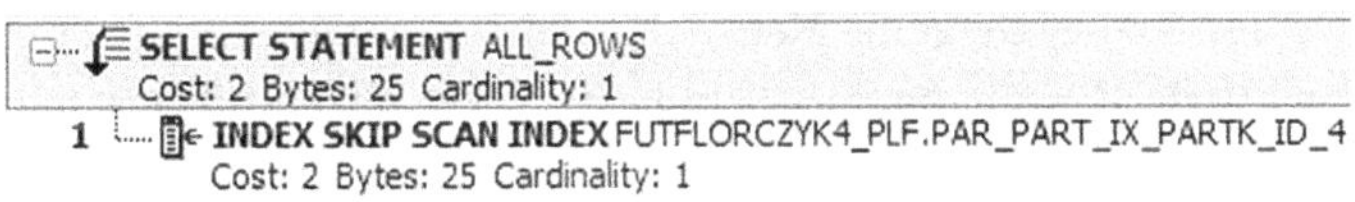

Abb. 4.59: Ausführungsplan ohne indizierten Zugriff und *Hint* INDEX_SS.

Ohne den *Hint* entscheidet sich der Planoptimierer erneut für den *Range Index Scan*:

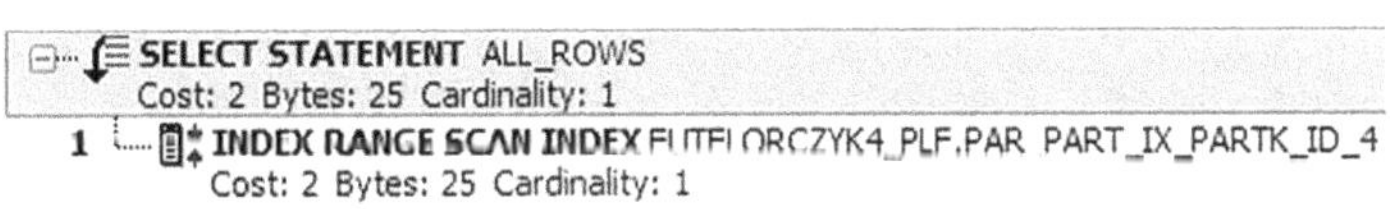

Abb. 4.60: Ausführungsplan ohne indizierten Zugriff und ohne *Hint* INDEX_SS.

Auch in diesem Fall ist die Entscheidung willkürlich, weil sich die Bewertungen bei diesen beiden Ausführungsplänen nicht unterscheiden.

Ebenso wie beim *Range Index Scan* erfolgt auch beim *Skip Index Scan* kein *Full Index Scan*. Es werden also nur die benötigten Datenblöcke geladen. Daher entscheidet sich der Planoptimierer bei einer größeren Menge von benötigten Datenblöcken für den *Fast Full Index Scan*. Denn hier erfolgt ein *Full Index Scan* im *Multi Block Read Mode*.

Die Anzahl der benötigten Datenblöcke kann in dem Beispiel gesteigert werden, indem zwei Prädikate aus dem *Where Clause* entfernt werden:

```
SELECT /*+ INDEX_SS(PX PAR_PART_IX_PARTK_ID_4) */
       PARTK_ID, HIST_ADT_HISTVON_DATE,  HIST_ADT_KENNTNIS_TIST
  FROM PAR_PARTNER PX
 WHERE HIST_ADT_HISTVON_DATE =
           TO_DATE ('10/01/2012 00:00:00', 'MM/DD/YYYY HH24:MI:SS');
```

Aufgrund der verringerten Prädikate steigt die Selektionsmenge:

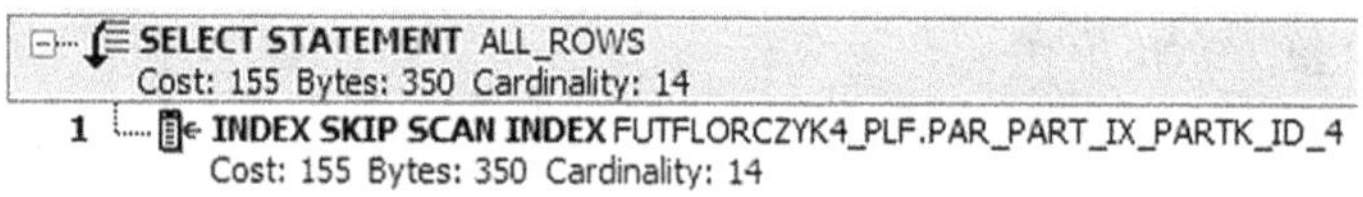

Abb. 4.61: Ausführungsplan mit *Hint* INDEX_SS und gesteigerter Selektionsmenge.

Dies erkennt man daran, dass im Ausführungsplan die *Cardinality* ansteigt. Diese beträgt jetzt vierzehn. Es werden also vierzehn Treffer erwartet. Es müssen also mehr Datenblöcke geladen werden. Daher steigt die Menge der zu bearbeitenden Bytes von fünfundzwanzig auf dreihundertfünfzig an. Der *Skip Index Scan* wird jetzt nur noch aufgrund des *Hint* ausgewählt. Denn der Ausführungsplan verändert sich, wenn man den *Hint* entfernt:

Abb. 4.62: Ausführungsplan ohne *Hint* INDEX_SS und gesteigerte Selektionsmenge.

Dann fällt nämlich die Entscheidung zugunsten des *Fast Full Index Scan*. Die 350 Bytes können mit Hilfe des *Multi Block Read Mode* mit geringeren Kosten gelesen werden. Diese reduzieren sich damit von 155 auf 43.

4.3.3.6.1 INDEX_SS_ASC

Mit diesem *Hint* wird ein *Skip Index Scan* angefordert. Zusätzlich wird die Reihenfolge festgelegt, mit welcher die Index-Einträge eingelesen werden sollen. Dies soll in aufsteigender Reihenfolge erfolgen. Das Einlesen von Index-Einträgen in einer definierten Reihenfolge kann die Laufzeit beeinflussen, wenn nicht der komplette Index eingelesen werden muss. Dies ist dann der Fall, wenn die Verarbeitung gemäß der Technik *Range Index Scan* erfolgt. Das ist beim *Skip Index Scan* der Fall. Wenn also beispielsweise Index-Einträge benötigt werden, die im vorderen Bereich des Index gespeichert sind, kann man mit dem *Hint* INDEX_SS_ASC die Einträge schnell laden. Sind die relevanten Index-Einträge dagegen im hinteren Bereich des Index gespeichert, werden diese mit dem *Hint* INDEX_SS_DESC schneller geladen. Der *Hint* INDEX_SS_DESC wird im nächsten Abschnitt erklärt.

Der *Hint* INDEX_SS_ASC hat keinen Einfluss auf die festgelegte Sortierreihenfolge der Werte des Index. Die Werte können im Index entweder aufsteigend oder absteigend gespeichert sein. Sind also die Werte im Index aufsteigend gespeichert, werden diese Werte auch in der aufsteigenden Sortierreihenfolge eingelesen. Sind die Werte jedoch in absteigender Sortierreihenfolge gespeichert, werden die Werte in absteigender Sortierreihenfolge eingelesen. Der Index wird also immer in aufsteigender Reihenfolge eingelesen, so dass die Reihenfolge der einzulesenden Index-Werte durch die Sortierreihenfolge des Index bestimmt wird.

Diese beschriebene Verarbeitungsreihenfolge von Index-Werten erfolgt mit dem *Hint* INDEX_SS_ASC in derselben Weise wie mit dem *Hint* INDEX_SS. Diese ausdrückliche Festlegung der Verarbeitungsreihenfolge ist dann erforderlich, wenn sichergestellt werden soll, dass diese sich auch dann nicht ändert, wenn sich das Standardverhalten ändert. Diese Änderung kann durch ein neues Release verursacht werden.

```
SELECT /*+ INDEX_SS_ASC(PX PAR_PART_IX_PARTK_ID_4) */
       *
  FROM PAR_PARTNER PX
 WHERE     PARTK_ID = 11447
       AND HIST_ADT_HISTVON_DATE =
              TO_DATE ('10/01/2012 00:00:00', 'MM/DD/YYYY HH24:MI:SS')
       AND HIST_ADT_KENNTNIS_TIST =
              TO_TIMESTAMP ('25.09.2012 11:33:24,195000',
                            'DD.MM.YYYY HH24:MI:SS,FF');
```

Dieses Beispiel wurde bereits im Kapitel zum *Hint* INDEX_SS verwendet. Man erkennt nun am Ausführungsplan, dass sich der *Hint* INDEX_SS_ASC nicht vom *Hint* INDEX_SS unterscheidet (siehe Abbildung 4.63).

Man erkennt, dass der Zusatz *Ascending* im ersten Ausführungsschritt nicht erscheint. Dieser Zusatz ist deshalb nicht vorhanden, weil die Reihenfolge der Indexverarbeitung dem Standardverhalten entspricht. Im nächsten Kapitel wird der *Hint*

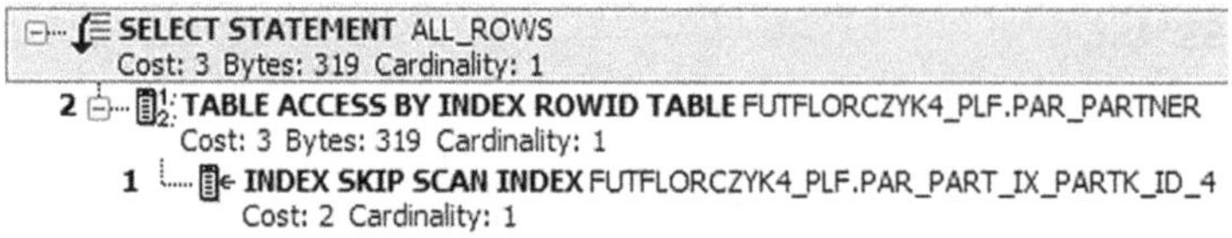

Abb. 4.63: Ausführungsplan mit *Hint* INDEX_SS_ASC.

INDEX_SS_DESC detailliert erläutert. Mit diesem *Hint* wird der Index in absteigender Reihenfolge eingelesen. Somit weicht die Verarbeitungsreihenfolge vom Standardverhalten ab und wird dann im Ausführungsplan auch mit dem Zusatz *Descending* kenntlich gemacht.

4.3.3.6.2 INDEX_SS_DESC

Der *Hint* wird verwendet, wenn ein *Skip Index Scan* zum Einsatz kommen soll. Er unterscheidet sich jedoch von dem *Hint* INDEX_SS in der Reihenfolge, in der die Index-Einträge analysiert werden sollen. Mit diesem *Hint* wird nämlich festgelegt, dass zuerst die Einträge vom Ende des Index geladen werden. Im Standardfall werden dann also die Index-Werte in absteigender Reihenfolge geladen. Denn die Index-Werte sind im Index aufsteigend sortiert, so dass sich am Ende der größte Index-Wert befindet. Der kleinste Index-Wert wird dann als Letztes geladen, da dieser Indexeintrag sich am Anfang des Index befindet. Sind die Index-Werte jedoch im Index absteigend sortiert, wird als Erstes der kleinste Index-Wert geladen. Denn in diesem Fall befindet sich der kleinste Index-Wert am Ende des Index. Der größte Index wird also als Letztes geladen. Die Index-Werte werden in aufsteigender Reihenfolge geladen, wenn diese im Index absteigend sortiert sind. Es wird immer in der umgekehrten Reihenfolge geladen, in welcher die Index-Werte im Index sortiert sind. Wenn also die Index-Werte im Index absteigend sortiert sind, dann werden diese in aufsteigender Reihenfolge geladen. Mit diesem *Hint* erfolgt das Laden der Index-Werte mit der inversen Sortierreihenfolge des Index. Das Laden der Index-Einträge in einer festgelegten Reihenfolge ist dann interessant, wenn Index-Einträge mit der Technik *Range Index Scan* geladen werden. In diesem Fall werden ja nicht alle Index-Einträge geladen, sondern nur eine Untermenge mit definierten Wertebereichen. Wenn sich diese Untermenge am Ende des Index befindet, werden die Index-Einträge mit dem *Hint* INDEX_SS_DESC optimal geladen. Denn der *Hint* INDEX_SS startet mit dem *Range Index Scan* am Anfang des Index und braucht somit länger, bis er die benötigte Untermenge geladen hat. Denn diese ist ja am Ende des Index platziert.

```
SELECT /*+ INDEX_SS_DESC(PX PAR_PART_IX_PARTK_ID_4) */
       *
  FROM PAR_PARTNER PX
 WHERE     PARTK_ID = 11447
       AND HIST_ADT_HISTVON_DATE =
```

```
            TO_DATE ('10/01/2012 00:00:00', 'MM/DD/YYYY HH24:MI:SS')
       AND HIST_ADT_KENNTNIS_TIST =
            TO_TIMESTAMP ('25.09.2012 11:33:24,195000',
                          'DD.MM.YYYY HH24:MI:SS,FF');
```

Der Ausführungsplan zu dem SQL-Befehl aus dem Beispiel enthält einen *Range Index Scan*, wenn man den *Hint* weglässt. Daher kann man bei der Nutzung des *Skip Index Scan* möglicherweise einen Laufzeitvorteil erlangen, wenn man Einfluss auf die Reihenfolge nimmt, in der die Index-Einträge gescannt werden. Da mit dem *Hint* `INDEX_SS_DESC` eine Reihenfolge angefordert wird, die nicht dem Standardverhalten des *Skip Index Scan* entspricht, wird dies im Ausführungsplan kenntlich gemacht:

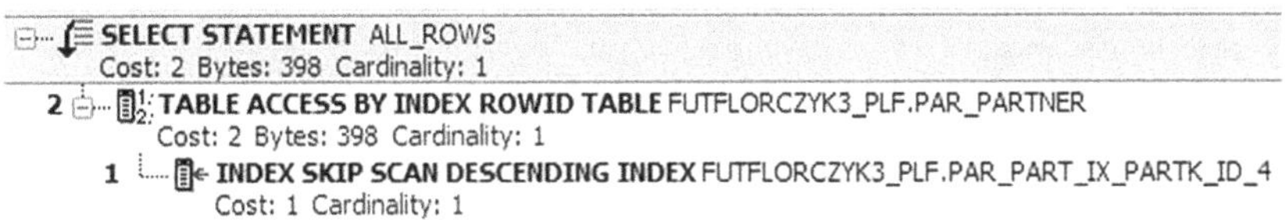

Abb. 4.64: Ausführungsplan mit *Hint* `INDEX_SS_DESC`.

Im ersten Schritt des Ausführungsplans findet der *Skip Index Scan* mit Hilfe der Technik *Range Scan* statt. Der Scan des Index erfolgt absteigend. Dies wird mit dem Schlüsselwort *Descending* im ersten Ausführungsschritt kenntlich gemacht. Nachdem der *Range Scan* abgeschlossen ist, enthält das Resultat eine Untermenge des Index mit Index-Einträgen. Deren `ROWID`s werden dann im zweiten Ausführungsschritt verwendet, um die Datensätze aus der Partner-Tabelle zu selektieren.

4.3.3.6.3 NO_INDEX_SS

Mit dem *Hint* `NO_INDEX_SS` wird der *Skip Index Scan* explizit ausgeschlossen. Der Planoptimierer darf dann also im Ausführungsplan den *Skip Index Scan* nicht benutzen.

```
SELECT /*+ NO_INDEX_SS(PX PAR_PART_IX_PARTK_ID_4) */
      PARTK_ID, HIST_ADT_HISTVON_DATE,  HIST_ADT_KENNTNIS_TIST
  FROM PAR_PARTNER PX
 WHERE     PARTK_ID = 11447
       AND HIST_ADT_HISTVON_DATE =
            TO_DATE ('10/01/2012 00:00:00', 'MM/DD/YYYY HH24:MI:SS')
       AND HIST_ADT_KENNTNIS_TIST =
            TO_TIMESTAMP ('25.09.2012 11:33:24,195000',
                          'DD.MM.YYYY HH24:MI:SS,FF');
```

In diesem Beispiel wird der *Skip Index Scan* explizit für den Index `PAR_PART_IX_PARTK_ID_4` ausgeschlossen.

Abb. 4.65: Ausführungsplan mit *Hint* NO_INDEX_SS.

Der Planoptimierer hat hier trotzdem die Möglichkeit, den Index zu nutzen, indem darauf ein *Range Index Scan* angewendet wird. Die Abbildung 4.65 zeigt das. Wenn der Planoptimierer für den SQL-Befehl einen Ausführungsplan mit der Nutzung des *Skip Index Scan* erstellen dürfte, dann würde man folgenden Ausführungsplan erhalten:

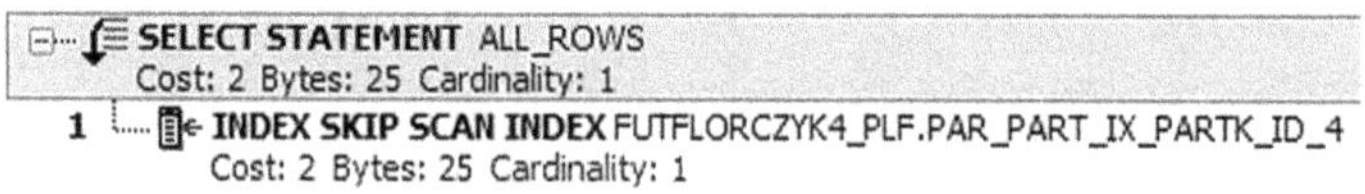

Abb. 4.66: Ausführungsplan ohne *Hint* NO_INDEX_SS.

Der Ausführungsplan mit dem *Skip Index Scan* unterscheidet sich nicht in den zu erwartenden Kosten von dem Ausführungsplan mit dem *Range Index Scan*. Eine Entscheidung des Planoptimierers für den *Skip Index Scan* wäre dann also ebenfalls denkbar. Bei einem solchen Szenario kann man durch die Nutzung des *Hint* NO_INDEX_SS die Entscheidung für die andere Alternative herbeiführen. Dies wird natürlich nur dann erfolgen, wenn man dadurch einen Laufzeitvorteil erlangt und man deshalb den Ausführungsplan auch für die Zukunft stabilisieren möchte. Wenn die Kosten für alternative Ausführungspläne nahe beieinander liegen oder sogar identisch sind, gibt es keine Planstabilität. Wenn also die Statistiken neu gerechnet werden, kann das schon eine geringfügige Veränderung der zu erwartenden Kosten zur Folge haben. Dies wiederum kann dazu führen, dass durch diese kleine Modifikation an der Kostenbewertung die Entscheidung für den Ausführungsplan mit der ungünstigeren Laufzeit fällt. In einem solchen Szenario kann man den Ausführungsplan mit dem *Hint* NO_INDEX_SS stabilisieren.

4.3.3.7 NO_INDEX

Mit dem *Hint* wird die Nutzung von Indizes für die im *Hint* genannte Tabelle ausgeschlossen. Die Nennung von einem oder mehreren Indizes im *Hint* ist optional. Die Tabelle muss genannt werden. Wenn keine Indizes im *Hint* genannt werden, darf kein Index der Tabelle im Ausführungsplan verwendet werden. Ansonsten werden nur die im *Hint* aufgeführten Indizes vom Planoptimierer nicht berücksichtigt. Wird also im *Hint* nur ein Index im *Hint* eingetragen, bleibt nur dieser Index unberücksichtigt. Sind mehrere Indizes für die Tabelle im *Hint* aufgelistet, dann dürfen alle aufgeführten Indizes im Ausführungsplan nicht verwendet werden.

Im folgenden Beispiel wird die Verwendung eines Index für die Partner-Tabelle ausgeschlossen, der für den *Fast Full Index Scan* zum Zählen der Datensätze benötigt wird:

```
SELECT /*+ NO_INDEX (P PAR_PART_PK) */
       COUNT (*)
  FROM PAR_PARTNER P;
```

Da nun kein Index für den *Fast Full Index Scan* verfügbar ist, muss ein *Full Table Scan* erfolgen:

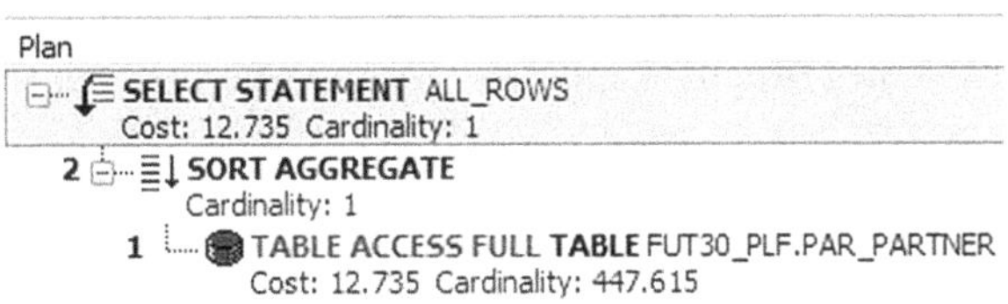

Abb. 4.67: Ausführungsplan mit *Hint* NO_INDEX.

Wenn der *Hint* NO_INDEX mit einem *Hint* INDEX kombiniert wird, ignoriert der Planoptimierer diejenigen *Hints* für alle Indizes, die zu einer gemeinsamen Schnittmenge der Indizes gehören.

4.3.4 USE_CONCAT

Der *Hint* USE_CONCAT kann eingesetzt werden, wenn in dem *Where Clause* das Schlüsselwort OR enthalten ist. Wenn beispielsweise die Bedingung zwei Ungleichheitszeichen enthält, die mit OR verknüpft sind, wird zunächst für jede Teilbedingung ein Teilausführungsplan erstellt. Beide Ergebnismengen der Teilausführungspläne werden dann mit *Concatenation* (UNION ALL) miteinander vereinigt.

```
SELECT /*+ USE_CONCAT */
       *
  FROM PAR_PARTNER_TRX
 WHERE NUMMER < '001336' OR NUMMER > '592336';
```

Im Ausführungsplan erkennt man, dass für die erste Teilbedingung ein Indexzugriff erfolgt, weil die geschätzte Treffermenge relativ gering ist. Für die zweite Teilbedingung erwartet der Planoptimierer deutlich mehr Treffer und entscheidet sich daher für einen *Full Table Scan*. Beide Ergebnismengen werden dann mit der *Concatenation* (UNION ALL) miteinander vereinigt:

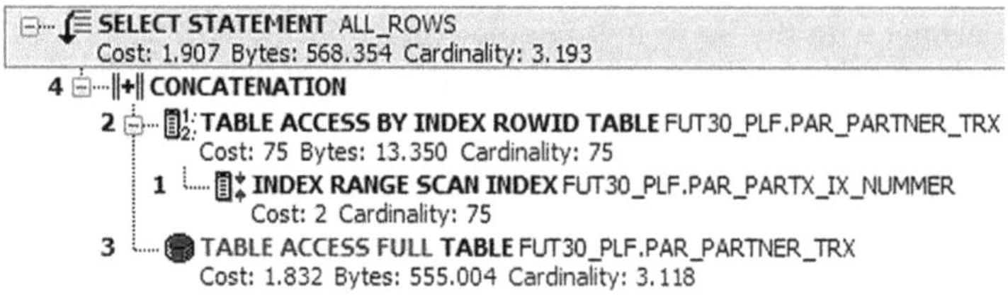

Abb. 4.68: Ausführungsplan mit *Hint* USE_CONCAT.

Grundsätzlich prüft der Optimierer selbst, ob die Verwendung der *Concatenation* den besten Ausführungsplan liefert. In dem Beispiel entscheidet sich der Optimierer jedoch für einen *Full Table Scan*. Um dies zu zeigen, muss der *Hint* aus der Query entfernt werden:

```
SELECT  *
  FROM PAR_PARTNER_TRX
 WHERE NUMMER < '001336' OR NUMMER > '592336';
```

Im zugehörigen Ausführungsplan sieht man, dass der *Full Table Scan* ausgewählt wird:

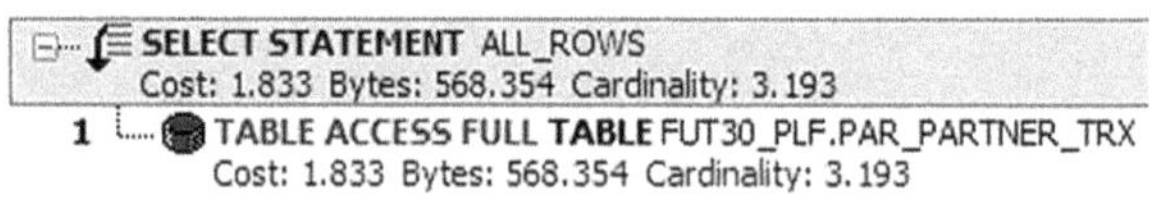

Abb. 4.69: Ausführungsplan ohne *Hint* USE_CONCAT.

Sofern dieser nicht laufzeitoptimal ist, kann man den Ausführungsplan mit dem *Hint* verbessern, indem man *Concatenation* erzwingt. *Concatenation* kann beispielsweise dann vorteilhaft sein, wenn sich der Planoptimierer bei beiden Teilbedingungen für Indexzugriffe entscheidet. Ein Vorteil kann sich insbesondere ergeben, wenn ohne die *Concatenation* die Entscheidung zugunsten eines *Full Table Scan* fällt. Denn dann können die Kosten für den *Full Table Scan* höher sein im Vergleich zu den Kosten, welche für die Indexzugriffe benötigt werden.

4.3.5 NO_EXPAND

Mit diesem *Hint* wird verhindert, dass der Planoptimierer eine *Concatenation* auswählt, weil er diese als kostenoptimal beurteilt. Daher kann dieser *Hint* bei denjenigen SQL-Befehlen zum Einsatz kommen, deren Struktur im Kapitel zum *Hint Concatenation* beschrieben ist. Es müssen also Teilbedingungen im *Where Clause* mit OR verknüpft sein. In dem folgenden Beispiel entscheidet sich der Planoptimierer ohne *Hint* für eine *Concatenation*:

```
SELECT  *
  FROM PAR_PARTNER_TRX
 WHERE NUMMER < '001336' OR NUMMER > '692336';
```

Dazu verwendet er für jede Teilbedingung einen Indexzugriff. Die ermittelten ROWIDs werden dann für den Tabellenzugriff verwendet. Beide Ergebnismengen werden mit der *Concatenation* vereinigt:

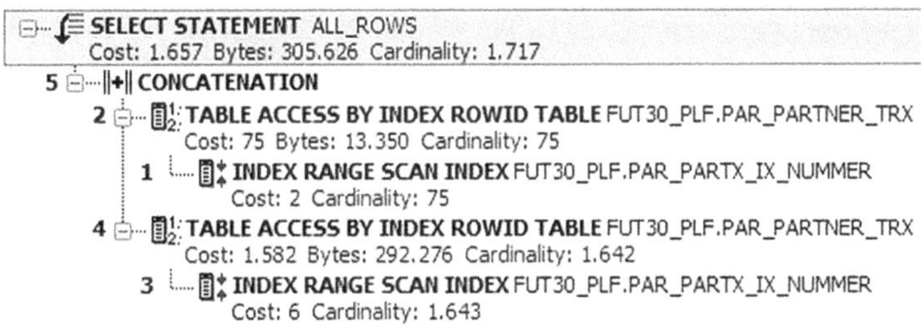

Abb. 4.70: Ausführungsplan mit automatisch erzeugter *Concatenation*.

Der *Hint* NO_EXPAND wird dann zum Einsatz kommen, wenn die automatisch ausgewählte *Concatenation* nicht laufzeitoptimal ist. Dazu wird das Beispiel nun mit dem *Hint* NO_EXPAND angereichert:

```
SELECT /*+ NO_EXPAND */
       *
  FROM PAR_PARTNER_TRX
 WHERE NUMMER < '001336' OR NUMMER > '692336';
```

Es wird nun ein Ausführungsplan erzeugt, bei dem nur noch ein *Full Table Scan* erfolgt:

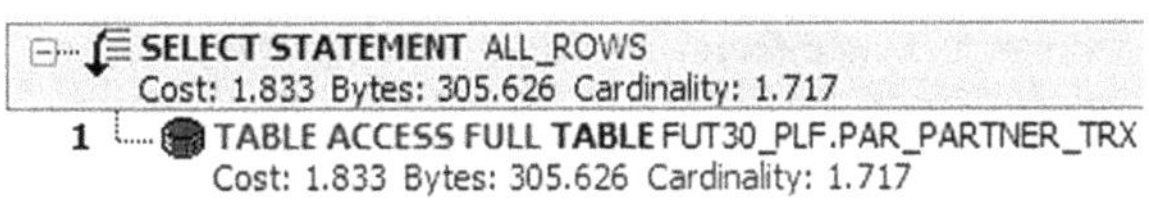

Abb. 4.71: Ausführungsplan mit *Hint* NO_EXPAND.

Die ausgewiesenen Kosten sind natürlich etwas höher.

4.3.6 EXPAND_GSET_TO_UNION

Mit dem *Hint* EXPAND_GSET_TO_UNION werden Teilgruppierungen im Ausführungsplan separat optimiert. Diese separat optimierten Teilgruppierungen werden durch UNION ALL miteinander verknüpft. In dem folgenden Beispiel werden aufgrund des *Hint* drei Teilgruppierungen im Ausführungsplan unabhängig voneinander optimiert. Da jede Teilgruppierung individuell optimiert werden kann, besteht eine hohe Flexibilität bei der Erzeugung des Ausführungsplans.

```
SELECT /*+ EXPAND_GSET_TO_UNION INDEX(D) */
        PERIODEVON_DATE, MAND_ID, SUM (ENDBETRAG)
    FROM VTG_DAUERKOMPONENTE  D
   WHERE PERIODEVON_DATE IN ('01.01.2012', '01.01.2013')
GROUP BY ROLLUP (PERIODEVON_DATE, MAND_ID)
ORDER BY 1;
```

Im Ausführungsplan sieht man, dass diese Teilgruppierungen mit UNION ALL verknüpft werden. Für jede Teilgruppierung erfolgt jeweils ein *Full Index Scan*, welcher durch einen weiteren *Hint* verursacht wird:

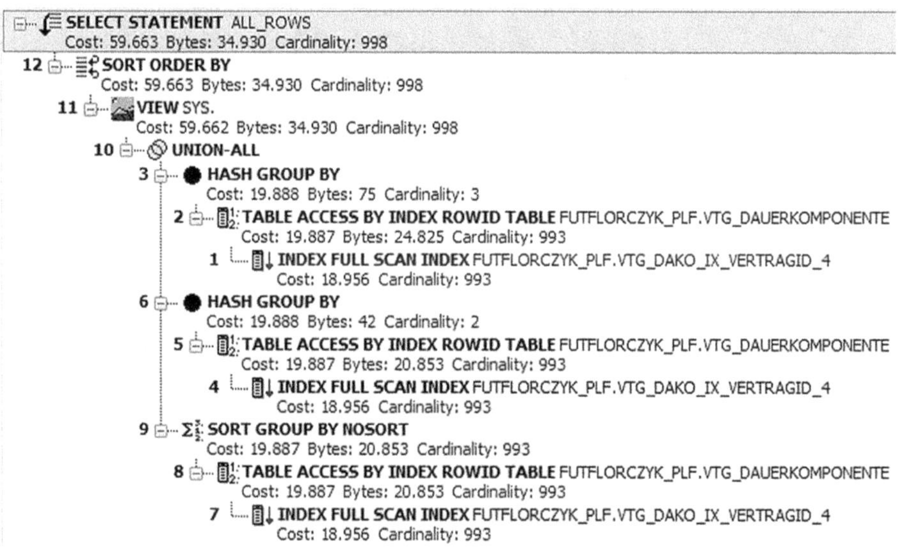

Abb. 4.72: Ausführungsplan mit *Hint* EXPAND_GSET_TO_UNION.

Ohne den *Hint* erfolgt hier keine Optimierung der Teilgruppierungen. Stattdessen erfolgt die Entscheidung für einen einzigen *Full Table Scan*, weil die zu erwartenden Kosten niedriger sind.

```
SELECT
         PERIODEVON_DATE, MAND_ID, SUM (ENDBETRAG)
    FROM VTG_DAUERKOMPONENTE  D
   WHERE PERIODEVON_DATE IN ('01.01.2012', '01.01.2013')
GROUP BY ROLLUP (PERIODEVON_DATE, MAND_ID)
ORDER BY 1;
```

Dem folgenden Ausführungsplan kann man entnehmen, dass die Verknüpfung mit UNION ALL nicht stattfindet, da es die separate Optimierung der Teilgruppierungen nicht gibt:

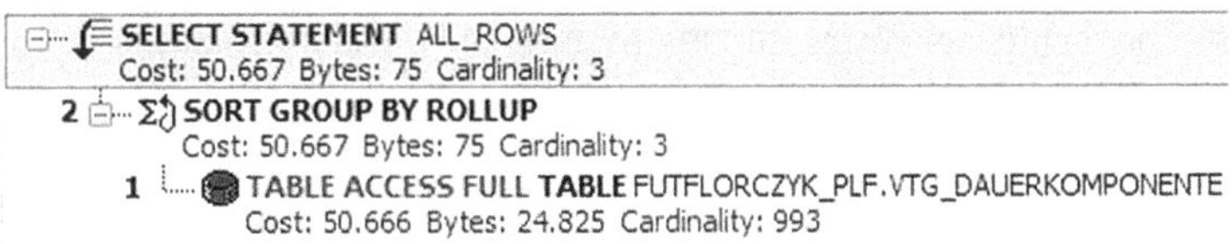

Abb. 4.73: Ausführungsplan ohne *Hint* EXPAND_GSET_TO_UNION.

Mit Hilfe der analytischen Funktion ROLLUP erfolgt die Gruppierung auch für die Teilmengen der Gruppierungsattribute. Für diese resultierenden Teilmengen erfolgt die separate Optimierung, wenn der *Hint* EXPAND_GSET_TO_UNION genutzt wird.

Eine Teilmenge entsteht durch die Entfernung des letzten Attributs aus der Menge der Gruppierungsattribute. Diese Teilmengen-Bildung wird solange fortgesetzt, bis alle Attribute entfernt wurden.

PERIODEVON_DATE	MAND_ID	SUM(ENDBETRAG)
01.01.2012	1000	51,12
01.01.2012	1001	2319200,12
01.01.2012		2319251,24
01.01.2013	1000	
01.01.2013	1001	2286409,28
01.01.2013		2286409,28
		4605660,52

Abb. 4.74: Mit analytischer Funktion ROLLUP erzeugte Teilgruppierungen.

Der Abbildung 4.74 kann man entnehmen, dass für die folgenden drei Attributs-Gruppen eine Teilgruppierung erfolgte:

1. {PERIODEVON_DATE, MAND_ID}
2. {PERIODEVON_DATE}
3. {}

Daher gibt es im Ausführungsplan mit dem *Hint* EXPAND_GSET_TO_UNION drei separat optimierte Teilgruppierungen.

Ohne die analytische Funktion ROLLUP würde nur eine Gruppierung für die Menge 1 erfolgen. Da es dann nur eine Gruppierung gäbe, wäre der *Hint* EXPAND_GSET_TO_UNION wirkungslos.

4.3.7 MERGE

Mit der *View Merge* können *Views* mit der auf sie zugreifenden Selektion verschmolzen werden. *Views* werden bei der automatischen Planoptimierung nicht verschmolzen, wenn in den *Views* die Schlüsselwörter GROUP BY oder DISTINCT vorkommen. In diesen Fällen kann mit dem *Hint* eine komplexe Verschmelzung der *View* bewirkt werden.

Ebenso kann diese komplexe Verschmelzung bei Sub-Querys angewendet werden, die mit dem Schlüsselwort IN eingebunden sind, wenn keine Korrelation zwischen der zugreifenden Selektion und der Sub-Query besteht.

Eine komplexe Verschmelzung der *View* ist nicht kostenbasiert und muss daher explizit mit einem *Hint* angefordert werden, damit diese für das Verschmelzen im Ausführungsplan berücksichtigt wird.

```
SELECT /*+ MERGE(V) */
       PX.NUMMER, V.AVG_ENDBETRAG
  FROM VTG_ROLLE_TRX RX,
       PAR_PARTNER_TRX PX,
         (SELECT ROLLE1_ID, AVG (ENDBETRAGVERWENDET)  AVG_ENDBETRAG
            FROM VTG_STICHTAGKOMPONENTE  S
        GROUP BY ROLLE1_ID) V
 WHERE     RX.ROLLK_ID = V.ROLLE1_ID
       AND PX.PARTK_ID = RX.PARTK_ID
       AND V.AVG_ENDBETRAG > 1000;
```

In dem Beispiel enthält die *View* ein GROUP BY. Daher handelt es sich um eine komplexe *View*, für die der Planoptimierer die Verschmelzung nicht prüft, weil typischerweise die Verschmelzung der *View* einen teureren Ausführungsplan liefert. Der Planoptimierer vermeidet daher diese in der Regel unnötige Überprüfung, um die Laufzeit für die Planoptimierung zu reduzieren.

Wenn man diese komplexe *View* trotzdem verschmelzen möchte, dann muss der entsprechende Ausführungsplan mit dem *Hint* MERGE angefordert werden.

In dem Ausführungsplan sieht man, dass die komplexe *View* mit Hilfe des *Hint* aufgelöst wurde:

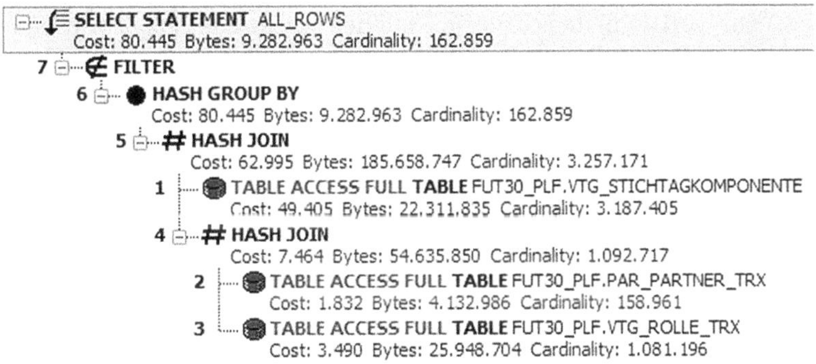

Abb. 4.75: Ausführungsplan mit *Hint* MERGE und ohne *View*.

Daher erscheint die *View* im Ausführungsplan nicht. Es finden nur *Full Table Scans* statt, die mit dem *Hash Join* miteinander verknüpft werden.

Entfernt man den *Hint* MERGE, dann sieht man auch die *View* im Ausführungsplan:

```
SELECT
       PX.NUMMER, V.AVG_ENDBETRAG
  FROM VTG_ROLLE_TRX RX,
       PAR_PARTNER_TRX PX,
         (SELECT ROLLE1_ID, AVG (ENDBETRAGVERWENDET)  AVG_ENDBETRAG
            FROM VTG_STICHTAGKOMPONENTE  S
        GROUP BY ROLLE1_ID) V
 WHERE     RX.ROLLK_ID = V.ROLLE1_ID
       AND PX.PARTK_ID = RX.PARTK_ID
       AND V.AVG_ENDBETRAG > 1000;
```

Im Schritt Nr. 4 wird im Ausführungsplan die *View* erzeugt:

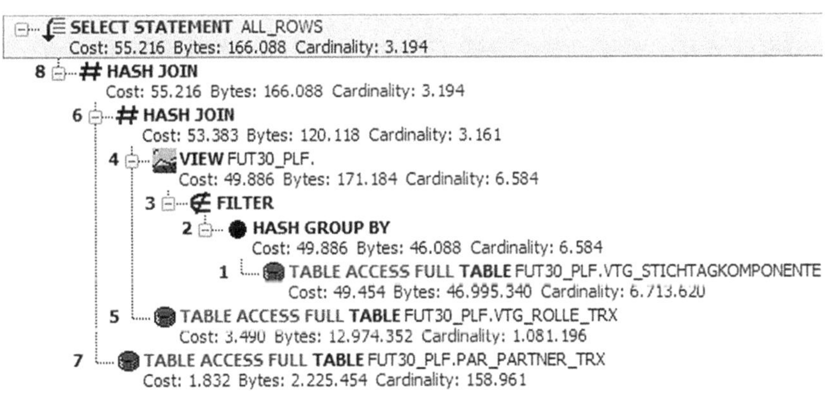

Abb. 4.76: Ausführungsplan ohne *Hint* MERGE und mit *View*.

Die erzeugte *View* wird dann im Schritt Nr. 6 mit der Tabelle aus dem Schritt Nr. 7 verknüpft.

Wenn in dem SQL-Befehl jedoch nur eine gewöhnliche *View* vorkommt, in welcher weder ein GROUP BY noch ein DISTINCT vorkommt, dann prüft der Planoptimierer die Verschmelzung der *View*. In diesem Fall verwendet man den *Hint* MERGE, wenn der Planoptimierer eine *View* bildet, obwohl das nicht gewünscht ist.

4.3.8 NO_MERGE

Wenn eine *View* mit der auf sie zugreifenden Selektion verschmolzen werden kann, kann diese Operation durch den *Hint* NO_MERGE im Ausführungsplan unterdrückt werden. Der Name der *View* kann als Argument im *Hint* aufgeführt werden. In diesem Fall wird der *Hint* in die zugreifende Selektion geschrieben:

```
SELECT /*+ NO_MERGE(ADR) */
       PAR.NAMEANZEIGE, ADR.PLZ
  FROM PAR_PARTNER PAR,
       (SELECT  AX.PARTK_ID, A.PLZ
          FROM PAR_ADRESSE_TRX AX, PAR_ADRESSE A
         WHERE A.ORT = 'München' AND A.ADREK_ID = AX.ADREK_ID) ADR
 WHERE PAR.PARTK_ID = ADR.PARTK_ID;
```

Eine Alternative bietet die argumentlose Verwendung des *Hint*. Dann muss der *Hint* in der Selektion der *View* erscheinen:

```
SELECT PAR.NAMEANZEIGE, ADR.PLZ
  FROM PAR_PARTNER PAR,
       (SELECT /*+ NO_MERGE */
               AX.PARTK_ID, A.PLZ
          FROM PAR_ADRESSE_TRX AX, PAR_ADRESSE A
         WHERE A.ORT = 'München' AND A.ADREK_ID = AX.ADREK_ID) ADR
 WHERE PAR.PARTK_ID = ADR.PARTK_ID;
```

Bei beiden Alternativen erhält man einen identischen Ausführungsplan (siehe Abbildung 4.77).

In dem resultierenden Ausführungsplan wird die *View* generiert. Im Schritt 8 wird die *View* mit einem Index der Partner-Tabelle verknüpft. Anschließend werden die zugehörigen Datensätze der Partner-Tabelle mit den ROWIDs der selektierten Index-Einträge identifiziert.

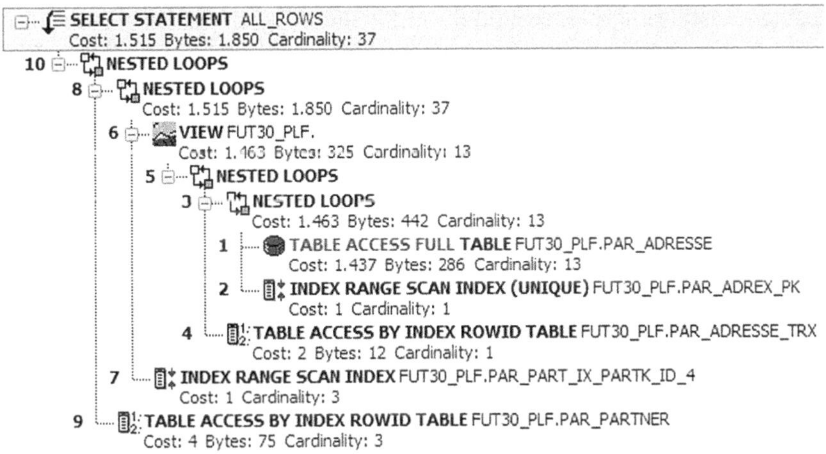

Abb. 4.77: Ausführungsplan mit *Hint* NO_MERGE und mit *View*.

Ohne den *Hint* wird die *View* mit der zugreifenden Selektion verschmolzen.

```
SELECT PAR.NAMEANZEIGE, ADR.PLZ
  FROM PAR_PARTNER PAR,
       (SELECT
               AX.PARTK_ID, A.PLZ
          FROM PAR_ADRESSE_TRX AX, PAR_ADRESSE A
         WHERE A.ORT = 'München' AND A.ADREK_ID = AX.ADREK_ID) ADR
 WHERE PAR.PARTK_ID = ADR.PARTK_ID;
```

In dem Ausführungsplan erscheint die *View* dann nicht:

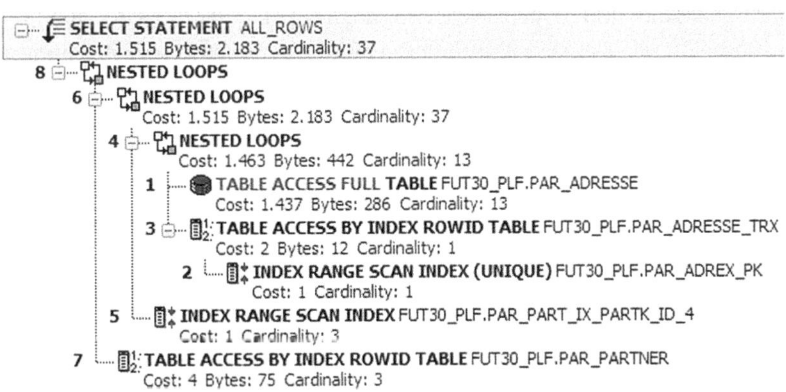

Abb. 4.78: Ausführungsplan ohne *Hint* NO_MERGE und ohne *View*.

Bei beiden Ausführungsplänen sind die ermittelten Kosten identisch. Jedoch ist die Menge der zu verarbeitenden Bytes geringer, wenn die *View* generiert wird. Die Reduktion der Bytes wird in dem Ausführungsschritt erreicht, bei dem eine Verknüpfung der *View* mit dem Index der Partner-Tabelle erfolgt. Diese Verknüpfung erfolgt mit einer *Nested Loop*.

4.3.9 OPT_PARAM

Mit dem *Hint* `OPT_PARAM` wird der Wert für ausgewählte Datenbank-Parameter exklusiv für die Ausführung des SQL-Befehls verändert. Möglich ist das für die folgenden Datenbank-Parameter:
- `OPTIMIZER_DYNAMIC_SAMPLING`
- `OPTIMIZER_INDEX_CACHING`
- `OPTIMIZER_INDEX_COST_ADJ`
- `OPTIMIZER_SECURE_VIEW_MERGING`
- `STAR_TRANSFORMATION_ENABLED`

Mit dem *Hint* ist es also möglich, die Standard-Konfiguration der Datenbank für die Dauer der Ausführung zu übersteuern. Mit den ersten vier Parametern wird die Konfiguration des Planoptimierers beeinflusst. Der Parameter `STAR_TRANSFORMATION_ENABLED` ist für Datenmodelle interessant, die für Datawarehouse-Anwendungen entwickelt wurden.

Mit dem Parameter `OPTIMIZER_INDEX_CACHING` wird dem Planoptimierer beispielsweise mitgeteilt, wie viel Prozent der Blöcke eines Index im Durchschnitt in der SGA verfügbar sind. Trägt man in der Datenbank für diesen Parameter beispielsweise den Wert 90 ein, erwartet der Planoptimierer, dass 90 % der Blöcke eines Index in der SGA verfügbar sind, und berücksichtigt das auch bei der Erstellung des Ausführungsplans. Hierbei handelt es sich natürlich um eine sehr optimistische Annahme, welche die Auswahl eines Index durch den Planoptimierer begünstigt. Wenn dann aber zur Laufzeit deutlich weniger Blöcke in der SGA verfügbar sein sollten, ist der Ausführungsplan unter Umständen suboptimal. Daher ist es wichtig, hier eine realistische Schätzung einzutragen. Wenn also die Anzahl der durchschnittlich verfügbaren Blöcke in der SGA vernachlässigt werden kann, sollte man auch den Wert `0` für den Parameter eintragen. Dann berücksichtigt der Planoptimierer diese Einstellung bei der Erstellung des Ausführungsplans. Falls nun bei individuellen SQL-Befehlen andere Voraussetzungen gelten, kann man dies mit dem *Hint* `OPT_PARAM` berücksichtigen. Von der Standard-Konfiguration abweichende Voraussetzungen können bei dem Parameter `OPTIMIZER_INDEX_CACHING` durch Nutzung des *Keep Pool* der SGA hergestellt werden. Man kann in den *Keep Pool* ausgewählte Indizes laden. Ein Index, der in den *Keep Pool* der SGA geladen wird, verbleibt dort und wird nicht von anderen Blöcken verdrängt. Der *Keep Pool* muss natürlich über ausreichend Hauptspeicher verfügen, so dass auch alle Blöcke des Index geladen werden können. Wenn dann also nur für einen ausgewählten Index die Annahme zutrifft, dass 90 % der Blöcke verfügbar sind, weil nur dieser Index im *Keep Pool* gehalten wird, kann das mit dem *Hint* `OPT_PARAM` dann berücksichtigt werden, wenn der Index im Ausführungsplan des SQL-Befehls verwendet wird.

```
SELECT /*+ OPT_PARAM('OPTIMIZER_INDEX_CACHING',90) */
       SOLLKONTO_ID, BUCHUNGSDATUM_DATE,  BUCHUNGSSATZDEFINITION_ID
  FROM KTF_BUCHUNG B, KTF_BUCHUNGSSATZDEF D
 WHERE D.ID = B.BUCHUNGSSATZDEFINITION_ID;
```

In dem Beispiel wird also mit dem *Hint* der Datenbank-Parameter `OPTIMIZER_INDEX_CACHING` für die Dauer der Ausführung der Query auf den Wert `90` gesetzt. Wenn der Wert in der Standard-Konfiguration `0` beträgt, wird nun mit dem *Hint* die Auswahl von Indizes für den Ausführungsplan dieser Query begünstigt.

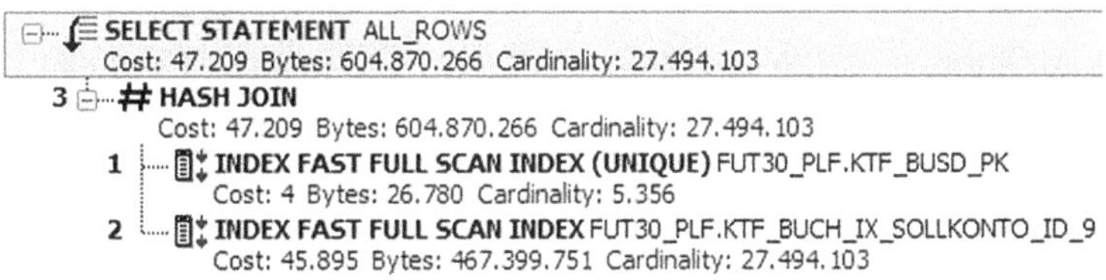

Abb. 4.79: Ausführungsplan mit *Hint* `OPT_PARAM`.

Anhand des Ausführungsplans in der Abbildung 4.79 erkennt man nun auch, dass sich der Planoptimierer für die verfügbaren Indexzugriffe entscheidet, obwohl insbesondere der Index im Ausführungsschritt 2 einen recht großen Kostenanteil beiträgt, weil der Index sehr viele Blöcke enthält. Jedoch werden diese Blöcke aus der SGA im *Multi Block Read Mode* geladen, weil der Zugriff mit einem *Fast Full Index Scan* erfolgt. Mit dieser parallelen Verarbeitung kann daher eine sehr hohe Ausführungsgeschwindigkeit erzielt werden, weil der parallele Zugriff auf Blöcke im Memory sehr schnell erfolgen kann.

4.3.10 ORDERED

Mit diesem *Hint* wird die Reihenfolge festgelegt, in der Tabellen miteinander verknüpft werden. Der *Hint* legt fest, dass die Tabellen in derjenigen Reihenfolge verknüpft werden, die sich aus dem *From Clause* des SQL-Befehls ergibt. Die Reihenfolge wird grundsätzlich durch den Planoptimierer festgelegt. Dabei wird die Reihenfolge so festgelegt, dass die optimale Laufzeit erreicht werden soll. Mit dem *Hint* kann diese automatisch ermittelte Reihenfolge übersteuert werden. Daher kommt der *Hint* zum Einsatz, wenn man Informationen über eine optimale Reihenfolge hat, deren Laufzeitverhalten besser ist im Vergleich zur automatischen Optimierung.

```
SELECT /*+ ORDERED */
       *
  FROM PAR_ADRESSE A,
       PAR_ADRESSE_TRX AX,
       PAR_PARTNER_TRX PX,
       PAR_BANKVERBINDUNG_TRX BX,
       PAR_BANKVERBINDUNG B
 WHERE     PX.PARTK_ID = AX.PARTK_ID
       AND PX.PARTK_ID = BX.PARTK_ID
       AND A.ADREK_ID = AX.ADREK_ID
       AND B.BAVEK_ID = BX.BAVEK_ID
       AND A.ORT = :X
       AND B.BANKADRESSE = :Y;
```

In dem Beispiel wird durch den *Hint* festgelegt, dass als Erstes die Adressen-Tabelle verknüpft werden muss:

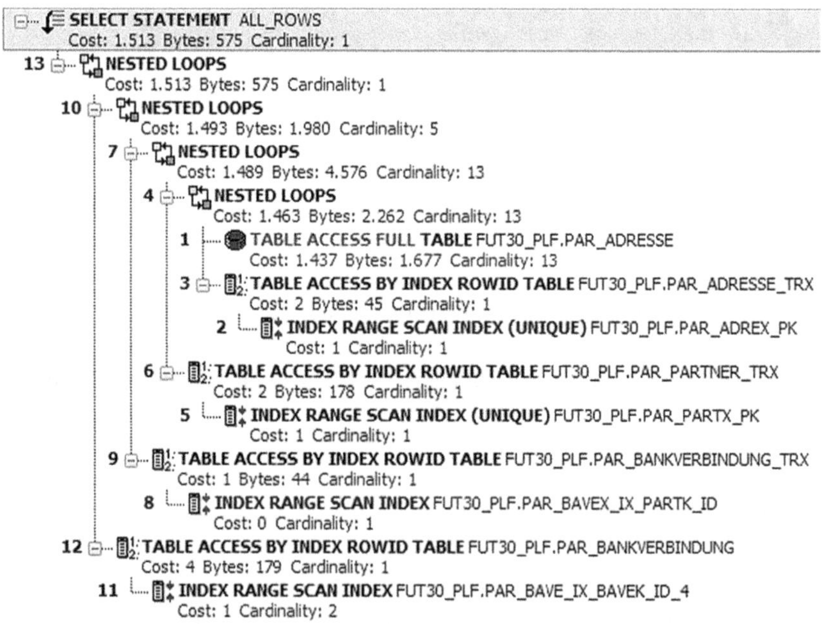

Abb. 4.80: Ausführungsplan mit *Hint* ORDERED.

Diese Tabelle wird mit Hilfe des Attributs ORT gefiltert. Da es sich bei dem Filter jedoch um eine Binde-Variable handelt, kann erst zur Laufzeit ermittelt werden, wie viel Datensätze aus der Adress-Tabelle benötigt werden. Hat man jedoch vorab Informationen über die Belegung dieser Binde-Variablen zur Verfügung, kann man eine Vorhersage über die Treffermenge machen. Wenn die Treffermenge dann sehr klein ist, wird man sich für den *Hint* ORDERED entscheiden.

Ohne den *Hint* kann es zu einem abweichenden Ausführungsplan kommen.

```
SELECT  *
  FROM PAR_ADRESSE A,
       PAR_ADRESSE_TRX AX,
       PAR_PARTNER_TRX PX,
       PAR_BANKVERBINDUNG_TRX BX,
       PAR_BANKVERBINDUNG B
 WHERE     PX.PARTK_ID = AX.PARTK_ID
       AND PX.PARTK_ID = BX.PARTK_ID
       AND A.ADREK_ID = AX.ADREK_ID
       AND B.BAVEK_ID = BX.BAVEK_ID
       AND A.ORT = :X
       AND B.BANKADRESSE = :Y;
```

Die Ursache liegt darin, dass der Optimierer die Laufzeit-Informationen zur Belegung der Binde-Variablen der Adress-Tabelle nicht hat.

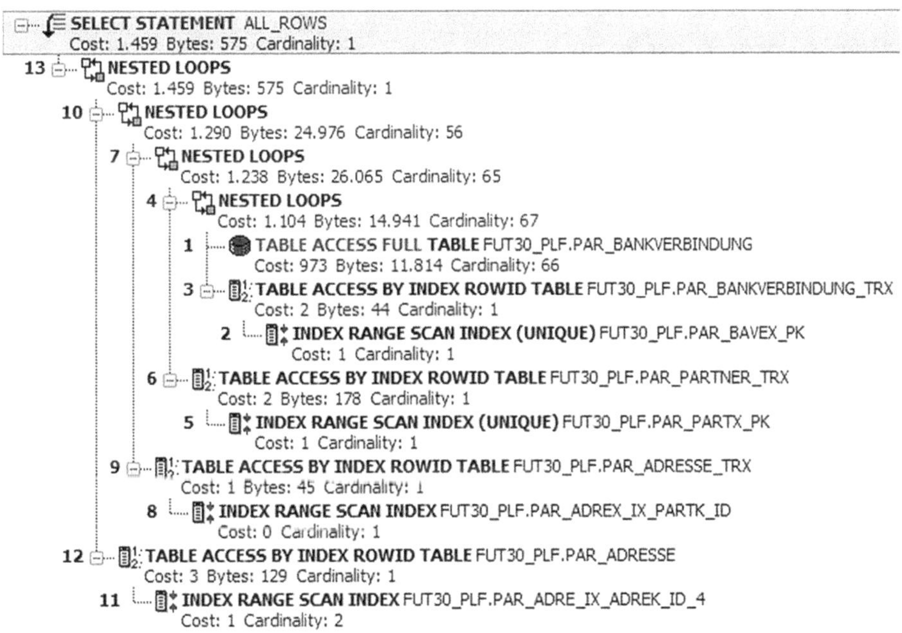

Abb. 4.81: Ausführungsplan ohne *Hint* ORDERED.

Am Ausführungsplan in der Abbildung 4.81 erkennt man, dass sich der Optimierer ohne den *Hint* dafür entscheidet, zuerst die Bankverbindungs-Tabelle zu verknüpfen. Da der Optimierer keine Information darüber hat, mit welchen Werten die Binde-Variablen zur Laufzeit belegt sein werden, kann er seine Entscheidung nur auf der Grundlage der Statistiken treffen, die ihm für die Tabellen vorliegen.

4.3.11 USE_NL

Mit dem *Hint* USE_NL wird explizit ein *Nested Loop Join* angefordert. Bei diesem JOIN werden die Datensätze mit Hilfe einer inneren und äußeren Schleife miteinander verknüpft. Mit dem *Hint* kann man explizit den Namen der Tabelle eintragen, deren Datensätze in der inneren Schleife analysiert werden sollen. Der Planoptimierer versucht grundsätzlich *Nested Loop Joins* zu vermeiden, da diese meistens gegenüber anderen Alternativen ein schlechteres Laufzeitverhalten aufweisen. Wenn man jedoch einen Ausführungsplan braucht, der eine schnelle Antwortzeit gewährleistet, kann man die Nutzung des *Hint* in Erwägung ziehen, um den laufzeitoptimierten Ausführungsplan zu übersteuern. Man findet beispielsweise mit einer *Nested Loop* den ersten Datensatz schneller als mit einem *Sort Merge Join*. Bei dieser Operation werden die Datensätze der beiden Tabellen zuerst geladen und dann sortiert. Erst dann erfolgt die Verknüpfung, so dass erst zu diesem Zeitpunkt der erste Datensatz geliefert werden kann. Bei einer *Nested Loop* kann dagegen der erste Treffer geliefert werden, sobald der erste Datensatz der äußeren Schleife mit dem ersten Datensatz der inneren Schleife verknüpft wurde. Dies wird anhand des folgenden Beispiels deutlich:

```
SELECT /*+ ORDERED USE_NL(D) */
         *
    FROM VTG_VERTRAG_TRX VX, VTG_DAUERKOMPONENTE  D
   WHERE VX.VERTK_ID = D.VERTRAG_ID
ORDER BY VX.VERTK_ID;
```

Mit Hilfe der beiden *Hints* ORDERED und *Nested Loop* wird die Tabelle VTG_DAUERKOMPONENTE für die Analyse in der inneren Schleife deklariert. Dies kann man dem folgenden Ausführungsplan entnehmen:

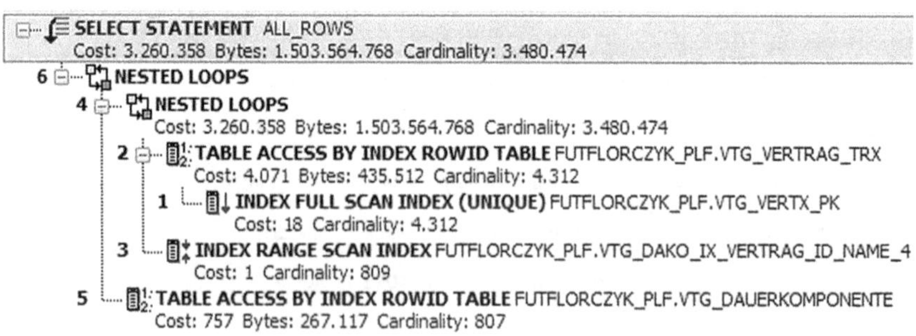

Abb. 4.82: Ausführungsplan mit *Hint* USE_NL.

Die Analyse der Tabelle VTG_DAUERKOMPONENTE mit Hilfe der inneren Schleife erfolgt im Schritt Nr. 6 des Ausführungsplans. Der Plan gewährleistet einen schnellen Zugriff auf die ersten Datensätze der Verknüpfungsoperation. Verzichtet man auf den *Hint*, werden die ersten Datensätze mit Hilfe des *Sort Merge Join* langsamer gefunden.

```
SELECT  *
    FROM VTG_VERTRAG_TRX VX, VTG_DAUERKOMPONENTE  D
   WHERE VX.VERTK_ID = D.VERTRAG_ID
ORDER BY VX.VERTK_ID;
```

Stattdessen erhält man den laufzeitoptimierten Ausführungsplan:

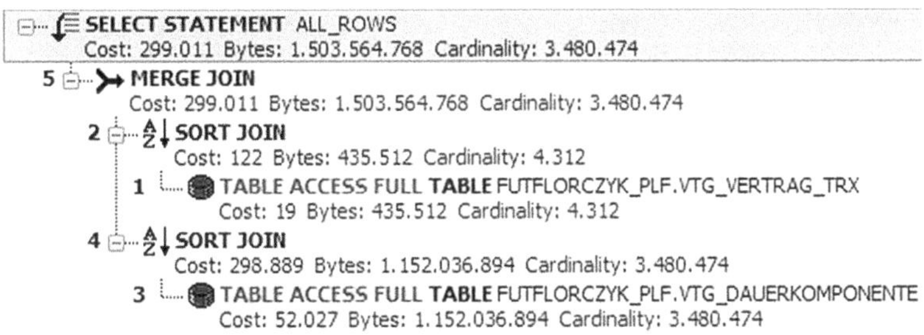

Abb. 4.83: Ausführungsplan ohne *Hint* USE_NL.

Anhand der ausgewiesenen Kosten erwartet der Planoptimierer eine geringere Gesamtlaufzeit für den Ausführungsplan, denn die Kosten sind im Vergleich zu dem mit dem *Hint* erzeugten Ausführungsplan deutlich geringer.

Wenn man nicht festlegen will, welche Tabelle in der inneren Schleife analysiert werden soll, muss man auf den *Hint* ORDERED verzichten und stattdessen beide Tabellen im *Hint Nested Loop* auflisten:

```
SELECT /*+ USE_NL(VX D) */
        *
    FROM VTG_VERTRAG_TRX VX, VTG_DAUERKOMPONENTE  D
   WHERE VX.VERTK_ID = D.VERTRAG_ID
ORDER BY VX.VERTK_ID;
```

Dann entscheidet der Planoptimierer, welche der beiden Tabellen in der inneren Schleife analysiert werden soll. In diesem Beispiel entscheidet sich der Planoptimierer für denselben Ausführungsplan, den man erhält, wenn man den *Hint* ORDERED mit dem *Hint Nested Loop Join* kombiniert. Es ist in der Regel besser, die größere Tabelle in der inneren Schleife zu bearbeiten. Denn auf die äußere Tabelle erfolgt meistens ein *Full Table Scan* oder *Full Index Scan*. Diese beiden Zugriffe können auf der kleineren Tabelle schneller abgewickelt werden. Denn auf die Tabelle in der inneren Schleife kann dann mit einem *Range Index Scan* zugegriffen werden, der eine effiziente Zugriffsmöglichkeit für die größere Tabelle anbietet. Daher sollte die Verfügbarkeit eines Index für diesen *Range Scan* in der inneren Schleife gewährleistet sein. Denn wenn es keinen Index gibt, der diesen *Range Scan* unterstützt, kann das für die Laufzeit ein großer Nachteil sein, weil dann ein *Full Table Scan* in der inneren Schleife erfolgen muss.

Die große Tabelle VTG_DAUERKOMPONENTE enthält knapp 3,5 Millionen Datensätze. Das zeigt die folgende Selektion:

```
SELECT * FROM VTG_DAUERKOMPONENTE;
```

Die Anzahl der Datensätze, welche in den Statistiken erfasst sind, wird dann im Ausführungsplan angezeigt:

Abb. 4.84: Interpretation der *Cardinality* im Ausführungsplan.

In dem folgenden Beispiel wird ein sehr ungünstiger Ausführungsplan erzeugt, indem die Nutzung eines Index für die Verarbeitung der großen Tabelle in der inneren Schleife mit dem *Hint* NO_INDEX ausgeschlossen wird:

```
SELECT /*+ ORDERED USE_NL(D) NO_INDEX(D) */
    *
    FROM  VTG_VERTRAG_TRX VX, VTG_DAUERKOMPONENTE  D
   WHERE VX.VERTK_ID = D.VERTRAG_ID
ORDER BY VX.VERTK_ID;
```

Nun muss der Planoptimierer die große Tabelle in der inneren Schleife mit einem *Full Table Scan* verarbeiten:

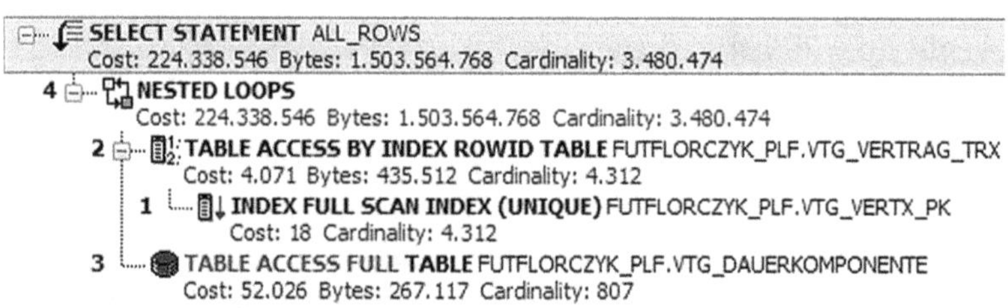

Abb. 4.85: Ausführungsplan mit *Hints* ORDERED, USE_NL und NO_INDEX.

Auf die kleinere Tabelle erfolgt in der äußeren Schleife der Zugriff mit Hilfe eines *Full Index Scan*. Für jeden selektierten Datensatz der äußeren Tabelle muss dann jeweils ein *Full Table Scan* auf die größere Tabelle in der inneren Schleife erfolgen. Dies führt zu einem enormen Anstieg der Gesamtkosten. Durch den Zugriff auf die kleine Tabelle werden 4.312 Datensätze erwartet. Das zeigt die *Cardinality* im ersten Schritt.

Bei jedem *Full Table Scan* werden durch die Verknüpfung der beiden Tabellen jeweils 807 Treffer erwartet. Das zeigt die *Cardinality* im dritten Schritt. Der *Full Table Scan* auf die große Tabelle muss jetzt 4.312-mal ausgeführt werden. Bei jedem *Full Table Scan* müssen Kosten in Höhe von 52.026 berücksichtigt werden. Wenn man diese Kosten mit 4.312 multipliziert, dann erhält man Kosten von mehr als 224 Millionen für diese 4.312 *Full Table Scans*. Da bei jedem *Full Table Scan* 807 Treffer erwartet werden, erhält man die Anzahl der Gesamttreffer von mehr als 3,4 Millionen, indem man 807 mit 4.312 multipliziert. Durch diese Vielzahl von *Full Table Scans* muss eine enorme Datenmenge verarbeitet werden. Daraus resultiert dann eine sehr lange Laufzeit.

Daher sollte in der inneren Schleife grundsätzlich der Zugriff mit Hilfe eines Index erfolgen. Wenn nur für die kleinere Tabelle ein Index verfügbar ist, sollte man die kleinere Tabelle in der inneren Schleife verwenden. Wenn jedoch für die größere Tabelle ein Index existiert, sollte grundsätzlich die größere Tabelle in der inneren Schleife verwendet werden.

4.3.12 USE_NL_WITH_INDEX

Mitunter kann ein *Nested Loop Join* mit guter Performanz [63] abgewickelt werden, wenn die Kombination mit einem Indexzugriff erfolgt. Sofern es sich dabei um die laufzeitoptimale Ausführungsvariante handelt, kann diese Kombination mit dem *Hint* `USE_NL_WITH_INDEX` angefordert werden, wenn der Planoptimierer den optimalen Ausführungsplan nicht selbst erkennt. In dem *Hint* muss diejenige Tabelle genannt werden, deren Index für die Kombination mit der *Nested Loop* genutzt werden soll. Es muss die innere Tabelle für die *Nested Loop* sein. Der *Hint* kann als Name den zu verwendenden Index der inneren Tabelle als Argument haben. Dieses Argument ist optional und wird insbesondere dann verwendet, wenn der Planoptimierer verpflichtet werden soll, den im Argument des *Hint* aufgeführten Index für den Ausführungsplan zu verwenden. Das Argument hat insbesondere dann Relevanz, wenn mehrere Indizes zur Auswahl stehen. Der Planoptimierer kann den aufgeführten Index nur verwenden, wenn das Attribut des `JOIN` der inneren Tabelle im Index enthalten ist. Es muss mindestens einen Index geben, der dieses Kriterium erfüllt, auch wenn das optionale Argument nicht genutzt wird. Wenn ein solcher Index nicht existiert, kann der Planoptimierer den *Hint* nicht beachten.

```
SELECT /*+ USE_NL_WITH_INDEX (V VTG_VERT_IX_VERTK_ID_4 ) ORDERED */
       V.*,
        SX.NAME,
        SX.MAND_ID,
        SX.VERTRAG_ID
  FROM VTG_STICHTAGKOMPONENTE_TRX SX, VTG_VERTRAG V
 WHERE V.VERTK_ID = SX.VERTRAG_ID AND V.VERTK_ID > 456653467;
```

In dem Beispiel wird die Tabelle VTG_VERTRAG für die innere Schleife verwendet. Um dies zu garantieren, wird der *Hint* ORDERED hier noch zusätzlich verwendet. Der Index VTG_VERT_IX_VERTK_ID_4 gehört zur Tabelle der inneren Schleife. Der Planoptimierer muss diesen Index mit der *Nested Loop* kombinieren, weil der Index als Argument im Index USE_NL_WITH_INDEX aufgeführt ist:

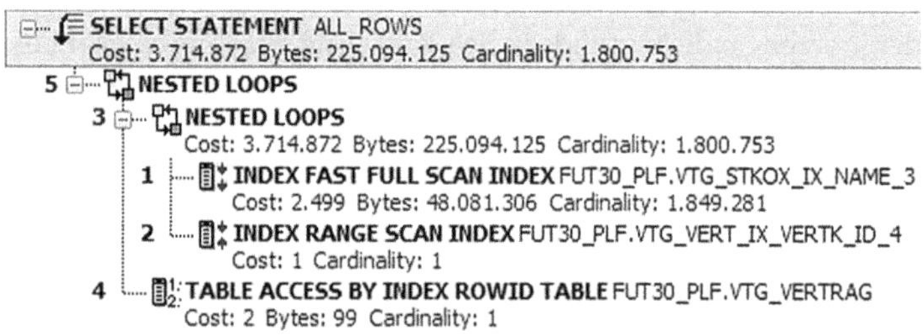

Abb. 4.86: Ausführungsplan mit *Hint* USE_NL_WITH_INDEX.

Der *Hint* bewirkt nun die Erstellung des gewünschten Ausführungsplans. In der äußeren Schleife wird auf einen Index der Tabelle VTG_STICHTAGKOMPONENTE_TRX zugegriffen. Der Zugriff auf die Tabelle ist nicht erforderlich, weil der Index alle Attribute der Tabelle enthält, die für die Query benötigt werden. Anschließend erfolgt im zweiten Ausführungsschritt ein *Range Index Scan* auf den im *Hint* aufgeführten Index. Damit werden die ROWIDs ermittelt, mit denen die benötigten Datensätze aus der Tabelle VTG_VERTRAG selektiert werden. Die passenden Datensätze der Tabelle VTG_VERTRAG werden dann in der inneren Schleife ermittelt. Wenn man den *Hint* entfernt, erhält man einen anderen Ausführungsplan:

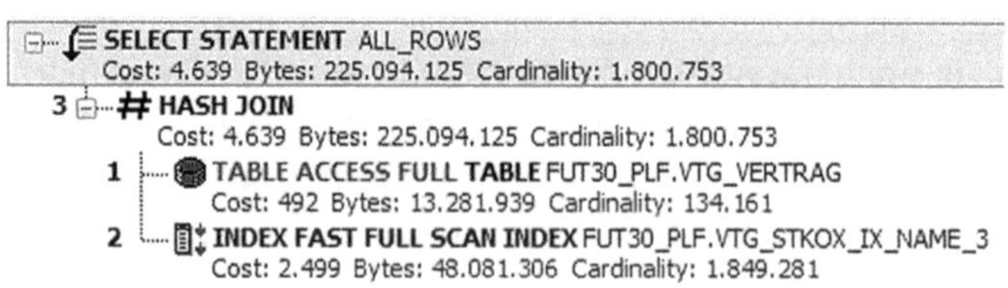

Abb. 4.87: Ausführungsplan ohne *Hint* USE_NL_WITH_INDEX.

Der Planoptimierer entscheidet sich ohne den *Hint* für den *Hash Join*. Es wird dann kein Index der Tabelle VTG_VERTRAG verwendet. Stattdessen erfolgt der direkte Zugriff auf die Tabelle mit dem *Hash Join*. Der Planoptimierer erwartet sehr hohe Kosten bei der *Nested Loop*. Daher entscheidet er sich ohne den *Hint* für den *Hash Join*.

4.3.13 NO_USE_NL

Anstelle einer *Nested Loop* kommt häufig auch ein *Hash Join* in Betracht, wenn man den Ausführungsplan adaptieren kann. Dabei ist es nicht ausgeschlossen, dass der adaptierte Ausführungsplan gegenüber der *Nested Loop* bevorzugt wird, weil dieser eine schnellere Ausführung ermöglichen kann. Dann kann man die *Nested Loop* mit dem *Hint* NO_USE_NL vermeiden, auch wenn sich der Planoptimierer für diese Ausführungsvariante entscheidet. Die Entscheidung für einen alternativen Ausführungsplan muss individuell evaluiert werden.

```
SELECT /*+ NO_USE_NL(S D) */
       D.*
  FROM VTG_STICHTAGKOMPONENTE S, VTG_DAUERKOMPONENTE D
 WHERE S.ROLLE1_ID = D.ROLLE1_ID;
```

Bei diesem Beispiel werden zwei große Tabellen miteinander verknüpft. Das ist ein typischer Anwendungsfall für die *Nested Loop*. Mit dem *Hint* wird diese nun explizit ausgeschlossen. Der Planoptimierer muss also nach einem alternativen Ausführungsplan suchen. Der *Hint* NO_USE_NL gewährt hier dem Planoptimierer weitgehende Freiheiten. Er kann daher mehrere verfügbare Alternativen bewerten und den bestmöglichen Plan auswählen. Der *Hint* macht also keine weiteren Vorgaben. Der Planoptimierer muss nicht zwangsläufig auf den *Hash Join* ausweichen, sondern kann auch andere Ausführungsmethoden in Erwägung ziehen.

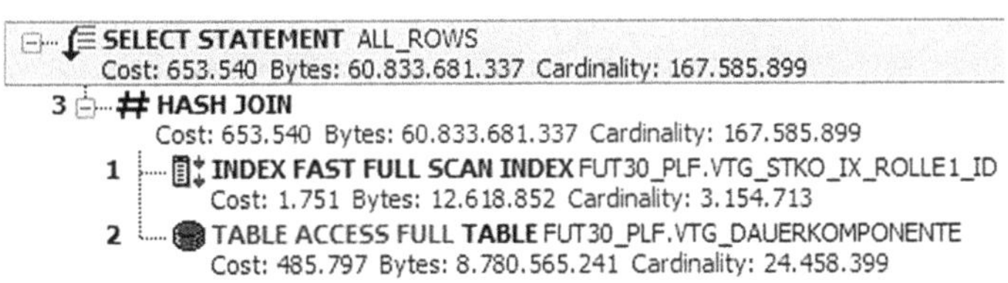

Abb. 4.88: Ausführungsplan mit *Hint* NO_USE_NL.

Der Ausführungsplan in der Abbildung 4.88 zeigt hier jedoch tatsächlich die erwartete Entscheidung für den *Hash Join*. Der *Hash Join* stützt sich auf den *Fast Full Index Scan* für den Zugriff auf das Rollenattribut der Stichtagkomponenten-Tabelle, welches für den JOIN benötigt wird. Da keine weiteren Attribute von der Stichtagkomponenten-Tabelle benötigt werden, ist dieser Indexzugriff für die Tabelle ausreichend. Der Zugriff auf die Stichtagkomponenten-Tabelle ist nicht erforderlich. Mit dem *Fast Full Index Scan* werden alle Blöcke des Index im *Multi Block Read Mode* unsortiert in den Hauptspeicher eingelesen. Eine Sortierung wird mit dem SQL-Befehl nicht angefordert und unterbleibt hier daher auch im Ausführungsplan. Als Nächstes erfolgt im Ausführungsplan der *Full Table Scan* für die Dauerkomponenten-Tabelle. Der *Full Table Scan* wird hier genutzt, weil alle Attribute der Dauerkomponenten-Tabelle selektiert werden müssen. Schließlich erfolgt die Verknüpfung mit dem *Hash Join*, für welchen sich der Planoptimierer nun als Alternative für die *Nested Loop* entscheidet.

Wenn man den *Hint* aus dem SQL-Befehl entfernt, entscheidet sich der Planoptimierer erwartungsgemäß für die *Nested Loop*, da es sich um zwei große Tabellen handelt:

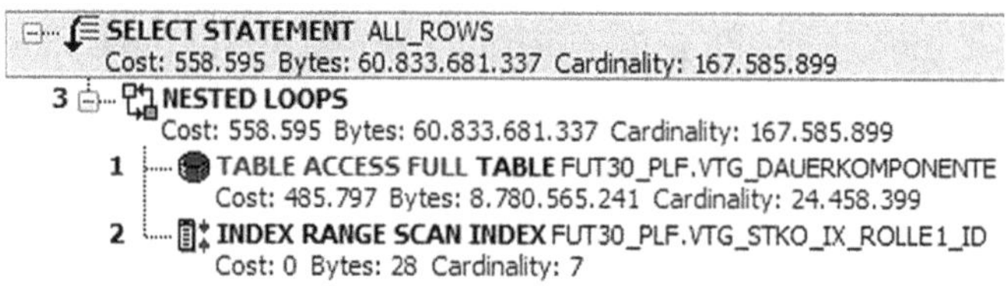

Abb. 4.89: Ausführungsplan ohne *Hint* NO_USE_NL.

Ansonsten gibt es noch einen weiteren Unterschied im Indexzugriff. Hier wird nun der *Range Index Scan* verwendet. Der *Range Index Scan* bietet den Vorteil, dass die Blöcke des Index sortiert gescannt werden können, wodurch sich der Laufzeitvorteil ergeben sollte. Denn bei jedem Schleifendurchlauf wird nur ein Ausschnitt des Index verarbeitet. Ein *Full Index Scan* ist daher bei der *Nested Loop* nicht erforderlich. Durch diesen Laufzeitvorteil kalkuliert der Planoptimierer für die *Nested Loop* geringere Kosten im Vergleich zum *Hash Join*.

4.3.14 USE_MERGE

Mit dem *Hint* USE_MERGE werden die Namen von Tabellen geliefert, die mit einem *Sort Merge Join* verknüpft werden sollen. Dadurch wird erreicht, dass vor der Ausführung des JOIN eine Sortierung durchgeführt wird. Durch die Sortierung kann der anschließende JOIN beschleunigt werden. Ein *Sort Merge Join* ist dann besonders geeignet, wenn man durch eine erforderliche Sortierung Laufzeitvorteile durch die Ausnutzung von Synergien erreichen kann.

```
SELECT /*+ USE_MERGE(F D) */
        F.PARTNER_ID, F.PRDF_ID
   FROM PRO_FACHTRANSAKTION F, PRO_PROZESSDEFINITION  D
  WHERE D.ID = F.PRDF_ID
ORDER BY F.PRDF_ID;
```

Ist also beispielsweise in dem SQL-Befehl ein ORDER BY für ein Attribut enthalten, das bereits für den *Sort Merge Join* sortiert werden muss, entfällt die Sortierung für dieses Attribut, die ansonsten zusätzlich erforderlich wäre, wenn die Verknüpfung von Tabellen mit einem anderen JOIN erfolgen würde.

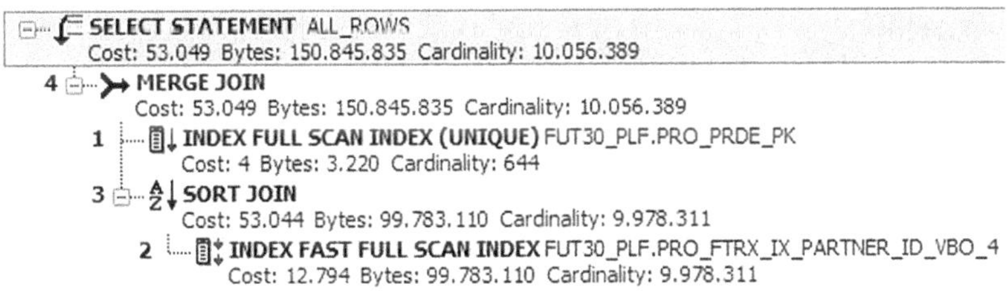

Abb. 4.90: Ausführungsplan mit *Hint* USE_MERGE.

In dem Ausführungsplan in der Abbildung 4.90 sieht man, dass für die Verknüpfung zwei Indexzugriffe erforderlich sind. Im Schritt 2 erfolgt ein *Fast Full Index Scan*. Bei dieser Operation werden die Blöcke im *Multi Block Read Mode* unsortiert eingelesen. Da für den *Sort Merge Join* die an der Verknüpfung beteiligten Attribute sortiert sein müssen, wird das Attribut PRDF_ID im Schritt 3 sortiert. Das Attribut ID wird mit Hilfe des *Full Index Scan* bereits sortiert eingelesen, so dass beide Verknüpfungsattribute nach Ausführung von Schritt 2 sortiert vorliegen und somit im Schritt 4 der *Sort Merge Join* erfolgen kann. Für das ORDER BY ist keine weitere Sortierung erforderlich, weil das Attribut PRDF_ID bereits für den *Sort Merge Join* sortiert werden musste. Daher erhält man mit dem *Sort Merge Join* den optimalen Ausführungsplan, weil die ansonsten zusätzlich erforderliche Sortierung durch den Synergieeffekt des *Sort Merge Join* eingespart wird.

4.3.15 NO_USE_MERGE

Ein *Sort Merge Join* ist insbesondere durch die Ausnutzung von Synergien effizient. Synergien werden genutzt, indem die für den *Sort Merge Join* erforderliche Sortierung an anderer Stelle im Ausführungsplan wiederverwendet werden kann. Das bedeutet in vielen Fällen, dass alternative Ausführungspläne oft nur geringfügige Mehrkosten ausweisen. Somit können schon leichte Ungenauigkeiten in den Statistiken ausreichen, um einen *Sort Merge Join* zu begünstigen, obwohl ein alternativer Ausführungsplan besser ist. Für solche Fälle kann man dann den *Hint* NO_USE_MERGE verwenden.

```
SELECT /*+ NO_USE_MERGE(F D) */
        F.PARTNER_ID, F.PRDF_ID
    FROM PRO_FACHTRANSAKTION F, PRO_PROZESSDEFINITION  D
   WHERE D.ID = F.PRDF_ID
ORDER BY F.PRDF_ID;
```

In dem Beispiel sieht man, dass der *Hint* als Argumente die Namen der beiden Tabellen oder deren Alias-Kennzeichen benötigt, die nicht mit dem *Sort Merge Join* verknüpft werden sollen.

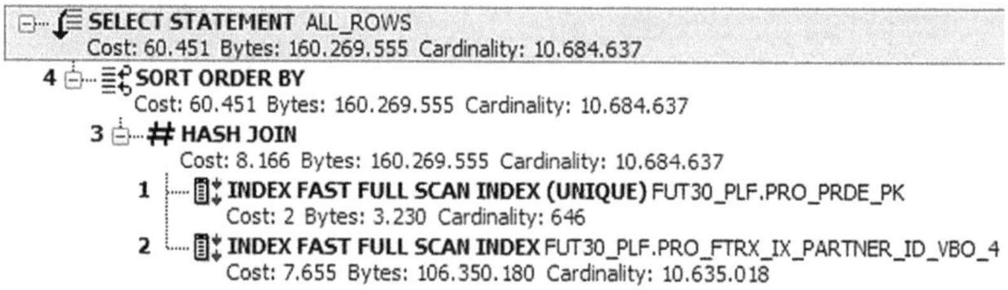

Abb. 4.91: Ausführungsplan mit *Hint* NO_USE_MERGE.

Der *Sort Merge Join* kann jetzt also vom Optimierer nicht eingeplant werden. Daher verwendet dieser nun zwei *Fast Full Index Scans*, welche in Abbildung 4.91 gezeigt sind, für den Zugriff auf die drei erforderlichen Attribute. Dies ist möglich, weil alle drei Attribute in den beiden Indizes enthalten sind. Es ist kein Tabellenzugriff erforderlich. Anschließend werden die beiden Indizes mit dem *Hash Join* verknüpft. Mit dem *Fast Full Index Scan* werden die Blöcke schnell eingelesen, jedoch im *Multi Block Read Mode* unsortiert. Daher ist jetzt noch ein zusätzlicher Sortierschritt erforderlich, weil der SQL-Befehl ein ORDER BY enthält. Es kann also kein Synergieeffekt ausgenutzt werden. Zwar wäre für einen *Sort Merge Join* die Sortierung erforderlich, jedoch ist dieser aufgrund des *Hint* nicht nutzbar, so dass auch das Einsparpotential durch den Synergieeffekt wegfällt. Man sieht auch beim Kostenvergleich dieses Ausführungsplans mit den Kosten, die im Ausführungsplan des vorigen Kapitels für den *Sort Merge Join* ausgewiesen sind, dass diese sich nur geringfügig unterscheiden. Ein Laufzeitvergleich dieser beiden Ausführungspläne kann also durchaus ergeben haben, dass der Ausführungsplan mit dem *Hash Join* schneller ist als der Ausführungsplan mit dem *Sort Merge Join.*

4.3.16 USE_HASH

4.3.16.1 Ohne Filterkriterien

Mit dem *Hint* USE_HASH werden zwei Tabellen mit dem *Hash Join* verknüpft. Im Standardfall werden dabei zwei Tabellen ohne zusätzliche Filterkriterien verknüpft. Wenn eine der beiden Tabellen sehr groß ist und die andere Tabelle klein, kann sich im Vergleich zur *Nested Loop* ein Laufzeitvorteil ergeben. Das ist insbesondere dann der Fall, wenn die große Tabelle mehr als 200 MB Speicherplatz belegt. Die kleine Tabelle darf nicht mehr als 200 MB Speicher verbrauchen. Der Laufzeitvorteil kann erreicht werden, wenn die kleine Tabelle vollständig in den Hauptspeicher geladen werden kann. Wenn dies nicht möglich ist, müssen Datensätze der kleinen Tabelle aus dem *Tablespace* TEMP nachgeladen werden. Dies kann dann einen erheblichen

Laufzeitnachteil verursachen. Um dies zu vermeiden, müssen auch die Parameter der Oracle-Datenbank-Instanz für den *Hash Join* optimal konfiguriert sein. Der Parameter `HASH_AREA_SIZE` reserviert den Hauptspeicher für die Operation *Hash Join*. Den optimalen Wert für diesen Parameter erhält man, indem man die maximal zulässige Größe für die kleine Tabelle mit 1,6 multipliziert. Es ergibt sich dann also ein Wert von 320 MB für die `HASH_AREA_SIZE`, wenn die kleinere der beiden Tabellen eine maximale Größe von 200 MB haben darf. Dann ist gewährleistet, dass die kleinere Tabelle vollständig in den Hauptspeicher geladen werden kann und dort zusätzlich erforderliche Verknüpfungsoperationen ausgeführt werden können. Diese Verknüpfungsoperationen werden durch eine Hashtabelle unterstützt, welche aus der kleineren Tabelle zur Laufzeit gebildet wird. Die Hashtabelle wird ebenfalls in der *Hash Area* gespeichert und ist somit auch im Memory verfügbar. Die Hashtabelle enthält die Werte des Verknüpfungsattributs als Schlüssel und die zugehörigen `ROWID`s der kleineren Tabelle.

4.3.16.1.1 Ohne Index

Die Hashtabelle wird vor der Verknüpfung gebildet. Dazu wird die kleinere Tabelle mit Hilfe eines *Full Table Scan* in die *Hash Area* geladen und analysiert. Die daraus resultierende Hashtabelle übernimmt die Funktion eines Index. Daher sind *Hash Joins* gut geeignet, wenn für die kleinere Tabelle kein geeigneter Index verfügbar ist. Die sich dann anschließende Abwicklung der Verknüpfung erfolgt bei einem *Hash Join* genauso wie bei einer *Nested Loop*. Nun wird auch noch die größere Tabelle mit einem *Full Table Scan* verarbeitet. Für jeden selektierten Datensatz der größeren Tabelle wird auf die zur Laufzeit erzeugte Hashtabelle zugegriffen. Dieser Verarbeitungsschritt entspricht dem *Range Index Scan* bei der *Nested Loop*. Denn die Hashtabelle übernimmt hier die Funktion des Index. Mit Hilfe der Hashtabelle werden die gespeicherten `ROWID`s ermittelt, welche zu dem *Join Attribute* des Datensatzes der größeren Tabelle passen. Mit diesen ermittelten `ROWID`s erfolgt der Zugriff auf die Datensätze der kleineren Tabelle. Weil die zur Laufzeit erzeugte Hashtabelle den *Range Index Scan* der *Nested Loop* ersetzt, wird ein *Hash Join* ohne Verwendung eines Index ausgeführt. Denn wenn keine zusätzlichen Filterkriterien verwendet werden, wird auf beide Tabellen mit dem *Full Table Scan* zugegriffen. Technisch wären Indexzugriffe auf die beiden beteiligten Tabellen möglich. Dadurch würde sich jedoch die Laufzeit verschlechtern. Bei der größeren Tabelle müssen alle Datensätze analysiert werden. Die schnellste Analyse kann daher nur mit dem *Full Table Scan* erfolgen. Auch ein Indexzugriff auf die kleinere Tabelle ist ungeeignet, weil die gesamte Tabelle mit dem *Full Table Scan* am schnellsten in das Memory geladen werden kann. Denn es müssen alle Datensätze der kleineren Tabelle in das Memory geladen werden. Daher prüft der Ausführungsplanoptimierer die Verwendung eines Index weder für die kleinere noch für die größere Tabelle.

```
SELECT /*+ USE_HASH(P F) */
       *
  FROM PAR_PARTNER P, PRO_FACHTRANSAKTION F
 WHERE F.PARTNER_ID = P.PARTK_ID;
```

In dem Beispiel werden die beiden Tabellen mit der im *Hint* eingetragenen Operation *Hash Join* verknüpft:

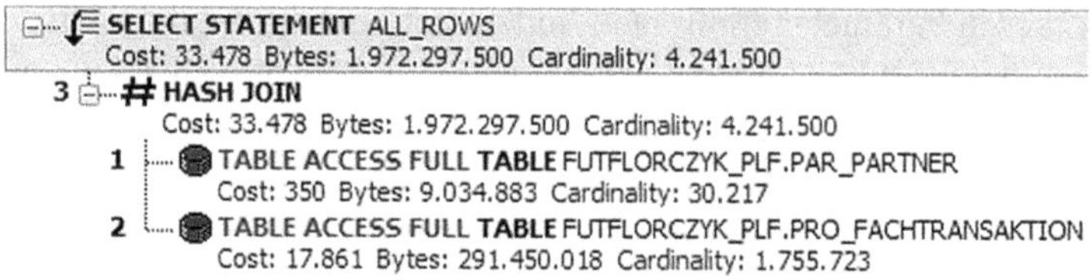

Abb. 4.92: Ausführungsplan mit *Hint* USE_HASH und *Full Table Scan*.

Der Ausführungsplan zeigt die Bytes, die beim *Full Table Scan* aus der jeweiligen Tabelle selektiert werden müssen. Man erkennt, dass aus der Partner-Tabelle weniger Bytes selektiert werden. Daher handelt es sich hier um die kleinere Tabelle, die bei der Verarbeitung mit dem *Full Table Scan* in den Hauptspeicher geladen wird und für die eine Hashtabelle erzeugt wird. Diejenige Tabelle, aus welcher die Hashtabelle gebildet wird, ist im ersten Ausführungsschritt eingetragen.

4.3.16.1.2 Indexverwendung

Es wurde bereits erläutert, dass ein Indexzugriff vom Planoptimierer nicht verwendet wird, weil sich dadurch die Laufzeit verschlechtert. Da Indexzugriffe jedoch technisch möglich sind, kann man die Verwendung von Indizes mit *Hints* bewirken. Daraus resultiert jedoch ein Ausführungsplan mit einer schlechteren Laufzeit. Mit einem *Hint* kann man die Verwendung von Indizes für beide Tabellen oder auch nur für eine der beiden Tabellen erwirken.

```
SELECT /*+ USE_HASH(P F) INDEX(P) INDEX(F) */
       *
  FROM PAR_PARTNER P, PRO_FACHTRANSAKTION F
 WHERE F.PARTNER_ID = P.PARTK_ID;
```

Bei der Selektion wurden nun zwei *Hints* ergänzt. Auf beide Tabellen erfolgt ein indizierter Zugriff:

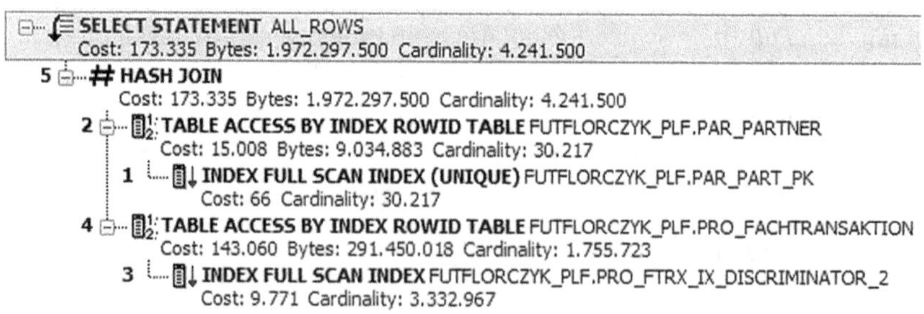

Abb. 4.93: Ausführungsplan mit *Hint* USE_HASH und Indexverwendung.

Man erhält jetzt einen sehr schlechten Ausführungsplan. Die Gesamtkosten erhöhen sich von 33.478 auf 173.335. Nun werden alle ROWIDs der kleineren Tabelle mit Hilfe eines *Full Index Scan* ermittelt. Mit Hilfe der ROWIDs werden alle Datensätze der kleineren Tabelle in das Memory geladen und die Hashtabelle ermittelt. Bei diesem Vorgang steigen die Kosten bereits von 350 auf 15.008. Anschließend erfolgt der Zugriff auf alle Datensätze der größeren Tabelle wieder mit Hilfe von ROWIDs, welche mit einem weiteren *Full Index Scan* ermittelt wurden. Bei diesem Vorgang steigen die Kosten von 17.861 auf 143.060. Insgesamt fallen also bereits geschätzte Kosten von 158.068 für den Zugriff auf alle Datensätze der beiden Tabellen an.

Für jeden selektierten Datensatz der größeren Tabelle erfolgt ein Zugriff auf die Hashtabelle, um die ROWIDs der kleineren Tabelle zu ermitteln. Mit Hilfe dieser ROWIDs erfolgt die Verknüpfung der Datensätze aus der kleineren Tabelle. Durch diese Verknüpfung steigen die Gesamtkosten dann insgesamt von 33.478 auf 173.335. Da für das Laden der Datensätze bereits Kosten von 158.068 geschätzt werden, verursacht die Verknüpfung noch zusätzliche Kosten von 15.267.

Diese Diskussion zeigt, dass die Verwendung von Indizes für *Hash Joins* zu unterlassen ist, wenn keine weiteren Filterkriterien im SQL-Befehl enthalten sind, welche die Selektionsmengen der beteiligten Tabellen reduzieren könnten.

4.3.16.2 Mit Filter

4.3.16.2.1 Reduktion der Selektionsmenge

Maßgeblich für die Reihenfolge der Verarbeitung ist nicht die Größe der Tabelle. Die Reihenfolge wird durch die Selektionsmengen bestimmt. Es wird die Hashtabelle für diejenige Tabelle gebildet, welche die kleinste Selektionsmenge hat. Die Selektionsmenge einer Tabelle wird durch Filter im SQL-Befehl beeinflusst.

```
SELECT /*+ USE_HASH(P F) */
       *
  FROM PRO_FACHTRANSAKTION F, PAR_PARTNER P
 WHERE F.PARTNER_ID = P.PARTK_ID AND F.STICHTAG_DATE = '01.01.2010';
```

In diesem SQL-Befehl ist ein Filter auf der größeren Tabelle ergänzt worden. Es werden jetzt nur noch die Datensätze aus der Tabelle PRO_FACHTRANSAKTION benötigt, bei denen im Feld STICHTAG_DATE der 01.01.2010 eingetragen ist. Durch diesen Filter wird die Selektionsmenge deutlich reduziert. Diese Selektionsmenge unterschreitet nun die Selektionsmenge der Tabelle PAR_PARTNER. Daher wird die Tabelle PRO_FACHTRANSAKTION im ersten Schritt mit einem *Full Table Scan* verarbeitet (siehe Abbildung 4.94).

Dabei werden nur diejenigen Datensätze im Memory behalten, welche dem Filterkriterium entsprechen. Nur für diese Datensätze wird die Hashtabelle gebildet. Im Ausführungsplan erkennt man, dass nun die größere Tabelle im ersten Schritt verarbeitet wird. Denn deren Kosten für den *Full Table Scan* sind am größten. Die Verar-

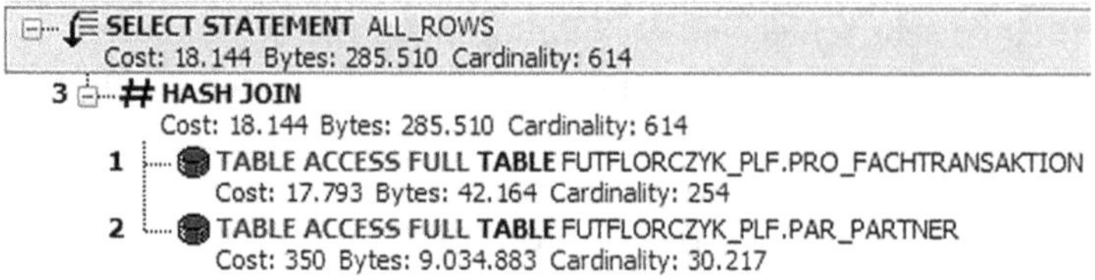

Abb. 4.94: Ausführungsplan mit *Hint* USE_HASH und Filter.

beitung dieser großen Tabelle erfolgt dennoch im ersten Schritt, weil die Selektionsmenge am kleinsten ist. Daher kann in diesem Szenario für die größere Tabelle eine kleinere Hashtabelle gebildet werden. Durch diese kleinere Hashtabelle reduzieren sich die Kosten für den *Hash Join* signifikant. An den Gesamtkosten sind jetzt nahezu nur noch die *Full Table Scans* beteiligt. Insgesamt haben sich die Kosten für die gefilterte Version deutlich reduziert.

4.3.16.2.2 Verwendung eines Index

Wenn Filterkriterien verwendet werden, ist nicht mehr die Größe der Tabelle maßgeblich, welche gefiltert wird. Entscheidend für den Ausführungsplan ist dann die Menge der zu selektierenden Bytes. Diese Menge wird durch den Filter beeinflusst. Ein Filter kann dazu führen, dass auf eine gefilterte Tabelle ein Indexzugriff erfolgt. Der Filter kann jedoch auch dazu führen, dass für die größere Tabelle die Hashtabelle erzeugt wird, auch dann, wenn diese Tabelle viel größer als 200 MB ist. Denn dann wird nicht mehr die gesamte Tabelle in das Memory geladen, sondern nur noch die gefilterten Datensätze. Nur diese gefilterten Datensätze werden bei der Erzeugung der Hashtabelle berücksichtigt. Daher darf nur die Selektionsmenge die 200 MB nicht überschreiten.

```
SELECT /*+ USE_HASH(P F) */
       *
  FROM PRO_FACHTRANSAKTION F, PAR_PARTNER P
 WHERE      F.PARTNER_ID = P.PARTK_ID
        AND F.STICHTAG_DATE = '01.01.2010'
        AND P.GEBURTSDATUM_DATE = '20.10.1942'
        AND F.VERSORGFALL_ID = 234567;
```

In diesem SQL-Befehl gibt es Filter auf beiden beteiligten Tabellen. Der Planoptimierer entscheidet sich nun für die Verwendung von Indizes (siehe Abbildung 4.95).

Auf beide Tabellen wird nun mit dem *Range Index Scan* zugegriffen. Die Selektionsmenge wird für beide Tabellen durch die Filter deutlich reduziert. Daher kann ein *Full Table Scan* vermieden werden. Die Tabelle PRO_FACHTRANSAKTION hat die kleinste Selektionsmenge. Daher wird für die Selektionsmenge dieser Tabelle die Hashtabelle im zweiten Verarbeitungsschritt erstellt. Die für die Hashtabelle maßgebliche Selektionsmenge wird im ersten Verarbeitungsschritt mit dem *Range Index Scan* ermittelt.

Im zweiten Verarbeitungsschritt wird die Selektionsmenge erzeugt und in das Memory geladen. Dann wird für diese Selektionsmenge die Hashtabelle erstellt. Für die Tabelle PAR_PARTNER wird die Selektionsmenge im dritten Verarbeitungsschritt ebenfalls mit Hilfe eines *Range Index Scan* ermittelt. Diese Selektionsmenge wird im vierten Verarbeitungsschritt erzeugt. Für jeden Datensatz dieser Selektionsmenge erfolgt dann der *Hash Join*. Es erfolgt also im fünften Verarbeitungsschritt eine Verknüpfung mit den Datensätzen der Tabelle PRO_FACHTRANSAKTION. Dazu wird die Ausprägung des *Join Attribute* aus dem jeweils betrachteten Datensatz der Tabelle PAR_PARTNER mit den Ausprägungen aus der Hashtabelle verglichen. Für alle Übereinstimmungen wird der passende Datensatz aus der Tabelle PRO_FACHTRANSAKTION mit Hilfe der ROWID in das Resultat übernommen.

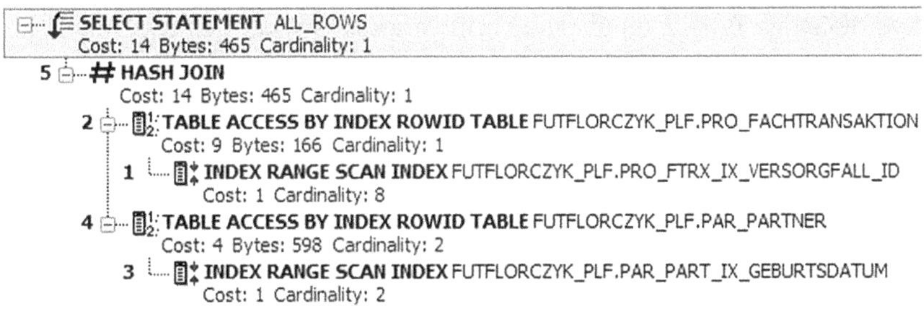

Abb. 4.95: Ausführungsplan mit *Hint* USE_HASH und Indexverwendung und Filter.

4.3.16.3 Beeinflussung der Reihenfolge

Bei dem *Hash Join* kann mit Hilfe des *Hint* ORDERED festgelegt werden, in welcher Reihenfolge die Tabellen verknüpft werden sollen. Ohne Verwendung des *Hint* wird diejenige Tabelle im ersten Schritt verarbeitet, deren Selektionsmenge am geringsten ist. Dann folgt im zweiten Schritt die Verarbeitung derjenigen Tabelle mit der größeren Selektionsmenge. Im ersten Verarbeitungsschritt muss die Hashtabelle gebildet werden. Soll jedoch für die Tabelle im zweiten Verarbeitungsschritt die Hashtabelle erzeugt werden, kann das mit dem *Hint* ORDERED erreicht werden. Dazu muss im *From Clause* zuerst die Tabelle eingetragen werden, für welche die Hashtabelle gebildet werden soll.

```
SELECT /*+ USE_HASH(P F) ORDERED */
       *
  FROM PRO_FACHTRANSAKTION F, PAR_PARTNER P
 WHERE F.PARTNER_ID = P.PARTK_ID;
```

In dieser Selektion sind die *Hints* USE_HASH und ORDERED miteinander kombiniert. Im *From Clause* wird zuerst die Tabelle PRO_FACHTRANSAKTION aufgelistet. Für diese Tabelle wird daher die Hashtabelle gebildet. Denn nun erscheint diese Tabelle im ersten Verarbeitungsschritt:

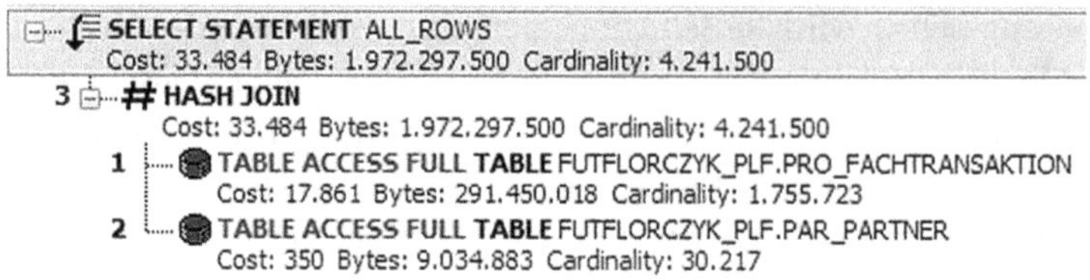

Abb. 4.96: Ausführungsplan mit *Hint* USE_HASH und ORDERED.

Nun muss für die größere Tabelle die Hashtabelle erzeugt werden. Dies führt zu einer leichten Erhöhung der Kosten im dritten Verarbeitungsschritt.

Die Beeinflussung der Verarbeitungsreihenfolge kann bei einer falschen Schätzung der Selektionsmenge erforderlich werden. Diese Fehleinschätzung kann dazu führen, dass diejenige Tabelle im ersten Schritt verarbeitet wird, deren tatsächliche Selektionsmenge größer ist als die Selektionsmenge der Tabelle, welche im zweiten Schritt verarbeitet wird. Dann kann mit dem *Hint* ORDERED eine schnelle Problemlösung erfolgen. Anschließend sollte man die Statistiken sorgfältig überprüfen. Dabei wird eine Nachbesserung der Statistiken angestrebt, so dass eine verlässliche Schätzung der Selektionsmengen durch den Planoptimierer erfolgen kann. Wenn dieses Ziel erreicht ist, wird der *Hint* ORDERED wieder aus dem SQL-Befehl entfernt.

4.3.16.4 Vergleich mit der Nested Loop

Wenn man die Operation *Hash Join* mit der Operation *Nested Loop* vergleichen will, muss man den *Hint* entsprechend anpassen:

```
SELECT /*+ USE_NL(P F) */
       *
  FROM PAR_PARTNER P, PRO_FACHTRANSAKTION F
 WHERE F.PARTNER_ID = P.PARTK_ID;
```

Die Operation *Nested Loop* kann man dann auch dem Ausführungsplan entnehmen:

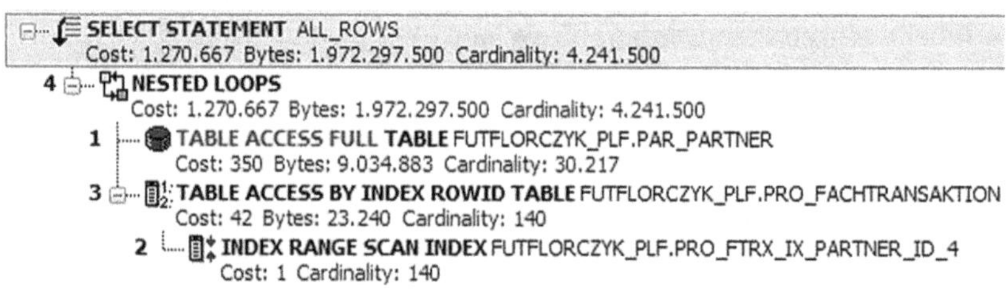

Abb. 4.97: Vergleich des *Hash Join* mit *Nested Loop*.

Auf die große Tabelle PRO_FACHTRANSAKTION wird dabei nicht mit dem *Full Table Scan* zugegriffen, sondern mit der ROWID eines zu der Tabelle gehörenden Index. Die insgesamt zu selektierenden Bytes und die Treffermenge ändern sich erwartungsgemäß nicht. Jedoch werden nun deutlich höhere Kosten prognostiziert, weil für die kleinere Tabelle keine Hashtabelle gebildet wird und die Tabelle nicht vorher vollständig in das Memory geladen wird. Daher werden im Verarbeitungsschritt der *Nested Loop* mehr physikalische Speicherzugriffe verursacht. Der erhebliche Unterschied in den prognostizierten Kosten ist dadurch zu erklären, dass physikalische Speicherzugriffe langsamer sind als die Hauptspeicher-Zugriffe auf die Hashtabelle und deren zugehörige Tabelle PAR_PARTNER im Verarbeitungsschritt des *Hash Join*. Daher ist es für die effiziente Abwicklung des *Hash Join* sehr wichtig, dass die Tabelle PAR_PARTNER komplett in das Memory geladen werden kann. Wenn das nicht möglich ist, müssen Datensätze dieser Tabelle auf den *Tablespace* TEMP ausgelagert werden, so dass während der Verarbeitung vom physikalischen Speichermedium nachgeladen werden muss. Das verlängert dann die Laufzeit der Verarbeitung.

4.3.17 NO_USE_HASH

Der *Hash Join* ist dann effizient, wenn zwei Tabellen miteinander verknüpft werden, von denen eine der Tabellen nicht mehr als 200 MB groß ist, damit diese vollständig in den Hauptspeicher geladen werden kann. Wenn zusätzlich mit Filtern gearbeitet wird, darf die daraus resultierende Selektionsmenge die 200 MB nicht überschreiten. Der Planoptimierer ermittelt mit Hilfe der Statistiken die Größe der Selektionsmenge. Daher kann es beispielsweise sinnvoll sein, den *Hash Join* zu unterbinden, wenn die kleinere Selektionsmenge dem Grenzwert schon sehr nahe ist. Dies gilt noch verstärkt, wenn die Statistiken nicht so häufig aktualisiert werden und die Tabelle während der Laufzeit schnell größer wird. Dann kann nämlich die reale Größe der Selektionsmenge bereits deutlich über dem Grenzwert sein, obwohl die der Selektionsmenge zugrunde liegende Tabelle in den Statistiken noch mit einer kleineren Größe registriert ist. Wenn es also Gründe gibt, den vom Planoptimierer ausgewählten *Hash Join* zu vermeiden, dann ist das mit dem *Hint* NO_USE_HASH möglich.

```
SELECT /*+ NO_USE_HASH(P F) */
       *
  FROM PAR_PARTNER P, PRO_FACHTRANSAKTION F
 WHERE F.PARTNER_ID = P.PARTK_ID;
```

In dem Beispiel werden die Fachtransaktions-Tabelle und die Partner-Tabelle ungefiltert miteinander verknüpft. Mit Hilfe des *Hint* wird ausgeschlossen, dass der Planoptimierer die Verknüpfung mit dem *Hash Join* realisiert:

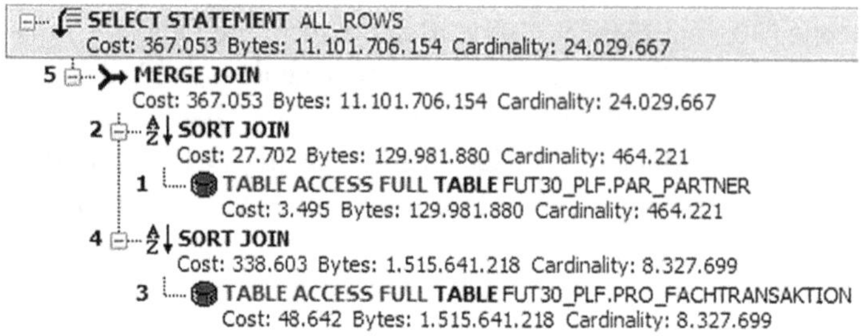

Abb. 4.98: Ausführungsplan mit *Hint* NO_USE_HASH.

Auf beiden Tabellen wird ein *Full Table Scan* ausgeführt. Dort ist bei dem jeweiligen Ausführungsschritt die Größe der Selektionsmenge für jede Tabelle in Bytes eingetragen. Bei der Partner-Tabelle sind 123,96 MB eingetragen und bei der Fachtransaktions-Tabelle sind 1,41 GB eingetragen. Diese Werte hat der Planoptimierer den Statistiken entnommen. Da die Partner-Tabelle den Grenzwert für den *Hash Join* unterschreitet, ist damit zu rechnen, dass der Planoptimierer sich dafür entscheiden wird. Aufgrund des *Hint* NO_USE_HASH ist das jedoch nicht möglich. Der Optimierer weicht daher auf den *Sort Join* aus. Diese Alternative wird deshalb ausgewählt, weil insbesondere die Partner-Tabelle verhältnismäßig klein ist und somit der Sortiervorgang für die Tabelle im Hauptspeicher schnell ausgeführt werden kann. Die Datensätze der Fachtransaktions-Tabelle werden also gemäß dem Attribut PARTNER_ID sortiert und die Datensätze der Partner-Tabelle werden gemäß dem Attribut PARTK_ID sortiert. Anschließend werden die beiden Resultate der Sortierung mit dem *Merge Join* vereinigt.

Vergleicht man jedoch diesen Ausführungsplan mit dem Ausführungsplan für den *Hash Join* aus dem vorigen Kapitel, erkennt man, dass die Sortierung der größeren Tabelle einen recht großen Kostenanteil beiträgt, so dass dadurch deutlich höhere Gesamtkosten erwartet werden.

4.3.18 NATIVE_FULL_OUTER_JOIN

Mit dem *Hint* NATIVE_FULL_OUTER_JOIN wird ein *Native Full Outer Join* angefordert. Dabei wird auf eine native Ausführungsmethode zugegriffen, die einen *Hash Join* nutzt. Die native Ausführungsmethode wurde speziell für den FULL OUTER JOIN entwickelt und sollte daher grundsätzlich die schnellste Ausführung des FULL OUTER JOIN gewährleisten.

```
SELECT /*+ NATIVE_FULL_OUTER_JOIN */
       *
  FROM VTG_ROLLE_TRX RX FULL OUTER JOIN PAR_PARTNER_TRX PX USING
       (PARTK_ID);
```

Mit dem SQL-Befehl werden die Partner-Tabelle und die Rollen-Tabelle mit einem `FULL OUTER JOIN` verknüpft. Dies erfolgt mit Hilfe des Attributs `PARTK_ID`. Der *Native Full Outer Join* wird durch den *Hint* angefordert. Der Planoptimierer berücksichtigt das im Ausführungsplan:

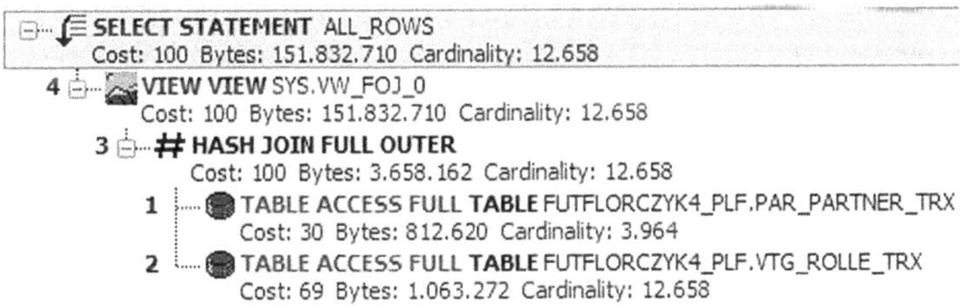

Abb. 4.99: Ausführungsplan mit *Hint* `NATIVE_FULL_OUTER_JOIN`.

In den beiden ersten Ausführungsschritten erfolgt jeweils ein *Full Table Scan* auf den beiden Tabellen. Der mit dem *Hint* angeforderte *Native Full Outer Join* der beiden Tabellen erfolgt dann im dritten Schritt durch einen *Hash Join*. Das Resultat ist im vierten Schritt eine *View*.

Es ist auch möglich, die Session so zu konfigurieren, dass ein `FULL OUTER JOIN` in der Session grundsätzlich mit der nativen Methode ausgeführt wird. Dazu muss man einen internen Parameter mit dem folgenden Befehl setzen.

```
ALTER SESSION SET "_optimizer_native_full_outer_join" = FORCE;
```

Wenn man das System so konfigurieren will, dass grundsätzlich ein `FULL OUTER JOIN` mit der nativen Methode ausgeführt werden soll, muss man den Parameter auf der Ebene des Systems als SYSDBA-User setzen:

```
ALTER SYSTEM SET "_optimizer_native_full_outer_join" = FORCE;
```

Parameter, die mit einem Unterstrich beginnen, sind interne Parameter. Diese dürfen vom Nutzer nur gesetzt werden, wenn das vom Oracle-Support empfohlen wird, da man ansonsten die Gewährleistungsansprüche für den Support verliert. Die aktuelle Belegung der internen Paramater kann man mit dem folgenden Befehl als SYSDBA abfragen.

```
SELECT A.KSPPINM NAME,
       B.KSPPSTVL VALUE,
       B.KSPPSTDF DEFAULT,
       DECODE (A.KSPPITY,
               1, 'Boolean',
               2, 'String',
               3, 'Number',
```

```
                4, 'File',
                A.KSPPITY)
            TYPE,
        A.KSPPDESC DESCRIPTION
    FROM SYS.X$KSPPI A, SYS.X$KSPPCV B
   WHERE    A.INDX = B.INDX
        AND A.KSPPINM LIKE '\_%' ESCAPE '\'
ORDER BY NAME;
```

Dann erhält man für den Parameter _OPTIMIZER_NATIVE_FULL_OUTER_JOIN beispielsweise den folgenden Datensatz:

NAME	VALUE	DEFLT	TYPE	DESCRIPTION
_optimizer_native_full_outer_join	FORCE	TRUE	string	execute full outer join using native implementaion

Abb. 4.100: Attribute des internen Parameters _OPTIMIZER_NATIVE_FULL_OUTER_JOIN.

4.3.19 NO_NATIVE_FULL_OUTER_JOIN

Im vorigen Kapitel wurde die Aktivierung des *Native Full Outer Join* mit dem Befehl

```
ALTER SYSTEM SET "_optimizer_native_full_outer_join" = FORCE;
```

auf Systemebene beschrieben. In dem Kapitel ist auch eine Selektion enthalten, mit der man die aktuelle Belegung des Parameters _OPTIMIZER_NATIVE_FULL_OUTER_JOIN prüfen kann. Wenn dieser Parameter auf der Systemebene mit dem Wert FORCE belegt ist, wird grundsätzlich ein FULL OUTER JOIN mit der nativen Methode ausgeführt. Man hat jedoch die Möglichkeit, dieses dann konfigurierte Standardverhalten für ausgewählte SQL-Befehle mit Hilfe eines *Hint* außer Kraft zu setzen. Dazu muss man dem gewünschten SQL-Befehl den *Hint* NO_NATIVE_FULL_OUTER_JOIN zuordnen.

```
SELECT /*+ NO_NATIVE_FULL_OUTER_JOIN */
      *
  FROM VTG_ROLLE_TRX RX FULL OUTER JOIN PAR_PARTNER_TRX PX USING
       (PARTK_ID);
```

Anders als im vorigen Kapitel werden die Rollen-Tabelle und die Partner-Tabelle mit dem FULL OUTER JOIN ohne die Nutzung der nativen Methode miteinander verknüpft. Dies wird allein durch das Hinzufügen des *Hint* erreicht. Ansonsten gibt es keinen weiteren Unterschied in dem SQL-Befehl.

Der dann resultierende Ausführungsplan unterscheidet sich allerdings ganz deutlich von dem Ausführungsplan, der bei Nutzung der nativen Methode erzeugt wird, wovon man sich durch Vergleich des Ausführungsplans aus dem vorigen Kapitel überzeugen kann:

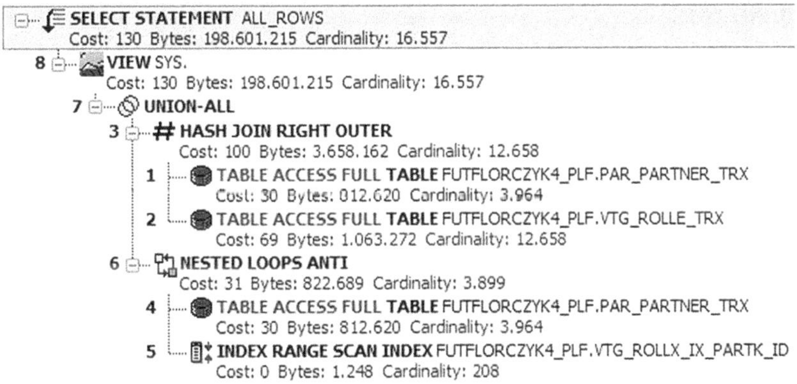

Abb. 4.101: Ausführungsplan mit *Hint* NO_NATIVE_FULL_OUTER_JOIN.

Der Ausführungsplan aus dem vorigen Kapitel stimmt mit diesem Ausführungsplan nur noch bei den beiden ersten Ausführungsschritten überein. Bereits ab dem dritten Ausführungsschritt beginnt die Differenz. Im vorigen Kapitel ist im dritten Schritt die *Native Full Outer Join Method* eingetragen, die auf einem *Hash Join* basiert. Im aktuellen Ausführungsplan werden die beiden Tabellen auch mit dem *Hash Join* verknüpft. Es handelt sich jedoch lediglich um einen *Hash Join Right Outer*. Die Ergebnismenge dieses JOIN enthält alle Datensätze aus der Rollen-Tabelle und Partner-Tabelle, die über das Attribut PARTK_ID verbunden wurden, und zusätzlich die Datensätze aus der Rollen-Tabelle, bei denen kein in der Partner-Tabelle existierender Wert im Attribut PARTK_ID eingetragen ist. Da in diesem Fall keine Verbindung zur Partner-Tabelle hergestellt werden kann, wird NULL für die Spalten der Partner-Tabelle in der Ergebnismenge eingetragen. Es sind also noch weitere Schritte notwendig, um zu der gesamten Ergebnismenge zu gelangen. Zusätzlich wird nur noch eine Teilmenge aus der Partner-Tabelle benötigt. Es werden noch diejenigen Datensätze aus der Partner-Tabelle selektiert, deren Attribut PARTK_ID gar nicht in der Rollen-Tabelle als Fremdschlüssel existiert. Dies wird durch einen *Full Table Scan* auf die Partner-Tabelle erreicht. Mit Hilfe eines *Range Index Scan* auf einen Index der Rollen-Tabelle wird geprüft, ob der Attributwert für PARTK_ID im Index enthalten ist. Diese Prüfung erfolgt mit einer *Anti Nested Loop*. Da in diesem Fall in der Rollen-Tabelle kein passender Eintrag existiert, enthält die Ergebnismenge der *Anti Nested Loop* für die Spalten der Rollen-Tabelle den Wert NULL. Dann werden die beiden selektierten Teilmengen im siebten Ausführungsschritt vereinigt und aus der Vereinigungsmenge wird im achten Schritt eine *View* gebildet.

Der Vergleich mit dem Ausführungsplan aus dem vorigen Kapitel zeigt also, dass grundsätzlich die *Native Full Outer Join Method* geringere Kosten erwarten lässt. Auch dies zeigt der Vergleich der beiden Ausführungspläne. Denn der Ausführungsplan mit der nativen Methode weist auch niedrigere Kosten aus.

4.3.20 DRIVING_SITE

Der *Hint* `DRIVING_SITE` kann bei der Verwendung von Datenbank-Links zum Einsatz kommen. Mit dem *Hint* wird festgelegt, wo die *Join Operation* durchgeführt wird. Das kann die lokale oder die entfernte Datenbank sein. Der `JOIN` wird in derjenigen Datenbank ausgeführt, deren Tabelle im *Hint* enthalten ist. Wenn also der Name der Tabelle der entfernten Datenbank im *Hint* enthalten ist, werden die Datensätze aus der Tabelle der lokalen Datenbank an die entfernte Datenbank gesendet. Dort wird dann die *Join Operation* ausgeführt. Das Ergebnis der *Join Operation* wird schließlich an die lokale Datenbank zurückgeschickt.

```
SELECT /*+ DRIVING_SITE(V) */
       *
  FROM VTG_DAUERKOMPONENTE D, VTG_VERTRAG@VBOENTW_TO_VBO1 V
 WHERE D.VERTRAG_ID = V.VERTK_ID;
```

Der zugehörige Ausführungsplan zu diesem Beispiel zeigt das beschriebene Vorgehen:

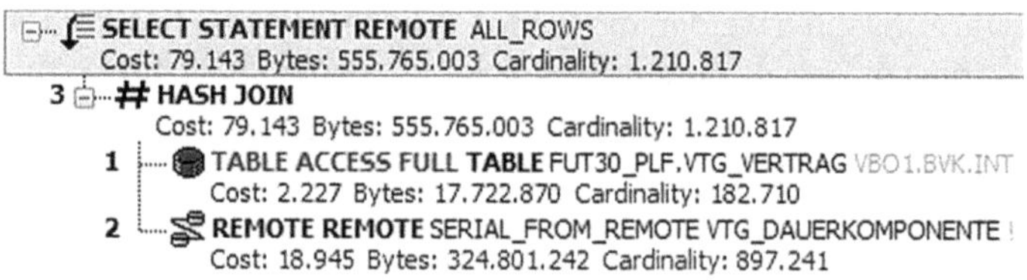

Abb. 4.102: Ausführungsplan mit *Hint* DRIVING SITE.

Auf die Vertrags-Tabelle der entfernten Datenbank wird mit dem *Full Table Scan* zugegriffen. Der Name der entfernten Datenbank steht im Schritt 1 des Ausführungsplans. Im Schritt 2 werden die Datensätze der Dauerkomponenten-Tabelle aus der lokalen Datenbank an die entfernte Datenbank gesendet. Dort wird dann der *Hash Join* ausgeführt.

Wenn man nun den *Hint* aus dem SQL-Befehl entfernt, erhält man einen anderen Ausführungsplan:

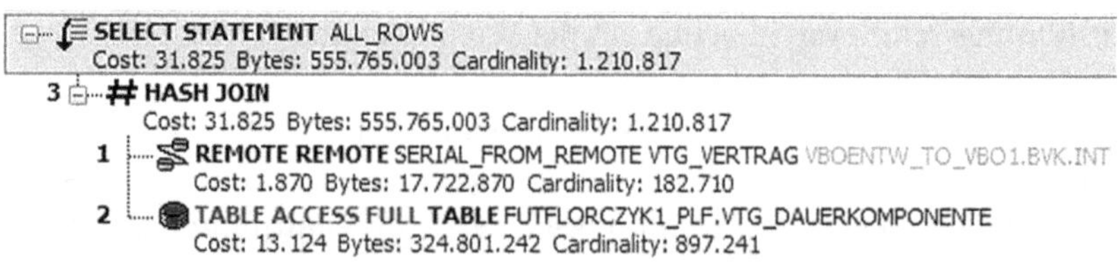

Abb. 4.103: Ausführungsplan ohne *Hint* DRIVING SITE.

Die Datensätze der Vertrags-Tabelle aus der entfernten Datenbank müssen also jetzt an die lokale Datenbank gesendet werden, damit diese mit den Datensätzen der lokalen Dauerkomponenten-Tabelle mit Hilfe der *Hash Join Operation* verknüpft werden können.

In dem Beispiel sollte man die lokale Datenbank als DRIVING SITE wählen. Denn die Selektionsmenge ist auf der entfernten Datenbank wesentlich größer. Das Übertragen dieser Selektionsmenge von der entfernten Datenbank zur lokalen Datenbank erhöht die Laufzeit des SQL-Befehls.

4.3.21 LEADING

Mit dem *Hint* LEADING wird die *Join Order* beeinflusst. Im *Hint* wird diejenige Tabelle aufgeführt, die als Erstes in der *Join Order* des Ausführungsplans erscheinen soll. Grundsätzlich wird diejenige Tabelle für den *Leading Hint* ausgewählt, welche durch einen JOIN zu der bestmöglichen Reduktion der Ergebnismenge beiträgt. Denn eine kleine Ergebnismenge kann zu einer beschleunigten Ausführung der noch folgenden *Joins* beitragen.

```
SELECT /*+ LEADING (PX) */
       F.ID, PX.NUMMER, A.ORT
  FROM PRO_FACHTRANSAKTION F,
       PAR_PARTNER_TRX PX,
       PAR_ADRESSE_TRX AX,
       PAR_ADRESSE A
 WHERE     F.ID = PX.PARTK_ID
       AND PX.PARTK_ID = AX.PARTK_ID
       AND AX.ADREK_ID = A.ADREK_ID;
```

Mit dem *Leading Hint* wird im Beispiel festgelegt, dass die Tabelle PAR_PARTNER_TRX als Erstes in der *Join Order* berücksichtigt werden muss:

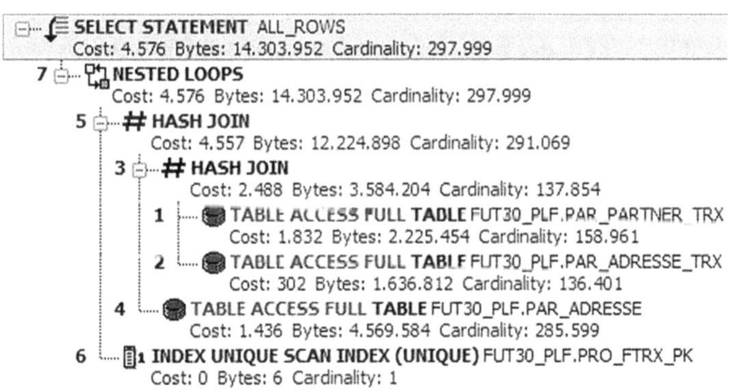

Abb. 4.104: Ausführungsplan mit *Hint* LEADING.

Im Ausführungsplan wird dies durch den Zugriff auf die Tabelle im Schritt 1 realisiert. Die danach folgende *Join Order* wird durch den Ausführungsplanoptimierer automatisch festgelegt.

Wenn man mehrere *Leading Hints* nutzt, die verschiedene Tabellen enthalten, sind all diese *Hints* wirkungslos:

```
SELECT /*+ LEADING (PX) LEADING (A) */
       F.ID, PX.NUMMER, A.ORT
  FROM PRO_FACHTRANSAKTION F,
       PAR_PARTNER_TRX PX,
       PAR_ADRESSE_TRX AX,
       PAR_ADRESSE A
 WHERE     F.ID = PX.PARTK_ID
       AND PX.PARTK_ID = AX.PARTK_ID
       AND AX.ADREK_ID = A.ADREK_ID;
```

Sie haben dann also keinen Einfluss auf den Ausführungsplan:

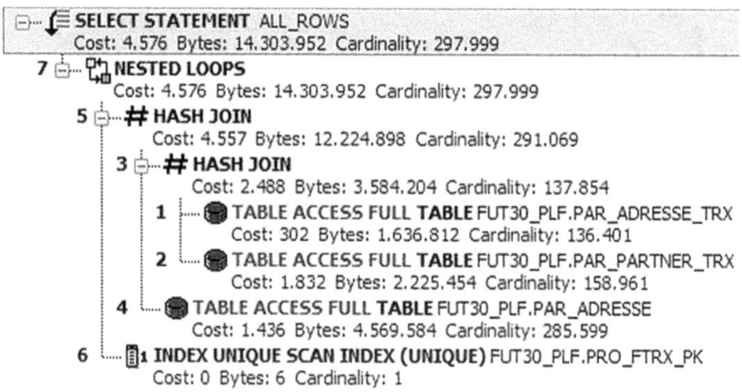

Abb. 4.105: Ausführungsplan mit wirkungslosem *Hint* LEADING.

Im Ausführungsplan wird im Schritt 1 als Erstes die Tabelle PAR_ADRESSE_TRX berücksichtigt. Diese Tabelle ist in keinem der beiden *Leading Hints* aufgeführt. Beide *Leading Hints* haben daher keine Wirkung auf den Ausführungsplan.

Wenn zusätzlich zum *Leading Hint* auch noch der *Ordered Hint* verwendet wird, erfolgt durch den *Ordered Hint* eine Übersteuerung des *Leading Hint*.

```
SELECT /*+ LEADING (AX) ORDERED */
       F.ID, PX.NUMMER, A.ORT
  FROM PAR_PARTNER_TRX PX,
       PAR_ADRESSE_TRX AX,
       PAR_ADRESSE A,
       PRO_FACHTRANSAKTION F
```

```
WHERE      F.ID = PX.PARTK_ID
       AND PX.PARTK_ID = AX.PARTK_ID
       AND AX.ADREK_ID = A.ADREK_ID;
```

Im Ausführungsplan erfolgt im ersten Schritt daher nicht der Zugriff auf die im *Leading Hint* enthaltene Tabelle:

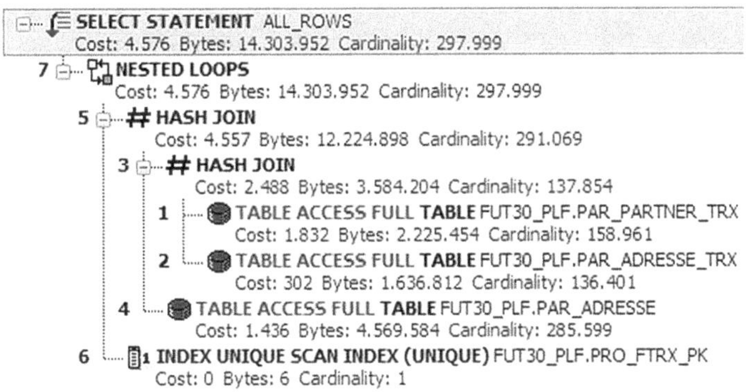

Abb. 4.106: Ausführungsplan mit *Hints* LEADING und ORDERED.

Anstelle des Zugriffs auf die Tabelle PAR_ADRESSE_TRX erfolgt daher der Zugriff auf die Tabelle PAR_PARTNER_TRX, weil diese im *From Clause* an der ersten Stelle aufgeführt wird und der *Ordered Hint* gegenüber dem *Leading Hint* Vorrang hat.

4.3.22 X_AJ

Ein *Anti Join* kommt zum Einsatz, wenn der SQL-Befehl ein NOT IN oder NOT EXISTS enthält. Man kann für die dann erforderliche *Anti Join Operation* mit der Sub-Query (*View*) die Methode *Hash*, *Nested Loop* oder *Merge* auswählen. Dies erfolgt mit dem *Hint* X_AJ. Dabei muss X ersetzt werden durch HASH, NL oder MERGE. Es handelt sich also tatsächlich um drei *Hints*. HASH_AJ bestimmt die *Hash Method*, NL_AJ die *Nested Loop Method* und MERGE_AJ die *Sort Merge Method* für die *Anti Join Operation*. Die *Hints* sind argumentlos und müssen dem Schlüsselwort SELECT der Sub-Query folgen.

4.3.22.1 HASH_AJ

Bei diesem *Hint* wird der *Anti Join* mit der *Hash Method* ausgeführt. Dazu erfolgen *Full Table Scans* auf die an der Verknüpfungsbedingung *Anti* beteiligten Tabellen. Die Anti-Verknüpfung erfolgt dann mit der *Hash Method*. Es werden also die passenden Datensätze aus dem Ergebnis des *Full Table Scan* entfernt. Betroffen ist die Tabelle der äußeren Sub-Query. Die Datensätze werden aus der Tabelle PAR_PARTNER_TRX entfernt.

Das folgende Beispiel verwendet den *Hint* HASH_AJ in der Sub-Query:

```
SELECT  NUMMER
  FROM PAR_PARTNER_TRX PX, PAR_ADRESSE_TRX AX
 WHERE      AX.PARTK_ID = PX.PARTK_ID
       AND AX.ADREK_ID NOT IN
             (SELECT /*+ HASH_AJ */
                    A.ADREK_ID
               FROM PAR_ADRESSE A
              WHERE A.ADREK_ID = AX.ADREK_ID AND A.ORT <> 'München');
```

Im Ausführungsplan erscheint dann der *Anti Hash Join* in Schritt 3:

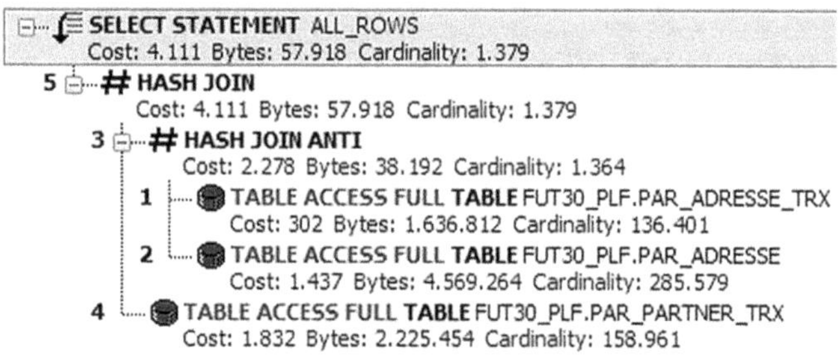

Abb. 4.107: Ausführungsplan mit *Hint* HASH_AJ.

Der *Anti Hash Join* wird auf die beiden Schritte 1 und 2 angewendet. Im Schritt 1 erfolgt ein *Full Table Scan* auf die Tabelle PAR_ADRESSE_TRX und im Schritt 2 ein ebensolcher Scan auf die Tabelle PAR_ADRESSE. Datensätze der Tabelle PAR_ADRESSE_TRX werden aus der Ergebnismenge des *Full Table Scan* entfernt, wenn es einen passenden Datensatz in der Tabelle PAR_ADRESSE gibt.

4.3.22.2 NL_AJ

Wenn anstelle der *Hash Method* die *Nested Loop Method* für den *Anti Join* genutzt wird, ersetzt im Ausführungsplan der *Anti Join* mit der *Nested Loop Method* den *Anti Join* mit der *Hash Method*. Es können auch noch weitere Veränderungen am Ausführungsplan stattfinden. Die Realisierung des *Anti Join* mit der *Nested Loop Method* kann sehr ineffizient sein, wenn dazu auf die beteiligten Tabellen zuvor mit *Full Table Scans* zugegriffen werden muss. Dies ist ja bei der *Hash Method* der Fall. Bei der *Nested Loop Method* prüft der Optimierer, ob Indizes verfügbar sind, die dem *Anti Join* mit der *Nested Loop Method* die Möglichkeit bieten, die Ausführung der *Nested Loop* effizient zu unterstützen. Das kann dann mit der ROWID des aktuell zu verknüpfenden Datensatzes erfolgen. Wenn diese Option genutzt wird, erfolgt vor dem *Anti Join* der Zugriff auf einen Index mit der *Range Scan Method*, um die ROWID zu ermitteln. Der *Anti Join* kann noch effizienter ausgeführt werden, wenn es einen Indexzugriff gibt, der anstelle eines *Full Table Scan* den *Anti Join* unterstützt. Dann entfällt der Zugriff auf die Tabelle mit der ROWID vollständig. Jedoch gibt es keinen Index für das Attribut ORT. Daher wird in dem folgenden Beispiel die Option mit dem Tabellenzugriff durch die ROWID gezeigt:

```
SELECT  NUMMER
  FROM PAR_PARTNER_TRX PX, PAR_ADRESSE_TRX AX
 WHERE     AX.PARTK_ID = PX.PARTK_ID
       AND AX.ADREK_ID NOT IN
              (SELECT /*+ NL_AJ */
                     A.ADREK_ID
                 FROM PAR_ADRESSE A
                WHERE A.ADREK_ID = AX.ADREK_ID AND A.ORT <> 'München');
```

Zunächst ändert sich nur das Präfix im *Hint* NL_AJ der Sub-Query. Dies wirkt sich dann jedoch deutlich auf die Struktur des Ausführungsplans aus:

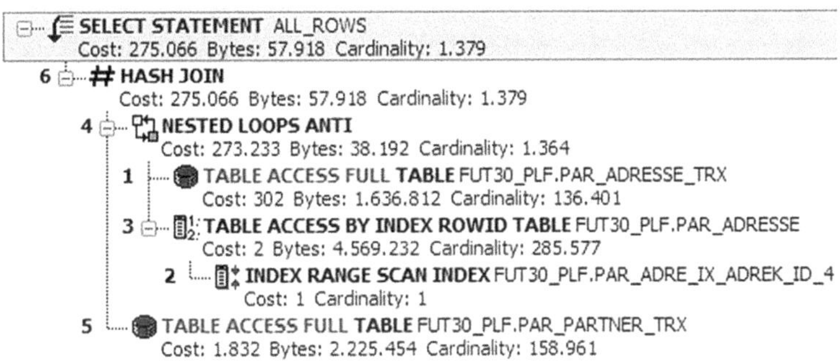

Abb. 4.108: Ausführungsplan mit *Hint* NL_AJ.

Für den *Anti Join* wird jetzt nur noch ein *Full Table Scan* im ersten Schritt benötigt. Auf die Datensätze der Tabelle, die zu der inneren Sub-Query gehören, wird nun mit der ROWID zugegriffen. Diese wird vorher mit einem *Range Index Scan* ermittelt. Der Index enthält das Verknüpfungsattribut für den *Anti Join*. Jedoch ist das Attribut ORT nicht im Index enthalten. Deshalb muss auch noch auf die Tabelle mit der ROWID zugegriffen werden, um die Ausprägung für den Ort zu ermitteln, damit diejenigen Partner aus der Treffermenge entfernt werden können, die nicht in München wohnen.

4.3.22.3 MERGE_AJ

Der *Hint* MERGE_AJ nutzt den *Sort Merge Join*, um den *Anti Join* zu realisieren.

```
SELECT  NUMMER
  FROM PAR_PARTNER_TRX PX, PAR_ADRESSE_TRX AX
 WHERE      AX.PARTK_ID = PX.PARTK_ID
       AND AX.ADREK_ID NOT IN
              (SELECT /*+ MERGE_AJ */
                      A.ADREK_ID
                 FROM PAR_ADRESSE A
                WHERE A.ADREK_ID = AX.ADREK_ID AND A.ORT <> 'München');
```

Auch dieser *Hint* folgt auf das Schlüsselwort SELECT in der Sub-Query.

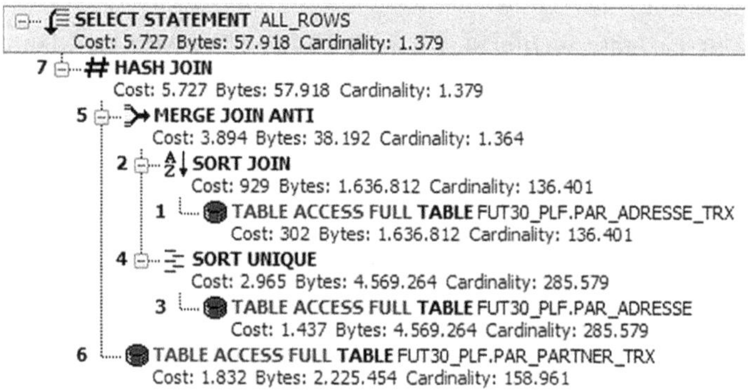

Abb. 4.109: Ausführungsplan mit *Hint* MERGE_AJ.

In diesem Beispiel entscheidet sich der Planoptimierer dafür, den *Anti Join* mit *Full Table Scans* auszuführen. Dazu erfolgt in der Abbildung 4.109 im ersten Schritt der *Full Table Scan* auf die Tabelle PAR_ADRESSE_TRX der äußeren Sub-Query. Diese Tabelle ist an dem *Anti Join* beteiligt. Da dieser mit der *Sort Merge Method* ausgeführt werden muss, erfolgt die Sortierung der Datensätze dieser Tabelle im zweiten Schritt. Auf die Tabelle der inneren Sub-Query wird im dritten Schritt zugegriffen. Diese wird mit der *Sort Unique Method* sortiert. Bei dieser Sortierung werden doppelte Einträge entfernt. Damit sind die Vorarbeiten für den *Anti Join* mit der *Sort Merge Method* abgeschlossen, so dass dieser im Schritt 5 erfolgt. Es werden dann alle Datensätze aus dem Ergebnis des zweiten Schritts entfernt, die mit dem Ergebnis des vierten Schritts verknüpft werden können. Am Ende wird das Ergebnis des *Anti Join* mit der Tabelle PAR_PARTNER_TRX verknüpft. Diese Verknüpfung erfolgt mit dem *Hash Join*.

4.3.23 X_SJ

Ein *Semi Join* wird im Ausführungsplan verwendet, wenn in dem SQL-Befehl die Schlüsselwörter IN oder EXISTS vorkommen. Insofern ist der *Semi Join* das Gegenteil vom *Anti Join*. Der *Semi Join* unterscheidet sich jedoch auch von einem JOIN. Durch einen JOIN können doppelte Treffer entstehen, welche sich inhaltlich nicht unterscheiden und daher in der Regel auch nicht erwünscht sind. Bei einem *Semi Join* werden diese doppelten Treffer herausgefiltert. Ein *Semi Join* kann mit Hilfe von *Hash Join*, *Nested Loop* oder *Merge* realisiert werden. Eine explizite Auswahl aus diesen drei Methoden kann mit dem *Hint* X_SJ herbeigeführt werden. Der Platzhalter X wird dann durch HASH, NL oder MERGE ersetzt. Für den *Semi Join* gibt es also drei *Hints*, mit denen aus den drei *Join Methods* ausgewählt werden kann. Die *Hints* werden ohne Argument verwendet und folgen dem Schlüsselwort SELECT in der Sub-Query.

4.3.23.1 HASH_SJ

Der *Semi Join* mit der *Hash Method* kann eingesetzt werden, wenn auf die beteiligten Tabellen mit dem *Full Table Scan* zugegriffen wird. Dies ist im folgenden Beispiel der Fall:

```
SELECT  PX.NUMMER
  FROM PAR_PARTNER_TRX PX, PAR_ADRESSE_TRX AX
 WHERE      AX.PARTK_ID = PX.PARTK_ID
       AND EXISTS
              (SELECT /*+ HASH_SJ */
                      1
                 FROM PAR_ADRESSE A
                WHERE A.ADREK_ID = AX.ADREK_ID AND A.ORT <> 'München');
```

Mit dem *Hint* HASH_SJ wird ein *Semi Join* mit der *Hash Method* angefordert, indem der *Hint* dem Schlüsselwort SELECT in der Sub-Query folgt. Da es sich um einen *Semi Join* handelt, erscheinen die Treffer aus dem *Semi Join* der Tabelle PAR_ADRESSE_TRX mit der Tabelle PAR_ADRESSE nur einmal, auch dann, wenn diese zu mehren Datensätzen in der Tabelle PAR_ADRESSE passen. Wenn man anstelle eines *Semi Join* lediglich einen JOIN verwenden würde, könnte in der Ergebnismenge dieselbe Nummer des Partners mehrmals vorkommen, obwohl jede Nummer in der Partner-Tabelle nur genau einmal vorkommt. Denn die Nummer des Partners ist ein fachlicher Primärschlüssel (siehe Abbildung 4.110).

Der *Semi Join* wird im Schritt 5 des Ausführungsplans aufgeführt. Dieser wird auf die Schritte 3 und 4 angewendet. Schritt 3 liefert den JOIN für die Tabellen der äußeren Sub-Query. Im Schritt 4 findet der Zugriff auf die Tabelle in der inneren Sub-Query mit einem *Full Table Scan* statt. Die Resultate dieser beiden Schritte werden dann mit dem *Semi Join* verknüpft.

Abb. 4.110: Ausführungsplan mit *Hint* HASH_SJ.

4.3.23.2 NL_SJ

Mit dem *Hint* NL_SJ wird die *Nested Loop* für den *Semi Join* angefordert. Anders als beim *Hash Join* können an einer *Nested Loop Operation* auch Indizes beteiligt sein.

```
SELECT  NUMMER
  FROM PAR_PARTNER_TRX PX, PAR_ADRESSE_TRX AX
 WHERE      AX.PARTK_ID = PX.PARTK_ID
        AND EXISTS
               (SELECT /*+ NL_SJ */
                       1
                  FROM PAR_ADRESSE A
                 WHERE A.ADREK_ID = AX.ADREK_ID AND A.ORT <> 'München');
```

Im Ausführungsplan erfolgt der *Semi Join* durch die Kombination von *Full Table Scan* und *Range Index Scan* und indiziertem Tabellenzugriff:

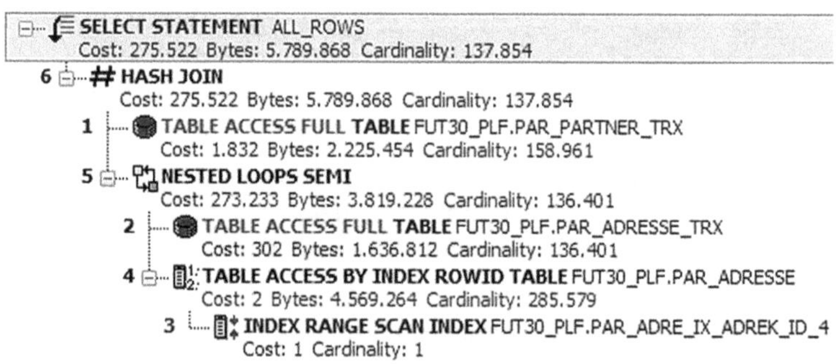

Abb. 4.111: Ausführungsplan mit *Hint* NL_SJ.

In dem Beispiel wird durch die Nutzung eines Index der Zugriff mit dem *Full Table Scan* auf die größere der beiden an dem *Semi Join* beteiligten Tabellen vermieden. Stattdessen wird mit der ROWID des Index auf die Tabelle PAR_ADRESSE zugegriffen. Das Resultat des *Full Table Scan* auf die Tabelle PAR_ADRESSE_TRX wird dann mit dem Ergebnis aus Schritt 4 mit der *Semi Join Operation* verknüpft. Diese Verknüpfung erfolgt mit der *Nested Loop Method*. Es werden also nur die Datensätze aus dem *Full Table Scan* maximal einmal in die Treffermenge eingefügt, wenn diese mit mindestens einem Datensatz aus dem Resultat der Sub-Query verknüpft werden können.

4.3.23.3 MERGE_SJ

Der *Semi Join* mit der Technik *Sort Merge* wird mit dem *Hint* MERGE_SJ angefordert. Bei der Technik *Sort Merge* werden die Datensätze der beteiligten Tabellen vor der Verknüpfung sortiert. Maßgeblich für die Sortierung ist das Attribut in der *Semi Join Condition*. Bei der Sortierung werden doppelte Einträge in der Tabelle der inneren Sub-Query mit Hilfe von *Sort Unique* erkannt. Die doppelten Einträge werden dann vor der Verknüpfung entfernt. Denn die doppelten Einträge haben keine Auswirkung auf das Resultat des *Semi Join*. Auch wenn ein Datensatz der Tabelle aus der äußeren Sub-Query zu mehreren Datensätzen in der Tabelle der inneren Sub-Query passt, so wird der Datensatz aus der Tabelle der äußeren Sub-Query trotzdem nur einmal in die Treffermenge aufgenommen. Daher werden die doppelten Einträge der inneren Sub-Query vor der Ausführung des *Semi Join* entfernt. In dem folgenden Beispiel gibt es solche doppelten Einträge:

```
SELECT  NUMMER
  FROM PAR_PARTNER_TRX PX, PAR_ADRESSE_TRX AX
 WHERE      AX.PARTK_ID = PX.PARTK_ID
       AND EXISTS
              (SELECT /*+ MERGE_SJ */
                     1
                 FROM PAR_ADRESSE A
                WHERE A.ADREK_ID = AX.ADREK_ID AND A.ORT <> 'München');
```

Doppelte Einträge existieren in der Tabelle PAR_ADRESSE. Im Ausführungsplan erkennt man, dass diese Einträge bei der Sortierung erkannt und gelöscht werden:

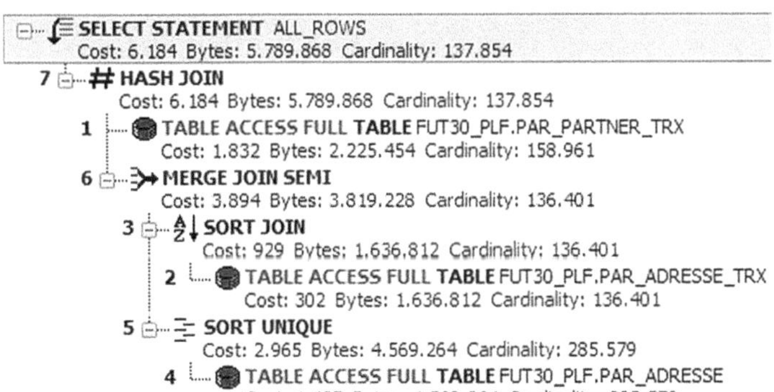

Abb. 4.112: Ausführungsplan mit *Hint* MERGE_SJ.

Dies erfolgt im Schritt 5 mit der Technik *Sort Unique*. Vorher wird die Tabelle PAR_ADRESSE mit einem *Full Table Scan* eingelesen. Zuerst werden jedoch die Datensätze PAR_ADRESSE_TRX der äußeren Sub-Query sortiert, nachdem diese Tabelle ebenfalls mit einem *Full Table Scan* eingelesen wurde. Bei dieser Tabelle dürfen natürlich keine doppelten Einträge entfernt werden. Denn diese werden alle in die Ergebnisliste übernommen, wenn sie zu einem Datensatz der Tabelle in der inneren Sub-Query passen. Dieser *Semi Join* mit der Technik *Sort Merge* erfolgt im Schritt 6. Mit den beiden Sortierschritten wird dieser *Semi Join* vorbereitet. Im letzten Schritt wird das Ergebnis des *Semi Join* mit der Tabelle PAR_PARTNER_TRX mit Hilfe eines *Hash Join* verknüpft. Auf die Tabelle PAR_PARTNER_TRX wird im ersten Schritt mit einem *Full Table Scan* zugegriffen.

5 Hints für den speziellen Einsatz

Es werden nun *Hints* für spezielle Einsatzgebiete beschrieben:
- Parallelisierung
- *Views*
- Formulierung von komplexen *Hints* für ausgewählte Attribute
- Kombination von *Hints*
- *Hints* für die Abwärtskompatibilität

5.1 Hints für die Parallelisierung

Mit diesem *Hint* wird die parallele Verarbeitung angefordert. Dies sollte nur dann erfolgen, wenn auch alle anderen verfügbaren Optimierungs-Möglichkeiten evaluiert wurden und sich dabei herausgestellt hat, dass durch das Parallelisieren die beste Lösung erreicht werden kann.

Genutzt werden kann der *Hint* in Kombination mit den Schlüsselwörtern `SELECT`, `INSERT`, `UPDATE` und `DELETE`. Der *Hint* ermöglicht die Spezifikation des Parallelitätsgrades. Das erste Argument bezeichnet die Tabelle, für die eine parallele Verarbeitung angefordert wird. Wenn für die Tabelle ein Alias definiert ist, muss der Alias hier als erstes Argument verwendet werden. Das erste Argument ist ein Pflichtparameter. Das zweite Argument ist optional und kann den Parallelitätsgrad festlegen, mit dem auf die Tabelle zugegriffen werden soll. Es wird damit also die Anzahl der Threads festgelegt, die parallel die Tabelle verarbeiten. Laufzeitgewinne werden dann erzielt, wenn mehrere CPUs verfügbar sind. Dann können die Threads auf die verfügbaren CPUs verteilt werden.

Eingelesen wird die Tabelle mit dem *Full Table Scan*. Wenn es im Ausführungsplan keinen *Full Table Scan* gibt, wird der *Hint* vom Planoptimierer nicht beachtet. Dann muss man zusätzlich zum *Hint* `PARALLEL` noch den *Hint* `FULL` verwenden, um die Voraussetzungen für die Nutzung des *Hint* `PARALLEL` zu schaffen.

Anstelle des Parallelitätsgrades kann auch das Schlüsselwort `DEFAULT` als zweites Argument eingetragen werden. Alternativ kann dann das zweite Argument auch entfallen. In beiden Fällen ermittelt der Planoptimierer die Default-Parallelität. Der Default-Wert wird mit Hilfe der Oracle-Initialisierungsparameter ermittelt. Es kann dann noch ein weiterer Parameter folgen. Mit diesem Parameter wird die Anzahl der Knoten eines RAC bestimmt, die ebenfalls für die parallele Verarbeitung genutzt werden können. Wenn kein RAC verfügbar ist, gibt es nur eine verfügbare Instanz. Auch dieses Argument kann mit einer Zahl oder dem Schlüsselwort `DEFAULT` verwendet werden. Das Schlüsselwort `DEFAULT` wird genutzt, wenn der Planoptimierer die Anzahl der Knoten mit Hilfe der Initialisierungsparameter für die Oracle-Instanz ermitteln soll. Ansonsten wird die Anzahl der zu nutzenden Knoten durch eine Zahl festgelegt. Wenn dieser

https://doi.org/10.1515/9783110601817-005

Parameter im *Hint* nicht vorhanden ist, wird ebenfalls die Default-Anzahl der Knoten im RAC genutzt.

In dem folgenden Beispiel wird der Parallelitätsgrad im *Hint* für eine Tabelle gesetzt:

```
SELECT /*+ PARALLEL(T0,5) */
       T0.*
  FROM VTG_DAUERKOMPONENTE T0
 WHERE      T0.NAME = 'PK_VBO_00_101F'
        AND T0.PERIODEVON_DATE <= '31.12.2014'
        AND T0.PERIODEBIS_DATE >= '01.01.1900';
```

Der Parallelitätsgrad beträgt im *Hint* 5. Abbildung 5.1 zeigt den daraus resultierenden Ausführungsplan:

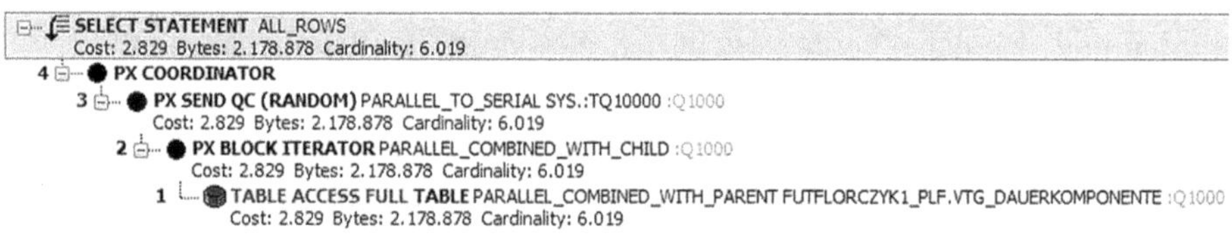

Abb. 5.1: Ausführungsplan mit *Hint* PARALLEL.

Wenn kein *Hint* verwendet wird, nutzt der Optimierer den Parallelitätsgrad, welcher der Tabelle zugeordnet ist.

```
SELECT T0.*
  FROM VTG_DAUERKOMPONENTE T0
 WHERE      T0.NAME = 'PK_VBO_00_101F'
        AND T0.PERIODEVON_DATE <= '31.12.2014'
        AND T0.PERIODEBIS_DATE >= '01.01.1900';
```

Die Struktur des Ausführungsplans ändert sich in dem Beispiel durch das Weglassen des *Hint* nicht:

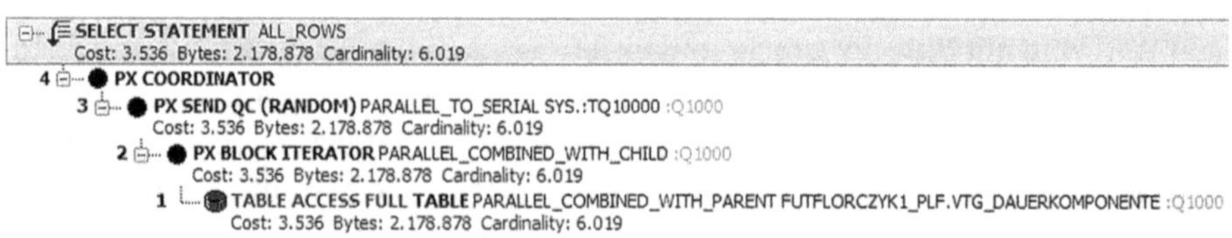

Abb. 5.2: Ausführungsplan ohne *Hint* PARALLEL.

Jedoch erkennt man in dem Ausführungsplan im Vergleich zum vorigen Beispiel, dass die Kosten hier höher sind. Das liegt daran, dass nun der Parallelitätsgrad genutzt wird, welcher der Tabelle zugeordnet ist. Die Zuordnung des Parallelitätsgrads zu einer Tabelle erfolgt mit einem DDL-Befehl:

```
ALTER TABLE VTG_DAUERKOMPONENTE PARALLEL (DEGREE 4 INSTANCES 1);
```

Mit diesem Beispiel wird der Parallelitätsgrad für die Tabelle auf 4 gesetzt. Es wird nur ein Knoten [64] des RAC genutzt. Die Kosten im zweiten Ausführungsplan sind also gestiegen, weil ohne den *Hint* der Parallelitätsgrad der Tabelle genutzt wird. Damit sinkt die Parallelität im zweiten Ausführungsplan von 5 auf 4 ab und offenbart sich durch steigende Kosten.

Nun wird zusätzlich der zweite verfügbare Knoten des RAC genutzt. Dazu muss im *Hint* auch noch der dritte optionale Parameter gesetzt werden:

```
SELECT /*+ PARALLEL(T0,4,2) */
      T0.*
  FROM VTG_DAUERKOMPONENTE T0
 WHERE      T0.NAME = 'PK_VBO_00_101F'
        AND T0.PERIODEVON_DATE <= '31.12.2014'
        AND T0.PERIODEBIS_DATE >= '01.01.1900';
```

Dadurch wird eine deutliche Kostensenkung im Vergleich zum vorigen Beispiel erreicht:

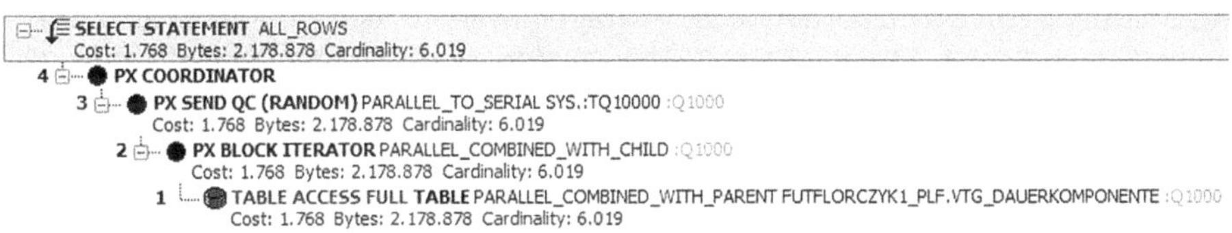

Abb. 5.3: Ausführungsplan mit *Hint* PARALLEL und Nutzung von zwei RAC-Knoten.

Durch die zusätzliche Verwendung des zweiten Knotens wird hier also eine Halbierung der Kosten erreicht.

Im nächsten Beispiel wird die Default-Parallelität genutzt:

```
SELECT /*+ PARALLEL(T0,DEFAULT) */
      T0.*
  FROM VTG_DAUERKOMPONENTE T0
 WHERE      T0.NAME = 'PK_VBO_00_101F'
        AND T0.PERIODEVON_DATE <= '31.12.2014'
        AND T0.PERIODEBIS_DATE >= '01.01.1900';
```

Die Kosten reduzieren sich dadurch im Ausführungsplan erheblich:

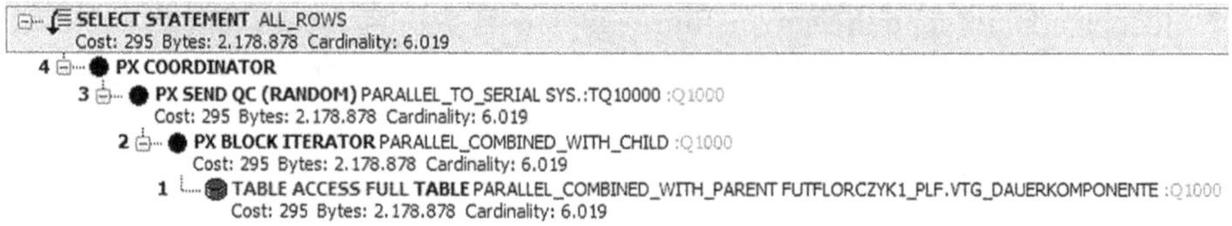

Abb. 5.4: Ausführungsplan mit *Hint* PARALLEL und Default-Parallelität.

Man erhält dieselben Kosten, wenn man das Schlüsselwort DEFAULT durch 48 im *Hint* ersetzt. Es wird also eine Default-Parallelität von 48 genutzt. Man muss bei Nutzung der Default-Parallelität prüfen, ob der ermittelte Wert optimal ist. Der Wert ist dann optimal, wenn mit einer größeren oder kleineren Parallelität eine schnellere Laufzeit erreicht werden kann. Wenn das der Fall ist, müssen die Initialisierungsparameter für die Parallelität so angepasst werden, dass mit der Default-Parallelität das beste Laufzeitverhalten erreicht wird. Wenn das nicht gelingt, muss die Parallelität gesetzt werden. Eine suboptimale Default-Parallelität sollte nicht genutzt werden, weil dadurch die Laufzeit negativ beeinflusst wird. Eine zu hohe Parallelität kann sogar zum Absturz der Query führen, wenn deswegen zu viel Hauptspeicher für die Abfrage allokiert werden muss. Dieser Speicher wird als PGA (*Program Global Area*) bezeichnet. Dies ist ein globaler Bereich im Hauptspeicher, der von den Programmen gemeinsam genutzt wird. Je mehr Programme gleichzeitig ausgeführt werden, umso weniger Hauptspeicher steht jedem der laufenden Programme zur Verfügung. Dann erhöht sich die Gefahr eines Absturzes, wenn der Parallelitätsgrad zu hoch gewählt wird. Grundsätzlich wird bei der Default-Parallelität der für das Programm aktuell verfügbare Hauptspeicher bei der Wahl des Parallelitätsgrades berücksichtigt. Wenn also die Datenbank optimal konfiguriert ist, wird immer der am besten geeignete Parallelitätsgrad zur Laufzeit dynamisch ausgewählt, so dass dann Abstürze vermieden werden können. Wird dagegen ein statischer Parallelitätsgrad im *Hint* gesetzt, erfolgt keine dynamische Anpassung an die zur Laufzeit verfügbaren Ressourcen. Dann kann es bei der Ausführung zum Absturz kommen, wenn mehrere Programme gleichzeitig laufen und dadurch der verfügbare Anteil an der PGA für jedes Programm relativ klein ist. Dann kann sich das Programm in-deterministisch verhalten. Wenn also beispielsweise beim Test keine weiteren Programme parallel ausgeführt werden, funktioniert die statisch parallelisierte Selektion. Wenn jedoch im produktiven Betrieb weitere Programme parallel ausgeführt werden, kann die statisch parallelisierte Selektion abstürzen. Daher sollte man grundsätzlich die Parallelisierung mit der Default-Parallelität anstreben.

5.1.1 NO_PARALLEL

Wenn eine Tabelle für den parallelen Zugriff konfiguriert ist, kann ein paralleler *Full Table Scan* mit diesem *Hint* vermieden werden. Man benötigt diesen *Hint* beispielsweise dann, wenn man feststellt, dass man die SQL-Abfrage anstelle eines *Full Table Scan* auch mit einem sequentiellen Indexzugriff durchführen kann. Sequentielle Indexzugriffe können von dem Benutzer nur dann parallelisiert werden, wenn die zugehörige Tabelle partitioniert ist. Wenn also die Tabelle nicht partitioniert ist, kann der sequentielle Indexzugriff nicht parallelisiert werden. Falls der automatische Planoptimierer dann zu der falschen Annahme kommt, dass der parallel ausgeführte *Full Table Scan* schneller ist als der sequentielle Indexzugriff, erscheint dieser *Full Table Scan* im Ausführungsplan. Wenn man in einem solchen Fall den *Hint* NO_PARALLEL verwendet, erreicht man dadurch, dass der parallele *Full Table Scan* durch den sequentiellen Indexzugriff ersetzt wird. Man wird diesen *Hint* natürlich nur dann verwenden, wenn man vorher mit Tests festgestellt hat, dass der sequentielle Indexzugriff auch tatsächlich schneller ist. Man kann dann die parallele Ausführung deshalb unterdrücken, weil man mit dem *Hint* die Tabellen-Konfiguration übersteuert. Dieses Verhalten gilt für *Hints* grundsätzlich. Die Tabellen-Konfiguration wird dann nicht beachtet, wenn im SQL-Befehl ein *Hint* enthalten ist, der eine abweichende Konfiguration anfordert. Im folgenden Beispiel ist im *Hint* NO_PARALLEL die Tabelle aus dem vorigen Abschnitt enthalten:

```
SELECT /*+ NO_PARALLEL(T0) */
       T0.*
  FROM VTG_DAUERKOMPONENTE T0
 WHERE      T0.NAME = 'PK_VBO_00_101F'
        AND T0.PERIODEVON_DATE <= '31.12.2014'
        AND T0.PERIODEBIS_DATE >= '01.01.1900';
```

Gemäß den Ausführungen zu diesem *Hint* erhält man nun einen sequentiellen Indexzugriff:

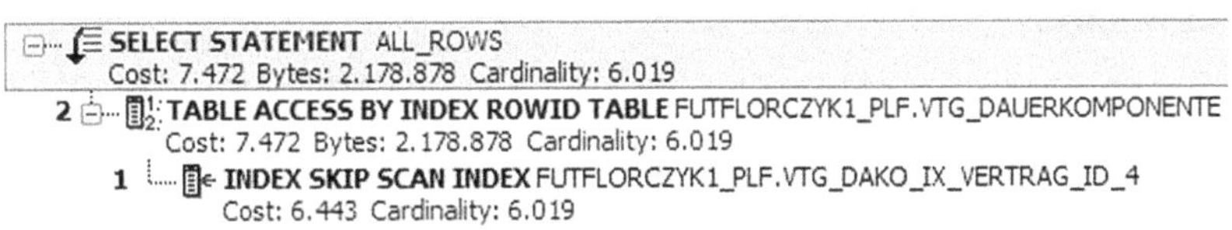

Abb. 5.5: Ausführungsplan mit *Hint* NO_PARALLEL.

In dem Beispiel wird der *Skip Index Scan* genutzt. Bei diesem Index werden führende Spalten, die nicht benötigt werden, übersprungen. Es wird also zumindest eine führende Spalte übersprungen. Der Index in dem Beispiel umfasst vier Attribute in der folgenden Reihenfolge:

- VERTRAG_ID
- NAME
- PERIODEVON_DATE
- PERIODEBIS_DATE

Hier wird also nur die erste führende Spalte des Index nicht benötigt und übersprungen. Das Ergebnis des *Skip Index Scan* enthält dann die relevanten ROWIDs in der Ergebnismenge. Mit diesen ROWIDs werden die benötigten Datensätze der Tabelle VTG_DAUERKOMPONENTE geladen. Bei diesem Schritt fallen die meisten Kosten an.

Wenn man nicht partitionierte Tabellen für den parallelen Zugriff konfiguriert, besteht durchaus die Gefahr, dass der Planoptimierer einen parallelen *Full Table Scan* zu optimistisch einschätzt, wenn ansonsten nur ein sequentieller Indexzugriff verfügbar wäre. Dieser Indexzugriff ist nicht parallelisiert ausführbar, weil das für partitionierte Tabellen nicht möglich ist. Wenn man in seiner Anwendung häufig mit diesem Problem konfrontiert ist, hat man jedoch Möglichkeiten zur Problemlösung. Man kann natürlich die Tabellen partitionieren, um somit auch parallele Indexzugriffe zu ermöglichen. Damit wird die Gefahr gemindert, dass der Planoptimierer den parallelen *Full Table Scan* zu optimistisch einschätzt, weil er nun auch als Alternative einen parallelen Indexzugriff auswählen kann. Man muss jedoch beachten, dass es sich bei der Partitionierung um eine zusätzliche kostenpflichtige Option handelt, so dass man für die Nutzung weitere Lizenzkosten einkalkulieren muss. Außerdem erfordert die Partitionierung eine weitere Konfiguration des Datenbank-Schemas. Wenn man sich also für diese Alternative entscheidet, fallen Kosten für den zusätzlichen Aufwand und die Lizenzgebühren an. Möchte man diese Kosten vermeiden, kann man die Tabellen auch für den ausschließlichen sequentiellen Zugriff konfigurieren. Dies erfolgt beispielsweise mit dem Befehl:

```
ALTER TABLE VTG_DAUERKOMPONENTE NO_PARALLEL;
```

Wenn man dann für ausgewählte SQL-Befehle doch den parallelen Zugriff benötigt, übersteuert man diese Tabellenkonfiguration wieder mit dem *Hint* PARALLEL.

5.1.2 PQ_DISTRIBUTE

Mit dem *Hint* PQ_DISTRIBUTE beeinflusst man das Verhalten von parallel auszuführenden *Join Operations*, indem man für die beteiligten Tabellen festlegt, in welcher Weise die eingelesenen Datensätze der zu verknüpfenden Tabellen unter den parallelen Threads verteilt werden sollen, damit die parallele *Join Operation* möglich ist. Dazu müssen die eingelesenen Datensätze den anderen Threads zur Nutzung bereitgestellt werden. Der Thread, der die Datensätze ermittelt, ist der Produzent. Diejenigen Threads, welche die Datensätze für die Verknüpfung benötigen, sind die Konsumenten. Wenn zumindest eine Tabelle für den parallelen Zugriff konfiguriert ist, ermittelt der Planoptimierer die Art der Verteilung für die Threads. Diese Verteilung kann mit dem *Hint* überschrieben werden. Der *Hint* ist folgendermaßen strukturiert:

/+ PQ_DISTRIBUTE(X outerDistribution, innerDistribution) */*

X repräsentiert die innere Tabelle oder ihren Alias. Die Verteilung für die Datensätze dieser Tabelle wird durch das Argument `innerDistribution` festgelegt. Für die äußere Tabelle erfolgt das mit dem Argument `outerDistribution`. Für den *Hint* existieren verschiedene Möglichkeiten, die Verteilung für die beteiligten Tabellen festzulegen:

- `HASH, HASH`
- `BROADCAST, NONE`
- `NONE, BROADCAST`
- `PARTITION, NONE`
- `NONE, PARTITION`
- `NONE, NONE`

Die letzten drei Verteilungsvarianten können nur auf partitionierte Tabellen angewendet werden. Die ersten drei Varianten setzen keine Partitionierung voraus und werden in den nächsten drei Abschnitten erläutert. Dann folgen weitere drei Abschnitte, in denen die Verteilungsvarianten erklärt werden, welche eine Partitionierung voraussetzen.

5.1.2.1 Verteilungsvarianten ohne Partitionierung

5.1.2.1.1 HASH, HASH

Bei der Verteilungsvariante `HASH, HASH` wird auf die *Join Attribute Values* eine Hashfunktion angewendet. Mit dieser Hashfunktion können die konsumierenden Threads die eingelesenen Datensätze mit den Datensätzen der anderen Tabelle verknüpfen. Der Einsatz dieser Verteilungsvariante ist dann gut geeignet, wenn die am `JOIN` beteiligten Tabellen ungefähr die gleiche Größe haben und der `JOIN` mit der Methode *Hash* oder der Methode *Sort Merge* ausgeführt werden soll. Das folgende Beispiel kombiniert mit einem *Hint* diese Verteilungsvariante mit dem *Hash Join*. Die innere Tabelle wird mit dem *Hint* `ORDERED` festgelegt. Es handelt sich um die Tabelle `VTG_VERTRAG_TRX` mit dem Alias `V`. Dies ist die zweite Tabelle in dem *From Clause*. Die Hashtabelle wird für die *Join Attribute Values* der Treibertabelle `VTG_DAUERKOMPONENTE` erzeugt:

```
SELECT /*+ PARALLEL(D,DEFAULT) PARALLEL(V,DEFAULT) ORDERED PQ_DISTRIBUTE(V HASH,
            HASH) USE_HASH (V) */
       *
  FROM VTG_DAUERKOMPONENTE D,
       VTG_VERTRAG_TRX V
 WHERE
          D.VERTRAG_ID = V.VERTK_ID
       AND D.NAME = 'PK_VBO_00_101F'
       AND D.PERIODEVON_DATE <= '31.12.2014'
       AND D.PERIODEBIS_DATE >= '01.01.1900'
       AND D.DISCRIMINATOR IN
('BESCHEINIGUNGSGRUNDLAGEN', 'ANWARTSCHAFTSSUMMEN');
```

Im entsprechenden Ausführungsplan erfolgt ein *Full Table Scan* auf beide Tabellen in den Schritten 1 und 6. Diese beiden *Full Table Scans* erfolgen in den Schritten 2 und 7 parallelisiert:

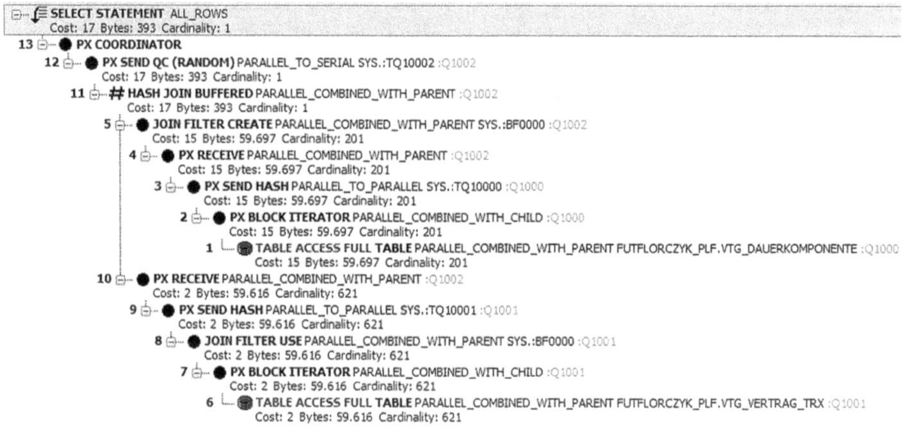

Abb. 5.6: Ausführungsplan mit Verteilungsvariante HASH, HASH.

Im Schritt 3 wird die Tabelle VTG_DAUERKOMPONENTE mit der Verteilungsvariante HASH an das Query-Server-Set Q1002 gesendet.

Bloom Filter

Im Schritt 5 wird für die Tabelle VTG_DAUERKOMPONENTE der *Bloom Filter* BF0000 erzeugt. Hierbei handelt es sich um eine Hashfunktion für das *Join Attribute*. Der *Bloom Filter* [65] speichert für jede Ausprägung des *Join Attribute* eine Binärrepräsentation. Dadurch kann der Speicherbedarf für den *Bloom Filter* optimiert werden. Denn das korrespondierende Attribut kann beispielsweise Ausprägungen mit sehr langen Zeichenketten enthalten, welche viel Speicher benötigen und daher für eine Datenübertragung nicht gut geeignet sind. Da der *Bloom Filter* jedoch weniger Speicher benötigt, kann er effizient übertragen werden, ohne dass unnötig Laufzeit für die Übertragung verbraucht wird. Nach der Übertragung wird der *Bloom Filter* BF0000 im achten Schritt verwendet, um zu prüfen, welche Datensätze aus der Tabelle VTG_VERTRAG_TRX mit einem JOIN verknüpft werden können. Dazu werden die Ausprägungen des *Join Attribute* aus der Tabelle VTG_VERTRAG_TRX mit der Hashfunktion in die Binärrepräsentation konvertiert. Dann wird überprüft, ob diese Binärrepräsentation im *Bloom Filter* gespeichert ist. Wenn das der Fall ist, handelt es sich um einen verknüpfbaren Datensatz. Nur diese verknüpfbaren Datensätze werden anschließend im Schritt 9 an das Query-Server-Set Q1002 gesendet. Dieses Query-Server-Set empfängt dann die bereits gefilterten Datensätze im zehnten Schritt.

Die eigentliche Verknüpfung mit der Methode JOIN erfolgt schließlich im Schritt 11. Die Teilergebnisse des JOIN werden dann an den Query-Koordinator gesendet. Der Query-Koordinator fügt die Teilergebnisse zusammen und sendet das daraus erzeugte Gesamtergebnis an den anfragenden Client. Insgesamt sind drei Query-Server-Sets an dem Ausführungsplan beteiligt. Jeweils ein Query-Server-Set wird benötigt, um die beiden Tabellen zu laden und die erforderlichen Daten zu übertragen. Diese beiden Query-Server-Sets sind im Ausführungsplan mit Q1000 und Q1001 gekennzeichnet. Q1001 verarbeitet die Tabelle VTG_VERTRAG_TRX und Q1000 ist für die Tabelle VTG_DAUERKOMPONENTE zuständig. Q1002 empfängt die Daten von diesen beiden Query-Server-Sets und verarbeitet diese weiter. Dieses dritte Query-Server-Set ist für die Synchronisierung und den *Hash Join* zuständig. Ebenso steuert dieses Query-Server-Set den Query-Koordinator.

Synchronisierung

Bei dem Schritt 11 handelt es sich um einen *Hash Join Buffered*. Mit der Pufferung übernimmt dieser Schritt auch eine Synchronisierungsfunktion. Durch diese Synchronisierung kann die Verarbeitung blockiert werden. Synchronisierungspunkte werden eingesetzt, um Arbeitsschritte mit Query-Server-Sets zu koordinieren. Dann kann ein Arbeitsschritt erst begonnen werden, wenn alle Query-Server des Sets verfügbar sind. Dies ist erst dann der Fall, wenn alle zum Set gehörenden Server ihren vorigen Arbeitsschritt abgeschlossen haben. Wenn also ein Teil der Server des Sets den vorigen Arbeitsschritt abgeschlossen haben, sind diese Server in der Fortsetzung der Arbeit solange blockiert, bis auch die restlichen Server des Sets die Arbeit abgeschlossen haben. Auf die Synchronisierung kann nicht verzichtet werden, wenn der vollständige Abschluss des vorigen Arbeitsschritts die Voraussetzung für den aktuellen Arbeitsschritt ist. Daher kann man einen solchen Synchronisierungsschritt nicht manuell aus dem Ausführungsplan entfernen, wenn dieser automatisch vom Planoptimierer eingefügt wurde, wie das in diesem Plan der Fall ist. Grundsätzlich können Synchronisierungspunkte aufgrund der blockierenden Eigenschaft die Laufzeit in der Parallelverarbeitung deutlich erhöhen. In dem Beispiel werden erst alle Teilergebnisse der beiden Query-Server-Sets im Hauptspeicher gepuffert. Wenn der Hauptspeicher nicht reichen sollte, erfolgt eine Pufferung im *Tablespace* TEMP. Dies führt zu einer weiteren Verlangsamung der Ausführung, denn die Daten müssen dann für die Weiterverarbeitung vom *Tablespace* TEMP wieder nachgeladen werden. Da man Synchronisierungspunkte nicht mit einem *Hint* aus dem Ausführungsplan entfernen kann, muss man die Struktur des Ausführungsplans insgesamt ändern, wenn man die Synchronisierung vermeiden möchte. Dies ist möglich, indem man ein anderes Verteilungsszenario mit dem *Hint* anfordert. Im nun folgenden Abschnitt wird eine weitere Ausführungsvariante besprochen, die keinen *Hash Join Buffered* beinhaltet. Eine direkte Einflussnahme auf die Synchronisierungspunkte im Ausführungsplan ist nicht möglich, weil die Weiterverarbeitung ohne die Synchronisierung nicht erfolgen kann. In dem Beispiel kann die Verknüpfung der beiden Tabellen mit Hilfe der Hashtabelle erst dann begonnen werden, wenn alle Daten von den beiden Query-Server-Sets empfangen wurden. Nur der Planoptimierer kann beurteilen, ob ein Synchronisierungsschritt erforderlich ist, und ergänzt diesen Schritt im Ausführungsplan, wenn das erforderlich ist. Insofern muss man sich hier auf die Entscheidung des Planoptimierers verlassen.

5.1.2.1.2 BROADCAST, NONE

Wenn die Verteilungsvariante BROADCAST, NONE ausgewählt wird, werden die Datensätze der äußeren Tabelle an alle Query-Threads übermittelt. Man sollte diese Variante daher dann auswählen, wenn die Selektionsmenge der äußeren Tabelle deutlich kleiner ist als die Selektionsmenge der inneren Tabelle. Denn in dem Fall wird eine möglichst geringe Datenmenge übertragen. Damit wird vermieden, dass für die Übertragung unnötig Laufzeit verbraucht wird. Ob diese Verteilungsvariante genutzt werden soll, kann man mit Hilfe der folgenden Ungleichung feststellen:

$$\begin{aligned}&\text{Selektionsmenge der inneren Tabelle} \times \text{Anzahl der Query} - \text{Server}\\&\quad > \text{Selektionsmenge der äußeren Tabelle}\,.\end{aligned} \tag{5.1}$$

Die Verteilungsvariante wird also dann zum Einsatz kommen, wenn diese Ungleichung erfüllt ist. Das folgende Beispiel arbeitet mit einem *Hint*, der diese Verteilungsvariante festlegt:

```
SELECT /*+ PARALLEL (D, DEFAULT) PARALLEL(V, DEFAULT) ORDERED PQ_DISTRIBUTE
           (V BROADCAST, NONE) USE_HASH (V) */
         *
  FROM VTG_DAUERKOMPONENTE D,
       VTG_VERTRAG_TRX V
 WHERE
           D.VERTRAG_ID = V.VERTK_ID
       AND D.NAME = 'PK_VBO_00_101F'
       AND D.PERIODEVON_DATE <= '31.12.2014'
       AND D.PERIODEBIS_DATE >= '01.01.1900'
       AND D.DISCRIMINATOR IN ('BESCHEINIGUNGSGRUNDLAGEN');
```

Die äußere Tabelle ist VTG_DAUERKOMPONENTE. Diese Tabelle hat aufgrund der Filterung eine geringere Selektionsmenge. Daher wird diese Selektionsmenge also an die Query-Server übertragen (siehe Abbildung 5.7).

Im Ausführungsplan erkennt man diesen Vorgang im dritten Schritt. Die Datensätze der inneren Tabelle werden nicht übertragen. Die Query-Server laden also die Datensätze der inneren Tabelle mit dem *Full Table Scan*. Die Datensätze der äußeren Tabelle werden ebenfalls mit dem *Full Table Scan* geladen und anschließend an die Query-Server übertragen. Dann erfolgt die Verknüpfung der Datensätze mit der Methode *Hash*. Anschließend werden diese Teilergebnisse der Query-Server im achten

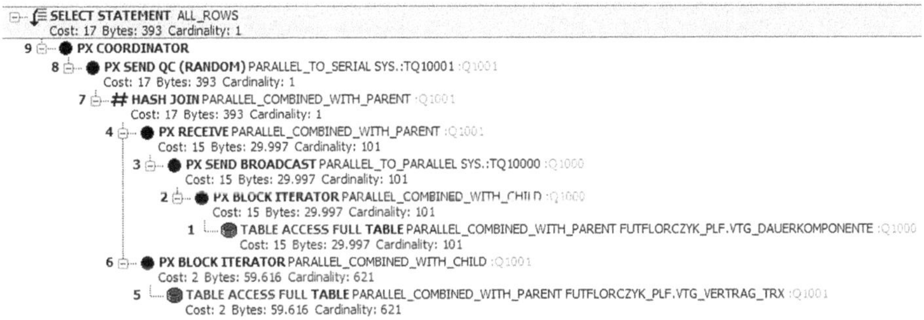

Abb. 5.7: Ausführungsplan mit Verteilungsvariante BROADCAST, NONE.

Schritt an den Query-Koordinator übermittelt. Das Query-Server-Set Q1001 ist für das Empfangen und Weiterverarbeiten der äußeren Tabelle verantwortlich. Auch liest dieses Query-Server-Set die innere Tabelle mit dem *Full Table Scan* ein. Das Einlesen und Übertragen der äußeren Tabelle erfolgt mit dem Query-Server-Set Q1000.

5.1.2.1.3 NONE, BROADCAST

Mit dem Szenario NONE, BROADCAST überträgt man die Selektionsmenge der inneren Tabelle an die Query-Server. Maßgeblich für die Auswahl dieser Variante ist das Größenverhältnis zwischen der Selektionsmenge von innerer und äußerer Tabelle. Wenn nämlich die Selektionsmenge der inneren Tabelle deutlich kleiner ist als die Selektionsmenge der äußeren Tabelle, wählt man diese Variante aus. Man prüft vorher die Erfüllung dieser Bedingung mit einer Ungleichung:

$$\begin{aligned}&\text{Selektionsmenge der inneren Tabelle} \times \text{Anzahl der Query} - \text{Server}\\&\quad < \text{Selektionsmenge der äußeren Tabelle}\,.\end{aligned} \tag{5.2}$$

Wenn diese Ungleichung erfüllt ist, wählt man diese Option. Das folgende Beispiel zeigt den Einsatz des *Hint*:

```
SELECT /*+ PARALLEL (D, DEFAULT) PARALLEL (V, DEFAULT) ORDERED PQ_DISTRIBUTE
          (V NONE, BROADCAST) USE_HASH(V) */
    *
  FROM
  VTG_DAUERKOMPONENTE D,
  VTG_VERTRAG_TRX V
 WHERE
          D.VERTRAG_ID = V.VERTK_ID
      AND D.NAME = 'PK_VBO_00_101F'
      AND D.PERIODEVON_DATE <= '31.12.2014'
      AND D.PERIODEBIS_DATE >= '01.01.1900';
```

In diesem Beispiel werden die Datensätze der Tabelle VTG_VERTRAG_TRX übertragen. Denn diese ist die innere Tabelle:

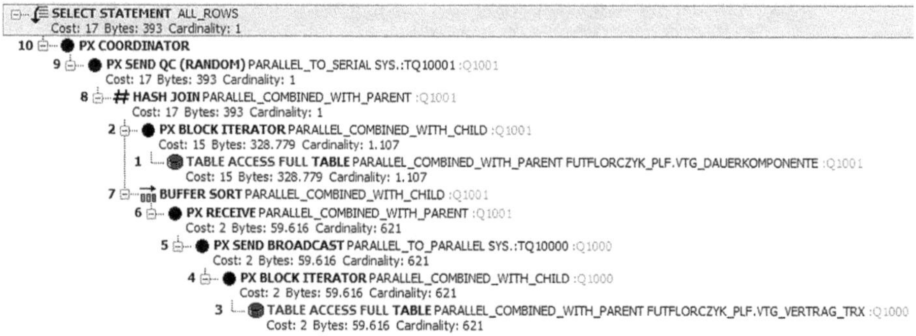

Abb. 5.8: Ausführungsplan mit Verteilungsvariante NONE, BROADCAST.

Die innere Tabelle wird im dritten Schritt mit dem *Full Table Scan* von dem Query-Server-Set Q1000 parallel eingelesen. Die Übertragung der Datensätze erfolgt dann im fünften Schritt ebenfalls von diesem Query-Server-Set. Das empfangende Query-Server-Set Q1001 puffert und sortiert die Datensätze. Die Sortierung kann erst abgeschlossen werden, wenn alle Datensätze empfangen wurden. Hierbei handelt es sich um den siebten Schritt, der somit einen Synchronisationspunkt repräsentiert und damit eine blockierende Wirkung in der Weiterverarbeitung hat. Der *Hash Join* auf den sortierten Datensätzen kann im achten Schritt also erst nach dem Abschluss der Synchronisierung erfolgen. Danach wird das Resultat an den Query-Koordinator übertragen, welcher das Ergebnis an den Client weiterleitet.

5.1.2.2 Verteilungsvarianten mit Partitionierung

In diesem Abschnitt werden drei Verteilungsvarianten vorgestellt, welche die Oracle-Partitionierung voraussetzen. Die im vorigen Abschnitt vorgestellten Verteilungsvarianten sind dagegen nicht an die Partitionierung gebunden. Jedoch können auch diese Verteilungsvarianten bei partitionierten Tabellen eingesetzt werden.

5.1.2.2.1 PARTITION, NONE

Bei der Verteilungsvariante PARTITION, NONE muss die innere Tabelle partitioniert sein. Diese Partitionierung muss sich auf die *Join Attributes* beziehen. Wenn diese Voraussetzungen erfüllt sind, werden die Datensätze der äußeren Tabelle mit Hilfe der Partitionierung mit der inneren Tabelle verknüpft. Dabei sollte die Anzahl der Partitionierungen ungefähr der Anzahl der Query-Server entsprechen. Der *Hint* wird vom Planoptimierer nicht beachtet, wenn die Voraussetzungen nicht erfüllt sind.

```
SELECT /*+ PARALLEL(D,9) PARALLEL(V, DEFAULT) PQ_DISTRIBUTE(D PARTITION, NONE)
           ORDERED USE_HASH(D) */
       *
  FROM RSA_VERTRAG_TRX V, RSA_DAUERKOMPONENTE_P D
 WHERE     D.STGP_ID = V.STGP_ID
       AND D.PERIODEVON_DATE <= '31.12.2014'
       AND D.PERIODEBIS_DATE >= '01.01.1900';
```

Die Selektion greift auf zwei Tabellen parallelisiert zu. Jedoch ist nur die Tabelle VTG_DAUERKOMPONENTE_P partitioniert. Das ist die innere Tabelle. Die Partitionierung bezieht sich auf das Attribut STGP_ID. Dies ist das *Join Attribute* und existiert in beiden Tabellen. Die innere Tabelle ist also partitioniert. Dementsprechend wurde die Verteilungsvariante gewählt, welche die Partitionierung der inneren Tabelle voraussetzt.

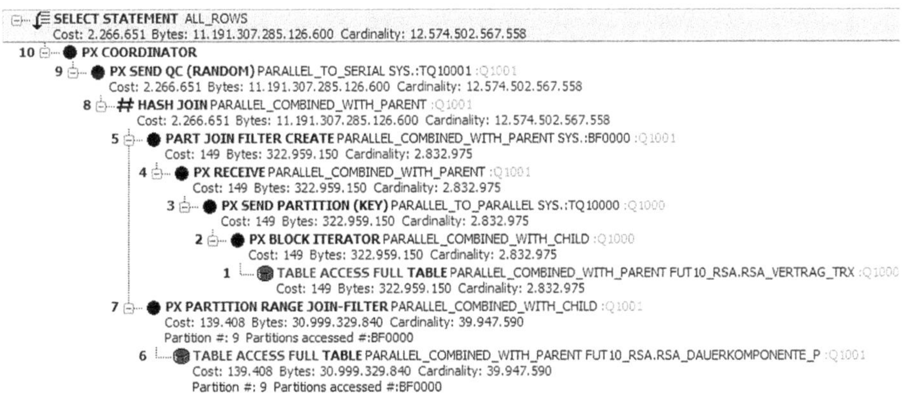

Abb. 5.9: Ausführungsplan mit Verteilungsvariante PARTITION, NONE.

Es wird auf neun Partitionen zugegriffen. Daher wird ein neunfacher Parallelitätsgrad für den Zugriff auf die partitionierte Tabelle genutzt. Im dritten Schritt der Abbildung 5.9 wird das *Join Attribute* an das Query-Server-Set Q1001 gesendet. Dieser Verarbeitungsschritt ist aufgrund der gewählten Verteilungsvariante erforderlich. Das Query-Server-Set Q1001 erzeugt im fünften Schritt für das *Join Attribute* einen *Bloom Filter*. Im sechsten Schritt greift dieses Query-Server-Set mit einem *Full Table Scan* auf die partitionierte Tabelle zu. Mit Hilfe des *Bloom Filter* wird gewährleistet, dass nur die Datensätze selektiert werden, welche mit der nicht partitionierten Tabelle verknüpft werden können. Es wurde das *Range Partitioning* verwendet. Daher wird im siebten Schritt das *Range Partitioning* mit Hilfe des *Bloom Filter* angewendet. Das *Range Partitioning* erfolgt mit neunfacher Parallelität. Dabei wird auf neun Partitionen zugegriffen. Dieser siebte Schritt zeigt ebenso wie der dritte Schritt die Beachtung der gewählten Verteilungsvariante. Schließlich erfolgt im achten Schritt der *Hash Join*. Das Ergebnis wird im neunten Schritt an den Query-Koordinator gesendet.

5.1.2.2.2 NONE, PARTITION

Die Verteilungsvariante `NONE, PARTITION` kann genutzt werden, wenn die äußere Tabelle partitioniert ist. Die Partitionierung muss sich auf die *Join Attributes* beziehen. Dann folgt mit dieser Verteilungsvariante mit Hilfe der Partitionierung der äußeren Tabelle, dass deren Datensätze mit der inneren Tabelle verknüpft werden. Die Anzahl der Query-Server sollte ungefähr der Anzahl der Partitionierungen entsprechen. Wenn die Voraussetzungen nicht erfüllt sind, wird der *Hint* ignoriert.

```
SELECT /*+ PARALLEL(D,DEFAULT) PARALLEL(V,4) PQ_DISTRIBUTE(D NONE, PARTITION)
           ORDERED USE_HASH(D) */
       *
  FROM RSA_VERTRAG_TRX_P V, RSA_DAUERKOMPONENTE D
 WHERE      D.STGP_ID = V.STGP_ID
        AND D.PERIODEVON_DATE <= '31.12.2014'
        AND D.PERIODEBIS_DATE >= '01.01.1900';
```

In dem Beispiel wird auf zwei Tabellen parallelisiert mit dem *Full Table Scan* zugegriffen. Diese Tabellen werden mit einem *Hash Join* verknüpft. Partitioniert ist indes nur die Tabelle `RSA_VERTRAG_TRX_P`. Von dieser Tabelle werden voraussichtlich vier Partitionen für die Verknüpfung benötigt. Daher wird auf diese Tabelle mit der vierfachen Parallelität zugegriffen. Denn gemäß der Verteilungsvariante sollte dieser Parallelitätsgrad für die äußere Tabelle gewählt werden. Maßgeblich für die Beachtung der Verteilungsvariante ist das *Join Attribute* `STGP_ID`. Denn dieses Attribut wird für die Tabelle `RSA_VERTRAG_TRX_P` für das *Range Partitioning* genutzt.

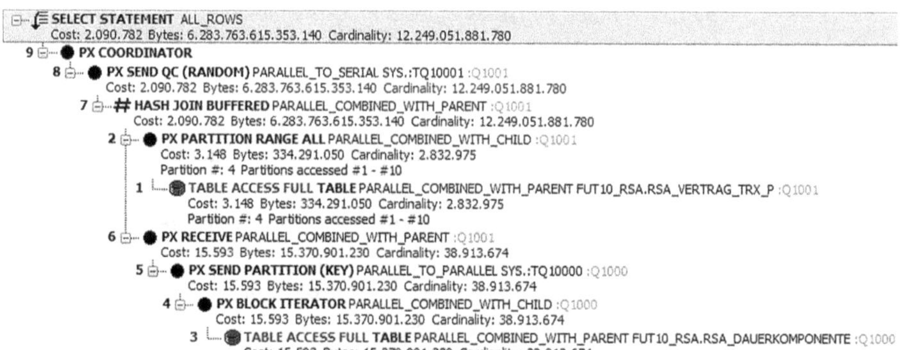

Abb. 5.10: Ausführungsplan mit Verteilungsvariante `NONE, PARTITION`.

Im ersten Verarbeitungsschritt der Abbildung 5.10 wird auf die partitionierte Tabelle `RSA_VERTRAG_TRX_P` mit dem *Full Table Scan* zugegriffen. Dies ist die äußere Tabelle. Gemäß der Verteilungsvariante wird für den parallelisierten Zugriff im zweiten Schritt das *Range Partitioning* der äußeren Tabelle genutzt.

Diese Zugriffsart wird ebenso im dritten Schritt auf die nicht partitionierte Tabelle RSA_DAUERKOMPONENTE angewendet. Deren Ausprägungen des *Join Attribute* STGP_ID werden gemäß der Verteilungsvariante an das Query-Server-Set Q1001 gesendet, welches diese Ausprägungen im sechsten Verarbeitungsschritt empfängt und anschließend im siebten Verarbeitungsschritt für den *Hash Join* verwendet. Der *Hash Join* wird mit einer Pufferung ausgeführt, um das Ergebnis zu synchronisieren. Nach Abschluss der Synchronisation wird das Resultat der Verknüpfung im achten Schritt an den Query-Koordinator gesendet.

5.1.2.2.3 NONE, NONE

Die Verteilungsvariante NONE, NONE setzt voraus, dass die *Join Attributes* bei beiden Tabellen partitioniert sind. Wenn diese Bedingung erfüllt ist, werden jeweils zwei zusammenpassende Partitionierungen aus beiden Tabellen mit Hilfe eines Query-Servers verknüpft. Daher sollte die Anzahl der Partitionierungen bei beiden Tabellen ungefähr gleich sein.

```
SELECT /*+ PARALLEL(D,DEFAULT) PARALLEL(V,DEFAULT)
           PQ_DISTRIBUTE(D NONE, NONE) ORDERED USE_HASH(D) */
       *
  FROM RSA_VERTRAG_TRX_P V, RSA_DAUERKOMPONENTE_P D
 WHERE     D.STGP_ID = V.STGP_ID
       AND D.PERIODEVON_DATE <= '31.12.2014'
       AND D.PERIODEBIS_DATE >= '01.01.1900';
```

Beide Tabellen aus dem Beispiel sind nun partitioniert, und zwar mit Hilfe des *Join Attribute* STGP_ID, das für die Verknüpfung der beiden Tabellen mit dem *Hash Join* verwendet wird (siehe Abbildung 5.11).

In dem Ausführungsplan erkennt man, dass die Verknüpfung von jeweils zusammenpassenden Partitionen durch das Query-Server-Set Q1002 erfolgt. Bei beiden Tabellen wird auf eine nicht sehr stark differierende Anzahl von Partitionen zugegriffen. Das Query-Server-Set Q1000 selektiert mit dem *Full Table Scan* acht Partitionen der Tabelle RSA_VERTRAG_TRX_P. Auf die Tabelle RSA_DAUERKOMPONENTE_P greift das Query-Server-Set Q1001 zu und selektiert dreizehn Partitionen. Das Query-Server-Set Q1002 erzeugt den *Bloom Filter* BF0000 mit Hilfe der Tabelle RSA_VERTRAG_TRX_P. Dieser *Bloom Filter* wird vom Query-Server-Set Q1001 verwendet, um nur die Datensätze aus der Tabelle RSA_DAUERKOMPONENTE_P zu selektieren, welche mit der Tabelle RSA_VERTRAG_TRX verknüpft werden können. Diese Verknüpfung erfolgt dann im zwölften Schritt. Im anschließenden Schritt wird das Ergebnis der Verknüpfung an den Query-Koordinator gesendet.

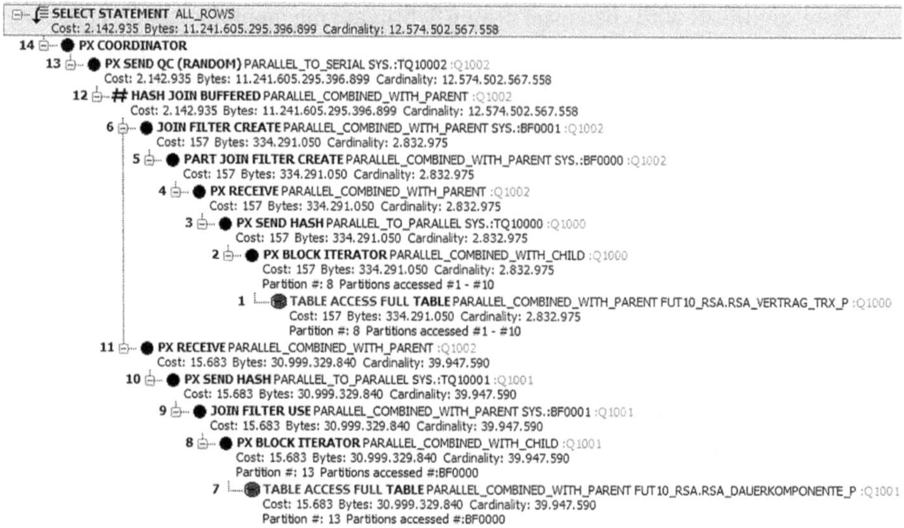

Abb. 5.11: Ausführungsplan mit Verteilungsvariante NONE, NONE.

5.1.3 PX Coordinator Forced Serial

Wenn im Ausführungsplan der Schritt *PX Coordinator Forced Serial* enthalten ist, erfolgt zur Laufzeit eine sequentielle Verarbeitung, obwohl der Ausführungsplan ansonsten von einem Ausführungsplan für die Parallelverarbeitung nicht unterschieden werden kann. In diesem Fall hat der Planoptimierer während der Erzeugung des parallelen Ausführungsplans festgestellt, dass dieser nicht parallel ausgeführt werden kann. Das ist beispielsweise dann der Fall, wenn dabei auf Funktionen in *PL/SQL Scripts* (*Procedural Language/Structured Query Language Scripts*) zugegriffen wird, die nur eine sequentielle Verarbeitung ermöglichen, weil diese Funktionen nicht *Thread Save* programmiert sind, so dass die Parallelverarbeitung für die betroffenen Funktionen nicht aktiviert werden kann.

```
SELECT /*+ FULL(D) FULL(V) ORDERED */
      *
  FROM VBO_DAUERKOMPONENTE D,
       VBO_VERTRAG V
 WHERE
          D.VERTRAG_ID = V.ID
      AND D.NAME = 'PK_VBO_00_101F'
      AND D.PERIODEVON_DATE <= '31.12.2014'
      AND D.PERIODEBIS_DATE >= '01.01.1900';
```

Obwohl der Ausführungsplan zur Laufzeit seriell ausgeführt wird, erscheinen im Ausführungsplan noch die Kosten, die bei paralleler Verarbeitung anfallen würden:

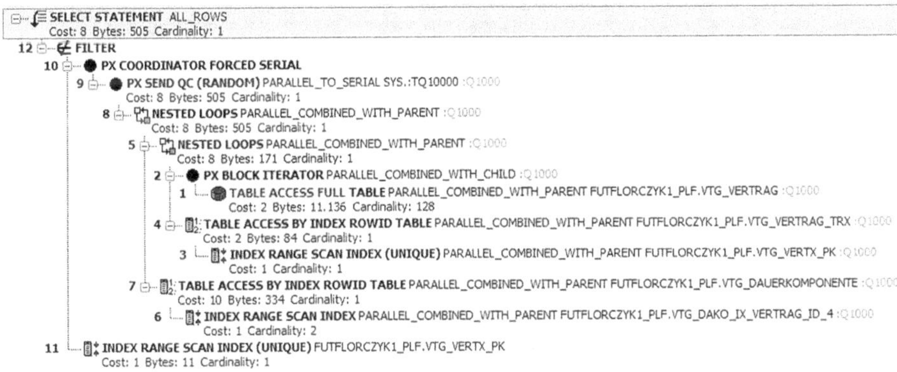

Abb. 5.12: Pseudoparalleler Ausführungsplan.

Dieses Verhalten kann zu einem suboptimalen Ausführungsplan führen, weil dadurch der Ausführungsplan auf unrealistischen Kostenannahmen basiert. Es kann also der Fall eintreten, dass sich der Planoptimierer für einen Indexzugriff anstelle des *Full Table Scan* entscheiden würde, wenn er die realistischen Kosten berücksichtigen würde, die bei einer seriellen Verarbeitung des *Full Table Scan* tatsächlich zur Laufzeit anfallen werden, und nicht die Kosten für die Parallelverarbeitung des *Full Table Scan* berücksichtigen würde. Der Ausführungsplan ist dann suboptimal, wenn der sequentielle Indexzugriff schneller ist als der zur Laufzeit ausgeführte sequentielle *Full Table Scan*. Dazu folgt nun ein Beispiel, in dem mit *Hints* eine sequentielle Verarbeitung für *Full Table Scans* erreicht wird:

```
SELECT /*+ FULL(D) ORDERED */
     *
  FROM VBO_DAUERKOMPONENTE D,
       VBO_VERTRAG V
 WHERE
          D.VERTRAG_ID = V.ID
       AND D.NAME = 'PK_VBO_00_101F'
       AND D.PERIODEVON_DATE <= '31.12.2014'
       AND D.PERIODEBIS_DATE >= '01.01.1900';
```

Im Ausführungsplan erkennt man, dass jetzt höhere Kosten für die Verarbeitung von `VBO_DAUERKOMPONENTE` anfallen:

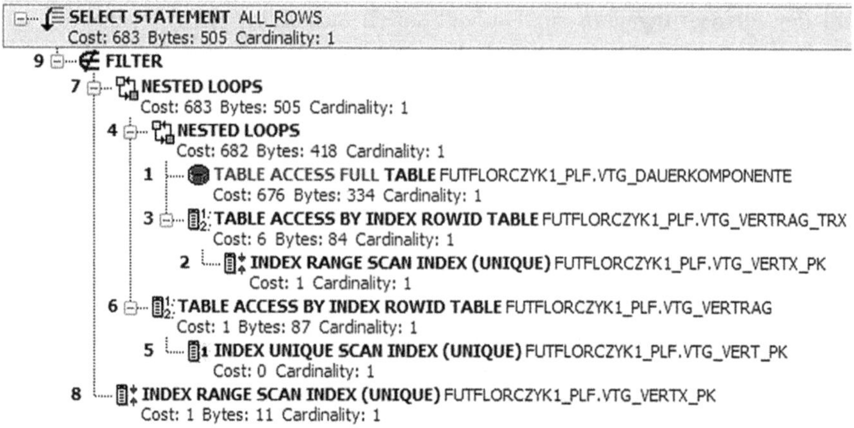

Abb. 5.13: Sequentieller Ausführungsplan mit *Full Table Scan*.

Nun wird aus der Selektion der *Hint* für den *Full Table Scan* entfernt:

```
SELECT /*+ ORDERED */
       *
  FROM VBO_DAUERKOMPONENTE D,
       VBO_VERTRAG V
 WHERE
           D.VERTRAG_ID = V.ID
       AND D.NAME = 'PK_VBO_00_101F'
       AND D.PERIODEVON_DATE <= '31.12.2014'
       AND D.PERIODEBIS_DATE >= '01.01.1900';
```

Der Planoptimierer entscheidet sich für die Verarbeitung von VBO_DAUERKOMPONENTE gegen den *Full Table Scan* und kann damit die Kosten bei der sequentiellen Verarbeitung reduzieren:

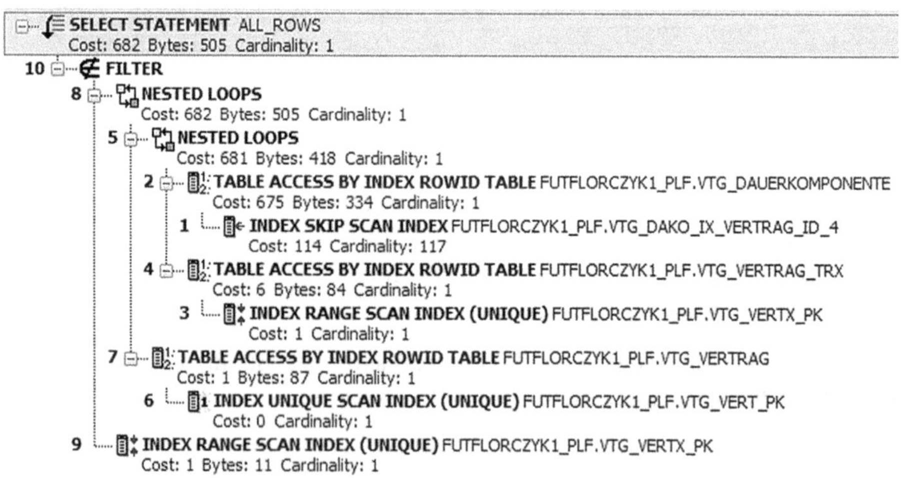

Abb. 5.14: Sequentieller Ausführungsplan mit indiziertem Tabellenzugriff.

Damit ist also gezeigt, dass der Ausführungsplan mit dem Verarbeitungsschritt *PX Coordinator Forced Serial* tatsächlich suboptimal ist. Ein *Full Table Scan* für VBO_DAUERKOMPONENTE verursacht im Vergleich zum Indexzugriff zur Laufzeit höhere Kosten.

5.1.3.1 Downgrading

Pseudoparallele Ausführungspläne können auch noch zur Laufzeit durch *Downgrading* entstehen. Beim *Downgrading* wird ein paralleler Ausführungsplan zur Laufzeit in einen pseudoparallelen Ausführungsplan verwandelt. Dieser kann dann durch das *Downgrading* ebenso suboptimal werden, weil dann ebenfalls ein möglicherweise verfügbarer Indexzugriff schneller sein kann. *Downgrading* kann durch die Konfiguration der Datenbank-Initialisierungsparameter verursacht werden. Es können aber auch temporäre Ursachen zum *Downgrading* führen, weil beispielsweise keine Ressourcen verfügbar sind, die eine parallele Ausführung ermöglichen würden. Mit dem *Real Time SQL Monitoring* bekommt man die Information, ob zur Laufzeit ein *Downgrading* stattgefunden hat.

5.1.3.2 Synchronisierung

Auch in pseudoparallelen Ausführungsplänen können Synchronisierungspunkte enthalten sein. Der folgende SQL-Befehl enthält *Hints*, mit denen die Nutzung des *Hash Join Buffered* zur Verknüpfung von VBO_DAUERKOMPONENTE und VBO_VERTRAG erreicht wird:

```
SELECT /*+ PARALLEL(D,DEFAULT) FULL(D) FULL(V) ORDERED */
      *
  FROM
  VBO_VERTRAG V,
  VBO_DAUERKOMPONENTE D
 WHERE
          D.VERTRAG_ID = V.ID
      AND D.NAME = 'PK_VBO_00_101F'
      AND D.PERIODEVON_DATE <= '31.12.2014'
      AND D.PERIODEBIS_DATE >= '01.01.1900';
```

Der Synchronisierungspunkt *Hash Join Buffered* erscheint nun im Ausführungsplan im elften Schritt (siehe Abbildung 5.15).

Dieser Synchronisierungspunkt kann Blockaden in der Parallelverarbeitung verursachen. Jedoch erkennt die *Runtime Engine*, dass aufgrund der seriellen Verarbeitung keine Synchronisierung erforderlich ist, so dass die Blockade zur Laufzeit vermieden wird. Die Synchronisierung im Ausführungsplan wird also zur Laufzeit ignoriert.

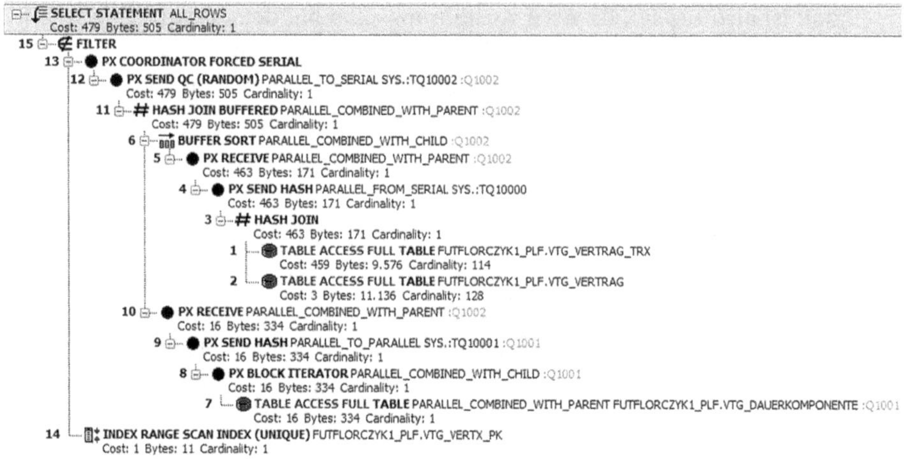

Abb. 5.15: Pseudoparalleler Ausführungsplan mit wirkungsloser Synchronisierung.

5.1.3.3 PARALLEL_ENABLE

Im vorigen Abschnitt wurde darauf hingewiesen, dass pseudoparallele Ausführungspläne durch PL/SQL-Skripte verursacht werden können, die der SQL-Befehl nutzt. Dieses Problem wird nun anhand eines Packages diskutiert. Dazu betrachten wir zunächst einen SQL-Befehl, der ein Package nutzt:

```
SELECT /*+ PARALLEL(D,2) */
       *
  FROM PLF_FACHTRANSAKTION D;
```

Der zugehörige Ausführungsplan ist pseudoparallel:

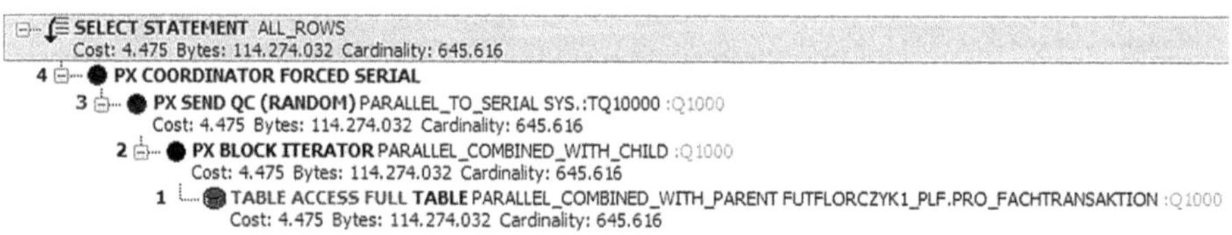

Abb. 5.16: Pseudoparalleler Ausführungsplan mit *Full Table Scan.*

Man erkennt das an dem vierten Schritt. Dort wird mit *PX Coordinator Forced Serial* die serielle Ausführung des Plans zur Laufzeit durch die *Runtime Engine* bewirkt, obwohl der Plan für die parallele Ausführung optimiert wurde. Dieses Phänomen wurde im vorigen Abschnitt ausführlich erläutert. Die Ursache liegt hier in einer Funktion, die von dem SQL-Befehl benutzt wird. Diese Funktion ist Bestandteil eines DB-Packages (Datenbank-Package). In dem SQL-Kommando wird von der *View* PRO_FACHTRANSAKTION$

selektiert. Dies erfolgt indirekt mit dem Synonym PLF_FACHTRANSAKTION, das für diese *View* definiert wurde. Diese *View* greift auf die Funktion zu:

```
CREATE OR REPLACE FORCE VIEW PRO_FACHTRANSAKTION$
(
   ID,
   MAND_ID,
   DISCRIMINATOR,
     :
     :
)
AS
   SELECT FTRX.ID AS ID,
          FTRX.MAND_ID AS MAND_ID,
          FTRX.DISCRIMINATOR AS DISCRIMINATOR,
            :
            :
     FROM  PRO_FACHTRANSAKTION FTRX
    WHERE FTRX.MAND_ID = SBV_KONTEXT.MAND_ID;
```

Die Funktion hat den Namen MAND_ID und ist im Package SBV_KONTEXT enthalten. Der Zugriff auf diese Funktion erfolgt in der letzten Zeile der Funktion. Wenn man sich die Deklaration dieser Funktion in der Spezifikation des Packages anschaut, dann findet man die Ursache für den pseudoparallelen Ausführungsplan:

```
-- MANDANT ID
FUNCTION MAND_ID RETURN NUMBER;
```

In der Funktions-Signatur fehlt das Schlüsselwort PARALLEL_ENABLE. Wenn dieses Schlüsselwort vorhanden ist, zeigt es dem Planoptimierer an, dass die Funktion thread-safe ist. Daher muss im nächsten Schritt geprüft werden, ob diese Bedingung erfüllt ist. Denn sonst darf man das Schlüsselwort nicht in der Signatur ergänzen. Für die Überprüfung muss die Definition der Funktion im Package-Body analysiert werden:

```
FUNCTION MAND_ID RETURN NUMBER IS
BEGIN
  IF S_MAND_ID IS NULL
  THEN
    RAISE SBV_STANDARD.E_KEINLESEKONTEXT;
  END IF;
  RETURN S_MAND_ID;
EXCEPTION
  WHEN SBV_STANDARD.E_KEINLESEKONTEXT THEN
    -- Da dieser Fehler nur bei direkten DB-Anfragen auftauchen sollte,
    -- wird ein Fehlertext hinzugefügt.
```

```
    RAISE_APPLICATION_ERROR(SQLCODE, 'Im Kontext ist kein Mandant
                                     gesetzt.', TRUE);
END MAND_ID;
```

Der Programmcode zeigt, dass der SQL-Befehl nur dann ausgeführt werden darf, wenn die Variable S_MAND_ID nicht NULL ist. Die Deklaration der Variablen finden wir im Body des Packages:

```
-- Mandant-ID
S_MAND_ID              NUMBER;
```

Für die Initialisierung der Variablen gibt es eine Prozedur in dem Package:

```
PROCEDURE SETKONTEXT (I_MANDANT_ID    IN NUMBER    DEFAULT NULL
                     ,I_MODUL_NAME    IN VARCHAR2  DEFAULT NULL
                     ,I_CLIENT_INFO   IN VARCHAR2  DEFAULT NULL) IS
BEGIN

  SETMANDANT (I_MANDANT_ID);

  IF I_MODUL_NAME IS NOT NULL
  THEN
      DBMS_APPLICATION_INFO.SET_MODULE(I_MODUL_NAME, NULL);
  END IF;

  IF I_CLIENT_INFO IS NOT NULL
  THEN
      DBMS_APPLICATION_INFO.SET_CLIENT_INFO(I_CLIENT_INFO);
  END IF;

END SETKONTEXT;
```

Die Initialisierung der Variablen S_MAND_ID erfolgt durch den Aufruf der Prozedur SETMANDANT:

```
PROCEDURE SETMANDANT (I_MAND_ID IN NUMBER) IS
BEGIN
   -- Mandant-ID
   S_MAND_ID          := I_MAND_ID;
END SETMANDANT;
```

Bevor man den SQL-Befehl ausführen kann, muss man also die Variable S_MAND_ID mit der Prozedur SET_KONTEXT initialisieren.

Die Variable S_MAND_ID wird als Session-Variable bezeichnet. Die Lebensdauer der Variablen ist also auf die DB-Session begrenzt. Während der Session kann der Wert der Variablen beliebig oft geändert werden. Funktionen und Prozeduren, die Session-Variablen nutzen, sind nicht thread-safe. Daher darf man die Funktion MAND_ID nicht mit PARALLEL_ENABLE kennzeichnen. Denn dann kann zur Laufzeit ein Fehler ausgelöst werden. Dies wird nun gezeigt. Dazu wird in der Signatur das Schlüsselwort PARALLEL_ENABLE sowohl in der Spezifikation

```
FUNCTION MAND_ID RETURN NUMBER PARALLEL_ENABLE;
```

als auch im Body

```
FUNCTION MAND_ID RETURN NUMBER PARALLEL_ENABLE IS
  :
  :
```

ergänzt. Nun wird ein Plan erzeugt, der zur Laufzeit parallel ausgeführt wird:

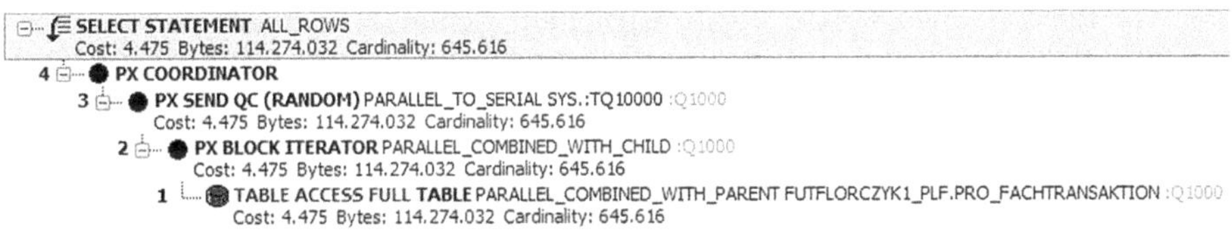

Abb. 5.17: Paralleler Ausführungsplan mit *Full Table Scan*.

Dass dieser Ausführungsplan nicht pseudoparallel ist, erkennt man an dem vierten Schritt. Dort fehlt jetzt der Zusatz *Forced Serial*. Es findet also zur Laufzeit des SQL-Befehls keine serielle, sondern eine parallele Ausführung statt.

Dann wird zuerst die Methode SETKONTEXT im PL/SQL-Block

```
BEGIN
    SBV_KONTEXT.SETKONTEXT(I_MANDANT_ID => 1000);
END;
/
```

und anschließend der SQL-Befehl aufgerufen.

Da der vom SQL-Befehl ausgelöste Funktionsaufruf nun nicht mehr thread-safe ist, wird ein Fehler ausgelöst:

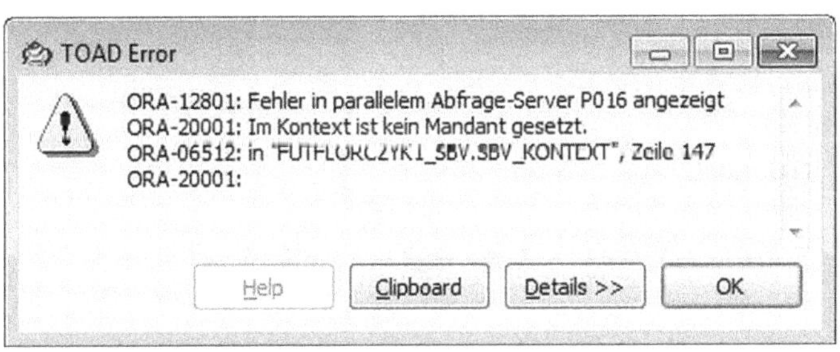

Abb. 5.18: Fehlermeldung bei einer Nicht-thread-safe-Ausführung.

Verursacht wird der Fehler durch die Session-Variable S_MAND_ID. Der aktuelle Wert dieser Session-Variablen wird nämlich nicht an die Slave-Sessions weitergereicht. Die Variable hat also auch für den in der Fehlermeldung ausgewiesenen Slave-Server P016 den Wert NULL. Die Funktion SBV_KONTEXT.MAND_ID prüft allerdings den Wert von S_MAND_ID. Wenn der Wert NULL ist, bricht die Funktion die Berechnung ab. In dem Beispiel reicht es also nicht aus, die Funktion mit dem Schlüsselwort PARALLEL_ENABLE auszustatten. Vielmehr muss dafür gesorgt werden, dass die Parallelverarbeitung thread-safe ist. Dies ist der Fall, wenn die Variable S_MAND_ID auch in den Slave-Sessions initialisiert ist. Um dieses Ziel zu erreichen, wird die Prozedur SBV_KONTEXT.SET_KONTEXT weiterentwickelt. Diese soll den Wert der Variablen S_MAND_ID nun in einer Session-Tabelle speichern. Da die Slave-Session nicht auf den Wert der Session-Variablen der Login-Session zugreifen kann, soll nun der Informationsaustausch über die Session-Tabelle erfolgen. Es reicht jedoch nicht aus, dort nur den Wert der Variablen S_MAND_ID abzuspeichern. Schließlich können mehrere Sessions parallel angemeldet sein. Dann braucht die Slave-Session den Variablenwert der zugeordneten Parent-Session. Damit das funktioniert, soll die Login-Session zusätzlich zum Wert der Variablen S_MAND_ID auch noch ihre *Session ID* abspeichern. Daher wird die Session-Tabelle mit zwei Attributen erzeugt:

```
CREATE TABLE SESSION_TABLE
(
  MANDANT_ID  INTEGER,
  SESSION_ID  INTEGER
);
```

Der Wert der Variablen S_MAND_ID wird in dem Attribut MANDANT_ID gespeichert und die *Session ID* der Login-Session in dem Attribut SESSION_ID. Wenn die Prozedur SET_KONTEXT aufgerufen wird, wird ein neuer Datensatz in die Session-Tabelle eingefügt:

```
PROCEDURE SETKONTEXT (I_MANDANT_ID    IN NUMBER    DEFAULT NULL
                     ,I_MODUL_NAME    IN VARCHAR2  DEFAULT NULL
                     ,I_CLIENT_INFO   IN VARCHAR2  DEFAULT NULL) IS
PRAGMA AUTONOMOUS_TRANSACTION;
BEGIN

  SETMANDANT (I_MANDANT_ID);

  IF I_MODUL_NAME IS NOT NULL
  THEN
      DBMS_APPLICATION_INFO.SET_MODULE(I_MODUL_NAME, NULL);
  END IF;
```

```
  IF I_CLIENT_INFO IS NOT NULL
  THEN
      DBMS_APPLICATION_INFO.SET_CLIENT_INFO(I_CLIENT_INFO);
  END IF;

  DELETE FROM SESSION\_TABLE
  WHERE
  SESSION\_ID = SYS_CONTEXT('USERENV','SID');

  INSERT INTO SESSION_TABLE(MANDANT_ID,SESSION_ID )
  VALUES(
  I_MANDANT_ID,
  (SELECT SYS_CONTEXT('USERENV','SID') FROM DUAL)
  );

  COMMIT;

END SETKONTEXT;
```

Für jede Login-Session soll ein Datensatz in der Session-Tabelle mit Session-Information existieren. Daher löscht die Prozedur SETKONTEXT beim Aufruf einen möglicherweise vorhandenen Datensatz, der ihrer Login-Session zugeordnet ist, da dieser Datensatz aufgrund des aktuellen Aufrufs veraltet ist. Anschließend wird der neue Datensatz eingefügt. Der Mandant wird beim Aufruf als Parameter geliefert. Die *Session ID* der Login-Session muss die Prozedur selbst bestimmen. Diese Information liefert die Funktion SYS_CONTEXT.

5.1.3.4 Autonome Transaktion

Nach der Einfüge-Operation muss natürlich ein Commit erfolgen, damit die Slave-Sessions darauf zugreifen können. Das Commit soll sich allerdings nur auf den Einfüge-Befehl beziehen. Sofern der Login-Session noch weitere schwebende Datenbank-Transaktionen zugeordnet sind, sollen diese nicht von dem Commit betroffen sein. Daher wird in die Deklarations-Klausel der Prozedur der Eintrag

```
PRAGMA AUTONOMOUS_TRANSACTION;
```

ergänzt. Dies bewirkt, dass sich das Commit nur auf Befehle auswirkt, die von der Prozedur SETKONTEXT erzeugt wurden. Sofern der Login-Session also noch weitere schwebende Befehle zugeordnet sind, verbleiben diese Befehle auch schwebend. Eine Session muss also die ID des Mandanten aus der Session-Tabelle entnehmen. Dazu muss sie die *Session ID* kennen, für die der Wert gespeichert ist. Hier sind nun zwei Szenarien denkbar. Die ID des Mandanten wird entweder von der Login-Session selbst oder von deren Slave-Sessions abgefragt. Wenn die Login-Session selbst die Abfrage stellt, dann wird die *Session ID* mit der Funktion SYS_CONTEXT abgefragt. Bei einer Slave-Session ist das nicht möglich, weil unter deren *Session ID* kein Datensatz in der Session-Tabelle hinterlegt ist. Der passende Datensatz wurde nämlich in diesem Fall mit der *Session ID* der Login-Session gespeichert. Die Login-Session ist die Parent-Session der Slave-Session. Daher muss die Slave-Session die *Session ID* ihrer Parent-Session benutzen, um die ID des Mandanten aus der Session-Tabelle abzufragen. Die Beziehung zwischen Slave-Session und Parent-Session kann mit *Views* des SYS-Users abgefragt werden. Diese *Views* kann die Slave-Session in einer Selektion nutzen, um die *Session ID* der Parent-Session zu ermitteln:

```
SELECT X.SERVER_NAME,
         L.ID2 SERVER_NUMBER,
         L.SID PARENT_SID,
         X.SID  SLAVE_SID
    FROM V$PX_PROCESS X,  V$LOCK L
   WHERE     X.SID <> L.SID
         AND (CASE
                 WHEN ASCII (SUBSTR (X.SERVER_NAME, -1)) >= 65
                 THEN
                    ASCII (SUBSTR (X.SERVER_NAME, -1)) - 55
                 ELSE
                    ASCII (SUBSTR (X.SERVER_NAME, -1)) - 48
              END) + SUBSTR (X.SERVER_NAME, -2,1) * 36 = L.ID2
         AND NVL (L.TYPE, 'PS') = 'PS'
ORDER BY L.ID2;
```

Diese Selektion liefert Informationen, die auf der Grundlage der Beziehung zwischen Login-Session und Slave-Session gewonnen wurden. Die Abfrage wird also während der Parallelverarbeitung ausgeführt. Diese Parallelverarbeitung wird durch den Typ PS angezeigt, so dass dieser Typ als Filterkriterium verwendet wird. Die *Logon SID* (*Logon Session Identification*) findet man im Feld SID der *View* V$LOCK. Das Feld für die Slave-Sid hat denselben Namen in der *View* V$PX_PROCESS. In dieser *View* ist auch der Server-Name der Slave-Session gespeichert. Die Nummer des Slave-Servers wird als ID in das Feld ID2 der *View* V$LOCK eingetragen. Diese Nummer kann mit dem Server-Namen in Beziehung gesetzt werden. Im Server-Namen sind jedoch auch Buchstaben enthalten. In dem Beispiel werden die Buchstaben des Server-Namens in Nummern konvertiert. Es ergeben sich dann für das letzte Zeichen des Server-Namens die Ziffern zwischen 0 und 35. Wenn dann noch weitere parallele *Slaves* benötigt werden, haben diese an der vorletzten Stelle im Server-Namen eine 1, die für die 36 steht. Dies wird durch die Addition nach dem Case-Befehl berücksichtigt. Denn das vorletzte Zeichen wird mit 36 multipliziert.

Die ermittelte Nummer wird dann mit der ID2 in Beziehung gesetzt. Es werden auch nur diejenigen Datensätze betrachtet, bei denen sich die Sid-Einträge in den beiden *Views* unterscheiden. Nur dann kann eine Beziehung zwischen der Main-Session und Slave-Session referenziert sein. Die folgende Abbildung zeigt ein Beispiel für ein Ergebnis, das mit der Abfrage erzeugt wurde, während eine Parallelverarbeitung erfolgte:

SERVER_NAME	SERVER_NUMBER	PARENT_SID	SLAVE_SID
P000	0	626	2
P001	1	626	42
P002	2	626	83
P003	3	626	121
P004	4	626	161
P005	5	626	200
P006	6	626	237
P007	7	626	276
P008	8	626	316
P009	9	626	355
P00A	10	626	392
P00B	11	626	433
P00C	12	626	471
P00D	13	626	510
P00E	14	626	549
P00F	15	626	588
P00G	16	626	667
P00H	17	626	706
P00I	18	626	745
P00J	19	626	3

Abb. 5.19: Attribute von parallelen Threads.

In der Tabelle sind 20 Slave-Server mit ihrem Namen und ihrer *Session ID* aufgelistet. Die *Session ID* der Login-Session steht in der vorletzten Spalte und ist für alle Slave-Sessions identisch. Die Slave-Server werden mit Nummern zwischen 0 und 19 identifiziert. Bis zur Nummer 9 ist jeweils das letzte Zeichen des Server-Namens mit der Nummer identisch. Ab der Nummer 10 werden stattdessen Großbuchstaben in alphabetisch aufsteigender Folge verwendet. Daher können die Buchstaben in Ziffern konvertiert werden. Dann ist es möglich, den Server-Namen mit einer Server-Nummer in Beziehung zu setzen.

Die Funktion MAND_ID kann diese Beziehung zwischen Master-Session und Slave-Session nutzen, um auf die Session-Daten in der Tabelle SESSION_TABLE zuzugreifen. In SESSION_TABLE ist für jede Master-Session der dafür gültige Mandant eingetragen:

MANDANT_ID	SESSION_ID
1000	667
1001	432

Abb. 5.20: Attribute von Master-Sessions.

In diesem Beispiel sind in SESSION_TABLE zwei Master-Sessions mit ihrer *Session ID* registriert. Diese Registrierung erfolgt mit der Prozedur SETKONTEXT, die nach dem Login der Session zuerst aufgerufen werden muss. Für jede der beiden Sessions ist eine andere ID eines Mandanten gültig. Die Funktion MAND_ID muss daher beim Aufruf auf den passenden Datensatz zugreifen. Dabei muss beachtet werden, aus welchem Kontext die Funktion aufgerufen wird. Der Aufruf kann entweder mit der Login-Session oder mit der Slave-Session erfolgen. Wenn der Aufruf mit der Login-Session erfolgt, kann der richtige Datensatz leicht ermittelt werden, denn dort ist die *Session ID* der Login-Session eingetragen. Die *Session ID* kann dann mit der Funktion SYS_CONTEXT abgefragt werden:

```
SELECT  MANDANT_ID
          FROM SESSION_TABLE  S
         WHERE S.SESSION_ID = SYS_CONTEXT ('USERENV', 'SID')) A;
```

Das Ergebnis der Funktion wird dann als Filterkriterium für SESSION_TABLE genutzt, so dass die richtige MANDANT_ID ermittelt wird.

Wenn jedoch die Funktion MAND_ID von einer Slave-Session aufgerufen wird, ist deren *Session ID* nicht in SESSION_TABLE eingetragen. Dort steht nur die *Session ID* der Master-Session. Dann muss diese ID mit Hilfe der Beziehung zwischen Slave-Session und Master-Session ermittelt werden. Die nun dargestellte Selektion und die noch folgenden Verwender-Stellen skizzieren die Ermittlung der ID. Diese Skizzierung dient hier nur der Veranschaulichung, weil die Selektion für den Einsatz in einem produktiven System noch robuster in der Funktionalität entwickelt werden müsste:

```
SELECT S.MANDANT_ID
          FROM V$PX_PROCESS X, V$LOCK L, SESSION_TABLE  S
         WHERE     X.SID <> L.SID
               AND (CASE
                       WHEN ASCII (SUBSTR (X.SERVER_NAME, -1)) >= 65
                       THEN
                          ASCII (SUBSTR (X.SERVER_NAME, -1)) - 55
                       ELSE
                          ASCII (SUBSTR (X.SERVER_NAME, -1)) - 48
                    END) + SUBSTR (X.SERVER_NAME, -2,1) * 36 = L.ID2
               AND NVL (L.TYPE, 'PS') = 'PS'
               AND S.SESSION_ID = L.SID
               AND SYS_CONTEXT ('USERENV', 'SID') = X.SID;
```

Durch Nutzung der Beziehung erhält man mit dieser Abfrage die *Session ID* der Master-Session. Diese wird durch das Attribut L.SID geliefert. Die *Session ID* der Slave-Session ist in dem Attribut X.SID gespeichert. Daher muss nun L.SID als Filterkriterium für SESSION_TABLE genutzt werden, damit man die passende MANDANT_ID erhält. In der Funktion MAND_ID werden beide Abfragen mit UNION vereinigt. Es wird dann immer ein Datensatz geliefert. Denn nur eine der beiden Abfragen kann einen Treffer finden. Wenn die erste Abfrage einen Datensatz findet, wurde MAND_ID von der Login-Session aufgerufen. Ansonsten erfolgte der Aufruf von einer Slave-Session:

```
FUNCTION MAND_ID RETURN NUMBER PARALLEL_ENABLE IS

BEGIN

SELECT  MANDANT_ID
  INTO  S_MAND_ID
  FROM (SELECT S.MANDANT_ID
          FROM V$PX_PROCESS X, V$LOCK L, SESSION_TABLE  S
         WHERE     X.SID <> L.SID
               AND (CASE
                       WHEN ASCII (SUBSTR (X.SERVER_NAME, -1)) >= 65
                       THEN
                          ASCII (SUBSTR (X.SERVER_NAME, -1)) - 55
                       ELSE
                          ASCII (SUBSTR (X.SERVER_NAME, -1)) - 48
                    END) + SUBSTR (X.SERVER_NAME, -2,1) * 36 = L.ID2
               AND NVL (L.TYPE, 'PS') = 'PS'
               AND S.SESSION_ID = L.SID
               AND SYS_CONTEXT ('USERENV', 'SID') = X.SID
        UNION
        SELECT  MANDANT_ID
          FROM SESSION_TABLE  S
         WHERE S.SESSION_ID = SYS_CONTEXT ('USERENV', 'SID')) A;


  RETURN S_MAND_ID;

END MAND_ID;
```

Das Resultat der Abfrage wird in der Variablen S_MAND_ID gespeichert und anschließend von der Funktion MAND_ID als Ergebnis geliefert. Damit wird gewährleistet, dass die Funktion thread-safe funktioniert.

Wenn eine Login-Session beendet wird, kann man den zugehörigen Datensatz aus der Tabelle SESSION_TABLE entfernen. Dies kann durch einen Trigger gewährleistet werden, der vor der Beendigung der Session aufgerufen wird:

```
CREATE OR REPLACE TRIGGER  CLEAN_SESSION_TRIGGER
   BEFORE LOGOFF
   ON DATABASE
```

```
BEGIN
   DELETE FROM  SESSION_TABLE
          WHERE SESSION_ID = SYS_CONTEXT ('USERENV', 'SID');

   COMMIT;
END;
/
```

Der CLEAN_SESSION_TRIGGER erfüllt diese Aufgabe, wenn das *Logoff Event* angefordert wird. Der Trigger entfernt dann den Datensatz, in welchem die *Session ID* der nun zu beendenden Login-Session eingetragen ist.

5.1.4 Partielle Parallelität

Wenn Datenbank-Objekte in einer Selektion enthalten sind, mit denen nur eine Pseudoparallelität bewirkt werden kann, dann haben diese Datenbank-Objekte typischerweise auch nur pseudoparallele Ausführungspläne zur Folge. Das ist dann besonders suboptimal, wenn in der Selektion auch parallel ausführbare Datenbank-Objekte enthalten sind. Denn bei einem pseudoparallelen Ausführungsplan wird auf alle Datenbank-Objekte sequentiell zugegriffen. Oft kann man jedoch durch eine entsprechende Strukturierung des SQL-Befehls dieses suboptimale Verhalten beseitigen. Dazu muss man die parallel ausführbaren Datenbank-Objekte in eine *View* verschieben. Auf diese verschobenen Datenbank-Objekte kann man dann den *Hint* für die Parallelisierung [66–70] anwenden:

```
SELECT /*+ NO_MERGE(FTRX) LEADING(FTRX ETRX) FULL(ETRX) */
          MAND.EXTERNEREPRAESENTATION AS  MANDANT
          ,FTRX.NAME AS  GEVOKURZ
          ,FTRX.BESCHREIBUNG AS  GEVOLANG
          ,FTRX.STICHTAG_DATE AS  STICHTAG
          ,TO_CHAR(FTRX.FREIGABE_TIST,'DD.MM.YYYY HH24:MI:SS') AS
          FREIGABEDATUM
          ,TO_CHAR(FTRX.FREIGABE_TIST_ANFTRX,'DD.MM.YYYY HH24:MI:SS') AS
          ANNULLATIONSDATUM
          ,FTRX.CODE AS  GEVOSTATUS
          ,FTRX.ID AS  FTRX_ID
          ,PART.NUMMER AS  PARTNERNUMMER
          ,FUT10_RBS.REP_BVK_ZVK_GEVOLISTE.GETPARTNERNUMMER(FTRX.INFO) AS
          PARTNERNUMMERHIBLI
          ,FUT10_RBS.REP_BVK_ZVK_GEVOLISTE.GETVERTRAG(FTRX.ID) AS
          VERTRAGSNUMMER
         ,FUT10_RBS.REP_BVK_ZVK_GEVOLISTE.PSEUDOANONYMISIERE(FTRX.
                                                          BEARBEITER_ID)
```

```
AS  SACHBEARBEITER
        ,FUT10_RBS.REP_BVK_ZVK_GEVOLISTE.PSEUDOANONYMISIERE(ETRX.
                                                        PRUEFER_ID)
        AS  PRUEFER
         FROM
         (
                  SELECT /*+ PARALLEL(FTRX, 60) INDEX(ANFTRX)
        USE_NL(FTRX ANFTRX) FULL(FTRX) FULL (PROZ) */
                  FTRX.*, CODE.CODE, ANFTRX.FREIGABE_TIST FREIGABE_TIST_
                  ANFTRX,
                  BESCHREIBUNG, NAME
                  FROM
                       FUT10_PLF.PRO_FACHTRANSAKTION FTRX
                  JOIN  PLF_PROZESSDEFINITION PROZ ON FTRX.PRDF_ID =
                       PROZ.ID
                  JOIN PLF_CODE CODE ON FTRX.FTRXSTAT_CD = CODE.ID
                  LEFT JOIN FUT10_PLF.PRO_FACHTRANSAKTION ANFTRX ON
FTRX.ANNULFTRXID = ANFTRX.ID
                  WHERE
                   FTRX.MAND_ID = :MANDANTEN_ID AND
                   PROZ.NAME LIKE :L_GEVOKURZ AND
                  (:P_STATUS IS NULL OR CODE.CODE = :P_STATUS)
                   AND   FTRX.FREIGABE_TIST >=
                   TO_TIMESTAMP(:P_VON,'DD.MM.YYYY HH24:MI:SS,FF')
                   AND   FTRX.FREIGABE_TIST <=
                   TO_TIMESTAMP(:P_BIS,'DD.MM.YYYY HH24:MI:SS,FF')
         )
   FTRX
   JOIN PLF_ERWTRANSAKTION ETRX ON FTRX.ETRX_ID = ETRX.ID
   JOIN PLF_MANDANT MAND ON FTRX.MAND_ID = MAND.ID
   JOIN FUT10_PLF.PAR_PARTNER_TRX PART ON FTRX.PARTNER_ID =
        PART.PARTK_ID
   WHERE PART.TRX_ADT_SICHTBAR_FLAG = 1;
```

In dieser Selektion wurde die parallel zugreifbare Tabelle PRO_FACHTRANSAKTION in die *View* FTRX ausgelagert. Nur in der *View* ist der *Hint* für die Parallelisierung dieser Tabelle enthalten. Die umgebende Selektion enthält das nicht parallel zugreifbare Datenbank-Objekt PLF_ERWTRANSAKTION. Man erhält dennoch mit Hilfe der *View* eine parallele Ausführung. Man darf jedoch nicht den Fehler begehen und hier einen *Parallel Hint* für ein nicht parallel zugreifbares Datenbank-Objekt eintragen. Das würde zu einem pseudoparallelen Ausführungsplan führen, bei dem dann auch auf die parallel zugreifbaren Tabellen sequentiell zugegriffen würde.

5.1.5 Parallelitätsgrad

Der Parallelitätsgrad kann durch Konfigurationseinstellungen beeinflusst werden. Bei der Auswahl der Parallelität muss man darauf achten, dass diese nicht zu groß gewählt wird. Wenn sehr viele Slave-Sessions parallel arbeiten, muss auch ausreichend PGA zur Verfügung stehen. Mit der PGA wird Hauptspeicher für den Prozess reserviert. Wenn die zu dem Prozess gehörenden Threads mehr PGA verbrauchen als dem Prozess zur Verfügung steht, erhält man eine Fehlermeldung:

```
ORA-04030: Zu wenig Prozessspeicher für Versuch 112 Byte zuzuweisen
```

Für die PGA sollten maximal 20 % der zur Verfügung stehenden SGA (*System Global Area*) bereitgestellt werden. Die SGA ist der prozessübergreifende Speicherbereich des Hauptspeichers.

Wenn der Fehler durch einen zu hohen Parallelitätsgrad verursacht wird, kann man die PGA erweitern. Man sollte aber den empfohlenen maximalen Anteil von 20 % an der SGA nicht überschreiten. Man kann auch den Parallelitätsgrad absenken. Wenn die Parallelisierung durch einen *Hint* erfolgte, kann man im *Hint* den maximalen Parallelitätsgrad angeben. Hat man keinen *Hint* verwendet, dann erfolgte die Parallelisierung durch den Planoptimierer. Man kann die Bestimmung des optimalen Parallelitätsgrades der Oracle-Datenbank überlassen. Hierbei handelt es sich dann um die Default-Parallelisierung, die man auch mit einem *Hint* nutzen kann. Wenn die Default-Parallelisierung jedoch den `ORA-04030` verursacht, kann man den Parallelitätsgrad auch beeinflussen. Man kann für eine Tabelle den maximalen Parallelitätsgrad mit einem SQL-Befehl setzen:

```
ALTER TABLE PAR_PARTNER PARALLEL 12;
```

Ein zu hoher Parallelitätsgrad kann sich auch negativ auf die Laufzeit auswirken. Wenn ein *Full Table Scan* parallel ausgeführt wird und die einzulesende Tabelle auf zwölf Festplatten verteilt ist, sollte auch kein höherer Parallelitätsgrad als zwölf gewählt werden. Denn dann würden überflüssige Threads erzeugt, die Ressourcen verbrauchen und deren Ergebnisse zum Gesamtergebnis verschmolzen werden müssen.

Das Setzen des Parallelitätsgrades für die Tabellen ist unter Umständen auch nicht ausreichend. Denn es kann im Ausführungsplan auch temporäre Tabellen geben, auf denen ein *Full Table Scan* durchgeführt wird (siehe Abbildung 5.21).

In dem Ausführungsplan ist ein paralleler *Full Table Scan* auf einer temporären Tabelle eingetragen. Das erfolgt im Schritt mit der Nr. 45. Dort ist der Zusatz `TEMP` eingetragen, der auf den temporären Tabellenzugriff hinweist. Diese temporäre Tabelle existiert nur für die Dauer der Ausführung. Die Speicherung erfolgt dabei im *Tablespace* `TEMP`. Da diese Tabelle nicht Bestandteil des Datenbank-Schemas ist, kann man für diese Tabelle auch nicht den Parallelitätsgrad setzen. Daher muss man den Zugriff auf die temporäre Tabelle zur Laufzeit beobachten und dann eingreifen, wenn ein zu

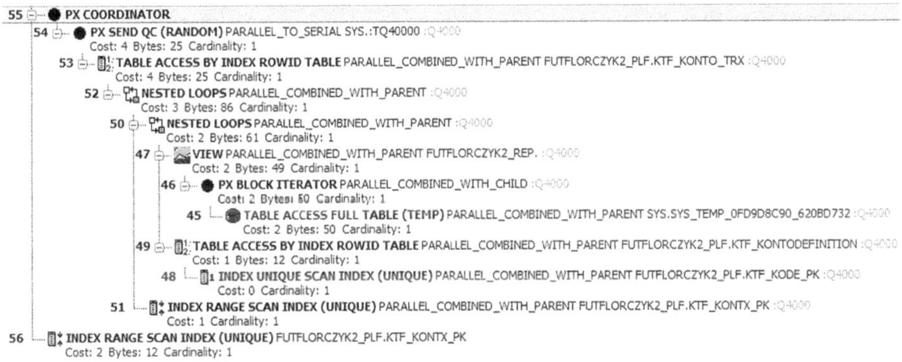

Abb. 5.21: Paralleler *Full Table Scan* für eine temporäre Tabelle.

hoher Parallelitätsgrad gewählt wird. In diesem Fall kann man den parallelen Zugriff auf die temporäre Tabelle mit dem Oracle-Parameter

```
PARALLEL_SERVERS_TARGET
```

steuern. Mit diesem Parameter wird die maximale Anzahl von parallel ausführbaren Prozessen für die Statements festgelegt. Vor dem Setzen des Parameters muss der optimale Parallelitätsgrad ermittelt werden. Dann wird dieser ermittelte Wert dem Parameter zugewiesen.

5.2 Hints für Views

Hints können sowohl innerhalb einer *View* oder auf eine *View* angewendet werden. Wenn *Hints* für *Views* verwendet werden, müssen Bedingungen erfüllt sein, damit der *Hint* beachtet wird. Wenn man die Performanz von OLTP-Applikationen [71–77] optimiert, muss man die Bedingungen kennen, welche erfüllt sein müssen, damit die *Hints* beachtet werden. Denn OLTP-Applikationen nutzen typischerweise *Views*, welche für die Applikation entwickelt werden und einen maßgeblichen Anteil an der Verarbeitungslogik haben. Diese *Views* haben in der Regel auch einen großen Einfluss auf die Performanz der OLTP-Applikation. Mit Hilfe von *Hints* kann man dann die Performanz der *Views* optimieren. Folgende Parameter haben Einfluss auf die Beachtung von *Hints*:

- verwendete SQL-Schlüsselwörter
- Verschmelzung der *View* möglich
- die Kategorie des *Hint*
  - *Hints* für
    - Optimierungs-Modus
    - Zugriffspfade
    - *Joins*

- Position des *Hint*
  - innerhalb der *View*
  - in der verwendenden Selektion

5.2.1 Komplexe Views

Hints für komplexe *Views* werden in der Regel nicht beachtet, wenn die *Hints* sich nicht innerhalb der *View* befinden. Es handelt sich also um *Hints*, welche in der verwendenden Selektion enthalten sind. Der *Hint* in der verwendenden Selektion wird definitiv nicht beachtet, wenn die komplexe *View* nur von einer Tabelle selektiert.

Komplexe *Views* erkennt man an deren Struktur:
- *Join Condition*
- GROUP BY
- ORDER BY

Mindestens eines dieser Konstrukte muss in einer komplexen *View* enthalten sein und zusätzlich muss gelten, dass die *View* im Ausführungsplan nicht mit der verwendenden Selektion verschmolzen wird:

```
SELECT /*+ NO_MERGE(A) INDEX(VX VTG_VERTX_IX_TRX_ADT_ETRX_ID) */
       *
  FROM (  SELECT V.BEGINN_DATE,
                 VX.VERTK_ID,
                 VX.VERTRAGSNR,
                 VVX.VERSICHERUNGSNUMMER
            FROM VTG_VERTRAG_TRX            VX,
                 VTG_VERSORGVERHAELTNIS_TRX VVX,
                 VTG_VERTRAG                V
           WHERE VX.VEVHK_ID = VVX.VEVHK_ID AND V.VERTK_ID =  VX.VERTK_ID
        GROUP BY V.BEGINN_DATE,
                 VX.VERTK_ID,
                 VX.VERTRAGSNR,
                 VVX.VERSICHERUNGSNUMMER) A,
       VTG_STICHTAGKOMPONENTE_TRX  S
  WHERE A.VERTK_ID = S.VERTRAG_ID;
```

Die Selektion enthält eine komplexe *View*, welche die genannten Anforderungen erfüllt. Die komplexe *View* enthält ein GROUP BY und wird nicht mit der verwendenden Selektion verschmolzen. Daher wird der *Hint* für den Index der Tabelle VTG_VERTRAG_TRX nicht beachtet:

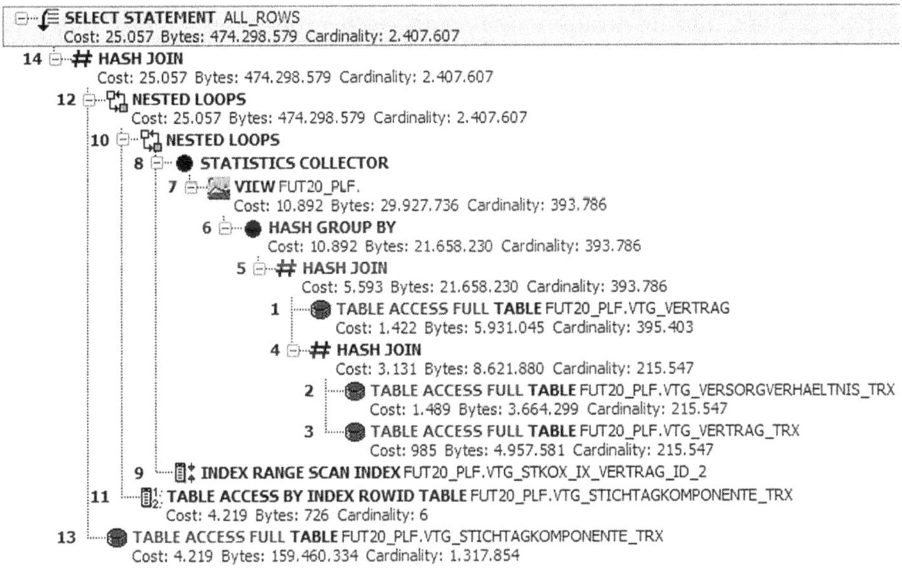

Abb. 5.22: Ausführungsplan mit unbeachtetem *Hint* für eine komplexe *View*.

Im Ausführungsplan wird der Index nicht verwendet. Stattdessen erfolgt der Zugriff auf die Tabelle VTG_VERTRAG_TRX mit dem *Full Table Scan*.

Wenn der *Hint* jedoch in der komplexen *View* enthalten ist, dann wird er beachtet. Man muss also den *Hint* von der verwendenden Selektion in die komplexe *View* verschieben:

```
SELECT /*+ NO_MERGE(A) */
      *
  FROM (  SELECT /*+ INDEX(VX VTG_VERTX_IX_TRX_ADT_ETRX_ID) */
                V.BEGINN_DATE,
                 VX.VERTK_ID,
                 VX.VERTRAGSNR,
                 VVX.VERSICHERUNGSNUMMER
            FROM VTG_VERTRAG_TRX           VX,
                 VTG_VERSORGVERHAELTNIS_TRX VVX,
                 VTG_VERTRAG                V
           WHERE VX.VEVHK_ID = VVX.VEVHK_ID AND V.VERTK_ID =  VX.VERTK_ID
        GROUP BY V.BEGINN_DATE,
                 VX.VERTK_ID,
                 VX.VERTRAGSNR,
                 VVX.VERSICHERUNGSNUMMER) A,
       VTG_STICHTAGKOMPONENTE_TRX  S
  WHERE A.VERTK_ID = S.VERTRAG_ID;
```

Daraus resultiert nun ein Ausführungsplan, in welchem der Index aus dem *Hint* enthalten ist:

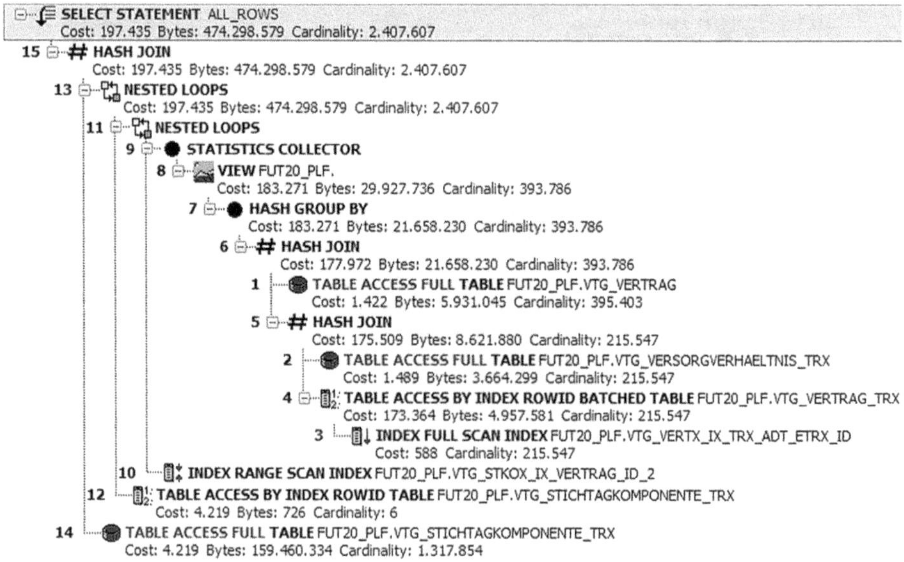

Abb. 5.23: Ausführungsplan mit beachtetem *Hint* für eine komplexe *View*.

Es erfolgt also nun ein indizierter Zugriff auf die Tabelle VTG_VERTRAG_TRX mit dem Index, der im *Hint* eingetragen ist.

Wenn die komplexe *View* nur von einer Tabelle selektiert, dann wird der *Hint* keinesfalls beachtet:

```
SELECT /*+ NO_MERGE(A) INDEX(VX VTG_VERTX_IX_TRX_ADT_ETRX_ID) */
       *
  FROM (SELECT VX.VERTRAGSNR,  VX.VERTK_ID
            FROM VTG_VERTRAG_TRX  VX
        GROUP BY VX.VERTRAGSNR, VX.VERTK_ID) A,
       VTG_STICHTAGKOMPONENTE_TRX  S
 WHERE A.VERTK_ID = S.VERTRAG_ID;
```

In dem Ausführungsplan erfolgt der Zugriff auf die einzige Tabelle der komplexen *View* mit dem *Full Table Scan*:

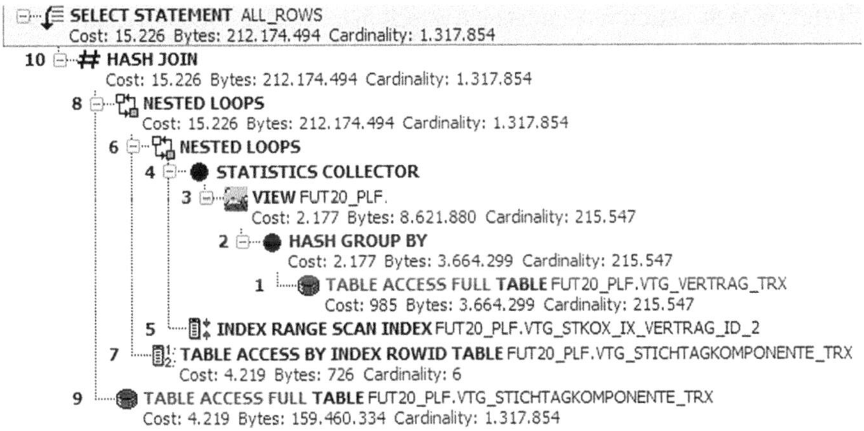

Abb. 5.24: Ausführungsplan für eine komplexe *View*, die nur von einer Tabelle selektiert.

Der *Hint* in der verwendenden Selektion wird also ignoriert.

5.2.2 Verschmelzungsfähige Views

Wenn die *View* mit der verwendenden Selektion verschmolzen werden kann, wird die *View* durch die ihr zugrunde liegende Selektion ersetzt. Dann wird die daraus resultierende gesamte Selektion optimiert. Bei diesem Optimierungsprozess werden *Hints* beachtet, wenn notwendige Bedingungen erfüllt sind, die in den folgenden Abschnitten dieses Kapitels erläutert werden.

5.2.2.1 Hints für den Optimierungs-Modus

Hints für den Optimierungs-Modus werden beachtet, wenn die verwendende Selektion den *Hint* enthält. Die folgende Liste enthält die beiden *Hints* für den Optimierungs-Modus:

- `FIRST_ROWS(n)`
- `ALL_ROWS`

Mit diesen *Hints* wird der Optimierungs-Modus `OPTIMIZER_MODE` gesetzt.

Wenn es in der verwendenden Selektion keinen *Hint* für den Optimierungs-Modus gibt, werden *Hints* für den Optimierungs-Modus innerhalb der *View* beachtet. Wenn die verwendende Selektion mehrere *Views* nutzt, dürfen die *Hints* zur Auswahl des Optimierungs-Modus innerhalb der *Views* nicht in Konflikt geraten. Wenn es jedoch Konflikte gibt, werden diese *Hints* nicht beachtet und es wird stattdessen der aktuelle Modus der Session belassen.

Die folgende Selektion verwendet eine verschmelzungsfähige *View*, welche einen *Hint* für den Optimierungs-Modus enthält:

```
SELECT *
  FROM (SELECT /*+ FIRST_ROWS(10) */
               VX.VERTK_ID, VX.VERTRAGSNR,   VVX.VERSICHERUNGSNUMMER
          FROM VTG_VERTRAG_TRX VX, VTG_VERSORGVERHAELTNIS_TRX  VVX
         WHERE VX.VEVHK_ID = VVX.VEVHK_ID) A,
        VTG_STICHTAGKOMPONENTE_TRX  S
 WHERE A.VERTK_ID = S.VERTRAG_ID;
```

Der *Hint* wird im Ausführungsplan beachtet:

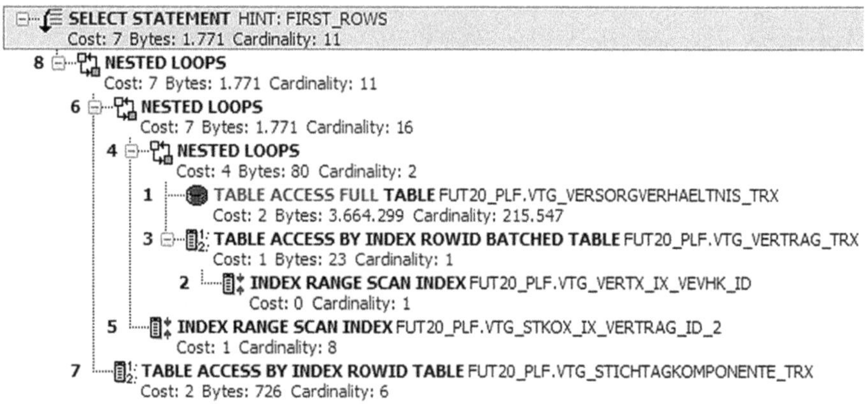

Abb. 5.25: Ausführungsplan mit verschmolzener *View* und *Hint* für Optimierungs-Modus.

Der Ausführungsplan zeigt auch, dass die *View* mit der verwendenden Selektion verschmolzen wurde.

Die nächste Selektion enthält zusätzlich einen *Hint* für den Optimierungs-Modus in der verwendenden Selektion:

```
SELECT /*+ FIRST_ROWS(10000) */
      *
  FROM (SELECT /*+ FIRST_ROWS(10) */
               VX.VERTK_ID, VX.VERTRAGSNR,   VVX.VERSICHERUNGSNUMMER
          FROM VTG_VERTRAG_TRX VX, VTG_VERSORGVERHAELTNIS_TRX  VVX
         WHERE VX.VEVHK_ID = VVX.VEVHK_ID) A,
        VTG_STICHTAGKOMPONENTE_TRX  S
 WHERE A.VERTK_ID = S.VERTRAG_ID;
```

Nun übersteuert der *Hint* in der verwendenden Selektion den *Hint* in der verschmelzungsfähigen *View*:

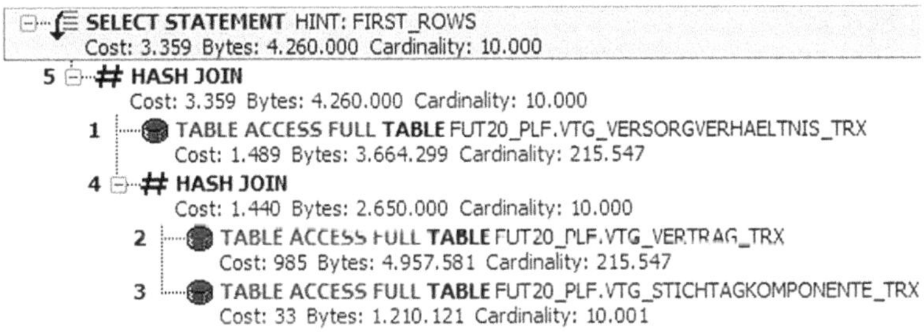

Abb. 5.26: Ausführungsplan mit übersteuertem *Hint* für Optimierungs-Modus.

Aufgrund der Übersteuerung hat sich der Ausführungsplan nun geändert. Da jetzt eine größere Treffermenge so schnell wie möglich gefunden werden soll, erfolgt auf alle Tabellen der Zugriff mit dem *Full Table Scan*. Ebenso wurde im Ausführungsplan die *Cardinality* auf 10.000 erhöht.

Es folgt nun eine Selektion mit zwei verschmelzungsfähigen *Views*, deren *Hints* für den Optimierungs-Modus in Konflikt geraten:

```
SELECT *
  FROM (SELECT /*+ FIRST_ROWS(10000) */
               VX.VERTK_ID,
                VX.VERTRAGSNR,
                VVX.VERSICHERUNGSNUMMER,
                VVX.PERSON_ID
          FROM VTG_VERTRAG_TRX VX, VTG_VERSORGVERHAELTNIS_TRX  VVX
         WHERE VX.VEVHK_ID = VVX.VEVHK_ID) A,
       (SELECT /*+ FIRST_ROWS(10) */
               P.PARTK_ID, P.NAMESUCHE,  P.NUMMER
          FROM PAR_PARTNER_TRX P, VTG_ROLLE_TRX R
         WHERE P.PARTK_ID = R.PARTK_ID) B,
        VTG_STICHTAGKOMPONENTE_TRX  S
 WHERE A.PERSON_ID = B.PARTK_ID AND A.VERTK_ID = S.VERTRAG_ID;
```

Im zugehörigen Ausführungsplan werden nun beide *Hints* nicht beachtet (siehe Abbildung 5.27).

Stattdessen wird der Optimierungs-Modus `ALL_ROWS` verwendet. Man kann den Konflikt auflösen, indem man in den beiden *Hints* dieselbe Treffermenge einträgt:

```
SELECT *
  FROM (SELECT /*+ FIRST_ROWS(10) */
               VX.VERTK_ID,
                VX.VERTRAGSNR,
                VVX.VERSICHERUNGSNUMMER,
                VVX.PERSON_ID
```

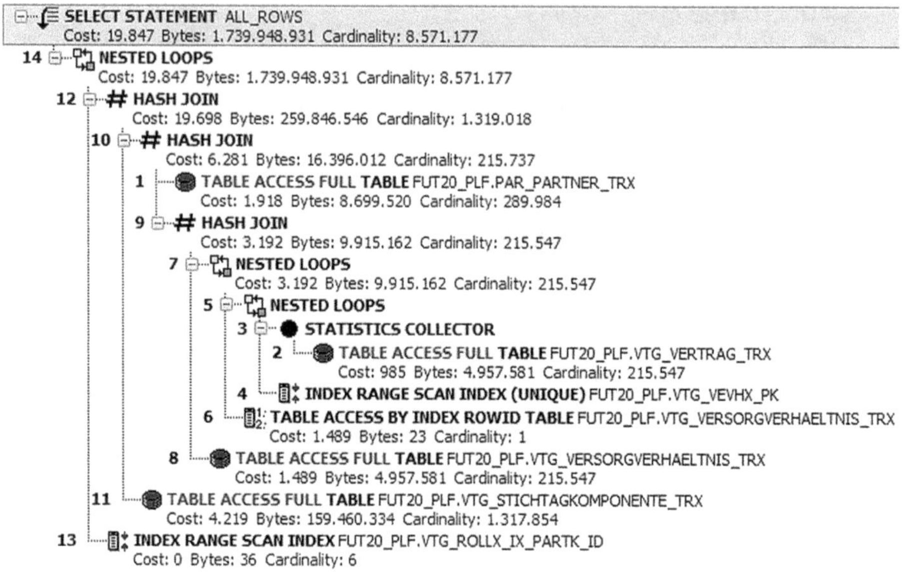

Abb. 5.27: Ausführungsplan mit unwirksamen *Hints* für den Optimierungs-Modus.

```
        FROM VTG_VERTRAG_TRX VX, VTG_VERSORGVERHAELTNIS_TRX  VVX
       WHERE VX.VEVHK_ID = VVX.VEVHK_ID) A,
     (SELECT /*+ FIRST_ROWS(10) */
             P.PARTK_ID, P.NAMESUCHE,  P.NUMMER
        FROM PAR_PARTNER_TRX P, VTG_ROLLE_TRX R
       WHERE P.PARTK_ID = R.PARTK_ID) B,
      VTG_STICHTAGKOMPONENTE_TRX  S
 WHERE A.PERSON_ID = B.PARTK_ID AND A.VERTK_ID = S.VERTRAG_ID;
```

Damit wird der Konflikt beseitigt. Die *Hints* werden jetzt im Ausführungsplan beachtet (siehe Abbildung 5.28).

Im Ausführungsplan gibt es jetzt keinen *Hash Join* mehr, weil die ersten zehn Treffer mit der *Nested Loop* schneller gefunden werden.

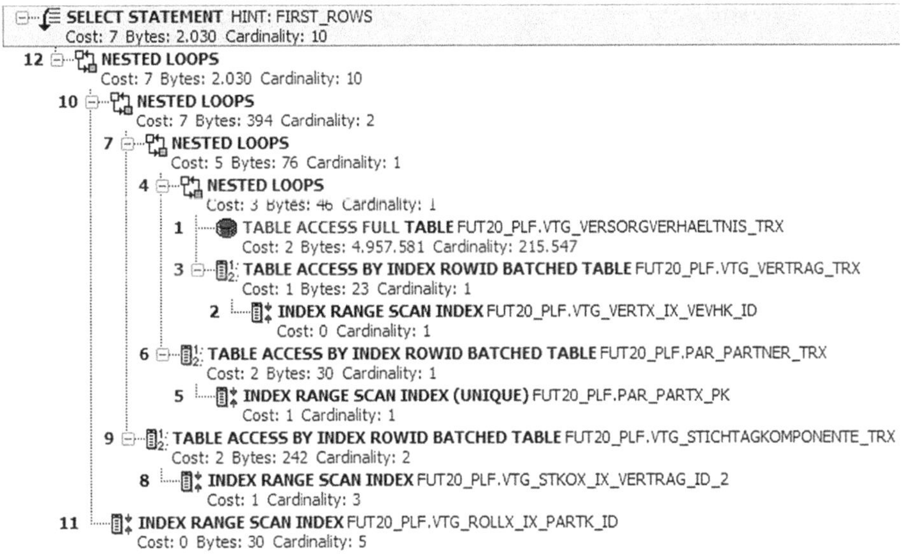

Abb. 5.28: Ausführungsplan mit beseitigten Konflikten für *Hints*.

5.2.2.2 Hints mit Zugriffspfaden und Joins für Views

Hints für Zugriffspfade und *Joins* werden nicht beachtet, wenn sie innerhalb einer verwendenden Selektion auf die *View* verweisen, sofern die *View* auf mehr als eine Tabelle zugreift oder eine *View* mit nur einer Tabelle referenziert, die einen *Hint* aus dem Kapitel 4.2 „Weitere *Hints*" enthält.

Folgende *Hints* gehören zur Kategorie der Zugriffspfade:

- *Full*
- die *Hints*, welche die Zeichenkette `INDEX` enthalten

Für die *Join Order* gibt es zwei *Hints*:

- `LEADING`
- `ORDERED`

Hints für *Join Operations* enthalten die Zeichenketten

- `USE_NL`,
- `USE_MERGE` und
- `USE_HASH`.

Die folgende Selektion enthält einen *Hint* aus der Kategorie *Join Operations* innerhalb der verwendenden Selektion:

```
SELECT /*+ USE_NL(VVX) */ *
  FROM (SELECT
                  VX.VERTK_ID, VX.VERTRAGSNR,  VVX.VERSICHERUNGSNUMMER
```

```
            FROM  VTG_VERTRAG_TRX VX, VTG_VERSORGVERHAELTNIS_TRX  VVX
           WHERE      VX.VEVHK_ID = VVX.VEVHK_ID)A,
          VTG_STICHTAGKOMPONENTE_TRX S
   WHERE       A.VERTK_ID = S.VERTRAG_ID;
```

Der zugehörige Ausführungsplan zeigt, dass der *Hint* nicht beachtet wird:

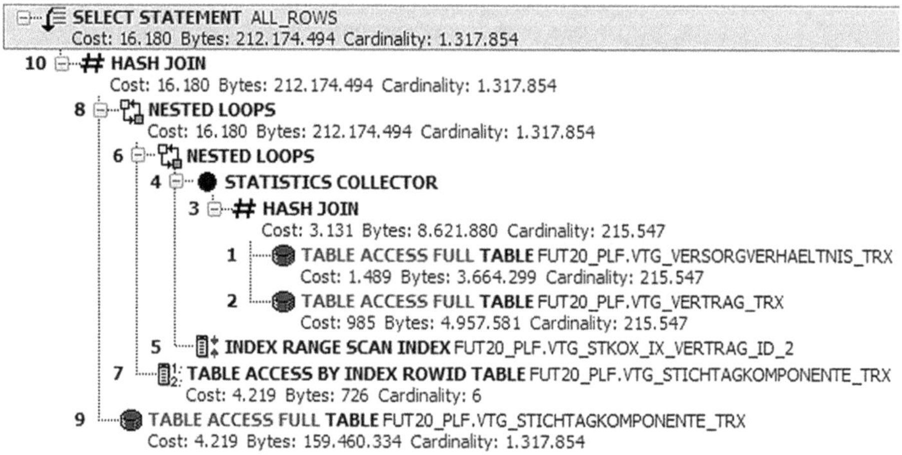

Abb. 5.29: Ausführungsplan mit nicht beachtetem *Hint* für *Nested Loop*.

Denn auf die Tabelle VTG_VERSORGVERHAELTNIS_TRX wird nicht mit der *Nested Loop* zugegriffen, sondern es wird der *Hash Join* genutzt.

Die nächste Selektion enthält eine *View* mit nur einer Tabelle mit einem *Hint* aus dem Kapitel 4.2 „Weitere *Hints*“. In der verwendenden Selektion ist ein *Hint* aus der Kategorie „Zugriffspfade“ eingetragen:

```
SELECT /*+ INDEX(VX) */
      *
  FROM (SELECT /*+ RESULT_CACHE */
               VX.VERTK_ID,  VX.VERTRAGSNR
           FROM VTG_VERTRAG_TRX VX) A,
          VTG_STICHTAGKOMPONENTE_TRX  S
  WHERE A.VERTK_ID = S.VERTRAG_ID;
```

Am Ausführungsplan erkennt man, dass der *Hint* in der verwendenden Selektion nicht beachtet wird:

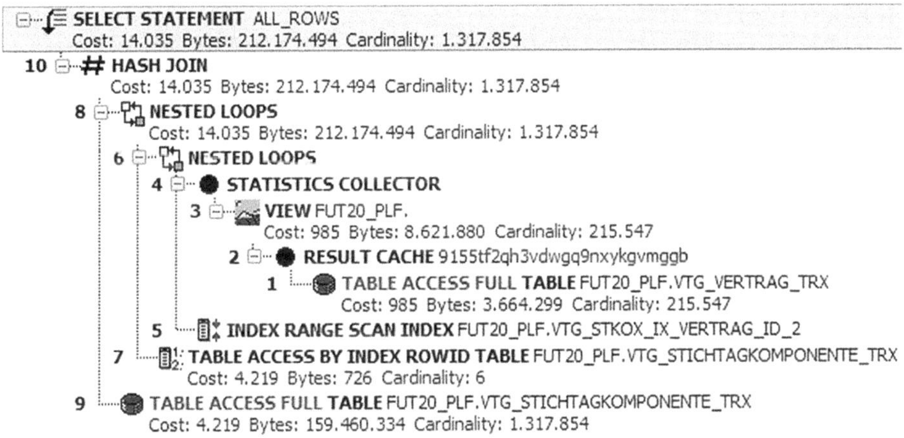

Abb. 5.30: Ausführungsplan mit nicht beachtetem *Hint* für den Zugriffspfad.

Denn es wird der Zugriffspfad *Full Table Scan* verwendet.

5.2.2.3 Hints mit Zugriffspfaden und Joins innerhalb von Views

Hints für Zugriffspfade und *Joins* innerhalb von *Views* werden in *Inline Views* beachtet, wenn die *Inline View* mit der verwendenden Selektion im Ausführungsplan verschmolzen wird. Eine *Inline View* erscheint im *From Clause* der verwendenden Selektion.

```
SELECT *
  FROM (SELECT /*+ USE_NL(VVX) */
               VX.VERTK_ID, VX.VERTRAGSNR,  VVX.VERSICHERUNGSNUMMER
          FROM VTG_VERTRAG_TRX VX, VTG_VERSORGVERHAELTNIS_TRX  VVX
         WHERE VX.VEVHK_ID = VVX.VEVHK_ID) A,
        VTG_STICHTAGKOMPONENTE_TRX  S
  WHERE A.VERTK_ID = S.VERTRAG_ID;
```

Diese Selektion enthält die *Inline View* A (siehe Abbildung 5.31).

Der Ausführungsplan zeigt, dass die *Inline View* mit der verwendenden Selektion verschmolzen wird und der *Hint* innerhalb der *Inline View* beachtet wird. Denn die beiden Tabellen der *Inline View* werden mit der *Nested Loop* verknüpft.

Denn wenn man den *Hint* aus der *Inline View* entfernt, erhält man einen anderen Ausführungsplan (siehe Abbildung 5.32).

Auch in diesem Fall wird die *Inline View* mit der verwendenden Selektion verschmolzen, jedoch werden die beiden Tabellen der *Inline View* mit dem *Hash Join* verknüpft.

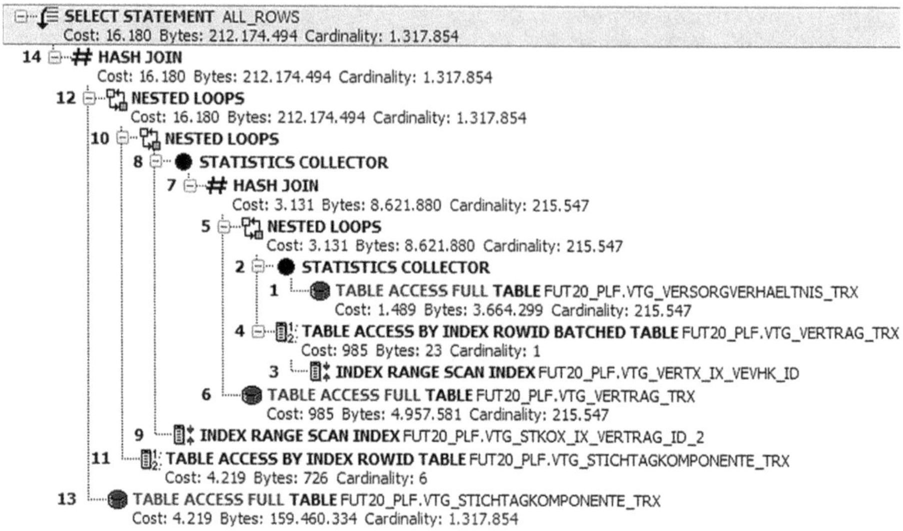

Abb. 5.31: Ausführungsplan mit beachtetem *Hint* in einer *Inline View*.

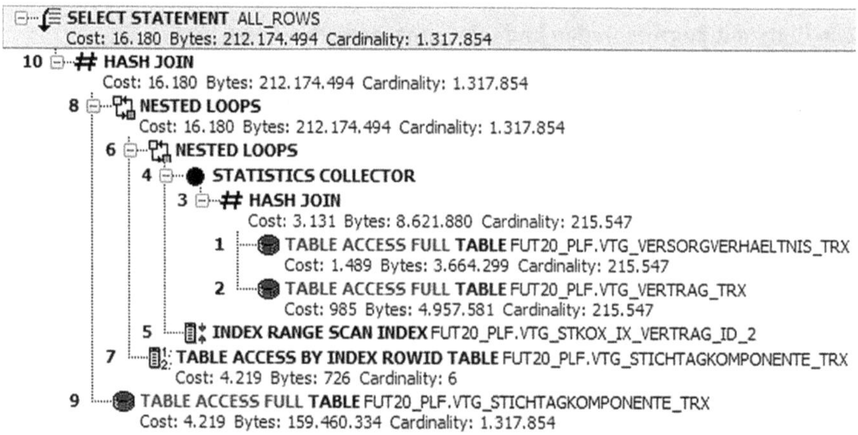

Abb. 5.32: Ausführungsplan ohne *Hint* für eine *Inline View*.

5.2.3 Nicht verschmelzungsfähige Views

In welchem Ausmaß *Hints* beachtet werden, wenn diese in Verbindung mit nicht verschmelzungsfähigen *Views* verwendet werden, hängt von der Kategorie des *Hint* ab und ob der *Hint* innerhalb der *View* oder der verwendenden Selektion genutzt wird.

5.2.3.1 Hints für den Optimierungs-Modus

Hints für dem Optimierungs-Modus, welche in nicht verschmelzungsfähigen *Views* enthalten sind, werden durch entsprechende *Hints* der verwendenden Selektion übersteuert.

```
SELECT /*+ NO_MERGE(A) ALL_ROWS */
       *
  FROM (SELECT /*+ FIRST_ROWS(10) */
               VX.VERTK_ID, VX.VERTRAGSNR,  VVX.VERSICHERUNGSNUMMER
          FROM VTG_VERTRAG_TRX VX, VTG_VERSORGVERHAELTNIS_TRX  VVX
         WHERE VX.VEVHK_ID = VVX.VEVHK_ID)A,
        VTG_STICHTAGKOMPONENTE_TRX S
 WHERE A.VERTK_ID = S.VERTRAG_ID;
```

Die Selektion enthält die nicht verschmelzungsfähige *View* A, welche den *Hint* FIRST_ROWS(10) enthält. Die verwendende Selektion enthält den *Hint* ALL_ROWS.

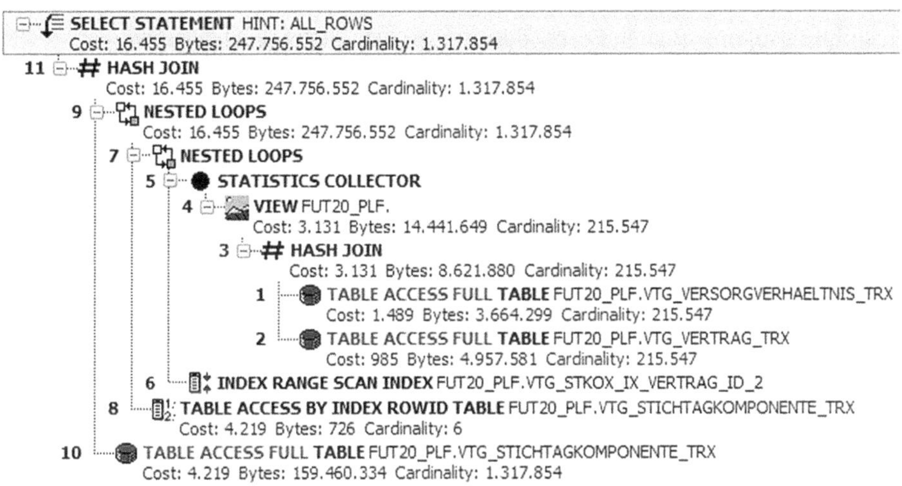

Abb. 5.33: Ausführungsplan mit übersteuertem *Hint* für nicht verschmelzungsfähige *View*.

Anhand des Ausführungsplans in der Abbildung 5.33 ist zu erkennen, dass der *Hint* der verwendenden Selektion den *Hint* in der nicht verschmelzungsfähigen *View* übersteuert. Der *Hint* für den Optimierungs-Modus wird jedoch innerhalb der *View* beachtet, wenn es in der verwendenden Selektion keinen *Hint* für den Optimierungs-Modus gibt (siehe Abbildung 5.34).

Im Ausführungsplan wird nun der *Hint* FIRST_ROWS(10) berücksichtigt. Da jetzt ein Ausführungsplan benötigt wird, mit dem die ersten zehn Datensätze am schnellsten gefunden werden sollen, ist im Ausführungsplan ein indizierter Zugriff auf die Tabelle VTG_STICHTAGKOMPONENTE_TRX enthalten. Sollen jedoch alle Datensätze so

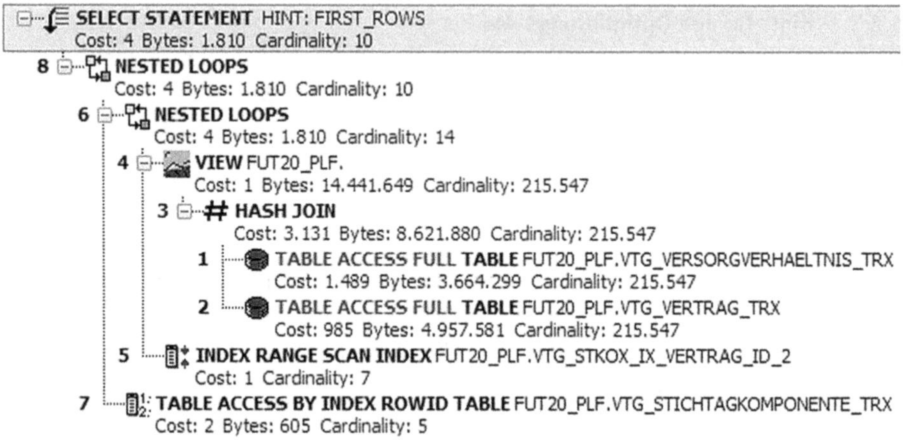

Abb. 5.34: Ausführungsplan mit beachtetem *Hint* für nicht verschmelzungsfähige *View*.

schnell wie möglich gefunden werden, dann erfolgt ein *Full Table Scan*, welcher im Ausführungsplan enthalten ist, bei dem der *Hint* ALL_ROWS beachtet wird.

5.2.3.2 Hints mit Zugriffspfaden und Joins innerhalb von Views

Hints innerhalb der *View* für Zugriffspfade und *Joins* werden beachtet, weil die nicht verschmelzungsfähige *View* autonom optimiert wird.

Die nicht verschmelzungsfähige *View* in der folgenden Selektion enthält einen *Hint* mit Zugriffspfad INDEX für die Tabelle VTG_VERTRAG_TRX:

```
SELECT /*+ NO_MERGE(A) */
      *
  FROM (SELECT /*+ INDEX(VX) */
                   VX.VERTK_ID, VX.VERTRAGSNR,   VVX.VERSICHERUNGSNUMMER
              FROM VTG_VERTRAG_TRX VX, VTG_VERSORGVERHAELTNIS_TRX  VVX
             WHERE VX.VEVHK_ID = VVX.VEVHK_ID)A,
            VTG_STICHTAGKOMPONENTE_TRX S
  WHERE A.VERTK_ID = S.VERTRAG_ID;
```

Im Ausführungsplan erkennt man, dass dieser *Hint* beachtet wird:

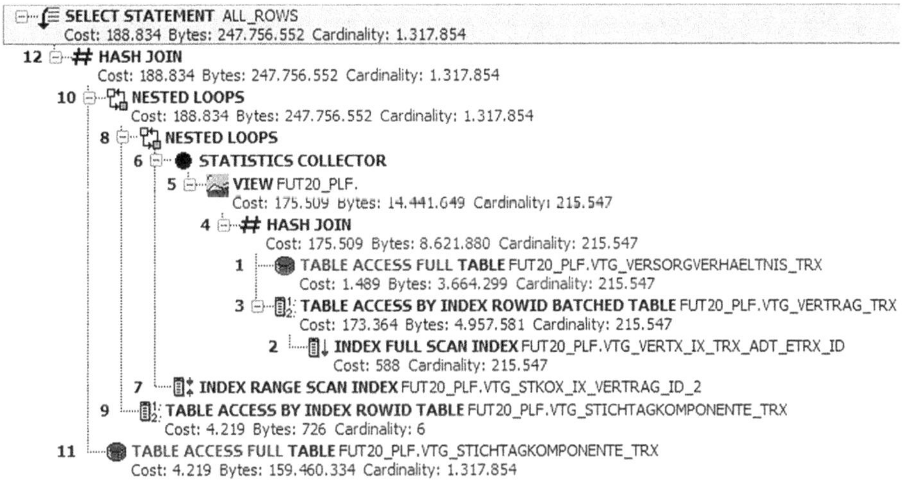

Abb. 5.35: Ausführungsplan mit beachtetem *Hint* für Zugriffspfad.

5.2.3.3 Hints mit Zugriffspfaden für Views

Die *Hints* für Zugriffspfade werden jedoch nicht beachtet, wenn diese in der verwendenden Selektion enthalten sind. Um dies zu demonstrieren, wurde der *Hint* für den Zugriffspfad `INDEX` in die verwendende Selektion verschoben:

```
SELECT /*+ NO_MERGE(A) INDEX(VX) */
      *
  FROM (SELECT
              VX.VERTK_ID, VX.VERTRAGSNR,  VVX.VERSICHERUNGSNUMMER
          FROM VTG_VERTRAG_TRX VX, VTG_VERSORGVERHAELTNIS_TRX  VVX
         WHERE VX.VEVHK_ID = VVX.VEVHK_ID)A,
        VTG_STICHTAGKOMPONENTE_TRX S
  WHERE A.VERTK_ID = S.VERTRAG_ID;
```

Aus dem nun resultierenden Ausführungsplan kann man entnehmen, dass der *Hint* in der verwendenden Selektion nicht beachtet wird (siehe Abbildung 5.36).

Denn auf die Tabelle `VTG_VERTRAG_TRX` wird nun mit dem *Full Table Scan* zugegriffen.

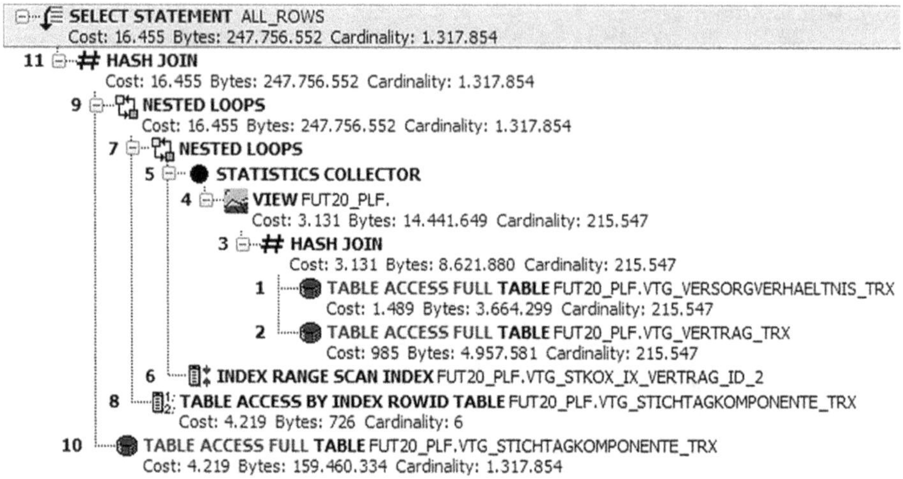

Abb. 5.36: Ausführungsplan mit unbeachtetem *Hint* in verwendender Selektion einer *View*.

5.2.3.4 Hints mit Joins für Views

Hints mit *Joins* für *Views* werden in der verwendenden Selektion beachtet, weil die nicht verschmelzungsfähige *View* bei der Optimierung wie eine Tabelle behandelt wird.

```
SELECT /*+ NO_MERGE(A) USE_HASH(A, S) */
      *
  FROM (SELECT
              VX.VERTK_ID, VX.VERTRAGSNR,   VVX.VERSICHERUNGSNUMMER
          FROM VTG_VERTRAG_TRX VX, VTG_VERSORGVERHAELTNIS_TRX  VVX
         WHERE VX.VEVHK_ID = VVX.VEVHK_ID)A,
        VTG_STICHTAGKOMPONENTE_TRX S
 WHERE A.VERTK_ID = S.VERTRAG_ID;
```

Die verwendende Selektion enthält einen *Hint*, der die Verknüpfung der nicht verschmelzungsfähigen *View* A mit der Tabelle VTG_STICHTAGKOMPONENTE_TRX mit Hilfe des *Hash Join* ermöglichen soll:

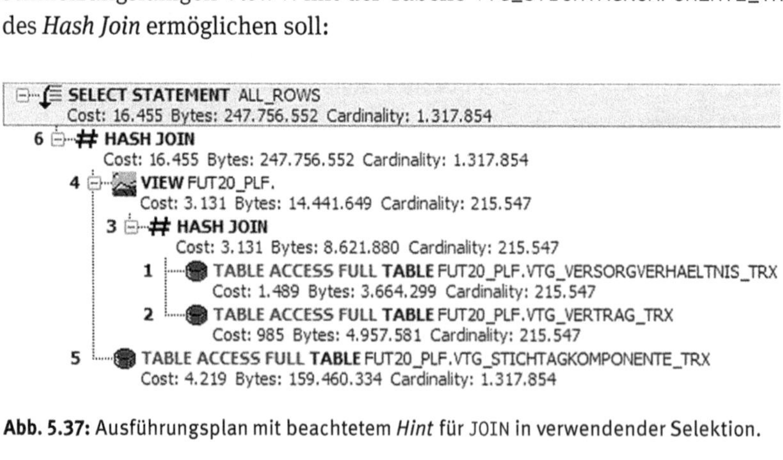

Abb. 5.37: Ausführungsplan mit beachtetem *Hint* für JOIN in verwendender Selektion.

Tatsächlich ist dieser *Hash Join* im Ausführungsschritt 6 eingetragen. Verknüpft werden damit die Ergebnisse aus den Ausführungsschritten 4 und 5. Der Zugriff auf die nicht verschmelzungsfähige *View* A erfolgt im Ausführungsschritt 4. Auf die Tabelle VTG_STICHTAGKOMPONENTE_TRX erfolgt der Zugriff im Ausführungsschritt 5.

5.2.4 Globale Hints für Tabellen innerhalb von Views

Hints, die Tabellen enthalten, werden üblicherweise für Tabellen formuliert, welche im DELETE, SELECT oder UPDATE eingetragen sind. Die Verarbeitung von Tabellen in *Views* wird also mit diesen *Hints* nicht beeinflusst.

Denn in den vorigen Abschnitten wurde erläutert, dass es oft nicht möglich ist, *Hints* innerhalb der verwendenden Selektion einzufügen, um damit den Zugriff auf Tabellen in *Views* zu beeinflussen. Diese Funktionalität wird jedoch für OLTP-Applikationen benötigt, da diese Anwendungen mit Hilfe von *Views* auf dem Datenbestand arbeiten. Daher haben die *Views* einen maßgeblichen Einfluss auf die Performanz der OLTP-Applikation. Es ist dann nicht empfehlenswert, den *Hint* in die *View* zu verschieben, weil davon alle Verwender-Stellen in der OLTP-Applikation betroffen sind. Da *Views* jedoch in eine Selektion eingebunden werden, kann sich der *Hint* in Abhängigkeit von der Struktur der Selektion auch negativ auswirken. Wenn also eine *View* mit einem *Hint* beeinflusst werden soll, sollte dies mit einem *Hint* in der verwendenden Selektion erfolgen, damit die übrigen Verwender-Stellen der *View* nicht negativ beeinflusst werden können. Dadurch wird auch der Testaufwand optimiert, weil die Performanz der übrigen Verwender-Stellen nicht getestet werden muss. Dies ist auch möglich, wenn man globale *Hints* verwendet. Globale *Hints* erweitern die Syntax der *Hints* für Tabellen. Denn der Name der *View*, in welcher die zu beeinflussende Tabelle enthalten ist, wird zusätzlich in dem *Hint* eingetragen.

5.2.4.1 Punkt-Notation

Der Name der *View* wird dann als erstes Argument in den *Hint* eingetragen. Wenn eine *View* im *From Clause* eine *Sub-View* enthält, kann auch auf die Tabellen der *Sub-View* zugegriffen werden, indem erst der Name der *View* und dann der Name der *Sub-View* durch einen Punkt getrennt im *Hint* eingetragen werden. Darauf folgt ein weiterer Punkt und dann der Name der Tabelle. Diese Syntax kann für eine beliebige Tiefe von *Sub-Views* angewendet werden. Jeder Level einer Sub-Query wird dann jeweils durch einen Punkt in dem Argument repräsentiert.

In der folgenden Selektion wird das demonstriert. Die Selektion verwendet die *View* MAINVIEW. Die *View* MAINVIEW wiederum verwendet die *Sub-View* SUBVIEW. Beide *Views* können aufgrund des *Hint* NO_MERGE nicht mit der Selektion verschmolzen werden:

```
SELECT /*+ NO_MERGE(MAINVIEW) INDEX(S VTG_STKOX_IX_VERTRAG_ID_2)
           INDEX( MAINVIEW.VX VTG_VERTX_IX_TRX_ADT_ETRX_ID)
           INDEX( MAINVIEW.SUBVIEW.VVX VTG_VEVHX_IX_TRX_ADT_ETRX_ID) */
      *
  FROM (SELECT /*+ NO_MERGE(SUBVIEW) */
                VX.VERTK_ID, VX.VERTRAGSNR,  SUBVIEW.VERSICHERUNGSNUMMER
          FROM VTG_VERTRAG_TRX  VX,
               (SELECT VVX.VERSICHERUNGSNUMMER,  VVX.VEVHK_ID
                  FROM VTG_VERSORGVERHAELTNIS_TRX VVX)  SUBVIEW
         WHERE VX.VEVHK_ID = SUBVIEW.VEVHK_ID) MAINVIEW,
        VTG_STICHTAGKOMPONENTE_TRX  S
 WHERE MAINVIEW.VERTK_ID = S.VERTRAG_ID;
```

Für die Tabelle VTG_STICHTAGKOMPONENTE_TRX wird ein konventioneller *Hint* verwendet, um den indizierten Zugriff mit dem Index VTG_STKOX_IX_VERTRAG_ID_2 zu bewirken. Die Tabellen der verwendenden Selektion befinden sich auf der Ebene 1. Für diese Ebene können konventionelle *Hints* eingesetzt werden. Die *View* MAINVIEW befindet sich auf Ebene 2 und die *View* SUBVIEW auf der Ebene 3. Ab der zweiten Ebene müssen globale *Hints* genutzt werden.

Daher werden mit Hilfe von zwei globalen *Hints* die Zugriffspfade für beide *Views* gesetzt. Für die MAINVIEW wird der indizierte Zugriff mit dem Index VTG_VERTX_IX_TRX_ADT_ETRX_ID auf die Tabelle VTG_VERTRAG_TRX angefordert. Auf die Tabelle VTG_VERSORGVERHAELTNIS_TRX in der *Sub-View* erfolgt der indizierte Zugriff mit dem Index VTG_VEVHX_IX_TRX_ADT_ETRX_ID. Im *Hint* sind diese beiden Tabellen mit Hilfe der Punkt-Notation eingetragen. Die Anzahl der benötigten Punkte erhält man, indem man von der jeweiligen Ebene die Zahl 1 subtrahiert. Es gilt also allgemein die folgende Formel:

$$\text{Anzahl der benötigten Punkte für Ebene } n = n - 1\,. \tag{5.3}$$

Für den Zugriff auf die Tabellen der MAINVIEW wird daher ein Punkt benötigt. Für den Zugriff auf die Tabellen der SUBVIEW braucht man zwei Punkte. Für die Tabelle der verwendenden Selektion wird kein Punkt benötigt, weil diese sich auf Ebene 1 befindet.

Am Ausführungsplan erkennt man, dass die beiden globalen *Hints* und der konventionelle *Hint* beachtet werden:

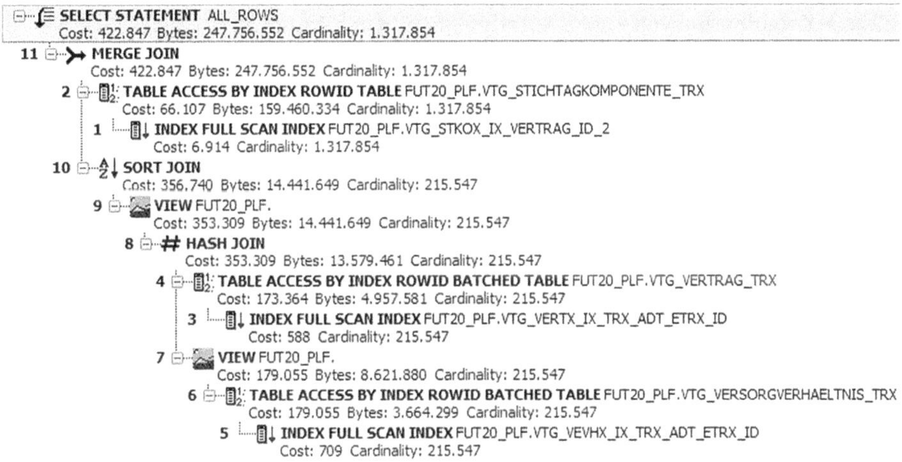

Abb. 5.38: Ausführungsplan mit *Hint* für *View* in Punkt-Notation.

5.2.4.2 Ebenen-Notation

Es ist auch möglich, die Ebenen im *Hint* einzutragen. Dann kann man auf die Tabellen dieser Ebenen mit *Hints* zugreifen, ohne dass man die Punkt-Notation benötigt.

In der folgenden Selektion sind *Hints* für drei Ebenen eingetragen. Der *Hint* für die Ebene 1 bestimmt den indizierten Zugriff mit dem Index VTG_STKOX_IX_VERTRAG_ID_2 für die Tabelle VTG_STICHTAGKOMPONENTE_TRX in der verwendenden Selektion. Für die Ebene 1 wird auch keine Punkt-Notation benötigt. Daher kann man für diese Ebene auch mit konventionellen *Hints* arbeiten. Für die Ebene 2 wird nun jedoch die Punkt-Notation vermieden. Der *Hint* für diese Ebene enthält den Index VTG_VERTX_IX_TRX_ADT_ETRX_ID für den indizierten Zugriff auf die Tabelle VTG_VERTRAG_TRX. Ebenso wird keine Punkt-Notation für die Ebene 3 benötigt. Auf dieser Ebene erfolgt der indizierte Zugriff mit dem Index VTG_VEVHX_IX_TRX_ADT_ETRX_ID für die Tabelle VTG_VERSORGVERHAELTNIS_TRX:

```
SELECT /*+ NO_MERGE(MAINVIEW) INDEX( @SEL$1 S VTG_STKOX_IX_VERTRAG_ID_2)
           INDEX( @SEL$2 VX VTG_VERTX_IX_TRX_ADT_ETRX_ID)
           INDEX( @SEL$3 VVX VTG_VEVHX_IX_TRX_ADT_ETRX_ID) */
     *
  FROM (SELECT /*+ NO_MERGE(SUBVIEW) */
               VX.VERTK_ID, VX.VERTRAGSNR,  SUBVIEW.VERSICHERUNGSNUMMER
          FROM VTG_VERTRAG_TRX  VX,
               (SELECT VVX.VERSICHERUNGSNUMMER,  VVX.VEVHK_ID
                  FROM VTG_VERSORGVERHAELTNIS_TRX VVX)  SUBVIEW
         WHERE VX.VEVHK_ID = SUBVIEW.VEVHK_ID) MAINVIEW,
       VTG_STICHTAGKOMPONENTE_TRX  S
  WHERE MAINVIEW.VERTK_ID = S.VERTRAG_ID;
```

5.2.4.3 Kombination von Punkt-Notation und Ebenen-Notation

Es ist auch möglich, die Ebenen-Notation mit der Punkt-Notation zu kombinieren:

```
INDEX( @SEL$2 SUBVIEW.VVX VTG_VEVHX_IX_TRX_ADT_ETRX_ID)
```

Mit diesem *Hint* wird der indizierte Zugriff mit dem Index VTG_VEVHX_IX_TRX_ADT_ETRX_ID für die Tabelle VTG_VERSORGVERHAELTNIS_TRX angefordert. Diese Tabelle befindet sich auf der Ebene 3. Jedoch wird mit der Ebenen-Notation nur die Ebene 2 angesteuert, so dass Zugriffspfade für die Ebene 3 nicht ohne weiteres festgelegt werden können. Durch die Kombination der Ebenen-Notation mit der Punkt-Notation wird das jedoch erreicht. Weil mit der Ebenen-Notation die zweite Ebene eingetragen ist, wird noch ein zusätzlicher Punkt benötigt, damit die Zugriffspfade für die Ebene 3 gesetzt werden können. Vor dem Punkt wird der Name der *Sub-View* eingetragen, und nach dem Punkt folgt die Tabelle, welche der Ebene 3 angehört und für die der indizierte Zugriff erfolgen soll.

5.3 Komplexe Hints für Indizes

Hints für Zugriffspfade mit Indizes können die Namen der Indizes enthalten, um die Zugriffspfade festzulegen. Es ist jedoch auch möglich, die Namen der Attribute in den Index einzutragen. Denn ein Index kann auch mit dessen Attributen ausgewählt werden. Die Attribute des Index müssen in runden Klammern eingetragen werden. Die Reihenfolge der Attribute im Index muss mit der Reihenfolge der Attribute in der Klammer übereinstimmen. Es ist auch möglich, nur eine Teilmenge der Attribute des Index in die Klammer einzutragen. Die Reihenfolge muss jedoch auch bei einer Teilmenge mit der Reihenfolge der Attribute des Index übereinstimmen. Wenn eine Teilmenge der Attribute in die Klammer eingetragen wird, dürfen nur Attribute am Ende weggelassen werden. Es dürfen also keine Attribute übersprungen werden. Wenn mehrere Indizes diese Teilmenge enthalten, berücksichtigt der Planoptimierer all diese Indizes bei der Planoptimierung. Ein *Hint* kann sowohl die Namen von Indizes enthalten als auch die Namen von Attributen der Indizes. Wenn mehrere Indizes zu der Beschreibung im *Hint* passen, wird derjenige Index ausgewählt, dem im Ausführungsplan die geringsten Kosten zugeordnet werden. Dabei ist es egal, ob der Name des Index eingetragen ist oder dessen Attribute. Beide Notations-Varianten werden bei der Planoptimierung gleichwertig behandelt.

```
SELECT /*+ INDEX(@SEL$1 S VTG_STKOX_PK (NAME, VERTRAG_ID, MAND_ID)
             (VERTRAG_ID, NAME)  ) NO_INDEX( S (VERTRAG_ID, NAME) ) */
       *
  FROM VTG_STICHTAGKOMPONENTE_TRX S;
```

Im ersten *Hint* der Selektion sind drei Indizes beschrieben. Beim ersten Index ist dessen Name VTG_STKOX_PK eingetragen. Zwei weitere *Hints* werden mit deren Attributen spezifiziert. In der folgenden Tabelle sind die drei Indizes mit Namen, Attributen und den jeweiligen Gesamtkosten des Ausführungsplans eingetragen:

Tab. 5.1: Vergleich von Indizes mit deren zugeordneten Kosten.

Name	Attribute	Kosten
VTG_STKOX_PK	STKOK_ID, TRX_ADT_FTRX_ID	438.911
VTG_STKOX_IX_NAME_3	NAME, VERTRAG_ID, MAND_ID	459.256
VTG_STKOX_IX_VERTRAG_ID_2	VERTRAG_ID, NAME	66.107

Alle drei Indizes sind in dem ersten *Hint* beschrieben. Der Index VTG_STKOX_IX_VERTRAG_ID_2 hat die geringsten Kosten. Jedoch wird dieser *Hint* nicht verwendet, weil er aufgrund des zweiten *Hint* mit dem Kommando NO_INDEX ausgeschlossen wird. Daher fällt die Entscheidung zwischen den beiden ersten Indizes aus der Tabelle. Der erste Index VTG_STKOX_PK in der Tabelle hat die geringsten Kosten. Daher wird dieser Index vom Planoptimierer ausgewählt:

Abb. 5.39: Ausführungsplan mit komplexen *Hints* für INDEX und NO_INDEX.

Entfernt man jedoch den zweiten *Hint* NO_INDEX, dann wählt der Planoptimierer den Index mit den geringsten Kosten für den Ausführungsplan:

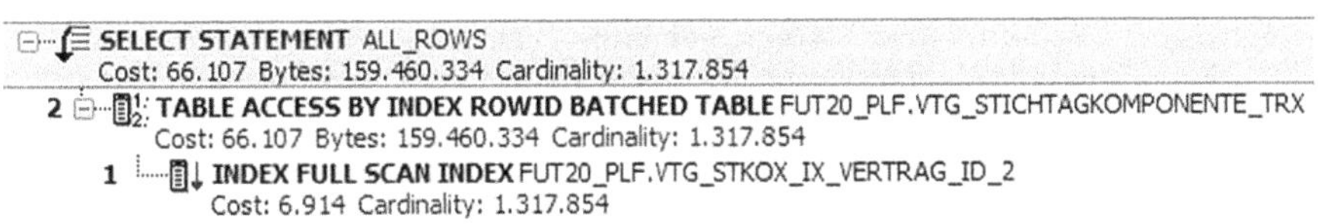

Abb. 5.40: Ausführungsplan mit komplexem *Hint* für INDEX.

5.4 Beschreibung des Ausführungsplans mit Hint Set

Wenn man den Ausführungsplan mit nur einem oder wenigen *Hints* beeinflusst, haben die *Hints* nur eine punktuelle Wirkung. Der Planoptimierer muss bei komplexeren Selektionen [78, 79] weiterhin die meisten Optimierungs-Entscheidungen treffen. Dieser Freiheitsgrad für den Optimierer kann zu Entscheidungen führen, die die Anwendung der *Hints* aus technischen Gründen nicht mehr ermöglichen. Die *Hints* werden dann nicht angewendet. Die nächste Selektion zeigt ein solches Beispiel:

```
SELECT *
  FROM (SELECT /*+ FULL(F) USE_NL(P F) */
               P.PARTK_ID, F.PARTNER_ID,  P.ID
          FROM (SELECT /*+ INDEX_JOIN (P PAR_PART_IX_GEBURTSDATUM
                                          PAR_PART_IX_PARTK_ID_4)  */
                       ID, GEBURTSDATUM_DATE,  P.PARTK_ID
                  FROM PAR_PARTNER P
                 WHERE GEBURTSDATUM_DATE IS NOT NULL AND PARTK_ID IS NOT
                       NULL)
               P,
               PRO_FACHTRANSAKTION  F
         WHERE P.PARTK_ID = F.PARTNER_ID);
```

Die Selektion enthält die *View* P. Der Entwickler der Selektion erwartete, dass ein *Index Join* mit den beiden im *Hint* eingetragenen Indizes erfolgt. Das Ergebnis des *Index Join* muss durch einen weiteren JOIN um das Attribut ID angereichert werden. Das Ergebnis dieser beiden *Joins* etabliert die *View* P. Diese *View* wird dann durch Verwendung der *Nested Loop* mit der Tabelle PRO_FACHTRANSAKTION verknüpft. Der Zugriff auf die Tabelle erfolgt mit dem *Full Table Scan.* Der Ausführungsplan zeigt jedoch, dass der *Hint* für den *Index* Join gar nicht beachtet wird, weil der Planoptimierer keine *View* bildet, sondern stattdessen die *View* mit der verwendenden Selektion verschmilzt:

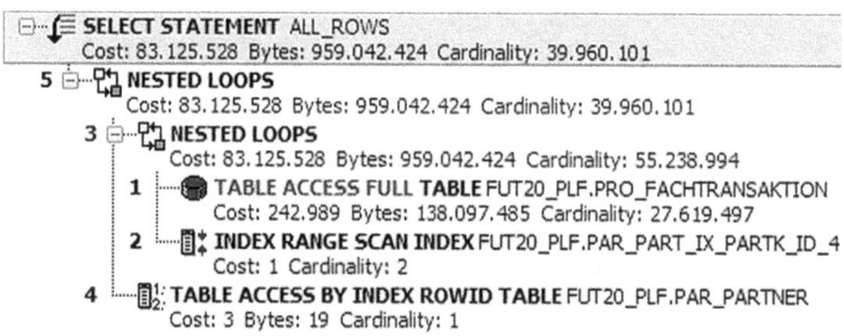

Abb. 5.41: Ausführungsplan mit wirkungslosem *Hint* wegen Verschmelzung einer *View*.

Aufgrund dieser Verschmelzung wird der *Hint* für den *Index Join* nicht mehr beachtet. Denn der Index PAR_PART_IX_PARTK_ID_4 wird nicht mit dem Index PAR_PART_IX_GEBURTSDATUM mit Hilfe des *Index Join* verknüpft, sondern es erfolgt eine Verknüpfung mit der Tabelle PRO_FACHTRANSAKTION. Dieser JOIN wurde nur deshalb möglich, weil der Planoptimierer die *View* mit der verwendenden Selektion verschmelzen konnte. Daher muss diese Verschmelzung verhindert werden, wenn man erreichen will, dass der Planoptimierer den *Hint* für den *Index Join* beachtet.

Wenn man feststellt, dass der Optimierer bei komplexen Selektionen *Hints* nicht beachtet, muss man diejenige Optimierungs-Entscheidung identifizieren, welche die Anwendung des *Hint* verhinderte. Dann muss die entdeckte Optimierungs-Entscheidung durch die Verwendung von einem oder mehreren zusätzlichen *Hints* verhindert werden. Man benötigt also für die Problemlösung einen *Hint Set*. Mit diesem *Hint Set* wird gewährleistet, dass der ursprüngliche *Hint* wieder beachtet wird. Es ist nicht erforderlich, dass der *Hint Set* so umfangreich gestaltet wird, dass der gesamte Ausführungsplan dadurch festgelegt wird. Es müssen nur *Hints* enthalten sein, welche diejenigen Entscheidungen des Optimierers unterbinden, welche die Anwendung des *Hints* verhindern.

In dem Beispiel muss also die Verschmelzung der *View* mit der aufrufenden Selektion verhindert werden. Daher muss der *Hint* NO_MERGE im *Hint Set* ergänzt werden:

```
SELECT *
  FROM (SELECT /*+ NO_MERGE(P) FULL(F) USE_NL(P F) */
              P.PARTK_ID, F.PARTNER_ID,  P.ID
        FROM (SELECT /*+ INDEX_JOIN ( P PAR_PART_IX_GEBURTSDATUM
                 PAR_PART_IX_PARTK_ID_4)  */
                      ID, GEBURTSDATUM_DATE,  P.PARTK_ID
                 FROM PAR_PARTNER P
                 WHERE GEBURTSDATUM_DATE IS NOT NULL AND PARTK_ID IS NOT
                      NULL)
               P,
               PRO_FACHTRANSAKTION  F
       WHERE P.PARTK_ID = F.PARTNER_ID);
```

Nun muss der Optimierer die *View* P bilden, so dass der Index PAR_PART_IX_PARTK_ID_4 für den *Index Join* verwendet wird und nicht mehr für die Verknüpfung mit der Tabelle PRO_FACHTRANSAKTION genutzt werden kann:

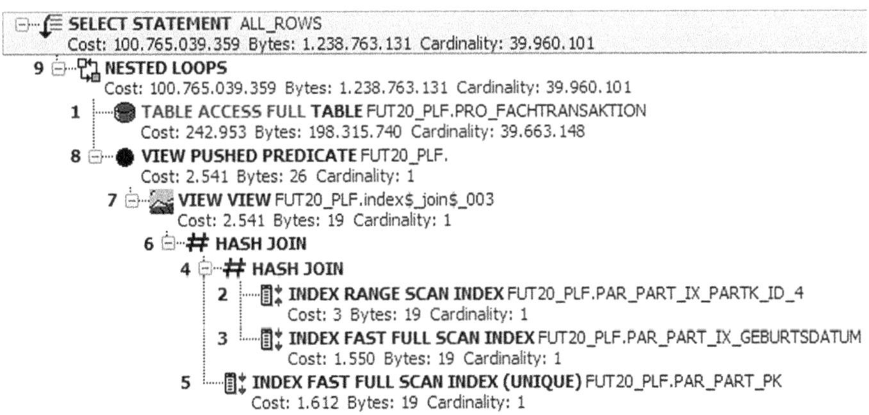

Abb. 5.42: Ausführungsplan mit zusätzlichem *Hint* NO_MERGE.

Die *View* wird erzeugt, indem drei Indizes nacheinander mit Hilfe von zwei *Hash Joins* verknüpft werden. Zuerst werden die beiden Indizes miteinander verknüpft, welche im *Hint* für den *Index Join* eingetragen sind. Das Ergebnis dieses *Hash Join* wird mit dem Index `PAR_PART_PK` verknüpft. Dadurch wird das Ergebnis mit dem Attribut `ID` angereichert. Das Ergebnis dieser beiden *Hash Joins* bildet die *View* `P`. Diese *View* wird mit der Tabelle `PRO_FACHTRANSAKTION` verknüpft. Auf diese Tabelle wird mit dem *Full Table Scan* zugegriffen. Mit dem *Hint Set* wird jetzt also gewährleistet, dass alle *Hints* beachtet werden.

5.5 Deprecated Hints

Bis einschließlich Oracle-Version 9i konnte man die folgenden *Hints* auswählen. Ab der Version 10g sind diese *Hints* von Oracle jedoch als *Deprecated* dokumentiert. Die Nutzung dieser *Hints* ist daher nur bis zur Version 9i empfohlen. Ab der Version 10g sollen diese *Hints* nicht mehr benutzt werden:

- `HASH_AJ`
- `MERGE_AJ`
- `NL_AJ`
- `HASH_SJ`
- `MERGE_SJ`
- `NL_SJ`
- `EXPAND_GSET_TO_UNION`
- `NOPARALLEL`

6 An der Hardware orientierte Basiskonzepte

Die Beschleunigung mit Hilfe von *Hints* wird durch die Verbesserung der Verarbeitungs-Algorithmen erreicht. In diesem Kapitel werden Basiskonzepte beschrieben, bei denen die Hardware für die Ausführungsoptimierung ein signifikanter Bestandteil der jeweiligen Optimierungs-Lösung ist:

- *Real Application Cluster*
  - Verbund von Oracle-Servern
- *Block Prefetching*
  - Vorladung von Indizes im den *Buffer Cache*
- *Row Resequencing*
  - fachliche Optimierung der Block-Anordnung auf dem persistenten Speichermedium

6.1 Real Application Cluster

RAC wird für die Verwaltung von Cluster [80–83] eingesetzt. In einem Cluster sind Oracle-Server miteinander verbunden, um Aufgaben gemeinsam zu lösen. Für den Endnutzer ist das Cluster daher nicht transparent. Denn es erscheint nach außen wie ein Server, der die Aufgabe bearbeitet. Tatsächlich findet jedoch eine gemeinsame Aufgabenlösung durch verbundene Server im Hintergrund statt. Die Verknüpfung der Oracle-Server zu einem Cluster erfolgt mit Oracle-Clusterware. Wenn RAC eingesetzt werden soll, dann entscheidet man sich damit auch implizit für Clusterware, weil diese eine Voraussetzung für RAC ist. Jedoch muss die Clusterware nicht von Oracle stammen. Es kann auch die Clusterware eines anderen Herstellers genutzt werden, wenn diese für die Nutzung mit RAC gekennzeichnet ist. Mit Clusterware kann auch ein Speicher-Pool für die Nutzung im Cluster erzeugt werden. Auf einem solchen Speicher-Pool kann eine RAC-Datenbank-Instanz zugreifen. Der Speicher-Pool kann jedoch auch ebenso von einer Datenbank-Instanz genutzt werden, die keinem Cluster angehört. Diese Datenbank-Instanzen sind exklusiv mit der Datenbank verbunden. Es gibt dann also keine weiteren Datenbank-Instanzen, die auf dieselbe Datenbank zugreifen können. In RAC-Umgebungen gibt es diese Exklusivität nicht. Vielmehr können mehrere Datenbank-Instanzen auf dieselbe Datenbank zugreifen. Es sind sogar bis zu 100 Datenbank-Instanzen möglich, die mit derselben Datenbank verbunden werden können. Da somit im Cluster mehr Ressourcen für die Aufgabenlösung bereitgestellt werden können, bietet sich erhebliches Potential zur Steigerung der Performanz. Dies ist jedoch nicht der einzige Vorteil, den man aus einer RAC-Umgebung zieht. Auch die Ausfallsicherheit wird durch eine RAC-Umgebung unterstützt. Je mehr Datenbank-Instanzen verwendet werden, umso besser ist das System gegen Ausfälle einer Datenbank-Instanz abgesichert. Denn es sind ja mehrere Datenbank-

https://doi.org/10.1515/9783110601817-006

Instanzen mit derselben Datenbank verbunden. Eine ausgefallene Datenbank-Instanz kann dann einfach durch eine noch funktionierende Datenbank-Instanz ersetzt werden.

Es ist jedoch grundsätzlich nicht möglich, eine RAC-Umgebung nur für die Ausfallsicherheit nutzen zu wollen. Eine RAC-Umgebung beeinflusst auch das Laufzeitverhalten einer Anwendung, die das RAC nutzt. Kritisch wäre dann also beispielsweise eine Systemarchitektur zu beurteilen, bei der eine RAC-Umgebung der Anwendung nur in der Produktionsumgebung zur Verfügung steht. In diesem Fall hätte eine Testumgebung kein RAC. Jedoch wirkt sich das RAC auf das Laufzeitverhalten der Anwendung aus. Dann sind Laufzeitmessungen in der Testumgebung nur schwer auf den produktiven Betrieb übertragbar. Dieser Aspekt wird manchmal beim Entwurf von Systemarchitekturen übersehen, wenn man RAC nur nutzen will, um die Ausfallsicherheit des Systems zu steigern. Dann gibt es in der Testumgebung kein RAC, weil man eine weitere kostenpflichtige RAC-Lizenz benötigen würde, die man einsparen möchte, weil man die potentiellen Auswirkungen auf die Performanz nicht erkennt. Wenn Systemarchitekten diesen Ansatz verfolgen, verbindet sich die Anwendung nur mit einer Instanz im RAC. Es gibt dann zwar eine weitere Datenbank-Instanz. Diese bleibt jedoch solange ungenutzt, bis ein Fehlerfall eintritt. Erst dann würde die Anwendung mit der zweiten Datenbank-Instanz verbunden. Die zweite Instanz wird von dem Systemarchitekten fälschlicherweise nur als Reserveinstanz betrachtet, weil der Architekt die Auswirkungen auf die Performanz nicht erkennt. Häufig ist bei den Architekten schon bekannt, dass Reserveinstanzen an der Bearbeitung einer Query bei der Parallelverarbeitung beteiligt sein können. Wird also beispielsweise ein *Full Table Scan* im Parallelmodus durchgeführt, können die Reserveinstanzen bei der Parallelverarbeitung eingebunden werden. Diese Auswirkungen vermeiden die Systemarchitekten häufig dadurch, indem die Datenbank-Instanzen nur für nicht parallelen Zugriff konfiguriert werden. Diese Konfiguration kann jedoch durch den *Parallel Hint* übersteuert werden. Wenn dieser *Hint* genutzt wird, kann die Reserveinstanz wiederum für die Parallelverarbeitung eingebunden werden. Hier kann der Systemarchitekt auch noch Einfluss nehmen und Programmierrichtlinien erstellen, in denen die Nutzung des *Parallel Hint* geregelt wird. Dem *Hint* kann nämlich ein zweites optionales Argument mitgegeben werden. Dort kann die Anzahl der zu verwendenden Instanzen geregelt werden. Der Architekt muss dann in den Programmierrichtlinien regeln, dass nur eine Instanz in dem *Hint* eingetragen werden darf, damit die Vergleichbarkeit der Performanz-Tests in Referenzumgebungen gewahrt bleibt. Es ist jedoch ein Irrtum, dass diese Maßnahmen ausreichen, um die Parallelverarbeitung im RAC zu steuern. Die Problematik besteht darin, dass beispielsweise aus *Joins* temporäre Tabellen gebildet werden, mit denen weitergearbeitet wird. Es ist nicht möglich, die Parallelverarbeitung für temporäre Tabellen zu steuern. Die Oracle-Anwendung entscheidet also völlig autonom, ob auf temporäre Tabellen ein Parallelzugriff erfolgt. Wenn die Entscheidung für die Parallelverarbeitung erfolgt, kann das System dafür auch die verfügbaren Reserveinstanzen einbinden. Dann können in Testumgebungen ohne RAC keine zuverlässigen Performanz-Tests erfolgen. Dies kann während der gesamten Lebensdauer einer Anwendung erhebliche Probleme verursachen.

Die Ausfallsicherheit kann durch die Nutzung eines *Extended Distance Cluster* gesteigert werden. Hier können die Knoten des Clusters in zwei Gebäuden untergebracht werden. Die Gebäude können viele Kilometer voneinander entfernt sein. In jedem Gebäude ist auch eine Datenbank vorhanden. Dies wird durch die Nutzung von Spiegelungs-Technologie für Speichermedien ermöglicht.

Damit mehrere Datenbank-Instanzen gleichzeitig auf dieselbe Datenbank zugreifen können, muss Clusterware in der RAC-Umgebung eingesetzt werden. Die Verwaltung der Speichermedien muss mit einer Technologie erfolgen, die für den Einsatz in einer Cluster-Umgebung geeignet ist. Die Speicherverwaltungs-Technologie ASM ist für diese Verwendung geeignet. Die Knoten im RAC werden durch ein LAN (*Local Area Network*) miteinander verbunden. Das *Load Balancing* für die Datenbank-Instanzen der RAC-Umgebung wird von *Oracle Net Services* bereitgestellt. Die Server im Cluster werden durch das Interconnect Network verbunden.

Jede Datenbank-Instanz im Cluster verwaltet eine eigene SGA, in welcher der *Buffer Cache* enthalten ist. Mit Hilfe der Cache-Fusion werden die individuellen *Buffer Caches* zu einem logischen *Buffer Cache* vereinigt. Dieser logische *Buffer Cache* steht allen Instanzen der RAC-Umgebung bei der Verarbeitung zur Verfügung. In einer RAC-Umgebung muss die SGA daher größer dimensioniert werden, damit genügend zusätzlicher Speicher für die Cache-Fusion bereitgestellt werden kann. Dieser Speicher wird für die Verwaltung des logischen Cache benötigt. Für die Verwaltung des logischen Cache wird ein GRD (*Global Resource Directory*) eingesetzt. Dort sind alle Blöcke aufgeführt, die in den lokalen *Buffer Caches* der Instanzen verfügbar sind. Wenn eine Datenbank-Instanz einen Block benötigt, der in dem *Buffer Cache* einer anderen Instanz existiert, erhält die Instanz diese Information durch den Zugriff auf das GRD. Im GRD ist die Instanz aufgeführt, die den benötigten Block hat. Dann kann der benötigte Block dort angefordert werden. Der Block wird schließlich über das Interconnect Network zu der anfragenden Instanz verschoben. Das Verschieben des Blockes zu dem *Buffer Cache* der anfordernden Datenbank-Instanz ist schneller als das Nachladen des Blockes von einer Platte. Die schnelle Verfügbarkeit der Blöcke kann durch das Interconnect Network gewährleistet werden, wenn dieses als privates Netzwerk für die RAC-Umgebung konfiguriert wird. Die Systemarchitektur für RAC sieht das auch so vor. Das Interconnect Network darf daher nicht für die Nutzerkommunikation verwendet werden. Für diesen Zweck können Public Networks definiert werden.

6.1.1 Automatic Workload Management

Jede RAC-Instanz verfügt über ihre eigenen Speicherstrukturen und Hintergrundprozesse und unterscheidet sich diesbezüglich nicht von einer Oracle-Datenbank-Instanz, die nicht im Cluster organisiert ist. Die Kommunikation und der Blocktransfer mit Hilfe der *Block Fusion* erfolgen mit dem privaten Netzwerk. *Load Balancing* wird im RAC mit dem *Automatic Workload Management* gesteuert.

Das Modul stellt auch ein Hochverfügbarkeits-Framework bereit. Das Framework verwaltet und überwacht die aktiven Instanzen und deren Prozesse. Das Framework kann Komponenten neu starten, wenn der Abbruch einer Komponente registriert wird. Diese Funktionalität ist konfigurierbar und kann auch deaktiviert werden. Das Framework ist neben dem Neustart von abgebrochenen Prozessen auch alternativ in der Lage, die gesamte Verarbeitung von einer Datenbank-Instanz auf eine noch einwandfrei funktionierende andere Datenbank-Instanz zu übertragen.

Anwendungen greifen mit Hilfe von SCAN (*Single Client Access Name*) auf eine RAC-Datenbank-Instanz zu. Dieses Modul ermöglicht den Eintrag eines Netzwerknamens mit *IP Addresses* (*Internet Protocol Addresses*) in das *DNS Directory* (*Domain Name System Directory*), so dass der Zugriff über diesen Dienst ermöglicht wird. Alternativ kann auch der GNS (*Grid Naming Service*) verwendet werden.

Bei der Anmeldung an eine RAC-Datenbank-Instanz können die Anwendungen das *Load Balancing Advisory* nutzen. Diese Komponente ermöglicht den Anwendungen die Anmeldung an diejenige RAC-Datenbank-Instanz, die aktuell ausreichend Ressourcen für die Verarbeitung frei hat. Die Anwendungen können die Information der Komponente über das *JDBC Interface* (*Java Database Connectivity Interface*) auswerten.

Automatic Workload Management kann durch Services gesteuert werden. Services können in der RAC-Umgebung definiert werden. Mit den Services soll die Arbeit zu denjenigen Datenbank-Instanzen gelenkt werden, die über ausreichend Kapazitäten für die erforderliche Verarbeitung verfügen. Mit den Services können sogar die Ressourcen festgelegt werden, die bei der Bearbeitung einer Aufgabe zugeteilt werden sollen. Die definierten Ressourcen werden mit den Services auch überwacht. Mit den Services sollen also die Arbeiten optimal auf die in der RAC-Umgebung verfügbaren Datenbank-Instanzen verteilt werden. Wenn neue Datenbank-Instanzen dazu kommen, können weitere Services definiert werden, damit auch die zusätzlichen Instanzen von den Services bei der Aufgabenverteilung berücksichtigt werden.

Für die optimale Verteilung der Aufgaben können Server-Pools definiert werden, die eine definierte Anzahl von Servern mit den zugehörigen Datenbank-Instanzen enthalten. Dabei kann ein Server nur in genau einem Server-Pool enthalten sein. Datenbanken können im Gegensatz dazu jedoch mehreren Server-Pools zugeordnet werden. Die Services sind ebenso einem Server-Pool zugeordnet. Services innerhalb eines Server-Pools werden in die beiden Typen *Uniform* oder *Singleton* klassifiziert. Ein Service vom Typ *Uniform* steuert die Lastverteilung für alle Datenbank-Instanzen des Server-Pools. Ist der Service hingegen vom Typ *Singleton*, dann steuert der Service die Aufgabenverteilung nur für eine Datenbank-Instanz des Server-Pools.

Die Definition eines Service kann auch ein *Connection Load Balancing* enthalten. Diese Komponente kommt bei der Herstellung einer Datenbank-Verbindung zum Einsatz. Der Service überwacht die erzeugten Datenbank-Verbindungen. Diese Überwachung ermöglicht die optimale Verteilung der Datenbank-Verbindungen auf die vom Service verwalteten Datenbank-Instanzen. Dies wird durch die Service-Klassifikation ermöglicht. Damit wird die gewünschte Lastverteilung der Verbindungen auf die Datenbank-Instanzen beschrieben.

6.1.2 ASM

Mit ASM werden Laufwerke und Dateisysteme verwaltet. Eine Kombination mit dem Oracle-RAC ist möglich, jedoch nicht erforderlich. Die Datendateien werden auf *Diskgroups* gespeichert. Mit den *Diskgroups* werden logische ASM-Platten in einer Einheit verwaltet. Eine wichtige Eigenschaft von ASM ist die Gleichverteilung der Daten auf die Platten einer *Diskgroup*. Die Blöcke der Datendateien werden also gleichmäßig auf die Platten verteilt. Enthält eine Datendatei beispielsweise 144 Blöcke und gehören einer *Diskgroup* zwölf logische ASM-Platten an, dann werden jeweils zwölf Blöcke auf einer Platte positioniert, so dass die gleichmäßige Verteilung der Daten durch ASM sichergestellt wird. Wenn diese 144 Blöcke zu einem Index gehören und der Index im *Multi Block Read Mode* z. B. mit dem *Fast Full Index Scan* mit zwölffacher Parallelität gelesen wird, können alle Blöcke mit einem *IO Read* in die SGA geladen werden. Dies ist auch deshalb möglich, weil der *Fast Full Index Scan* die Indexblöcke unsortiert lädt und somit keine fachliche Reihenfolge der Blöcke beachtet werden muss. Somit wird der *Fast Full Index Scan* durch ASM optimal unterstützt. Denn je gleichmäßiger die Indexblöcke auf den Platten verteilt sind, desto schneller kann der *Fast Full Index Scan* die Daten in die SGA laden. Damit wird auch erreicht, dass sich die Performanz [84–86] der *Diskgroup* im Vergleich zur Performanz einer einzelnen Platte nicht unterscheidet. Wären die Blöcke stattdessen nicht gleichmäßig verteilt, wäre die Performanz der *Diskgroup* nämlich nicht mit der Performanz einer einzelnen Platte vergleichbar. Mit Hilfe der *Diskgroup* wird also die *IO Performance* der zugehörigen Platte optimiert.

Platten können während des Betriebs der Datenbank zur *Diskgroup* hinzugefügt oder entfernt werden. Bei einem solchen Ereignis müssen die Blöcke umverteilt werden, damit wieder eine Gleichverteilung über alle Platten gewährleistet wird. Dies kann ebenfalls während des regulären Datenbank-Betriebs erfolgen. Das ist sogar dann möglich, wenn aktuell Plattenzugriffe aus dem Online-Betrieb heraus erfolgen.

Die Gestaltung der *Diskgroup* ermöglicht die optimale Ausschöpfung des verfügbaren Speicherplatzes. Es ist nämlich nicht erforderlich, einer Datenbank-Instanz eine physikalisch vorhandene Platte zuzuordnen. Hat man beispielsweise eine physikalische Platte für zwei Datenbank-Instanzen zur Verfügung, so können aus einer physikalischen Platte zwei logische ASM-Platten gebildet werden, die man jeweils einer *Diskgroup* zuordnet. Es gibt also zwei *Diskgroups*. Jede *Diskgroup* enthält eine logische ASM-Platte. Eine Datenbank-Instanz wird dann mit einer *Diskgroup* verbunden.

ASM unterstützt auch die Spiegelung der Platten. Insbesondere eine zweifache und dreifache Spiegelung wird unterstützt. Die Spiegelung ermöglicht eine redundante Datenspeicherung und schützt somit vor Datenverlust und gewährleistet den Fortgang des Betriebs, wenn Störungen bei einer Platte auftreten. In diesem Fall kann eine defekte Platte durch die gespiegelte Platte ersetzt werden, so dass der Betrieb trotz Plattenfehler unbeeinträchtigt fortgesetzt werden kann. ASM kann auch mit RAID (*Redundant Array of Independent Disks*) kombiniert werden. RAID [87–90] unterstützt ebenfalls eine redundante Datenhaltung, um Ausfallsicherheit und Datenintegrität zu gewährleisten. Wenn ASM mit RAID kombiniert wird, kann auf die Spiegelung von ASM verzichtet werden, weil diese Aufgabe dann von RAID übernommen wird.

Das OMF *(Oracle Managed Files Facility)* wird von ASM genutzt. Damit werden Datendateien verwaltet, welches sowohl die Anlage als auch die Löschung von Datendateien beinhaltet. Datendateien werden von OMF automatisch entfernt, wenn die zugeordneten *Tablespaces* gelöscht wurden.

Mit Hilfe eines *Wizard* kann ein *Non ASM Data File* in ein *ASM Data File* migriert werden. Der *Wizard* wird vom *Oracle Enterprise Manager* bereitgestellt.

Die Datendateien werden den Datenbank-Instanzen mit Hilfe von ASM-Instanzen bereitgestellt. Die ASM-Instanzen verwalten die Datendateien mit Hilfe von *Diskgroups*. Die ASM-Instanzen unterscheiden sich in ihrer Architektur nicht grundsätzlich von einer Oracle-Datenbank-Instanz. Dies betrifft sowohl die Architektur der SGA als auch die Hintergrundprozesse. Jedoch haben die ASM-Instanzen im Vergleich zu Datenbank-Instanzen weniger Aufgaben zu erfüllen, so dass deren SGAs schlanker sein können. Ein *Clustering* von ASM-Instanzen mit Hilfe von Oracle-Clusterware ist möglich. Dann wird jedem Knoten im Cluster eine ASM-Instanz zugeordnet. Wenn dem Knoten mehrere Datenbank-Instanzen zugeordnet sind, müssen die Datenbank-Instanzen die ASM-Instanz gemeinsam nutzen. Dadurch entsteht auch eine gemeinsame Abhängigkeit von der ASM-Instanz. Die Datenbank-Instanzen können nur genutzt werden, wenn die ASM-Instanz einwandfrei läuft. Wenn also die ASM-Instanz defekt wird, dann fällt der zugeordnete Knoten mit allen Datenbank-Instanzen komplett aus. Ausfallsicherheit kann in solchen Fällen mit RAC gewährleistet werden. Wenn nämlich ein Knoten ausfällt, wird der Betrieb von den noch verbleibenden Knoten aufrecht gehalten.

Wenn mehrere Datenbank-Instanzen dieselbe ASM-Instanz verwenden, können die Datenbank-Instanzen alle von der ASM-Instanz verwalteten *Diskgroups* gemeinsam nutzen. Wenn mehrere ASM-Instanzen existieren, können die *Diskgroups* mit Hilfe von Oracle-Clusterware für die ASM-Instanzen zur gemeinsamen Nutzung bereitgestellt werden. Dann entsteht ein ASM-Cluster. Alle Datenbank-Instanzen können die dem Cluster angehörenden *Diskgroups* gemeinsam nutzen, wenn die Datenbank-Instanzen mit den ASM-Instanzen des Clusters verbunden sind. Die gemeinsame Nutzung von *Diskgroups* eines ASM-Clusters ist nicht an die Nutzung von RAC gekoppelt, stattdessen wird die gemeinsame Verwendung durch Oracle-Clusterware ermöglicht. Dazu muss Oracle-Clusterware auf jedem Knoten des ASM-Clusters installiert sein.

6.1.3 Oracle-Clusterware

Mit der Oracle-Clusterware können einzelne Datenbank-Instanzen in einem Cluster zusammengefasst werden. In diesem Cluster werden Aufgaben gemeinsam bearbeitet. Insofern handelt es sich bei dem Cluster um ein einheitliches System, in welchem die dazugehörigen Datenbank-Instanzen für die Bearbeitung der Aufgabe koordiniert werden. Dazu gehört auch der Informationsaustausch zwischen den Instanzen. Für den Datenaustausch steht ein gemeinsames privates Netzwerk zur Verfügung. Damit schafft Oracle-Clusterware auch die Voraussetzungen für Oracle-RAC. Oracle-Clusterware kann auf allen Betriebssystemen eingesetzt werden, die von Oracle auch für die Installation des Oracle-RAC dokumentiert sind. Im RAC gewährleistet die Clusterware die Hochverfügbarkeit des Systems. Die Hochverfügbarkeit wird durch die Überwachung der Datenbank-Instanzen und deren Prozesse sichergestellt. Wenn bei der Überwachung festgestellt wird, dass ein Prozess außerplanmäßig terminiert ist, wird versucht, diesen Prozess wieder zu starten. Wenn das nicht möglich ist, dann kann die Aufgabenbearbeitung von der Datenbank-Instanz, die von dem defekten Prozess betroffen ist, verlagert werden auf eine einwandfrei funktionierende Datenbank-Instanz.

Clusterware gewährleistet auch für alle Komponenten eine Hochverfügbarkeit, wenn kein RAC im Einsatz ist. Dann liefert Clusterware den für die Komponente typischerweise erreichbaren Verfügbarkeitsgrad. Bei solchen Komponenten kann es sich beispielsweise um einzelne Datenbank-Instanzen oder *Oracle Application Server* handeln.

Die Kernaufgabe der Clusterware ist also die Koordination der Komponenten im Cluster, um eine optimale Bearbeitung von Aufgaben zu gewährleisten; auch dann, wenn bei den beteiligten Komponenten während der Bearbeitung Störungen auftreten. Die Wahrscheinlichkeit für das Auftreten einer Störung steigt natürlich mit der Dauer der Bearbeitungszeit. Eine störanfällige Aufgabenbearbeitung kann also durch eine langlaufende SQL-Query verursacht werden, so dass die robuste Ausführung solcher Querys durch Clusterware verbessert werden kann.

Die Hochverfügbarkeit wird durch eine redundante Architektur des Oracle-Clusters bereitgestellt. Hier müssen zusätzliche Hardwarekomponenten im Cluster zur Verfügung stehen, damit im Fehlerfall auf diese Komponenten ausgewichen werden kann. Es werden also zusätzliche Knoten, Datenverbindungen und Speichermedien im Cluster benötigt.

6.1.3.1 Kombination der Clusterware mit RAC

Ein Knoten in einem RAC-Cluster kann Datenbank-Instanzen, *Listener* und Services enthalten. Alle enthaltenen Komponenten im Knoten werden automatisch durch den Start des Knotens gestartet. Wenn bei der Überwachung des Knotens eine Störung bei einer Datenbank-Instanz festgestellt wird, wird die Instanz neu gestartet, um die Störung zu beseitigen. Die Überwachung macht es erforderlich, dass auf jedem Knoten ein Prozess der Clusterware laufen muss, wenn dieser Knoten eine RAC-Datenbank-Instanz beinhalten soll. Oracle-Clusterware kann seit der Datenbank-Version 10g mit einer RAC-Umgebung kombiniert werden. Vor der Version 10g musste RAC mit der Clusterware von Drittanbietern betrieben werden. Die Kombination von RAC mit Clusterware von Drittanbietern ist auch weiterhin möglich und kann als Alternative zur Oracle-Clusterware eingesetzt werden.

Die Koordination der gemeinsamen Aufgabenbearbeitung durch mehrere Knoten wird durch einen Service der Clusterware gesteuert. Dies ist *Oracles CSS* (*Cluster Synchronization Services*). Auch die Überwachung der Knoten erfolgt durch CSS. Ein weiterer Service der Clusterware ist der CRS (*Oracle Cluster Ready Services*), der das Hochverfügbarkeits-Framework bereitstellt. Die Registrierung einer RAC-Datenbank oder RAC-Datenbank-Instanz erfolgt mit OCR (*Oracle Cluster Registry*). Hierbei handelt es sich also um das Repository der Oracle-Clusterware, in dem alle Ressourcen registriert werden, die durch Oracle-Clusterware verwaltet werden. Diese Registrierung erfolgt durch CRS. Die Registrierung erfolgt durch Oracle-Clusterware automatisiert, wenn eine RAC-Datenbank im Cluster installiert wird, dessen Verwaltung durch Oracle-Clusterware erfolgt. Das wird durch den NetCa (*Network Configuration Assistent*) sichergestellt. Der NetCa erstellt für diesen Zweck einen *Listener*, der dann die Installation einer neuen RAC-Datenbank feststellt und somit die Registrierung im Repository auslöst.

6.1.3.2 Clusterware ohne RAC

Die Architektur der Clusterware wird grundsätzlich durch das RAC nicht signifikant beeinflusst. Insofern gibt es keine fundamentalen Unterschiede in der Clusterware-Architektur, wenn diese in einer Umgebung ohne RAC eingesetzt wird. Clusterware vergibt an die Anwendungen im Cluster virtuelle IP-Adressen. Diese werden als Anwendungs-VIP (*Virtual Internet Protocol*) bezeichnet. Das technische Konzept der Anwendungs-VIPs wurde von den Oracle-VIPs übernommen, jedoch bietet die Anwendungs-VIP im Vergleich zur Oracle-VIP eine höhere Flexibilität. Denn für jeden Knoten im Cluster kann im störungsfreien Betrieb nur eine Oracle-VIP vergeben werden. Eine Ausnahme ist der Störungsfall. Dann kann die Oracle-VIP des fehlerhaften Knotens auf einen noch funktionierenden Knoten zeitweise übertragen werden. Diese Ausnahme gilt nur bis zum Zeitpunkt der Fehlerbehebung. Hingegen können grundsätzlich mehrere Anwendungs-VIPs für einen Knoten im Cluster vergeben werden, so dass die Anwendungs-VIPs im Vergleich zu Oracle-VIPs eine höhere Flexibilität anbieten.

6.1.3.3 Installation der Oracle-Clusterware

Die Installation der Oracle-Clusterware erfolgt mit dem *Oracle Universal Installer*. Wenn ein Cluster aufgebaut wird, soll die Installation der Oracle-Clusterware vor allen anderen Oracle-Produkten erfolgen. Damit wird die Registrierung der Oracle-Produkte im Cluster durch den *Listener* der Clusterware sichergestellt. Oracle-Clusterware muss in einem *Oracle Home Directory* installiert werden. Dadurch ist gewährleistet, dass zukünftig erforderliche Patches unabhängig von anderen Oracle-Produkten in Oracle-Clusterware integriert werden können. Die Kombination von Oracle-Clusterware mit RAC bietet den Vorteil, dass die Konfiguration der Oracle-Clusterware entfällt, weil diese zusammen mit der Konfiguration der RAC-Umgebung erfolgt, so dass dadurch ein Synergieeffekt genutzt werden kann. Die gemeinsame Konfiguration der beiden Komponenten wird durch die Oracle-Konfigurations-Assistenten gesteuert. Wird Clusterware jedoch ohne eine RAC-Umgebung installiert, dann erfolgt eine individuelle Konfiguration durch den Benutzer mit Hilfe von Befehlen, die über die Kommandozeile eingegeben werden. Hier werden die Knoten mit ihren Ressourcen konfiguriert. Es erfolgt auch die Zuordnung der Anwendungs-VIPs zu den Knoten.

6.1.3.4 Hardware

Oracle-Clusterware benötigt Speichermedien, die über Netzlaufwerks-Architekturen verwaltet werden. Das SAN ist ein Beispiel für solch eine Architektur. Datenbankserver brauchen grundsätzlich eine Verbindung zum LAN. Der Betrieb eines Datenbankservers im Cluster benötigt jedoch noch eine weitere Anbindung an ein zusätzliches privates Netzwerk des Clusters. Dieses Interconnect-Netzwerk benutzt die Datenbankserver im Cluster für den Informationsaustausch. Ein Anwendungsbeispiel ist die Cache-Fusion im RAC. Um die Hochverfügbarkeit zu gewährleisten, sollte es zwei Interconnect-Netzwerke im Cluster geben. Wenn es dann also in einem Interconnect-Netzwerk eine Störung gibt, kann auf das zweite Interconnect-Netzwerk ausgewichen werden. Die Datenbankserver innerhalb eines Knotens müssen alle mit demselben Betriebssystem arbeiten und müssen derselben Version angehören, welche die Oracle-Clusterware des Knotens hat. Auch in der Hardware-Architektur dürfen sich die Server nicht unterscheiden. Es müssen also beispielsweise alle Server entweder für 32-Bit oder für 64-Bit ausgerichtet sein. Die Voraussetzungen für den Betrieb von Oracle-Clusterware stimmen mit den Voraussetzungen für den Betrieb einer RAC-Umgebung überein.

6.1.3.5 Laufwerks-Verwaltung

Oracle-Clusterware speichert Daten ab, die beim Betrieb der zu verwaltenden Knoten anfallen. Diese Daten werden auch benötigt, wenn Störungen auftreten. Dann können die Störungen beseitigt werden, wenn die gespeicherten Daten konsistent sind. Da diese Daten von unabhängig arbeitenden Knoten geliefert werden, muss die Konsistenz durch Synchronisierung der Daten gewährleistet werden. Für diese Synchronisierung gibt es spezielle Produkte, die von der Clusterware genutzt werden, um die Daten der Knoten konsistent zu verknüpfen. Oracle-Clusterware nutzt für diese Synchronisierung das Produkt *Voting Disk*. *Voting Disk* muss auf einem Speichermedium installiert werden, auf das alle Knoten Zugriff haben. Denn Oracle-Clusterware verwaltet die Daten dezentralisiert mit Hilfe der Knoten des Clusters.

Oracle-Clusterware speichert die Konfiguration der Knoten mit deren Ressourcen in der OCR. Der Zugriff auf das Register kann aus jedem Knoten heraus erfolgen. Daher muss das Register auf einem Speichermedium verwaltet werden, das von allen Knoten aus zugreifbar ist.

Um die Hochverfügbarkeit sicherzustellen, sollen *Voting Disk* und OCR redundant gespeichert werden. Von OCR kann Oracle-Clusterware eine Kopie und von *Voting Disk* bis zu 31 Kopien automatisiert erstellen. Drei Kopien sollten mindestens von *Voting Disk* erstellt werden. Weder OCR noch *Voting Disk* kann auf ASM-Platten gespeichert werden. Für die Speicherung kann *Block Devices* (Linux®), *Raw Devices*, zertifiziertes *Cluster File System* und zertifiziertes NAS (*Network Attached Storage*) genutzt werden.

6.1.3.6 Virtuelles Internet-Protokoll

Die Anwendungen im Cluster nutzen Adressen eines virtuellen Internet-Protokolls (VIP), um sich beispielsweise mit einer RAC-Datenbank zu verbinden. Somit sind die Knoten im Cluster über die VIP-Adresse erreichbar. VIP-Adressen können auch temporär auf andere Knoten übertragen werden, wenn ein Knoten ausfällt. Es enthält also der Knoten die VIP-Adresse, der die Aufgaben des ausfallenden Knotens übernimmt. Damit wird gewährleistet, dass Anfragen an den ausgefallenen Knoten weiterhin beantwortet werden können. VIP-Adressen werden als Oracle-VIP-Adressen bezeichnet, wenn sie dem Knoten zugeordnet sind. Clusterware bietet aber zusätzlich die Möglichkeit, dass Anwendungs-VIPs konfiguriert werden können. Eine Anwendungs-VIP ist einer Anwendung zugeordnet, die mit Oracle-Clusterware verwaltet wird. Eine Anwendungs-VIP ist für Anwendungen nützlich, die Client-Anfragen bearbeiten. Wenn die Anwendung auf ein Dateisystem zugreift, dann sollte dieses nicht demselben Knoten zugeordnet werden, zu dem die Anwendung gehört, damit die Ausfallsicherheit erhöht wird. Die Komponenten der Anwendung werden zu einer Cluster-Gruppe zusammengefasst. In dem Beispiel gehört zu der Cluster-Gruppe die Anwendung, die Anwendungs-VIP und das File-System. Die Komponenten einer Cluster-Gruppe gehören typischerweise verschiedenen Knoten an oder können temporär auf andere Knoten verlagert werden. Die temporäre Übertragung von VIP-Adressen ist sowohl für Oracle-VIPs als auch für Anwendungs-VIPs möglich. Abgesehen von dem Fall der temporären Übertragung von VIP-Adressen gibt es pro Knoten nur eine Oracle-VIP. Demgegenüber kann es aber beliebig viele Anwendungs-VIPs in einem Knoten geben.

6.1.3.7 Cluster Verification Utility

Mit dem *Cluster Verification Utility* können Fehler beseitigt werden, die bei der Installation oder bei der Veränderung der Konfiguration auftreten. Das Tool identifiziert Fehler durch automatisierte Reviews, die vor oder nach der Ausführung eines Arbeitsschritts erfolgen. Darüber hinaus kann das Tool jedoch auch während des laufenden

Betriebs eines Clusters genutzt werden, um Fehler zu erkennen. Die Nutzung des Tools ist optional, wird jedoch empfohlen, um die automatisierte Fehlererkennung und Beseitigung zu nutzen.

6.1.3.8 Konfiguration

Clusterware ist nicht an die Kombination mit einer RAC-Umgebung gekoppelt. Die ursprüngliche Gestaltung von Clusterware war in der Tat auf dieses Anwendungsszenario ausgelegt. Jedoch wurde Oracle-Clusterware im Rahmen der Release-Fortentwicklung fortlaufend verallgemeinert, damit Oracle-Clusterware jetzt grundsätzlich für die Verwaltung beliebiger Cluster genutzt werden kann. Durch diese kontinuierliche Generalisierung ist ein flexibel einsetzbares Produkt entstanden.

6.1.3.9 Allgemeine Cluster-Verwaltung

Die aktuelle Entwicklung von Oracle-Clusterware zielt nun auch ausdrücklich auf einen von RAC losgelösten Einsatz ab. Dadurch kann die Hochverfügbarkeit eines beliebig konfigurierten Clusters gewährleistet werden. In dem Cluster können sowohl Datenbanken als auch Anwendungen verwaltet werden. Hierbei muss es sich nicht einmal um Oracle-Komponenten handeln. Vielmehr können in dem Cluster beliebige Anwendungen verwaltet werden. Diese Anwendungen können auch von anderen Herstellern stammen. Für diesen Zweck gibt es in Clusterware ein standardisiertes Vorgehen, um eine Anwendung in das Cluster zu integrieren. Die Integration erfolgt durch

- die Zuordnung einer Anwendungs-VIP,
- das Schreiben eines Skripts zum Starten und Stoppen der Anwendung,
- das Erzeugen eines Ressourcen-Profils der Anwendung und
- das Registrieren der Anwendung mit der Oracle-Clusterware.

Diese Schritte werden vom Benutzer mit Hilfe von Befehlen abgewickelt, welche über die Kommandozeile eingegeben werden. Das Skript zum Starten und Stoppen der Anwendung muss typischerweise durch den Benutzer für die jeweilige Individualanwendung entwickelt werden. Oracle-Clusterware erzeugt für diesen Zweck ein Skript-Template, das vom Benutzer an die Erfordernisse der jeweiligen Anwendung ausgerichtet wird.

6.1.3.10 Extended Clusters

Wenn nicht alle Knoten des Clusters im selben Raum platziert sind, handelt es sich um ein *Extended Cluster*. Diese Definition des Clusters im Sinne von Oracle-Clusterware unterliegt also keiner Einschränkung durch die Vorgabe einer minimalen oder maximalen Distanzangabe. Die örtlich getrennte Positionierung der Knoten erhöht die Ausfallsicherheit des Clusters. Die Distanzen zwischen den Knoten des Clusters können beliebig gewählt werden. Die Knoten können sogar auf mehrere Städte verteilt werden. Wenn es dann in einer Stadt zu einem Stromausfall kommt, sind die Knoten des Clusters in den anderen Städten weiterhin funktionsfähig. RAC-Umgebungen wurden sogar mit Cluster getestet, deren Knoten 100 Kilometer voneinander entfernt waren. Bei einem Cluster ohne RAC muss jedoch grundsätzlich vorher sorgfältig geprüft werden, welche Entfernungen bei individuellen Rahmenbedingungen möglich sind.

6.1.3.11 Upgrade

Grundsätzlich kann ein Upgrade die Hochverfügbarkeit des Clusters gefährden. Oracle-Clusterware kann eine geplante Ausfallzeit für das Upgrade vermeiden, wenn dies durch eine hinreichend redundante Architektur des Clusters ermöglicht wird. Dann ist ein geplanter Ausfall durch ein rollierendes Upgrade nicht erforderlich. Denn bei dieser Form des Upgrades wird der Betrieb mindestens durch einen Knoten aufrechterhalten. Das rollierende Upgrade wird auch durch diejenigen Oracle-Produkte unterstützt, die typischerweise in einem Cluster eingesetzt werden. Beispielsweise unterstützt ASM seit der Version 11g das rollierende Upgrade.

6.1.3.12 Clusterware anderer Hersteller

Oracle-Clusterware kann mit Clusterware anderer Hersteller kombiniert werden, wenn diese Möglichkeit für die jeweilige Clusterware von Oracle erfolgreich getestet und dokumentiert wurde. Durch diese Möglichkeit bietet Oracle-Clusterware einen hohen Grad der Flexibilität, welche nicht grundsätzlich von jeder Clusterware erwartet werden kann. Bei dem Setup der Kombination muss als Erstes die Clusterware des Drittanbieters installiert werden. Durch die nachfolgende Installation der Oracle-Clusterware kann in deren Konfiguration die zuvor installierte Clusterware berücksichtigt werden. Bei diesem Arbeitsschritt wird festgelegt, welche Knoten des Clusters durch die Clusterware des Drittanbieters verwaltet werden sollen. Damit werden die Voraussetzungen für den Betrieb des Clusters geschaffen. Durch die Zuordnung der Knoten des Clusters zu der jeweiligen Clusterware entsteht eine gemeinsame Verwaltung des Clusters. Wenn später die Clusterware des Drittanbieters deinstalliert wird, wird damit auch die gemeinsame Verwaltung des Clusters aufgelöst. Dann müssen alle Knoten des Clusters durch Oracle-Clusterware verwaltet werden. Dazu ist eine Reinstallation der Oracle-Clusterware erforderlich, um die erforderliche Zuordnung aller Knoten zu erreichen.

Es gibt auch Clusterware von Herstellern, welche in der Lage ist, die Oracle-Clusterware in der Konfiguration zu berücksichtigen. Welches Vorgehen in diesem Fall ausgeführt werden muss, hängt von der verwendeten Clusterware ab. Daher muss das Vorgehen dann mit dem Anbieter der Clusterware abgestimmt werden.

6.2 Block Prefetching

Block Prefetching [91, 92] ist ein internes Modul der Oracle-Datenbank, welches vom Benutzer grundsätzlich nicht beeinflusst werden kann, da die Konfiguration mit Hilfe von internen Parametern gesteuert wird. Mit dem *Block Prefetching* werden Indexblöcke vor dem Beginn der eigentlichen Verarbeitung in die SGA geladen.

6.2.1 Warm-up

Das *Block Prefetching* kommt bei einem *Warm-up* zum Einsatz. Dieses findet beim Hochfahren der Datenbank statt. Die zunächst leere SGA wird mit Indizes angereichert. Grundsätzlich werden beim *Warm-up* nicht alle Indizes in die SGA geladen. Die Auswahl der zu ladenden Indizes wird vielmehr durch eine interne nicht beinflussbare Strategie gesteuert. Da nach dem *Warm-up* ausgewählte Indizes in der SGA verfügbar sind, kann die anschließende Verarbeitung beschleunigt werden. Denn zumindest häufig benötigte Indexblöcke können nun direkt aus dem Hauptspeicher geladen werden und müssen nicht mehr von einem langsameren Massenspeicher geladen werden. Wenn das *Block Prefetching* zum Einsatz kommt, dann kann man das dem AWR-Report entnehmen.

Instance Activity Stats

- **Ordered by statistic name**

Statistic	Total	per Second	per Trans
physical reads prefetch warmup	7,920	0.74	0.32
prefetch warmup blocks aged out before use	990	0.09	0.04

Abb. 6.1: *Warm-up Prefetching* im AWR-Report.

Die Abbildung 6.1 zeigt einen Ausschnitt aus dem Abschnitt *Instance Activity Stats* des AWR-Reports. In den beiden Zeilen werden die Statistiken für das *Block Prefetching* aufgeführt. Die erste Zeile bezieht sich auf das *Warm-up*. 7.920 Blöcke wurden mit Hilfe des *Warm-ups* insgesamt vorgeladen. Die zweite Zeile liefert Informationen zu der Effektivität des *Warm-ups*. Es wurden 990 Blöcke aus der SGA entfernt, bevor diese Blöcke genutzt werden konnten. Die Zeit für das Laden dieser Blöcke wurde also unnötigerweise verbraucht. In diesem Fall können die *Aged out Blocks* jedoch als unkritisch eingestuft werden, weil diese nur einen Anteil von einem Achtel an den insgesamt mit dem *Warm-up* geladenen Blöcken haben. Das bedeutet also im Umkehrschluss, dass 7/8 der Blöcke benutzt werden, so dass die Effektivität gewährleistet ist.

6.2.2 Cache Prefetching

Cache Prefetching ist eine weitere Strategie. Damit werden Blöcke gezielt in den Hauptspeicher geladen, die exklusiv für die aktuelle Verarbeitung benötigt werden. Bei der aktuellen Verarbeitung kann es sich um eine SQL-Selektion handeln. Durch die Analyse der SQL-Selektion wird dann ermittelt, welche Blöcke vor dem Start der Verarbeitung in den Cache geladen werden sollen, so dass die Selektion möglichst effizient ausgeführt werden kann. Wenn *Cache Prefetching* zum Einsatz kommt, ist das auch im AWR-Report erläutert:

Instance Activity Stats

- **Ordered by statistic name**

Statistic	Total	per Second	per Trans
physical reads cache prefetch	32,115	8.92	3.87
prefetched blocks aged out before use	25	0.01	0.00

Abb. 6.2: *Cache Prefetching* im AWR-Report.

Die Abbildung zeigt das *Cache Prefetching* im AWR-Report. 32.115 Blöcke wurden mit der *Cache Prefetching Strategy* vorgeladen. Davon wurden 25 Blöcke wieder entfernt, ohne dass diese genutzt wurden. Der AWR-Report liefert insofern keine Anhaltspunkte für ein ineffizientes *Cache Prefetching*. Denn die 25 entfernten Blöcke haben lediglich einen Anteil von weniger als 0,08 % an den insgesamt vorgeladenen Blöcken.

6.2.3 Prefetching Parameter

Block Prefetching wird mit Hilfe von internen Parametern konfiguriert. Diese Konfiguration erfolgt durch Oracle. Der Anwender darf keine Veränderungen an den internen Parametern vornehmen, weil er ansonsten die Garantieansprüche gegenüber Oracle verliert. Aus diesem Grund muss *Block Prefetching* als internes Feature betrachtet werden. Der Architekt einer Anwendung muss die Funktionalität von *Block Prefetching* jedoch gut kennen, damit er die Anwendung so gestalten kann, dass diese optimal mit dem *Block Prefetching* zusammenarbeiten kann. Dazu gehört auch die Kenntnis der internen Parameter dieses Features. Oracle verwendet eine Reihe von internen Parametern, mit denen das *Prefetching* konfiguriert wird (siehe Tabelle 6.1).

Tab. 6.1: Nicht dokumentierte interne Parameter für das *Block Prefetching*.

Parametername	Ausprägung	Beschreibung
_db_block_prefetch_fast_longjumps_enabled	TRUE	Schnelle Weitsprünge für die sequentielle IO-Vorladung erlauben.
_db_block_prefetch_limit	0	Vorlade-Limitierung in Anzahl von Blöcken
_db_block_prefetch_override	0	Erzwungene Vorlade-Überschreibung in Anzahl von Blöcken
_db_block_prefetch_private_cache_enabled	TRUE	Den privaten Cache für das sequentielle IO-Vorladen zulassen.
_db_block_prefetch_quota	10	Quotierung der Vorladung als Prozentsatz der Cachegröße
_db_block_prefetch_skip_reading_enabled	TRUE	Das Überspringen von Lesepuffern für die sequentielle IO-Vorladung erlauben.
_db_file_noncontig_mblock_read_count	11	Die Anzahl der nicht zusammenhängenden DB-Blöcke, die vorgeladen werden sollen.
_disable_index_block_prefetching	FALSE	Vorladung von Indexblöcken deaktivieren
_index_prefetch_factor	100	Index-Vorlade-Faktor
_multi_join_key_table_lookup	TRUE	TRUE, wenn das Vorladen des *Lookup* für *Multi-Join-Key Tables* aktiviert ist.
_table_lookup_prefetch_size	40	Vektor-Größe für das Vorladen des *Lookup* für Tabellen
_table_lookup_prefetch_thresh	2	Schwellenwert für das Vorladen des *Lookup* für Tabellen

In der ersten Spalte der Tabelle ist der Name des jeweiligen internen Parameters aufgeführt. Die zweite Spalte enthält den für den Parameter gesetzten Wert. Der Wert wird von Oracle festgelegt und darf nicht vom Anwender verändert werden. Die letzte Spalte enthält die Erläuterung zu dem Parameter.

6.2.4 Cache Prefetching in der Anwendungsentwicklung

Beim Entwurf einer Anwendung muss man darauf achten, dass deren Architektur mit dem *Block Prefetching* verträglich ist. Das kann insbesondere dann Relevanz haben, wenn in der Anwendung auch eine Blockverarbeitung stattfindet. Dies kann bei einem Batch-Processing der Fall sein. Die Anwendung kann im Rahmen des Batch-Processing Geschäftsvorfälle in großen Mengen ausführen. Die Geschäftsvorfälle können in Blöcke zusammengefasst sein. Ein Block kann dann beispielsweise 250 Geschäftsvorfälle enthalten. Bei einer solchen Architektur muss man nun beachten, dass bei jeder Blockverarbeitung neue Daten für die jeweils in dem Block enthaltenen Geschäftsvorfälle in die SGA geladen werden müssen, damit die Verarbeitung der Geschäftsvorfälle durchgeführt werden kann. Dies kann dazu führen, dass ein neuer Block die Daten des vorhergehenden Blocks nahezu vollständig aus der SGA verdrängt und somit auch diejenigen Blöcke, welche mit Hilfe des *Cache Prefetching* in die SGA geladen wurden. Dies kann dann wiederum zur Folge haben, dass von der Oracle-Datenbank ein erneutes *Cache Prefetching* ausgeführt wird, um die zwischenzeitlich entfernten Daten wiederum in die SGA zu laden. Wenn dann bei einem Batch-Processing eine große Anzahl von Blöcken verarbeitet werden muss, kann das *Block Prefetching* ineffizient sein, weil dies unnötig oft ausgeführt wird. Da es sich um ein internes Feature handelt, ist eine direkte Beeinflussung auch nicht möglich. Denn die Konfiguration erfolgt mit internen Parametern, die von dem Anwender nicht verändert werden dürfen, weil er ansonsten die Garantieansprüche gegenüber Oracle verliert. Daher ist es eben wichtig, dass die Anwendung so geplant wird, dass diese mit dem *Block Prefetching* vereinbar ist, so dass ein ineffizientes Verhalten sicher vermieden werden kann. In diesem Buch wird auch noch eine Lösung für das beschriebene Problem erklärt. Dies erfolgt in einem späteren Kapitel.

6.3 Row Resequencing

Mit Hilfe von *Row Resequencing* kann die Menge der IO-Vorgänge reduziert werden, wenn der Zugriff auf eine Tabelle mit Hilfe eines *Range Index Scan* erfolgt. Mit dem Indexzugriff werden die `ROWID`s ermittelt, mit denen anschließend die benötigten Datensätze aus der Tabelle selektiert werden. Mit Hilfe von *Row Resequencing* wird die Sortierung der Tabelle mit dem Index synchronisiert, welcher für den *Range Index Scan* benötigt wird. Durch diese Sortierung werden fachlich zusammengehörige Datensätze möglichst innerhalb eines Datenblocks zusammengefasst. Wenn also beispielsweise eine Tabelle ein Fremdschlüssel-Attribut `VERTRAG_ID` hat, welches indiziert ist, dann wird die Reorganisation der Tabelle durch die Sortierung der Datensätze nach dem Attribut `VERTRAG_ID` erfolgen. Mit Hilfe dieses Attributs erfolgt also die fachliche Zusammenfassung der Datensätze. Dies setzt voraus, dass dieselbe Ausprägung des Attributs `VERTRAG_ID` mehrfach in der zu sortierenden Tabelle vorhanden ist. Es existiert also eine 1:N-Beziehung zwischen der Tabelle mit dem Attribut `VERTRAG_ID` als Primärschlüssel und der zu reorganisierenden Tabelle. Eine 1:N-Beziehung ist eine Voraussetzung für den *Range Index Scan*. Denn bei einer 1:1-Beziehung erfolgt ein *Unique*

Index Scan. In diesem Fall ist eine Reorganisation wirkungslos, weil jeder Zugriff genau einen Datensatz als Resultat liefert. Bei dem Beispiel mit dem Attribut VERTRAG_ID kann eine Reorganisation jedoch nützlich sein, weil es mehrere Datensätze geben kann, in denen dieselbe Ausprägung des Attributs VERTRAG_ID eingetragen ist. Durch die Reorganisation der Tabelle werden diese Datensätze innerhalb eines Blockes zusammengefasst, sofern alle Datensätze mit derselben Ausprägung in den Block hineinpassen. Sofern Datensätze übrigbleiben, die nicht mehr in den Datenblock passen, werden diese in einem weiteren Datenblock zusammengefasst. Dieses Vorgehen wird solange fortgesetzt, bis alle Datensätze in Datenblöcken eingefügt wurden. Durch dieses Vorgehen wird erreicht, dass die fachlich zusammengehörigen Datensätze auf die kleinstmögliche Anzahl von Datenblöcken verteilt sind. Daher werden die IO-Vorgänge durch die Reorganisation reduziert, weil mit Hilfe des *Range Index Scan* lediglich die kleinstmögliche Anzahl von Datenblöcken geladen werden muss. Wenn es also beispielsweise zehn Datensätze in der Tabelle gibt, in welche dieselbe Ausprägung des Attributs VERTRAG_ID eingetragen ist, werden diese zehn Datensätze in einem Datenblock zusammengefasst. Wenn dann eine SQL-Abfrage ausgeführt wird, bei der diese Ausprägung des Attributs VERTRAG_ID als Selektionskriterium eingetragen ist, wird lediglich ein Datenblock der Tabelle mit einem *Physical Read* [93] geladen, sofern im Ausführungsplan der *Range Index Scan* eingetragen ist. Wenn die Tabelle jedoch nicht reorganisiert wird, können sich die zehn Datensätze auf maximal zehn Datenblöcke verteilen. In diesem ungünstigsten Fall müssten dann zehn *Physical Reads* erfolgen, damit die SQL-Abfrage ausgeführt werden kann. Wenn mit der SQL-Abfrage die zehn Datensätze lediglich selektiert und angezeigt werden sollen, wird der größte Anteil der Laufzeit für die *Physical Reads* verbraucht. In diesem Fall bewirkt die Reorganisation dann eine nahezu zehnfache Beschleunigung des SQL-Befehls.

Grundsätzlich muss man bei einer Reorganisation der Tabelle jedoch davon ausgehen, dass der ungünstigste Fall zumindest nicht für alle Ausprägungen vorliegt. Jedoch ist eine erhebliche Beschleunigung auch dann oft noch erreichbar, wenn die ungünstigste Verteilung der Datensätze für die meisten Ausprägungen nicht vorliegt.

In Anwendungsprogrammen ist der Zugriff auf Tabellen mit Hilfe des *Range Index Scan* eine recht typische Methode. Daher sollte man prüfen, ob diese Zugriffe durch die Reorganisation der Tabellen deutlich beschleunigt werden können. Wenn das der Fall ist, kann man die Datensätze mit der *CTAS Method* neu sortieren. CTAS ist die Abkürzung für CREATE TABLE AS SELECT. Mit diesem Befehl wird eine neue Tabelle erzeugt, in welcher die Datensätze sortiert eingefügt werden. Anschließend wird die unsortierte Tabelle durch die neue Tabelle ersetzt. Denn die neue Tabelle enthält dieselben Datensätze wie die Originaltabelle. Jedoch sind die Datensätze in der neuen Tabelle fachlich sortiert. Für die sortierte Tabelle müssen dann noch die Indizes neu erstellt werden.

```
CREATE TABLE VTG_DAUERKOMPONENTE_NEW
AS
SELECT
  ID                          ,
  DAKOK_ID                    ,
  MAND_ID                     ,
  DISCRIMINATOR               ,
  TRX_ADT_ANNUL_TIST          ,
  TRX_ADT_ETRX_ID             ,
  TRX_ADT_FTRX_ID             ,
  TRX_ADT_ETRXMUT_ID          ,
  TRX_ADT_FTRXMUT_ID          ,
  VERTRAG_ID,
  NAME,
  PERIODEVON_DATE,
  PERIODEBIS_DATE,
  HIST_ADT_KENNTNIS_TIST,
     :
     :
     :
FROM VTG_DAUERKOMPONENTE
ORDER BY
VERTRAG_ID, NAME, PERIODEVON_DATE, PERIODEBIS_DATE,
DAKOK_ID, HIST_ADT_KENNTNIS_TIST, TRX_ADT_FTRX_ID;
```

In dem Statement ist ein Beispiel für einen CTAS-Befehl dargestellt. Die unsortierte Tabelle hat den Namen VTG_DAUERKOMPONENTE. Deren Datensätze werden selektiert und sortiert. Dann werden die sortierten Datensätze in die Tabelle VTG_DAUERKOMPONENTE_NEW eingefügt. Dies ist die neue Tabelle, welche mit Hilfe des CTAS-Befehls erzeugt und initialisiert wird. Diese neue Tabelle wird die unsortierte Tabelle ablösen. Für die Sortierung werden sieben Attribute verwendet. Dies ist eine recht große Anzahl. Typischerweise ist die Anzahl der Attribute, nach denen sortiert wird, kleiner. Denn in der Regel wird die Tabelle nach den Attributen desjenigen Index sortiert, auf dem der Zugriff mit dem *Range Index Scan* erfolgt. Das ist hier auch der Fall. Jedoch wird von der Anwendung auf diese Tabelle mit Hilfe einer *View* zugegriffen, welche auf zwei Indizes der Tabelle mit dem *Range Index Scan* zugreift.

```
SELECT * FROM BSV_DAUERKOMPONENTE
WHERE
VERTRAG_ID = :B1;
```

Der SQL-Befehl greift auf die *View* BSV_DAUERKOMPONENTE zu. Als Selektionskriterium wird das Attribut VERTRAG_ID verwendet. Durch dieses Selektionskriterium wird der *Range Index Scan* ausgelöst:

Abb. 6.3: Ausführungsplan für *View* mit indiziertem Tabellenzugriff.

Die Datensätze werden aus der Tabelle VTG_DAUERKOMPONENTE selektiert. Für die Selektion der Datensätze werden deren ROWIDs verwendet. Diese ROWIDs werden mit dem *Range Index Scan* ermittelt. Die Anwendung ermöglicht auch die Versions-Aufzeichnung von Dauerkomponenten. Durch den Zugriff auf die *View* wird gewährleistet, dass nur die aktuelle Version der jeweiligen Dauerkomponente selektiert wird. Die Instanz einer Dauerkomponente wird durch das Attribut DAKOK_ID eindeutig gekennzeichnet. Die *View* bildet die Attribute der Tabelle auf fachliche Bezeichner ab und ruft eine Funktion auf und übergibt dieser Funktion die DAKOK_ID als Argument. In der folgenden Selektion ist nur der Funktionsaufruf der *View* enthalten. Die fachliche Abbildung der Attribute ist nicht enthalten:

```
SELECT  *
  FROM VTG_DAUERKOMPONENTE DAKO
 WHERE DAKO.ID = VTG_DAKO$.ZUSTID (DAKO.DAKOK_ID);
```

Die Funktion ist in dem Package VTG_DAKO$ enthalten und hat den Namen ZUSTID. Die Funktion ZUSTID ermittelt dann für die Instanz der Dauerkomponente die aktuelle Version. Denn jede Version der Instanz ist mit einem Zeitstempel gekennzeichnet. Der Zeitstempel enthält den Zeitpunkt, zu dem der Datensatz angelegt wurde. Die Funktion ruft dann einen SQL-Befehl auf, der mit Hilfe eines Indexzugriffs die aktuelle Version für die gewünschte Instanz ermittelt.

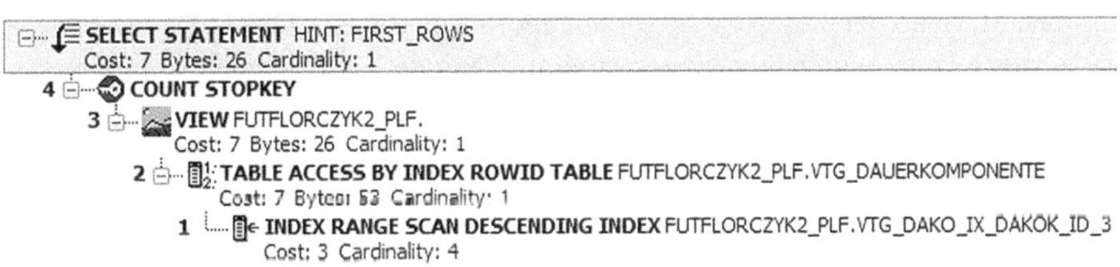

Abb. 6.4: Ausführungsplan mit indiziertem Tabellenzugriff eines Funktionsaufrufs.

Dabei wird in der Abbildung 6.4 auf den Index VTG_DAKO_IX_DAKOK_ID_3 zugegriffen. Mit Hilfe dieses Index wird die ROWID ermittelt, welche benötigt wird, um die aktuelle Version der Instanz in der Tabelle VTG_DAUERKOMPONENTE zu selektieren. Die Funktion liefert dann als Rückgabewert eine Zustands-ID. Jede Version einer Instanz wird durch eine Zustands-ID gekennzeichnet. Die Zustands-ID wird in dem Attribut ID gespeichert.

Daher ist die Sortierung der Tabelle nach den Attributen nur eines Index nicht ausreichend, weil man nur eine suboptimale Laufzeit erreichen würde. Die Tabelle muss dann nach den Attributen beider Indizes sortiert werden. Maßgeblich für die Reihenfolge der Attribute ist die Reihenfolge, in welcher auf die Indizes zugegriffen wird. Die Reihenfolge der Attribute im Index muss auch beachtet werden:

```
CREATE INDEX VTG_DAKO_IX_VERTRAG_ID_4 ON VTG_DAUERKOMPONENTE
(VERTRAG_ID, NAME, PERIODEVON_DATE, PERIODEBIS_DATE);

CREATE INDEX VTG_DAKO_IX_DAKOK_ID_3 ON VTG_DAUERKOMPONENTE
(DAKOK_ID, HIST_ADT_KENNTNIS_TIST, TRX_ADT_FTRX_ID);
```

Mit diesen beiden Befehlen werden die Indizes erzeugt, welche für die Sortierung der Tabelle verwendet werden. Die *View* greift als Erstes auf den Index VTG_DAKO_IX_VERTRAG_ID_4 zu. Daher wird die Tabelle zuerst nach den Attributen dieses Index sortiert. Danach folgt der Zugriff auf den Index VTG_DAKO_IX_DAKOK_ID_3. Daher wird die Tabelle auch noch nach den Attributen dieses Index sortiert. Dadurch wird der Zugriff der *View* auf die Tabelle VTG_DAUERKOMPONENTE optimiert, weil die *View* auf beide Indizes nacheinander mit dem *Range Index Scan* zugreift.

6.3.1 Clustering Factor

Der Erfolg der Sortierung kann am *Clustering Factor* abgelesen werden. Hierbei handelt es sich um eine statistische Maßzahl, mit der die Synchronisierung zwischen der Tabelle und einem Index gemessen wird. Der *Clustering Factor* wird bei der Berechnung der Statistiken für den Index ermittelt. Der Index ist mit der Tabelle voll synchronisiert, wenn der *Clustering Factor* mit der Anzahl der Blöcke, welche von der Tabelle belegt werden, ungefähr übereinstimmt. Wenn der *Clustering Factor* jedoch der Anzahl der Datensätze entspricht, welche in der Tabelle enthalten sind, gibt es keinerlei Synchronisierung zwischen dem Index und der Tabelle. Ein synchronisierter Index zeigt an, dass die minimal mögliche Anzahl von Datenblöcken der Tabelle geladen wird, welche alle Datensätze enthalten, die mit dem Zugriff auf die Tabelle mit einem *Range Index Scan* ermittelt wurden, weil durch die Sortierung die fachlich zusammengehörigen Datensätze auf die kleinstmögliche Anzahl von Datenblöcken verteilt werden. Wenn der Index dagegen vollkommen nicht synchronisiert ist, dann wird die maximal mögliche Anzahl von Datenblöcken geladen, welche Datensätze enthalten, die mit dem *Range Index Scan* ermittelt wurden. Dies ist der unerwünschte Fall. Denn je mehr Datenblöcke geladen werden müssen, umso größer wird die Laufzeit der Anwendung. Mit dem folgenden SQL-Befehl kann man den Grad der Synchronisierung ermitteln:

```
SELECT T.TABLE_NAME,
       T.NUM_ROWS,
       T.BLOCKS,
       I.INDEX_NAME,
       I.CLUSTERING_FACTOR
  FROM USER_TABLES T, USER_INDEXES I
 WHERE     T.TABLE_NAME = I.TABLE_NAME
       AND I.INDEX_NAME IN
             ('VTG_DAKO_IX_DAKOK_ID_3', 'VTG_DAKO_IX_VERTRAG_ID_4');
```

Am Ergebnis dieser Selektion kann man dann den Grad der Synchronisierung ablesen:

TABLE_NAME	NUM_ROWS	BLOCKS	INDEX_NAME	CLUSTERING_FACTOR
VTG_DAUERKOMPONENTE	3406381	174291	VTG_DAKO_IX_VERTRAG_ID_4	3244037
VTG_DAUERKOMPONENTE	3406381	174291	VTG_DAKO_IX_DAKOK_ID_3	3314710

Abb. 6.5: Schlechte Synchronisierung von Tabelle und Index.

Beide Indizes sind nahezu nicht synchronisiert, weil der *Clustering Factor* nur geringfügig kleiner ist als die Anzahl der Datensätze, welche die Tabelle enthält. Wenn also mit einem *Range Index Scan* auf die Tabelle mit einem der beiden Indizes zugegriffen wird, müssen recht viele Datenblöcke geladen werden. Sofern dieser *Range Index Scan* von der Anwendung häufig ausgeführt wird, dann wird das zu einer längeren Laufzeit der Anwendung führen. Dies kann durch eine Sortierung der Tabelle vermieden werden. Da in dem erläuterten Beispiel auf die Tabelle mit einer *View* zugegriffen wird, welche einen *Range Index Scan* auf beiden Indizes ausführt, muss die Tabelle auch nach den Attributen der beiden Indizes sortiert werden. Dabei erfolgt zuerst die Sortierung nur nach den Attributen desjenigen Index, auf welchen als Erstes zugegriffen wird. Nur für diesen Index kann eine volle Synchronisierung erreicht werden. Nach den Attributen des zweiten Index wird anschließend sortiert. Für diesen Index wird nur eine suboptimale Sortierung erreicht.

Nun wird die Synchronisierung der sortierten Tabelle gemessen. Für diesen Zweck wird eine neue Tabelle angelegt, welche dieselbe Struktur hat wie die Tabelle VTG_DAUERKOMPONENTE. Die neue Tabelle erhält den Namen VTG_DAUERKOMPONENTE_NEW. In diese Tabelle werden alle Datensätze der Tabelle VTG_DAUERKOMPONENTE sortiert eingefügt. Die Sortierung erfolgt nach den Attributen der beiden Indizes VTG_DAKO_IX_VERTRAG_ID_4 und VTG_DAKO_IX_DAKOK_ID_3. Zuerst wird nach den Attributen des

Index VTG_DAKO_IX_VERTRAG_ID_4 sortiert. Danach folgen die Attribute des Index VTG_DAKO_IX_DAKOK_ID_3. Die Sortierung ist in den CTAS-Befehl integriert. Dieser SQL-Befehl mit der Sortierung wurde bereits zu Beginn dieses Kapitels aufgeführt. Auf der neu angelegten Tabelle werden diese beiden Indizes auch angelegt. Diese beiden neuen Indizes werden durch die Endung _NEW gekennzeichnet. Die beiden neuen Indizes haben also die Namen VTG_DAKO_IX_VERTRAG_ID_4_NEW und VTG_DAKO_IX_DAKOK_ID_3_NEW. Für die neue Tabelle werden Statistiken mit dem Befehl GATHER_TABLE_STATS gerechnet:

```
EXEC DBMS_STATS.GATHER_TABLE_STATS('FUTFLORCZYK2_PLF',
VTG_DAUERKOMPONENTE_NEW');
```

Dann werden auch für die beiden neuen Indizes die *Clustering Factors* abgefragt. Für die neue Tabelle werden die Anzahl der Datensätze und die Anzahl der Blöcke ermittelt:

	TABLE_NAME	NUM_ROWS	BLOCKS	INDEX_NAME	CLUSTERING_FACTOR
	VTG_DAUERKOMPONENTE_NEW	3408703	180960	VTG_DAKO_IX_VERTRAG_ID_4_NEW	179922
▸	VTG_DAUERKOMPONENTE_NEW	3408703	180960	VTG_DAKO_IX_DAKOK_ID_3_NEW	549359

Abb. 6.6: Gute Synchronisierung von Tabelle und Index.

Die Abbildung zeigt den Erfolg der Sortierung. Der Index VTG_DAKO_IX_VERTRAG_ID_4_NEW ist nun mit der Tabelle VTG_DAUERKOMPONENTE_NEW voll synchronisiert. Denn der *Clustering Factor* des Index stimmt weitgehend mit der Anzahl der Datenblöcke der Tabelle überein. Der *Clustering Factor* VTG_DAKO_IX_DAKOK_ID_3_NEW ist deutlich größer als die Anzahl der Blöcke. Jedoch ist auch bei diesem Index eine signifikante Synchronisierung erkennbar. Denn der *Clustering Factor* ist wesentlich kleiner als die Anzahl der Datensätze in der Tabelle. Daher hat dieser Index eine Teil-Synchronisierung mit der Tabelle. Durch die Sortierung ist die maximal mögliche Synchronisierung erzielt worden, weil eine Voll-Synchronisierung grundsätzlich nur für einen Index erreicht werden kann. Wenn dann noch zusätzlich nach Attributen von weiteren Indizes sortiert werden muss, kann für diese Indizes nur eine Teil-Synchronisierung erreicht werden. Im letzten Schritt muss jetzt noch die Tabelle VTG_DAUERKOMPONENTE entfernt werden. Anschließend werden die neue Tabelle und die beiden Indizes umbenannt. Bei dieser Umbenennung wird nur die Endung _NEW aus deren Namen entfernt. Damit ist die Synchronisierung abgeschlossen. Die neue Tabelle mit den beiden neuen Indizes ersetzt die alte Tabelle mit den beiden nicht synchronisierten Indizes. Somit greift die *View* BSV_DAUERKOMPONENTE nun mit Hilfe der beiden neu erzeugten Indizes auf die neue Tabelle zu. Die Abfragen der *View* werden nun erheblich beschleunigt, weil aufgrund der Synchronisierung wesentlich weniger Datenblöcke von Festplatte geladen werden müssen.

Die Synchronisierung der Tabelle mit den Indizes muss regelmäßig wiederholt werden. Denn wenn neue Datensätze in die Tabelle eingefügt werden, verschlechtert sich die Synchronisierung. Wenn noch keine große Anzahl von Datensätzen eingefügt wurde, braucht die Synchronisierung auch noch nicht erfolgen, weil die Auswirkung auf die Laufzeit dann noch nicht wesentlich ist. Die Synchronisierung muss erst erneuert werden, wenn die Anzahl der Datensätze um mehr als zehn Prozent angestiegen ist, weil sich dann die Laufzeit schon recht deutlich verschlechtern kann.

6.3.2 Einsatzfeld

Die Synchronisierung von Index und Tabelle mit *Row Resequencing* hilft nur bei Zugriffen mit dem *Range Index Scan*. Dem Zugriff muss eine 1:N-Beziehung zugrunde liegen. Es müssen also grundsätzlich mehrere Treffer in der Tabelle gefunden werden, wenn der Zugriff mit einem Selektionskriterium ausgeführt wird. Das Selektionskriterium enthält dabei ein oder mehrere Attribute von Indizes. Wenn für jedes Attribut des Selektionskriteriums mit einer Ausprägung gesucht wird, müssen grundsätzlich mehrere Treffer in der Tabelle gefunden werden können. Diese 1:N-Beziehung ist die Voraussetzung für die Anwendung des *Range Index Scan*. Durch die Analyse des Ausführungsplans kann die Anwendung des *Range Index Scan* geprüft werden. Denn im Ausführungsplan muss der *Range Index Scan* eingetragen sein. Wenn das der Fall ist, dann ist im Ausführungsplan auch der Index eingetragen, auf den mit dem *Range Index Scan* zugegriffen wird. Dann muss dieser Index synchronisiert werden.

Bei einer Ausführung kann auch auf mehrere Indizes einer Tabelle mit dem *Index Range Scan* zugegriffen werden. Dann kann die Tabelle auch mit diesen Indizes synchronisiert werden. Die Synchronisierung der Tabelle erfolgt durch die Sortierung der Datensätze nach den Attributen der Indizes. Die Sortierreihenfolge ergibt sich aus der Reihenfolge, in der bei der Ausführung auf die Indizes der Tabelle zugegriffen wird und zusätzlich aus der Reihenfolge der Attribute des jeweiligen Index. In diesem Kapitel wurde bereits mit einem Beispiel die Synchronisierung einer Tabelle mit mehreren Indizes erläutert.

Row Resequencing ist dann besonders effektiv, wenn mit einem Selektionskriterium viele Treffer in der Tabelle gefunden werden. Diese Treffer sollten nach Möglichkeit in einem einzigen Oracle-Datenblock enthalten sein. Diese Forderung wird durch große Datenblöcke und möglichst kleine Datensätze begünstigt. Die Größe eines Oracle-Datenblocks kann konfiguriert werden. Die durchschnittliche Größe eines Datensatzes wird mit der statistischen Maßzahl `AVG_ROW_LEN` gemessen. Die durchschnittliche Größe eines Datensatzes kann durch den Entwurf der Datenbank-Struktur beeinflusst werden.

Row Resequencing ist für *Unique Index Scans* nicht geeignet. Denn ein *Unique Index Scan* wird bei 1:1-Beziehungen eingesetzt. In diesem Fall wird mit einem Selektionskriterium maximal ein Datensatz in der Tabelle gefunden.

Wenn ein *Full Table Scan* erfolgt, ist *Row Resequencing* ebenfalls wirkungslos. Denn bei einem *Full Table Scan* werden alle Datenblöcke der Tabelle in das Memory geladen, so dass mit *Row Resequencing* keinerlei Reduktion der IO-Vorgänge erzielt werden kann.

Der Zugriff auf eine nicht synchronisierte Tabelle mit einem *Range Index Scan* kann durch die Nutzung des *Multi Block Read* verbessert werden. Im günstigen Fall können alle benötigten Datensätze der Tabelle mit einem einzigen *Read* parallel geladen werden. Dann kann die fehlende Synchronisierung durch das parallele Laden der Datenblöcke mit dem *Multi Block Read* ausgeglichen werden. Wenn mit einem *Range Index Scan* viele Datensätze in der nicht synchronisierten Tabelle gefunden werden, müssen diese Datenblöcke möglichst gleichzeitig mit dem *Multi Block Read* geladen werden. Mit dem Parameter `DB_FILE_MULTIBLOCK_READ_COUNT` wird die maximale Anzahl der Datenblöcke konfiguriert, welche mit einem einzigen *Read* geladen werden können. Jedoch muss beim Setzen dieses Parameters die Leistungsfähigkeit des Systems berücksichtigt werden. Ein durchschnittliches System kann maximal ein MB mit einem *Read* effizient laden. Das sind 128 Blöcke, wenn die Blockgröße 8.192 Byte beträgt. Es muss auch beachtet werden, dass der Planoptimierer bei einem hohen Wert den Zugriff auf die Tabellen mit dem *Full Table Scan* favorisiert. Daher werden in OLTP-Applikationen häufig Werte zwischen 4 und 16 gesetzt, um den Index-Scan bei der Erzeugung des Ausführungsplans zu begünstigen.

7 Spezielle Konzepte für die Laufzeitoptimierung

Oracle hat spezielle Konzepte für die Laufzeitoptimierung entwickelt. Die Konzepte verfügen über individuelle Eigenschaften, deren Ausnutzung auf die Reduktion der Laufzeitoptimierung abzielt. Die folgende Liste enthält diese Konzepte mit der jeweiligen besonderen Eigenschaft:

- *Compression*
  - Daten-Komprimierung
- Binde-Variablen
  - Reduktion der Laufzeit für das Parsen der SQL-Befehle
- Ausführungsplan
  - Optimierung der Ausführungs-Algorithmen
- Smart-Flash-Cache
  - Auslagerungsspeicher für die SGA

7.1 Compression

Mit der Option *Compression* [94–97] kann Speicherplatz eingespart und die Performanz verbessert werden. Es können sowohl Tabellen als auch Indizes komprimiert werden. Hierfür bietet Oracle unterschiedliche Optionen an. Für die Komprimierung der Indizes benötigt man lediglich die Option *Basic Index Compression*. Diese Option ist bereits in der *Oracle Database Enterprise Edition* enthalten und muss daher nicht zusätzlich erworben werden. Möchte man dagegen auch die Tabellen komprimieren, fallen zusätzliche Lizenzkosten an. Denn man benötigt dann die Option *Advanced Compression*. Diese Option ist nicht Bestandteil der *Oracle Database Enterprise Edition*. Es handelt sich also um eine kostenpflichtige Option. Diese Option ist nicht in den Lizenzkosten für die *Oracle Database Enterprise Edition* enthalten, sondern muss zusätzlich als eigenständige Lizenz erworben werden.

7.1.1 Reduktion des Speicherbedarfs

7.1.1.1 Permanenter Speicher

Wenn eine Komprimierung der Daten möglich ist, wird dadurch permanenter Speicherplatz eingespart. Hier werden als Speichermedien generell die Festplatte [98, 99] und die SSD [100, 101] eingesetzt. Da die SSD Performanz-Vorteile im Vergleich zur Festplatte bietet, wird dieses Speichermedium mittlerweile gegenüber der Festplatte bevorzugt. Jedoch ist der SSD-Speicherplatz auch teurer als die Festplatte. Daher können insbesondere bei Verwendung von SSD die Kosten deutlich reduziert werden. In

https://doi.org/10.1515/9783110601817-007

welchem Umfang die Kosten gesenkt werden können, das hängt von dem erreichbaren Komprimierungsgrad ab, der sich aufgrund der individuellen Datenstruktur ergibt.

7.1.1.2 Flüchtiger Speicher

Durch die Komprimierung wird auch Hauptspeicher eingespart. Denn eine Komprimierung der Daten erfolgt ja bereits auf dem permanenten Speicher. Die Daten werden beim Laden in den Hauptspeicher nicht dekomprimiert, so dass diese Daten auch im Hauptspeicher in komprimierter Form vorliegen und sich somit Einsparpotential für den Hauptspeicher ergibt. Oft ist während der Verarbeitung eine Dekomprimierung nicht erforderlich, da die Oracle-Datenbank über Algorithmen verfügt, die eine Verarbeitung der Daten in komprimierter Form ermöglichen.

7.1.2 Auswirkung auf die CPU

Durch die Nutzung der *Compression* kann die Belastung der CPU steigen. Diese Belastung erfolgt insbesondere dann, wenn Daten entweder komprimiert oder dekomprimiert werden müssen. Dies ist bei Schreibzugriffen der Fall. Wenn also Datensätze verändert oder neuangelegt werden. Dies erfolgt mit den SQL-Befehlen `UPDATE` und `INSERT`.

Bei einem `UPDATE` müssen die betroffenen Datensätze zunächst dekomprimiert werden. Die Veränderung erfolgt dann anschließend auf den dekomprimierten Daten. Nach der Veränderung werden die Daten wieder komprimiert.

Wenn mit dem *Insert Command* ein neuer Datensatz in eine Tabelle eingefügt werden soll, existiert der einzufügende Datensatz zunächst nur in dekomprimierter Form im Hauptspeicher. Für das Einfügen in die Tabelle wird dann die Komprimierung erfolgen.

Die CPU wird also sowohl beim `UPDATE` als auch `INSERT` zusätzlich belastet, wenn eine Komprimierung der Daten erforderlich ist. In welchem Ausmaß die CPU belastet wird, das hängt vom erreichbaren Komprimierungsgrad ab und von der Anzahl der Schreiboperationen.

7.1.3 Redundante Datenhaltung

Eine Komprimierung der Daten kann nur dann erfolgen, wenn redundante Daten existieren. Gibt es also beispielsweise in einer Stammdaten-Tabelle zehn Personen mit dem Namen Mayr, existiert dieser Name zehnmal in der Tabelle und bietet somit Potential für die Komprimierung. Bei der Komprimierung wird die Oracle-Datenbank dann nur noch einen einzigen Datensatz anlegen, in dem der Name Mayr nur noch einmal gespeichert wird. Aus den zehn Datensätzen wird die Redundanz beseitigt, indem dort der Nachname entfernt wird.

Stattdessen referenzieren diese Datensätze nun den neu angelegten Datensatz, in welchem der Name Mayr gespeichert ist. Durch die Beseitigung der Redundanz erfolgt also prinzipiell eine Normalisierung der Datenbank. Andererseits folgt daraus, dass eine bereits normalisierte Datenbank weniger Potential für die Komprimierung bietet. Eine nicht normalisierte Datenbank kann also typischerweise in erheblichem Ausmaß von der Komprimierung profitieren. Ist die Datenbank dagegen zumindest in der dritten Normalform, kann grundsätzlich nur ein geringerer Komprimierungsgrad erreicht werden.

Der Datenbank-Architekt sollte daher schon beim Entwurf der Datenbank einen hohen Normalisierungsgrad anstreben. Denn dadurch kann die Beschaffung von zusätzlichen Lizenzen für die *Advanced Compression* vermieden werden, so dass Lizenzkosten durch die Normalisierung gespart werden können. Auch hat eine redundanzfreie Datenbank prinzipiell ein besseres Laufzeitverhalten als eine komprimierte Datenbank, weil keine Laufzeit für das Komprimieren und Dekomprimieren benötigt wird. Diese beiden Operationen beanspruchen auch noch zusätzlich CPU, so dass die Komprimierung eventuell weitere Hardwarekosten verursachen kann.

7.1.4 Basic Index Compression

Die Komprimierung von Indizes erfolgt mit der *Basic Index Compression*. Diese Option ist bereits in der *Oracle Database Enterprise Edition* enthalten und verursacht daher keine zusätzlichen Lizenzkosten. Auch bei der *Index Compression* hängt der zu erreichende Komprimierungsgrad von der Redundanz des jeweils zu komprimierenden Index ab. Ein Index für einen Primärschlüssel, der nur aus einem Attribut besteht, kann daher nicht komprimiert werden, weil dieser bereits redundanzfrei ist. Soll dagegen ein Index komprimiert werden, der den Wohnort von Kunden enthält, kann Redundanz in diesem Index vorhanden sein, wenn mehrere Kunden den gleichen Wohnort haben. Je mehr Kunden gemeinsame Wohnorte haben, umso höher ist der zu erreichende Komprimierungsgrad. Grundsätzlich können daher Indizes komprimiert werden, die aus mehreren Attributen bestehen. Enthält der Index dagegen nur ein Attribut, darf es sich nicht um einen *Unique Index* handeln. Bei diesen Typen von Indizes kann Datenredundanz enthalten sein, die durch die Komprimierung beseitigt werden kann. Dazu wird ein *Unique Index* mit mehreren Attributen in einen Präfix-Teil und einen Suffix-Teil zerlegt. Der Suffix-Teil ist redundanzfrei. Der Präfix-Teil kann wegen der vorhandenen Redundanz komprimiert werden. Die Redundanz wird aus dem Präfix-Teil eliminiert, indem die redundanten Schlüsselwerte nur noch einmal gespeichert werden und dann von den zugehörigen Suffix-Teilen referenziert werden. Hat der Index dagegen nur ein Attribut, wird die `ROWID` für den Suffix-Teil genutzt. Das einzige Attribut repräsentiert dagegen den Präfix-Teil, der redundanzfrei ist, weil mehrfach vorkommende Attributwerte nur einmal im Präfix-Teil gespeichert werden und von den zugehörigen Suffix-Teilen referenziert werden. Beide Teile sind generell im gleichen

Oracle-Datenblock enthalten. Durch dieses Vorgehen kann die Anzahl der Indexblätter deutlich reduziert werden, wenn eine signifikante Redundanz im Index vorhanden ist.

7.1.4.1 Monitoring

Bei der Komprimierung des Index muss man die Anzahl der Präfix-Spalten nennen, welche komprimiert werden sollen. Diese Zahl muss man jedoch nicht durch eine manuelle Analyse ermitteln. Man kann die Anzahl der Präfix-Spalten mit dem Befehl `ANALYZE INDEX` in Kombination mit `VALIDATE STRUCTURE` automatisch ermitteln:

```
ANALYZE INDEX FUTFLORCZYK2_PLF.PAR_PART_IX_U_VORNAME_2 VALIDATE
STRUCTURE;
```

7.1.4.2 INDEX_STATS

In dem Beispiel wird der Index `PAR_PART_IX_U_VORNAME_2` analysiert. Nach der Ausführung dieses Befehls kann das Ergebnis der Analyse mit Hilfe der *View* `INDEX_STATS` abgefragt werden:

```
SELECT NAME,                       /* Name des Index */
       BLOCKS,                     /* Anzahl der Blöcke des Segments */
       BR_BLKS BRANCH_BLOCKS,      /* Anzahl der Zweig-Blöcke des B-Baums */
       LF_BLKS LEAF_BLOCKS,        /* Anzahl der Blatt-Blöcke des B-Baums */
       OPT_CMPR_PCTSAVE,           /* Erwartete Speichereinsparung in Prozent bei
                                      optimaler Präfix-Komprimierung */
       OPT_CMPR_COUNT              /* Optimale Präfix-Komprimierung */
FROM INDEX_STATS;
```

Wenn man diese Selektion nach der Analyse des Index ausführt, bekommt man die Anzahl der zu komprimierenden Präfix-Spalten geliefert:

	NAME	BLOCKS	BRANCH_BLOCKS	LEAF_BLOCKS	OPT_CMPR_PCTSAVE	OPT_CMPR_COUNT
▹	PAR_PART_IX_U_VORNAME_2	24	1	17	32	2

Abb. 7.1: Analyse zur Komprimierung der Präfix-Spalten eines Index.

Es sollen zwei Präfix-Spalten des Index komprimiert werden; damit eine optimale Speicherplatzeinsparung in Höhe von 32 % erreicht wird. Derzeit sind 24 Blöcke im Segment enthalten. Es gibt 17 Blatt-Blöcke und einen Zweig-Block.

Gemäß dieser Analyse wird der Index nun komprimiert:

```
ALTER INDEX FUTFLORCZYK2_PLF.PAR_PART_IX_U_VORNAME_2 REBUILD ONLINE
COMPRESS 2;
```

In welchem Ausmaß nun Blöcke eingespart wurden, das kann man überprüfen, indem man die Analyse des Index nach der Komprimierung erneut ausführt und dann das Ergebnis der Analyse mit der *View* INDEX_STATS erneut abfragt:

NAME	BLOCKS	BRANCH_BLOCKS	LEAF_BLOCKS	OPT_CMPR_PCTSAVE	OPT_CMPR_COUNT
PAR_PART_IX_U_VORNAME_2	24	1	11	0	2

Abb. 7.2: Optimal komprimierter Index.

Die erneute Analyse zeigt nun, dass die Anzahl der Blatt-Blöcke deutlich gesenkt wurde. Es wurden sechs Blatt-Blöcke eingespart. Dies sind ca. 35 % von den ursprünglich vorhandenen 17 Blatt-Blöcken. Somit wurde die Einspar-Prognose der Analyse sogar noch etwas übertroffen. Durch diese deutliche Reduzierung der Blatt-Blöcke kann signifikante IO-Zeit gespart werden. Man erkennt auch, dass der Index nun optimal komprimiert ist. Denn es wird nun kein weiteres Einsparpotential mehr prognostiziert.

Wenn man die Index-Komprimierung rückgängig machen möchte, dann verwendet man dazu den Befehl NOCOMPRESS:

```
ALTER INDEX FUTFLORCZYK2_PLF.PAR_PART_IX_U_VORNAME_2 REBUILD ONLINE
NOCOMPRESS;
```

7.1.4.3 DBA_EXTENTS

Alternativ kann man den aktuellen Speicherbedarf eines Index auch mit einem SQL-Befehl ermitteln, der die *View* DBA_EXTENTS nutzt:

```
SELECT SUM (BYTES) / 1024 KBYTE, SUM (BYTES) / 8192 BLOECKE,
                                                    SEGMENT_NAME
    FROM DBA_EXTENTS
   WHERE    SEGMENT_NAME = 'PAR_PART_IX_U_VORNAME_2'
         AND OWNER = 'FUTFLORCZYK2_PLF'
GROUP BY SEGMENT_NAME
ORDER BY SUM (BYTES) DESC;
```

Mit der Abfrage wird der benötigte Speicherplatz in Kilobyte und der Anzahl der benötigten Blöcke ermittelt. In dem Beispiel enthält ein Oracle-Block 8.192 Byte. Ein Kilobyte hat eine Größe von 1.024 Byte. Das Resultat der Abfrage stimmt erwartungsgemäß mit der ermittelten Speichergröße von INDEX_STATS überein:

KBYTE	BLOECKE	SEGMENT_NAME
192	24	PAR_PART_IX_U_VORNAME_2

Abb. 7.3: Anzeige des Blockbedarfs eines Index mit DBA_EXTENTS.

Der dekomprimierte Index belegt also 24 Oracle-Blöcke. Dies entspricht 192 KB. Somit ist es also auch mit dieser *View* möglich, die Speicherersparnis zu bestimmen, wenn der Index komprimiert wird. Man benötigt allerdings auch bei dieser Methode die *View* `INDEX_STATS`, um die Anzahl der zu komprimierenden Präfix-Spalten zu bestimmen. Auch kann mit dieser *View* die Speicherersparnis nicht vorab prognostiziert werden. Stattdessen ist eine Komprimierung des Index erforderlich. Die Speicherersparnis kann also nur empirisch bestimmt werden. Die *View* liefert auch zusätzliche Informationen zu den *Extents*, die von dem Index beansprucht werden. Dazu wird nun eine nicht gruppierte Abfrage auf die *View* benutzt:

```
SELECT OWNER,
       SEGMENT_NAME,
       SEGMENT_TYPE,
       TABLESPACE_NAME,
       EXTENT_ID,
       BLOCK_ID,
       BYTES,
       BLOCKS
  FROM DBA_EXTENTS
 WHERE     SEGMENT_NAME = 'PAR_PART_IX_U_VORNAME_2'
       AND OWNER = 'FUTFLORCZYK2_PLF';
```

Die Spalte `OWNER` enthält den Namen des Datenbank-Schemas, zu dem der Index gehört. Der Segment-Name ist in diesem Fall der Name des Index. Der Segment-Typ ist `INDEX`. Der Name des *Tablespace*, der den Index enthält, ist `FUT30_I_1`:

OWNER	SEGMENT_NAME	SEGMENT_TYPE	TABLESPACE_NAME	EXTENT_ID	BLOCK_ID	BYTES	BLOCKS
FUTFLORCZYK2_PLF	PAR_PART_IX_U_VORNAME_2	INDEX	FUT30_I_1	0	2616744	65536	8
FUTFLORCZYK2_PLF	PAR_PART_IX_U_VORNAME_2	INDEX	FUT30_I_1	1	2616752	65536	8
FUTFLORCZYK2_PLF	PAR_PART_IX_U_VORNAME_2	INDEX	FUT30_I_1	2	2616760	65536	8

Abb. 7.4: Anzeige des *Extent Consumption* eines Index mit `DBA_EXTENTS`.

Dem Ergebnis der Abfrage kann man entnehmen, dass der *Extent Consumption* des Index drei *Extents* beträgt. Zu jedem *Extent* wird dessen `EXTENT_ID` geliefert. Die aufgeführte `BLOCK_ID` ist die `ID` des ersten Blocks in dem jeweiligen *Extent*. Die Größe des *Extent* wird in Bytes aufgeführt und beträgt hier für jeden *Extent* 65.536 Bytes. Das sind acht Oracle-Blöcke.

7.1.5 Advanced Compression

Im Gegensatz zur *Basic Index Compression* ist die *Advanced Compression* kostenpflichtig. Wenn man also die *Advanced Compression* verwenden möchte, fallen für diese Option zusätzliche Lizenzkosten an. Die Gesamtkosten hängen natürlich von der Menge der Lizenzen ab, welche man für seine Applikation benötigt.

Die *Advanced Compression* kommt zum Einsatz, wenn man Tabellen komprimieren möchte. In welchem Ausmaß eine Komprimierung erreicht werden kann, das hängt wiederum davon ab, in welchem Ausmaß redundante Datenhaltung in der Tabelle vorhanden ist. Wenn also beispielsweise in einer Tabelle die Umsätze für die Artikel eines Warenhauses aufgezeichnet werden, ist in der Tabelle redundante Datenhaltung vorhanden, wenn dieselben Umsätze in der Tabelle mehrmals vorkommen. Dann kann der Speicherbedarf der Tabelle durch die Anwendung der *Advanced Compression* reduziert werden, indem dadurch die Redundanz der Umsätze beseitigt wird. Dies erfolgt dadurch, dass für einen redundanten Umsatz ein neuer Datensatz angelegt wird. Aus den bereits vorhandenen Datensätzen wird der redundante Umsatz entfernt und durch einen Verweis auf den neuen Datensatz ersetzt.

7.1.5.1 Monitoring

Weil die *Advanced Compression* lizenzpflichtig ist, wird man vor dem Einsatz den Nutzen dieser Option sorgfältig prüfen. Diese Messung kann zuverlässig über die zu erwartende Ersparnis des Speicherplatzes erfolgen. Der Nutzen der *Advanced Compression* wird nämlich maßgeblich durch diesen Parameter bestimmt. Man spart Kosten für den benötigten permanenten Speicher und den Hauptspeicher. Lesende Zugriffe können schneller erfolgen, weil der Zeitanteil für IO reduziert wird. Daher identifiziert man mit Hilfe von AWR-Reporten diejenigen Tabellen, auf welche maßgeblicher Laufzeitanteil für selektive Zugriffe [102, 103] entfällt. Dies sind dann die bevorzugten Kandidaten für die *Advanced Compression*. Im nächsten Schritt ermittelt man den Speicherbedarf der Tabellen im nicht komprimierten Zustand:

```
SELECT SUM (BYTES) / 1048576 MEGABYTE,
         SUM (BYTES) / 8192 BLOECKE,
         SEGMENT_NAME
    FROM  DBA_EXTENTS
   WHERE      SEGMENT_NAME IN
                 ('VTG_STICHTAGKOMPONENTE',
                  'PRO FACHTRANSAKTION',
                  'VTG_DAUERKOMPONENTE')
         AND OWNER = 'FUTFLORCZYK1_PLF'
GROUP BY SEGMENT_NAME
ORDER BY SUM (BYTES) DESC;
```

Mit dieser Abfrage ermittelt man den aktuellen Speicherbedarf für die drei Tabellen
- VTG_STICHTAGKOMPONENTE,
- PRO_FACHTRANSAKTION und
- VTG_DAUERKOMPONENTE.

Alle drei Tabellen gehören zu dem Schema FUTFLORCZYK1_PLF.

MEGABYTE	BLOECKE	SEGMENT_NAME
448	57344	VTG_STICHTAGKOMPONENTE
200	25600	PRO_FACHTRANSAKTION
96	12288	VTG_DAUERKOMPONENTE

Abb. 7.5: Anzeige des Speicherbedarfs von nicht komprimierten Tabellen.

Die Abfrage liefert sowohl den aktuellen Speicherbedarf in der Einheit *Megabyte* als auch die belegten Oracle-Blöcke, welche jeweils eine Größe von 8.192 Byte haben. Dieser Wert kann mit Hilfe des Oracle-Parameters DB_BLOCK_SIZE konfiguriert werden. Ein Megabyte ist dagegen ein fester Wert, der 1.048.576 [1.024x1.024] Bytes enthält. Am größten ist die Tabelle VTG_STICHTAGKOMPONENTE (siehe Abbildung 7.5). Da man beim Testen der *Advanced Compression* noch nicht über eine Lizenz verfügt, muss man vor der Durchführung der Tests den Vertrieb von Oracle kontaktieren und eine Testlizenz für einen begrenzten Zeitraum beantragen. Sobald man über die Testlizenz verfügt, kann man die Tabellen mit der Option *Advanced Compression* komprimieren:

```
ALTER TABLE VTG_STICHTAGKOMPONENTE MOVE COMPRESS FOR OLTP;
ALTER TABLE VTG_DAUERKOMPONENTE MOVE COMPRESS FOR OLTP;
ALTER TABLE PRO_FACHTRANSAKTION MOVE COMPRESS FOR OLTP;
```

Die Option *Advanced Compression* wird mit den Schlüsselwörtern COMPRESS FOR OLTP angefordert. Das Schlüsselwort MOVE ist ein optionaler Parameter. Damit wird erreicht, dass bereit gespeicherte Daten bei der Ausführung des Befehls komprimiert werden. Lässt man das Schlüsselwort MOVE weg, werden nur neu hinzukommende Daten in die Tabelle komprimiert eingefügt. Nach der Ausführung dieser drei Befehle prüft man die Auswirkung auf den aktuellen Speicherbedarf:

MEGABYTE	BLOECKE	SEGMENT_NAME
152	19456	VTG_STICHTAGKOMPONENTE
96	12288	VTG_DAUERKOMPONENTE
80	10240	PRO_FACHTRANSAKTION

Abb. 7.6: Anzeige des Speicherbedarfs von Tabellen nach Komprimierung.

Bei den beiden Tabellen VTG_STICHTAGKOMPONENTE und PRO_FACHTRANSAKTION konnte der Speicherbedarf durch die Komprimierung deutlich gesenkt werden. Auf die Tabelle VTG_DAUERKOMPONENTE hatte die Komprimierung dagegen keine Auswirkung. Dies ist darauf zurückzuführen, dass die Tabelle VTG_DAUERKOMPONENTE redundanzfrei ist, so dass kein Potential für die Komprimierung vorhanden ist. Bei den anderen Tabellen ist dagegen Redundanz vorhanden, so dass sich die Komprimierung deutlich auswirkt. Man wird daher insbesondere dann eine Nutzung der *Advanced Compression* in Betracht ziehen, wenn die Analyse der AWR-Reporte ergeben hat, dass Selektionen auf die Tabellen VTG_STICHTAGKOMPONENTE und PRO_FACHTRANSAKTION maßgeblichen Einfluss auf die Laufzeit haben. Zusätzlich kann man auch Kosten für den Speicherbedarf reduzieren. Nach Abschluss der Tests und spätestens mit dem Ablauf der Testlizenz muss man die komprimierten Tabellen mit dem Befehl NOCOMPRESS wieder dekomprimieren:

```
ALTER TABLE VTG_STICHTAGKOMPONENTE MOVE NOCOMPRESS;
ALTER TABLE VTG_DAUERKOMPONENTE MOVE NOCOMPRESS;
ALTER TABLE PRO_FACHTRANSAKTION MOVE NOCOMPRESS;
```

Eine erneute Überprüfung zeigt dann, dass die Tabelle VTG_STICHTAGKOMPONENTE wieder auf ihre ursprüngliche Größe dekomprimiert wurde:

MEGABYTE	BLOECKE	SEGMENT_NAME
448	57344	VTG_STICHTAGKOMPONENTE
192	24576	PRO_FACHTRANSAKTION
96	12288	VTG_DAUERKOMPONENTE

Abb. 7.7: Anzeige des Speicherbedarfs von Tabellen nach Dekomprimierung.

Der Speicherbedarf der Tabelle PRO_FACHTRANSAKTION hat sich etwas reduziert. Dies ist auf optimierte Platzausnutzung der Blöcke zurückzuführen. Denn durch die Komprimierung und anschließende Dekomprimierung der Blöcke wurde deren Nutzung optimiert, so dass die Blöcke durch die Optimierung mit mehr Daten gefüllt sind. Insgesamt werden dann natürlich weniger Blöcke benötigt und somit der Speicherbedarf allein durch die Optimierung reduziert. Bei der Tabelle VTG_DAUERKOMPONENTE gibt es dagegen keine Veränderung.

7.1.5.2 Verbesserung der Performanz

Mit Hilfe der *Compression* kann die Laufzeit der Anwendung verbessert werden, wenn es möglich ist, Speicherplatz durch die Komprimierung einzusparen. Dies hat zur Folge, dass die Übertragung der Daten vom permanenten Speicher in die SGA des Datenbankservers schneller erfolgt, weil eine geringere Datenmenge übertragen werden muss. Hier bestimmt die Übertragungsrate der Applikation den Laufzeitvorteil. Wenn also nun beispielsweise für einen Bericht aufgrund der *Compression* 800 MB eingespart werden, reduziert sich die Laufzeit deshalb, weil die 800 MB nicht mehr geladen werden müssen. Wenn also beispielsweise die Übertragungsrate 100 MB/s beträgt, dann kann die Laufzeit um acht Sekunden reduziert werden.

Die Nutzung der *Compression* bietet jedoch nicht grundsätzlich Laufzeitvorteile. Dies hängt von dem Komprimierungsgrad ab, der maximal erreicht werden kann. Ein hoher Komprimierungsgrad wird erreicht, wenn erhebliche Redundanz in den Daten vorhanden ist, weil dann eine Komprimierung der Daten möglich ist.

Wenn man die *Compression* nutzen möchte, um Laufzeitvorteile zu bekommen, muss man daher zunächst den erreichbaren Komprimierungsgrad messen. Dazu notiert man sich vor der Komprimierung den aktuellen Speicherbedarf der zu komprimierenden Datenbank-Objekte. Dies können sowohl Indizes als auch Tabellen sein. Anschließend komprimiert man die Objekte. Dann misst man den Speicherbedarf erneut. Die daraus resultierende Differenz liefert dann den erreichten Komprimierungsgrad. Wenn also beispielsweise ein Index vor der Komprimierung einen Speicherbedarf von 400 MB und der Index nach der Komprimierung nur noch 300 MB benötigt, wird der Komprimierungsgrad mit der folgenden Formel berechnet:

$$100\,\% - \frac{400\,\text{MB} - 300\,\text{MB}}{400\,\text{MB}} \times 100\,\% = 75\,\%\,. \tag{7.1}$$

Der Komprimierungsgrad beträgt 75 %, so dass 25 % Speicherplatz eingespart wurden. Bei diesem Komprimierungsgrad kann man also eine maximale Laufzeitreduktion von 25 % bei rein selektiven SQL-Befehlen erwarten. Reine Selektionen findet man beispielsweise bei Berichten. Benötigte der Bericht vor der Komprimierung 100 Sekunden, dann wird er nach der Komprimierung bei dem gemessenen Komprimierungsgrad also mindestens noch 75 Sekunden laufen. Dieser maximale Laufzeitvorteil kann von dem Bericht auch nur dann erreicht werden, wenn alle vom Bericht verwendeten Datenbank-Objekte auf 75 % komprimiert werden konnten. Nutzt der Bericht dagegen auch noch Indizes oder Tabellen, die aufgrund nicht vorhandener Redundanz nicht komprimiert werden konnten, wird der Bericht nicht den maximal möglichen Laufzeitvorteil erreichen. Der Bericht wird dann also länger als 75 Sekunden laufen.

Die allgemeine Formel zur Berechnung des Komprimierungsgrades wird in der folgenden Weise notiert:

$$100\,\% - \frac{x\,\text{MB} - y\,\text{MB}}{x\,\text{MB}} \times 100\,\% = z\,\%\,. \tag{7.2}$$

Die Variable x ist ein Platzhalter für den Speicherbedarf vor der Komprimierung und y steht für den Speicherbedarf nach der Komprimierung. Der erzielbare Komprimierungsgrad wird mit der Variablen z notiert.

Wenn man den Komprimierungsgrad bestimmt hat, kann man mit Hilfe einer Kosten-Nutzen-Analyse eine Entscheidung über die Einführung der *Compression* fällen. Wenn der Komprimierungsgrad mit Hilfe der *Advanced Compression* erreicht werden muss, fließen die zusätzlichen Lizenzkosten in die Kosten ein. Benötigt man dagegen nur die *Basic Index Compression*, dann gibt es keine zusätzlichen Lizenzkosten. Es fallen jedoch auch Personalkosten für die Veränderung und den Test des Datenbank-Schemas an. Man muss also anfallende Kosten zusammenstellen. Der maximal erreichbare Nutzen wird durch den Komprimierungsgrad bestimmt. Je stärker komprimiert werden kann, umso größer wird der maximal erreichbare Laufzeitvorteil sein. Mit dem zu erwartenden Laufzeitvorteil kann man den Nutzen messen. Denn durch eine schnellere Verarbeitung können Personalkosten eingespart werden, weil die Produktivität des Sachbearbeiters gesteigert werden kann. Auch die Entwicklungsabteilung kann Personalkosten einsparen, weil beispielsweise das Testen der Applikation schneller erfolgen kann. Somit kann man mit Hilfe des Komprimierungsgrads die zu erwartenden Kosten dem zu erwartenden Nutzen gegenüberstellen. Die *Compression* wird dann eingeführt, wenn der Nutzen größer ist als die zu erwartenden Kosten.

7.1.5.3 Kombination von Prozessen mit Compression

7.1.5.3.1 Datawarehouse

Die Effektivität der *Compression* hängt auch davon ab, mit welchem Prozess die Verarbeitung erfolgen soll. Ein typischer Anwendungsfall für die *Compression* ist das Datawarehouse. Bei dieser Art der Datenverarbeitung akzeptiert man oft einen redundanten Datenbankentwurf, weil Daten aus dem OLTP-System in das redundante Datenbank-Schema des Datawarehouse kopiert werden. In einem Datawarehouse werden im Allgemeinen redundante Datenstrukturen angelegt. In einem Datawarehouse werden große Datenmengen teilweise auch sehr automatisiert verarbeitet. Dann erlauben die redundanten Datenstrukturen einen einfachen Zugriff. Denn im Datawarehouse sind die Tabellen oft größer als im OLTP-System. Die größeren Tabellen im Datawarehouse haben dann den Vorteil, dass deren Inhalt sich über mehr als eine Tabelle des OLTP-Systems erstreckt, so dass die benötigten Daten oft ohne die Nutzung eines *Join* abgefragt werden können. Für diesen Vorteil muss man jedoch redundante Daten in den Tabellen akzeptieren. Diese Redundanz kann man mit Hilfe der *Compression* beseitigen. Die *Compression* ist auch deshalb ein klassischer Anwendungsfall für das Datawarehouse, weil hauptsächlich lesende Zugriffe stattfinden, um beispielsweise Berichte zu erstellen. Die besten Ergebnisse erzielt man mit der *Compression*, wenn ausschließlich lesende Zugriffe auf den Datenbestand erfolgen.

Durch die Beseitigung der Redundanz mit der *Compression* kann der Speicherbedarf des Datawarehouse oft halbiert werden. Dann kann man auch eine Halbierung der Laufzeit erwarten, wenn die Selektion ausschließlich auf dementsprechend komprimierten Tabellen und Indizes arbeitet.

7.1.5.3.2 Berichte

Die Auswirkung der *Compression* auf die Laufzeit von Berichten kann grundsätzlich nicht allgemeingültig vorhergesagt werden, weil die Berichte in unterschiedlichen Anwendungstypen zum Einsatz kommen. Der Anwendungstyp beeinflusst maßgeblich die Laufzeit der Berichte. Berichte können im Datawarehouse zum Einsatz kommen. Im Datawarehouse können die Tabellen und Indizes wegen den darin enthaltenen redundanten Daten oft bis zur Hälfte komprimiert werden. Dann kann sich auch die Laufzeit der *Batch* halbieren. Berichte können aber auch auf den Datenbestand eines OLTP-Systems ausgeführt werden. Für OLTP-Applikationen kann man jedoch keine allgemeingültigen Aussagen zur darin enthaltenen Redundanz treffen. Daher hängt die Laufzeit eines Berichts von dem erreichbaren Komprimierungsgrad für das zugrunde liegende OLTP-System ab. Wobei insbesondere dann ein Laufzeitvorteil erreicht werden kann, wenn die für die Erstellung des Berichts erforderlichen Tabellen und Indizes komprimierbar sind.

7.1.5.3.3 Batch

Bei dem Batch-Processing findet typischerweise eine Mischverarbeitung statt. Mit einem *Batch Service* kann beispielsweise die Massenverarbeitung von Geschäftsvorfällen gesteuert werden. Erforderliche Berechnungen können dann an einen Applikations-Server weitergeleitet werden. Wenn Daten für die Berechnungen erforderlich sind, werden diese Daten mit SQL-Statements ermittelt. Wenn dann die hierfür erforderlichen Tabellen und Indizes komprimierbar sind, kann sich bei diesem *Batch-Processing Step* ein Laufzeitvorteil ergeben. Die Verarbeitung der Daten erfolgt am Applikations-Server beispielsweise in der Programmiersprache Java. Die Objekte der Applikation werden mit Hilfe eines *OR Mapper* (*Object Relationship Mapper*) [104] befüllt. Dann erfolgt die Verarbeitung der Objekte beispielsweise in der Programmiersprache Java. Dieser Arbeitsschritt kann allerdings nicht durch die *Compression* beeinflusst werden. Beim letzten Verarbeitungsschritt des Berichts werden die vom Applikations-Server berechneten Objekte mit Schreibbefehlen in der Datenbank persistiert. Auch hier kann die *Compression* nicht eingesetzt werden. Vielmehr muss man beachten, dass Schreibvorgänge mit komprimierten Daten länger dauern, weil zusätzliche CPU-Zeit benötigt wird. Denn bei einem Update müssen die vorhandenen Daten ja zunächst dekomprimiert werden. Dann erfolgt die Aktualisierung und anschließend werden die aktualisierten Datensätze wieder komprimiert. Das kann sogar bis zu dreimal länger dauern im Vergleich zu nicht komprimierten Schreibvorgängen. Das Einfügen eines neuen Datensatzes ist nicht ganz so zeitintensiv, weil keine Dekomprimierung erforderlich ist. Die neuen Daten müssen also lediglich komprimiert werden.

Da es sich bei dem Batch-Processing also um eine gemischte Verarbeitung handelt, die sowohl aus Selektionen, Schreibvorgängen und Verarbeitung am Applikations-Server besteht, muss der eventuell zu erwartende Laufzeitvorteil mit Hilfe von Tests prognostiziert werden.

7.2 Binde-Variablen

Grundsätzlich haben Binde-Variablen den Vorteil, dass Kompilierungszeit eingespart wird. Denn die Oracle-Datenbank speichert ausgeführte SQL-Kommandos im *Library Cache*. Bei einer erneuten Ausführung des SQL-Kommandos wird der im *Library Cache* gespeicherte SQL-Befehl wiederverwendet. Eine erneute Kompilierung ist nicht erforderlich. Allerdings wird beim Herunterfahren der Datenbank der *Library Cache* geleert. Dann müssen die Befehle nach dem nächsten Neustart wieder kompiliert werden. Man kann die Leerung des *Library Cache* auch mit einem SQL-Befehl explizit anfordern:

```
ALTER SYSTEM FLUSH SHARED_POOL;
```

Mit diesem Befehl wird der *Library Cache* geleert, ohne dass die Datenbank heruntergefahren wird. Dann müssen die SQL-Kommandos erneut kompiliert werden. Auch werden ältere SQL-Kommandos aus dem *Library Cache* verdrängt, wenn dessen Kapazität ausgeschöpft ist. Dann werden die älteren SQL-Kommandos durch neuere SQL-Kommandos ersetzt.

Mit Hilfe von Binde-Variablen wird die Wiederverwendbarkeit von bereits kompilierten SQL-Befehlen gesteigert. Denn mit den Binde-Variablen werden die Befehle parametrisiert. Das folgende Beispiel zeigt zunächst einen nicht parametrisierten SQL-Befehl:

```
SELECT  *
  FROM PAR_ADRESSE
 WHERE ORT = 'München';
```

Nachdem der Befehl ausgeführt wurde, können wir mit dem folgenden SQL-Kommando den Inhalt des *Library Cache* prüfen und uns zusätzliche Informationen zu dem Befehl anzeigen lassen. Dazu verwenden wir die *View* `V_$SQL`:

```
SELECT SQL_TEXT,
       SQL_ID,
       EXECUTIONS,
       PX_SERVERS_EXECUTIONS,
       FIRST_LOAD_TIME,
       DISK_READS,
       BUFFER_GETS,
       USER_IO_WAIT_TIME,
       ROWS_PROCESSED,
       CPU_TIME,
       ELAPSED_TIME,
       LAST_LOAD_TIME,
       PARSING_SCHEMA_NAME,
       BIND_DATA
  FROM SYS.V_$SQL
 WHERE SQL_ID = 'bbykfsbsz826z';
```

Jedes SQL-Kommando wird mit einer eindeutigen `SQL_ID` gekennzeichnet. Damit können wir den Befehl herausfiltern:

SQL_TEXT	SQL_ID	EXECUTIONS	PX_SERVERS_EXECUTIONS
SELECT * FROM PAR_ADRESSE WHERE ort = 'München'	bbykfsbsz826z	1	4

FIRST_LOAD_TIME	DISK_READS	BUFFER_GETS	USER_IO_WAIT_TIME	ROWS_PROCESSED
2015-08-26/07:13:34	100	301	231217	219

CPU_TIME	ELAPSED_TIME	LAST_LOAD_TIME	PARSING_SCHEMA_NAME	BIND_DATA
8603	242268	2015-08-26/07:13:34	FUTFLORCZYK2_PLF	

Abb. 7.8: Attribute der *View* `V_$SQL`.

Da man natürlich zunächst die `SQL_ID` nicht kennt, kann man diese `ID` auch mit Hilfe der Attribute `FIRST_LOAD_TIME` / `LAST_LOAD_TIME` und `PARSING_SCHEMA_NAME` ermitteln. Es folgt nun eine Liste, mit der die Attribute der Selektion erläutert werden:

Tab. 7.1: Beschreibung von Attributen der *View* `V_$SQL`.

Attribut	Beschreibung
SQL_TEXT	Der SQL-Befehl
SQL_ID	Eindeutige ID für den SQL-Befehl
EXECUTIONS	Anzahl der Ausführungen
PX_SERVERS_EXECUTIONS	Anzahl der parallelen Server während der Ausführung
FIRST_LOAD_TIME	Der Zeitpunkt, zu dem das Laden in den *Library Cache* erfolgte.
DISK_READS	Die Anzahl der Blöcke, die von der Platte geladen wurden.
BUFFER_GETS	Die Anzahl der Blöcke, die vom *Buffer Cache* geladen wurden.
USER_IO_WAIT_TIME	Benötigte IO-Zeit des Users in Mikrosekunden
ROWS_PROCESSED	Anzahl der selektierten Datensätze
CPU_TIME	Benötigte CPU-Zeit in Mikrosekunden
ELAPSED_TIME	Insgesamt benötigte Zeit in Mikrosekunden
LAST_LOAD_TIME	Zeitpunkt der letzten Ausführung
PARSING_SCHEMA_NAME	Das Schema, das die Kompilierung des Befehls ausgelöst hat.
BIND_DATA	Information zu Binde-Variablen

Der nun folgende SQL-Befehl ist nicht parametrisiert. Eine Binde-Variable wird nicht verwendet. Daher kann der Befehl aus dem *Library Cache* nicht wiederverwendet werden, wenn beispielsweise nach Adressen in Köln anstelle von München gesucht wird:

```
SELECT *
  FROM PAR_ADRESSE
 WHERE ORT = 'Köln';
```

Dieser Befehl wird also ebenfalls in den *Library Cache* geladen. Das hat den Nachteil, dass weiterer Speicher des *Library Cache* belegt wird. Zusätzlich wirkt sich das auch negativ auf die Laufzeit einer Anwendung aus. Denn jedes Mal, wenn ein neuer Befehl in den *Library Cache* geladen wird, muss dieser zunächst kompiliert werden. Dafür wird Zeit benötigt. Die Dauer der Kompilierung wiederum hängt von der Komplexität des Befehls ab. Je komplexer der Befehl ist, umso mehr Zeit wird für das Parsen des Befehls verbraucht. Durch Verwendung von Binde-Variablen können die erläuterten Nachteile beseitigt werden. Mit Hilfe von Binde-Variablen werden die SQL-Befehle parametrisiert:

```
SELECT  *
  FROM PAR_ADRESSE
 WHERE ORT = :B1;
```

Die Binde-Variable hat hier den Namen B1. Grundsätzlich kann der Name frei gewählt werden. Nach der Ausführung des Befehls wird nun wiederum das Kommando mit Hilfe der *View* V_$SQL analysiert. Diesmal erfolgt zusätzlich noch der JOIN mit den *Views* V_$SQL_BIND_CAPTURE und V_$SQL_MONITOR, welche im Falle der Nutzung von Binde-Variablen zusätzliche Informationen liefern:

```
SELECT S.SQL_TEXT,
       S.SQL_ID,
       B.NAME,
       B.POSITION,
       B.DATATYPE_STRING,
       B.WAS_CAPTURED,
       B.LAST_CAPTURED,
       B.VALUE_STRING,
       M.BINDS_XML
  FROM V_$SQL S, V_$SQL_BIND_CAPTURE B, V_$SQL_MONITOR M
 WHERE     B.SQL_ID = S.SQL_ID
       AND M.SQL_ID = S.SQL_ID
       AND S.BIND_DATA IS NOT NULL
       AND B.WAS_CAPTURED = 'YES'
       AND S.SQL_ID = '4qh1n76t21q43'
       AND BINDS_XML IS NOT NULL;
```

Das Attribut BINDS_XML liefert die *View* V_$SQL_MONITOR. In dem Attribut werden XML-Dateien gespeichert, welche die Ausprägungen der Binde-Variablen enthalten:

```
<BINDS>
       <BIND NAME=":B1" POS="1" DTY="1" DTYSTR="VARCHAR2(32)" MAXLEN="32"
  CSID="46" LEN="8">
           Hannover
        </BIND>
</BINDS>
```

Die Bedeutung der Tags wird nun in einer Liste erläutert:

Tab. 7.2: Beschreibung von aufgezeichneten Binde-Variablen.

Attribut	Beschreibung
BINDS	Liste mit allen Binde-Variablen des SQL-Befehls
BIND	Ausprägung einer Binde-Variablen
NAME	Name der Binde-Variablen
POS	Position der Binde-Variablen im SQL-Befehl
DTY	Interne ID für den Datentyp der Binde-Variablen
DTYSTR	Textuelle Beschreibung für den Datentyp der Binde-Variablen
MAXLEN	Maximale Länge der Binde-Variablen
CSID	ID für den nationalen Zeichensatz
LEN	Länge der Binde-Variablen

Die Binde-Variable hat hier die Ausprägung `Hannover`. Die Aufzeichnung der Binde-Variablen erfolgt beim Ausführen des SQL-Befehls. Informationen zu dieser Aufzeichnung liefert die *View* `V_$SQL_BIND_CAPTURE`. Das Resultat der SQL-Abfrage zur Binde-Variablen enthält Attribute dieser *View*:

SQL_TEXT	SQL_ID	NAME	POSITION
SELECT * FROM PAR_ADRESSE WHERE ort = :B1	4qh1n76t21q43	:B1	1

DATATYPE_STRING	WAS_CAPTURED	LAST_CAPTURED	VALUE_STRING	BINDS_XML
VARCHAR2(32)	YES	28.08.2015 06:51:18	Hannover	(HUGECLOB)

Abb. 7.9: Attribute der *View* `V_$SQL_BIND_CAPTURE`.

Einige dieser Attribute sind auch in der *View* `V_$SQL_MONITOR` enthalten und wurden bereits beschrieben. Daher müssen nur noch die beiden Attribute `WAS_CAPTURED` und `LAST_CAPTURED` erklärt werden:

- `WAS_CAPTURED`
  - Das Attribut zeigt an, wenn bei der Ausführung auch eine Aufzeichnung erfolgte.
- `LAST_CAPTURED`
  - Der Zeitpunkt, zu dem die Aufzeichnung der Binde-Variablen erfolgte.

Nicht bei jeder Ausführung des SQL-Befehls erfolgt eine Aufzeichnung für die *View* `V$SQL_BIND_CAPTURE`. Die letzte Aufzeichnung muss mindestens 15 Minuten alt sein. Für die *View* `V_$SQL_MONITOR` gilt diese Einschränkung jedoch nicht. Diese *View* enthält XML-Einträge mit den Ausprägungen der Binde-Variablen, unabhängig davon, in welchen Zeitabständen die SQL-Befehle ausgeführt wurden.

7.3 Ausführungsplan

Mit Hilfe der *View* V_$SQL_PLAN kann man sich zum SQL-Befehl den zugehörigen Ausführungsplan mit weiteren Informationen ausgeben lassen:

```
SELECT DISTINCT P.SQL_ID,
                OPERATION,
                OPTIONS,
                OBJECT_NODE,
                OBJECT#,
                OBJECT_OWNER,
                OBJECT_NAME,
                OBJECT_ALIAS,
                OBJECT_TYPE,
                OPTIMIZER,
                ID,
                PARENT_ID,
                DEPTH,
                POSITION,
                COST,
                CARDINALITY,
                BYTES,
                DISTRIBUTION,
                CPU_COST,
                IO_COST,
                TEMP_SPACE,
                FILTER_PREDICATES
    FROM V_$SQL S, V_$SQL_PLAN P
   WHERE P.SQL_ID = S.SQL_ID AND S.SQL_ID = '4qh1n76t21q43'
ORDER BY ID;
```

In Tabelle 7.3 werden die in der Selektion benutzten Attribute erläutert.

Beispiele für Einträge zu diesen Attributen sind in Abbildung 7.10 enthalten.

Abbildung 7.10 enthält als Beispiel zu diesen Attributen den Ausführungsplan zu der mit der Binde-Variablen parametrisierten SQL-Abfrage.

Der Ausführungsplan zeigt, dass ein *Full Table Scan* mit einem Filterprädikat im parallelen Modus ausgeführt wird. Die parallelen Operationen sind mit PX gekennzeichnet. Am Filterprädikat erkennt man, dass für den Filterwert eine Binde-Variable im SQL-Befehl enthalten ist. Die konkrete Ausprägung für das Filterkriterium ist also erst zur Laufzeit bekannt. Der Vorteil des parametrisierten SQL-Befehls besteht nun also darin, dass der geparste SQL-Befehl mit seinem zugeordneten Ausführungsplan beliebig oft wiederverwendet werden kann, obwohl sich das Filterkriterium bei jeder erneuten Ausführung ändern kann. Hätte man also keine Binde-Variable für das Fil-

Tab. 7.3: Attribute der *Views* V_$SQL_PLAN und V_$SQL.

Attribut	Beschreibung
SQL_ID	Eindeutige ID des SQL-Befehls
OPERATION	Der Name eines Ausführungsschritts
OPTIONS	Die Variante eines Ausführungsschritts
OBJECT_NODE	Bei paralleler Ausführung beschreibt die Spalte die Reihenfolge der Verarbeitung von Outputs der Slave-Sessionen.
OBJECT#	Objektnummer einer Tabelle oder eines Index
OBJECT_OWNER	Das DB-Schema, in dem das Objekt enthalten ist.
OBJECT_NAME	Der Name des Objekts
OBJECT_ALIAS	Alias des Objekts
OBJECT_TYPE	Der Typ des Objekts
OPTIMIZER	Modus des Optimierers
ID	Eindeutige ID des Ausführungsschritts
PARENT_ID	Die ID des nächsten Schritts, der den Output dieses Schritts verarbeitet.
DEPTH	Tiefe des Ausführungsschritts im Baum
POSITION	Verarbeitungsreihenfolge für alle Schritte mit derselben PARENT_ID
COST	Geschätzte Kosten des Ausführungsschritts
CARDINALITY	Geschätzte Anzahl der erzeugten Zeilen im Ausführungsschritt
BYTES	Geschätzte Anzahl von erzeugten Bytes im Ausführungsschritt
DISTRIBUTION	Die Methode, mit der die Resultate der Erzeuger-Server an die Konsumenten-Server bei der parallelen Verarbeitung übertragen werden.
CPU_COST	Geschätzte Kosten für die CPU-Verarbeitung
IO_COST	Geschätzte Kosten für die IO-Verarbeitung
TEMP_SPACE	Der geschätzte Speicherplatz, der für die Operation temporär gebraucht wird.
FILTER_PREDICATES	Prädikate zum Filtern von Datensätzen

SQL_ID	OPERATION	OPTIONS	OBJECT_NODE	OBJECT#	OBJECT_OWNER	OBJECT_NAME	OBJECT_ALIAS
4qh1n76t21q43	SELECT STATEMENT						
4qh1n76t21q43	PX COORDINATOR						
4qh1n76t21q43	PX SEND	QC (RANDOM)	:Q1000		SYS	:TQ10000	
4qh1n76t21q43	PX BLOCK	ITERATOR	:Q1000				
4qh1n76t21q43	TABLE ACCESS	FULL	:Q1000	4159635	FUTFLORCZYK2_PLF	PAR_ADRESSE	PAR_ADRESSE@SEL$1

SQL_ID	OPERATION	OBJECT_TYPE	OPTIMIZER	ID	PARENT_ID	DEPTH	POSITION	COST	CARDINALITY	BYTES
4qh1n76t21q43	SELECT STATEMENT		ALL_ROWS	0		0	10	10		
4qh1n76t21q43	PX COORDINATOR			1	0	1	1			
4qh1n76t21q43	PX SEND			2	1	2	1	10	7	945
4qh1n76t21q43	PX BLOCK			3	2	3	1	10	7	945
4qh1n76t21q43	TABLE ACCESS	TABLE		4	3	4	1	10	7	945

SQL_ID	OPERATION	DISTRIBUTION	CPU_COST	IO_COST	TEMP_SPACE	FILTER_PREDICATES
4qh1n76t21q43	SELECT STATEMENT					
4qh1n76t21q43	PX COORDINATOR					
4qh1n76t21q43	PX SEND	QC (RANDOM)	988478	9		
4qh1n76t21q43	PX BLOCK		988478	9		
4qh1n76t21q43	TABLE ACCESS		988478	9		"ORT"=:B1

Abb. 7.10: Attribute der *View* V_$SQL_PLAN.

terkriterium, müsste der SQL-Befehl bei jeder Ausführung neu geparst werden, wenn sich das Filterkriterium ändert. Dann müsste auch jedes Mal ein neuer Ausführungsplan erzeugt werden, da auch dieser sich ändern kann, wenn sich das Filterkriterium ändert. Wenn man stattdessen Binde-Variablen verwendet, erfolgt mit einer Änderung des Filterkriteriums keine neue Zuordnung eines anderen Ausführungsplans, weil derjenige Ausführungsplan verwendet wird, der beim Parsen des SQL-Befehls zugeordnet wurde. Das zum Zeitpunkt des Parsens gültige Filterkriterium bestimmt den Ausführungsplan. Es wird also Laufzeit eingespart, wenn sich das Filterkriterium ändert, weil kein erneutes Parsen erfolgt und somit auch kein neuer Ausführungsplan zugeordnet wird. Je komplexer der SQL-Befehl ist, umso mehr Laufzeit für das Kompilieren wird gespart.

Dieses Vorgehen kann aber aufgrund einer gewissen Inflexibilität Nachteile haben, wenn die Ausprägungen des Filterkriteriums eine schiefe Verteilung aufweisen. Es gibt dann deutliche Abweichungen bei der Menge der Einträge in der Datenbank für die jeweiligen Ausprägungen des Filterkriteriums. Wenn es also beispielsweise das Filterkriterium `FARBE` gibt, liegt eine schiefe Verteilung vor, wenn die Farbe `ROT` einen Anteil von 90 % hat und die Farbe `OLIV` nur einen Anteil von 1 %. Erfolgt nämlich das Kompilieren mit dem Filterkriterium `ROT`, wird ein Ausführungsplan mit einem *Full Table Scan* im *Library Cache* gespeichert. Wenn dann bei einer erneuten Ausführung das Filterkriterium `OLIV` gewählt wird, erfolgt wieder ein *Full Table Scan*. Denn es findet ja kein erneutes Parsen statt und der gespeicherte Ausführungsplan wird wiederverwendet. Der Ausführungsplan ist jedoch wegen der geringen Treffermenge ineffizient. Es müsste stattdessen ein Index-Scan erfolgen. Ein geeigneter Index muss dann natürlich auch vorhanden sein.

Hier muss man jedoch auch beachten, dass eine höhere Flexibilität keine Laufzeitvorteile garantieren kann. Diese Flexibilität erhält man durch Verzicht auf Binde-Variablen. Dann erfolgt aber jedes Mal ein neues Parsen, wenn der SQL-Befehl mit dem zur Laufzeit ausgewählten Filterkriterium noch nicht im *Library Cache* hinterlegt ist. Dann kann man häufig durch das Parsen viel Laufzeit verlieren. Oft ist dann die Laufzeit der Anwendung doch schlechter im Vergleich zu einer Anwendung, die Binde-Variablen verwendet. Denn der Laufzeitgewinn durch die Verfügbarkeit effizienter Ausführungspläne ist zu gering, um den Laufzeitnachteil durch den erhöhten Aufwand für Parsen auszugleichen. Für diese Art von Problemstellung bietet das Oracle-Feature *Adaptive Cursor Sharing* eine Lösung an. Grundsätzlich kann diese Problemstellung jedoch nur gelöst werden, wenn die Schiefe der Verteilung bekannt ist. Dafür werden Histogramme verwendet. Hier muss man jedoch beachten, dass durch die Verwendung dieses statistischen Instruments der Zeitaufwand für Parsen noch weiter ansteigt. Wenn nämlich keine Histogramme zum Einsatz kommen, wird eine Gleichverteilung der Ausprägungen zugrunde gelegt, die natürlich von der realen Verteilung deutlich abweichen wird. Wen man dann Histogramme ergänzt, sind darin die Informationen über die Verteilung der Ausprägungen enthalten. Dann müssen aber beim Parsen auch noch die Histogramme zusätzlich ausgewertet werden, so dass weitere Laufzeit verbraucht wird und sich oft auch wieder ein insgesamt besseres Laufzeitverhalten durch die Verwendung von Binde-Variablen ergeben kann.

7.3.1 Histogramm

Wenn man feststellt, dass die Anzahl der vorkommenden Ausprägungen eines Attributs deutliche Abweichungen aufweist, liegt eine schiefe Verteilung der Ausprägungen vor. Sofern die Information über die schiefe Verteilung für das Attribut nicht in den Statistiken enthalten ist, wird eine Gleichverteilung der Ausprägungen bei der Ermittlung des Ausführungsplans zugrunde gelegt. Wenn also beispielsweise das Attribut `FARBE` zehn verschiedene Ausprägungen enthält, wird bei einer Gleichverteilung angenommen, dass jede Farbausprägung einen Anteil von 10 % an den insgesamt vorkommenden Farbausprägungen hat. Wenn tatsächlich aber keine Gleichverteilung vorliegt, sondern beispielsweise die Farbausprägung `ROT` einen Anteil von 90 % und die Farbe `GELB` aber nur einen Anteil von 1 % hat, liegt eine schiefe Verteilung vor. Wenn dann bei der Ermittlung des Ausführungsplans die Information über die schiefe Verteilung nicht bekannt ist, kann der Ausführungsplan suboptimal sein, weil eine Gleichverteilung angenommen werden muss. Aufgrund der angenommen Gleichverteilung von 10 % wird wegen des geringen Anteils ein Indexzugriff erfolgen, wenn mit einem SQL-Befehl nach einer Farbausprägung gesucht wird. Wird aber nach der Farbe `ROT` gesucht, wäre ein *Full Table Scan* optimal, weil eine große Treffermenge erwartet wird. Daher besteht die Möglichkeit, die Information über die schiefe Verteilung mit Hilfe von Histogrammen zu ergänzen. Man muss dabei jedoch beachten, dass bei der Verwendung von Binde-Variablen die Histogramme nicht ausgewertet werden, weil der Ausführungsplan nicht bei jeder Änderung des Filterkriteriums neu berechnet wird. Vielmehr wird der beim Parsen ermittelte Ausführungsplan wiederverwendet. Daher wird auf Histogramme grundsätzlich nur zugegriffen, wenn keine Binde-Variablen verwendet werden. Dies gilt jedoch nicht beim *Adaptive Cursor Sharing*, das noch erläutert wird. Man muss auch beachten, dass die Auswertung von Histogrammen beim Parsen zusätzliche Laufzeit beansprucht. Daher muss man die Verwendung von Histogrammen vorher sorgfältig testen. Erst wenn die Tests abgeschlossen sind, kann man die Entscheidung fällen, ob der Einsatz von Histogrammen insgesamt ein besseres Laufzeitverhalten gewährleisten kann. Wenn dies der Fall ist, kann man das Histogramm für das gewünschte Attribut berechnen und somit die Statistiken mit der Information über die schiefe Verteilung der Attribute anreichern:

```
EXEC DBMS_STATS.GATHER_TABLE_STATS(OWNNAME => 'FUTFLORCZYK3_PLF', TABNAME
=> 'PAR_PARTNER_TRX', ESTIMATE_PERCENT => 25, METHOD_OPT =>
'FOR COLUMNS SIZE SKEWONLY NUMMER');
```

Mit diesem Beispiel wird ein Histogramm berechnet. Die eingetragenen Parameter werden nun erläutert:

Tab. 7.4: Parameter für die Berechnung eines Histogramms.

Parameter	Beschreibung		
OWNNAME	Datenbank-Schema		
TABNAME	Tabelle		
ESTIMATE_PERCENT	Prozentueller Anteil einer zufällig ausgewählten Stichprobe		
METHOD_OPT	Für ausgewählte Attribute wird die Syntax „FOR COLUMNS [size clause] column" verwendet.		
	Size Clause	SIZE {INTEGER | REPEAT | AUTO | SKEWONLY}	
		INTEGER	Anzahl der *Histogram Buckets* im Intervall [1;254]
		REPEAT	Das Histogramm wird nur berechnet, wenn dem Attribut schon ein Histogramm zugeordnet ist.
		AUTO	Oracle entscheidet anhand der Verteilung der Ausprägungen und der Datenmenge des Attributs, ob ein Histogramm gerechnet wird.
		SKEWONLY	Oracle entscheidet anhand der Verteilung der Ausprägungen, ob ein Histogramm gerechnet wird.

Wenn man die Anzahl der *Buckets* mit INTEGER festlegt, kann man bei dem Beispiel mit den zehn Farbausprägungen des Attributs FARBE die *Bucket Size* zehn festlegen. Dann gibt es für jede Farbausprägung ein *Bucket*. Wählt man dagegen nur fünf *Buckets*, müssen jedem *Bucket* zwei Farben zugeordnet werden. Gibt es dann beispielsweise ein *Bucket*, das den Bereich von 20 % bis 40 % repräsentiert, werden alle Farben diesem *Bucket* zugeordnet, wenn deren prozentualer Anteil in diesem Wertebereich liegt. Hat also die Farbe BLAU einen Anteil von 25 %, dann wird sie diesem *Bucket* zugeordnet.

7.3.2 Adaptive Cursor Sharing

Adaptive Cursor Sharing wurde für SQL-Befehle entwickelt, in denen Binde-Variablen enthalten sind. Diese SQL-Befehle weisen die Besonderheit auf, dass der geparste SQL-Befehl im *Library Cache* [105] hinterlegt wird und auch dann wiederverwendet werden kann, wenn sich die Ausprägung der Binde-Variablen bei einer erneuten Ausführung ändert, ohne dass ein neues Parsen erforderlich wäre. Beim Parsen wird auch der Ausführungsplan erzeugt und ebenfalls für die wiederholbare Ausführung im Cache gespeichert. Mit Binde-Variablen spart man also Laufzeit für das Parsen ein. Zusätzlich wird auch Speicherplatz für den *Library Cache* gespart, weil man nicht bei jeder Änderung der Ausprägung den SQL-Befehl neu im Cache abspeichern muss. Die Nutzung von Binde-Variablen ist dann besonders wertvoll, wenn ein größerer prozentualer Anteil an der Gesamtlaufzeit des SQL-Befehls auf das Parsen entfällt. Andererseits wird durch Binde-Variablen aber die Flexibilität eingeschränkt. Wenn sich die Ausprägung der Binde-Variablen ändert, wird kein neuer Ausführungsplan erstellt, sondern derjenige Ausführungsplan wiederverwendet, der beim Parsen des SQL-Befehls erzeugt wurde. Sofern die Ausprägungen eine Gleichverteilung aufweisen, ergibt sich keinerlei Nachteil. In diesem Fall wird sich der Ausführungsplan auch dann nicht ändern, wenn der SQL-Befehl keine Binde-Variable enthält. Denn wenn das Filterkriterium eine Gleichverteilung hat, ändert sich die Treffermenge nicht, wenn sich die Ausprägung des Filterkriteriums ändert. Bei einer schiefen Verteilung gilt das nicht. Wenn beispielsweise das Attribut FARBE 100.000 Einträge hat und neunzig Prozent der Einträge entfallen auf die Farbe ROT und ein Prozent entfällt auf die Farbe SILBER, dann schwankt die Treffermenge in Abhängigkeit von der zur Laufzeit gewählten Ausprägung stark. Wenn die Farbe SILBER gewählt wird, erhält man nämlich nur 1.000 Treffer. Dann enthält der optimale Ausführungsplan wegen der geringen Treffermenge einen Indexzugriff. Wenn aber die Farbe ROT gewählt wird, sollte ein *Full Table Scan* erfolgen, weil man 90.000 Treffer erhält. Man braucht aber zwei verschiedene Ausführungspläne. Bei Binde-Variablen wird der Ausführungsplan jedoch wiederverwendet. Wenn dann der gespeicherte Ausführungsplan einen *Full Table Scan* enthält, erfolgt eine suboptimale Ausführung, wenn die Farbe SILBER gewählt wird. Bei einer optimalen Ausführung müsste ja ein Indexzugriff anstelle eines *Full Table Scan* erfolgen. Voraussetzung für eine optimale Ausführung ist ein verfügbares Histogramm für das Filterkriterium FARBE. Oracle kann die schiefe Verteilung nur dann erkennen, wenn es ein Histogramm gibt. Denn das Histogramm enthält die Information über die Schiefe der Verteilung. Wenn dieses Histogramm existiert, kann Oracle mit einer Anpassung des Ausführungsplans reagieren, wenn Binde-Variablen existieren und eine schiefe Verteilung für das Filterkriterium festgestellt wird. Oracle kann dann den Ausführungsplan mit Hilfe von *Adaptive Cursor Sharing* anpassen. Hierbei handelt es sich um ein mehrstufiges Verfahren. Denn die Anpassung des Ausführungsplans erfolgt nicht sofort. Oracle beobachtet das Laufzeitverhalten des parametrisierten SQL-Befehls über einen längeren Zeitraum und speichert die dabei erhobenen Daten im *Library Cache* ab. Diese gespeicherten Daten verwendet Oracle dann, um die Entscheidung über die Anpassung des Ausführungsplans zu treffen. Im *Library Cache* gibt es dafür die beiden Attribute BIND_AWARE und BIND_SENSITIVE. Beim Start der Datenbank sind diese beiden Werte nicht gesetzt. Das erfolgt erst zur Laufzeit durch die Beobachtung. Wird die Datenbank dann gestoppt, wird auch der *Library Cache* geleert, und somit gehen auch die bis zu diesem Zeitpunkt gesammelten Daten für die Attribute BIND_AWARE und BIND_SENSITIVE wieder verloren. Diese Daten müssen nach dem nächsten Datenbankstart erneut erhoben werden.

Wenn BIND_SENSITIVE für einen parametrisierten SQL-Befehl den Eintrag Y hat, zeigt das an, dass bei der Beobachtung erkannt wurde, dass eine schiefe Verteilung zugrunde liegt. Das hat aber noch keine Aktion zur Folge. Bei der Ausführung des Befehls findet noch keine Anpassung des Ausführungsplans in Abhängigkeit vom gewählten Filterkriterium statt. Dies erfolgt erst dann, wenn bei dem Attribut BIND_AWARE der Eintrag Y vorhanden ist. Dieses Vorgehen wird im Folgenden mit einem Beispiel erläutert.

Als Filterkriterium wird das Attribut LAND der Tabelle PAR_ADRESSE verwendet. Die schiefe Verteilung des Attributs ist darauf zurückzuführen, dass die meisten Adressen der Tabelle in Deutschland sind. Nur ein geringer Anteil der Adressen ist im Ausland.

Einen ersten Überblick liefert eine SQL-Abfrage:

```
SELECT A.LAND_CD, R.CODE, COUNT (*)
    FROM PAR_ADRESSE A, REF_CODE  R
   WHERE R.ID = A.LAND_CD
GROUP BY A.LAND_CD, R.CODE
ORDER BY COUNT (*) DESC;
```

Die Landeskennzeichen sind verschlüsselt in der Adressen-Tabelle eingetragen. Für die Entschlüsselung muss noch zusätzlich die Tabelle REF_CODE verknüpft werden:

LAND_CD	CODE	COUNT(*)
1827	LKZ_DE	270811
3315	LKZ_AT	8060
3363	LKZ_CH	5186
3144	LKZ_GB	2210
3449	LKZ_US	2156

Abb. 7.11: Verteilung der Ausprägungen für ein Attribut.

Die Abbildung zeigt nur die ersten fünf Länder mit den meisten Einträgen. Deutschland hat mit dem Kennzeichen LKZ_DE 270.811 Adressen. Österreich ist das Land, welches nach Deutschland die meisten Adresseinträge hat. Das sind aber nur noch 8.060 Einträge. Es liegt hier also eine sehr schiefe Verteilung vor. Als Nächstes wird die gesamte Anzahl der Adressen ermittelt:

```
SELECT COUNT (*) FROM PAR_ADRESSE;
```

Das Resultat dieser Abfrage zeigt die nächste Abbildung:

COUNT(*)
298666

Abb. 7.12: Gesamte Anzahl der Datensätze in einer Tabelle.

Eine weitere wichtige statistische Kennzahl ist die Anzahl der vorkommenden Landeskennzeichen:

```
SELECT COUNT (DISTINCT LAND_CD) FROM PAR_ADRESSE;
```

Nach der Ausführung werden 98 unterschiedliche Landeskennzeichen geliefert:

COUNT(DISTINCTLAND_CD)
98

Abb. 7.13: Anzahl der unterschiedlichen Ausprägungen eines Attributs.

Mit diesen beiden statistischen Kennzahlen kann man die zu erwartende Treffermenge berechnen, wenn dem Attribut eine Gleichverteilung zugrunde liegen würde:

$$\frac{298.666}{98} \approx 3.048\,. \tag{7.3}$$

Wenn mit parametrisierten SQL-Befehlen gearbeitet wird, werden Histogramme grundsätzlich nicht beachtet, sondern es wird eine Gleichverteilung angenommen, auch wenn das tatsächlich nicht zutrifft:

```
SELECT  *
  FROM PAR_ADRESSE
 WHERE LAND_CD = :B1;
```

Lässt man sich für diesen SQL-Befehl den Ausführungsplan anzeigen, erkennt man, dass bei der Ermittlung eine Gleichverteilung des Filterkriteriums zugrunde gelegt wird:

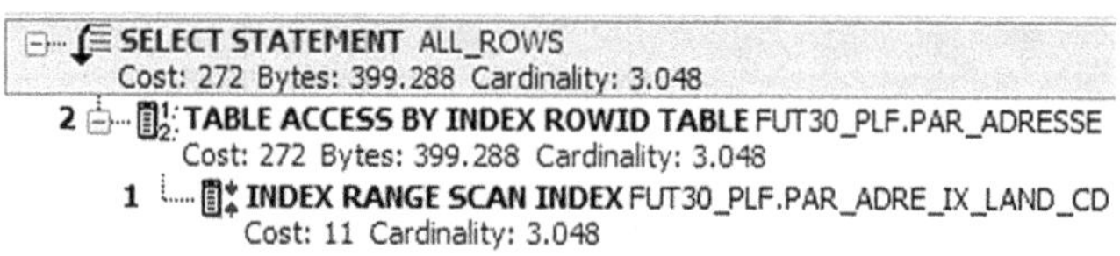

Abb. 7.14: Ausführungsplan für einen parametrisierten SQL-Befehl.

Die im Ausführungsplan eingetragene *Cardinality* von 3.048 bestätigt die der Ermittlung zugrunde liegende Gleichverteilung. Da nur der Ausführungsplan berechnet wird, ist dieses Vorgehen auch sinnvoll. Denn ohne konkretes Wissen über die Belegung der Binde-Variablen kann keine andere Annahme einen besseren Ausführungsplan liefern.

Um die schiefe Verteilung in die Statistiken zu integrieren, muss das Histogramm für die Spalte LAND_CD berechnet werden:

```
EXEC DBMS_STATS.GATHER_TABLE_STATS(OWNNAME => 'FUT30_PLF', TABNAME
=> 'PAR_ADRESSE', ESTIMATE_PERCENT => 100, METHOD_OPT =>
'FOR COLUMNS SIZE 254 LAND_CD');
```

Das Attribut ist in der Tabelle PAR_ADRESSE enthalten, die zu dem Datenbank-Schema FUT30_PLF gehört. Die Stichprobe enthält 100 % der Einträge. Es werden 254 berechnet. Mit dieser Konfiguration wird also ein Histogramm mit der maximal möglichen Präzision berechnet. Der Erfolg der Berechnung des Histogramms kann mit einem SQL-Befehl geprüft werden:

```
SELECT COLUMN_NAME,  HISTOGRAM
  FROM USER_TAB_COLS
  WHERE TABLE_NAME = 'PAR_ADRESSE' AND COLUMN_NAME = 'LAND_CD';
```

Das Resultat der Abfrage ergibt ein berechnetes Histogramm mit einer Häufigkeitsverteilung für das Attribut LAND_CD:

COLUMN_NAME	HISTOGRAM
LAND_CD	FREQUENCY

Abb. 7.15: Anzeige des Histogramm-Typs für ein Attribut.

Jetzt existiert also ein Histogramm. Nun wird eine parametrisierte SQL-Abfrage ausgeführt, bei der LAND_CD als Filterkriterium gewählt wird. Bei der Ausführung wird die Binde-Variable mit dem Wert 1.827 belegt. Das ist der Schlüssel für LKZ_DE. Um den zu erwartenden Ausführungsplan vorherzusagen, wird noch die Häufigkeitsverteilung der Landeskennzeichen mit einer SQL-Abfrage ermittelt:

```
SELECT A.LAND_CD,
         R.CODE,
         ROUND (COUNT (*) / 298666 * 100, 2)  FREQUENCY_PERCENT
    FROM PAR_ADRESSE A, REF_CODE  R
   WHERE R.ID = A.LAND_CD
GROUP BY A.LAND_CD, R.CODE
ORDER BY COUNT (*) DESC;
```

Als Ergebnis erhält man die Häufigkeit in Prozent für jedes Landeskennzeichen:

LAND_CD	CODE	FREQUENCY_PERCENT
1827	LKZ_DE	90,67
3315	LKZ_AT	2,7
3363	LKZ_CH	1,74
3144	LKZ_GB	0,74
3449	LKZ_US	0,72

Abb. 7.16: Prozentuale Häufigkeit der Ausprägungen eines Attributs.

Die Abbildung zeigt die ersten fünf Treffer. Das Landeskennzeichen LKZ_DE hat einen Anteil von 90,67 %. Diese Information ist auch durch das berechnete Histogramm vorhanden. Bei der Berücksichtigung des Histogramms wird also ein *Full Table Scan* erwartet. Um herauszufinden, welcher Ausführungsplan zur Laufzeit angewendet wird, erfolgt die Ausführung der parametrisierten Abfrage. Die Binde-Variable erhält den Wert 1.827. Anschließend wird mit Hilfe einer SQL-Abfrage der *Library Cache* nach den Ausführungskonditionen abgefragt:

```
SELECT S.SQL_TEXT,
       OPERATION,
       OPTIONS,
       OBJECT_NAME,
```

```
        OBJECT_TYPE,
        OPTIMIZER,
        COST,
        CARDINALITY,
        BYTES,
        S.IS_BIND_SENSITIVE,
        S.IS_BIND_AWARE
  FROM V_$SQL S, V_$SQL_PLAN P
 WHERE P.SQL_ID = S.SQL_ID AND S.SQL_ID = 'c9wkrv5k4pvkz';
```

Das Resultat dieser Abfrage liefert einen Index-Scan:

SQL_TEXT	OPERATION	OPTIONS	OBJECT_NAME
SELECT * FROM par_adresse WHERE land_cd = :B1	SELECT STATEMENT		
SELECT * FROM par_adresse WHERE land_cd = :B1	TABLE ACCESS	BY INDEX ROWID	PAR_ADRESSE
SELECT * FROM par_adresse WHERE land_cd = :B1	INDEX	RANGE SCAN	PAR_ADRE_IX_LAND_CD

OBJECT_TYPE	OPTIMIZER	COST	CARDINALITY	BYTES	IS_BIND_SENSITIVE	IS_BIND_AWARE
	ALL_ROWS	272			N	N
TABLE		272	3048	399288	N	N
INDEX		11	3048		N	N

Abb. 7.17: Ausführungsplan ohne Beachtung eines verfügbaren Histogramms.

Weil die SQL-Abfrage parametrisiert war, wurde das Histogramm nicht beachtet. Stattdessen wurde bei der Ermittlung des Ausführungsplans eine Gleichverteilung angenommen. Bei der Ausführung wurden auch die beiden Attribute IS_BIND_SENSITIVE und IS_BIND_AWARE mit N initialisiert.

Man erhält jedoch einen anderen Ausführungsplan, wenn man den SQL-Befehl mit einer Konstante für das Landeskennzeichen LKZ_DE ausführt:

```
SELECT  *
  FROM PAR_ADRESSE
 WHERE LAND_CD = 1827;
```

Der Planoptimierer erkennt dann die schiefe Verteilung, weil er bei der Verwendung von Konstanten auf das Histogramm zugreift:

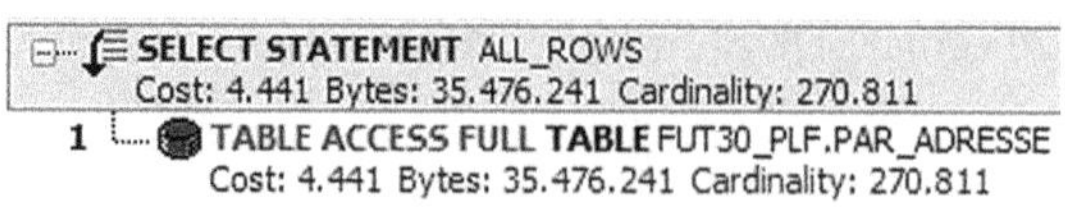

Abb. 7.18: Ausführungsplan mit Konstante und Beachtung eines verfügbaren Histogramms.

Nun wird ein *Full Table Scan* ausgeführt, weil durch den Zugriff auf das Histogramm die Treffermenge realistisch eingeschätzt werden kann. Der Planoptimierer kalkuliert daher mit 270.811 Datensätzen und hat sich deshalb für den *Full Table Scan* entschieden.

Man erhält nun einen anderen Ausführungsplan, wenn man eine Konstante mit dem Wert 3.449 für LKZ_US wählt:

```
SELECT  *
  FROM PAR_ADRESSE
 WHERE LAND_CD = 3449;
```

Auf dieses Landeskennzeichen entfällt nur noch ein Anteil von 0,72 %. In diesem Fall entscheidet sich der Planoptimierer aufgrund der Information aus dem Histogramm für einen Index-Scan:

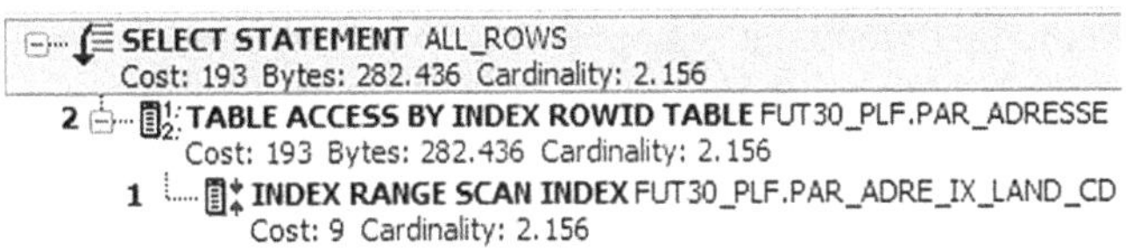

Abb. 7.19: Ausführungsplan mit geänderter Konstante.

Mit Hilfe des Histogramms kann der Planoptimierer auch hier die Treffermenge realistisch einschätzen. Aufgrund des niedrigen prozentualen Anteils werden nur noch 2.156 Treffer erwartet.

Wenn man nun anstelle von Konstanten die parametrisierte Fassung des SQL-Befehls verwendet, werden die Werte zur Laufzeit gesetzt. Mit einem SQL-Skript lässt sich das realisieren:

```
VARIABLE B1 NUMBER;
EXEC :B1 := 1827;

SELECT  *
  FROM PAR_ADRESSE
 WHERE LAND_CD = :B1;

EXEC :B1 := 3449;

SELECT  *
  FROM PAR_ADRESSE
 WHERE LAND_CD = :B1;
```

Das Skript lässt sich noch beliebig erweitern. Beim Start des Skripts wird erwartungsgemäß das Histogramm ignoriert und eine Gleichverteilung angenommen. Im Verlauf der Skriptverarbeitung erkennt der Planoptimierer jedoch, dass die Annahme der Gleichverteilung suboptimal ist. Dann setzt er das Kennzeichen IS_BIND_SENSITIVE = Y. Das Kennzeichen besagt also, dass die Auswertung des Histogramms einen besseren Ausführungsplan liefern kann, wenn die zugehörige parametrisierte SQL-Abfrage ausgeführt wird. Das Kennzeichen hat jedoch keine direkte Aktion zur Folge. Denn bei der Ausführung wird weiterhin der bereits hinterlegte Ausführungsplan wiederverwendet. Jedoch bewirkt das Kennzeichen nun eine intensive Prüfung aller folgenden Ausführungen. Wenn diese intensive Prüfung nun die Aussage des Kennzeichens IS_BIND_SENSITIVE = Y bestätigt, wird zusätzlich noch das Kennzeichen IS_BIND_AWARE = Y gesetzt. Wenn dieses Kennzeichen gesetzt ist, wird bei der Ausführung der parametrisierten Abfrage auch auf das Histogramm zugegriffen. Wenn damit ein Ausführungsplan entwickelt werden kann, der besser ist als derjenige Ausführungsplan, der im *Library Cache* gespeichert ist, wird bei der Ausführung auch der bessere Ausführungsplan verwendet. Die beiden Attribute werden jedoch nicht permanent gespeichert. Wenn die Datenbank gestoppt wird und dann anschließend neu gestartet wird, werden die beiden Attribute auf den Wert N (Nein) zurückgesetzt. Dies hat zur Folge, dass das verfügbare Histogramm bei der Ausführung nicht mehr ausgewertet wird. Es wird also wieder eine Gleichverteilung bei der Entwicklung des Ausführungsplans zugrunde gelegt. Der Beobachtungsprozess muss wieder vollständig durchlaufen werden. Erst wenn dieser erneut absolviert wurde, können die beiden Attribute wieder mit Y belegt sein, so dass das Histogramm wieder genutzt wird.

Wenn man sicherstellen möchte, dass das Histogramm grundsätzlich bei der Ausführung der parametrisierten Abfrage ausgewertet wird, kann man sich auf den Automatismus der Oracle-Datenbank nicht verlassen. Denn Datenbanken werden nach einem gewissen Zeitraum neu gestartet. Daher wird es immer wieder Phasen geben, in denen das Histogramm nicht ausgewertet wird. Wenn das nicht akzeptabel ist, kann man mit Hilfe eines *Hint* sicherstellen, dass das Histogramm bei der Ausführung einer parametrisierten SQL-Abfrage genutzt wird:

```
SET AUTOTRACE ON

VARIABLE B1 NUMBER;
EXEC :B1 := 1827;

SELECT /*+ BIND_AWARE */
*
FROM PAR_ADRESSE
WHERE LAND_CD = :B1;
```

Das Skript nutzt AUTOTRACE um festzustellen, welcher Ausführungsplan zur Laufzeit genutzt wird. Die Binde-Variable wird mit dem Wert 1.827 initialisiert. Das ist der Schlüssel für LKZ_DE. Dieser Schlüssel ist bei sehr vielen Adressen eingetragen. Daher wird nun erwartet, dass zur Laufzeit ein *Full Table Scan* erfolgt.

Es ist jedoch auch denkbar, dass *Adaptive Cursor Sharing* bei parametrisierten SQL-Abfragen gar nicht gewünscht ist. Hierfür kann es Gründe geben:

- *Adaptive Cursor Sharing* ist nicht deterministisch. Somit ändert sich das Laufzeitverhalten in Abhängigkeit von der Belegung der Attribute `IS_BIND_AWARE` und `IS_BIND_SENSITIVE`.
- Die Auswertung der Histogramme verbraucht ebenfalls Laufzeit. Dieser Zeitverbrauch kann größer sein als die Laufzeit, die eingespart wird, wenn ein besserer Ausführungsplan gefunden wird.

Diese Argumente können dazu führen, dass man sich für die Nutzung des *Hint* `NO_BIND_AWARE` entscheidet. *Adaptive Cursor Sharing* wird dann nicht auf SQL-Befehle angewendet, die diesen *Hint* enthalten.

7.4 Smart-Flash-Cache

Die Oracle-Datenbank-Smart-Flash-Cache-Facility ist seit der Version 11g Release 2 verfügbar und wird nur von den beiden Betriebssystemen „Oracle-Linux®" und „Oracle-Solaris" unterstützt. Die Hardwarekomponente *Sun Flash Accelerator* ist für die Nutzung durch den Smart-Flash-Cache [106–109] optimiert. Der *Flash Accelerator* ist mit einer *PCIE Card* (*Peripheral Component Interconnect Express Card*) ausgestattet. Mit dem Smart-Flash-Cache wird die Zugriffszeit für den Oracle-Datenblock deutlich reduziert. Für das Lesen eines Datenblocks von der Festplatte kann man im Durchschnitt mit 5 ms in einem RAID-System kalkulieren. Wird der Block dagegen aus dem Smart-Flash-Cache gelesen, so reduziert sich dieser Lesevorgang im Durchschnitt auf mindestens 300 µs (*Microsecond*). Diese schnelle Zugriffszeit wird durch eine SSD ermöglicht, die mit der *PCIE Card* im *Flash Accelerator* verbunden ist. Durch die Nutzung der SSD wird eine erhebliche Reduzierung der Zugriffszeit auf den Block erreicht. In RAID-Systemen wird die Festplatte zum *Bottleneck*, weil schon die Positionierung des Lese-/Schreibkopfs mindestens 3,5 ms benötigt. Weitere Zeit geht dann für die Datenübertragung verloren. Daher wird man den Block erst nach 5 ms verfügbar haben. Die Zugriffszeit für einen Block auf einer SSD beträgt dagegen im günstigsten Fall nur 100 µs. Somit beseitigt die SSD den *Bottleneck*, der durch die relativ lange Positionierungszeit des Lese-/Schreibkopfs auf der Festplatte verursacht wird. Wenn die SSD in einem SAN enthalten ist, dann müssen die Daten noch im LAN von dem SAN zur Datenbank übertragen werden. Hierfür muss man noch mindestens 1 ms in einem typischen RAID-System einplanen. Die Datenübertragung bildet also einen weiteren *Bottleneck*, den man als Nächstes beseitigen muss, wenn man das System mit SSDs beschleunigen will. Dies wird durch den Smart-Flash-Cache erreicht. Der Smart-Flash-Cache greift nicht auf SSDs im SAN zu. Stattdessen erfolgt die Datenübertragung mit dem *PCIE Interface*. Das *PCIE Interface* des *Sun Flash Accelerator* F80 erreicht eine Übertragungsgeschwindigkeit von maximal 2,1 GB/s. Die SSD hat eine Kapazität von

800 GB. Ein weiterer Vorteil des Smart-Flash-Cache besteht darin, dass es zu keiner zusätzlichen Belastung der CPU kommt, so dass durch die Nutzung dieser Technologie kein neuer *Bottleneck* entstehen kann. Der *Flash Accelerator* kann sowohl von einer als auch mehreren Datenbank-Instanzen verwendet werden. Für eine Datenbank-Instanz benötigt man ein Dateisystem. Wenn mehrere Datenbank-Instanzen im Einsatz sind, muss jeder Instanz ein eigener Smart-Flash-Cache zur Verfügung stehen. Dazu muss für jeden Smart-Flash-Cache eine eigene Partition auf dem *Flash Accelerator* angelegt werden. Es können auch mehrere *Flash Accelerator Cards* miteinander verbunden werden. Das kann mit Hilfe einer *ASM Diskgroup* erfolgen. Für die Installation und Konfiguration von *ASM Diskgroup* benötigt man *Oracle Grid* 11g Release 2. Das Anlegen der Diskgroups und die zugeordneten ASM-Platten erfolgt mit einem ASM-Tool. Der Smart-Flash-Cache ist ein Auslagerungsspeicher für die SGA. In der SGA werden die *Hot Data* gespeichert. Hier ist die Zugriffszeit am schnellsten, da ein Blockzugriff in 20 Nanosekunden erfolgen kann. Nicht mehr benötigte Daten werden aus der SGA in den Smart-Flash-Cache ausgelagert. Dort stehen sie als *Warm Data* zur Verfügung. Bei Bedarf können sie mit geringen Zugriffszeiten in die SGA zurückgeschrieben werden. Auch in diesem Fall verbleiben diese Daten im Smart-Flash-Cache. Wenn also die Daten vom Smart-Flash-Cache in die SGA geladen werden, dann erfolgt keine Löschung dieser Daten aus dem Smart-Flash-Cache. Das schnelle Laden der *Warm Data* wird durch den *Flash Accelerator* ermöglicht. Dort werden die *Warm Data* auf einer SSD gespeichert. Für den schnellen Transport der Daten vom Smart-Flash-Cache in die SGA nutzt der *Flash Accelerator* eine *PCIE Card*. Sofern nicht der *Flash Accelerator* genutzt wird, kann man anstelle der *PCIE Card* auch *Flash Arrays* nutzen. Wenn die Daten im Smart-Flash-Cache nicht mehr benötigt werden, werden sie aus diesem entfernt, indem sie mit Daten überschrieben werden, die von den Festplatten des SAN kommen. Die überschriebenen Daten existieren dann nur noch auf den Festplatten im SAN. Von den Festplatten werden also nur noch *Cold Data* abgerufen. Das Laden der *Cold Data* dauert daher am längsten, weil relativ viel Zeit für die Positionierung des Lese-/Schreibkopfs benötigt wird. Auch die Übertragung der Daten vom SAN zum Datenbankserver dauert recht lange. Die Nutzung des Smart-Flash-Cache ist daher sinnvoll, wenn viele Benutzer dieselben Daten mit Transaktionen bearbeiten, die nur eine kurze Laufzeit benötigen. Der Smart-Flash-Cache kann auch bei Systemen mit *IO Bottlenecks* dazu beitragen, die Laufzeiten der SQL-Befehle zu reduzieren. Schließlich kann sich auch dann eine Nutzungsmöglichkeit ergeben, wenn der Hauptspeicher stark beansprucht wird, so dass deshalb eine ausreichend dimensionierte SGA nicht zur Verfügung stehen kann. Die Größe des Smart-Flash-Cache sollte das Vier- bis Zehnfache der SGA betragen.

Bei dem Smart-Flash-Cache handelt es sich um eine Cache-Speicherung, da dieser ein Auslagerungsspeicher für die SGA ist. Dies bietet den Vorteil, dass keine Spiegelung der Daten erforderlich ist und somit keine weiteren Kosten berücksichtigt werden müssen.

Der Smart-Flash-Cache bietet dem DBA die Möglichkeit, Objekte mit dem Befehl *Keep* im Cache zu fixieren. Ohne den Smart-Flash-Cache kann der DBA die Objekte nur im *Keep Buffer Pool* fixieren. In diesem Fall wird jedoch Hauptspeicher für die Fixierung benötigt. Dieser Hauptspeicher-Bedarf wird somit durch die Nutzung der *Keep Functionality* des Smart-Flash-Cache eingespart. Dennoch wird auch in diesem Fall die Performanz gesteigert, weil die benötigten *Warm Data* nun schnell von der Flash-Komponente geladen werden können. Somit entfällt das langsamere Laden von den Festplatten des SAN. Blöcke können von dem Smart-Flash-Cache im *Single Block Read Mode* mit einer Zugriffszeit von weniger als 0,4 ms von der Flash-Komponente geladen werden.

Für die Nutzung des Smart-Flash-Cache müssen zwei Oracle-Parameter konfiguriert werden:

```
ALTER SYSTEM SET DB_FLASH_CACHE_FILE='/osfc/oradata/osfc/flashCache.dbf'
SCOPE=SPFILE;

ALTER SYSTEM SET DB_FLASH_CACHE_SIZE=200G SCOPE=SPFILE;
```

Mit dem ersten Befehl wird eine Datei angelegt. In dieser Datei werden die *Warm Data* des Smart-Flash-Cache gespeichert. Mit dem zweiten Befehl wird die Größe des Smart-Flash-Cache dimensioniert. Hier werden im Beispiel 200 GB bereitgestellt. Diese beiden Befehle werden erst nach dem Neustart der Datenbank-Instanz wirksam.

8 AWR-Reporte

Für Performanz-Analysen kann man AWR-Reporte nutzen. Diese Berichte kann man sich für den zu analysierenden Zeitraum erstellen lassen. Dazu nutzt man das Skript awrrpt.sql. Im folgenden Beispiel erfolgt der Aufruf des Skripts mit dem SYS-User:

```
sqlplus SYS/<SYS-Passwort>@FCM1_2 AS SYSDBA @C:/oraclexe/app/oracle/
product/11.2.0/server/rdbms/admin/awrrpt.sql
```

Nach dem Aufruf des Skripts werden vor der Erstellung Informationen abgefragt. Der AWR-Report kann in den Formaten HTML (*Hypertext Markup Language*) und *Text* erstellt werden. Wenn man kein Format auswählt, wird der Report im HTML-Format erstellt. Der AWR-Report wird für Snapshots erstellt, die man vorher auswählen muss. Grundsätzlich erstreckt sich der kleinste Snapshot über eine Stunde. Daher wählt man den ersten Snapshot und den letzten Snapshot aus. Für den Zeitraum zwischen diesen beiden Snapshots wird der Report dann erstellt. Der Zeitraum kann sich auch durchaus über mehrere Tage erstrecken.

```
Specify the number of days of snapshots to choose from
~~~~~~~~~~~~~~~~~~~~~~~~~~~~~~~~~~~~~~~~~~~~~~~~~~~~~~
Entering the number of days (n) will result in the most recent
(n) days of snapshots being listed.  Pressing <return> without
specifying a number lists all completed snapshots.


Geben Sie einen Wert fuer num_days ein: 1

Listing the last day's Completed Snapshots

                                                        Snap
Instance     DB Name        Snap Id    Snap Started    Level
------------ ------------ --------- ------------------ -----
FCM1_2       FCM1_2             527 01 Okt 2015 00:00      1
                                528 01 Okt 2015 01:00      1
                                529 01 Okt 2015 02:00      1
                                530 01 Okt 2015 03:00      1
                                531 01 Okt 2015 04:00      1
                                532 01 Okt 2015 05:00      1
                                533 01 Okt 2015 06:00      1
                                534 01 Okt 2015 07:00      1
                                535 01 Okt 2015 08:00      1
                                536 01 Okt 2015 09:00      1
                                537 01 Okt 2015 10:00      1
```

https://doi.org/10.1515/9783110601817-008

```
Specify the Begin and End Snapshot Ids
~~~~~~~~~~~~~~~~~~~~~~~~~~~~~~~~~~~~~~
Geben Sie einen Wert für begin_snap ein: 535
Begin Snapshot Id specified: 535

Geben Sie einen Wert für end_snap ein: 537
End   Snapshot Id specified: 537
```

Mit NUM_DAYS werden die Tage ausgewählt, für welche Snapshots aufgelistet werden sollen. Wenn man nur die Snapshots des aktuellen Tages sehen möchte, dann wählt man die 1. Möchte man auch die Snapshots vergangener Tage sehen, muss man den Wert entsprechend erhöhen. Der Zeitraum des Snapshot wird durch Auswahl von SNAPSHOT IDs gesteuert. In dem Beispiel wurde der Startzeitpunkt für den Snapshot mit der ID 535 gewählt. Damit wird festgelegt, dass der Snapshot ab 08:00 Uhr beginnt. Um 10:00 Uhr endet der Snapshot mit der ID 537. Anschließend kann man noch einen Namen für den Report vergeben. Ansonsten wird automatisch ein Name vergeben, der die ausgewählten SNAPSHOT IDs beinhaltet. Dann wird der Report erzeugt.

8.1 Berichtskopf

Der Kopf des Berichts enthält allgemeine Informationen zur Datenbank:

WORKLOAD REPOSITORY report for

DB Name	DB Id	Instance	Inst num	Startup Time	Release	RAC
FCM1_2	708192870	FCM1_2	1	14-Sep-15 06:09	11.2.0.3.0	NO

Host Name	Platform	CPUs	Cores	Sockets	Memory (GB)
fcm	AIX-Based Systems (64-bit)	40	10		600.00

Abb. 8.1: Berichtskopf des AWR-Reports.

8.2 Snapshot

Es folgen Informationen zum ausgewählten Snapshot:

	Snap Id	Snap Time	Sessions	Cursors/Session
Begin Snap:	394	25-Sep-15 11:00:24	44	4.8
End Snap:	396	25-Sep-15 13:00:33	53	59.1
Elapsed:		120.15 (mins)		
DB Time:		308.83 (mins)		

Abb. 8.2: Informationen zum Snapshot des AWR-Reports.

Hier erstreckt sich der Snapshot über einen Zeitraum von zwei Stunden. Deshalb erscheinen in der Zeile *Elapsed* 120,15 Minuten. In der Zeile *DB Time* sind jedoch 308,83 Minuten ausgewiesen. Hierbei handelt es sich um die Verarbeitungszeit der Datenbank während des Snapshot. Hier ist die *DB Time* wesentlich größer als *Elapsed*. Dies ist nur durch parallele Verarbeitung möglich. Wenn also beispielsweise die Datenbank drei Abfragen, die jeweils eine Minute dauern, gleichzeitig verarbeitet, dann beträgt *Elapsed* für die drei Abfragen eine Minute. Die DB-Zeit ist aber dreimal so groß, weil hier die Bearbeitungszeiten aller drei Abfragen summiert werden, so dass dann drei Minuten DB-Zeit ausgegeben werden.

8.3 Zusammenfassung

In diesem Abschnitt des Reports erhält man Informationen zu den Caches und die Größe des Oracle-Blocks:

Report Summary

Cache Sizes

	Begin	End		
Buffer Cache:	24,576M	24,576M	Std Block Size:	8K
Shared Pool Size:	13,312M	13,312M	Log Buffer:	334,816K

Abb. 8.3: Zusammenfassung des AWR-Reports.

Für den *Buffer Cache* und *Shared Pool Size* enthält der Report die Speichergröße für den Anfang und das Ende des Snapshot. Die Speichergröße kann innerhalb eines Snapshot automatisch verändert werden, wenn AMM (*Automatic Memory Management*) aktiviert ist. Die Oracle-Blockgröße beträgt hier 8.192 Byte und wird auf 8 KB gerundet.

8.4 Ladeprofil

Als Nächstes erhält man Informationen zum Ladeprofil:

Load Profile

	Per Second	Per Transaction	Per Exec	Per Call
DB Time(s):	2.6	0.6	0.00	0.01
DB CPU(s):	0.9	0.2	0.00	0.00
Redo size:	5,397,357.7	1,323,906.7		
Logical reads:	136,535.8	33,490.6		
Block changes:	31,044.7	7,614.9		
Physical reads:	54.6	13.4		
Physical writes:	1,705.9	418.5		
User calls:	431.3	105.8		
Parses:	92.1	22.6		
Hard parses:	0.2	0.1		
W/A MB processed:	7.6	1.9		
Logons:	0.0	0.0		
Executes:	6,812.6	1,671.0		
Rollbacks:	0.2	0.1		
Transactions:	4.1			

Abb. 8.4: Ladeprofil des AWR-Reports.

Das Ladeprofil wird aufgeschlüsselt in die Einheiten Sekunde, Transaktion, *Execution* und *Call*. In dem Report sind 2,6 s DB-Zeit pro Sekunde ausgewiesen. Dies bedeutet, dass die Datenbank im Durchschnitt Verarbeitungen mit 2,6-facher Parallelität ausgeführt hat. Daher ist die DB-Zeit 2,6-mal größer als die Echtzeit (*Elapsed Time*). Wenn stattdessen die DB-Zeit 1 beträgt, dann gab es keine Parallelverarbeitung.

Ein Teil der DB-Zeit entfiel auf die CPU. Im Durchschnitt wurden pro Echtzeitsekunde 0,9 Sekunden für die CPU verbraucht. Zieht man also von den insgesamt angefallenen 2,6 Sekunden DB-Zeit die 0,9 Sekunden CPU-Zeit ab, dann erhält man 1,7 Sekunden. Diese Zeit wurde somit für andere Tätigkeiten, wie beispielweise *IO Waits*, verbraucht.

Pro Sekunde wurden ca. 5,15 MB *Redo Data* erzeugt. Die aufgeführten *Logical Reads* enthalten die Anzahl der geladenen Oracle-Blöcke. Es werden Blöcke gezählt, die physikalisch geladen werden, und Blöcke, die aus dem *Buffer* (SGA) geladen werden. Die physikalisch geladenen Blöcke kommen von einem permanenten Speichermedium. In diesem Beispiel wurden 54,6 Blöcke pro Sekunde von der Festplatte geladen. Pro Sekunde wurden 31.044,7 Blöcke verändert. Auf dem physikalischen Speichermedium wurden pro Sekunde 1.705,9 Blöcke geschrieben. Pro Sekunde erfolgten 431,3 Querys (*Calls*) durch den User. Pro Sekunde wurden 92,1 Statements geparst. Es werden sowohl *Hard Parses* als auch *Soft Parses* gezählt. Bei einem *Hard Parse* wird das Statement vollständig geparst. Wenn dagegen ein *Soft Parse* stattfindet, dann wird ein bereits erfolgter *Hard Parse* aus dem *Library Cache* wiederverwendet. Pro Sekunde gab es 0,2 *Hard Parses*. Zieht man die *Hard Parses* von den *Parses* ab, denn erhält man die ausgeführten *Soft Parses*. Es gab also 91,9 *Soft Parses*. Die Anzahl der ausgeführten Sortierungen und auch beispielsweise *Hash Joins* wird mit *W/A MB Processed* gemessen. Pro Sekunde wurden mit diesen Datenbank-Vorgängen 7,6 MB verarbeitet. Die restlichen vier Zeilen des Ladeprofils sind selbsterklärend.

8.5 Instance Efficiency Percentages (Target 100 %)

Dieser Abschnitt des AWR-Reports enthält Verhältniszahlen und Berechnungen, die sich auf Datenpuffer und das Parsen beziehen (siehe Abbildung 8.5). Grundsätzlich wird man diese Informationen bei der Optimierung der Datenbank nicht so gewichten. Man sollte diesen Abschnitt vielmehr heranziehen, um ein Gesamtverständnis von der Arbeitsweise der konfigurierten Datenbank zu erhalten. Die grundlegende Konfiguration der Datenbank wird sich also im Schwerpunkt nicht auf diesen Abschnitt des AWR-Reports ausrichten. Vielmehr wird man diesen Abschnitt nutzen, um grundlegende Konfigurationsentscheidungen zusätzlich mit Hilfe dieser Informationen zu evaluieren.

Buffer Nowait %:	99.95	Redo NoWait %:	100.00
Buffer Hit %:	99.96	In-memory Sort %:	100.00
Library Hit %:	100.10	Soft Parse %:	99.75
Execute to Parse %:	98.65	Latch Hit %:	99.46
Parse CPU to Parse Elapsd %:	46.86	% Non-Parse CPU:	99.75

Abb. 8.5: Verhältniszahlen des AWR-Reports.

Mit der Kennzahl *Buffer Nowait %* erhält man den prozentualen Anteil der Pufferzugriffe, welche ohne *Waits* erfolgen konnten. Die Kennzahl beträgt hier 99,95. Es gab also in dem Beispiel keine *Waits* in nennenswerter Anzahl. Der Zugriff auf den *Buffer* erfolgte also bei 99,95 % direkt, so dass der Zugriff nicht durch *Waits* verzögert wurde. Ein *Buffer Wait* kann beispielsweise entstehen, wenn ein Block aufgrund eines aktuell laufenden Update-Vorgangs gesperrt ist. Dann wird der Zugriff auf den Block so lange verzögert, bis der Update-Vorgang abgeschlossen ist.

Ein *Buffer Hit* besagt, dass ein benötigter Block bereits im *Buffer* vorhanden ist, so dass ein Laden des Blockes von einem permanenten Speichermedium nicht erforderlich ist. In dem Beispiel waren Blöcke bei 99,96 % der Anfragen bereits im *Buffer* vorhanden. Lediglich 0,04 % der angefragten Blöcke mussten in dem Beispiel von der Festplatte geladen werden.

Im *Library Cache* sind geparste SQL-Befehle gespeichert. Wenn ein SQL-Befehl ausgeführt wird, wird ein *Library Hit* registriert, wenn der Befehl bereits geparst wurde und daher im *Library Cache* verfügbar ist. In dem Beispiel waren alle SQL-Befehle bereits geparst und daher im *Library Cache* vorhanden. Daher gab es für jeden auszuführenden SQL-Befehl einen Treffer im *Library Cache*, so dass *Library Hit %* hier den Wert 100,10 hat. Theoretisch kann *Library Hit %* maximal den Wert 100 annehmen. Jedoch handelt es sich hier um statistische Berechnungen, welche mit Ungenauigkeiten behaftet sein können. Daher wird hier der theoretische Maximalwert um 0,10 % überschritten.

Mit *Execute to Parse %* wird gemessen, wenn ein bereits geparster SQL-Befehl bei einer erneuten Ausführung aus dem *Library Cache* ohne erneutes Parsen wiederverwendet werden kann. In dem Beispiel konnten 98,65 % der SQL-Befehle ohne Parsen ausgeführt werden.

Die Kennzahl *Parse CPU to Parse Elapsed %* misst die benötigte CPU-Zeit für das Parsen und setzt diese in das Verhältnis zur insgesamt benötigten Zeit für das Parsen. In dem Beispiel hat die Kennzahl den Wert 42,31 %. Wenn also beispielsweise das Parsen eines SQL-Befehls insgesamt 100 Sekunden dauert, dann beträgt der statistische Erwartungswert 42,31 Sekunden für den Zeitanteil, welcher davon auf die CPU entfällt.

Die Kennzahl *Redo Nowait %* ist ein Indikator für die Dimensionierung des *Redo Log Buffer*. Die Größe des *Redo Log Buffer* ist ausreichend, wenn die Kennzahl nicht deutlich geringer als 100 ist. In dem Beispiel hat *Redo Nowait %* den Wert 100. Der *Redo Log Buffer* ist daher groß genug. Denn bei keinem einzigen Zugriff auf den *Redo Log Buffer* wurde ein *Wait* registriert.

Mit der Kennzahl *In-Memory Sort %* werden Sortiervorgänge registriert, welche vollständig im Memory ohne Benutzung des *Temporary Tablespace* abgewickelt werden konnten. In dem Beispiel wurde bei allen Sortiervorgängen kein *Temporary Tablespace* benötigt. In allen Fällen konnten die Sortiervorgänge daher sehr effizient ausgeführt werden. Denn durch die Benutzung des *Temporary Tablespace* verzögert sich die Sortierung, weil der *Temporary Tablespace* auf einem externen Speichermedium platziert ist.

Mit *Soft Parse %* wird der Anteil derjenigen SQL-Befehle gemessen, die bereits vom Parser übersetzt wurden und für die im *Library Cache* somit eine Version verfügbar ist, die wiederverwendet werden kann. In dem Beispiel beträgt der Wert 99,75 %. Somit konnten die Sessionen für 99,75 % der ausgeführten SQL-Befehle auf den *Library Cache* zugreifen, um die dort gespeicherte Version wiederzuverwenden.

Mit *Latch Hit %* werden Ereignisse gemessen, bei denen eine angeforderte Sperre sofort wirksam wurde, ohne dass vorher Wartezeit angefallen wäre. Wartezeit würde anfallen, wenn eine Sperre aufgrund von anderen Transaktionen noch nicht erteilt werden kann. Dann muss die Terminierung dieser Transaktionen zunächst abgewartet werden, bevor die angeforderte Sperre erteilt werden kann. In dem Beispiel konnten 99,75 % der angefragten Sperren sofort erstellt werden, ohne dass Wartezeit angefallen wäre.

Der prozentuale Anteil der CPU, der nicht für Parsen von SQL-Befehlen benötigt wird, wird mit *% Non-Parse CPU* gemessen. Dieser Anteil der CPU wurde also für das Ausführen der SQL-Befehle benötigt. In dem Beispiel wird ein sehr hoher Wert von 99,75 % erreicht. Für das Ausführen der SQL-Befehle wurden daher 99,75 % der CPU benötigt. Hingegen wurden für Parsen der Statements nur 0,25 % der CPU benötigt.

Grundsätzlich sollte eine Anwendung daher den Anteil für *Hard Parse* möglichst gering halten. Denn dann kann ein erheblicher Anteil der CPU für die Ausführung der SQL-Befehle benutzt werden, so dass eine optimale Laufzeit erreicht werden kann, weil nur wenig Zeit für das Parsen der Befehle benötigt wird.

Wenn dieses Prinzip angestrebt wird, kann man auch mit Hilfe der *Shared Pool Statistics* analysieren, mit welchem Erfolg die Umsetzung des Prinzips erfolgt ist.

8.6 Shared Pool Statistics

Die Tabelle zeigt die durchschnittliche Nutzung des *Shared Pool* zum Beginn und Ende des Snapshot an. Dieser Wert wird mit *Memory Usage %* gemessen. In dem Beispiel ist der Wert sogar leicht negativ, was auf Rundungsfehler zurückgeführt werden kann. Jedenfalls wird der *Shared Pool* hier im Durchschnitt nur geringfügig genutzt, so dass eine Verschwendung von zu viel Speicher für den *Shared Pool* vorliegt. Eine Reduktion des *Shared Pool* sollte erwägt werden:

Shared Pool Statistics

	Begin	End
Memory Usage %:	-2.13	-0.06
% SQL with executions>1:	97.11	92.53
% Memory for SQL w/exec>1:	94.54	83.29

Abb. 8.6: Statistiken des *Shared Pool*.

Der Wert *% SQL With Executions > 1* misst den Anteil derjenigen SQL-Befehle, die mehr als einmal ausgeführt wurden. Hier ist grundsätzlich ein hoher Wert anzustreben. In dem Beispiel wurde ein dementsprechend hoher Wert erreicht. Zu Beginn des Snapshot beträgt der Wert 97,11 %. Am Ende des Snapshot wurden 92,53 % gemessen.

Ein hoher Prozentwert ist ein Indikator für die Wiederverwendung von SQL-Befehlen aus dem *Shared Pool*. Dies wird durch die Nutzung von Binde-Variablen ermöglicht.

% Memory for SQL W/EXEC>1 misst den prozentualen Anteil des Verbrauchs von Memory des *Shared Pool* von SQL-Befehlen, die mehr als einmal ausgeführt wurden. Dieser prozentuale Anteil wird ermittelt, indem der Verbrauch des *Shared Pool* von mehrmals ausgeführten SQL-Befehlen ins Verhältnis gesetzt wird zum gesamten Verbrauch des *Shared Pool* durch alle ausgeführten SQL-Befehle. Dieser Wert ist in dem Beispiel ebenfalls sehr hoch. Er beträgt zu Beginn des Snapshot 94,54 % und sinkt zum Ende des Snapshot ab auf 83,29 %.

8.7 Top Foreground Events

Im nächsten Abschnitt werden fünf Datenbank-Ereignisse als *Top Foreground Events* aufgelistet, welche im Vordergrund ausgeführt wurden. Die Auflistung folgt einem Ranking, welches anhand des Verbrauchs von Datenbank-Zeit erstellt wird:

Top 5 Timed Foreground Events

Event	Waits	Time(s)	Avg wait (ms)	% DB time	Wait Class
DB CPU		6,492		35.03	
db file sequential read	383,230	3,671	10	19.81	User I/O
enq: TX - index contention	96,807	439	5	2.37	Concurrency
buffer busy waits	435,795	284	1	1.54	Concurrency
log file sync	27,591	138	5	0.75	Commit

Abb. 8.7: *Top Foreground Event* des AWR-Reports.

In dem Beispiel hat die CPU der Datenbank einen Anteil von 35,03 % am gesamten Verbrauch der Datenbank-Zeit. Dieses Ereignis wird daher an der ersten Position des Rankings geführt. Denn alle folgenden Ereignisse haben einen geringeren Anteil am Verbrauch der Datenbank-Zeit. Neben dem prozentualen Anteil am Verbrauch ist auch der Absolut-Wert des Verbrauchs in Sekunden in der Tabelle eingetragen. Die Datenbank-CPU hat 6.492 Sekunden benötigt.

Das Datenbank-Ereignis *DB File Sequential Read* ist in der Tabelle auf die zweite Position gesetzt. Dieses Datenbank-Ereignis hatte einen Anteil von 19,81 % am gesamten Verbrauch der Datenbank-Zeit. Bei diesem Datenbank-Ereignis werden Oracle-Blöcke im *Single Block Read Mode* von einem permanenten Speichermedium geladen. In dem Beispiel sind für dieses Ereignis 383.230 *Waits* aufgeführt. Hierbei handelt es sich um I/O-Operationen. Mit jeder I/O-Operation wird ein Oracle-Datenblock geladen. Bei diesem Ereignis wurden also 383.230 Oracle-Blöcke sequentiell geladen. Ausgelöst wurde dieses Ereignis durch eine Session des Users. Denn die

Wait Class ist User-I/O. Das Laden aller Blöcke erfolgte in 3.671 Sekunden. Für jeden Block wurden im Durchschnitt 10 ms benötigt.

Als Nächstes folgt das Datenbank-Ereignis *ENQ:TX – Index Contentation*. Hier entstehen *Waits*, wenn Datensätze in Tabellen eingefügt oder gelöscht werden. Diese Operationen können ein Splitting von Indexblöcken bewirken. Bei dem Splitten der Blöcke werden Datenbank-Sperren gesetzt, durch die dann *Waits* verursacht werden. Insgesamt gab es in dem Beispiel für das Ereignis 96.807 *Waits*. Dafür wurden 439 Sekunden verbraucht. Jeder *Wait* dauerte im Durchschnitt 5 ms. Dieses Datenbank-Ereignis benötigte 2,37 Sekunden der gesamten Datenbank-Zeit.

An der vierten Position der Liste steht das Datenbank-Ereignis *Buffer Busy Waits*. Dieses Datenbank-Ereignis wird verursacht, wenn eine Session auf einen Block im *Buffer* zugreifen will. Der Block ist jedoch gesperrt, weil eine konkurrierende Session den Block in den *Buffer* lädt. Daher muss so lange gewartet werden, bis der Ladevorgang abgeschlossen ist. Eine weitere Ursache ist eine Sperre, die von einer Session auf den Block gesetzt wird. Während der gesetzten Sperre versucht dann eine andere Anwendung auf den Block zuzugreifen. Dabei erfolgt der Zugriff in einem Modus, der mit der gesetzten Sperre nicht verträglich ist. In dem Beispiel waren 435.795 Blöcke im *Buffer* davon betroffen. Es kam insgesamt zu einer Verzögerung von 284 Sekunden. Ein *Wait* dauerte im Durchschnitt 1 ms. Der prozentuale Anteil betrug 1,54 % der insgesamt verbrauchten Datenbank-Zeit.

Das Ereignis *Log File Sync* findet am Ende einer Transaktion statt. Es erfolgt eine Synchronisation der Datenbank mit der Logdatei. Es erfolgt eine Synchronisation von Blöcken, so dass *Waits* verursacht werden. In dem Beispiel hat der *Log File Sync* 27.591 *Waits* verursacht. Das dauerte 138 Sekunden. Ein *Wait* dauerte im Durchschnitt 5 ms. Der prozentuale Anteil an der Datenbank-Zeit betrug 0,75 %.

8.8 Host-CPU

Im Abschnitt Host-CPU wird die Anzahl der CPUs, Cores und Sockets des Datenbankservers aufgeführt:

Host CPU (CPUs: 40 Cores: 10 Sockets:)

Load Average Begin	Load Average End	%User	%System	%WIO	%Idle
1.71	1.60	4.1	3.9	1.0	92.0

Abb. 8.8: Host-CPU.

In dem Beispiel verfügt der Datenbankserver über 40 CPUs und 10 Cores. Es handelt sich hierbei um *Quadcores*. Ein Core enthält also vier CPUs. Zu den Sockets gibt es keine Angaben. Der Tabelle kann man nun die Auslastung der CPUs entnehmen. Zusätzlich erkennt man die Verteilung der Auslastung. In dem Beispiel beträgt die durchschnittliche Auslastung der CPUs 1,71 %. Zum Ende der Verarbeitung sinkt die Auslastung auf 1,60 %. Die CPUs waren im Durchschnitt zu 92 % ausgelastet. Die verbleibenden 8 % verteilen sich zu 4,1 % auf den User und 3,9 % auf das System. Die CPUs waren zu einem Anteil von 1 % unbelastet, weil auf I/O-Operationen gewartet wurde.

8.9 Instanz-CPU

Der Abschnitt Instanz-CPU liefert Information zur Auslastung der CPU für die Datenbank-Instanz:

Instance CPU

%Total CPU	%Busy CPU	%DB time waiting for CPU (Resource Manager)
2.4	29.4	0.0

Abb. 8.9: Instanz-CPU.

Die Instanz benötigte 2,4 % von der gesamten zur Verfügung stehenden Host-CPU. Die beanspruchte CPU für die Instanz war zu 29,4 % ausgelastet. In dem Beispiel musste die Datenbank zu keiner Zeit der Verarbeitung auf die Instanz-CPU warten. Aufgrund der Eintragungen in dieser Tabelle kann festgestellt werden, dass die CPU während der Bearbeitung kein *Bottleneck* war.

8.10 Memory Statistics

Mit *Memory Statistics* erhält man eine Übersicht über die Auslastung des Arbeitsspeichers zum Beginn und Ende des Snapshot:

Memory Statistics

	Begin	End
Host Mem (MB):	614,400.0	614,400.0
SGA use (MB):	600,064.0	600,064.0
PGA use (MB):	386.2	767.9
% Host Mem used for SGA+PGA:	97.73	97.79

Abb. 8.10: Statistiken des Memory.

In dem Beispiel verfügt der Rechner insgesamt über 614.400 MB Arbeitsspeicher. Davon waren für die Datenbank-Instanz 600.064 MB SGA verfügbar. Für PGA benötigte die Datenbank-Instanz zu Beginn der Verarbeitung 386,2 MB. Dieser Wert steigerte sich zum Ende der Verarbeitung auf 767,9 MB. Am Anfang der Verarbeitung benötigte die Datenbank-Instanz 97,73 % vom Arbeitsspeicher des Rechners für SGA und PGA. Dieser Wert steigerte sich zum Ende der Verarbeitung geringfügig auf 97,79 %.

8.11 Time Model Statistics

Der Abschnitt *Time Model Statistics* liefert Information zur benötigten Zeit für Datenbank-Prozesse, welche nun anhand des folgenden Beispiels erläutert werden:

Die Einträge der Tabelle werden in der folgenden Liste erklärt:

- *SQL Execute Elapsed Time*: Ausführungszeit aller SQL-Befehle
- DB CPU: Zeitverbrauch der CPU für Aufrufe durch den Benutzer. Hintergrundprozesse werden nicht erfasst.
- *PL/SQL Execution Elapsed Time*: Ausführungszeit für PL/SQL
- *Parse Time Elapsed*: Zeitverbrauch für das Parsen der Befehle. Sowohl *Soft Parse* als auch *Hard Parse* werden erfasst.
- *Hard Parse Elapsed Time*: Zeitverbrauch für das *Hard Parse* der Befehle
- *Inbound PL/SQL RPC Elapsed Time*: Zeitverbrauch für Prozedurfernaufrufe von PL/SQL
- *PL/SQL Compilation Elapsed Time*: Zeitverbrauch für das Kompilieren von PL/SQL
- *Connection Management Call Elapsed Time*: Zeitverbrauch der Sessions für Herstellen und Trennen von Verbindungen für die Ausführung der Aufrufe
- *Repeated Bind Elapsed Time*: Zeitverbrauch für das Zuweisen neuer Werte zu Binde-Variablen (*Rebinding*)
- *Hard Parse (Sharing Criteria) Elapsed Time*: ist der Zeitverbrauch für *Hard Parse*, wenn der *Hard Parse* erforderlich war, weil ein vorhandener Cursor aus dem SQL-Cache nicht gemeinsam genutzt konnte.
- *RMAN CPU Time (Backup/Restore)*: Zeitverbrauch der CPU für *Backup* und *Restore* mit dem RMAN (*Recovery Manager*)
- *Hard Parse (Bind Mismatch) Elapsed Time*: Zeitverbrauch für *Hard Parse*, wenn der *Hard Parse* erforderlich war, weil ein vorhandener Cursor aus dem SQL-Cache wegen *Bind Mismatch* nicht genutzt werden konnte. Der *Bind Mismatch* wird durch einen unpassenden Typ oder Größe der Binde-Variablen verursacht.
- *Sequence Load Elapsed Time*: Zeitverbrauch für die Ermittlung der nächsten Sequenznummer
- *Failed Parse Elapsed Time*: Zeitverbrauch für das Parsen von SQL-Befehlen mit Parser-Fehlern
- *DB Time*: Zeitverbrauch der Datenbank für das Ausführen von Benutzer-Aufrufen. Hintergrundprozesse werden hingegen nicht erfasst.

Time Model Statistics

- **Total time in database user-calls (DB Time): 18529,6s**
- **Statistics including the word "background" measure background process time, and so do not contribute to the DB time statistic**
- **Ordered by % or DB time desc, Statistic name**

Statistic Name	Time (s)	% of DB Time
sql execute elapsed time	18,154.49	97.98
DB CPU	6,491.54	35.03
PL/SQL execution elapsed time	1,783.98	9.63
parse time elapsed	97.58	0.53
hard parse elapsed time	63.81	0.34
inbound PL/SQL rpc elapsed time	10.10	0.05
PL/SQL compilation elapsed time	2.71	0.01
connection management call elapsed time	0.91	0.00
repeated bind elapsed time	0.50	0.00
hard parse (sharing criteria) elapsed time	0.40	0.00
RMAN cpu time (backup/restore)	0.36	0.00
hard parse (bind mismatch) elapsed time	0.05	0.00
sequence load elapsed time	0.04	0.00
failed parse elapsed time	0.00	0.00
DB time	18,529.62	
background elapsed time	1,723.81	
background cpu time	510.51	

Abb. 8.11: Benötigte Datenbank-Zeit der Prozesse.

- *Background Elapsed Time*: Zeitverbrauch von Hintergrundprozessen der Datenbank
- *Background CPU Time*: Zeitverbrauch der CPU für Hintergrundprozesse der Datenbank

Vergleichbare Informationen aus dem AWR-Report können auch mit Hilfe der *Views*
- `V$SESS_TIME_MODEL` und
- `V$SYS_TIME_MODEL`

ermittelt werden.

Dem Beispiel kann man entnehmen, dass nur ein geringer prozentualer Anteil der gesamten Datenbank-Zeit auf das Parsen entfiel. Dies ist vorteilhaft, weil somit die Datenbank-Zeit hauptsächlich für das Ausführen der SQL-Befehle genutzt werden kann. In dem Beispiel beträgt der Anteil für die Ausführung 97,98 %.

8.12 Betriebssystem-Statistiken

Als Nächstes folgen Informationen zu den Ereignissen, welche auf der Ebene des Betriebssystems stattfinden. Hierbei handelt es sich um externe Ereignisse des Betriebssystems, welche jedoch die Performanz der Datenbank signifikant beeinflussen können. Wenn die Laufzeitprobleme der Oracle-Datenbank auf diese externen Ereignisse des Betriebssystems zurückzuführen sind, ist es natürlich nicht möglich, die Laufzeitprobleme mit Maßnahmen auf der Ebene der Datenbank zu beseitigen. Daher muss man sich auch mit den externen Ereignissen des Betriebssystems befassen, um bei solchen Problemen eine wirksame Behebung einleiten zu können.

8.12.1 Überblick

Oracle stellt für die Analyse von Betriebssystem-Statistiken die *View* `DBA_HIST_OSSTAT` zur Verfügung, welche die statistischen Informationen zu den Ereignissen des Betriebssystems mit Hilfe eines Snapshot von der *View* `V$OSSTAT` bezieht. Die ermittelten Zeiten werden in der Einheit 1/100 s geliefert. Die Spalte *End Value* enthält nur dann einen Wert, wenn diese von der Spalte *Value* abweicht. Die tatsächliche Abweichung ist jedoch in der Tabelle nicht immer zu erkennen, weil die eingetragenen Werte für *Value* und *End Value* aufgrund von Rundung identisch sein können (siehe Abbildung 8.12).

In der folgenden Liste sind die Einträge aus der Tabelle erklärt:

- `AVG_BUSY_TIME`: durchschnittlicher Zeitverbrauch eines Prozessors zum Ausführen von Code des Nutzers oder des Kerns. Der Durchschnittswert wird aus allen vorhandenen Prozessoren gebildet.
- `AVG_IDLE_TIME`: durchschnittlicher Zeitraum, in dem ein Prozessor unbelastet war. Der Durchschnittswert wird aus allen vorhandenen Prozessoren gebildet.
- `AVG_IOWAIT_TIME`: durchschnittliche Zeit, welche ein Prozessor für das Warten auf I/O-Operationen benötigte. Der Durchschnittswert wird aus allen vorhandenen Prozessoren gebildet.
- `AVG_SYS_TIME`: durchschnittlicher Zeitverbrauch eines Prozessors zum Ausführen von Code des Kerns. Der Durchschnittswert wird aus allen vorhandenen Prozessoren gebildet.
- `AVG_USER_TIME`: durchschnittlicher Zeitverbrauch eines Prozessors zum Ausführen von Code des Nutzers. Der Durchschnittswert wird aus allen vorhandenen Prozessoren gebildet.

Operating System Statistics

- ***TIME statistic values are diffed. All others display actual values. End Value is displayed if different**
- **ordered by statistic type (CPU Use, Virtual Memory, Hardware Config), Name**

Statistic	Value	End Value
AVG_BUSY_TIME	59,245	
AVG_IDLE_TIME	684,679	
AVG_IOWAIT_TIME	7,364	
AVG_SYS_TIME	29,038	
AVG_USER_TIME	29,823	
BUSY_TIME	2,383,846	
IDLE_TIME	27,401,454	
IOWAIT_TIME	302,138	
SYS_TIME	1,176,022	
USER_TIME	1,207,824	
LOAD	2	2
OS_CPU_WAIT_TIME	2,859,200	
RSRC_MGR_CPU_WAIT_TIME	0	
VM_IN_BYTES	864,645,120	
VM_OUT_BYTES	1,940,213,760	
PHYSICAL_MEMORY_BYTES	644,245,094,400	
NUM_CPU_CORES	10	
NUM_CPUS	40	
NUM_LCPUS	40	
NUM_VCPUS	10	
GLOBAL_RECEIVE_SIZE_MAX	1,048,576	
GLOBAL_SEND_SIZE_MAX	1,048,576	
TCP_RECEIVE_SIZE_DEFAULT	16,384	
TCP_RECEIVE_SIZE_MAX	9,223,372,036,854,775,807	
TCP_RECEIVE_SIZE_MIN	4,096	
TCP_SEND_SIZE_DEFAULT	16,384	
TCP_SEND_SIZE_MAX	9,223,372,036,854,775,807	
TCP_SEND_SIZE_MIN	4,096	

Abb. 8.12: Betriebssystem-Statistiken.

- BUSY_TIME: Zeitverbrauch aller Prozessoren zum Ausführen von Code des Nutzers oder des Kerns. Der Wert wird aus der Summe der einzelnen Werte aller vorhandenen Prozessoren gebildet.
- IDLE_TIME: Zeitraum aller Prozessoren im unbelasteten Zustand. Der Wert wird aus der Summe der einzelnen Werte aller vorhandenen Prozessoren gebildet.
- IOWAIT_TIME: Zeit aller Prozessoren für das Warten auf I/O-Operationen. Der Wert wird aus der Summe der einzelnen Werte aller vorhandenen Prozessoren gebildet.
- SYS_TIME: Zeitverbrauch aller Prozessoren zum Ausführen von Code des Kerns. Der Wert wird aus der Summe der einzelnen Werte aller vorhandenen Prozessoren gebildet.
- USER_TIME: Zeitverbrauch aller Prozessoren zum Ausführen von Code des Nutzers. Der Wert wird aus der Summe der einzelnen Werte aller vorhandenen Prozessoren gebildet.
- *Load*: aktuelle Anzahl von laufenden Prozessen oder Prozessoren, die darauf warten, vom Betriebssystem gestartet zu werden.
- OS_CPU_WAIT_TIME: gesamte Zeitdauer, während der Prozesse darauf warten, vom Betriebssystem gestartet zu werden.
- RSRC_MGR_CPU_WAIT_TIME: gesamte Zeitdauer, während der Prozesse auf CPU für ihre Verbrauchergruppe im aktuell aktiven Ressourcen-Plan warteten.
- VM_IN_BYTES: Summe der Bytes, die in das virtuelle Memory eingelagert wurden.
- VM_OUT_BYTES: Summe der Bytes, die aus dem virtuellen Memory ausgelagert wurden.
- PHYSICAL_MEMORY_BYTES: Größe des RAM-Speichers in Bytes
- NUM_CPU_CORES: Anzahl der verfügbaren CPU-Kerne
- NUM_CPUS: Anzahl der verfügbaren CPUs
- NUM_LCPUS: Anzahl der logischen CPUs
- NUM_VCPUS: Anzahl der virtuellen CPUs
- GLOBAL_RECEIVE_SIZE_MAX: maximale Größe des globalen Empfänger-Puffers
- GLOBAL_SEND_SIZE_MAX: maximale Größe des globalen Sende-Puffers
- TCP_RECEIVE_SIZE_DEFAULT: Default-Größe des TCP-Empfänger-Puffers
- TCP_RECEIVE_SIZE_MAX: maximale Größe des TCP-Empfänger-Puffers
- TCP_RECEIVE_SIZE_MIN: minimale Größe des TCP-Empfänger-Puffers
- TCP_SEND_SIZE_DEFAULT: Default-Größe des TCP-Sende-Puffers
- TCP_SEND_SIZE_MAX: maximale Größe des TCP-Sende-Puffers
- TCP_SEND_SIZE_MIN: minimale Größe des TCP-Sende-Puffers

8.12.2 Detail-Information

Die nun folgende Tabelle liefert Detail-Information für die Statistik des Betriebssystems. Der Tabelle kann man die Auslastung des Betriebssystems im Zeitverlauf entnehmen. Man erhält hier Information zur Auslastung zum Beginn und Ende des

Snapshot. Zusätzlich bekommt man diese Daten auch für jede Stunde innerhalb des Snapshot geliefert. Hier enthält die Tabelle drei Zeilen. Der Snapshot startete am 25. September um 11:00 Uhr. Er endete um 13:00 Uhr. Daher gibt es noch eine weitere Zeile, welche die Auslastung um 12:00 Uhr liefert:

Operating System Statistics - Detail

Snap Time	Load	%busy	%user	%sys	%idle	%iowait
25-Sep 11:00:24	1.71					
25-Sep 12:00:29	8.38	9.25	5.23	4.02	90.75	1.34
25-Sep 13:00:33	1.60	6.76	2.88	3.88	93.24	0.68

Abb. 8.13: Details zu den Betriebssystem-Statistiken.

Die Bedeutung der Einträge in den Spalten wurde bereits im vorangegangenen Abschnitt erläutert. Hier muss man darauf achten, dass es sich bei den meisten Einträgen um Prozentwerte handelt. Dadurch unterscheiden sich die Werte von den Einträgen im vorigen Abschnitt. Dort waren absolute Werte eingetragen. Lediglich die Einträge für die Spalte *Load* sind absolute Werte. In dem Beispiel erkennt man, dass die Prozessoren während des Snapshot nur geringfügig ausgelastet waren. Um 12:00 Uhr waren die Prozessoren zu 90,75 % unbelastet. Dieser Wert stieg zum Ende des Snapshot auf 93,24 % an. Die Belastung der Prozessoren verhält sich dementsprechend. Um 12:00 Uhr ist der größte Wert mit 9,25 % eingetragen. Dann sank die Belastung auf 6,76 % ab. Um 12:00 Uhr wurden die Prozessoren am stärksten vom Benutzer belastet. Jedoch lag die Belastung durch das System nur geringfügig unter dem Wert des Users. Um 13:00 Uhr verschob sich die stärkste Belastung zum System. Die Belastung der Prozessoren durch das System betrug dann 3,88 %. Die Belastung durch den Benutzer lag hier jedoch nur einen Prozentpunkt niedriger und betrug 2,88 %. Eine Stunde vorher betrug dieser Wert noch 5,23 %. Beim System hat es dagegen keine deutliche Änderung im Verlauf gegeben. Um 12:00 Uhr belief sich der Wert auf 4,02 %. Die höhere prozentuale Belastung der Prozessoren durch den Benutzer um 12:00 Uhr wird auch begleitet durch eine gestiegene Anzahl des Eintrags für *Load*. Zu Beginn betrug der Wert 1,71 und stieg dann um 12:00 Uhr auf 8,38 % an. Danach sank er wieder um 13:00 Uhr auf 1,6 ab. Ebenso hatte IOWAIT um 12:00 Uhr auch einen deutlich höheren Wert als um 13:00 Uhr. Der Wert sank von 1,34 % auf 0,68 % ab.

8.13 Wartezeiten

Die nächsten Abschnitte liefern Informationen zu Wartezeiten (*Waits*), die während der Verarbeitung aufgetreten sind. Diese Wartezeiten blockieren die Weiterverarbeitung. Für die Analyse erhält man Informationen zu den Verursachern der Wartezeiten in der Vordergrund-Verarbeitung. Zusätzliche Information bekommt man zu den Arten der Wartezeiten, welche im Vordergrund und Hintergrund registriert wurden.

8.13.1 Verursacher im Vordergrund

In der nächsten Tabelle erhält man Information zu den Verursachern (Klassen) von Wartezeiten im Vordergrund. Diese Tabelle hat fachliche Berührungspunkte mit der *View* V$SYSTEM_EVENT.

Die Verursacher sind absteigend nach der Wartezeit sortiert. Die Tabelle liefert für jede Klasse den prozentualen Anteil der verursachten Wartezeit an der gesamten Datenbank-Zeit. Zusätzlich erhält man für jede Klasse die verursachte Wartezeit in Sekunden und in Millisekunden. Durch Timeout verursachte *Waits* werden prozentual erfasst. Die verursachten *Waits* werden auch mit absoluten Werten aufgeführt:

Foreground Wait Class

- **s - second, ms - millisecond - 1000th of a second**
- **ordered by wait time desc, waits desc**
- **%Timeouts: value of 0 indicates value was < .5%. Value of null is truly 0**
- **Captured Time accounts for 61.6% of Total DB time 18,529.62 (s)**
- **Total FG Wait Time: 4,926.32 (s) DB CPU time: 6,491.54 (s)**

Wait Class	Waits	%Time -outs	Total Wait Time (s)	Avg wait (ms)	%DB time
DB CPU			6,492		35.03
User I/O	396,834	0	3,765	9	20.32
Concurrency	1,908,063	0	907	0	4.90
Commit	27,591	0	138	5	0.75
Configuration	2,066	0	47	23	0.25
Network	2,663,426	0	34	0	0.18
Other	57,721	80	24	0	0.13
System I/O	14,001	0	11	1	0.06
Application	102	0	0	0	0.00

Abb. 8.14: Verursacher von Wartezeiten im Vordergrund.

Die meiste Zeit wurde durch die CPU konsumiert. Die CPU benötigt 35,03 % der Datenbank-Zeit. Danach folgen die I/O-Operationen des Benutzers mit 20,32 % für 396.834 *Waits*.

Die Konkurrenz um interne Datenbank-Ressourcen hat weitere *Waits* verursacht. Diese *Waits* können beispielsweise durch Sperren verursacht werden. Der Anteil betrug 4,90 %. Die weiteren Verursacher verbrauchen nur noch jeweils weniger als 1 % der Datenbank-Zeit für *Waits*. *Commits* haben 27.591 *Waits* beansprucht. Dafür waren noch 0,75 % der Datenbank-Zeit erforderlich. Weitere *Waits* werden durch eine nicht optimale Konfiguration der Datenbank verursacht. Hierfür werden 0,25 % der Datenbank-Zeit benötigt. Diese *Waits* können beispielsweise auf eine zu geringe Logfile-Größe zurückzuführen sein. Für die Netzwerk-Kommunikation wurden 0,18 % der Datenbank-Zeit benötigt. Hierzu werden beispielsweise Zeiten gezählt, welche durch SQL*Net für DB-Links verursacht wurden. Diejenigen *Waits*, welche keinem typischen Verbraucher zugeordnet werden können, sind beim Verbraucher *Other* zu finden. Das waren 0,13 % der Datenbank-Zeit. Für I/O-Operationen des Systems wurden noch lediglich 0,06 % der Datenbank-Zeit benötigt. Durch die Anwendung des Nutzers wurden noch 102 *Waits* verursacht. Diese *Waits* können beispielsweise durch explizit gesetzte Sperren von der Anwendung verursacht werden. Der prozentuale Anteil an der Datenbank ist in dem Beispiel jedoch nur geringfügig.

Nur beim Verbraucher *Other* sind Timeouts angefallen. In dem Beispiel hat dieser Verbraucher 57.721 *Waits* verursacht. Davon sind 80 % auf Timeouts zurückzuführen. Insgesamt hat dieser Verbraucher 24 Sekunden verbraucht. Somit entfällt ein Anteil von 19,2 Sekunden auf Timeouts.

Bei der Beurteilung der Tabelle muss man natürlich auch berücksichtigen, dass der durchschnittliche Zeitverbrauch für einen *Wait* unterschiedlich lang ist. Erwartungsgemäß ist der Zeitverbrauch für eine I/O-Operation des Nutzers mit 9 ms recht hoch. Dieser Zeitverbrauch wiegt daher sehr schwer, weil dieser Verbraucher auch recht viele *Waits* verursacht hat. Übertroffen wird dieser Verbraucher nur noch durch die durchschnittliche Zeitdauer eines *Waits* für die Konfiguration. Hier sind 23 ms angefallen. Dennoch benötigte dieser Verbraucher einen wesentlich geringeren Anteil von der Datenbank-Zeit, weil insgesamt wesentlich weniger *Waits* angefallen sind. Im Mittelfeld ist der Verbraucher *Commit* mit einem durchschnittlichen Zeitverbrauch von 5 ms pro *Wait*.

8.13.2 Foreground Wait Events

In der nächsten Tabelle sind alle maßgeblichen Ereignisse vom Vordergrund aufgeführt, welche *Waits* verursachten. Bei dieser Tabelle handelt es sich um eine gekürzte Fassung des zugrunde liegenden AWR-Reports. Es sind alle *Foreground Wait Events* enthalten, welche einen Anteil von mehr als 0,10 % an der Datenbank-Zeit hatten. Grundsätzlich kann Oracle mehr als 200 verschiedene Ereignisse in der Tabelle aufführen. Diese sind in der Oracle-Dokumentation beschrieben. Mit Hilfe der Abfrage

```
SELECT NAME FROM V$EVENT_NAME ORDER BY NAME;
```

kann man alle verfügbaren Ereignisse ermitteln.

Die Tabelle enthält die folgenden Spalten:

Tab. 8.1: Attribute der *Foreground Wait Events*.

Parameter	Beschreibung
Event	Name des Ereignisses
Waits	Anzahl der *Waits*
% Timeouts	Prozentualer Anteil der Timeouts an den *Waits*
Total Wait Time (s)	Gesamte Wartezeit für das Ereignis in Sekunden
AVG Wait (MS)	Durchschnittliche Dauer eines *Wait*
Waits/TXN	Anzahl der *Waits* pro Transaktion
% DB Time	Prozentualer Anteil des Ereignisses an der gesamten Datenbank-Zeit

In der folgenden Abbildung sind diese Parameter eingetragen:

Foreground Wait Events

- **s - second, ms - millisecond - 1000th of a second**
- **Only events with Total Wait Time (s) >= .001 are shown**
- **ordered by wait time desc, waits desc (idle events last)**
- **%Timeouts: value of 0 indicates value was < .5%. Value of null is truly 0**

Event	Waits	%Time -outs	Total Wait Time (s)	Avg wait (ms)	Waits /txn	% DB time
db file sequential read	383,230	0	3,671	10	13.04	19.81
enq: TX - index contention	96,807	0	439	5	3.29	2.37
buffer busy waits	435,795	0	284	1	14.83	1.54
log file sync	27,591	0	138	5	0.94	0.75
read by other session	11,775	0	91	8	0.40	0.49
library cache: mutex X	1,091,874	0	84	0	37.15	0.45
latch: cache buffers chains	277,552	0	82	0	9.44	0.44
SQL*Net more data from client	123,751	0	30	0	4.21	0.16
log file switch (private strand flush incomplete)	437	0	25	56	0.01	0.13

Abb. 8.15: Ereignisse mit den zugehörigen Wartezeiten.

Es folgt nun eine Erläuterung der Ereignisse aus der Tabelle:
- *DB File Sequential Read*: Verursachung von *Waits* durch *Single Block Reads*
- *ENQ: TX-Index Contention*: *Waits* für die Reorganisation des Index, beispielsweise wegen einer Einfüge-Operation
- *Buffer Busy Waits*: Zugriff auf *Buffer Block* gesperrt, weil der Block von einer anderen Session geladen oder verändert wird.

- *Log File Sync*: *Log Buffer* in das *Redo Log File* beim *Commit* aufzeichnen
- *Read by Other Session*: Benötigter *Buffer Block* wird noch von einer anderen Session geladen.
- *Library Cache*: MUTEX X: Während einer *LC Operation* fordert eine andere Session eine exklusive Sperre für den LC an.
- *Latch*: *Cache Buffers Chains*: *Wait* wegen parallelen Zugriffs auf denselben *Buffer Block* durch verschiedene Sessions
- *SQL*Net More Data From Client*: Der Server wartet auf Daten vom Client.
- *Log File Switch* (*Private Strand Flush Incomplete*): Aufzeichnung im *Log File* muss noch warten, bis *Log Buffer Operation* abgeschlossen ist. Anschließend wird der *Log Buffer* im *Log File* aufgezeichnet und dann das *Log File* gewechselt.

8.13.3 Background Wait Events

Die nächste Tabelle (siehe Abbildung 8.16) enthält statistische Informationen zu den *Background Wait Events*, welche im Hintergrund der Datenbank erfolgten. Die grundsätzliche Struktur der Tabelle unterscheidet sich nicht von der Tabelle für die Ereignisse im Vordergrund. In dieser Tabelle sind nur diejenigen Ereignisse aus dem zugrunde liegenden AWR-Report übernommen worden, die mehr als 0,10 % DB-Hintergrund-Zeit benötigten.

Es folgt nun eine Beschreibung der aufgelisteten Hintergrund-Ereignisse:

- *Log File Parallel Write*: *Redo Datasets* des *Log Buffer* werden parallelisiert in *Redo Log Files* geschrieben. Das Ereignis endet mit dem Abschluss der letzten I/O-Operation, auch dann, wenn diese parallelisiert erfolgt.
- *DB File Parallel Write*: Datenblöcke werden parallelisiert in Dateien geschrieben. Das Ereignis endet mit Abschluss des letzten parallelen Schreibvorgangs.
- *Log File Sequential Read*: *Redo Datasets* werden sequentiell aus der Logdatei eingelesen.
- *Control File Sequential Read*: Daten werden aus der Steuerungsdatei gelesen, weil beispielsweise ein Backup dieser Datei erzeugt werden soll.
- *ASM File Metadata Operation*: Es findet eine Metadaten-Operation auf einer ASM-Datei statt.
- *Control File Parallel Write*: Physikalische Blöcke werden von der Session in der Steuerungsdatei gespeichert, weil die Session beispielsweise eine Transaktion mit einem *Commit* in einer Steuerungsdatei erfasst.
- *Latch*: *Cache Buffers Chains*: Sperre wird gesetzt, wenn im *Buffer* entweder nach einem Block gesucht wird, der Block im *Buffer* ergänzt wird oder der Block im *Buffer* ausgewechselt wird.
- *OS Thread Startup*: Ein paralleler Prozess muss auf einem parallelen Server warten, weil keiner verfügbar ist. Mit dem Parameter `PARALLEL_MIN_SERVERS` kann die Anzahl der parallelen Server konfiguriert werden.

- *Direct Path Read*: Daten werden asynchron aus Datenbank-Dateien eingelesen.
- *Latch*: *Cache Buffers LRU Chain*: Eine Sperre wird gesetzt, wenn ein Block im *Buffer* ausgewechselt wird.
- *LGWR Wait for Redo Copy*: Eine Sperre ist gesetzt, weil im *Redo Log Buffer* der Wechsel eines Datenblocks abgewickelt werden muss.
- *Latch Free*: Es wird auf die Freigabe einer Sperre gewartet, welche von einem anderen Prozess gesetzt wurde.
- *DB File Sequential Read*: Die Datenbank-Blöcke werden mit sequentiellen I/O-Operationen eingelesen.

Background Wait Events

- **ordered by wait time desc, waits desc (idle events last)**
- **Only events with Total Wait Time (s) >= .001 are shown**
- **%Timeouts: value of 0 indicates value was < .5%. Value of null is truly 0**

Event	Waits	%Time -outs	Total Wait Time (s)	Avg wait (ms)	Waits /txn	% bg time
log file parallel write	68,739	0	366	5	2.34	21.21
db file parallel write	65,616	0	163	2	2.23	9.48
log file sequential read	16,947	0	136	8	0.58	7.90
control file sequential read	17,004	0	29	2	0.58	1.69
ASM file metadata operation	7,780	0	16	2	0.26	0.91
control file parallel write	6,679	0	14	2	0.23	0.81
latch: cache buffers chains	1,641	0	9	6	0.06	0.53
os thread startup	59	0	8	140	0.00	0.48
direct path read	209	0	5	24	0.01	0.29
latch: cache buffers lru chain	1,083	0	4	4	0.04	0.26
LGWR wait for redo copy	5,232	0	4	1	0.18	0.24
latch free	6,109	0	3	1	0.21	0.18
db file sequential read	378	0	3	8	0.01	0.18

Abb. 8.16: Ereignisse im Hintergrund mit den zugehörigen Wartezeiten.

8.13.4 Wait Event Histogram

In der nächsten Tabelle (siehe Abbildung 8.17) werden die *Waits* in einem Histogramm aufgelistet. Das Histogramm enthält Intervalle für die *Waits*. Jedes Intervall bezieht sich auf eine bestimmte Zeitdauer. Beispielsweise gibt es ein Intervall, das die Anzahl der *Waits* pro Ereignis misst, welche weniger als eine Millisekunde gedauert haben. In dem Intervall ist der prozentuale Anteil dieser *Waits* eingetragen. Es handelt sich hierbei um den prozentualen Anteil der eingetragenen *Waits* an der gesamten Anzahl der *Waits* des jeweiligen Ereignisses. Jede Zeile bezieht sich auf ein Ereignis. Der Name des Ereignisses steht in der ersten Spalte. In der zweiten Spate findet man die Anzahl der *Waits* für das jeweilige Ereignis. Dann folgen die Spalten für die Intervalle. Das erste Intervall enthält den prozentualen Anteil der *Waits*, welche weniger als eine Millisekunde gedauert haben. Dann folgen weitere Intervalle. Mit jedem Intervall verdoppelt sich die Dauer der *Waits*. Diese Verdoppelung endet mit dem Intervall, in welchem *Waits* erfasst werden, die weniger als 32 ms lang waren. Dann folgen noch zwei weitere Intervalle, welche den prozentualen Anteil von *Waits* enthalten, die besonders lang dauerten. Das vorletzte Intervall erfasst *Waits*, welche weniger als eine Sekunde dauerten. Das letzte Intervall erfasst schließlich diejenigen *Waits*, welche mehr als eine Sekunde dauerten. Zählt man alle prozentualen Anteile einer Zeile zusammen, dann erhält man 100 %.

Dieses Histogramm enthält beispielhaft alle Ereignisse des Vordergrunds, welche mehr als 0,10 % Anteil an der Datenbank-Zeit hatten. Diese Vordergrund-Ereignisse wurden auch bereits in einer Tabelle im vorigen Abschnitt mit den jeweils insgesamt angefallenen *Waits* für das Ereignis aufgeführt. Jedoch war dort nur die durchschnittliche Dauer eines *Wait* in ms eingetragen. Diese Tabelle liefert daher detailliertere Informationen für das jeweilige Ereignis des Vordergrunds. Denn man erhält für jedes Ereignis eine Übersicht über die Verteilung der Wartezeit für jedes Ereignis. Man sieht in der Tabelle, dass bei keinem Ereignis *Waits* dabei waren, welche mehr als eine Sekunde dauerten. Bei der Mehrheit der Ereignisse haben *Waits* mit einer Dauer von weniger als einer Millisekunde jeweils einen Anteil von mehr als 50 %. Bei vier von diesen Ereignissen ist der Anteil sogar größer als 90 %. *Waits*, welche länger als 16 ms dauerten, traten verhältnismäßig selten auf. Recht häufig vertreten waren *Waits*, welche länger als eine Millisekunde dauerten, aber weniger als 16 ms benötigten. Die Reihenfolge der Ereignisse orientiert sich an der insgesamt verbrauchten Wartezeit. Das erste aufgeführte Ereignis verbrauchte die meiste Wartezeit, auch wenn die Anzahl aller *Waits* nicht am größten ist. Jedoch gab es relativ viele lang dauernde *Waits*, so dass die zugrunde liegende Verteilung der Dauer für die *Waits* dies erkennen lässt.

Wait Event Histogram

- **Units for Total Waits column: K is 1000, M is 1000000, G is 1000000000**
- **% of Waits: value of .0 indicates value was <.05%; value of null is truly 0**
- **% of Waits: column heading of <=1s is truly <1024ms, >1s is truly >=1024ms**
- **Ordered by Event (idle events last)**

•		% of Waits							
Event	Total Waits	<1ms	<2ms	<4ms	<8ms	<16ms	<32ms	<=1s	>1s
db file sequential read	383,6K	12.4	4.5	7.2	31.0	32.5	9.5	2.9	
enq: TX - index contention	96,8K	51.4	13.4	7.9	10.7	10.4	4.3	1.9	
buffer busy waits	435,7K	91.1	3.2	2.1	1.8	1.2	.4	.2	
log file sync	27,6K	21.4	27.4	22.2	15.2	7.5	4.3	2.1	
read by other session	11,8K	19.3	10.3	13.8	24.5	21.6	7.8	2.7	
library cache: mutex X	1089,5K	98.7	.6	.0	.0	.5	.0	.0	
latch: cache buffers chains	279,1K	95.5	1.8	1.2	.8	.5	.2	.1	
SQL*Net more data from client	40	100.0	.0	.0	.0	.0	.0	.0	
log file switch (private strand flush incomplete)	320	25.1	48.5	20.4	6.1				

Abb. 8.17: Histogramm mit Anteil der Datenbank-Zeit der Ereignisse im Vordergrund.

8.13.5 Wait Event Histogram Detail

Mit Hilfe dieses Histogramms erkennt man eventuell nicht sofort diejenigen Ereignisse, welche die Laufzeit signifikant beeinflussen. Denn häufig handelt es sich hierbei um Ereignisse, die einen hohen Anteil von *Waits* haben, welche recht lange dauern. Mit dem nächsten Histogramm erhält man jedoch diesbezüglich eine detaillierte Sicht:

Wait Event Histogram Detail (64 msec to 2 sec)

- **Units for Total Waits column: K is 1000, M is 1000000, G is 1000000000**
- **Units for % of Total Waits: ms is milliseconds s is 1024 milliseconds (approximately 1 second)**
- **% of Total Waits: total waits for all wait classes, including Idle**
- **% of Total Waits: value of .0 indicates value was <.05%; value of null is truly 0**
- **Ordered by Event (only non-idle events are displayed)**

•		% of Total Waits							
Event	**Waits 64ms to 2s**	**<32ms**	**<64ms**	**<1/8s**	**<1/4s**	**<1/2s**	**<1s**	**<2s**	**>=2s**
db file sequential read	11,3K	97.1	2.4	.5	.1	.0	.0		
enq: TX - index contention	1812	98.1	1.4	.4	.1	.0			
buffer busy waits	843	99.8	.1	.1	.0	.0			
log file sync	572	97.9	1.8	.3	.0	.0			
read by other session	313	97.3	2.2	.4	.1	.0			
library cache: mutex X	21	100.0	.0	.0					
latch: cache buffers chains	295	99.9	.1	.0	.0	.0	.0		
SQL*Net more data from client	40	100.0	.0	.0	.0	.0	.0	.0	
log file switch (private strand flush incomplete)	320	25.1	48.5	20.4	6.1				

Abb. 8.18: Zeitverbrauch der Ereignisse klassifiziert in Datenbank-Zeitintervalle.

Dieses Histogramm hat den Fokus auf die länger dauernden *Waits*. Daher werden in der zweiten Spalte nur *Waits* erfasst, welche mindestens 64 ms dauerten. Wenn also in dieser Spalte für ein Ereignis ein großer Wert eingetragen ist, dann sollte dieses Ereignis detaillierter untersucht werden. In diesem Histogramm ist der größte Wert für das Ereignis *DB File Sequential Read* eingetragen. Denn 11.300 *Waits* dauerten mindestens 64 ms. Da dieses Histogramm eine Sicht auf die lange dauernden *Waits* hat, sind *Waits*, die weniger als 32 ms dauerten, nur kumuliert aufgeführt. Für das Ereignis *DB File Sequential Read* sind hier 97,1 % eingetragen. Die Zusammensetzung dieses Wertes können wir jedoch dem vorherigen Histogramm entnehmen. Dort finden wir sechs Spalten mit den Werten

$$12{,}4\,\% \qquad 4{,}5\,\% \qquad 7{,}2\,\% \qquad 31{,}0\,\% \qquad 32{,}5\,\% \qquad 9{,}5\,\%\,.$$

Die Summe dieser sechs Werte ergibt dann 97,1 % und stimmt somit mit dem kumulierten Wert in der zweiten Spalte dieses Histogramms überein.

Wenn man das vorherige Histogramm erneut hinzuzieht, kann man noch einen weiteren Wert ableiten. Dort sind nämlich insgesamt 383.600 *Waits* für das Ereignis *DB File Sequential Read* eingetragen. Wenn man davon nun die 11.300 *Waits* abzieht, welche in diesem Histogramm eingetragen sind, dann erhält man 372.300 *Waits*. Das sind diejenigen *Waits*, welche weniger als 32 ms dauerten. Dieser Wert passt also ungefähr zu dem prozentualen Eintrag von 97,1 % in der dritten Spalte dieses Histogramms. Wenn man die Werte miteinander in Beziehung setzt, muss man natürlich geringfügige Abweichungen aufgrund von Rundungsdifferenzen tolerieren.

8.14 Datenbank-Dienste

Die nächsten Kapitel beschäftigen sich mit den Diensten der Datenbanken. Zu diesen Diensten werden statistische Informationen geliefert, welche die Inanspruchnahme von Ressourcen beschreiben. Das kann beispielsweise der registrierte Zeitverbrauch der CPU für einen Dienst sein. Man erhält auch Informationen über die Wartezeiten, die auf die Dienste entfallen. Diese Wartezeiten werden klassifiziert dargestellt. Für einen Dienst können beispielsweise Wartezeiten entstehen, wenn er auf die Vollendung eines *Physical Read* warten muss.

8.14.1 Service Statistics

Die nächste Tabelle liefert Information zur Datenbank-Last, welche durch Datenbank-Dienste verursacht wurde. Die Tabelle kann daher als Einstieg genutzt werden, um Performanz-Probleme einzugrenzen. Alle verfügbaren Dienste kann man mit dem Befehl

```
SELECT * FROM DBA_SERVICES;
```

abfragen. In der Tabelle sind zwei interne Dienste enthalten. Die erste Zeile enthält den Dienst SYS$USERS. Dieser Default-Dienst wird von Benutzer-Sessions verwendet, sofern diese Sessions nicht andere Dienste benutzen. In der zweiten Zeile findet man den Dienst SYS$BACKGROUND. Dieser Dienst wird ausschließlich von Hintergrundprozessen genutzt:

Service Statistics

- ordered by DB Time

Service Name	DB Time (s)	DB CPU (s)	Physical Reads (K)	Logical Reads (K)
SYS$USERS	18,530	6,492	383	983,978
SYS$BACKGROUND	0	0	10	276

Abb. 8.19: Statistiken für die Datenbank-Dienste.

Die Tabelle zeigt, dass die meiste Last durch den Dienst `SYS$USERS` verursacht wurde. Dieser Dienst verbrauchte 18.520 Sekunden der Datenbank-Zeit. Davon entfielen 6.492 Sekunden auf die CPU. Für diesen Dienst wurden die meisten Blöcke aus der SGA mit Hilfe von *Logical Reads* geladen. Wenn ein Block nicht in der SGA verfügbar ist, wird ein *Physical Read* ausgelöst. Dann wird der Block zunächst vom permanenten Speicher in die SGA geladen. Anschließend erfolgt der *Logical Read*. Die Anzahl der *Physical Reads* ist bei beiden Diensten jedoch deutlich kleiner als die Anzahl der *Logical Reads*. Daher war der benötigte Block häufig bereits in der SGA vorhanden. Es erfolgten also oft *Logical Reads* auf Blöcken, die in der SGA vorhanden waren, so dass ein Nachladen des Blocks vom permanenten Speichermedium nicht erfolgte. Dies ist optimal, weil das Lesen der Blöcke aus der SGA sehr schnell erfolgt. Das Laden der Blöcke vom permanenten Speichermedium dauert dagegen wesentlich länger. Für den Dienst `SYS$BACKGROUND` wurde keine signifikante Datenbank-Zeit und CPU-Zeit verbraucht. Insgesamt wurden für diesen Dienst nur 10.000 Blöcke vom permanenten Speicher gelesen. Es erfolgten 276.000 *Logical Reads*. Der Dienst `SYS$USERS` verbrauchte also vor allem deshalb mehr Datenbank-Zeit, weil er deutlich mehr Blöcke lesen musste und insbesondere auch wesentlich mehr Blöcke vom externen Speicher laden musste. Dieser Dienst benötigte nämlich 383.000 Blöcke vom externen Speicher. Mit diesen Informationen kann man nun tiefer in die Optimierung der Performanz einsteigen. Dazu sollten nun die SQL-Befehle der Benutzer-Sessions analysiert werden. Die Optimierung kann das Ziel haben, diejenigen SQL-Befehle zu identifizieren, welche einen deutlichen Anteil an der Menge der *Physical Reads* haben. Dann werden Möglichkeiten geprüft, mit denen die Anzahl der *Physical Reads* reduziert werden kann. Das können technische Maßnahmen sein, indem beispielsweise die SGA erweitert wird. Das können jedoch auch Veränderungen am SQL sein, um die Anzahl der *Physical Reads* zu reduzieren. Mitunter kann man dieses Ziel schon erreichen, indem man die Struktur des SQL-Befehls verändert.

8.14.2 Service Wait Class Statistics

Die nächste Tabelle liefert weitere Detail-Information zu den Diensten. Die Tabelle stellt Statistiken zu den Wartezeit-Klassen bereit. Für eine Wartezeit-Klasse erhält man

die Wartezeit in Sekunden und die Anzahl der *Waits*. Die *Waits* werden in drei Kategorien eingeteilt:
- User-I/O-Wartezeiten
- Konkurrenz-Wartezeiten
- Netzwerk-Wartezeiten

Die User-I/O-Wartezeiten wurden durch die Session des Nutzers ausgelöst. Die Konkurrenz-Wartezeiten verursachten andere Sessions, welche somit Wartezeit beim aktuellen Nutzer verursachten. Die Netzwerk-Wartezeiten enthalten *Waits* aufgrund der Datenübertragung im SQL *Net:

Service Wait Class Stats

- **Wait Class info for services in the Service Statistics section.**
- **Total Waits and Time Waited displayed for the following wait classes: User I/O, Concurrency, Administrative, Network**
- **Time Waited (Wt Time) in seconds**

Service Name	User I/O Total Wts	User I/O Wt Time	Concurrcy Total Wts	Concurcy Wt Time	Admin Total Wts	Admin Wt Time	Network Total Wts	Network Wt Time
SYS$USERS	397300	3765	1908064	907	0	0	2663862	34
SYS$BACKGROUND	3019	9	1713	17	0	0	0	0

Abb. 8.20: Klassifizierte Wartezeiten der Datenbank-Dienste.

Die längste Wartezeit ist beim Dienst SYS$USERS für die User-I/O angefallen. Diese betrug insgesamt 3.765 Sekunden für 397.300 *Waits*. Danach folgen 907 Sekunden für 1.908.064 Konkurrenz-Wartezeiten. Die geringste Wartezeit hatte der Dienst für Netzwerk-Wartezeiten. Hier wurden 34 Sekunden für 2.663.862 Wartezeiten benötigt.

Bei dem Dienst SYS$BACKGROUND ist insgesamt deutlich weniger Wartezeit angefallen, welche sich auch lediglich auf zwei Wartezeit-Klassen verteilt. Denn für diesen Dienst wurden keine Netzwerk-Wartezeiten erfasst. Bei diesem Dienst dauerten die Konkurrenz-Wartezeiten mit 17 Sekunden für 1.713 *Waits* am längsten. Danach folgen die User-I/O-Wartezeiten mit neun Sekunden für 3.019 *Waits*.

8.15 SQL-Statistiken

Als Nächstes folgen Tabellen mit Statistiken zu den ausgeführten SQL-Befehlen. In den Tabellen sind diejenigen SQL-Befehle enthalten, welche den größten Einfluss auf die Laufzeit, die CPU-Beanspruchung und I/O-Operationen hatten.

8.15.1 Zeitverbrauch

Die nächste Tabelle enthält die SQL-Befehle, welche die meiste Datenbank-Zeit verbraucht haben. Die SQL-Befehle sind absteigend sortiert. Derjenige SQL-Befehl, der die meiste Datenbank-Zeit verbrauchte, ist in der ersten Zeile der Tabelle enthalten. Die von dem SQL-Befehl verbrauchte Zeit wird in der Spalte *Elapsed Time* erfasst. Die Zeit wird in Sekunden gemessen. Diese Spalte bestimmt die absteigende Sortierung der SQL-Befehle. Für jeden SQL-Befehl wird hier die kumulierte Zeit eingetragen. Das ist dann relevant, wenn der Befehl mehrmals ausgeführt wurde. Alle Zeiten, die bei jeder Ausführung angefallen sind, werden daher zusammengezählt und in die Spalte eingetragen. Der erste Befehl brauchte 4.962,99 Sekunden Datenbank-Zeit. Insgesamt wurde dieser Befehl zehnmal ausgeführt. Im Durchschnitt wurden für eine Ausführung 496,30 Sekunden benötigt. Dieser SQL-Befehl benötigte insgesamt 26,78 % der insgesamt verbrauchten Datenbank-Zeit:

SQL ordered by Elapsed Time

- Resources reported for PL/SQL code includes the resources used by all SQL statements called by the code.
- % Total DB Time is the Elapsed Time of the SQL statement divided into the Total Database Time multiplied by 100
- %Total - Elapsed Time as a percentage of Total DB time
- %CPU - CPU Time as a percentage of Elapsed Time
- %IO - User I/O Time as a percentage of Elapsed Time
- Captured SQL account for 128.4% of Total DB Time (s): 18,530
- Captured PL/SQL account for 40.5% of Total DB Time (s): 18,530

Ela psed Time (s)	E xecut ions	El apsed Time per Exec (s)	% Total	% CPU	IO	SQL Id	SQL Module	SQL Text
4,962 .99	1 0	496 .30	26.7 8	5 2.05	.27	8fa33pju82y k0	nvsbt1ap1.bvk.int_PR_INX_05_006F_ 5079131006_1443	BEGIN :1 := PLF_FAEL.Selekti on...
3,334 .10	5, 481	0.6 1	17.9 9	2 3.81	5.30	96fgwvcdz3 ymc	nvsbt1ap1.bvk.int_PR_INX_05_006F_ 5079131009_1443	Insert Into PLF_BUCHUNG (AUDIT...

Abb. 8.21: Datenbank-Zeitverbrauch der SQL-Befehle.

Für den SQL-Befehl wurden 52,05 % der verbrauchten DB-Zeit von der CPU beansprucht. Für I/O-Operationen wurden lediglich 2,27 % der verbrauchten DB-Zeit benötigt. Die letzten drei Spaten enthalten statische Informationen aus dem *Library Cache*. Der SQL-Befehl wird dort durch eine eindeutige `ID` identifiziert. Dann folgt der Name des SQL-Moduls, welches den SQL-Befehl erstmalig ausführte. Das SQL-Modul wird bei der ersten Ausführung im *Library Cache* erfasst und dort bei weiteren Ausführungen nicht aktualisiert. Das eingetragene SQL-Modul lässt daher grundsätzlich keinen Rückschluss darauf zu, von welchem SQL-Modul die Ausführung des SQL-

Befehls ausgelöst wurde. In der Anwendung wird das SQL-Modul mit der Prozedur SET_MODULE gesetzt:

```
DBMS_APPLICATION_INFO.SET_MODULE (MODULE_NAME IN VARCHAR2, ACTION_NAME
IN VARCHAR2);
```

Zusätzlich zum Namen des Moduls kann man auch noch eine Aktion eintragen. Ein Beispiel wäre beim zweiten SQL-Befehl aus der Tabelle die Aktion INSERT INTO PLF_BUCHUNG.

In der letzten Spalte ist schließlich der Textanfang des SQL-Befehls eingetragen. Den kompletten Text erhält man, wenn man auf die ID des SQL-Befehls klickt. Dann wird zu einem Link im HTML-Dokument gesprungen, um den Text anzuzeigen.

8.15.2 Zeitverbrauch der CPU

Die nächste Tabelle setzt den Fokus auf die verbrauchte CPU-Zeit für die SQL-Befehle. Daher sind die SQL-Befehle absteigend nach der jeweils verbrauchten CPU-Zeit sortiert. Die zusätzliche Information wird mit Hilfe von zwei zusätzlichen Spalten bereitgestellt. Die erste Spalte der Tabelle enthält die von dem jeweils betroffenen SQL-Befehl insgesamt verbrauchte CPU-Zeit. Die dritte Spalte enthält die durchschnittlich verbrauchte CPU-Zeit des SQL-Befehls für eine Ausführung. Die restlichen Spalten sind bereits aus der vorigen Tabelle bekannt:

SQL ordered by CPU Time

- **Resources reported for PL/SQL code includes the resources used by all SQL statements called by the code.**
- **%Total - CPU Time as a percentage of Total DB CPU**
- **%CPU - CPU Time as a percentage of Elapsed Time**
- **%IO - User I/O Time as a percentage of Elapsed Time**
- **Captured SQL account for 113.2% of Total CPU Time (s): 6,492**
- **Captured PL/SQL account for 54.6% of Total CPU Time (s): 6,492**

C PU Time (s)	Exe cutions	C PU per Exec (s)	% Total	El apsed Time (s)	% CPU	% IO	SQL Id	SQL Module	SQL Text
2,5 83.14	10	2 58.31	39. 79	4,9 62.99	52. 05	2. 27	**8fa33p ju82yk0**	nvsbt1ap1.bvk.int_PR_INX_0 5_006F_5079131006_1443	BEGIN :1 := PLF_FAEL.S elektion...
1,0 77.04	3,375 ,244	0. 00	16. 59	1,9 36.08	55. 63	0. 00	**1a6xu8 ha4yyf8**	nvsbt1ap1.bvk.int_PR_INX_0 5_006F_5079131006_1443	SELEC T /*+ INDEX(p.PA RTX PAR_P...

Abb. 8.22: CPU-Zeitverbrauch der SQL-Befehle.

Die meiste Zeit hat der SQL-Befehl verbraucht, der in der ersten Zeile der Tabelle eingetragen ist. Das sind 2.583,14 Sekunden. Dies entspricht einem Anteil von 52,05 % der verbrauchten Datenbank-Zeit. Der Befehl wurde insgesamt zehnmal ausgeführt. Daher hat der SQL-Befehl bei einer Ausführung im Durchschnitt 258,31 Sekunden CPU-Zeit benötigt. Dieser SQL-Befehl hat auch am meisten Datenbank-Zeit verbraucht. Dies erkennt man an der vorigen Tabelle. Daher kann durch die Beschleunigung dieses Befehls die Verarbeitungszeit deutlich reduziert werden. Wenn dieser Befehl optimiert werden soll, wird daher der größte Effekt erreicht, wenn dessen CPU-Zeit signifikant reduziert wird. Es handelt sich um einen PL/SQL-Befehl. Es sollte nun geprüft werden, ob durch die Restrukturierung des PL/SQL-Befehls eine deutliche Reduzierung der Laufzeit erreicht werden kann.

8.15.3 Wartezeiten für I/O-Operationen des Nutzers

Die nächste Tabelle (siehe Abbildung 8.23) liefert zusätzliche Informationen zur User-I/O-Wartezeit. Auch hierfür gibt es wiederum zwei zusätzliche Spalten, welche die neue Information enthalten. Dies sind die erste und die dritte Spalte. In der ersten Spalte ist die User-I/O-Wartezeit eingetragen, welche der SQL-Befehl insgesamt verbrauchte. Diese Spalte bestimmt auch die Reihenfolge der SQL-Befehle. Diese werden in der Tabelle nämlich absteigend nach der verbrauchten User-I/O-Wartezeit sortiert. Der SQL-Befehl in der ersten Zeile hatte also die längste User-I/O-Wartezeit. Diese betrug 1.782,63 Sekunden. Dies entspricht einem Anteil von 72,68 % der von diesem SQL-Befehl insgesamt verbrauchten Datenbank-Zeit. Bei einer Ausführung des SQL-Befehls wurden im Durchschnitt 0,84 Sekunden User-I/O-Wartezeit benötigt. Bei diesem SQL-Befehl kann nur dann eine signifikante Reduktion der Laufzeit erreicht werden, wenn die User-I/O-Wartezeit reduziert wird. Dieser Befehl verbrauchte jedoch nicht so viel Datenbank-Zeit. Denn der SQL-Befehl in der ersten Zeile der vorigen Tabelle hat einen größeren Eintrag für die verbrauchte Datenbank-Zeit. Ebenso ist die verbrauchte CPU-Zeit deutlich höher, wenn man diese mit der User-I/O-Wartezeit des SQL-Befehls in der ersten Zeile dieser Tabelle vergleicht. Daher wird man die Laufzeit deutlicher reduzieren können, wenn es gelingt, die CPU-Zeit desjenigen SQL-Befehl zu reduzieren, der hier die meiste Datenbank-Zeit verbrauchte. Hierbei handelt es sich also um den SQL-Befehl mit der `ID 8fa33pju82yk0`. Dagegen hat der SQL-Befehl mit der `ID 9mzfsawjtgbv5` nur einen relativ geringen Eintrag für die verbrauchte CPU-Zeit. Diese entspricht nur einem Anteil von 9,80 % der verbrauchten Datenbank-Zeit.

Die drei Tabellen zeigen schon, dass die verbrauchte CPU-Zeit der SQL-Befehle den größten Einfluss auf die Laufzeit hatte. Die User-I/O-Wartezeit hatte insgesamt auf die Verarbeitung keinen so hohen Einfluss.

SQL ordered by User I/O Wait Time

- Resources reported for PL/SQL code includes the resources used by all SQL statements called by the code.
- %Total - User I/O Time as a percentage of Total User I/O Wait time
- %CPU - CPU Time as a percentage of Elapsed Time
- %IO - User I/O Time as a percentage of Elapsed Time
- Captured SQL account for 150.8% of Total User I/O Wait Time (s): 3,774
- Captured PL/SQL account for 14.1% of Total User I/O Wait Time (s): 3,774

User I/O Time (s)	Executions	UIO per Exec (s)	%Total	Elapsed Time (s)	%CPU	%IO	SQL Id	SQL Module	SQL Text
1,782.63	2,118	0.84	47.24	2,452.72	9.80	72.68	9mzfsawjtgbv5	nvsbtlap1.bvk.int_PR_INX_05_006F_5079131009_1443	Insert Into PLF_BELEG (AUDIT_A...
1,782.00	1,073,904	0.00	47.22	2,370.68	8.37	75.17	anyrqhx1qu9ts	nvsbtlap1.bvk.int_PR_INX_05_006F_5079131009_1443	INSERT INTO KTF_BELEG VALUES (...

Abb. 8.23: User-I/O-Wartezeit der SQL-Befehle.

8.15.4 Zugriffe auf den Buffer

Weitere Zeit wird für die Zugriffe auf den *Buffer Cache* verbraucht. Diese Information ist in der nächsten Tabelle eingetragen. In der ersten Spalte sind die erfolgten *Buffer Gets* für das jeweilige SQL-Statement eingetragen. Diese Spalte bestimmt auch wieder die Sortierung der SQL-Befehle innerhalb der Tabelle. Die SQL-Befehle sind nach der Anzahl der benötigten *Buffer Gets* absteigend sortiert. Die durchschnittliche Anzahl der *Buffer Gets* pro Ausführung des SQL-Befehls ist in der dritten Spalte eingetragen. In der vierten Spalte ist der prozentuale Anteil der *Buffer Gets* dieses SQL-Statements an der gesamten Anzahl der *Buffer Gets* eingetragen. Die Gesamtanzahl der *Buffer Gets* kann man im AWR-Report aus der Tabelle für die *Buffer Pool Statistics* entnehmen. Diese Tabelle wird später noch detaillierter erläutert. In der Tabelle sind insgesamt 983.528.002 *Buffer Gets* eingetragen. Der SQL-Befehl, welcher die meisten *Buffer Gets* brauchte, hat in der Tabelle einen Eintrag von 230.202.976 *Buffer Gets*. Dies entspricht ungefähr einem Anteil von 23,39 %. Dieser Wert ist in der vierten Spalte für den ersten SQL-Befehl eingetragen. Der Befehl wurde zehnmal ausgeführt. Daher benötigte er durchschnittlich 23.020.297,60 *Buffer Gets* pro Ausführung. Der prozentuale Anteil der I/O-Operationen hat nur einen sehr niedrigen Wert von 2,3 %. Der SQL-Befehl erhielt also die benötigten Datenblöcke meistens aus dem *Buffer*. Es erfolgten also in der Regel nur *Logical Reads*. *Physical Reads* fanden dagegen nur selten statt. Wenn der Anteil der *Logical Reads* vorherrscht und der prozentuale Anteil der *Physical Reads* niedrig ist, dann führt das typischerweise auch zu einer höheren Auslastung der CPU, weil die CPU nicht mehr durch die recht lange dauernden I/O-Wartezeiten blockiert wird. Um die erforderliche hohe Anzahl von *Buffer Gets* zu ermöglichen, ist eine höhere Belastung der CPU erforderlich. Der SQL-Befehl in der ersten Zeile der Tabelle hat tatsächlich einen recht hohen prozentualen CPU-Anteil von 52 %. Der prozentuale Anteil der I/O-Operationen beträgt dagegen nur 2,3 %. Dieser SQL-Befehl benötigte auch die meiste Datenbank-Zeit. Für die Laufzeit maßgebliche SQL-Befehle konnten also die benötigten Blöcke häufig aus dem *Buffer Cache* lesen. Hierbei handelt es sich um eine optimale Verarbeitung, weil damit Wartezeiten für I/O-Operationen vermieden werden, welche typischerweise die Verarbeitungsgeschwindigkeit reduzieren:

SQL ordered by Gets

- **Resources reported for PL/SQL code includes the resources used by all SQL statements called by the code.**
- **%Total - Buffer Gets as a percentage of Total Buffer Gets**
- **%CPU - CPU Time as a percentage of Elapsed Time**
- **%IO - User I/O Time as a percentage of Elapsed Time**
- **Total Buffer Gets: 984,254,767**
- **Captured SQL account for 143.2% of Total**

Buffer Gets	Executions	Gets per Exec	%Total	Elapsed Time (s)	%CPU	%IO	SQL Id	SQL Module	SQL Text
230,202,976	10	23,020,297.60	23.39	4,962.99	52	2,3	**8fa33pju82yk0**	nvsbt1ap1.bvk.int_PR_INX_05_006F_5079131006_1443	BEGIN :1 := PLF_FAEL.Selektion...
230,019,982	4,366	52,684.38	23.37	1,624.70	42,2	1,7	**d5m55m35gpwg0**	nvsbt1ap1.bvk.int_PR_INX_05_006F_5079131003_1443	BEGIN PLF_TRANSAKTION.TrxCommi...

Abb. 8.24: *Buffer Gets* der SQL-Befehle.

SQL-Befehle aus dieser Tabelle werden daher durch die Reduzierung der erforderlichen *Buffer Gets* optimiert. Daher muss die Anzahl der benötigten Blöcke reduziert werden. Dies kann durch eine Restrukturierung des SQL-Befehls erfolgen.

8.15.5 Lesezugriffe auf permanente Speichermedien

Weil Lesezugriffe auf permanente Speichermedien oft einen erheblichen Einfluss auf das Laufzeitverhalten haben, bietet Oracle die Optimierung dieser Zugriffe mit dem Smart-Flash-Cache an. In diesem Fall werden aktuell nicht benötigte Datenblöcke vom

Buffer Cache in den Smart-Flash-Cache verschoben. Dieser Cache ist auf einer SSD platziert. Wenn die Datenblöcke also später wieder benötigt werden, dann erfolgt der Lesezugriff von der SSD und nicht von der langsameren Festplatte. Datenblöcke, die vom Smart-Flash-Cache geladen werden, bezeichnet man als optimierte Lesezugriffe. Kann der benötigte Datenblock jedoch weder vom *Buffer Cache* noch vom Smart-Flash-Cache geladen werden, muss ein nicht optimierter Lesezugriff von der Festplatte erfolgen. Oracle registriert sowohl die optimierten als auch die nicht optimierten Lesezugriffe. Die Summe aus diesen beiden Zugriffsarten bildet dann die insgesamt erfolgten Lesezugriffe.

8.15.5.1 Gesamte Lesezugriffe

SQL-Befehle mit einem hohen Anteil an *Physical Reads* sind typischerweise kritisch für das Laufzeitverhalten (siehe Abbildung 8.25). Denn das Laden der erforderlichen Blöcke von einem permanenten Speicher dauert nämlich verhältnismäßig lang. Die Dauer wird natürlich vom Typ des Speichers stark beeinflusst. So können Blöcke von einer SSD schneller geladen werden als von Festplatte. Insbesondere ist bei SSDs das zeitaufwändige Positionieren des Lese-/Schreibkopfs nicht erforderlich. Jedoch dauert auch das Laden der Blöcke von SSD deutlich länger als *Logical Reads*, welche sich durch das Laden der Blöcke vom *Buffer Cache* auszeichnen. Wenn jedoch ein benötigter Block im *Buffer Cache* nicht vorhanden ist, wird ein *Physical Read* ausgelöst, um den erforderlichen Block in den *Buffer Cache* zu laden. Anschließend erfolgt der *Logical Read*, indem auf den geladenen Block im *Buffer Cache* zugegriffen wird. Die Anzahl der erfolgten *Physical Reads* für einen SQL-Befehl ist in der ersten Spalte eingetragen. Diese Spalte bestimmt wiederum die Sortierung der SQL-Befehle. Die Sortierung erfolgt nämlich absteigend nach der Anzahl der benötigten *Physical Reads*. Der SQL-Befehl in der ersten Zeile benötigte die meisten *Physical Reads*. Das waren insgesamt 177.789. Es gab 2.118 Ausführungen für diesen Befehl. Daher wurden für eine Ausführung durchschnittlich 83,94 *Physical Reads* benötigt. Diese Information ist in der dritten Spalte der Tabelle eingetragen. In den Erläuterungen zu der Tabelle findet man auch die Gesamtanzahl der *Physical Reads*. Das waren 393.564. Daher hat der SQL-Befehl daran einen Anteil von 45,17 %. Dementsprechend hoch ist auch der prozentuale Anteil der I/O-Operationen an der von dem SQL-Befehl insgesamt verbrauchten Datenbank-Zeit. Das waren 72,68 %. Dagegen verbrauchte die CPU nur 9,80 % von der benötigten Datenbank-Zeit des SQL-Befehls. Die CPU war daher aufgrund der Wartezeiten für die I/O-Operationen oft blockiert, so dass deren Anteil an der verbrauchten Datenbank-Zeit recht niedrig ist.

Bei SQL-Befehlen, welche in dieser Tabelle enthalten sind, wird der größte Optimierungseffekt erreicht, indem die Anzahl der *Physical Reads* gesenkt wird. Eine Reduzierung der *Physical Reads* kann möglicherweise durch die Vergrößerung des *Buffer Cache* erreicht werden. Mit einem vergrößerten *Buffer Cache* wird die Wahrscheinlichkeit gesteigert, dass dort ein benötigter Block bereits vorhanden ist. In diesem Fall ist

SQL ordered by Reads

- %Total - Physical Reads as a percentage of Total Disk Reads
- %CPU - CPU Time as a percentage of Elapsed Time
- %IO - User I/O Time as a percentage of Elapsed Time
- Total Disk Reads: 393,564
- Captured SQL account for 145.0% of Total

Physical Reads	Executions	Reads per Exec	%Total	Elapsed Time (s)	%CPU	%IO	SQL Id	SQL Module	SQL Text
177,789	2,118	83.94	45.17	2,452.72	9.80	72.68	9mzfsawjtgbv5	nvsbt1ap1.bvk.int_PR_INX_05_006F_5079131009_1443	Insert Into PLF_BELEG (AUDIT_A...
177,669	1,073,904	0.17	45.14	2,370.68	8.37	75.17	anyrqhx1qu9ts	nvsbt1ap1.bvk.int_PR_INX_05_006F_5079131009_1443	INSERT INTO KTF_BELEG VALUES (...

Abb. 8.25: *Physical Reads* der SQL-Befehle.

nur ein *Logical Read* erforderlich. Die Zeit für das Nachladen eines fehlenden Blocks mit einem *Physical Read* entfällt dann, so dass eine deutlich erhöhte Verarbeitungsgeschwindigkeit bei den SQL-Befehlen erwartet werden kann, wenn der prozentuale Anteil der I/O-Operationen deutlich gesenkt werden kann. In den zwei Einträgen der Tabelle erkennt man, dass die prozentualen Anteile der I/O-Operationen sogar größer als 70 % sind. Der größte Anteil für die Bearbeitung dieser SQL-Befehle wird daher durch benötigte Blöcke ausgelöst, welche im *Buffer Cache* nicht vorhanden sind.

8.15.5.2 Nicht optimierte Lesezugriffe

Auch die nächste Tabelle (siehe Abbildung 8.26) enthält Informationen zu den *Physical Reads*. Die *Reads* werden jedoch noch zusätzlich in optimierte *Reads* und nicht optimierte *Reads* unterschieden. *Physical Reads* können mit dem Datenbank-Smart-Flash-Cache optimiert werden, welcher ausschließlich mit dem Betriebssystem „Oracle-Linux®“ zur Verfügung gestellt wird. Beispielsweise arbeitet das *Oracle Exadata Database System* mit Oracle-Linux®. Zusätzlich bietet das *Oracle Exadata Database System* den *Cell Smart Flash Cache* an, mit dem ebenfalls eine Optimierung der *Physical Reads* erreicht wird. Bei einem Smart-Flash-Cache handelt es sich um einen Sekundärspeicher, der auf SSD platziert ist. Er erweitert den *Buffer Cache*, welcher den Primärspeicher repräsentiert, der im Hauptspeicher lokalisiert ist. Wenn Blöcke aus

SQL ordered by Physical Reads (UnOptimized)

- UnOptimized Read Reqs = Physical Read Reqts - Optimized Read Reqs
- %Opt - Optimized Reads as percentage of SQL Read Requests
- %Total - UnOptimized Read Reqs as a percentage of Total UnOptimized Read Reqs
- Total Physical Read Requests: 393,547
- Captured SQL account for 145.0% of Total
- Total UnOptimized Read Requests: 393,547
- Captured SQL account for 145.0% of Total
- Total Optimized Read Requests: 1
- Captured SQL account for 0.0% of Total

UnOptimized Read Reqs	Physical Read Reqs	Executions	UnOptimized Reqs per Exec	%Opt	%Total	SQL Id	SQL Module	SQL Text
177,789	177,789	2,118	83.94	0.00	45.18	9mzfsawjtgbv5	nvsbt1ap1.bvk.int_PR_INX_05_006F_5079131009_1443	Insert Into PLF_BELEG (AUDIT_A...
177,667	177,667	1,073,904	0.17	0.00	45.15	anyrqhx1qu9ts	nvsbt1ap1.bvk.int_PR_INX_05_006F_5079131009_1443	INSERT INTO KTF_BELEG VALUES (...

Abb. 8.26: *Unoptimized Physical Reads* der SQL-Befehle.

dem *Buffer Cache* verdrängt werden müssen, werden diese auf den Sekundärspeicher verlagert. Wenn dann ein *Physical Read* einen Block aus dem Sekundärspeicher lädt, handelt es sich um einen optimierten *Read*, weil der Block vom Sekundärspeicher schneller geladen werden kann als von einem permanenten Speichermedium. Jedoch dauert auch das Laden der Blöcke vom Sekundärspeicher noch deutlich länger als *Logical Reads* aus dem *Buffer Cache*. Primärspeicher und Sekundärspeicher sind beide flüchtige Speichermedien. Denn diese Speicher werden beim Stoppen der Datenbank geleert.

Diese Tabelle liefert die Informationen über die optimierten *Reads*, wenn das Datenbank-System über einen Smart-Flash-Cache verfügt. Die Tabelle unterscheidet daher nach optimierten und nicht optimierten *Reads*. Die nicht optimierten *Reads* erfolgen vom permanenten Speicher und sind in der ersten Spalte aufgeführt. Die Einträge in der ersten Spalte haben den größten Einfluss auf die Laufzeit des SQL-Befehls. Diese Spalte bestimmt daher die absteigende Reihenfolge der SQL-Befehle in der Tabelle. In der nächsten Spalte sind alle *Physical Reads* eingetragen. Hierbei handelt es sich jeweils um die Summe der *Physical Reads* vom permanenten Speicher und aus dem Sekundärspeicher. In der vierten Spalte sind nur die *Physical Reads* vom permanenten Speicher gezählt. Es handelt sich um die durchschnittliche Anzahl von nicht optimierten *Reads*, welche für eine Ausführung des SQL-Befehls benötigt werden. Die fünfte Spalte enthält den prozentualen Anteil der optimierten *Reads* an der Menge aller *Physical Reads*, welche für den jeweiligen SQL-Befehl benötigt werden. In der sechsten Spalte ist der prozentuale Anteil der nicht optimierten *Reads* des jeweiligen SQL-Befehls eingetragen. Dieser Anteil berechnet sich von der Menge der insgesamt ausgeführten nicht optimierten *Reads*.

Die nicht optimierten SQL-Befehle haben den größten Anteil an der Laufzeit des jeweiligen SQL-Befehls. Daher kann diese Laufzeit deutlich gesenkt werden, wenn für diese SQL-Befehle die *Unoptimized Physical Reads* gesenkt werden. Dies kann möglicherweise durch eine Vergrößerung des Smart-Flash-Cache erreicht werden, weil die Blöcke aus diesem Sekundärspeicher schneller geladen werden können, so dass diese optimierten *Physical Reads* schleuniger erfolgen können.

8.15.6 Anzahl der Ausführungen

In der nächsten Tabelle liegt der Fokus auf der Anzahl der Ausführungen für den jeweiligen SQL-Befehl. Die Anzahl der Ausführungen ist in der ersten Spalte der Tabelle eingetragen. Diese Spalte bestimmt die absteigende Sortierreihenfolge der SQL-Befehle. In der ersten Zeile ist also der SQL-Befehl mit den meisten Ausführungen eingetragen. In der zweiten Spalte stehen die verarbeiteten Datensätze des SQL-Befehls. Dieser Wert wurde durch die Addition der Ergebnismenge jeder Ausführung berechnet. In der dritten Spalte ist die durchschnittliche Ergebnismenge pro Ausführung eingetragen:

SQL ordered by Executions

- %CPU - CPU Time as a percentage of Elapsed Time
- %IO - User I/O Time as a percentage of Elapsed Time
- Total Executions: 49,110,265
- Captured SQL account for 95.4% of Total

Executions	Rows Processed	Rows per Exec	Elapsed Time (s)	%CPU	%IO	SQL Id	SQL Module	SQL Text
8,686,513	8,513,259	0.98	497.95	52,5	0	63tvwwxgz7yba	nvsbt1ap1.bvk.int_PR_INX_05_006F_5079131006_1443	SELECT * FROM (SELECT /*+ FIR...
6,486,610	6,462,264	1.00	344.68	54	0	gkvd1q8pn0vgd	nvsbt1ap1.bvk.int_PR_INX_05_006F_5079131006_1443	SELECT /*+ FIRST_ROWS(1) */ RO...

Abb. 8.27: Ausführungen der SQL-Befehle.

In der Tabelle sind für den SQL-Befehl in der ersten Zeile 8.686.513 Ausführungen eingetragen. Der SQL-Befehl hat insgesamt 8.513.259 Datensätze verarbeitet. Im Durchschnitt hatte der SQL-Befehl eine Ergebnismenge von 0,98 Zeilen pro Ausführung. Dieser Wert wird berechnet, indem die verarbeiteten Zeilen durch die Anzahl der Ausführungen geteilt werden. Eine mögliche Optimierung dieser SQL-Befehle kann auf die Reduzierung der Ausführungen ausgerichtet sein. Wenn beispielsweise eine Applikation mehrmals einen SQL-Befehl zur Selektion von Adressen ausführt, welcher als Filterkriterium den Ort verwendet, dann kann die Anzahl der Ausführungen reduziert werden, indem die Filterkriterien zusammengefasst werden. Wenn also die Filterkriterien `HAMBURG` und `MÜNCHEN` verwendet werden, kann man den SQL-Befehl zweimal mit jeweils einem Filterkriterium aufrufen oder einmal mit beiden Filterkriterien. Natürlich muss man bei der Optimierung prüfen, ob die Zusammenfassung der Filterkriterien mit der Verarbeitungslogik der Anwendung vereinbar ist. Mit Hilfe der Ergebnismengen kann man auch die fachliche Korrektheit der SQL-Befehle validieren. Man muss dazu die eingetragenen Ergebnismengen mit den erwarteten Ergebnismengen vergleichen. Wenn man dabei Differenzen feststellt, muss man die Ursache für die Differenz identifizieren und dann die entsprechenden Maßnahmen einleiten, um die Differenzen zu beseitigen. In den Erläuterungen zu der Tabelle findet man noch die Information, dass es insgesamt 49.110.265 Ausführungen gab. Davon sind 95,4 % der Ausführungen in der Tabelle erfasst.

8.15.7 Anzahl der Parser-Aufrufe

Die nächste Tabelle (siehe Abbildung 8.28) sortiert die SQL-Befehle absteigend nach der Anzahl der Parser-Aufrufe. Diese sind in der ersten Spalte der Tabelle eingetragen. Der SQL-Befehl mit den meisten Parser-Aufrufen ist daher in der ersten Zeile der Tabelle eingetragen. In der zweiten Spalte ist die Anzahl der Ausführungen für den jeweiligen SQL-Befehl eingetragen. Die dritte Spalte enthält den prozentualen Anteil der Parser-Aufrufe. Hierbei handelt es sich um den Anteil an den insgesamt erfassten Parser-Aufrufen. Diese sind in den Erläuterungen zu der Tabelle eingetragen und haben einen Wert von 664.107 Parser-Aufrufen.

Der SQL-Befehl in der ersten Zeile hat 5.705 Parser-Aufrufe. Dies entspricht einem Anteil von 0,86 % an den insgesamt erfassten Parser-Aufrufen. Die Anzahl der Parser-Aufrufe kann reduziert werden, wenn die Möglichkeit besteht, einen SQL-Befehl mit Hilfe von Binde-Variablen zu parametrisieren. Die Anzahl der Parser-Aufrufe kann auch reduziert werden, wenn der Parameter `SHARED_POOL_SIZE` vergrößert wird. Ein größerer *Shared Pool* vermeidet einen Verdrängungseffekt. Die Ergebnisse der Parser-Aufrufe werden im *Shared Pool* gespeichert. Ein großer *Shared Pool* verhindert dann, dass diese Ergebnisse von nachfolgenden Parser-Aufrufen verdrängt werden.

SQL ordered by Parse Calls

- **Total Parse Calls: 664,107**
- **Captured SQL account for 28.2% of Total**

Parse Calls	Executions	%Total Parses	SQL Id	SQL Module	SQL Text
5,705	5,824	0.86	**7b213q3gw958c**	nvsbt1ap1.bvk.int_PR_INX_05_006F_507913 1003_1443	INSERT INTO PRO_ERWTRANSAKTION...
4,368	2,805,919	0.66	**fy4n8f5wjcbp4**	nvsbt1ap1.bvk.int_PR_INX_05_006F_507913 1009_1443	SELECT /*+ FIRST_ROWS(1) */ KO...

Abb. 8.28: Parser-Aufrufe der SQL-Befehle.

8.15.8 Liste der analysierten SQL-Befehle

Die SQL-Statistiken werden im AWR-Report durch eine Tabelle abgeschlossen, in welche alle vorher referenzierten SQL-Befehle eingetragen sind. In den vorausgehenden Tabellen erfolgte die Identifizierung der SQL-Befehle mit deren SQL-IDs. Ein SQL-Befehl wird mit der `ID` eindeutig identifiziert. Die `ID` ist im LC eingetragen.

Complete List of SQL Text

SQL Id	SQL Text
fy4n8f5wjcbp4	SELECT /*+ FIRST_ROWS(1) */ KONTX.TRX_ADT_FTRX_ID , KONTX.TRX_ADT_SICHTBAR_FLAG FROM KTF_KONTO_TRX KONTX WHERE KONTX.KONTK_ID = :B4 AND 1 = (CASE WHEN KONTX.TRX_ADT_SICHTBAR_FLAG = :B1 OR KONTX.TRX_ADT_ETRX_ID = :B3 AND KONTX.TRX_ADT_FTRX_ID <= :B2 THEN 1 ELSE 0 END) ORDER BY KONTX.KONTK_ID DESC, DECODE(KONTX.TRX_ADT_SICHTBAR_FLAG, :B1 , 1, 0) ASC, KONTX.TRX_ADT_FTRX_ID DESC

Abb. 8.29: Texte der SQL-Befehle.

In dieser Tabelle ist zu jeder `ID` der zugehörige SQL-Text vollständig in der zweiten Spalte eingetragen (siehe Abbildung 8.29). Somit erhält man detaillierte Information zu jedem SQL-Befehl, der im Fokus der Analyse ist.

8.16 Aktivität der Datenbank-Instanz

Im nächsten Abschnitt erhält man Informationen zu den Aktivitäten auf der Datenbank-Instanz. Die Tabelle besteht aus vier Spalten. Die erste Spalte enthält den Namen der Aktivität. In der zweiten Spalte ist die insgesamt angefallene Menge für die jeweilige Aktivität eingetragen. In den beiden letzten Spalten ist die Menge eingetragen, welche pro Sekunde oder pro Transaktion gemessen wurde:

Instance Activity Stats

- **Ordered by statistic name**

Statistic	Total	per Second	per Trans
consistent gets	512,330,046	71,070.41	17,432.71
physical reads	393,564	54.60	13.39
redo blocks written	78,612,128	10,905.07	2,674.88
table fetch by rowid	116,986,157	16,228.32	3,980.6
table scan blocks gotten	1,791,815	248.56	60.97

Abb. 8.30: Statistik über die Aktivitäten der Datenbank-Instanz.

In der Tabelle sind fünf ausgewählte Aktivitäten enthalten. Die erste Aktivität liefert die Anzahl der Blöcke, welche mit logischen I/O-Operationen gelesen wurden. Die zweite Aktivität liefert die Anzahl der Blöcke, die mit *Physical Reads* geladen wurden. Die nächste Aktivität betrifft die Anzahl der Blöcke, welche mit *Redo Log Files* aufgezeichnet wurden. Bei der vorletzten Aktivität sind Blöcke eingetragen, welche aus einer Tabelle mit Hilfe der `ROWID` gelesen wurden. Die `ROWID` wird dazu vorher mit einem Indexzugriff ermittelt. In der letzten Spalte ist die Anzahl der Blöcke eingetragen, die mit *Full Table Scans* gelesen wurden.

8.16.1 Absolute Werte der Aktivitäts-Klassen

Die nächste Tabelle (siehe Abbildung 8.31) liefert Information zu den Aktivitäten der Instanz. Die Tabelle hat fachliche Berührungspunkte zu den *Views* `V$SYSSTAT` und `V$SESSTAT`. Die Tabelle hat drei Spalten. In der ersten Spalte ist der Name der Aktivität eingetragen. Die zweite Spalte enthält den Wert zum Startzeitpunkt. In der dritten Spalte ist der Wert zum Endzeitpunkt eingetragen. Zwischen diesen beiden Werten sollte keine Differenz gebildet werden.

Die Zeile mit dem Eintrag für *Logons Current* hat Bezug zu der *View* `V$SYSSTAT`. Die anderen Zeilen haben Bezug zu der Zeile `V$SESSTAT`.

In der ersten Spalte ist der maximal gemessene Verbrauch einer Session für PGA eingetragen. In der zweiten Spalte ist die Anzahl der Treffer für den Session-Cursor-Cache eingetragen. Wenn ein Treffer erzielt wurde, dann war kein *Reparsing* des be-

Instance Activity Stats - Absolute Values

- **Statistics with absolute values (should not be diffed)**

Statistic	Begin Value	End Value
session pga memory max	2,322,380,992	2,973,327,520
session cursor cache count	138,329	139,371
session uga memory	2,423,188,378,792	2,440,717,674,240
opened cursors current	213	3,133
logons current	44	53
session uga memory max	24,196,625,336	24,832,424,728
session pga memory	1,012,447,424	1,375,340,800

Abb. 8.31: Statistik über die Aktivitäten zu Beginn und zum Ende des Snapshot.

troffenen SQL-Befehls erforderlich. Die dritte Zeile bezieht sich auf den Speicherverbrauch der Sessions für UGA (*User Global Area*). Die UGA ist Teil der PGA. Die UGA wird für Sortieroperationen und *Hash Join Operations* benötigt. In der vierten Zeile ist die Anzahl der gleichzeitig geöffneten Cursors eingetragen. In der fünften Zeile sind die gleichzeitigen Logins erfasst. In der vorletzten Zeile ist der maximale Verbrauch einer Session für die UGA eingetragen. In der letzten Spalte ist der Speicher-Verbrauch der Sessions für PGA eingetragen.

8.16.2 Aktivität der Threads

Die nächste Tabelle (siehe Abbildung 8.32) zählt die *Log Switches*. Bei einem *Log Switch* endet das Schreiben in eine *Redo Log Group*. Es beginnt dann das Schreiben in eine neue *Redo Log Group*. Es findet ein automatischer *Log Switch* statt, wenn die *Redo Log Group* voll ist. Der *Log Switch* kann jedoch auch manuell erzwungen werden. Dies kann beispielsweise durch einen *Cron Job* periodisch erfolgen. Die Tabelle besteht aus drei Spalten. In der ersten Spalte steht der Name der Aktivität. In der zweiten Spalte sind die *Log Switches* eingetragen, welche während der Zeitdauer des Snapshot stattgefunden haben. In der dritten Spalte stehen die *Log Switches*, welche pro Stunde im Durchschnitt stattgefunden haben.

In dieser Tabelle sind 80 *Log Switches* eingetragen. Diese wurden insgesamt während der Zeitdauer des Snapshot gezählt. Der Snapshot erstreckt sich über einen Zeitraum von ca. zwei Stunden. Daher haben pro Stunde im Durchschnitt knapp 40 *Log Switches* stattgefunden. Dies ist grundsätzlich ein recht hoher Wert. In diesem Beispiel

Instance Activity Stats - Thread Activity

- **Statistics identified by '(derived)' come from sources other than SYSSTAT**

Statistic	Total	per Hour
log switches (derived)	80	39.95

Abb. 8.32: Statistik der Threads.

ist der Wert durch manuell erzwungene *Log Switches* zu erklären, welche durch einen *Cron Job* periodisch ausgelöst wurden.

8.17 I/O-Operations-Statistiken

Es folgen nun Tabellen zu I/O-Statistiken. In den Tabellen werden lesende und schreibende Operationen auf Dateien und *Tablespaces* dargestellt. Die Operationen werden von Oracle-Funktionen ausgelöst, welche ebenfalls dargestellt werden.

8.17.1 Klassifikation der I/O-Operationen nach Datenbank-Funktionen

Die nächste Tabelle liefert Information zu den Statistiken von Datenbank-Funktionen für I/O-Operationen. Die erste Spalte enthält den Namen der Datenbank-Funktion. In der zweiten Spalte steht die gelesene Datenmenge. In der dritten Spalte stehen die *IOPS Read Requests*. In der vierten Spalte findet man das pro Sekunde gelesene Datenvolumen. Die fünfte Spalte enthält das geschriebene Datenvolumen. Dann folgt eine Spalte für die *IOPS Write Requests*. Das pro Sekunde durchschnittlich geschriebene Datenvolumen findet man in der siebten Spalte. In der achten Spalte werden die *I/O Waits* eingetragen. Die durchschnittliche Zeitdauer eines *Wait* findet man in der letzten Spalte. In der ersten Zeile ist die Datenbank-Funktion DBWR eingetragen. Hierbei handelt es sich um den *Database Writer*. Das ist ein Hintergrundprozess, der Datenblöcke von der SGA in Oracle-Datenbank-Dateien abspeichert. Die dritte Zeile bezieht sich auf den *Log Writer*. Dieser Hintergrundprozess schreibt Datenblöcke aus dem *Redo Log Buffer* in *Redo Log Files*. In der nächsten Zeile ist die Anzahl der *Reads* eingetragen, bei denen die Datenblöcke vom permanenten Speicher in den *Buffer Cache* geladen wurden. Dann folgen *Direct Reads*. Hier werden die Blöcke vom permanenten Speicher direkt in den Programmspeicher PGA geladen. Die nächste Zeile bezieht sich auf die Lese- und Schreibaktivität des RMAN. Dann folgen die *Direct Writes*. Mit einem *Direct Write* werden Datenblöcke vom Programmspeicher (PGA) direkt in die Datenbank-Dateien geschrieben. In der letzten Zeile werden die Werte der Spalte dann summiert präsentiert:

IOStat by Function summary

- **'Data' columns suffixed with M,G,T,P are in multiples of 1024 other columns suffixed with K,M,G,T,P are in multiples of 1000**
- **ordered by (Data Read + Write) desc**

Function Name	Reads: Data	Reqs per sec	Data per sec	Writes: Data	Reqs per sec	Data per sec	Waits: Count	Avg Tm(ms)
DBWR	0M	0.00	0M	93,8G	1264.04	13,3196	0	
Others	38,1G	9.33	5,41867	37,8G	6.85	5,36721	34,3K	1.17
LGWR	22M	0.24	,003051	75G	38.53	10,6534	71,7K	5.04
Buffer Cache Reads	2,9G	53.19	,415605	0M	0.00	0M	383,3K	9.14
Direct Reads	78M	1.39	,010820	10M	0.18	,001387	0	
RMAN	26M	0.25	,003606	18M	0.16	,002496	2384	0.88
Direct Writes	0M	0.00	0M	22M	0.39	,003051	0	
TOTAL:	41,2G	64.40	5,85176	206,6G	1310.16	29,3471	491,6K	7.94

Abb. 8.33: Statistik der Threads.

8.17.2 Klassifikation der I/O-Operationen nach betroffenen Datei-Typen

Die nächste Tabelle ist ähnlich strukturiert wie die Tabelle für die I/O-Funktionen. Jedoch sind in dieser Tabelle die Namen der Dateien eingetragen, die von den I/O-Operationen betroffen sind. Diese Eintragungen erfolgen in der ersten Spalte. Dann folgen zunächst Spalten, deren Bedeutung mit der vorausgehenden Tabelle übereinstimmt. Die letzten beiden Spalten sind jedoch neu. In beiden Spalten ist der Zeitverbrauch für einen *Read* in ms eingetragen. In der vorletzten Spalte ist die durchschnittliche Zeitdauer für den *Read* eines Single-Blocks eingetragen. In der letzten Spalte ist die durchschnittliche Zeitdauer für den *Multi Block Read* eingetragen. Vergleichbare Eintragungen findet man in der *View* `V$IOSTAT_FILE`. In der ersten Zeile sind die I/O-Operationen für *Redo Log Files* eingetragen. Danach folgen in der nächsten Spalte die gemessenen Werte für die Datendateien. Dann folgen erneut Eintragungen für Logdateien. Diesmal handelt es sich um *Archive Logs*. *Archive Log Files* sind bereits archivierte *Redo Log Files*. Die *Archive Log Files* entstehen bei einem *Log Switch*. Bei einem *Log Switch* werden die vollen *Redo Log Files* als *Archive Log Files* archiviert. Es werden neue *Redo Log Files* erzeugt, welche dann beim Betrieb der Datenbank mit Datenblöcken gefüllt werden. Danach folgt in der Tabelle eine Zeile für die Steuerungsdatei. Jede Datenbank benötigt eine Steuerungsdatei. Hierbei handelt es sich um eine kleine Binärdatei, in welcher die Struktur der Datenbank aufgezeichnet wird. Die Steuerungsdatei enthält folgende Eintragungen:

- Datenbank-Name
- Namen und Speicherorte der Datendateien und der *Redo Log Files*
- Zeitstempel der Datenbank-Erzeugung
- die aktuelle Log-Sequenz-Nummer
- Informationen zu Kontrollpunkten

In der letzten Zeile ist die jeweilige Summe der Einträge einer Spalte eingetragen:

IOStat by Filetype summary

- 'Data' columns suffixed with M,G,T,P are in multiples of 1024 other columns suffixed with K,M,G,T,P are in multiples of 1000
- Small Read and Large Read are average service times, in milliseconds
- Ordered by (Data Read + Write) desc

Filetype Name	Reads: Data	Reqs per sec	Data per sec	Writes: Data	Reqs per sec	Data per sec	Small Read	Large Read
Log File	37,5G	5.46	5,33336	75G	38.29	10,6495	2.88	10.94
Data File	3G	54.67	,427673	93,8G	1265.06	13,3287	9.37	
Archive Log	1M	0.02	,000138	37,5G	5.34	5,33322	5.44	
Control File	659M	4.26	,091416	291M	1.92	,040367	0.74	19.65
TOTAL:	41,2G	64.41	5,85259	206,6G	1310.61	29,3518	8.74	11.00

Abb. 8.34: I/O der Datei-Typen.

8.17.3 Klassifikation der I/O-Operationen nach Funktionen und Dateien

In der nächsten Tabelle sind die I/O-Operationen für die Datenbank-Funktionen und Dateien zusammengefasst. Für jede Funktion und Datei gibt es jeweils eine Zeile. Die Zeile für die Datenbank-Funktion bildet dabei die Summe über die I/O-Operationen der zugehörigen Dateien. Nur für die letzte Spalte wird keine Summe gebildet, weil hier die durchschnittliche Dauer des *I/O Wait* eingetragen ist. Daher wird in dieser Spalte bei der Datenbank-Funktion der Durchschnittswert eingetragen. In der folgenden Tabelle gibt es drei Zeilen mit dem Eintrag RMAN. Die erste Zeile betrifft die Datenbank-Funktion RMAN. Die beiden dann folgenden Zeilen beziehen sich auf die beiden Dateien *Control File* und *Archive Log*. Für die Datenbank-Funktion ist in der zweiten Spalte 26M eingetragen. Die Datei *Control File* hat den Wert 25M für die Menge der gelesenen Daten und die Datei *Archive Log* hat den Eintrag 1M. Wenn man also diese beiden Werte addiert, erhält man den Wert für die Datenbank-Funktion *RMAN*. Diese Berechnung der Summe erfolgt ebenso für die folgenden Spalten. Nur bei der letzten Spalte wird der Wert für die Datenbank-Funktion auf andere Weise berechnet. Dazu wird die durchschnittliche Dauer des *I/O Wait* der Datei mit der Anzahl der *Waits* multipliziert. Diese Multiplikation erfolgt für jede Datei, welche der Datenbank-Funktion zugeordnet ist. Alle Ergebnisse dieser Multiplikationen werden addiert. Das Ergebnis dieser Addition muss dann noch dividiert werden. Für diese Division müssen die *Waits* zusammengezählt werden, welche bei den Dateien eingetragen sind. Für die Datenbank-Funktion RMAN wird die durchschnittliche Dauer eines *I/O Wait* daher mit der folgenden Formel ermittelt:

$$\frac{1.646 \times 0{,}4 + 160 \times 5{,}44}{1.646 + 160} \approx 0{,}84\,. \tag{8.1}$$

Das bedeutet also, dass insgesamt für die Datenbank-Funktion RMAN 1.806 *Waits* angefallen sind, welche im Durchschnitt 0,84 ms dauerten. Gleichwohl dauerten die *I/O Waits* für die Datei *Archive Log* wesentlich länger. Für diese Datei sind 5,44 ms eingetragen. Bei dieser Datei gab es jedoch nur wenige *Waits*, so dass die durchschnittliche Dauer eines *Wait* für die Datenbank-Funktion deutlich unter dem Wert von 5,44 ms liegt:

IOStat by Function/Filetype summary

- **'Data' columns suffixed with M,G,T,P are in multiples of 1024 other columns suffixed with K,M,G,T,P are in multiples of 1000**
- **Ordered by (Data Read + Write) desc for each function**

Function/File Name	Reads: Data	Reqs per sec	Data per sec	Writes: Data	Reqs per sec	Data per sec	Waits: Count	Avg Tm(ms)
RMAN	26M	0.25	,003606	18M	0.16	,002496	1806	0.84
RMAN (Control File)	25M	0.23	,003467	18M	0.16	,002496	1646	0.40
RMAN (Archive Log)	1M	0.02	,000138	0M	0.00	0M	160	5.44
Direct Writes	0M	0.00	0M	22M	0.39	,003051	0	
Direct Writes (Data File)	0M	0.00	0M	22M	0.39	,003051	0	

Abb. 8.35: I/O der Funktionen.

8.17.4 I/O-Operationen der Tablespaces

Als Nächstes folgt eine Tabelle, in der die I/O-Operationen der *Tablespaces* eingetragen sind. Die *Tablespaces* sind absteigend sortiert. Als Sortierkriterium wird die Summe aus den *Reads* und *Writes* verwendet. Diese Werte sind in den beiden Spalten 2 und 6 eingetragen. In der ersten Spalte ist der Name des *Tablespace* eingetragen. Dann folgt die Anzahl der *Reads* für diesen *Tablespace*. In der nächsten Spalte ist eingetragen, wie viele *Reads* pro Sekunde im Durchschnitt erfolgten. Danach erhält man in der vierten Spalte die durchschnittliche Dauer eines *Read* in ms. In der fünften Spalte erhält man die durchschnittliche Anzahl der Blöcke, welche mit einem *Read* geladen wurden. Dann folgt in der sechsten Spalte die Anzahl der *Writes* für den *Tablespace*. In der siebten Spalte ist die durchschnittliche Anzahl der *Writes* pro Sekunde eingetragen. Dann folgt die Anzahl der *Buffer Waits*. *Buffer Waits* werden verursacht, wenn eine Session auf einen Block zugreifen will, welcher durch eine andere Session gesperrt ist. Die Sperre wird von einer Session für den Block gesetzt, wenn die Session den Block in den *Buffer* lädt oder die Session den Block verändert. Durch die Sperre wird gewährleistet, dass die anderen Sessions nicht auf einen inkonsistenten Status des Blocks zugreifen. *Buffer Waits* sollten weniger als eine Millisekunde dauern. Daher verursachen *Buffer Waits* erst dann Laufzeitprobleme, wenn es eine sehr große Anzahl von *Buffer Waits* gibt. In der letzten Spalte ist schließlich die durchschnittliche Dauer eines *Buffer Wait* für den *Tablespace* eingetragen. Wenn dort Werte eingetragen sind, welche größer als eine Millisekunde sind, dann muss man die Ursache für die ungewöhnlich lange Dauer des *Wait* ermitteln. In diesen Tabellen-Einträgen ist das jedoch nicht der Fall. Die *Buffer Waits* dauern im Durchschnitt weniger als eine Millisekunde.

In der ersten Zeile ist der *Tablespace* `FUT10_I_1` eingetragen. Dieser *Tablespace* wurde durch den Benutzer angelegt. Dort werden Indizes für eine Anwendung gespeichert. Es wurden 346.492 Indexblöcke aus dem *Tablespace* gelesen. Im Durchschnitt wurden 48 Indexblöcke pro Sekunde gelesen. Der Snapshot des AWR-Reports erstreckte sich über einen Zeitraum von 120,15 Minuten. Das sind 7.209 Sekunden. Nun muss man die Anzahl der *Reads* durch diesen Wert teilen:

$$\frac{346.492\,\text{Reads}}{7.209\,\text{Seconds}} \approx 48\,\frac{\text{Reads}}{\text{Second}}\,. \tag{8.2}$$

Das Laden eines Blockes dauerte im Durchschnitt 9,45 ms:

Tablespace IO Stats

- **ordered by IOs (Reads + Writes) desc**

Tablespace	Reads	Av Reads/s	Av Rd(ms)	Av Blks/Rd	Writes	Av Writes/s	Buffer Waits	Av Buf Wt(ms)
FUT10_I_1	346,492	48	9.45	1.00	6,988,428	969	363,953	0.87
UNDO1	340	0	0.59	1.00	1,415,875	196	50,147	0.64
FUT10_T_1	44,590	6	8.73	1.00	712,345	99	51,008	0.62
SYSAUX	314	0	3.50	1.00	1,738	0	0	0.00

Abb. 8.36: I/O der *Tablespaces*.

Diese recht lange Ladezeit wurde durch die Festplatte verursacht. Weil diese vor dem Laden der Blöcke zunächst den Lese-/Schreibkopf positionieren muss. Im Durchschnitt wurde ein Block pro *Read* geladen. Daher wurden die Blöcke ausschließlich mit *Single Block Reads* geladen. Wenn auch *Multi Block Reads* verwendet werden, dann ist ein Wert eingetragen, welcher größer als 1 ist. Für den *Tablespace* wurden 6.988.428 Indexblöcke geschrieben. Das sind 969 *Writes* in der Sekunde:

$$\frac{6.988.428 \text{ Writes}}{7.209 \text{ Seconds}} \approx 969 \frac{\text{Writes}}{\text{Second}} . \tag{8.3}$$

Für den *Tablespace* wurden 363.953 *Buffer Waits* registriert. Im Durchschnitt dauerte ein *Buffer Wait* 0,87 ms.

8.17.5 I/O-Operationen der Dateien

In der nächsten Tabelle erhält man detaillierte Information zum Laufzeit-Verhalten der *Tablespaces*. Denn die Blöcke eines *Tablespace* können auf mehrere Datenbank-Dateien verteilt werden. Daher erhält man in der Tabelle Informationen zur Performanz der Datenbank-Dateien. Dann kann man insbesondere die Performanz der Datenbank-Dateien untereinander vergleichen, wenn diese demselben *Tablespace* zugeordnet sind. Man muss die Analyse intensivieren, wenn man bei diesen Vergleichen signifikante Abweichungen feststellt. Dann muss man die Ursache für die Abweichungen ermitteln. Beispielsweise könnten die Ladezeiten für die Blöcke sich unterscheiden, wenn die Datenbank-Dateien auf Datenträgern mit unterschiedlichen Leistungsparametern platziert sind. Es könnte sich beispielsweise eine Datenbank-Datei auf einer Festplatte befinden, die wesentlich größer ist als die anderen Festplatten. Das Laden der Blöcke von dieser Datenbank-Datei kann insbesondere dann länger dauern, wenn die zu ladenden Blöcke auf der Festplatte verstreut sind. Wegen der Größe der Festplatte muss der Lese-/Schreibkopf längere Strecken zurücklegen, um die jeweilige Position auf der Festplatte zu erreichen. Dann dauert das Laden der Blöcke länger, weil die Positionierung des Lese-/Schreibkopfs länger dauert, weil dieser eine größere Strecke überwinden muss, bis er die Position erreicht hat, an welcher sich der zu ladende Block befindet. Solche Probleme kann man mit der nachfolgenden Tabelle identifizieren, um geeignete Maßnahmen einzuleiten. Stellt man also beispielsweise fest, dass das Laden der Blöcke von einer Datenbank-Datei länger dauert, weil die Festplatte zu groß ist, kann man diese Festplatte durch einen kleineren Datenträger ersetzen. Die Sortierung der Einträge in der Tabelle erfolgt nach zwei Kriterien. Das erste Sortierkriterium ist der Name des *Tablespace*. Da es jedoch mehrere Einträge für einen *Tablespace* geben kann, wird als zweites Sortierkriterium der Name der Datenbank-Datei verwendet. Die Sortierung erfolgt alphabetisch in aufsteigender Reihenfolge. Der Name des *Tablespace* steht in der ersten Spalte. Dann folgt in der zweiten Spalte der Name der Datenbank-Datei. Darauf folgen in den nächsten Spalten Einträge zu der Performanz der I/O-Operationen auf der jeweiligen Datenbank-Datei. In der dritten Spalte ist die Anzahl der *Reads* eingetragen. Dann folgt eine Spalte mit der Anzahl der *Reads*, welche durchschnittlich pro Sekunde geladen wurden. Die nächste Spalte enthält die Zeitdauer eines *Read* in ms. Dann erhält man in der nächsten Spalte die Information über die Anzahl der Blöcke, welche durchschnittlich mit einem *Read* geladen wurden. Die beiden nächsten Spalten liefern Information zu den erfolgten Schreiboperationen auf einer Datenbank-Datei. Man erhält die Anzahl der Schreiboperationen und die Dauer eines Schreibvorgangs in ms. Die nächste Spalte enthält die Anzahl aller *Buffer Waits* für die Datenbank-Datei. In der letzten Spalte ist die durchschnittliche Dauer eines *Buffer Wait* in ms eingetragen:

File IO Stats

- **ordered by Tablespace, File**

Table space	Filename	Re ads	A v Read s/s	A v Rd(m s)	A v Blks/ Rd	W rites	A v Writ es/s	Bu ffer Waits	A v Buf Wt(ms)
FUT10 _I_1	+DATAFCM1_2/fcm1_2/datafile/fut10 _i_1.263.889221797	22, 374	3	10 .00	1. 00	670, 282	9 3	36,5 09	0. 98
FUT10 _I_1	+DATAFCM1_2/fcm1_2/datafile/fut10 _i_1.264.889221401	24, 009	3	10 .04	1. 00	744, 017	1 03	35,4 98	1. 21
FUT10 _I_1	+DATAFCM1_2/fcm1_2/datafile/fut10 _i_1.265.889221037	16, 188	2	10 .10	1. 00	688, 509	9 6	37,4 94	0. 81
FUT10 _I_1	+DATAFCM1_2/fcm1_2/datafile/fut10 _i_1.266.889220681	18, 114	3	9. 25	1. 00	825, 636	1 15	16,6 04	0. 90
FUT10 _I_1	+DATAFCM1_2/fcm1_2/datafile/fut10 _i_1.267.889220315	24, 006	3	9. 40	1. 00	746, 206	1 04	24,1 52	1. 12

Abb. 8.37: I/O der *Tablespace Files*.

Die erste Zeile dieser Tabelle enthält einen Eintrag für den *Tablespace* `FUT10_I_1`. Die Datenbank-Datei hat den Namen fut10_i_1.263.889221797. Von diesem *Tablespace File* wurden 22.374 Blöcke geladen. Alle Blöcke wurden im *Single Block Read Mode* geladen, weil jeder *Read* genau einen Block enthielt. Während der Dauer des Snapshot erfolgten im Durchschnitt drei *Reads* pro Sekunde von dieser Datenbank-Datei. Der Snapshot dauerte 120,15 Minuten:

$$\frac{22.374\,\text{Reads}}{120,15 \times 60\,\text{Seconds}} \approx 3\,\frac{\text{Reads}}{\text{Second}}\,. \tag{8.4}$$

Für die Datenbank-Datei erfolgten 670.282 Schreibvorgänge. Das sind durchschnittlich 93 Schreibvorgänge pro Sekunde während der Dauer des Snapshot:

$$\frac{670.282\,\text{Writes}}{120,15 \times 60\,\text{Seconds}} \approx 93\,\frac{\text{Writes}}{\text{Second}}\,. \tag{8.5}$$

Für die Datenbank-Datei gab es 36.509 *Buffer Waits*. Im Durchschnitt dauerte ein *Buffer Wait* 0,98 ms.

8.17.6 Statistik des Buffer Pool

Als Nächstes folgt eine Tabelle zur Statistik des *Buffer Pool*. Die Anzahl der Zeilen des *Buffer Pool* hängt von den konfigurierten Pool-Typen ab. Grundsätzlich enthält die Tabelle Informationen zum Default-Pool. Zusätzlich kann auch der *Keep Pool* konfiguriert sein. Für den *Keep Pool* kann sowohl die Größe als auch der Inhalt konfiguriert werden. Bei der Konfiguration des Inhalts wird festgelegt, welche Tabellen und Indizes im *Keep Pool* gespeichert werden sollen. Diese Objekte werden im *Keep Pool* gespeichert, sobald diese erstmals in den *Buffer Cache* geladen wurden. Dann verharren die Objekte solange im *Keep Pool*, bis die Datenbank gestoppt wird. Werden die Objekte jedoch lediglich im Default-Pool gespeichert, können die zugehörigen Blöcke verdrängt werden, wenn neue Blöcke in den Default-Pool geladen werden und die Größe des Default-Pools nicht ausreicht, um alle Blöcke darin zu belassen. Diese Tabelle hat fachlichen Bezug zu der *View* `V$BUFFER_POOL_STATISTICS`.

Buffer Pool Statistics

- Standard block size Pools D: default, K: keep, R: recycle
- Default Pools for other block sizes: 2k, 4k, 8k, 16k, 32k

P	Number of Buffers	Pool Hit%	Buffer Gets	Physical Reads	Physical Writes	Free Buff Wait	Writ Comp Wait	Buffer Busy Waits
D	3,030,576	100	503,717,151	363,651	4,875,617	0	0	198,529
K	68,566,782	100	479,810,851	19,874	7,417,813	0	0	266,654

Abb. 8.38: Statistik des *Buffer Pool*.

In dem Beispiel der Abbildung 8.38 enthält die Tabelle zwei Zeilen. Die erste Zeile liefert statistische Informationen zum Default-Pool und die zweite enthält die Daten für den *Keep Pool*. In der ersten Spalte ist der Typ des Pools eingetragen. Die Eintragung enthält lediglich den ersten Buchstaben des Pools. Dann folgt in der zweiten Spalte die Anzahl der verfügbaren Blöcke für den Pool. Die dritte Spalte liefert den prozentualen Anteil der Pool-Treffer. Dabei werden die logischen *Reads* mit den physikalischen *Reads* gemäß der folgenden Formel in Beziehung gesetzt:

$$\left(1 - \frac{\text{Physical Reads}}{\text{Logical Reads}}\right) \times 100\,. \tag{8.6}$$

Bei einem physikalischen *Read* wird der Block vom permanenten Speicher geladen. Wird der Block hingegen vom *Buffer Cache* geladen, handelt es sich um einen logischen *Read*. Der *Pool Hit* hat also den Wert 100 %, wenn allenfalls eine geringfügige Anzahl von physikalischen *Reads* gezählt wurde. Dies ist in dem Beispiel der Fall, so dass die meisten benötigten Blöcke im *Buffer Cache* vorhanden und nicht erst mit einem physikalischen *Read* geladen werden mussten. Wendet man die Formel daher auf den Default-Pool an, dann ergibt sich die folgende Rechnung für den *Pool Hit*:

$$\left(1 - \frac{363.651}{503.717.151}\right) \times 100 \approx 100\,. \tag{8.7}$$

Alle erforderlichen Werte für diese Berechnung erhält man aus der vierten und fünften Spalte. Die Anzahl der logischen *Reads* steht in der vierten Spalte und die Anzahl der physikalischen *Reads* in der fünften Spalte. In der nächsten Spalte erhält man dann die Anzahl der physikalischen Schreibzugriffe für den *Buffer*. In den letzten drei Spalten erhält man Informationen zu den *Waits*. Das Ereignis *Free Buff Wait* tritt ein, wenn ein neuer Block noch nicht in den *Buffer* geladen werden kann, weil noch keine freien *Buffer Blocks* vorhanden sind. Dann werden die *Buffer Blocks* noch von *Dirty Blocks* und *Pinned Blocks* beansprucht. Auf *Pinned Blocks* wird aktuell zugegriffen. *Dirty Blocks* müssen noch in die Datenbank-Datei geschrieben werden, weil diese verändert wurden. Danach werden die *Dirty Blocks* ausgelagert. Dann endet das *Free Buff Wait* Ereignis. Denn der erforderliche freie Platz für den neuen Block ist jetzt vorhanden. Ein *Write Complete Event* tritt ein, wenn ein veralteter Block in eine Datenbank-Datei geschrieben wird. Zum Schluss folgt noch die Anzahl der *Buffer Busy Waits*. Bei diesem Ereignis kann auf den *Buffer Block* noch nicht zugegriffen werden, weil dieser noch nicht vollständig geladen ist oder von einer anderen Session verändert wird. Das Ereignis endet, wenn das Laden des Blocks abgeschlossen ist oder die Veränderung des Blocks beendet ist.

8.17.7 Checkpoint-Aktivität

Die nächste Tabelle liefert statistische Information zur Wiederherstellung der Datenbank im Fehlerfall. Diese Informationen sind auch in der *View* `V$INSTANCE_RECOVERY` enthalten. Je schneller die Datenbank wiederhergestellt werden soll, umso mehr Daten müssen während der Laufzeit der Datenbank gespeichert werden. Wenn eine schnelle Wiederherstellung erwartet wird, belastet das also die Performanz der Datenbank. Da der Fehlerfall eher die Ausnahme bleiben sollte, wird man bestrebt sein, die Performanz des Normalbetriebs zu optimieren. Dann muss man im Fehlerfall eine längere Zeit für die Wiederherstellung akzeptieren. Die erwartete Zeit in Sekunden für die Wiederherstellung wird mit dem Parameter

```
FAST_START_MTTR_TARGET
```

festgelegt. Dieser Parameter steuert den Umfang der notwendigen Aufzeichnungen, um im Fehlerfall die erwartete Wiederherstellungszeit einzuhalten. In der Tabelle werden diese erforderlichen Aufzeichnungen in der Spalte *MTTR Writes* (*Mean Time to Recover Writes*) erfasst. Hierbei handelt es sich also um die Aufzeichnungen, um die mittlere Dauer für die Wiederherstellung (*Mean Time to Recover*) zu erreichen:

Checkpoint Activity

- Total Physical Writes: 12,297,688

MTTR Writes	Log Size Writes	Log Ckpt Writes	Other Settings Writes	Autotune Ckpt Writes	Thread Ckpt Writes
0	12,248,993	0	0	40,818	0

Abb. 8.39: Statistik über Checkpoints.

Für die Wiederherstellung wird im Fehlerfall auf *Redo Log Files* zugegriffen, in welchen die Änderungen aufgezeichnet werden. Die Anzahl der erfolgten Schreibvorgänge in diese Logdateien wird in der zweiten Spalte erfasst. Die Wiederherstellung der Datenbank mit Hilfe der *Redo Log Files* ist recht langsam. Wenn eine schnellere Wiederherstellung erwartet wird, muss das mit Hilfe von Checkpoints [110, 111] erreicht werden. Bei einem Checkpoint werden neue Blöcke und geänderte Blöcke mit den Datenbank-Dateien synchronisiert. Je mehr Checkpoints vorhanden sind, desto schneller kann die Wiederherstellung erfolgen. Jedoch erfordert die Synchronisierung jeweils Schreibvorgänge, welche die Performanz der Datenbank belasten. Die Anzahl der Schreibvorgänge für diese Checkpoints wird in der dritten Spalte erfasst. Diese Schreibvorgänge werden mit den Parametern `LOG_CHECKPOINT_INTERVAL` und `LOG_CHECKPOINT_TIMEOUT` gesteuert. Mit dem Parameter `LOG_CHECKPOINT_INTERVAL` wird die Anzahl der Blöcke festgelegt, welche im *Redo Log File* ohne Unterbrechung durch einen Checkpoint aufgezeichnet werden können. Der Parameter bezieht sich auf die Größe von Blöcken des Betriebssystems.

Es erfolgt immer ein Checkpoint, wenn der Wechsel eines *Redo Log File* stattfindet. Dieses Checkpoint-Ereignis kann mit dem Parameter nicht vermieden werden. Mit dem Parameter `LOG_CHECKPOINT_TIMEOUT` wird die Anzahl der Sekunden festgelegt, welche maximal verstreichen dürfen, bis ein neuer oder geänderter Block synchronisiert werden muss. In der nächsten Spalte wird dann der Umfang der Schreibvorgänge eingetragen, welche durch andere Gründe verursacht wurden. Diese Aufzeichnungen können beispielsweise durch den Parameter `FAST_START_IO_TARGET` ausgelöst werden. Mit diesem Parameter wird die Anzahl der erforderlichen I/O-Operationen festgelegt, welche maximal für die Wiederherstellung einer Datenbank im Fehlerfall benötigt werden sollen. Der Parameter ist allerdings veraltet und sollte nicht mehr verwendet werden. In der vorletzten Spalte ist die Anzahl der Schreibvorgänge eingetragen, welche durch das automatisierte Checkpoint-Tuning verursacht wurden. Die letzte Spalte enthält die Schreibvorgänge, welche durch *Full Thread Checkpoints* verursacht werden. Bei diesem Typ von Checkpoints werden alle Blöcke einer Datenbank-Instanz synchronisiert. Dadurch unterscheidet sich der Thread-Checkpoint vom *Full Checkpoint*. Denn beim *Full Checkpoint* werden alle Datenblöcke von allen Datenbank-Instanzen synchronisiert.

8.18 Statistiken für die Optimierung der Datenbank

Es folgen nun *Advisory Statistics.* Hierzu zählen Tabellen, die Statistiken beinhalten, welche Informationen zur Optimierung der Datenbank-Konfiguration liefern.

8.18.1 Statistiken für die Wiederherstellung der Instanz

Die erste Tabelle, die zu den *Advisory Statistics* zählt, hat auch fachliche Beziehung zu der *View* V$INSTANCE_RECOVERY. Die Tabelle enthält Informationen zur Wiederherstellung der Instanz. Die Einträge beziehen sich auf den Start und das Ende des Snapshot. Dies wird in der ersten Spalte des Snapshot gekennzeichnet. Die mit B gekennzeichnete Zeile bezieht sich auf den Start. Das Ende des Snapshot wird mit E angezeigt:

Instance Recovery Stats

- **B: Begin Snapshot, E: End Snapshot**

	Targt MTTR (s)	Estd MTTR (s)	Recovery Estd IOs	Actual RedoBlks	Target RedoBlks	Log Sz RedoBlks	Log Ckpt Timeout RedoBlks	Log Ckpt Interval RedoBlks	Opt Log Sz(M)	Estd RAC Avail Time
B	173	31	277	933	1065	2488320	1065		4594	
E	79	31	850	6791	152482	2488320	152482		13486	

Abb. 8.40: Statistik über die Wiederherstellung der Instanz.

Die zweite Spalte enthält Informationen zum *Target MTTR.* Hierbei handelt es sich um die Wiederherstellungszeit, welche mit dem Parameter angestrebt wird. Dann folgt der *Estimated MTTR.* Das ist die aktuell zu erwartende Wiederherstellungszeit, welche durch die noch nicht synchronisierten Blöcke verursacht wird. Die nächste Spalte enthält *Recovery Estimated IOs.* Hier wird die Anzahl der nicht synchronisierten Blöcke eingetragen. In der nächsten Spalte folgen die aktuell erforderlichen *Redo Blocks,* die für die Wiederherstellung notwendig sind. Diese Spalte ist mit der Überschrift *Actual Redo Blocks* gekennzeichnet. Die nächste Spalte enthält die *Target Redo Blocks.* Die Einträge werden durch die Parameter LOG_CHECKPOINT_TIMEOUT und LOG_CHECKPOINT_INTERVAL gesteuert. Die eingetragene Blockanzahl stellt daher sicher, dass diese beiden konfigurierten Werte eingehalten werden können. Dann folgt die Spalte *Log Size Redo Blocks.* Hier ist die maximal mögliche Anzahl von *Redo Blocks* eingetragen, welche noch gewährleistet, dass der Wechsel eines *Redo Log File* erst erfolgt, wenn eine Checkpoint-Synchronisation abgeschlossen ist. Die Einträge für die Spalte *Log Checkpoint Timeout Redo Blocks* werden durch den Parameter LOG_CHECKPOINT_TIMEOUT gesteuert. Hier ist die Anzahl der Blöcke eingetragen, welche bei der Wiederherstellung der Datenbank verarbeitet werden müssen, damit der eingetragene Wert für den Parameter gewährleistet werden kann. Wenn der Parameter nicht gesetzt ist, ist der Eintrag in der Spalte bedeutungslos. Für die nächste Spalte *Log Checkpoint Timeout Redo Blocks* gilt diese Beschreibung sinngemäß für den Parameter `LOG_CHECKPOINT_INTERVAL`. In der nächsten Spalte *Optimal Logfile Size (M)* ist die optimale Größe eines *Redo Log File* in der Einheit MB eingetragen. Diese optimale Größe wird durch den Parameter `FAST_START_MTTR_TARGET` gesteuert. Alle *Online Redo Log Files* sollten daher mindestens diese optimale Größe haben. Die letzte Spalte *Estimated RAC Available Time* hat nur für RAC-Umgebungen eine Bedeutung. Dann ist hier die Zeit in Sekunden eingetragen, in welcher das Cluster teilweise verfügbar ist, wenn die aktuelle Instanz ausfällt.

8.18.2 Durchschnittliche Zeitdauer der Wiederherstellung

Als Nächstes folgt die Tabelle *MTTR Advisory* (siehe Abbildung 8.41). Diese Tabelle hat fachlichen Bezug zu der *View* `V$MTTR_TARGET_ADVICE`. Es sind Einträge zur Vorhersage von I/O-Operationen enthalten, welche erforderlich werden, wenn die Datenbank aufgrund eines Fehlerfalls wiederhergestellt werden muss. In der ersten Spalte wird die Dauer in Sekunden eingetragen, welche maximal für die Wiederherstellung der Datenbank benötigt werden darf. Je kleiner diese gewünschte Wiederherstellungszeit ist, umso geringer muss die Anzahl der I/O-Operationen sein. Dies muss dann durch eine ausreichende Anzahl von Checkpoints gewährleistet werden, welche die noch nicht synchronisierten *Dirty Blocks* im *Buffer Cache* in die Datenbank-Dateien schreiben. Die maximal mögliche Anzahl von *Dirty Blocks* ist in der Spalte *Dirty Limit* eingetragen. Nur wenn diese Grenze nicht überschritten wird, kann die gewünschte Wiederherstellungszeit eingehalten werden. Dann folgt die Spalte *Estimated Cache Writes*. Hier ist die Anzahl der geschätzten physikalischen Cache-Schreibvorgänge eingetragen, welche voraussichtlich für die angestrebte Wiederherstellungszeit benötigt werden.

MTTR Advisory

- Only rows at end snap are displayed
- Estimated Writes and I/Os are in thousands

Size for Est (s)	Dirty Limit	Est Cache Writes	Est Cache Write Fctr	Est Total Writes	Est Total Write Fctr	Est Total IOs	Est Total IO Fctr
31	3,129	57,242	1.22	181,966	1.06	1,624,515	1.01
55	50,732	48,708	1.04	173,431	1.01	1,615,981	1.00

Abb. 8.41: Statistik über die Zeitdauer der Wiederherstellung.

Bei dem Eintrag in der Spalte *Estimated Cache Write Factor* handelt es sich um einen Faktor, welcher durch die folgende Formel ermittelt wird:

$$\text{Estimated Cache Write Factor} = \frac{\text{Estimated Cache Writes}}{\text{Current Cache Writes}} . \qquad (8.8)$$

Current Cache Writes sind physikalische Cache-Schreibvorgänge, welche für die aktuell konfigurierte Wiederherstellungszeit benötigt werden. Der Faktor hat den Wert 1, wenn die geschätzte Wiederherstellungszeit mit der aktuell eingestellten Wiederherstellungszeit übereinstimmt. Wenn die geschätzte Wiederherstellungszeit kleiner ist als die aktuell eingestellte Wiederherstellungszeit, dann ist der Faktor größer als 1. Im umgekehrten Fall ist der Faktor kleiner als 1.

Dann folgt die Spalte *Estimated Total Writes*. Hier ist die geschätzte Anzahl der insgesamt erforderlichen physikalischen Schreibvorgänge eingetragen. Dann folgt in der Spalte *Estimated Total Write Factor* wiederum die Berechnung eines Faktors mit Bezug zur aktuell eingestellten Wiederherstellungszeit. Für die Berechnung dieses Faktors wird die folgende Formel verwendet:

$$\text{Estimated Total Write Factor} = \frac{\text{Estimated Total Writes}}{\text{Current Total Writes}} . \qquad (8.9)$$

In der vorletzten Spalte wird die gesamte Anzahl der geschätzten I/O-Operationen eingetragen, welche für die angestrebte Wiederherstellungszeit benötigt werden. Auch für diesen Wert gibt es wieder einen Faktor mit Bezug zu den aktuell insgesamt benötigten I/O-Operationen aufgrund der derzeit eingestellten Wiederherstellungszeit:

$$\text{Estimated Total IO Factor} = \frac{\text{Estimated Total IOS}}{\text{Current Total IOS}} . \qquad (8.10)$$

8.18.3 Optimierung des Buffer Pool

Als Nächstes folgt die Tabelle *Buffer Pool Advisory* (siehe Abbildung 8.42). Vergleichbare Informationen aus dieser Tabelle können auch aus der *View* `V$DB_CACHE_ADVICE` bezogen werden. Diese Tabelle liefert Informationen zur Optimierung der Größe des *Buffer Pool*. Die Tabelle stellt einen Zusammenhang her zwischen der Größe des *Buffer Pool* und der Anzahl der physikalischen *Reads*. Grundsätzlich wird sich die Menge der physikalischen *Reads* verringern, wenn der *Buffer Pool* vergrößert wurde. Umgekehrt wird sich die Menge der physikalischen *Reads* erhöhen, wenn der *Buffer Pool* verkleinert wird. Der *Buffer Pool Advisory* hat den Charakter eines *Wizard*. Er liefert Anhaltspunkte zur Optimierung des *Buffer Pool*. Jedoch sollte man die Dimensionierung des *Buffer Pool* nicht ausschließlich auf die Einträge des *Buffer Pool Advisory* stützen. Die Art der Datenbank-Zugriffe hat Einfluss auf die Optimierung des *Buffer Pool*. Wenn eine Tabelle mit dem *Full Table Scan* in den *Buffer Pool* gelesen wird, werden die Blöcke der Tabelle schnell wieder aus dem *Buffer Pool* verdrängt. Werden die Blöcke der Tabelle jedoch mit Hilfe der `ROWID` eines Index geladen, dann bleiben die Blöcke länger im *Buffer Cache*. Daher beeinflusst die Methode, mit welcher die Blöcke überwiegend in den *Buffer Pool* geladen werden, die erforderliche Größe des *Buffer Pool*. Solche Aspekte kann jedoch der *Buffer Pool Advisory* nicht vollständig abdecken. Daher sind eigene Untersuchungen erforderlich, um die optimale Größe des *Buffer Pool* zu bestimmen.

Buffer Pool Advisory

- **Only rows with estimated physical reads >0 are displayed**
- **ordered by Block Size, Buffers For Estimate**

P	Size for Est (M)	Size Factor	Buffers (thousands)	Est Phys Read Factor	Estimated Phys Reads (thousands)
D	12,288	0.50	1,515	1.02	602
D	22,528	0.92	2,778	1.00	589
D	24,576	1.00	3,031	1.00	588
D	30,720	1.25	3,788	1.00	588
D	36,864	1.50	4,546	1.00	588

Abb. 8.42: Statistik zur Optimierung des *Buffer Pool*.

Die erste Spalte in der Tabelle kennzeichnet den untersuchten *Buffer Pool*. Mit D wird der Default-Pool gekennzeichnet. Der *Keep Pool* wird mit K identifiziert. In der zweiten Spalte ist die erforderliche Größe des *Buffer Pool* in MB für die Schätzung eingetragen. Dann folgt in der dritten Spalte der Größenfaktor. Die aktuelle Größe des *Buffer Pool* hat den Größenfaktor 1. In der Beispieltabelle ist für den Größenfaktor in der ersten Zeile 0,50 eingetragen. Somit handelt es sich um eine Schätzung für die Hälfte des aktuellen *Buffer Pool*. Die Größe des aktuellen *Buffer Pool* ist in der dritten Zeile eingetragen und beträgt 24.576 MB. Teilt man diesen Wert durch 2 dann erhält man 12.288 MB. Dieser Wert ist in der ersten Zeile eingetragen und korrespondiert daher mit dem Größenfaktor 0,50. In der vierten Spalte ist die Größe des *Buffer Pool* für die Schätzung zusätzlich in der Einheit *Buffer* eingetragen. Bei einem *Buffer* handelt es sich um einen Oracle-Block im *Buffer Pool*. In dem Beispiel beträgt die Größe des Oracle-Blocks 8.192 Byte. Dann folgt in der fünften Spalte der geschätzte physikalische Lesefaktor. Hier werden die geschätzten physikalischen Lesezugriffe mit den aktuell ermittelten Lesezugriffen zueinander in Beziehung gesetzt:

$$\frac{602}{588} = 1{,}02\,. \tag{8.11}$$

Mit der derzeitigen Größe des *Buffer Pool* sind 588.000 Leseoperationen für die Verarbeitung erforderlich. Wenn die Größe des *Buffer Pool* halbiert wird, steigt die Anzahl der erforderlichen Leseoperationen auf 602.000 Leseoperationen an. Eine Halbierung des *Buffer Pool* bewirkt daher einen geschätzten Anstieg der physikalischen Lesezugriffe um zwei Prozent. Diese Information wird durch den geschätzten physikalischen Lesefaktor geliefert.

8.18.4 Optimierung der PGA

Für die Optimierung der PGA folgen nun mehrere Tabellen. Wenn die PGA nicht ausreichend dimensioniert ist, kann sich das negativ auf die Laufzeit auswirken, weil Daten auf den physikalischen Speicher ausgelagert werden und dann später im Verlauf der Verarbeitung wieder nachgeladen werden müssen. Die PGA muss daher so groß sein, dass ein Auslagern von Daten auch dann vermieden wird, wenn mehrere Arbeitsbereiche parallel auf die PGA zugreifen.

8.18.4.1 Trefferquote der PGA

Es folgt nun die Tabelle *PGA Aggr Summary* (siehe Abbildung 8.43). Die Tabelle hat fachlichen Bezug zu der *View* V$PGASTAT. Die *View* liefert Informationen zur PGA. Wenn die PGA optimal konfiguriert ist, erfolgt der Zugriff auf die Daten ausschließlich im Hauptspeicher. Dies ist jedoch nicht möglich, wenn die PGA zu klein ist. Dann müssen Blöcke auf den physikalischen Speicher ausgelagert werden. Dies führt zu einer Verzögerung bei der Verarbeitung des SQL-Befehls, weil der Zugriff auf den physikalischen Speicher langsamer ist.

PGA Aggr Summary

- **PGA cache hit % - percentage of W/A (WorkArea) data processed only in-memory**

PGA Cache Hit %	W/A MB Processed	Extra W/A MB Read/Written
100.00	54,657	0

Abb. 8.43: Statistik zur Optimierung der PGA.

Wenn Blöcke auf den physikalischen Speicher ausgelagert werden müssen, kann man das mit Hilfe der Spalte *PGA Cache Hit %* erkennen. Wenn hier der Wert 100 eingetragen ist, hat während der Verarbeitung keine Auslagerung der Daten auf den physikalischen Speicher stattgefunden. Dann ist die PGA optimal konfiguriert und es müssen keine Veränderungen erfolgen. Wenn der Wert nicht kleiner als 90 ist, jedoch geringer als 100 ist, dann wurden Daten auf den physikalischen Speicher ausgelagert. Es besteht jedoch noch kein Änderungsbedarf, weil nur ein kleiner Anteil der Daten ausgelagert wurde. Daher gibt es noch keine signifikanten Auswirkungen auf die Gesamtlaufzeit des SQL-Befehls. Auslagerungen von Daten in diesem Umfang auf den physikalischen Speicher können noch akzeptiert werden. Wenn der Wert jedoch geringer als 90 ist, ist die PGA zu klein. Es wurden zu viele Blöcke auf den physikalischen Speicher ausgelagert. Die Laufzeit kann sich dann deutlich erhöhen. Daher sollte die Konfiguration der PGA verbessert werden, indem die PGA vergrößert wird, so dass das Auslagern der Blöcke während der Verarbeitung vermieden wird. In der Spalte *W/A MB Processed* ist die Menge der Daten in MB eingetragen, welche von SQL-Operatoren verarbeitet wurden, die das Memory intensiv nutzen. Hierbei handelt es sich beispielsweise um die Operatoren SORT, GROUP BY, HASH JOIN, BITMAP MERGE und BITMAP CREATE. Die letzte Spalte *Extra W/A MB Read/Written* liefert ebenfalls Hinweise, wenn die PGA nicht optimal konfiguriert ist. Dann ist in der Spalte ein Wert größer als 0 eingetragen. Hierbei handelt es sich um die Menge der Bytes, welche einerseits während der Verarbeitung auf den physikalischen Speicher ausgelagert wurden. Dann erfolgten Schreiboperationen. Andererseits werden die ausgelagerten Daten wiederum durch Leseoperationen in den Hauptspeicher geladen. Die Menge der Daten, welche von diesen Schreib- und Leseoperationen betroffen sind, wird in die letzte Spalte in der Einheit MB eingetragen. Wenn also in der Spalte der Wert 0 eingetragen ist, ist die PGA optimal konfiguriert. Denn es wurden keine Daten auf den physikalischen Speicher ausgelagert.

8.18.4.2 Konfiguration der PGA

Es folgt nun eine weitere Tabelle (siehe Abbildung 8.44), welche Informationen zur Konfiguration der PGA liefert. Hierbei handelt es sich um die Tabelle *PGA Aggr Target Stats*. Diese Tabelle ist inhaltlich ähnlich gestaltet wie die *View* V$PGASTAT. Die Tabelle enthält zwei Zeilen. Die erste Zeile hat Einträge, welche zum Beginn des Snapshot gültig waren. Diese Zeile ist in der ersten Spalte mit B kenntlich gemacht. In der zweiten Zeile ist dort ein E eingetragen. Daher enthält diese Zeile Einträge, welche zum Ende des Snapshot galten. Dann folgt die Spalte *PGA Aggr Target (M)*. Hier ist der Wert des Parameters PGA_AGGREGATE_TARGET in der Einheit MB eingetragen. Mit diesem Parameter wird Memory für alle Server-Prozesse einer Instanz reserviert. Wenn ein größerer Wert als 0 eingetragen ist, dann handelt es sich hierbei um einen Default-Wert, der während der Verarbeitung angepasst werden kann, wenn SQL-Operatoren ausgeführt werden, welche das Memory intensiv nutzen. Soll die automatische Anpassung vermieden werden, muss der Parameter mit 0 initialisiert werden. Dann erfolgt die manuelle Konfiguration mit dem Parameter AREA_SIZE.

Als Nächstes folgt die Spalte *Auto PGA Target (M)*. Hier ist die verfügbare Größe des *PGA Memory* in der Einheit MB eingetragen, welche den Arbeitsbereichen zur Verfügung steht, die im automatischen Modus betrieben werden. Dieser Wert wird durch den Parameter PGA_AGGREGATE_TARGET gesteuert und durch die Arbeitslast, welche mit dem Arbeitsbereich bearbeitet werden muss. Aufgrund dieser Faktoren erfolgt kontinuierlich eine automatische Anpassung. Wenn der eingetragene Wert in der Tabelle im Verhältnis zum Parameter PGA_AGGREGATE_TARGET sehr klein ist, wird ein größerer Anteil des *PGA Memory* von anderen Komponenten verwendet. Dies können

PGA Aggr Target Stats

- B: Begin Snap E: End Snap (rows dentified with B or E contain data which is absolute i.e. not diffed over the interval)
- Auto PGA Target - actual workarea memory target
- W/A PGA Used - amount of memory used for all Workareas (manual + auto)
- %PGA W/A Mem - percentage of PGA memory allocated to workareas
- %Auto W/A Mem - percentage of workarea memory controlled by Auto Mem Mgmt
- %Man W/A Mem - percentage of workarea memory under manual control

	PGA Aggr Target(M)	Auto PGA Target(M)	PGA Mem Alloc(M)	W/A PGA Used(M)	%PGA W/A Mem	%Auto W/A Mem	%Man W/A Mem	Global Mem Bound(K)
B	1,500	7,565	386.17	0.00	0.00	0.00	0.00	245,760
E	1,500	7,256	767.90	0.00	0.00	0.00	0.00	245,760

Abb. 8.44: Information zur Konfiguration der PGA.

PL/SQL- oder Java-Prozesse sein. Dann folgt als Nächstes die Spalte *PGA Memory Allocation (M)*. Hier ist das aktuell von der Datenbank-Instanz reservierte *PGA Memory* eingetragen. Grundsätzlich soll der eingetragene Wert nicht größer sein als der Wert des Parameters PGA_AGGREGATE_TARGET. Die Datenbank kann dies jedoch nicht immer vermeiden, wenn die aktuelle Arbeitslast für den Arbeitsbereich sehr schnell ansteigt. Wenn diese Überschreitung nur eine kurze Zeitdauer hat, kann das toleriert werden. Ansonsten muss die Einstellung für den Parameter PGA_AGGREGATE_TARGET geprüft und eventuell erhöht werden. Danach folgt die Spalte *W/A PGA Used (M)*. Hier ist das aktuell von den Arbeitsbereichen genutzte *PGA Memory* eingetragen. In der nächsten Spalte *% PGA W/A MEM* ist der prozentuale Anteil des von den Arbeitsbereichen genutzten *PGA Memory* eingetragen. Es handelt sich hier um den prozentualen Anteil am aktuell reservierten *PGA Memory*. Für die beiden folgenden Spalten gilt das analog. Jedoch ist in der Spalte *% Auto W/A Mem* der Wert eingetragen, der aktuell von Arbeitsbereichen verwendet wird, für die das *PGA Memory* automatisch von der Oracle-Datenbank verwaltet wird. Hingegen ist in der Spalte *% Man W/A Mem* ein Wert eingetragen, der sich auf die Nutzung des *PGA Memory* durch Arbeitsbereiche bezieht, bei denen das *PGA Memory* manuell konfiguriert wird. Schließlich folgt als Letztes die Spalte *Global Mem Bound (K)*. Hier ist die maximale Größe eines Arbeitsbereichs eingetragen, welcher im automatischen Modus betrieben wird. Dieser Wert wird kontinuierlich an die aktuelle Arbeitslast angepasst, die der Arbeitsbereich bearbeiten muss. Der Wert sinkt grundsätzlich dann, wenn sich die Anzahl der aktiven Arbeitsbereiche im System reduziert. Wenn der eingetragene Wert die Grenze von einem MB unterschreitet, sollte der Wert des Parameters PGA_AGGREGATE_TARGET erhöht werden.

8.18.4.3 Prognosen zur Dimensionierung des PGA Memory

Dann folgt die Tabelle *PGA Aggr Target Histogram*. Die fachlichen Einträge dieser Tabelle sind in ähnlicher Form auch in der *View* V$PGA_TARGET_ADVICE_HISTOGRAM enthalten. Mit dieser Tabelle werden statistische Prognosen für Veränderungen des

Parameters PGA_AGGREGATE_TARGET erstellt. Jede Zeile in der Tabelle prognostiziert eine mögliche Veränderung des Parameters. Die Veränderung des Parameters orientiert sich an der aktuellen Einstellung des Parameters. Für die Veränderung wird der optimale Bedarf an *PGA Memory* für die Arbeitsbereiche prognostiziert. Dieser Bedarf wird innerhalb einer unteren und oberen Grenze geschätzt. Die Prognosen werden dann durch eine Simulierung von Arbeitslast erstellt. Diese Simulation erfolgt auf Basis der Arbeitslast aus der Vergangenheit, die auf der zu untersuchenden Instanz bearbeitet wurde:

PGA Aggr Target Histogram

- Optimal Executions are purely in-memory operations

Low Optimal	High Optimal	Total Execs	Optimal Execs	1-Pass Execs	M-Pass Execs
2K	4K	16,466,802	16,466,802	0	0
256K	512K	2,232	2,232	0	0
64M	128M	2	2	0	0

Abb. 8.45: Information zur optimalen Nutzung des *PGA Memory*.

In der Spalte *Low Optimal* ist die untere Grenze des Bedarfs an *PGA Memory* für die Arbeitsbereiche eingetragen. Die obere Grenze ist in der Spalte *High Optimal* eingetragen. Bei Einhaltung dieser Grenzen wird eine Prognose für die maximal mögliche Anzahl von Arbeitsbereichen erstellt, für die eine optimale Nutzung des *PGA Memory* gewährleistet werden kann. Diese maximal mögliche Anzahl der Arbeitsbereiche ist in der Zeile *Total Execs* eingetragen. In der Tabelle ist dort in der ersten Zeile 16.466.802 eingetragen. Das bedeutet also, dass für 16.466.802 Arbeitsbereiche eine optimale Nutzung des *PGA Memory* gewährleistet werden kann. Jeder Arbeitsbereich hat dann mindestens einen Bedarf von 2 KB und einen maximalen Bedarf von 4 KB. Dann berechnet sich der maximale Bedarf für alle Arbeitsbereiche mit der folgenden Formel:

$$\frac{4\,\text{KB} \times 16.466.802}{1.024^2} = 62{,}8\,\text{GB}\,. \tag{8.12}$$

Alle Arbeitsbereiche haben also zusammen einen maximalen Bedarf von 62,8 GB an *PGA Memory*. Auf dieselbe Weise kann man nun auch den minimalen Bedarf für die Arbeitsbereiche berechnen:

$$\frac{2\,\text{KB} \times 16.466.802}{1.024^2} = 31{,}4\,\text{GB}\,. \tag{8.13}$$

Der gesamte minimale Bedarf aller Arbeitsbereiche entspricht also genau der Hälfte des maximalen Bedarfs, weil die untere Grenze die Hälfte von der oberen Grenze ist. Mit Hilfe des maximalen und minimalen Gesamtbedarfs aller Arbeitsbereiche kann man nun auch den zu setzenden Wert für den Parameter PGA_AGGREGATE_TARGET ermitteln. Der Wert kann bei einer automatischen Verwaltung des *PGA Memory* deutlich unterhalb des maximalen Gesamtbedarfs gesetzt werden, weil bei steigender Arbeitslast das verfügbare *PGA Memory* automatisch erhöht wird. Daher ist es ausreichend, wenn der Parameter auf den Mittelwert des maximalen und minimalen Gesamtbedarfs gesetzt wird. Der Mittelwert wird mit der folgenden Formel ermittelt:

$$\frac{62{,}8\,\text{GB} + 31{,}4\,\text{GB}}{2} = 47{,}1\,\text{GB}\,. \tag{8.14}$$

In den letzten drei Spalten werden die Arbeitsbereiche in drei Klassen eingeteilt. Die Zugehörigkeit einer Klasse richtet sich nach der Menge der zu bewältigenden Arbeitslast. Arbeitsbereiche, welche die simulierte Arbeitslast nur einmal bearbeiten müssen, sind in der Spalte *1-Pass-Execs* erfasst. In der Spalte *Multi-Pass-Execs* sind Arbeitsbereiche erfasst, welche die simulierte Arbeitslast mehrmals bearbeiten. In der Spalte *Optimal Execs* sind Arbeitsbereiche erfasst, welche keinem dieser beiden Bearbeitungsmuster zugeordnet werden können. Die Summe der drei Klassen ist dann in der Spalte *Total Execs* erfasst.

8.18.4.4 Prognose zur Trefferquote der PGA

Als Nächstes folgt die Tabelle *PGA Memory Advisory*. Die fachlichen Einträge in dieser Tabelle findet man in vergleichbarer Form auch in der *View* V$PGA_TARGET_ADVICE. Mit dieser Tabelle wird der zu erwartende prozentuale Trefferanteil für das *PGA Memory* prognostiziert, wenn der Wert für den Parameter PGA_AGGREGATE_TARGET verändert wird. Zusätzlich wird geprüft, in welchem Ausmaß mit einer Überallokation des *PGA Memory* zu rechnen ist. Jede Zeile in der Tabelle enthält die Prognose für eine Veränderung des Parameters PGA_AGGREGATE_TARGET. Die Anzahl der Zeilen in der Tabelle entspricht also der Anzahl der untersuchten Veränderungen. Maßgeblich für die untersuchten Veränderungen ist der aktuell gesetzte Wert des Parameters. Die Prognosen werden durch die Simulierung der Arbeitslast ermittelt, welche in der Vergangenheit von der Instanz bearbeitet wurde:

PGA Memory Advisory

- **When using Auto Memory Mgmt, minimally choose a pga_aggregate_target value where Estd PGA Overalloc Count is 0**

PGA Target Est (MB)	Size Factr	W/A MB Processed	Estd Extra W/A MB Read/ Written to Disk	Estd PGA Cache Hit %	Estd PGA Overalloc Count	Estd Time
6,528	0.75	62,799.25	0.00	100.00	0	7,880,993
8,704	1.00	62,799.25	0.00	100.00	0	7,880,993
17,408	2.00	62,799.25	0.00	100.00	0	7,880,993

Abb. 8.46: Prognose zur optimalen Dimensionierung der PGA.

In der Spalte *PGA Target Est (MB)* ist der veränderte Wert für den Parameter PGA_AGGREGATE_TARGET eingetragen. Die Prognose in der jeweiligen Zeile wurde für diese Veränderung erstellt. In der Spalte *Size Factor* ist das Verhältnis zum aktuell gesetzten Wert eingetragen. Der Faktor wird mit der folgenden Formel ermittelt:

$$\frac{\text{PGA\_AGGREGATE\_TARGET (Estimated)}}{\text{PGA\_AGGREGATE\_TARGET (Current)}} = \text{Size Factor}\,. \tag{8.15}$$

In der Spalte *W/A MB Processed* ist die Arbeitslast eingetragen, welche insgesamt von allen Arbeitsbereichen bearbeitet werden muss. Dann folgt die Spalte *Estimated Extra W/A MB Read/Written to Disk*. Hier ist die Menge in der Einheit MB eingetragen, welche aus dem *PGA Memory* temporär ausgelagert wurde. Wenn temporär ausgelagerte Daten in der weiteren Bearbeitungsfolge wieder in den *PGA Cache* eingelagert wurden, dann wird das in dieser Spalte auch erfasst. Wenn hier also ein Wert größer 0 eingetragen ist, war die Größe des *PGA Cache* nicht ausreichend. Als Nächstes folgt die Spalte *Estimated PGA Cache Hit %*. Hier ist der prozentuale Anteil der Treffer für das *PGA Memory* eingetragen. Wenn Daten temporär ausgelagert wurden und später wieder eingelagert werden müssen, reduziert das den Prozentwert. Daher wird der Eintrag mit der folgenden Formel berechnet:

$$\frac{\text{W/A MB Proc}}{\text{W/A MB Proc} + \text{Est Extra W/A MB R/W}} \times 100\,\% = \text{Est PGA Cache Hit}\,\%\,. \tag{8.16}$$

Der Eintrag in dieser Spalte kann auf maximal 90 % absinken, ohne dass Maßnahmen erforderlich werden. Unterschreitet der Eintrag jedoch diese Grenze, dann ist das *PGA Memory* zu klein und der Parameter PGA_AGGREGATE_TARGET sollte erhöht werden. In der Spalte *Estimated PGA Overallocation Count* ist eine Überallokation des *PGA Memory* erfasst. Eine Überallokation kann nicht toleriert werden. Denn dann ist das *PGA Memory* zu klein für die Bearbeitung der Arbeitslast durch die Arbeitsbereiche. Daher muss hier 0 eingetragen sein. In der letzten Spalte ist die Zeit eingetragen, welche für die Bearbeitung der Arbeitslast benötigt wird.

8.18.5 Optimierung des Shared Pool

Als Nächstes folgt die Tabelle *Shared Pool Advisory* (siehe Abbildung 8.47). Die fachlichen Einträge dieser Tabelle sind in vergleichbarer Weise auch in der *View* V$SHARED_POOL_ADVICE enthalten. Diese Tabelle beinhaltet Informationen über die zu erwartende Zeit, welche für das Parsen der SQL-Befehle benötigt wird, wenn die Größe des *Shared Pool* verändert wird. Die untersuchten Veränderungen werden durch die aktuelle Größe des *Shared Pool* gesteuert.

In der ersten Spalte ist die Größe des *Shared Pool* in der Einheit MB für die untersuchte Schätzung eingetragen. Dann folgt die Spalte *SP Size Factor*. Hier ist das Ver-

Shared Pool Advisory

- **SP: Shared Pool Est LC: Estimated Library Cache Factr: Factor**
- **Note there is often a 1:Many correlation between a single logical object in the Library Cache, and the physical number of memory objects associated with it. Therefore comparing the number of Lib Cache objects (e.g. in v$librarycache), with the number of Lib Cache Memory Objects is invalid.**

Shared Pool Size(M)	SP Size Factr	Est LC Size (M)	Est LC Mem Obj	Est LC Time Saved (s)	Est LC Time Saved Factr	Est LC Load Time (s)	Est LC Load Time Factr	Est LC Mem Obj Hits (K)
11,776	0.88	708	19,373	953,626	0.86	170,428	17.57	19,329
13,312	1.00	805	23,267	1,114,356	1.00	9,698	1.00	22,342
27,136	2.04	805	23,267	1,114,357	1.00	9,697	1.00	22,342

Abb. 8.47: Prognose zur optimalen Dimensionierung des *Shared Pool*.

hältnis der Größe des untersuchten *Shared Pool* zur aktuellen Größe des *Shared Pool* eingetragen:

$$\frac{\text{Shared Pool Size (Estimated)}}{\text{Shared Pool Size (Current)}} = \text{Shared Pool Siz Factor}\,. \tag{8.17}$$

Dann folgt die geschätzte Größe des Memory, welche der *Library Cache* benötigt. Weitere Anteile des *Shared Pool* sind der *Dictionary Cache* und *Result Cache*. Diese beiden Komponenten werden jedoch in dieser Tabelle nicht untersucht. Der *Dictionary Cache* enthält eine Beschreibung der Tabellen und *Views* in der Datenbank. In dem *Result Cache* werden Ergebnisse von SQL-Abfragen und PL/SQL-Funktionen gespeichert. Jedoch ist die Tabelle auf den LC ausgerichtet, in welchem die Ausführungspläne und die geparsten SQL-Befehle gespeichert sind. Die Anzahl dieser Objekte, welche vom LC aufgenommen werden können, ist in der vierten Spalte geschätzt. In der fünften Spalte ist der reale Zeitverbrauch eingetragen, welcher bei der untersuchten Größe des *Shared Pool* eingespart werden kann. Die Ersparnis ergibt sich durch Objekte, welche benötigt werden und bereits im *Shared Pool* verfügbar sind. Damit wird die Zeit eingespart, welche für das erneute Laden und Parsen dieser Objekte benötigt würde, wenn die Objekte bereits aus dem *Library Cache* verdrängt wurden, weil dessen Größe nicht ausreichte, um diese Objekte im *Library Cache* zu belassen. In der sechsten Spalte wird diese Zeitersparnis in das Verhältnis zur Zeitersparnis gesetzt, welche mit der aktuellen Größe des *Shared Pool* erzielt wird:

$$\frac{\text{Est LC Time Saved (Estimated)}}{\text{Est LC Time Saved (Current)}} = \text{Est LC Time Saved Factor}\,. \tag{8.18}$$

In der Spalte *Estimated LC Load Time (S)* ist der erforderliche Zeitverbrauch für das Parsen eingetragen, welcher bei der untersuchten Größe des LC zu erwarten ist. In der vorletzten Spalte wird dieser Zeitverbrauch mit dem Zeitverbrauch in Beziehung gesetzt, welcher bei der aktuellen Größe des *Shared Pool* benötigt wird:

$$\frac{\text{Est LC Load Time (S)}}{\text{Current LC Load Time (S)}} = \text{Est LC Load Time Factor}\,. \tag{8.19}$$

Schließlich ist in der letzten Spalte eingetragen, wie oft ein Objekt gefunden wird, welches im LC mit der untersuchten Größe enthalten ist.

8.18.6 Optimierung des Streams Pool

Als Nächste folgt die Tabelle *Streams Pool Advisory*. Diese Tabelle hat fachlichen Bezug zu der *View* V$STREAMS_POOL_ADVICE. Der *Streams Pool* ist Bestandteil der SGA. Mit dem *Streams Pool* werden Nachrichten einer Warteschlange im Memory gespeichert. Eine automatische Verwaltung des *Streams Pool* erfolgt durch das Setzen von mindestens einem der Parameter MEMORY_TARGET, MEMORY_MAX_TARGET oder SGA_TARGET auf einen Wert ungleich 0. Sind dagegen all diese Parameter auf 0 gesetzt, dann wird die Größe des *Streams Pool* mit dem Parameter STREAMS_POOL_SIZE konfiguriert. In diesem Fall erhält man von der *View* V$STREAMS_POOL_ADVICE Informationen, um die optimale Größe für den *Streams Pool* zu setzen. Die *View* liefert Schätzwerte für unterschiedliche Größen des *Streams Pool*. Jede Zeile in der Tabelle behandelt die Schätzung für eine mögliche Größe des *Streams Pool*:

Streams Pool Advisory

Size for Est (MB)	Size Factor	Est Spill Count	Est Spill Time (s)	Est Unspill Count	Est Unspill Time (s)
512	1.00	0	0	0	0
5,120	10.00	0	0	0	0

Abb. 8.48: Prognose zur optimalen Dimensionierung des *Streams Pool*.

Die Größe des *Streams Pool* für die Schätzung ist in der ersten Spalte eingetragen. In der Tabelle ist in der ersten Zeile 512 MB eingetragen. Das ist die aktuelle Größe des *Streams Pool*. Dies erkennt man an dem Eintrag in der zweiten Spalte der Tabelle. Dort ist in der Spalte *Size Factor* 1 eingetragen. Bei diesem Wert handelt es sich um einen Faktor, mit dem die Größe des *Streams Pool* für die Schätzung ins Verhältnis zur aktuellen Größe des *Streams Pool* gesetzt wird:

$$\frac{\text{Streams Pool Size (Estimated)}}{\text{Streams Pool Size (Current)}} = \text{Size Factor}\,. \tag{8.20}$$

Wenn die Größe des *Streams Pool* nicht mehr ausreicht, um alle Nachrichten zu speichern, dann werden Nachrichten in eine Warteschlangen-Tabelle verschoben. Wenn diese Nachrichten jedoch später wieder benötigt werden, müssen diese Nachrichten von dieser Tabelle wieder in das Memory geladen werden. Diese Vorgänge belasten jedoch die Performanz, weil der Zugriff auf die Warteschlangen-Tabelle I/O-Operationen erfordert. Daher sollte die Größe des *Streams Pool* so gewählt werden, dass kein Verschieben von Nachrichten in die Warteschlangen-Tabelle erforderlich ist. Wenn diese Operationen doch erforderlich sind, wird die Anzahl der Nachrichten, welche in die Warteschlangen-Tabelle verschoben wurden, in die Spalte *Estimated Spill Count* eingetragen. Dann folgt die Spalte *Estimated Spill Time (S)*. Hier wird die Zeit eingetragen, welche für das Verschieben der Nachrichten benötigt wurde. Sollten verschobene Nachrichten später wieder benötigt werden, müssen diese Nachrichten von der Warteschlangen-Tabelle in das Memory geladen werden. Die Anzahl der betroffenen Nachrichten wird in die Spalte *Estimated Unspill Count* eingetragen. Die Dokumentation der Zeit, die für das Laden dieser Nachrichten benötigt wird, erfolgt in der Spalte *Estimated Unspill Time (S)*. Alle Zeiten werden in der Tabelle in der Einheit *Second* erfasst. Grundsätzlich sollte der *Streams Pool* so dimensioniert werden, dass nur eine geringe Anzahl von Nachrichten aufgezeichnet wird, welche in die Warteschlangen-Tabelle verschoben und von dieser Tabelle geladen werden. Ebenso sollte für diese Operationen auch nur geringfügig Zeit verbraucht worden sein. Diese aufgezeichneten Werte sollten also möglichst nahe bei 0 sein.

Mit dieser Tabelle wird das Kapitel zu den *Advisory Statistics* abgeschlossen.

8.19 Statistiken zu Wartezeiten

Als Nächstes folgen *Wait Statistics*. Wartezeiten blockieren die Weiterverarbeitung. Durch die kontinuierliche Überwachung der Wartezeiten können diese Blockaden identifiziert und dann beseitigt werden.

8.19.1 Wartezeiten des Buffer Pool

Die erste Tabelle hierzu behandelt *Buffer Wait Statistics* (siehe Abbildung 8.49). Diese Tabelle ist der *View* `V$WAITSTAT` in der Fachlichkeit ähnlich. In der Tabelle werden Statistiken zu Wartezeiten präsentiert, welche für Klassen von Blöcken ermittelt wurden.

In der ersten Spalte ist die Klasse des Blocks eingetragen. Dann folgt in der zweiten Spalte die Anzahl der *Waits*, welche für die Klasse ermittelt wurden. In der dritten Spalte ist die gesamte Wartezeit für die Klasse des Blocks eingetragen. Schließlich folgt in der letzten Spalte die durchschnittliche Wartezeit für einen Block der Klasse.

In der ersten Zeile ist die Klasse *Data Block* eingetragen. Für diese Klasse sind insgesamt 412.625 *Waits* ermittelt wurden. Ein *Wait* dauerte im Durchschnitt ungefähr eine Millisekunde. Bis auf die Klasse BMB sind die anderen eingetragenen Klassen selbsterklärend. BMB ist die Abkürzung für Bitmap Block. Diese Blöcke werden in *Bit-*

Buffer Wait Statistics

- **ordered by wait time desc, waits desc**

Class	Waits	Total Wait Time (s)	Avg Time (ms)
data block	412,625	347	1
undo header	33,778	29	1
undo block	16,363	3	0
2nd level bmb	301	2	8
1st level bmb	1,847	0	0
3rd level bmb	11	0	17
segment header	84	0	0
system undo header	1	0	0

Abb. 8.49: Statistik zu klassifizierten Wartezeiten des *Buffer Pool.*

map Freelists verwendet. *Bitmap Freelists* sind im *Automatic Segment Storage Management* (ASSM) realisiert. Die Implementierung wird für die Funktionalität *Extent Management Auto* gebraucht. Mit dieser Funktionalität wird die Größe von *Tablespaces* automatisch vom System verwaltet. BMBs werden in die folgenden vier Stufen (Level) eingeteilt:

Tab. 8.2: Beschreibung der *BMB Levels.*

BMB Level	Beschreibung
1st Level BMB	0 %–25 % freier Speicher innerhalb eines Blocks
2nd Level BMB	25 %–50 % freier Speicher innerhalb eines Blocks
3rd Level BMB	50 %–75 % freier Speicher innerhalb eines Blocks
4th Level BMB	75 %–100 % freier Speicher innerhalb eines Blocks

BMBs werden in einem eigenen Datenblock innerhalb einer Tabelle oder eines Index gespeichert. Die Bitmap Blocks werden in einer B-Baum-Struktur gespeichert. Dadurch unterscheiden sich Bitmap Blocks von traditionellen Blöcken, welche in linear verlinkten Listen gespeichert werden. Auf Blöcke in linearen Listen kann jedoch nur aufeinanderfolgend zugegriffen werden. Somit können *Insert Operations* auch nur sequentiell ausgeführt werden. Denn wenn in einem Block ein `INSERT` erfolgt, ist der Block gesperrt und weitere *Insert Commands* für diesen Block sind während der Sperrung nicht möglich. Wenn daher eine große Anzahl von *Insert Commands* erfolgen muss, dann können diese *Insert Commands* mit BMBs schneller ausgeführt werden.

Denn die B-Baum-Struktur ermöglicht das Ausführen von *Insert Operations* gleichzeitig auf mehreren Blöcken des B-Baums.

8.19.2 Aktivitäten zur Reorganisation von Daten

Als Nächstes folgt die Tabelle *Enqueue Activity*. Ähnliche Informationen sind in der *View* V$ENQUEUE_STAT enthalten. Die Tabelle wird ebenfalls den *Wait Statistics* zugeordnet. In der ersten Spalte ist der Name der Einreihungsaktivität eingetragen. Danach folgt die Anzahl der *Requests*. In den beiden folgenden Spalten wird unterschieden, ob die *Requests* erfolgreich waren oder nicht. Dann wird die Anzahl der *Waits* aufgeführt. In der vorletzten Spalte ist die Dauer in Sekunden für diese *Waits* eingetragen. In der letzten Spalte ist noch die durchschnittliche Wartezeit in Millisekunden eingetragen:

Enqueue Activity

- **only enqueues with waits are shown**
- **Enqueue stats gathered prior to 10g should not be compared with 10g data**
- **ordered by Wait Time desc, Waits desc**

Enqueue Type (Request Reason)	Requests	Succ Gets	Failed Gets	Waits	Wt Time (s)	Av Wt Time(ms)
TX-Transaction (index contention)	104,065	104,069	0	96,804	441	4.56
TX-Transaction (allocate ITL entry)	853	853	0	756	5	6.17
FB-Format Block	30,298	30,298	0	849	3	3.92
TX-Transaction	629,572	629,613	0	69	1	11.51
HW-Segment High Water Mark	11,696	11,694	2	189	0	2.22
CF-Controlfile Transaction	4,995	4,992	3	2	0	25.50

Abb. 8.50: Statistik zu Einreihungsaktivitäten.

In der ersten Zeile ist die Einreihungsaktivität *TX Transaction* (*Index Contention*) eingetragen. Bei dieser Aktivität wird Wartezeit für das Reorganisieren von Indizes erfasst, sofern diese Indizes von Einfüge-Operationen betroffen sind. *Index Contention* tritt oft dann auf, wenn monoton wachsende Schlüsselwerte eingefügt werden. Durch das Einfügen neuer Schlüsselwerte müssen Blöcke eventuell geteilt werden. Im B-Baum wird der größte Wert im Blatt-Knoten auf der rechten Seite des Baums gespeichert. Ein neuer Schlüsselwert muss dann in diesem Blatt-Knoten ergänzt werden. Dies kann zur Teilung dieses Blattes führen, wenn dort bereits die maximale Anzahl von Schlüsseln enthalten ist. Dann muss diese Teilung auch bei den übergeordneten Ast-Knoten berücksichtigt werden.

In der zweiten Zeile ist die Einreihungsaktivität *TX-Transaction* (*Allocate ITL Entry*) eingetragen. ITL ist die Abkürzung für *Interested Transaction List*. Die Aktivität zeigt eine Konkurrenz um Ressourcen an, welche durch den gleichzeitigen Zugriff auf die Ressource von verschiedenen Sessions verursacht wird. Bei dieser Ressource handelt es sich um einen Datenblock. Der konkurrierende Zugriff auf den Datenblock wird dann mit Hilfe einer Sperre sequentiell gesteuert. Durch diese Sperre werden die eingetragenen *Waits* verursacht. Durch die Verwendung einer kleineren Blockgröße kann die Anzahl der *Waits* reduziert werden.

In der nächsten Zeile folgt die Einreihungsaktivität *FB Format Block*. Diese Aktivität wird durch Sessions verursacht, welche Einfüge-Operationen auf dem gleichen Datenblock durchführen. Jede Session versucht den Block zu formatieren. Daher muss die erforderliche Formatierung des Blocks synchronisiert werden.

Die nächste Zeile bezieht sich auf Sperren, welche von Transaktionen auf Blöcke gesetzt werden, wenn diese Blöcke verändert werden. Dies wird mit dem Ereignis *TX Transaction* erfasst. Die Sperre wird gesetzt, wenn der Block erstmals von der Transaktion verändert wird. Die Sperre bleibt dann bis zum `COMMIT` oder `ROLLBACK` erhalten. Oracle zeichnet auf, von welcher Transaktion eine Sperre erzeugt wurde. Bei diesen Sperren handelt es sich um eine Reihenfolge-Aktivität, weil die anderen Transaktionen darauf warten können, bis die Sperre entfernt wird.

Wenn das Ereignis HW-*Segment High Water Mark* registriert wird, dann wird eine Sperre benötigt, weil die *High Water Mark* eines Segments verändert werden muss. Dies ist typischerweise dann der Fall, wenn eine große Anzahl von Einfüge-Operationen auf einem Datenbank-Objekt erfolgt.

Den Abschluss für diese Tabelle bildet das Ereignis *CF-Controlfile Transaction*. Die Steuerungsdatei ist eine Synchronisierungs-Komponente der Datenbank. Strukturelle Veränderungen an der Datenbank werden in der Steuerungsdatei aufgezeichnet. Diese Veränderungen können durch folgende Aktionen ausgelöst werden:

- Ergänzung von *Tablespace*
- Ergänzung einer Datenbank-Datei
- *Redo Log Switch*
- Checkpoint-Synchronisation
- Startup oder *Shutdown* der Datenbank

Für einige dieser Ereignisse ist es erforderlich, dass die Aufzeichnung in der Steuerungsdatei im exklusiven Modus erfolgt. Hierzu zählt das Ergänzen von *Tablespace* oder einer Datenbank-Datei. Andere Prozesse müssen dann mit einem erforderlichen Zugriff auf die Steuerungsdatei warten, bis diese Aktion abgeschlossen ist. Die Dauer dieser Wartezeit wird mit dem Parameter `_CONTROLFILE_ENQUEUE_TIMEOUT` gesteuert. Dieser interne Parameter ist auf 900 Sekunden eingestellt. Nach Ablauf von 15 Minuten wird daher ein *Timeout-Signal* ausgelöst.

Mit dieser Tabelle wird das Kapitel *Wait Statistics* abgeschlossen.

8.20 Statistiken zu Undo

Als Nächstes werden Tabellen beschrieben, welche das Thema *Undo Statistics* betreffen.

8.20.1 Konsolidierte Statistiken zur Nutzung des Undo Segment

Als Erstes wird die Tabelle *Undo Segment Summary* behandelt (siehe Abbildung 8.51). Diese Tabelle hat vergleichbare Informationen wie die *View* V$UNDOSTAT. In der ersten Spalte ist die Nummer des zuletzt aktiven *Tablespace* UNDO während der Dauer des Snapshot eingetragen. Wenn während des Snapshot mehr als ein *Tablespace* UNDO aktiv war, wird die Nummer desjenigen *Tablespace* UNDO eingetragen, welcher am Ende des Snapshot zuletzt aktiv war. Dann folgt als Nächstes die Spalte *Num Undo Blocks (K)*. Hier wird die gesamte Anzahl der benötigten *Undo Blocks* eingetragen. Mit Hilfe dieses Wertes kann die erforderliche Größe des *Tablespace* UNDO abgeschätzt werden. In der Spalte *Number of Transactions* wird die gesamte Anzahl der Transaktionen eingetragen, welche während der Dauer des Snapshot ausgeführt wurden. In der Spalte *Max Qry Len (S)* wird die Dauer des SQL-Befehls mit der längsten Ausführung erfasst. Bei der Ermittlung werden alle SQL-Befehle berücksichtigt, welche im Zeitraum des Snapshot ausgeführt wurden. Die Dauer wird in Sekunden gemessen. In der Spalte *Max Tx Concurrency* wird die maximale Anzahl von Transaktionen eingetragen, welche gleichzeitig während der Dauer des Snapshot ausgeführt wurden. Danach folgt die Spalte *Min/Max* TR (*Mins*). Hier wird die minimale und maximale Zeitdauer eingetragen, während der aufgezeichnete *Undo Blocks* beibehalten werden sollen. Erst nach Ablauf der Zeitdauer können diese *Undo Blocks* entfernt werden. Die minimale Haltedauer für *Undo Blocks* wird im Parameter UNDO_RETENTION erfasst. Hier wird die minimale Haltedauer in Sekunden eingetragen.

Undo Segment Summary

- Min/Max TR (mins) - Min and Max Tuned Retention (minutes)
- STO - Snapshot Too Old count, OOS - Out of Space count
- Undo segment block stats:
- uS - unexpired Stolen, uR - unexpired Released, uU - unexpired reUsed
- eS - expired Stolen, eR - expired Released, eU - expired reUsed

Undo TS#	Num Undo Blocks (K)	Number of Transactions	Max Qry Len (s)	Max Tx Concurcy	Min/Max TR (mins)	STO/ OOS	uS/uR/uU/ eS/eR/eU
1	2,377.89	629,575	1,723	26	7732,9/47685,9	0/0	0/0/0/0/0/0

Abb. 8.51: Statistik zur Nutzung des *Tablespace* UNDO.

In der Spalte STO/OOS wird die Anzahl der beiden Ereignisse *Snapshot too Old* und *Out of Space* eingetragen. Das Ereignis *Out of Space* tritt ein, wenn der verfügbare *Tablespace* UNDO komplett von aktiven Transaktionen beansprucht wird. Dann muss der *Tablespace* UNDO vergrößert werden, um dieses Ereignis zu vermeiden. Das Ereignis *Snapshot too Old* kann durch die Erhöhung des Parameters UNDO_RETENTION vermieden werden. Damit wird die minimale Haltedauer von *Undo Blocks* erhöht. Wenn jedoch ein SQL-Befehl ausgeführt wird und dessen zugehörige *Undo Blocks* verworfen werden, weil deren minimale Haltedauer abgelaufen ist, tritt das Ereignis *Snapshot too Old* ein. In der letzten Spalte sind sechs Ereignisse zusammengefasst. Mit dem ersten Wert werden noch nicht abgelaufene *Undo Blocks* erfasst, auf die andere Transaktionen zugreifen wollten, um *Tablespace* UNDO zu erhalten. Der zweite Wert betrifft nicht abgelaufene *Undo Blocks*, welche von einer Transaktion bereits vor Fristablauf freigegeben wurden, weil die Blöcke nicht mehr benötigt wurden. Auch der dritte Wert bezieht sich auf nicht abgelaufene Blöcke, welche durch Transaktionen nach der Freigabe wiederverwendet wurden. Die letzten drei Werte betreffen Blöcke, deren minimale Haltedauer abgelaufen ist. Ansonsten unterscheiden sich diese in der Bedeutung nicht weiter von den drei ersten Werten.

8.20.2 Statistiken zur Nutzung des Undo Segment im Zeitverlauf

Abgeschlossen wird das Kapitel *Undo Statistics* mit der Tabelle *Undo Segment Stats*. Diese Tabelle hat fachliche Ähnlichkeit mit der *View* V$UNDOSTAT. Daher unterscheidet sich die Bedeutung der meisten Spalten nicht von der vorigen Tabelle. Zusätzlich enthält diese Tabelle jedoch am Anfang die Spalte *End Time*. Mit Hilfe dieser Spalte kann man den Verlauf der Nutzung des *Tablespace* UNDO während der Dauer des Snapshot verfolgen. Jede Zeile ist in dieser Spalte mit einem Zeitstempel gekennzeichnet. Daher beziehen sich die Einträge in der jeweiligen Zeile auf diesen Zeitstempel. Dies ermöglicht die Analyse des Nutzungs-Verlaufs des *Tablespace* UNDO. Die Einträge haben hier jeweils einen zeitlichen Abstand von zehn Minuten und die Tabelle kann bis zu 35 Zeilen enthalten. Wenn der Snapshot jedoch nur eine kleine Zeitdauer umfasst, dann werden in der Tabelle auch weniger als 35 Zeilen enthalten sein. Wenn also ein Snapshot zwei Stunden enthält, wird die Tabelle auch nur zwölf Zeilen haben. Da der zeitliche Abstand zehn Minuten beträgt, werden für jede Stunde sechs Zeilen benötigt. Ein Snapshot von zwei Stunden hat daher zwölf Zeilen. Erst wenn der Snapshot mindestens drei Stunden enthält, wird die maximal mögliche Anzahl von 35 Zeilen erreicht. Mit der Tabelle *Undo Segment Stats* (siehe Abbildung 8.52) endet das Kapitel zu den *Undo Statistics*, welches somit auch lediglich zwei Tabellen enthielt.

Undo Segment Stats

- Most recent 35 Undostat rows, ordered by Time desc

End Time	Num Undo Blocks	Number of Transactions	Max Qry Len (s)	Max Tx Concy	Tun Ret (mins)	STO/ OOS	uS/uR/uU/ eS/eR/eU
25-Sep 12:58	0	4	1,495	0	8,731	0/0	0/0/0/0/0/0
25-Sep 12:48	1	22	1,723	1	8,732	0/0	0/0/0/0/0/0
25-Sep 12:38	6,100	1,234	1,115	3	8,714	0/0	0/0/0/0/0/0

Abb. 8.52: Statistik zur Nutzung des *Tablespace* UNDO im Zeitverlauf.

8.21 Statistiken zu Sperren

Als Nächstes folgt das Kapitel *Latch Statistics.*

8.21.1 Aktivität der Datenbank-Sperren

Die erste Tabelle in diesem Kapitel enthält Informationen zu dem Thema *Latch Activity* (siehe Abbildung 8.53). Diese Tabelle gibt Auskunft zu den internen Datenbank-Sperren von Oracle. Einträge dieser Art liefert auch die *View* V_$LATCH.

Latch Activity

- "Get Requests", "Pct Get Miss" and "Avg Slps/Miss" are statistics for willing-to-wait latch get requests
- "NoWait Requests", "Pct NoWait Miss" are for no-wait latch get requests
- "Pct Misses" for both should be very close to 0.0

Latch Name	Get Requests	Pct Get Miss	Avg Slps /Miss	Wait Time (s)	NoWait Requests	Pct NoWait Miss
object stats modification	30,413	0.03	0.30	0	0	

Abb. 8.53: Statistik zur Aktivität der Datenbank-Sperren.

In der ersten Spalte ist der Name der Sperre eingetragen. In der zweiten Spalte ist die gesamte angeforderte Anzahl für die Sperre eingetragen. In der dritten Spalte sind die erfolglosen Versuche eingetragen, eine Sperre zu setzen. Der Eintrag ist als prozentualer Anteil an der gesamten Anzahl der Versuche eingetragen. Das Setzen einer Sperre kann dann erfolglos sein, wenn die zu sperrende Ressource bereits von einer konkurrierenden Session belegt wurde. In diesem Fall besteht die Möglichkeit, darauf zu warten, bis die andere Session die Sperre wieder entfernt hat. Dieser Sachverhalt ist in der vierten Spalte *Avg Slps/Miss* eingetragen. Hierbei handelt es sich ebenfalls um einen prozentualen Anteil an der gesamten Anzahl der Versuche, mit denen eine Sperre gesetzt werden sollte. In der fünften Spalte ist dann auch die gesamte Wartezeit eingetragen, welche für die Sperre insgesamt angefallen ist. Die Wartezeit wird in Sekunden eingetragen. In der vorletzten Spalte ist die Anzahl der angeforderten Sperren eingetragen, für die keine Wartezeit angefallen ist. In der letzten Spalte ist der Anteil der angeforderten Sperren eingetragen, welche ohne Wartezeit erfolgreich gesetzt werden konnten. Die Tabelle in diesem Beispiel enthält einen Eintrag für die Sperre *Object Stats Modification*. Diese Sperre wird gesetzt, wenn die Statistiken eines Datenbank-Objekts verändert werden müssen. Für diese Sperre wurden 30.413 Anforderungen gezählt. Davon waren 0,03 % erfolglos. Für 0,3 % der angeforderten Sperren wurde gewartet. Für diesen geringfügigen Anteil ist keine signifikante Wartezeit angefallen.

8.21.2 Aggregierte Statistiken zu Sperren

Als Nächstes folgt die Tabelle *Latch Sleep Breakdown* (siehe Abbildung 8.54). Die Daten dieser Tabelle haben fachlichen Bezug zu der *View* V_$LATCH. Die *View* enthält aggregierte Statistiken zu Sperren. Die Zusammenfassung erfolgt nach dem Namen der Sperre für Basissperren und deren Ableitungen. Für die Basissperren gibt es die *View* V$LATCH_PARENT und für die Kind-Sperren die *View* V$LATCH_CHILDREN. Der Name der Sperre ist in der ersten Spalte eingetragen. In der zweiten Spalte ist die Anzahl der registrierten Anforderungen zum Setzen der Sperre eingetragen. Dann folgt in der dritten Spalte die Anzahl der erfolglosen Sperrversuche. Ein Sperrversuch kann erfolglos sein, wenn die Ressource bereits von einer konkurrierenden Session gesperrt wurde. In diesem Fall besteht die Möglichkeit, darauf zu warten, bis die andere Session die Ressource wieder freigibt. Wenn dieser Sachverhalt registriert wird, ist das in der Spalte *Sleeps* erfasst. In der letzten Spalte ist schließlich die Anzahl der Sperrversuche eingetragen, welche beim ersten Versuch nicht gesetzt werden konnten. Später war der Sperrversuch dann jedoch erfolgreich, weil eine gewisse Zeit gewartet wurde und der Sperrversuch erneut erfolgte. Dieser Vorgang kann sich auch durchaus mehrmals wiederholen. Der Vorgang wird jedoch erst dann in der letzten Spalte registriert, wenn der Sperrversuch erfolgreich war. Dies ist unabhängig davon, wie viele Sperrversuche davor erfolglos waren.

Latch Sleep Breakdown

- **ordered by misses desc**

Latch Name	Get Requests	Misses	Sleeps	Spin Gets
shared pool	1,377,395	251	39	221

Abb. 8.54: Statistik zur Aktivität der Sperrversuche.

In der Tabelle ist ein Beispiel für die Sperrung des *Shared Pool* eingetragen. Für den *Shared Pool* wurden insgesamt 1.377.395 Sperrversuche registriert. Davon waren 251 Sperrversuche nicht erfolgreich. Es wurden 39 Sperrversuche in den Wartemodus versetzt. 221 Sperren konnten beim ersten Sperrversuch nicht gesetzt werden. Bei einem späteren Versuch konnten diese Sperren jedoch erfolgreich gesetzt werden.

8.21.3 Statistiken zu erfolglosen Sperrversuchen

Als Nächstes folgt die Tabelle *Latch Miss Sources*. Diese Tabelle enthält vergleichbare Daten wie die *View* V_$LATCH_MISSES. Diese *View* hat Statistiken zu erfolglosen Sperrversuchen. Der Name der Sperre, für welche erfolglose Sperrversuche registriert wurden, ist in der ersten Spalte eingetragen. In der zweiten Spalte ist die Stelle eingetragen, von welcher der erfolglose Sperrversuch ausgelöst wurde. In der dritten Spalte sind erfolglose Sperrversuche eingetragen, welche nicht in den Wartemodus wechselten. Dann folgt die Spalte *Sleeps*. Hier sind erfolglose Sperrversuche eingetragen, die einen Wechsel des Vorgangs in den Wartemodus verursachten. In der letzten Spalte ist die Anzahl der wartenden Vorgänge eingetragen, welche eine Sperre setzten möchten:

Latch Miss Sources

- **only latches with sleeps are shown**
- **ordered by name, sleeps desc**

Latch Name	Where	NoWait Misses	Sleeps	Waiter Sleeps
shared pool	kghalo	0	23	16

Abb. 8.55: Statistik zur Aktivität der erfolglosen Sperrversuche.

Die Tabelle enthält ein Beispiel für erfolglose Sperrversuche der Ressource *Shared Pool*, welche von der Stelle KGHALO ausgelöst wurden. Es gab 23 erfolglose Sperrversuche, welche den Vorgang in den Wartemodus wechselten. Es wurden 16 wartende Vorgänge registriert.

8.21.4 Sperren auf Shared Objects

Zum Schluss dieses Kapitels wird die Tabelle *MUTEX Sleep Summary* erläutert. Die Daten dieser Tabelle sind in vergleichbarer Weise in der *View* V_$MUTEX_SLEEP enthalten. MUTEX ist die Abkürzung für *Mutual Execution*. Hierbei handelt es sich um ein fortschrittliches Sperrkonzept, welches beim Zugriff auf *Shared Objects* zum Einsatz kommen kann, um den sequentiellen Zugriff von konkurrierenden Sessions auf diese Objekte zu beschleunigen. In der ersten Spalte steht der Name der *MUTEX Latch*. Dann folgt die Stelle, welche die *MUTEX Latch* verursacht hat. In diese Spalte wird die jeweilige Kodierung der Stelle eingetragen. In der dritten Spalte ist die Anzahl der registrierten *Sleeps* für diesen *MUTEX Type* und die zugehörige Stelle eingetragen. In der vierten Spalte wird die verbrauchte Zeit für die *Sleeps* in Millisekunden eingetragen:

Mutex Sleep Summary

- **ordered by number of sleeps desc**

Mutex Type	Location	Sleeps	Wait Time (ms)
Library Cache	kglpndl1 95	475,017	0

Abb. 8.56: Statistik zur Aktivität der Sperrversuche von *MUTEX Latches*.

In dem Beispiel ist der LC als *MUTEX Type* eingetragen. Es wurden 475.017 *Sleeps* für diesen *MUTEX Type* von der Stelle mit der Kodierung KGLPNDL1 95 verursacht. Insgesamt wurde für diese *Sleeps* keine nennenswerte Zeit verbraucht. Mit dieser Tabelle wird das Kapitel *Latch Statistics* beendet.

8.22 Segment-Statistiken

Als Nächstes folgt das Kapitel *Segment Statistics*. Alle Tabellen dieses Kapitels liefern Informationen, die in ähnlicher Form auch in der *View* V_$SEGMENT_STATISTICS enthalten sind.

8.22.1 Reads

Datenblöcke werden von physikalischen und logischen Speichermedien gelesen. Permanent verfügbare Daten werden vom physikalischen Speicher gelesen. Flüchtige Daten werden typischerweise von logischen Speichermedien gelesen. Wenn die Kapazität des logischen Speichers nicht ausreicht, werden flüchtige Daten auch auf physikalische Speicher ausgelagert und von dort gelesen. In diesem Fall wird dann also auf flüchtige Daten mit *Physical Reads* zugegriffen. Ansonsten erfolgt der Zugriff auf flüchtige Daten im RAM mit *Logical Reads*. Mit *Physical Reads* wird auf Daten zugegriffen, welche auf Festplatte oder SSD gespeichert sind. Datenblöcke können mit *Single Read* oder *Multi Read* vom Speichermedium gelesen werden. Bei einem *Single*

Read wird mit einem *Request* ein Datenblock gelesen. Wenn ein *Multi Read* erfolgt, werden mehrere Datenblöcke mit einem *Request* gelesen. Wenn alle Datenblöcke im *Single Block Read Mode* gelesen werden, dann ist die Anzahl der *Requests* mit der Anzahl der gelesenen Datenblöcke identisch.

8.22.1.1 Logical Reads

Die erste Tabelle dieses Kapitels enthält Informationen zu *Logical Reads*. In den Erläuterungen dieser Tabelle ist die gesamte Anzahl der registrierten *Logical Reads* eingetragen. In der Tabelle ist dann jeweils die Anzahl der *Logical Reads* für ein Datenbank-Objekt eingetragen. Mit Hilfe eines *Logical Read* wird auf einem Datenblock in der SGA zugegriffen. Sofern ein benötigter Datenblock nicht in der SGA vorhanden ist, muss dieser vor Ausführung des *Logical Read* in die SGA geladen werden. Dann ist zuerst ein *Physical Read* erforderlich.

In der ersten Spalte ist der *Owner* des Datenbank-Objekts eingetragen. Dann folgt in der zweiten Spalte der Name des *Tablespace*, welcher das Datenbank-Objekt enthält. In der dritten Spalte ist der Name des Datenbank-Objekts eingetragen. Wenn es einen *Subobject Name* gibt, ist dieser in der vierten Spalte eingetragen. In der fünften Spalte folgt der Typ des Datenobjekts. Hierbei kann es sich beispielsweise um einen Index oder eine Tabelle handeln. In der vorletzten Spalte ist die Anzahl der registrierten *Logical Reads* für das Datenbank-Objekt eingetragen. Schließlich folgt noch in der letzten Spalte der prozentuale Anteil der *Logical Reads* für das Datenbank-Objekt. Hierbei handelt es sich um den Anteil an den insgesamt ermittelten *Logical Reads*. In der Tabelle gibt es als Beispiel einen Eintrag für das Datenbank-Objekt `VTG_ROLLX_PK`:

Segments by Logical Reads

- **Total Logical Reads: 984,254,767**
- **Captured Segments account for 70.4% of Total**

Owner	Tablespace Name	Object Name	Subobject Name	Obj. Type	Logical Reads	%Total
FUT10_PLF	FUT10_I_1	VTG_ROLLX_PK		INDEX	44,807,952	4.55

Abb. 8.57: Statistik für die *Logical Reads* der Segmente.

Hierbei handelt es sich um einen Index, welcher dem *Owner* `FUT10_PLF` zugeordnet ist. Das Datenbank-Objekt befindet sich im *Tablespace* `FUT10_I_1`. Für dieses Datenbank-Objekt wurden 44.807.952 *Logical Reads* registriert. Dies ist ein Anteil von 4,55 %:

$$\frac{44.807.952}{984.254.767} \times 100\,\% = 4{,}55\,\%\,. \tag{8.21}$$

8.22.1.2 Physical Reads

Wenn ein angeforderter Datenblock nicht in der SGA verfügbar ist, muss dieser zuerst mit einem *Physical Read* in die SGA geladen werden. Über diese Vorgänge liefert die Tabelle *Segments by Physical Reads* Informationen. In den Erläuterungen zu dieser Tabelle ist die gesamte Anzahl der *Physical Reads* eingetragen. Die Struktur dieser Tabelle unterscheidet sich kaum von der vorherigen Tabelle. Die meisten Spalten sind identisch. Einen Unterschied gibt es lediglich in der vorletzten Spalte. Dort sind die ermittelten *Physical Reads* für das Datenbank-Objekt der jeweiligen Zeile eingetragen:

Segments by Physical Reads

- **Total Physical Reads: 393,564**
- **Captured Segments account for 30.7% of Total**

Owner	Tablespace Name	Object Name	Subobject Name	Obj. Type	Physical Reads	%Total
FUT10_PLF	FUT10_I_1	KTF_BUCH_IX_SOLLKONTO_ID_9		INDEX	5,747	1.46

Abb. 8.58: Statistik für die *Physical Reads* der Segmente.

In dem Beispiel sind 5.747 *Physical Reads* für das Datenbank-Objekt mit dem Namen `KTF_BUCH_IX_SOLLKONTO_ID_9` eingetragen. Bei diesem Objekt handelt es sich um einen Index. Auf dieses Datenbank-Objekt entfallen 1,46 % der insgesamt ermittelten *Physical Reads*:

$$\frac{5.747}{393.564} \times 100\,\% = 1{,}46\,\% \,. \tag{8.22}$$

8.22.1.3 Physical Read Requests

In der nächsten Tabelle sind die ermittelten *Physical Read Requests* in der vorletzten Spalte eingetragen. Ansonsten unterscheidet sich diese Tabelle in der Struktur nicht von den vorigen Tabellen dieses Kapitels:

Segments by Physical Read Requests

- **Total Physical Read Requests: 393,547**
- **Captured Segments account for 30.7% of Total**

Owner	Tablespace Name	Object Name	Subobject Name	Obj. Type	Phys Read Requests	%Total
FUT10_PLF	FUT10_I_1	KTF_BUCH_IX_SOLLKONTO_ID_9		INDEX	5,746	1.46

Abb. 8.59: Statistik für die *Physical Read Requests* der Segmente.

Für den Index KTF_BUCH_IX_SOLLKONTO_ID_9 sind hier 5.746 *Physical Read Requests* eingetragen. In der vorigen Tabelle sind für den Index 5.747 *Physical Reads* eingetragen. Die beiden Werte unterscheiden sich also geringfügig, weil mit einem *Physical Read Request* auch mehrere Datenblöcke parallel angefordert werden können. Dann werden die Blöcke im *Multi Block Read Mode* geladen. Durch den Vergleich der beiden Einträge kann man also feststellen, dass die meisten Blöcke im *Single Block Read Mode* geladen wurden. Der *Multi Block Read Mode* hatte bei diesem Index nur einen geringfügigen Anteil. Wenn alle Blöcke eines Datenbank-Objekts im *Single Block Read Mode* geladen werden, unterscheiden sich die Einträge in den beiden Spalten *Physical Reads* und *Physical Read Requests* nicht. Wenn darüber hinaus die Blöcke aller Datenbank-Objekte im *Single Block Read Mode* geladen werden, dann sind auch die in den Erläuterungen insgesamt angegebenen Werte für *Total Physical Reads* und *Total Physical Read Requests* identisch. In diesem Beispiel unterscheiden sich auch diese beiden Werte geringfügig. Dies muss ebenfalls bei der Berechnung des prozentualen Anteils berücksichtigt werden:

$$\frac{5.746}{393.547} \times 100\,\% = 1{,}46\,\% \,. \tag{8.23}$$

Jedoch gibt es hier auch beim prozentualen Anteil keinen Unterschied in den beiden Tabellen. Der Anteil des *Multi Block Read Mode* ist so geringfügig, dass es keine Auswirkung auf den prozentualen Anteil gibt.

8.22.1.4 Segments by Unoptimized Reads

Die nächste Tabelle *Segments by Unoptimized Reads* (siehe Abbildung 8.60) unterscheidet sich in der Struktur weitgehend nicht von der vorherigen Tabelle. Die einzige Differenz wird durch die vorletzte Spalte verursacht. In dieser Spalte werden *Unoptimized Reads* eingetragen, welche im Titel der Tabelle erwähnt sind. Es handelt sich hierbei um *Physical Reads*, welche von einem permanenten Speicher geladen werden. Diese *Reads* unterscheiden sich von den *Optimized Reads*, welche aus einem flüchtigen Speicher geladen werden. Bei diesem Speicher handelt sich um einen Cache. Dies kann der Datenbank-Smart-Flash-Cache sein, welcher vom Betriebssystem „Oracle-Linux®" unterstützt wird. Das *Exadata System* bietet noch zusätzlich den *Exadata Smart Flash Cache* an. Blöcke, die aus diesen beiden Caches geladen werden, sind *Optimized Reads* und werden in dieser Tabelle nicht berücksichtigt. Jedoch werden *Optimized Reads* auch als *Physical Reads* behandelt und in der Tabelle *Segments by Optimized Reads* präsentiert, wenn während der Verarbeitung auf mindestens einen dieser beiden Caches zugegriffen wurde.

Beim Vergleich des Beispieleintrags stellt man keinen inhaltlichen Unterschied zur vorhergehenden Tabelle fest. Das bedeutet, dass alle *Physical Reads* vom permanenten Speicher erfolgten. Für dieses Datenbank-Objekt wurden keine Blöcke aus einem Smart-Flash-Cache geladen. Daher gibt es für dieses Datenbank-Objekt auch keinen Eintrag in der Tabelle *Segments by Optimized Reads*.

Segments by UnOptimized Reads

- **Total UnOptimized Read Requests: 393,547**
- **Captured Segments account for 30.7% of Total**

Owner	Tablespace Name	Object Name	Subobject Name	Obj. Type	UnOptimized Reads	%Total
FUT10_PLF	FUT10_I_1	KTF_BUCH_IX_SOLLKONTO_ID_9		INDEX	5,746	1.46

Abb. 8.60: Statistik für die *Unoptimized Physical Reads* der Segmente.

8.22.2 Writes

Datenblöcke werden mit *Writes* auf physikalischen Speichermedien permanent gesichert. Die Anforderung von *Writes* erfolgt mit *Requests*. Mit einem *Request* können *Single Block Writes* oder *Multi Block Writes* ausgelöst werden. Bei einem *Single Block Write* wird mit einem *Request* ein Datenblock gespeichert. Mehrere Datenblöcke werden mit einem *Request* mit Hilfe eines *Multi Block Write* gesichert. Wenn nur *Single Block Writes* erfolgen, dann stimmt die Anzahl der *Requests* mit der Anzahl der gespeicherten Datenblöcke überein.

Als Nächstes werden Tabellen zu dem Thema *Physical Writes* besprochen. Auch die Struktur dieser Tabellen unterscheidet sich kaum von den vorigen Tabellen. Der maßgebliche Unterschied wird auch bei diesen Tabellen durch die vorletzte Spalte verursacht.

8.22.2.1 Physical Writes

In der folgenden Tabelle *Segments by Physical Writes* ist in der vorletzten Spalte die Anzahl der erfassten *Physical Writes* für das Datenbank-Objekt der betroffenen Zeile eingetragen:

Segments by Physical Writes

- **Total Physical Writes: 12,297,688**
- **Captured Segments account for 75.2% of Total**

Owner	Tablespace Name	Object Name	Subobject Name	Obj. Type	Physical Writes	%Total
FUT10_PLF	FUT10_I_1	KTF_BUCH_IX_SOLLKONTO_ID_9		INDEX	1,645,931	13.38

Abb. 8.61: Statistik für die *Physical Writes* der Segmente.

Dem Beispieleintrag kann man entnehmen, dass für den Index auch Schreibzugriffe erfasst wurden. Auch wird der prozentuale Anteil der Schreibzugriffe mit der folgenden Formel ermittelt:

$$\frac{1.645.931}{12.297.688} \times 100\,\% = 13{,}38\,\%\,. \tag{8.24}$$

Es wird also der prozentuale Anteil der Schreibzugriffe an den insgesamt ermittelten Schreibzugriffen berechnet. Die Anzahl der gesamten Schreibzugriffe ist wiederum in den Erläuterungen eingetragen.

8.22.2.2 Physical Write Requests

Als Nächstes folgt die Tabelle *Segments by Physical Write Requests*. Wiederum ist die Struktur dieser Tabelle sehr ähnlich zur Struktur der vorhergehenden Tabelle. Auch in dieser Tabelle wird der maßgebliche Unterschied zur vorigen Tabelle durch die vorletzte Spalte *Physical Write Requests* verursacht. Hier sind die *Write Requests* eingetragen. Dies können *Single Block Write Requests* und *Multi Block Write Requests* sein:

Segments by Physical Write Requests

- **Total Physical Write Requestss: 9,119,671**
- **Captured Segments account for 78.0% of Total**

Owner	Tablespace Name	Object Name	Subobject Name	Obj. Type	Phys Write Requests	%Total
FUT10_PLF	FUT10_I_1	KTF_BUCH_IX_SOLLKONTO_ID_9		INDEX	1,423,891	15.61

Abb. 8.62: Statistik für die *Physical Write Requests* der Segmente.

In dem Beispieleintrag dieser Tabelle ist für den Index eine Zahl in der vorletzten Spalte eingetragen, welche kleiner ist als die eingetragene Zahl in der vorigen Tabelle. Daran erkennt man, dass ein Teil der Datenblöcke im *Multi Block Write Mode* gespeichert wurde. Dies ist auch die Ursache dafür, dass die gesamte Anzahl der *Physical Write Requests* wesentlich kleiner ist als die insgesamt ausgeführten *Physical Writes*. Beide Werte sind jeweils in den Erläuterungen der letzten beiden Tabellen eingetragen. Diese Verschiebungen, welche durch den *Multi Block Write Mode* verursacht wurden, bewirken nun, dass der Wert in der letzten Spalte gegenüber dem Wert in der vorhergehenden Tabelle angestiegen ist. Hier ist der prozentuale Anteil der *Physical Write Requests* eingetragen. Dies ist der Anteil an den insgesamt erfolgten *Physical Write Requests*. Somit wird dieser Wert mit der folgenden Formel berechnet:

$$\frac{1.423.891}{9.119.671} \times 100\,\% = 15{,}61\,\%\,. \tag{8.25}$$

8.22.3 Block Changes

Als Nächstes folgt die Tabelle *Segment by Db Block Changes*. In dieser Tabelle werden Veränderungen an den Datenblöcken erfasst, welche durch Operationen vom Typ UPDATE oder DELETE verursacht wurden. Solche Veränderungen werden in den *Redo Log Files* erfasst. Denn wenn ein COMMIT erfolgt, werden diese Veränderungen dauerhaft wirksam. Die ermittelten Veränderungen werden in der Tabelle für jedes Datenbank-Objekt in den beiden letzten Spalten erfasst. In der vorletzten Spalte wird die Anzahl der erfolgten Änderungen an den Blöcken eingetragen. In der letzten Spalte wird der prozentuale Anteil der Veränderungen für das betroffene Datenbank-Objekt erfasst. Hierbei handelt es sich um den prozentualen Anteil an den insgesamt erfolgten Veränderungen von Datenblöcken während der Dauer des Snapshot:

Segments by DB Blocks Changes

- % of Capture shows % of DB Block Changes for each top segment compared
- with total DB Block Changes for all segments captured by the Snapshot

Owner	Tablespace Name	Object Name	Subobject Name	Obj. Type	DB Block Changes	% of Capture
FUT10_PLF	FUT10_I_1	KTF_OPOSX_PK		INDEX	132,218,496	51.88

Abb. 8.63: Statistik für die *Block Changes* der Segmente.

In der Tabelle ist ein Beispieleintrag für den Index KTF_OPOSX_PK eingetragen. Von diesem Index waren 132.218.496 Blöcke von Änderungs-Operationen betroffen. Dies ist ein Anteil von 51,88 % an den insgesamt von Änderungen betroffenen Datenblöcken. Die Anzahl aller erfolgten *Db Block Changes* ist in der Tabelle *Instance Activity Stats* eingetragen, welche bereits erläutert wurde.

8.22.4 Row Lock Waits

Nun folgt die Tabelle *Segments by Row Lock Waits*. In dieser Tabelle ist die Anzahl der *Waits* erfasst, welche erfolgen müssen, weil der Zugriff auf einen Datensatz nicht möglich ist, weil dieser Datensatz von einer konkurrierenden Session gesperrt wurde. Eine Sperre auf den Datensatz wird gesetzt, wenn der Datensatz geladen oder verändert wird. Die maßgeblichen Werte sind in den beiden letzten Spalten eingetragen. In jeder Zeile ist die Anzahl der *Waits* für ein Datenbank-Objekt in der vorletzten Spalte eingetragen. In der letzten Spalte ist der prozentuale Anteil der *Waits* für dieses Datenbank-Objekt eingetragen. Hierbei handelt es sich um den Anteil an den insgesamt ermittelten *Row Lock Waits*:

Segments by Row Lock Waits

- % of Capture shows % of row lock waits for each top segment compared
- with total row lock waits for all segments captured by the Snapshot

Owner	Tablespace Name	Object Name	Subobject Name	Obj. Type	Row Lock Waits	% of Capture
FUT10_PLF	FUT10_I_1	KTF_BUCH_IX_MUT_2		INDEX	21,936	21.47

Abb. 8.64: Statistik für die *Row Lock Waits* der Segmente.

In dem Beispieleintrag ist für den Index KTF_BUCH_IX_MUT_2 die Anzahl von 21.936 *Waits* ermittelt worden. Dies entspricht einem Anteil von 21,47 % an den insgesamt erfassten *Row Lock Waits*.

8.22.5 ITL Waits

Als Nächstes folgt die Tabelle *Segments by ITL Waits*. In dieser Tabelle sind *Waits* erfasst, welche sich ereignen, wenn konkurrierende Sessions gleichzeitig auf denselben Datenblock zugreifen wollen. Dabei erfolgen die Zugriffe mit Operationen, welche die Daten verändern. Es handelt sich also um SQL-Befehle, die der Klassifikation DML (Data Manipulation Language) angehören. Hierbei handelt es sich um die Befehle INSERT, UPDATE und DELETE. Diese Befehlsklasse grenzt sich von zwei weiteren Klassen ab:

- DDL (*Data Definition Language*)
- DCL (*Data Control Language*)

Befehle, die der Klasse DDL angehören, verändern das Datenbank-Schema. Das ist beispielsweise das Kommando ALTER TABLE. Mit Befehlen der Klasse DCL wird die Berechtigungsvergabe gesteuert. Es werden Lese- und Schreibrechte mit den Befehlen GRANT und REVOKE erteilt und widerrufen.

Konkurrierende Sessions greifen auf denselben Datenblock zu, wenn diese gleichzeitig verschiedene Datensätze eines Datenbank-Objekts mit einem *DML Command* verändern wollen. Diese Datensätze sind in demselben Datenblock abgespeichert. Eine gleichzeitige Veränderung ist möglich, wenn in dem Datenblock ausreichend Speicherplatz für jede Session verfügbar ist. Dieser Speicherplatz muss mit dem Befehl INITRANS (*Initial Transaction Slots*) reserviert werden. Mit diesem Befehl wird die Anzahl der *Initial Transaction Slots* gesteuert. Jede Session benötigt einen *Transaction Slot*, damit die Session den Datenblock verändern kann. Wenn die Session keinen *Transaction Slot* erhält, ereignet sich ein *Wait*. Die Session muss dann mit der Änderung des Datensatzes warten, bis wieder ein *Transaction Slot* frei ist. Der Wert für INITRANS sollte daher so gewählt werden, dass die Sessions gleichzeitig *Transaction*

Slots bekommen können, so dass die betroffenen Datensätze ohne *ITL Waits* geändert werden können. Die Wahrscheinlichkeit für das Auftreten eines *ITL Wait* hängt von der Größe der Tabelle und der Anzahl der gleichzeitigen Zugriffe mit *DML Commands* ab. Wenn beispielsweise auf eine große Tabelle nur selten gleichzeitig zugegriffen wird, kann für INITRANS ein kleiner Wert gesetzt werden. Denn die Wahrscheinlichkeit für das Auftreten eines *ITL Wait* ist dann gering. In der Tabelle betreffen die beiden letzten Spalten die erfassten *ITL Waits* für die Datenbank-Objekte. Die Anzahl der *ITL Waits* wird in die vorletzte Spalte eingetragen. In die letzte Spalte wird der prozentuale Anteil der *ITL Waits* eingetragen. Hierbei handelt es sich um den prozentualen Anteil an den insgesamt ermittelten *ITL Waits*.

Längere *ITL Waits* können aber beispielsweise auftreten, wenn mehrere Sessions in dieselbe Tabelle jeweils Datensätze in den ersten freien Block einer *Free List* einfügen wollen. Dann kann eine sequentielle Bearbeitung der Einfüge-Operationen erforderlich werden, wenn nicht genügend *Transaction Slots* verfügbar sind. Diesen Block bezeichnet man als *Hot Block*. Wenn dieser *Hot Block* aufgefüllt ist, wird von den konkurrierenden Sessions der nächste freie Block beansprucht und es entstehen wiederum *ITL Waits*. Dies kann sich dann fortsetzten, so dass diese *ITL Waits* Performanz-Probleme verursachen.

Segments by ITL Waits

- % of Capture shows % of ITL waits for each top segment compared
- with total ITL waits for all segments captured by the Snapshot

Owner	Tablespac e Name	Object Name	Subobjec t Name	Obj. Type	IT L Waits	% of Capture
FUT10_PL F	FUT10_I_1	SST_FLDA_IX_BATCHDATEN_I D		INDE X	266	32.4 8

Abb. 8.65: Statistik für die *ITL Waits* der Segmente.

In dem Beispieleintrag der Tabelle ist für den Index SST_FLDA_IX_BATCHDATEN_ID eine Anzahl von 266 *ITL Waits* erfasst worden. Dies entspricht einem Anteil von 32,48 % an den insgesamt erfassten *ITL Waits* (siehe Abbildung 8.65).

8.22.6 Buffer Busy Waits

Dieses Kapitel wird nun mit der Tabelle *Segments by Buffer Busy Waits* abgeschlossen. Der *Wait* wird durch den Zugriff auf einen Block im *Buffer Cache* ausgelöst. Jedoch ist dieser Block bereits durch eine konkurrierende Session gesperrt, weil diese den Block aktuell verändert. Durch die Sperrung des Blocks wird gewährleistet, dass kein Zugriff auf inkonsistente Daten erfolgt. Die Sperrung erfolgt durch eine Session, wenn diese den Block in den *Buffer Cache* lädt oder die Session den Inhalt des Blocks verändert. Die Sperre wird durch ein *Flag* im Kopf des Blocks angezeigt. Wenn das *Flag* gesetzt ist, dann wird den anderen Sessionen damit die Sperrung signalisiert. Ein *Wait* sollte grundsätzlich nur kurz sein. Denn ein eventuell erforderlicher *Physical Read* sollte nicht länger als 20 ms dauern und die Veränderung des Blocks im *Buffer Cache* dauert typischerweise weniger als eine Millisekunde. Längere *Waits* können allerdings verursacht werden, wenn konkurrierende Sessions gleichzeitig *Full Table Scans* auf derselben Tabelle ausführen. Wenn eine Session einen Block mit einem *Physical Read* in den *Buffer Cache* lädt, sind alle anderen Sessions mit dem Zugriff auf den Block so lange blockiert, bis der Ladevorgang abgeschlossen ist.

Maßgeblich für die Erfassung der *Buffer Busy Waits* sind die letzten beiden Spalten. Die restlichen Spalten unterscheiden sich wiederum nicht von den vorhergehenden Tabellen dieses Kapitels. In der vorletzten Spalte ist die Anzahl der erfassten *Buffer Busy Waits* für das jeweilige Datenbank-Objekt der betroffenen Zeile eingetragen. In der letzten Spalte ist der prozentuale Anteil der *Buffer Busy Waits* für das Datenbank-Objekt eingetragen. Es handelt sich um den Anteil an den insgesamt erfassten *Buffer Busy Waits*:

Segments by Buffer Busy Waits

- % of Capture shows % of Buffer Busy Waits for each top segment compared
- with total Buffer Busy Waits for all segments captured by the Snapshot

Owner	Tablespace Name	Object Name	Subobject Name	Obj. Type	Buffer Busy Waits	% of Capture
FUT10_PLF	FUT10_I_1	KTF_BUCH_IX_MUT_2		INDEX	119,733	29.96

Abb. 8.66: Statistik für die *Buffer Busy Waits* der Segmente.

In dem Beispieleintrag der Tabelle sind 119.733 *Buffer Busy Waits* für den Index `KTF_BUCH_IX_MUT_2` erfasst. Hierbei handelt es sich um einen Anteil von 29,96 % an den insgesamt erfassten *Buffer Busy Waits*. Die gesamte Anzahl der erfassten *Buffer Busy Waits* ist in der Tabelle *Buffer Pool Statistics* eingetragen.

Mit dieser Tabelle wird das Kapitel *Segment Statistics* abgeschlossen.

8.23 Dictionary Cache Stats

Als Nächstes folgt die Tabelle *Dictionary Cache Stats*. Der Inhalt dieser Tabelle ähnelt den Informationen aus der *View* `V_$ROWCACHE`. Das *Data Dictionary* besteht aus Tabellen, auf welche nur ein lesender Zugriff erfolgen kann. Diese Tabellen enthalten folgende Informationen zur Datenbank:

- Definitionen aller Schema-Objekte in der Datenbank
  - Tabellen, *Views*, Indizes, Clusters, Synonyme, Sequenzen usw.
- die Allokation und aktuelle Nutzung von Speicher für das Schema-Objekt
- Default-Werte für Spalten
- Informationen zu *Integrity Constraints*
- Namen von Oracle-Benutzern
- Rollen und Privilegien, welche den Nutzern gewährt wurden
- Auditierungs-Informationen über Zugriffe und Änderungen der Schema-Objekte
- weitere allgemeine Datenbank-Informationen

Jede Zeile in der Tabelle liefert Information zu einem Cache des *Data Dictionary*. In der ersten Spalte ist der Name des *Dictionary Cache* eingetragen. Dann folgt die Anzahl der angeforderten Zugriffe auf diesen Cache. Wenn ein angeforderter Block nicht im Cache vorhanden war, wird dieses Ereignis in der Spalte *PCT Miss* registriert. Dann folgt in der vierten Spalte die Anzahl der angeforderten Scans für diesen Cache. Wenn ein Scan nicht die angeforderten Blöcke aus dem Cache liefern kann, wird das in der fünften Spalte registriert. In der vorletzten Spalte wird die Anzahl der angeforderten Veränderungen für den *Dictionary Cache* eingetragen. Veränderungen erfolgen mit den Befehlen `INSERT`, `UPDATE` und `DELETE`. Schließlich wird in der letzten Spalte die Anzahl der Einträge im Cache gezählt, welche verwendet wurden:

Dictionary Cache Stats

- "Pct Misses" should be very low (< 2% in most cases)
- "Final Usage" is the number of cache entries being used

Cache	Get Requests	Pct Miss	Scan Reqs	Pct Miss	Mod Reqs	Final Usage
dc_sequences	71	15.49	0		71	39

Abb. 8.67: Klassifizierte Statistik für den *Dictionary Cache*.

Der Beispieleintrag in der Tabelle bezieht sich auf den *Dictionary Cache* für Sequenzen. Für diesen Cache wurden 71 angeforderte Zugriffe registriert. Bei 15,71 % dieser angeforderten Zugriffe waren die benötigten Daten nicht im Cache vorhanden. Alle angeforderten Zugriffe erfolgten mit DML-Befehlen. Es wurden 39 Einträge des LC für Sequenzen genutzt.

Ebenso wie der *Dictionary Cache* gehört auch der LC zum *Shared Pool*. Die Einträge in dieser Tabelle sind mit den Daten aus der *View* `V_$LIBRARYCACHE` vergleichbar. Im LC werden geparste Komponenten und Ausführungspläne der SQL-Befehle gespeichert. Die Verwaltung der Inhalte des LC wird durch einen Verdrängungsmechanismus unterstützt. Damit werden bereits geparste SQL-Befehle aus dem LC entfernt, wenn das Memory nicht mehr ausreicht, um die geparsten Komponenten von neuen SQL-Befehlen zu speichern. Im LC werden auch die geparsten Komponenten von PL/SQL-Programmen gespeichert. Die geparsten SQL-Komponenten werden in der *Shared SQL Area* gespeichert, auf welche alle Sessions zugreifen können. Zusätzlich hat jede Session eine *Private SQL Area*, in welcher die jeweiligen spezifischen Werte der Session gespeichert werden, welche für die Ausführung eines SQL-Befehls aus dem LC benötigt werden. Bei diesen spezifischen Werten kann es sich um lokale, globale und Package-Variablen handeln.

Die folgende Tabelle enthält Statistiken zu der Aktivität des LC. In der ersten Spalte sind die *Namespaces* des LC eingetragen. Dann folgt in der nächsten Spalte die Anzahl der angeforderten Zugriffe für Objekte in dem jeweiligen *Namespace*. Wenn ein angefordertes Objekt nicht im *Namespace* verfügbar ist, wird dies in der dritten Spalte als prozentualer Anteil an den insgesamt angeforderten Zugriffen eingetragen. Dann folgt in der vierten Spalte die Anzahl der angeforderten *Pins* für Objekte des *Namespace*. Ein *Pin* ähnelt einer Sperre. Wenn eine Session einen *Pin* für ein Objekt im *Namespace* erhält, kann dieses Objekt von den anderen Sessions nicht modifiziert werden, so lange der *Pin* gesetzt ist. Daher können aus den *Pins* dann *Waits* resultieren. Denn wenn eine konkurrierende Session auf das Objekt zugreifen möchte, muss diese Session warten, bis der *Pin* entfernt wird. Diese *Waits* können auftreten, wenn ein PL/SQL-Objekt kompiliert oder geparst wird. In der fünften Spalte ist die Anzahl der erfolglos angeforderten *Pins* eingetragen. Der Wert wird als prozentualer Anteil an den insgesamt angeforderten *Pins* berechnet. Ein erfolglos angeforderter *Pin* kann ein *Wait* zur Folge haben. Die Anzahl der *Reloads* ist in der vorletzten Spalte eingetragen. Ein *Reload* ereignet sich, wenn für ein Objekt ein *Pin* angefordert wird, welcher nicht der erste *Pin* für dieses Objekt ist, und das Objekt mit einem *Physical Read* in den LC geladen wird. Somit wird der *Reload* verursacht, weil das Objekt zuvor aus dem LC verdrängt wurde. In der letzten Spalte ist schließlich die Anzahl der *Invalidations* eingetragen. Eine *Invalidation* ereignet sich, wenn ein Objekt des *Namespace* ungültig wird, weil ein Objekt zuvor ebenfalls ungültig wurde, von welchem das von der *Invalidation* betroffene Objekt abhängt. Dies ist beispielsweise der Fall, wenn die Statistiken für eine Tabelle neu berechnet werden. Dann werden alle PL/SQL-Objekte im LC als ungültig markiert, deren Ausführungspläne diese Tabelle berücksichtigen. Durch die neue Berechnung der Statistiken für die Tabelle sind die Ausführungspläne nicht mehr gültig, weil sie die neuen Statistiken für die Tabelle nicht berücksichtigen. Daher können die Ausführungspläne suboptimal sein und werden somit für ungültig erklärt.

Library Cache Activity

- **"Pct Misses" should be very low**

Namespace	Get Requests	Pct Miss	Pin Requests	Pct Miss	Reloads	Invalidations
SQL AREA	44,153	3.08	48,977,792	-0.15	47	6

Abb. 8.68: Statistik für den LC.

In dem Beispieleintrag der Tabelle sind die Statistiken für die PL/SQL-Objekte der SQL-Area erfasst (siehe Abbildung 8.68). Für diesen *Namespace* wurden 44.153 Zugriffe auf die darin enthaltenen Objekte angefordert. Davon waren 3,08 % dieser Anforderungen erfolglos. Für die Objekte im *Namespace* wurden 48.977.792 *Pins* angefordert, welche alle erfolgreich waren. Es ereigneten sich 47 *Reloads*. In diesen Fällen waren *Physical Reads* für *Pins* erforderlich. Es handelt sich also um einen *Pin*, welcher nicht der erste *Pin* für das Objekt war. Daher war der *Reload* erforderlich, weil das Objekt bereits aus dem LC verdrängt wurde. Für die SQL-Area wurden sechs *Invalidations* registriert. Es mussten also sechs PL/SQL-Objekte für ungültig erklärt werden, weil diese Abhängigkeiten zu anderen Objekten hatten, die zuvor ungültig wurden.

8.24 Memory Statistics

Als Nächstes folgt das Kapitel *Memory Statistics*, welches mehrere Tabellen enthält.

8.24.1 Dynamische Komponenten des Memory

Zuerst wird in diesem Kapitel die Tabelle *Memory Dynamic Components* vorgestellt. Die Daten dieser Tabelle findet man in ähnlicher Form in der *View* `V_$MEMORY_DYNAMIC_COMPONENTS`. In der Tabelle werden die dynamischen Komponenten des Memory präsentiert. Die Größe dieser Komponenten kann sich dynamisch verändern. Die Tabelle liefert Informationen zu der Veränderung der Größe dieser Komponenten. Dynamische Veränderungen an den Komponenten mit hoher Frequenz können die Performanz negativ beeinflussen. Diese häufigen Änderungen können durch zu wenig verfügbaren RAM verursacht werden. Mit Hilfe der Tabelle können diese Performanz-Probleme dann identifiziert werden.

In jeder Zeile wird eine Komponente dargestellt. In der ersten Spalte ist der Name der Komponente eingetragen. Dann folgt die Größe der Komponente zum Beginn des Snapshot. Die aktuelle Größe der Komponente ist in der dritten Spalte eingetragen. In der vierten Spalte ist die kleinstmögliche Größe der Komponente seit dem Start der Datenbank-Instanz eingetragen. Danach folgt die größtmögliche Größe der Komponente seit dem Start der Datenbank-Instanz. Dann folgt in der vorletzten Spalte die Anzahl der Operationen, welche auf die Komponente seit dem Start der Datenbank-Instanz angewendet wurden. Mit Hilfe von Operationen werden Veränderungen an der Komponente ausgelöst. Durch die Anwendung einer Operation kann die Komponente also initialisiert, vergrößert, reduziert oder auch deaktiviert werden. Es ist auch möglich, eine Komponente in einen statischen Zustand zu versetzen. Bei statischen Komponenten kann deren Größe nicht mehr dynamisch angepasst werden. Diese Operationen werden mit den Schlüsselwörtern `STATIC`, `INITIALIZING`, `DISABLED`, `GROW`, `SHRINK` oder `SHRINK_CANCEL` konfiguriert.

In der letzten Spalte ist diejenige Operation eingetragen, welche zuletzt auf die Komponente angewendet wurde. Zusätzlich wird in dieser Spalte auch noch der Modus eingetragen, mit dem die Operation ausgeführt wird. Änderungen können in den Modi `MANUAL`, `DEFERRED` oder `IMMEDIATE` ausgeführt werden. Eine Änderung im Modus `MANUAL` wird durch eine manuelle Operation verursacht. Wenn eine dynamische Komponente im Modus `DEFERRED` geändert wird, ist das erst bei der nächsten Session wirksam. Damit wird vermieden, dass Änderungen in hoher Frequenz ausgeführt werden und damit die Performanz negativ beeinflusst werden kann. Diese Gefahr besteht bei Änderungen im Modus `IMMEDIATE`. In diesem Modus wird die Änderung unverzüglich wirksam und kann sich somit auf die Performanz der aktuellen Session negativ auswirken.

Memory Dynamic Components

- **Min/Max sizes since instance startup**
- **Oper Types/Modes: INItializing,GROw,SHRink,STAtic/IMMediate,DEFerred**
- **ordered by Component**

Component	Begin Snap Size (Mb)	Current Size (Mb)	Min Size (Mb)	Max Size (Mb)	Oper Count	Last Op Typ/Mod
DEFAULT buffer cache	24,576.00	24,576.00	512.00	580,608.00	0	SHR/MAN

Abb. 8.69: Statistik für die dynamischen Komponenten des Memory.

In dem Beispieleintrag ist die Veränderung der dynamischen Komponente *Default Buffer Cache* eingetragen (siehe Abbildung 8.69). Die Größe dieser Komponente betrug zum Beginn des Snapshot 24.576 MB. Seitdem wurde die nicht verändert; denn dies ist auch die aktuelle Größe der Komponente. Die kleinstmögliche Größe für diese Komponente seit dem Start der Datenbank beträgt 512 MB. Die größtmögliche Größe seit dem Start der Datenbank beträgt 580.608 MB. Seit dem Start der Datenbank sind keine Operationen auf die Komponente angewendet worden. Die letzte Operation wurde also vor dem letzten Start der Datenbank-Instanz ausgeführt. Bei dieser Operation wurde die Größe der Komponente manuell reduziert.

8.24.2 Dynamische Auslastung der PGA

Es folgt nun die Tabelle *Process Memory Summary* in diesem Kapitel. Diese Tabelle hat fachlichen Bezug zu der *View* `V_$PROCESS_MEMORY`. In der Tabelle wird die dynamische Beanspruchung der PGA durch Prozesse dargestellt. Die Prozesse werden Kategorien zugeordnet. Beispiele für Kategorien sind SQL, PL/SQL und Java. Diese Information wird in der zweiten Spalte der Tabelle eingetragen. Die Auslastung der PGA durch die Prozesse wird jeweils zum Anfang und Ende des Snapshot jeweils in eine eigene Zeile der Tabelle geschrieben. Die entsprechende Kennzeichnung erfolgt mit B für Beginn oder E für Ende in der ersten Spalte der Tabelle. In der dritten Spalte ist das Memory eingetragen, welches den Prozessen der Kategorie zugeordnet ist. Das von den Prozessen in Anspruch genommene Memory ist in der vierten Spalte eingetragen. Dann folgt das Memory, welches den Prozessen der Kategorie im Durchschnitt zugeordnet ist. In der sechsten Spalte ist die Standardabweichung von der durchschnittlichen Zuordnung des Memory eingetragen. Dann folgt die maximale Zuordnung von PGA, die während der Dauer des Snapshot gemessen wurde. Diese Information wird ergänzt durch die maximale Zuordnung von Memory in der Vergangenheit, welche für Prozesse erfolgte, die immer noch verbunden sind.

Hohe maximale Zuordnungen können beispielsweise in der Kategorie SQL vorkommen, wenn Ausführungsschritte mit parallelen Servern erfolgen. Dies kann zum Beispiel bei einem *Full Table Scan* der Fall sein. Der parallele Modus kann auch explizit mit dem *Hint* `PARALLEL` angefordert werden.

In der vorletzten Spalte ist die Anzahl der Prozesse eingetragen, für welche PGA zugeordnet ist. Multipliziert man die Anzahl dieser Prozesse mit der durchschnittlichen Zuordnung von Memory, dann erhält man das insgesamt zugeordnete Memory für die jeweilige Kategorie:

$$\text{Num Process} \times \text{AVG (Alloc) MB} = \text{Alloc (MB)}\,. \tag{8.26}$$

Aufgrund von Rundungsdifferenzen kann es bei dieser Berechnung geringfügige Abweichungen von den entsprechenden Einträgen in der Tabelle geben. Schließlich ist noch in der letzten Spalte die Anzahl der Zuordnungen eingetragen.

Process Memory Summary

- B: Begin Snap E: End Snap
- All rows below contain absolute values (i.e. not diffed over the interval)
- Max Alloc is Maximum PGA Allocation size at snapshot time
- Hist Max Alloc is the Historical Max Allocation for still-connected processes
- ordered by Begin/End snapshot, Alloc (MB) desc

	Category	Alloc (MB)	Used (MB)	Avg Alloc (MB)	Std Dev Alloc (MB)	Max Alloc (MB)	Hist Max Alloc (MB)	Num Proc	Num Alloc
B	SQL	0.83	0.03	0.04	0.10	0	25	21	15
E	SQL	39.76	0.02	1.33	1.37	3	81	30	24

Abb. 8.70: Statistik für die Dynamik der PGA.

Die beiden Beispieleinträge dieser Tabelle beziehen sich auf die Kategorie SQL (siehe Abbildung 8.70). In der ersten Spalte sind die Werte eingetragen, welche zum Beginn des Snapshot gültig waren. Dann folgen in der zweiten Spalte die gültigen Werte zum Ende des Snapshot. Am Ende des Snapshot waren der PGA 39,76 MB Memory zugeordnet. Davon wurden jedoch lediglich 0,02 MB durch die Prozesse genutzt. Im Durchschnitt waren einem Prozess 1,33 MB zugeordnet. Von diesem Wert betrug die Standardabweichung 1,37 MB. Die maximal gemessene Zuordnung während der Dauer des Snapshot betrug 3 MB. In der Vergangenheit wurde ein deutlich höherer Maximalwert von 81 MB gemessen. Die Zuordnung von Memory erfolgte für 30 Prozesse. Es wurden 24 Zuordnungen gezählt.

8.24.3 Dynamische Auslastung der SGA

Als Nächstes folgt die Tabelle *SGA Memory Summary*. Ähnliche Einträge sind auch in der *View* V_$SGA enthalten. In dieser Tabelle erhält man Informationen über die Größe der SGA-Regionen zum Beginn und Ende des Snapshot. Die Größe der Region wird in Bytes eingetragen. Nur wenn sich die Größe einer SGA-Region verändert [112–114], wird der neue Wert in der dritten Spalte der Tabelle erfasst. Bei der Analyse dieser Tabelle sind insbesondere die dynamischen Veränderungen der Region interessant. Dies kann sowohl die Vergrößerung als auch eine Verkleinerung der Region sein. Grundsätzlich sollte man die Default-Konfiguration so einstellen, dass eine dynamische Veränderung während der Verarbeitung nicht erfolgt, weil diese dynamischen Änderungen sich negativ auf die Performanz der Verarbeitung auswirken können.

Die Größe der Region zu Beginn des Snapshot wird grundsätzlich in die zweite Spalte eingetragen. Den Namen der Region findet man in der ersten Spalte:

SGA Memory Summary

SGA regions	Begin Size (Bytes)	End Size (Bytes) (if different)
Database Buffers	608,811,614,208	

Abb. 8.71: Statistik für die Dynamik der SGA.

In dem Beispieleintrag der Tabelle ist die Größe für die SGA-Region *Database Buffers* eingetragen. In der letzten Spalte ist kein Wert eingetragen. Daran erkennt man, dass die Größe dieser SGA-Region während der Verarbeitung nicht dynamisch verändert wurde.

8.24.4 Dynamische Änderungen von Komponenten der SGA

Zum Schluss dieses Kapitels wird die Tabelle *SGA Breakdown Difference* beschrieben. Diese Tabelle ist fachlich mit der *View* V_$SGASTAT vergleichbar. Die *View* liefert Informationen zur prozentualen Veränderung der Größe von Komponenten der SGA. Die Komponenten werden mit den ersten beiden Spalten identifiziert. Dort sind der Pool und der Name der Komponente eingetragen. Danach folgen in den nächsten beiden

Spalten die Größenangaben der Komponente zum Anfang und Ende des Snapshot. In der letzten Spalte ist dann die prozentuale Veränderung der Komponente eingetragen. Die Datenbank-Konfiguration sollte so eingestellt sein, dass große prozentuale Veränderungen vermieden werden, weil diese dynamischen Veränderungen sich negativ auf die Performanz der Datenbank auswirken können.

SGA breakdown difference

- **ordered by Pool, Name**
- **N/A value for Begin MB or End MB indicates the size of that Pool/Name was insignificant, or zero in that snapshot**

Pool	Name	Begin MB	End MB	% Diff
shared	SQLA	528.80	738.46	39.65

Abb. 8.72: Statistik für die dynamischen Komponenten der SGA.

In dem Beispieleintrag dieser Tabelle werden Informationen zur dynamischen Änderung des *Shared Pool* eingetragen (siehe Abbildung 8.72). Diese Änderungen betreffen die SQL-Area, welche zum *Library Cache* gehört. Die SQL-Area hatte zum Beginn der Verarbeitung eine Größe von 528,80 MB. Diese Größe erhöhte sich zum Ende der Verarbeitung auf 738,46 MB. Somit betrug die prozentuale Veränderung 39,65 %:

$$\frac{738{,}46 - 528{,}80}{528{,}80} \times 100\,\% = 39{,}65\,\%\,. \tag{8.27}$$

8.25 Streams Statistics

Als Nächstes folgen Tabellen zum Kapitel *Streams Statistics*.

8.25.1 Verbrauch von CPU und IO für Streams

Die erste Tabelle *Streams CPU/IO Usage* hat fachlichen Bezug zu der *View* `V_$SESSION`. In dieser Tabelle wird die Inanspruchnahme von CPU und IO durch Prozesse aufgeführt, welche für die Steuerung von *Oracle Streams* benötigt werden. Mit Hilfe von *Oracle Streams* werden Nachrichten innerhalb einer Datenbank oder auch zwischen Datenbanken ausgetauscht. Die Nachrichten können Informationen über Daten, Transaktionen und Ereignisse enthalten. Der Austausch der Nachrichten erfolgt asynchron. Dies wird durch Warteschlangen sichergestellt, in welchen die Nachrichten gespeichert werden. Die Steuerung der Warteschlangen erfolgt mit dem Modul `AQ` (*Oracle Streams Advanced Queuing*).

Der Nutzer von *Oracle Streams* kann damit beispielsweise Workflows abbilden, welche sich über mehrere Datenbanken erstrecken. Wenn beispielsweise die Lieferung eines Produkts nur gegen Vorkasse erfolgt, kann die Datenbank der Buchhaltung mit Hilfe von *Oracle Streams* eine Nachricht an die Datenbank der Versandabteilung senden, wenn der Geldbetrag für ein geordertes Produkt verbucht wurde. Das Produkt wird dann an den Kunden geliefert, wenn die Datenbank der Versandabteilung die Nachricht erhalten hat.

In der ersten Spalte der Tabelle ist der Name des Prozesses eingetragen, der für die Steuerung von *Oracle Streams* und der asynchronen Nachrichten-Warteschlange benötigt wird. Dann folgt der Zeitpunkt, an dem sich der Prozess erstmalig angemeldet hat. In der dritten Spalte wird der Zeitverbrauch für CPU eingetragen, welche der Prozess beansprucht hat. Dann folgen noch in den letzten beiden Spalten die benötigte Zeit für I/O-Operationen des aktuellen Nutzers und des SYS-Users. Alle Zeiten werden in der Einheit „Sekunde" eingetragen. Die Sortierung der Einträge in der Tabelle erfolgt absteigend nach der CPU-Zeit:

Streams CPU/IO Usage

- **Streams processes ordered by CPU Time, descending**

Session Type	First Logon	CPU time(s)	User IO Wait time(s)	SYS IO Wait time(s)
QMON Slaves	0914 06:49:56	0.07	0.00	0.00

Abb. 8.73: Statistik für die Nutzung von CPU und IO durch *Streams*.

In dem Beispieleintrag dieser Tabelle ist der Prozess QMON eingetragen. Hierbei handelt es sich um einen Hintergrundprozess. QMON ist die Abkürzung für Query-Monitor. Der Prozess ist für die Koordinierung von *Oracle Streams* und der Warteschlange zuständig. Der Prozess benötigte in dem Beispiel lediglich 0,07 Sekunden für diese Steuerungs-Aufgaben.

8.25.2 Statistiken zu Warteschlangen

Als Nächstes folgt die Tabelle *Persistent Queues* in diesem Kapitel. Diese Tabelle hat vergleichbare Informationen wie die *View* V_$PERSISTENT_QUEUES. Diese Tabelle enthält statistische Informationen zu den verfügbaren Warteschlangen.

In der ersten Spalte ist der Name der Warteschlange eingetragen, für welche die Informationen in der Spalte eingetragen sind. Danach folgt die Anzahl der Nachrichten, welche in die Warteschlange geladen wurden. In der dritten Spalte ist die Anzahl der Nachrichten eingetragen, welche aus der Warteschlange entfernt wurden. Die vierte Spalte enthält den prozentualen Anteil der Nachrichten, welche erst in die

Warteschlange geladen werden konnten, nachdem die vom Zeitmanagement gesetzte Frist für die jeweilige Nachricht abgelaufen war. Es handelt sich um den prozentualen Anteil an den insgesamt in die Warteschlange geladenen Nachrichten. In der fünften Spalte ist der prozentuale Anteil der Nachrichten eingetragen, welche erst mit einer Verzögerung in die Warteschlange geladen werden konnten. Es handelt sich wiederum um den Anteil an den insgesamt geladenen Nachrichten.

Diese beiden Sachverhalte treten ein, wenn die Warteschlange voll ist, weil neu eintreffende Nachrichten erst dann in die Warteschlange geladen werden können, wenn verarbeitete Nachrichten aus der vollen Warteschlange entfernt werden, so dass wieder Plätze für die neuen Nachrichten in der Warteschlange frei werden. In den beiden darauffolgenden Spalten ist die Zeit eingetragen, welche für das Laden und Entfernen der Nachrichten aus der Warteschlange jeweils benötigt wurde. In der vorletzten Spalte ist der prozentuale Zeitanteil eingetragen, welcher für die Transformation von Nachrichten benötigt wurde. Dann folgt noch in der letzten Spalte der prozentuale Zeitanteil, der für die Evaluierung von Nachrichten benötigt wurde. Hierbei handelt es sich in beiden Fällen um die prozentualen Zeitanteile an der insgesamt benötigten Zeit für das Laden der Nachrichten in die Warteschlange.

Der Beispieleintrag in dieser Tabelle enthält die Warteschlange `SYS.ALERT_QUE`. Diese Warteschlange erhält Nachrichten, wenn technische Probleme bei der Verarbeitung auftreten. Jedoch gab es während der Verarbeitung des Snapshot keine technischen Probleme, so dass für diese Warteschlange keine Werte erfasst wurden:

Persistent Queues

- Ordered by Queue Name
- * indicates queue (re)started between Begin/End snaps
- %Exp Msgs - % of msgs enqueued with expiry
- %Delay Msgs - % of msgs enqueued with delay
- %Trasf Time - % of Enqueue time spent in transformation
- %Eval Time - % of Enqueue time spent in rule evaluation

Queue Name	Enq Msgs	Deq Msgs	%Exp Msgs	%Delay Msgs	Enq Time(s)	Deq Time(s)	%Transf Time	%Eval Time
SYS.ALERT_QUE(50286)	0	0			0.00	0.00		

Abb. 8.74: Statistik für persistente Warteschlangen.

8.25.3 Verarbeitungsraten der Nachrichten in der Warteschlange

Als Nächstes folgt die Tabelle *Persistent Queues Rate* in diesem Kapitel. Diese Tabelle hat ebenfalls fachliche Informationen, welche auch die *View* `V_$PERSISTENT_QUEUES` bereitstellt. In der Tabelle sind die Verarbeitungsraten für die Nachrichten in der Warteschlange eingetragen. Für jede Warteschlange sind diese Raten in einer eigenen Zeile eingetragen. Die Berechnung dieser Raten basiert auf den Eintragungen der vorigen Tabelle. In der ersten Spalte ist der Name der Warteschlange eingetragen. Dann folgt in der zweiten Spalte die Anzahl der geladenen Nachrichten pro Sekunde. Diese Rate wird mit Hilfe der beiden Eintragungen *Enq Msgs* und *Enq Time(S)* aus der vorigen Tabelle berechnet:

$$\frac{\text{Enq Msgs}}{\text{Enq Time (S)}} = \frac{\text{Enq Msgs}}{\text{Second}} . \tag{8.28}$$

Die dritte Spalte enthält die Anzahl der entfernten Nachrichten pro Sekunde. Für die Berechnung dieser Rate werden die beiden Spalten *Deq Msgs* und *Deq Time (S)* aus der vorigen Tabelle benötigt:

$$\frac{\text{Deq Msgs}}{\text{Deq Time (S)}} = \frac{\text{Deq Msgs}}{\text{Second}} . \tag{8.29}$$

In den beiden letzten Spalten wird eingetragen, wie lange das Laden oder Entfernen einer Nachricht durchschnittlich dauert:

Persistent Queues Rate

- **Ordered by Queue Name**
- *** indicates queue (re)started between Begin/End snaps**

Queue Name	Enqueue Msgs/sec	Dequeue Msgs/sec	Avg Enqueue sec / msg	Avg Dequeue sec / msg
SYS.ALERT_QUE(50286)	0.00	0.00		

Abb. 8.75: Statistik für Verarbeitungsraten von persistenten Warteschlangen.

Der Beispieleintrag wurde für die Warteschlange ALERT_QUE erstellt. In diese Warteschlange werden Nachrichten geladen, wenn bei der Verarbeitung technische Probleme auftreten. Aus der Tabelle kann man entnehmen, dass keine Nachrichten in die Warteschlange geladen wurden. Daher sind bei der Verarbeitung keine technischen Probleme aufgetreten.

8.25.4 Statistiken zu den Verursachern der Nachrichten

Es folgt nun die letzte Tabelle dieses Kapitels. Die Tabelle *Persistent Queue Subscribers* hat fachlichen Bezug zu der *View* V_$PERSISTENT_SUBSCRIBERS. In dieser Tabelle werden die statistischen Werte für die Nachrichten nach den Verursachern der Nachrichten zusammengefasst. Der Name des Verursachers wird in die erste Spalte der Tabelle eingetragen. Dann folgt die Anzahl der Nachrichten, welche der Verursacher in die Warteschlange geladen hat. In der dritten Spalte ist die Anzahl der Nachrichten des Verursachers eingetragen, welche aus der Warteschlange entfernt wurden. Dann folgt in der vierten Spalte die Anzahl der Nachrichten, deren Gültigkeit abgelaufen ist, bevor die Nachricht in die Warteschlange geladen werden konnte. In den letzten drei Spalten folgen noch die Verarbeitungsraten für die Nachrichten in der Warteschlange. In der fünften und sechsten Spalte wird die Anzahl der geladenen und entfernten Nachrichten pro Sekunde eingetragen. In der letzten Spalte folgt schließlich die Anzahl der Nachrichten pro Sekunde, deren Gültigkeit abgelaufen ist:

Persistent Queue Subscribers

- **Ordered by Queue Name, Subscriber Name**
- *** indicates Subscriber activity (re)started between Begin/End snaps**

Subscriber/Queue	Enqueue Msgs	Dequeue Msgs	Expire Msgs	Enqueue Msgs/sec	Dequeue Msgs/sec	Expire Msgs/sec
HAE_SUB(62)/SYS.ALERT_QUE	0	0	0			

Abb. 8.76: Statistik für die Verursacher von Nachrichten in persistenten Warteschlangen.

In dem Beispieleintrag der Tabelle sind die statistischen Werte für den Verursacher HAE_SUB eingetragen. HAE_SUB ist ein registrierter Nutzer der Warteschlange ALERT_QUE. Jedoch hat der Verursacher keine Nachrichten für diese Warteschlange erzeugt, weil während der Verarbeitung keine technischen Probleme aufgetreten sind. Daher gibt es für diesen registrierten Nutzer keine Einträge in der Tabelle.

Mit dieser Tabelle wird das Kapitel *Streams Statistics* abgeschlossen.

8.26 Statistiken zu Shared Servers

Es folgt jetzt das Kapitel *Shared Server Statistics*. Durch die Nutzung von *Shared Servers* kann die Anzahl der Prozesse und die Nutzung von Memory reduziert werden. Der Einsatz von *Shared Servers* ist dann sinnvoll, wenn regelmäßig viele Benutzer mit der Datenbank verbunden sind. Ein Dispatcher teilt dann der Verbindung dynamisch einen verfügbaren Server zu, wenn die Verbindung aktiv wird. Der Dispatcher koordiniert auch konkurrierende Anfragen von Verbindungen. Verwendet man dagegen *Dedicated Servers*, wird jeder Verbindung ein *Server* fest zugeteilt.

Die Anzahl der Verbindungen hat also maßgeblichen Einfluss auf die Entscheidung für *Shared Servers* oder *Dedicated Servers*. Man muss die Anzahl der Datenbank-Verbindungen mit der Anzahl der *Shared Servers* oder *Dedicated Servers* abgleichen. Wenn dieser Abgleich eine verhältnismäßig große Anzahl von Datenbank-Verbindungen ergibt, dann sollte die Entscheidung für *Shared Servers* fallen.

8.26.1 Aktivität der Shared Servers

Die erste Tabelle *Shared Servers Activity* hat fachlichen Bezug zu der *View* V_$DISPATCHER_CONFIG. Die Tabelle liefert Informationen zu den verfügbaren Dispatchern. Denn wenn die Entscheidung für *Shared Servers* geprüft wird, muss auch die Anzahl der verfügbaren Dispatcher einbezogen werden. Denn es müssen ausreichend Dispatcher verfügbar sein, damit den Verbindungen zeitnah ein Server zugeordnet werden kann. Eine genügend große Anzahl von Dispatchern kann das gewährleisten.

Diese Informationen erhält man in der Tabelle *Shared Servers Activity*. In der ersten Spalte ist die durchschnittliche Anzahl aller Datenbank-Verbindungen eingetragen. Dann folgt in der nächsten Spalte die durchschnittliche Anzahl der aktiven Datenbank-Verbindungen. In den nächsten beiden Spalten bekommt man nun die Information zu *Shared Servers*. Dort sind die Anzahl der durchschnittlich verfügbaren *Shared Servers* und die Anzahl der durchschnittlich aktiven *Shared Servers* eingetragen. Schließlich folgen noch in den letzten beiden Spalten Informationen zu den verfügbaren Dispatchern. In der vorletzten Spalte sind die durchschnittlich verfügbaren Dispatcher eingetragen. Dann folgen in der letzten Spalte die durchschnittlich aktiven Dispatcher.

In dem Beispieleintrag dieser Tabelle sind keine Werte eingetragen. Daran erkennt man, dass *Shared Servers* nicht konfiguriert sind. In dem Beispiel werden also *Dedicated Servers* verwendet:

Shared Servers Activity

- **Values represent averages for all samples**

Avg Total Connections	Avg Active Connections	Avg Total Shared Srvrs	Avg Active Shared Srvrs	Avg Total Dispatchers	Avg Active Dispatchers
0	0	0	0	0	0

Abb. 8.77: Statistik für die Aktivität von *Shared Servers*.

8.26.2 Verarbeitungsraten

Es folgt als nächste Tabelle in diesem Kapitel die Tabelle *Shared Servers Rates*. Diese Tabelle hat fachliche Ähnlichkeit mit der *View* V_$DISPATCHER_RATE. In dieser Tabelle sind Verarbeitungsraten eingetragen. In den ersten beiden Spalten sind die Verarbeitungsraten pro Sekunde für die *Common Queue* und die *Dispatcher Queue* eingetragen. Dann folgen zwei weitere Spalten mit den Leistungsraten des *Shared Server*. Dies betrifft die verarbeiteten Nachrichten und Kilobyte jeweils pro Sekunde. In den letzten vier Spalten folgt noch die insgesamt verarbeitete Datenmenge durch *Common Queue*,

Dispatcher Queue und Server. Die verarbeitete Datenmenge des Servers wird in den letzten beiden Spalten noch in die beiden Arten *Message* und *Kilobyte* aufgeschlüsselt:

Shared Servers Rates

Common Queue Per Sec	Disp Queue Per Sec	Server Msgs/Sec	Server KB/Sec	Common Queue Total	Disp Queue Total	Server Total Msgs	Server Total(KB)
0	0	0	0.00	0	0	0	0

Abb. 8.78: Statistik für die Verarbeitungsraten der *Shared Servers.*

In dem Beispieleintrag der Tabelle sind keine Werte eingetragen. Daran erkennt man, dass *Shared Servers* nicht konfiguriert waren.

Mit dieser Tabelle wird das Kapitel *Shared Server Statistics* abgeschlossen.

8.27 Parameter

Als Nächstes folgt das Kapitel `INIT.ORA.PARAMETERS`. Alle Tabellen dieses Kapitels liefern vergleichbare Informationen wie die *View* `V_$PARAMETER`.

8.27.1 Einwertige Parameter

Die erste Tabelle dieses Kapitels hat den gleichen Namen wie das Kapitel, in welchem die Tabelle enthalten ist. In dieser Tabelle sind die individuell konfigurierten Datenbank-Parameter mit ihrem Anfangswert und Endwert eingetragen. Der Endwert wird nur eingetragen, wenn sich dieser Wert vom Anfangswert unterscheidet. Datenbank-Parameter die vollautomatisch konfiguriert wurden, sind in dieser Tabelle nicht enthalten:

init.ora Parameters

Parameter Name	Begin value	End value (if different)
memory_target	644245094400	

Abb. 8.79: Information zu einwertigen Datenbank-Parametern.

In dem Beispieleintrag ist der individuell konfigurierte Datenbank-Parameter `MEMORY_TARGET` mit einem Wert von 600 GB eingetragen. Dieser Wert ändert sich während der Verarbeitung nicht. Daher ist in der dritten Spalte kein Wert eingetragen.

8.27.2 Mehrwertige Parameter

Es folgt die letzte Tabelle INIT.ORA. MULTI-VALUED PARAMETERS in diesem Kapitel. Diese Tabelle enthält ebenfalls individuell konfigurierte Datenbank-Parameter. Diese Tabelle unterscheidet sich jedoch von der vorigen Tabelle durch die darin enthaltenen Parameter. Denn in dieser Tabelle sind nur diejenigen Parameter eingetragen, welche mit mehr als einem Wert initialisiert sind. Jede Initialisierung wird in eine Zeile der Tabelle eingetragen. Der Name des Parameters ist in der ersten Spalte eingetragen. Dann folgt in der zweiten Spalte der Tabelle der Wert des Parameters zu Beginn der Verarbeitung. Wenn sich dieser Wert während der Verarbeitung ändert, wird die letzte Änderung des Parameters in die dritte Spalte eingetragen. Wenn sich der Wert des Parameters während der Dauer des Snapshot nicht ändert, erfolgt in der letzten Spalte kein Eintrag:

init.ora Multi-Valued Parameters

- **This section only displays parameters that have more one value**
- **'(NULL)' indicates a missing parameter value**
- **A blank in the End Snapshot indicates the same value as the BeginSnapshot**

Parameter Name	Begin value	End value (if different)
control_files	+DATAFCM1_2/fcm1_2/controlfile/control01.ctl	
control_files	+FRA/fcm1_2/controlfile/control02.ctl	

Abb. 8.80: Information zu mehrwertigen Datenbank-Parametern.

Die beiden Beispieleinträge in der Tabelle enthalten den Parameter CONTROL_FILES. Es gibt für diesen Parameter zwei Einträge, weil zwei Pfade für den Parameter CONTROL_FILES gesetzt sind. Jeder Pfad verweist auf eine Datei, in welcher die Steuerungsdaten gespeichert werden. Diese Pfade haben sich während der Dauer des Snapshot nicht geändert; daher sind in der letzten Spalte keine Einträge vorhanden.

9 SQL Plan Management

SPM wird verwendet, um Planstabilität zur Laufzeit zu gewährleisten. Dazu werden Ausführungspläne aufgezeichnet und zur Laufzeit abgerufen. Dadurch wird die Möglichkeit eröffnet, dass zur Laufzeit Ausführungspläne verwendet werden, die vorab validiert wurden. Wenn zur Laufzeit ein Plan entdeckt wird, dessen Kosten niedriger sind im Vergleich zum validierten Ausführungsplan, wird der neu entdeckte Plan nicht verwendet, jedoch für eine spätere Validierung gespeichert. Bei der Validierung werden nicht die Kosten als Auswahlkriterium verwendet. Es wird die tatsächliche Laufzeit der Ausführungspläne gemessen. Diese Messung ist die Grundlage für die Auswahl des Masterplans, welcher bei der Ausführung der Anwendung verwendet wird.

9.1 Erfassung der Ausführungspläne

Die Erfassung der Ausführungspläne kann automatisiert werden. Die Ausführungspläne werden dann zur Laufzeit mit Hilfe der Statistiken erzeugt und abgespeichert. Eine manuelle Erfassung der Ausführungspläne ist auch möglich. Auch eine Kombination der beiden Strategien ist möglich. Wenn also ein optimaler Ausführungsplan nicht automatisiert erfasst wurde, kann dieser Plan manuell ergänzt werden.

9.1.1 Automatische Erfassung

Ausführungspläne können mit SPM automatisch erfasst werden, wenn der Datenbank-Parameter

- `optimizer_capture_sql_plan_baselines`

mit `TRUE` initialisiert wird. Dann werden die Ausführungspläne für SQL-Befehle zur Laufzeit aufgezeichnet. Der zuerst aufgezeichnete Ausführungsplan kommt zur Anwendung. Das ist der akzeptierte Plan. Informationen zu den aufgezeichneten Plänen erhält man mit Hilfe der *Views*

- `V$SQLAREA` und
- `DBA_SQL_PLAN_BASELINES`.

In der *View* `V$SQLAREA` sind die SQL-Befehle registriert, welche aktuell im LC enthalten sind. Wenn ein SQL-Befehl im LC enthalten ist und mit SPM aufgezeichnet wurde, kann man mit dem `JOIN` der beiden *Views* feststellen, ob ein mit SPM aufgezeichneter Ausführungsplan angewendet wurde:

https://doi.org/10.1515/9783110601817-009

```
SELECT S.SQL_PLAN_BASELINE,
       S.EXACT_MATCHING_SIGNATURE,
       B.ENABLED,
       B.ACCEPTED,
       B.FIXED,
       B.REPRODUCED
  FROM V$SQLAREA S, DBA_SQL_PLAN_BASELINES B
 WHERE     B.SIGNATURE =  S.EXACT_MATCHING_SIGNATURE
       AND S.SQL_PLAN_BASELINE =  B.PLAN_NAME
       AND S.SQL_PLAN_BASELINE = 'SQL_PLAN_84vtuc0f6qptv510e4535';
```

In beiden *Views* sind aufgezeichnete SQL-Befehle durch eine eindeutige Signatur identifiziert. Hierbei handelt es sich um den Primärschlüssel für den SQL-Befehl. In der *View* V$SQLAREA wird der Schlüssel im Attribut EXACT_MATCHING_SIGNATURE erfasst. In der *View* DBA_SQL_PLAN_BASELINES ist es das Attribut SIGNATURE. Diese beiden Attribute müssen beim JOIN miteinander verknüpft werden. Dann erhält man als Ergebnismenge alle aufgezeichneten Ausführungspläne. Wenn ein Ausführungsplan verwendet wird, ist das in der *View* V$SQLAREA in dem Attribut SQL_PLAN_BASELINE eingetragen. In der *View* DBA_SQL_PLAN_BASELINES ist es das Attribut PLAN_NAME. Wenn man diese beiden Attribute miteinander verknüpft, erhält man Informationen zu dem verwendeten Ausführungsplan. Das ist die akzeptierte Baseline:

SQL_PLAN_BASELINE	EXACT_MATCHING_SIGNATURE	ENABLED	ACCEPTED	FIXED	REPRODUCED
SQL_PLAN_84vtuc0f6qptv510e4535	9398795131813582651	YES	YES	NO	YES

Abb. 9.1: Attribute der Baselines.

Akzeptierte Baselines sind in der *View* SQL_PLAN_BASELINE im Attribut ACCEPTED mit YES gekennzeichnet. Hierbei handelt es sich um den Masterplan, der bei der Ausführung zur Anwendung kommt. Für jeden SQL-Befehl gibt es einen Masterplan. Wenn noch weitere Ausführungspläne für einen SQL-Befehl aufgezeichnet wurden, dann sind diese nicht akzeptiert. Ein akzeptierter Plan darf vom Ausführungsplanoptimierer verwendet werden, wenn das Attribut ENABLED den Wert YES hat. Wenn für einen SQL-Befehl mehrere Ausführungspläne verfügbar sind, können diese regelmäßig mit einer Laufzeit-Überprüfung getestet werden. Nach dieser Überprüfung wird der Ausführungsplan zum neuen Masterplan erklärt, der die kürzeste Laufzeit hat. Bei dieser Evaluierung werden nur Ausführungspläne berücksichtigt, die im Attribut FIXED den Wert NO eingetragen haben. Ein fixierter Masterplan hat einen höheren Rang im Vergleich zu einem nicht fixierten Plan. Ein fixierter Masterplan wird nicht evaluiert. Das bewirkt, dass er als Masterplan gesetzt bleibt, und das ist unabhängig davon, welches Ergebnis die Laufzeit-Tests der nicht fixierten Pläne ergeben haben. Ein Ausführungsplan kann nur verwendet werden, wenn er reproduzierbar ist. Das ist in dem

Attribut REPRODUCED eingetragen. Veränderungen am Datenbank-Schema können dazu führen, dass ein Ausführungsplan nicht mehr reproduzierbar ist. Wenn also beispielsweise ein Index gelöscht wird, der im Ausführungsplan eingetragen ist, ist der Ausführungsplan nicht mehr reprozierbar. Dann wird im Attribut REPRODUCED der Wert NO eingetragen.

9.1.2 Manuelle Erfassung

Die *View* DBA_SQL_PLAN_BASELINES zeigt die automatisch erfassten und die manuell erfassten Pläne an. Die Art der Erfassung wird mit dem Attribut ORIGIN angezeigt. Automatisch erfasste Pläne werden mit der Ausprägung AUTO-CAPTURE gekennzeichnet. Manuell erfasste Pläne erkennt man an der Ausprägung MANUAL-LOAD.

Eine manuelle Erfassung ist unbedingt erforderlich, wenn die automatische Aufzeichnung den optimalen Ausführungsplan nicht beinhaltet. Das ist möglich, weil die automatische Aufzeichnung die Pläne mit Hilfe der Statistiken erzeugt. Die Statistiken können jedoch unzureichend sein. Bei komplexen SQL-Befehlen findet der Planoptimierer den besten Plan auch mit optimalen Statistiken nicht unbedingt, weil der Optimierer den Ausführungsplan mit Hilfe von Heuristiken erzeugt. Dann kann man den optimalen Ausführungsplan mit Hilfe von *Hints* erzeugen.

Dazu muss man zuerst den SQL-Befehl aufrufen, damit dieser in den LC geladen wird:

```
SELECT A.AUDIT_ADT_BENUMUT_ID,
       A.AUDIT_ADT_MUT_TIST,
       A.BETRAG,
       A.BUCHUNGHABEN_ID,
       A.BUCHUNGSOLL_ID,
       A.ID,
       A.INXKONTEXTINFORMATION_ID,
       A.KEINAUSGLEICH_FLAG,
       A.KONTO_ID,
       A.MAND_ID,
       A.OFFENERPOSTENZAHLWEISE_CD,
       A.OFFENERPOSTEN_ID,
       A.TRX_ADT_ETRX_ID,
       A.TRX_ADT_FTRX_ID,
       A.TRX_ADT_SICHTBAR_FLAG
  FROM FUT30_AWK.PLF_AUSGLEICHSPOSTEN A
 WHERE A.ID = :1;
```

Dann muss man die SQL_ID des Befehls ermitteln. Das kann beispielsweise durch eine Abfrage mit Hilfe der *View* V$SQL erfolgen:

```
SELECT SQL_ID, SQL_PLAN_BASELINE,EXACT_MATCHING_SIGNATURE
    FROM V$SQL
   WHERE      SUBSTR (SQL_TEXT, 0, 29) = 'SELECT A.AUDIT_ADT_BENUMUT_ID'
          AND PARSING_SCHEMA_NAME = 'FUT30_AWK'
ORDER BY LAST_ACTIVE_TIME DESC;
```

Das Ergebnis der Abfrage liefern die SQL_ID und die SQL_PLAN_BASELINE, sofern bereits ein Ausführungsplan aufgezeichnet wurde:

SQL_ID	SQL_PLAN_BASELINE	EXACT_MATCHING_SIGNATURE
bqdk7asqjzaxf		7394255745732883589

Abb. 9.2: Attribute einer Baseline in der *View* V$SQL.

Für diesen SQL-Befehl wird noch kein Ausführungsplan aus dem SPM-Bestand angewendet. Mit Hilfe der EXACT_MATCHING_SIGNATURE kann man prüfen, ob der Befehl im SPM-Bestand existiert:

```
SELECT *
  FROM DBA_SQL_PLAN_BASELINES
 WHERE SIGNATURE = 7394255745732883589;
```

Da es für diesen SQL-Befehl noch keinen Ausführungsplan im SPM-Bestand gibt, muss zuerst eine Baseline erzeugt werden. Das erfolgt mit der ermittelten SQL_ID:

```
VARIABLE CNT NUMBER;


EXECUTE :CNT := DBMS_SPM.LOAD_PLANS_FROM_CURSOR_CACHE
               (SQL_ID=>'bqdk7asqjzaxf');
```

Dann überprüft man den SPM-Bestand erneut mit Hilfe der Signatur:

```
SELECT SIGNATURE,
       SQL_HANDLE,
       PLAN_NAME,
       ORIGIN,
       ENABLED,
       ACCEPTED,
       FIXED,
       REPRODUCED
  FROM DBA_SQL_PLAN_BASELINES
 WHERE SIGNATURE = 7394255745732883589;
```

Nun erhält man einen Treffer:

SIGNATURE	SQL_HANDLE	PLAN_NAME	ORIGIN	ENABLED	ACCEPTED	FIXED	REPRODUCED
7394255745732883589	SQL_669dac6c9eccb485	SQL_PLAN_6d7dcdkgctd456dd1df11	MANUAL-LOAD	YES	YES	NO	YES

Abb. 9.3: Attribute einer Baseline in der *View* DBA_SQL_PLAN_BASELINES.

Dieser Ausführungsplan wurde manuell vom Cursor-Cache geladen. Das wird durch die Ausprägung MANUAL-LOAD im Feld ORIGIN angezeigt.

Für das weitere Vorgehen wird auch noch der Wert des Attributs SQL_HANDLE benötigt. Hierbei handelt es sich um einen eindeutigen Schlüssel, mit dem alle Ausführungspläne gekennzeichnet werden, die demselben SQL-Befehl zugeordnet sind.

Mitunter möchte man nämlich den Ausführungsplan des Optimierers nicht verwenden. Das ist oft dann der Fall, wenn man beispielsweise mit einem *Hint* einen besseren Ausführungsplan erzeugen kann. Wenn das gewünscht ist, muss man den derzeitigen Ausführungsplan deaktivieren:

```
EXECUTE :CNT := DBMS_SPM.ALTER_SQL_PLAN_BASELINE(PLAN_NAME =>
                'SQL_PLAN_6d7dcdkgctd456dd1df11',-
                 ATTRIBUTE_NAME=>'enabled',-
                 ATTRIBUTE_VALUE=>'NO');
```

Danach überprüft man die Änderung im SPM-Bestand:

```
SELECT SIGNATURE,
       SQL_HANDLE,
       PLAN_NAME,
       ENABLED
  FROM DBA_SQL_PLAN_BASELINES
 WHERE SIGNATURE = 7394255745732883589;
```

Das Ergebnis der Abfrage zeigt, dass dieser Ausführungsplan nun deaktiviert ist:

SIGNATURE	SQL_HANDLE	PLAN_NAME	ENABLED
7394255745732883589	SQL_669dac6c9eccb485	SQL_PLAN_6d7dcdkgctd456dd1df11	NO

Abb. 9.4: Baseline mit deaktiviertem Ausführungsplan.

Denn das Attribut ENABLED hat jetzt den Wert NO.

Dann erzeugt man den gewünschten Ausführungsplan mit Hilfe von *Hints*:

```
SELECT /*+ FULL(A) */
       A.AUDIT_ADT_BENUMUT_ID,
       A.AUDIT_ADT_MUT_TIST,
```

```
       A.BETRAG,
       A.BUCHUNGHABEN_ID,
       A.BUCHUNGSOLL_ID,
       A.ID,
       A.INXKONTEXTINFORMATION_ID,
       A.KEINAUSGLEICH_FLAG,
       A.KONTO_ID,
       A.MAND_ID,
       A.OFFENERPOSTENZAHLWEISE_CD,
       A.OFFENERPOSTEN_ID,
       A.TRX_ADT_ETRX_ID,
       A.TRX_ADT_FTRX_ID,
       A.TRX_ADT_SICHTBAR_FLAG
  FROM FUT30_AWK.PLF_AUSGLEICHSPOSTEN A
 WHERE A.ID = :1;
```

Nachdem man die Selektion mit dem *Hint* aufgerufen hat, findet man die neue SQL_ID wiederum mit der *View* V$SQL:

```
SELECT PLAN_HASH_VALUE,
         SQL_ID,
         SQL_PLAN_BASELINE,
         EXACT_MATCHING_SIGNATURE
    FROM V$SQL
   WHERE     SUBSTR (SQL_TEXT, 0, 21) = 'SELECT /*+ FULL(A) */'
         AND PARSING_SCHEMA_NAME = 'FUT30_AWK'
ORDER BY LAST_ACTIVE_TIME DESC;
```

Zusätzlich wird jetzt noch der PLAN_HASH_VALUE benötigt. Mit diesem Wert wird der Ausführungsplan eindeutig identifiziert, der dem ursprünglichen SQL-Befehl ohne *Hint* nun zugeordnet werden soll:

PLAN_HASH_VALUE	SQL_ID	SQL_PLAN_BASELINE	EXACT_MATCHING_SIGNATURE
2720569287	awfpn37x5qg9g		13910497710087611438

Abb. 9.5: Eindeutige Identifikation eines Ausführungsplans mit PLAN_HASH_VALUE.

Jetzt hat man alle Werte, mit deren Hilfe man den neu erzeugten Ausführungsplan dem ursprünglichen SQL-Befehl zuordnen kann:

```
EXEC :CNT := DBMS_SPM.LOAD_PLANS_FROM_CURSOR_CACHE(SQL_ID =>
             'awfpn37x5qg9g',-
             PLAN_HASH_VALUE => 2720569287,-
             SQL_HANDLE=>'SQL_669dac6c9eccb485');
```

Dazu wird der neue Ausführungsplan vom Cursor-Cache in den SPM-Bestand geladen. Der neue Ausführungsplan wird im Cursor-Cache mit der `SQL_ID` des um den *Hint* erweiterten SQL-Befehls und dem `PLAN_HASH_VALUE` identifiziert. Die Zuordnung des neuen Ausführungsplans zum ursprünglichen SQL-Befehl ohne *Hint* erfolgt mit Hilfe des Attributs `SQL_HANDLE`. Dadurch ist es möglich, dem SQL-Befehl ohne *Hint* den Ausführungsplan zuzuordnen, der mit Hilfe eines *Hint* erzeugt wurde. Denn der SQL-Befehl mit dem *Hint* hat eine andere Signatur. Dieser SQL-Befehl wird nicht in den SPM-Bestand geladen, weil die Anwendung den SQL-Befehl ohne *Hint* ausführt. Es wird dann der Ausführungsplan verwendet, der im SPM-Bestand mit einer Signatur verknüpft ist, die mit der Signatur des SQL-Befehls übereinstimmt, der von der Anwendung gesendet wird.

Daher muss man jetzt überprüfen, dass der neue Ausführungsplan dem SQL-Befehl ohne *Hint* im SPM-Bestand zugeordnet wurde:

```
SELECT SIGNATURE,
       SQL_HANDLE,
       PLAN_NAME,
       ORIGIN,
       ENABLED,
       ACCEPTED,
       FIXED,
       REPRODUCED
  FROM DBA_SQL_PLAN_BASELINES
 WHERE SIGNATURE = 7394255745732883589;
```

Das Ergebnis der Abfrage liefert jetzt zwei Treffer:

SIGNATURE	SQL_HANDLE	PLAN_NAME	ORIGIN	ENABLED	ACCEPTED	FIXED	REPRODUCED
7394255745732883589	SQL_669dac6c9eccb485	SQL_PLAN_6d7dcdkgctd45407be93f	MANUAL-LOAD	YES	YES	NO	YES
7394255745732883589	SQL_669dac6c9eccb485	SQL_PLAN_6d7dcdkgctd456dd1df11	MANUAL-LOAD	NO	YES	NO	YES

Abb. 9.6: Verknüpfung einer Baseline mit Ausführungsplänen aus Cursor-Cache.

Der erste Treffer zeigt die neue Zuordnung des Ausführungsplans. Dieser Plan ist aktiviert, weil das Attribut `ENABLED` den Wert `YES` hat. Der zweite Treffer zeigt die Zuordnung des deaktivierten Ausführungsplans.

Nun kann man prüfen, welcher Ausführungsplan verwendet wird, wenn man den SQL-Befehl ohne *Hint* verwendet. Dieser muss für die Prüfung als Erstes aufgerufen werden. Dann folgt der Befehl:

```
SELECT *
  FROM TABLE (
         DBMS_XPLAN.DISPLAY_CURSOR (SQL_ID          =>
                                    'bqdk7asqjzaxf',
```

```
                                         CURSOR_CHILD_NO    => 0,
                                         FORMAT             => 'TYPICAL'));
```

Die Ausgabe bestätigt nun, dass der neu zugeordnete Ausführungsplan verwendet wird:

```
SQL_ID  bqdk7asqjzaxf, child number 0
-------------------------------------
SELECT A.AUDIT_ADT_BENUMUT_ID,          A.AUDIT_ADT_MUT_TIST,
A.BETRAG,          A.BUCHUNGHABEN_ID,          A.BUCHUNGSOLL_ID,
A.ID,          A.INXKONTEXTINFORMATION_ID,          A.KEINAUSGLEICH_FLAG,
     A.KONTO_ID,          A.MAND_ID,          A.OFFENERPOSTENZAHLWEISE_CD,
      A.OFFENERPOSTEN_ID,          A.TRX_ADT_ETRX_ID,
A.TRX_ADT_FTRX_ID,          A.TRX_ADT_SICHTBAR_FLAG   FROM
FUT30_AWK.PLF_AUSGLEICHSPOSTEN A  WHERE A.ID = :1

Plan hash value: 2720569287

----------------------------------------------------------------------------------------------------
| Id  | Operation            | Name                        | Rows  | Bytes | Cost (%CPU)| Time     |
----------------------------------------------------------------------------------------------------
|   0 | SELECT STATEMENT     |                             |       |       | 57164 (100)|          |
|*  1 |  FILTER              |                             |       |       |            |          |
|*  2 |   TABLE ACCESS FULL| KTF_AUSGLEICHSPOSTEN_TRX |     1 |    81 | 57164  (10)| 00:00:03 |
|*  3 |   INDEX RANGE SCAN | KTF_AUPOX_PK                |     1 |    13 |     3   (0)| 00:00:01 |
----------------------------------------------------------------------------------------------------

Predicate Information (identified by operation id):
---------------------------------------------------

   1 - filter(("AUPOX"."TRX_ADT_FTRX_ID"="KTF_AUPO$"."FTRXID"("AUPOX"."AUPOK_ID") OR
              ("AUPOX"."TRX_ADT_SICHTBAR_FLAG"=1 AND  IS NULL)))
   2 - filter(("AUPOX"."AUPOK_ID"=TO_NUMBER(:1) AND
              "AUPOX"."MAND_ID"="SBV_KONTEXT"."MAND_ID"()))
   3 - access("AUPOK_ID"=:B1)
       filter("TRX_ADT_FTRX_ID"<>:B1)

Note
-----
   - SQL plan baseline SQL_PLAN_6d7dcdkgctd45407be93f used for this statement
```

Abb. 9.7: Anzeige eines Ausführungsplans aus dem Cursor-Cache.

Die Abbildung zeigt, dass der ausgeführte SQL-Befehl keinen *Hint* verwendete. Dennoch wird bei der Ausführung der Plan verwendet, der mit dem *Hint* erzeugt wurde. Dies erkennt man auch an der Notiz, in welcher die verwendete SQL-Plan-Baseline eingetragen ist.

Im LC kann man das auch überprüfen:

```
SELECT SQL_ID, SQL_PLAN_BASELINE,  EXACT_MATCHING_SIGNATURE
  FROM V$SQL
WHERE EXACT_MATCHING_SIGNATURE = 7394255745732883589;
```

Dort ist nämlich jetzt bei der Signatur des SQL-Befehls ohne *Hint* der Schlüssel des neuen Ausführungsplans eingetragen:

SQL_ID	SQL_PLAN_BASELINE	EXACT_MATCHING_SIGNATURE
bqdk7asqjzaxf	SQL_PLAN_6d7dcdkgctd45407be93f	7394255745732883589

Abb. 9.8: Bei der Ausführung verwendete Baseline in der *View* V$SQL.

9.2 Weiterentwicklung der Ausführungspläne

Die Ausführungspläne im SPM-Bestand müssen kontrolliert weiterentwickelt werden. Das ist erforderlich, damit die Planstabilität gewährleistet bleibt. Neue Ausführungspläne für SQL-Befehle im SPM-Bestand können durch Änderungen in den Statistiken gefunden werden. Wenn neue Ausführungspläne gefunden werden, dürfen diese nicht sofort verwendet werden, weil dann gegen das Konzept der Planstabilität verstoßen wird. Wenn ein neu gefundener Ausführungsplan geringere Kosten aufweist als ein derzeit verwendeter Masterplan, bedeutet das nicht unbedingt, dass der Plan mit den geringeren Kosten schneller ausgeführt werden kann. Denn die Statistiken können fehlerbehaftet oder unzureichend sein. Das kann zu einer falschen Einschätzung der Kosten führen. Bei der kontrollierten Weiterentwicklung werden die Pläne mit Laufzeittests verglichen. Hierbei handelt es sich um das *Evolving*, welches manuell ausgelöst werden kann. Das kann in einem Wartungsfenster erfolgen.

Die beiden manuell erfassten Ausführungspläne aus dem vorigen Abschnitt sind beide ACCEPTED. Jedoch ist nur ein Plan ENABLED. Diese Konstellation muss vor der Weiterentwicklung geändert werden. Es darf nur einen akzeptierten Plan geben. Jedoch müssen beide Pläne ENABLED sein.

Der Nutzer von SPM darf Veränderungen am SPM-Bestand nur mit Hilfe des Packages DBMS_SPM vornehmen. Direkte Veränderungen an SPM-Tabellen sind dem Nutzer nicht erlaubt. Solche Veränderungen sind auch wirkungslos, weil das SPM-Konzept solche Manipulationen nicht vorsieht. In diesem Kapitel werden nun dennoch solche nicht erlaubten Anpassungen vorgestellt. Dies dient hier nur dem Zweck der Demonstration. Denn dadurch bekommt der Benutzer einen Einblick in die interne Abspeicherung und Kodierung der SPM-Daten. Mit Hilfe der nun folgenden SQL-Befehle wird der Nutzer also über die internen Veränderungen in der nicht sichtbaren Hintergrundverarbeitung informiert, welche ausgelöst werden, wenn der Nutzer das Package DBMS_SPM im Vordergrund verwendet. Mit Hilfe dieser Befehle wird nun demonstriert, welche Veränderungen im Hintergrund ablaufen, wenn der Nutzer die Eigenschaften ENABLED und ACCEPTED mit Hilfe des Packages DBMS_SPM bei den beiden manuell erfassten Ausführungsplänen aus dem vorigen Abschnitt ändert. Es werden dann also interne Kommandos von der Oracle-Datenbank ausgelöst.

Diese demonstrierte Änderung erfolgt in der Tabelle SQLOBJ$. Diese Tabelle gehört zum SPM-Bestand und enthält die Information über die gesetzten *Flags*:

```
SELECT SIGNATURE,
       PLAN_ID,
       NAME,
       FLAGS
  FROM SQLOBJ$
 WHERE SIGNATURE = 7394255745732883589;
```

Die jeweilige Kombination der *Flags* wird mit einer Nummer kodiert. Der akzeptierte Plan, der ENABLED ist, hat die Nummer 139. Der andere Plan ist akzeptiert, jedoch nicht ENABLED. Diese Konstellation wird mit der Nummer 138 angezeigt:

SIGNATURE	PLAN_ID	NAME	FLAGS
7394255745732883589	1081862463	SQL_PLAN_6d7dcdkgctd45407be93f	139
7394255745732883589	1842470673	SQL_PLAN_6d7dcdkgctd456dd1df11	138

Abb. 9.9: Attribute der Tabelle SQLOBJ$.

Dieser Plan muss geändert werden. Der Plan soll nicht mehr akzeptiert sein. Für die Evaluierung muss er jedoch ENABLED sein. Das wird mit der Nummer 393 angezeigt:

```
UPDATE  SQLOBJ$
   SET FLAGS = 393
 WHERE SIGNATURE = 7394255745732883589 AND PLAN_ID = 1842470673;
```

Die *View* DBA_SQL_PLAN_BASELINE selektiert von dieser Tabelle und dekodiert die Nummer, um die gesetzten *Flags* anzuzeigen:

```
SELECT SIGNATURE,
       SQL_HANDLE,
       PLAN_NAME,
       ORIGIN,
       ENABLED,
       ACCEPTED,
       FIXED,
       REPRODUCED
  FROM DBA_SQL_PLAN_BASELINES
 WHERE SIGNATURE = 7394255745732883589;
```

Das Resultat der Abfrage bestätigt die gewünschte Konstellation:

SIGNATURE	SQL_HANDLE	PLAN_NAME	ORIGIN	ENABLED	ACCEPTED	FIXED	REPRODUCED
7394255745732883589	SQL_669dac6c9eccb485	SQL_PLAN_6d7dcdkgctd45407be93f	MANUAL-LOAD	YES	YES	NO	YES
7394255745732883589	SQL_669dac6c9eccb485	SQL_PLAN_6d7dcdkgctd456dd1df11	MANUAL-LOAD	YES	NO	NO	YES

Abb. 9.10: Mit Hilfe der Tabelle SQLOBJ$ geänderter Masterplan.

Nun sind die Voraussetzungen für die Weiterentwicklung des Masterplans geschaffen.

Dazu muss zunächst ein Task erzeugt werden:

```
VARIABLE    EVOLVE_TASK       VARCHAR2(50);

EXEC :EVOLVE_TASK          := DBMS_SPM.CREATE_EVOLVE_TASK(SQL_HANDLE =>
                              'SQL_669dac6c9eccb485');
```

Der Name vom Task wird in der Variablen EVOLVE_TASK gespeichert. Dann erfolgt die Evaluierung. Bei der Evaluierung werden beide Ausführungspläne ausgeführt:

```
VARIABLE    EVOLVE_EXE_NAME VARCHAR2(50);

EXEC :EVOLVE_EXE_NAME    :=  DBMS_SPM.EXECUTE_EVOLVE_TASK(TASK_NAME =>
                             :EVOLVE_TASK);
```

Der Name der Ausführung wird in der Variablen EVOLVE_EXE_NAME gespeichert.

Die zur Laufzeit erhobenen Daten kann man sich dann in einem Bericht mit Hilfe der beiden Variablen ausgebeben lassen:

```
SELECT DBMS_SPM.REPORT_EVOLVE_TASK (TASK_NAME        => :EVOLVE_TASK,
                                    EXECUTION_NAME   => :EVOLVE_EXE_NAME)
     REPORT
FROM DUAL;
```

Mit dieser Selektion wird dann der erzeugte REPORT angezeigt (siehe Abbildung 9.11).

Das Ergebnis der Evaluierung hat ergeben, dass der nicht akzeptierte Plan deutlich schneller ist. Es wird daher empfohlen, diesen Plan zu akzeptieren. Im letzten Abschnitt des Berichts ist der Befehl eingetragen, mit dem die Akzeptierung erfolgen kann.

```
GENERAL INFORMATION SECTION
---------------------------------------------------------------------------------------------

 Task Information:
 ---------------------------------------------
 Task Name            : TASK_779997
 Task Owner           : SYS
 Execution Name       : EXEC_315074
 Execution Type       : SPM EVOLVE
 Scope                : COMPREHENSIVE
 Status               : COMPLETED
 Started              : 07/28/2017 08:52:01
 Finished             : 07/28/2017 08:52:52
 Last Updated         : 07/28/2017 08:52:52
 Global Time Limit    : 2147483646
 Per-Plan Time Limit  : UNUSED
 Number of Errors     : 0
---------------------------------------------------------------------------------------------

SUMMARY SECTION
---------------------------------------------------------------------------------------------
  Number of plans processed  : 1
  Number of findings         : 2
  Number of recommendations  : 1
  Number of errors           : 0
---------------------------------------------------------------------------------------------


FINDINGS SECTION
---------------------------------------------------------------------------------------------

Findings (2):
-----------------------------
 1. Der Plan wurde in 26.50600 Sekunden geprüft. Er hat das Nutzenkriterium
    erfüllt, weil die geprüfte Performance 12817.34479 mal besser war als die
    Performance des Baseline-Plans.
 2. Der Plan ist adaptiv und stimmt mit dem endgültig ausgeführten Plan
    überein. Bei der Implementierung der Empfehlung wird der Plan in einen
    statischen und akzeptierten Plan geändert.

Recommendation:
-----------------------------
 Consider accepting the plan. Execute
 dbms_spm.accept_sql_plan_baseline(task_name => 'TASK_779997', object_id => 2,
 task_owner => 'SYS');
```

Abb. 9.11: Report als Resultat des *Evolving* von Baselines.

9.3 Löschen von Ausführungsplänen

Direkte Veränderungen an der Tabelle SQLOBJ$ sind nicht erlaubt und wirkungslos. Diese dienten im vorigen Abschnitt nur der Demonstration, um das Attribut ACCEPTED des deaktivierten Plans zu verändern. Der Benutzer darf nur die von Oracle angebotenen Prozeduren und Funktionen für SPM verwenden. Dieses Vorgehen wird nun vorgestellt, um das Attribut ACCEPTED zu setzen. Die Herausforderung bei der Änderung dieses Attributs besteht darin, dass es keine Möglichkeit gibt, das Attribut ACCEPTED mit dem Package DBMS_SPM zu setzen. Da jedoch direkte Veränderungen an den SPM-Tabellen verboten und auch wirkungslos sind, muss man den Ausführungsplan aus dem SPM-Bestand entfernen, dessen Attribut ACCEPTED verändert werden soll. Das erfolgt mit der folgenden Funktion:

```
VARIABLE     CNT NUMBER;

EXEC :CNT := DBMS_SPM.DROP_SQL_PLAN_BASELINE ('SQL_669dac6c9eccb485',
              'SQL_PLAN_6d7dcdkgctd456dd1df11');
```

Nach der Ausführung dieses Befehls existiert dieser Befehl nicht mehr im SPM-Bestand. Nun führt man den SQL-Befehl erneut ohne *Hint* aus:

```
SELECT A.AUDIT_ADT_BENUMUT_ID,
       A.AUDIT_ADT_MUT_TIST,
       A.BETRAG,
       A.BUCHUNGHABEN_ID,
       A.BUCHUNGSOLL_ID,
       A.ID,
       A.INXKONTEXTINFORMATION_ID,
       A.KEINAUSGLEICH_FLAG,
       A.KONTO_ID,
       A.MAND_ID,
       A.OFFENERPOSTENZAHLWEISE_CD,
       A.OFFENERPOSTEN_ID,
       A.TRX_ADT_ETRX_ID,
       A.TRX_ADT_FTRX_ID,
       A.TRX_ADT_SICHTBAR_FLAG
  FROM FUT30_AWK.PLF_AUSGLEICHSPOSTEN A
 WHERE A.ID = :1;
```

Dabei muss die automatische Aufzeichnung aktiviert sein. Das führt dann dazu, dass der ursprüngliche Ausführungsplan automatisch aufgezeichnet wird. Dieser Plan ist jedoch jetzt nicht akzeptiert:

```
SELECT SIGNATURE,
       SQL_HANDLE,
       PLAN_NAME,
```

```
       ORIGIN,
       ENABLED,
       ACCEPTED,
       FIXED,
       REPRODUCED
  FROM DBA_SQL_PLAN_BASELINES
 WHERE SIGNATURE = 7394255745732883589;
```

Die Treffermenge zeigt nun das gewünschte Ergebnis. Der mit *Hint* erzeugte Ausführungsplan ist akzeptiert und aktiviert. Der ohne *Hint* erzeugte Ausführungsplan ist aktiviert und nicht akzeptiert:

SIGNATURE	SQL_HANDLE	PLAN_NAME	ORIGIN	ENABLED	ACCEPTED	FIXED	REPRODUCED
7394255745732883589	SQL_669dac6c9eccb485	SQL_PLAN_6d7dcdkgctd45407be93f	MANUAL-LOAD	YES	YES	NO	YES
7394255745732883589	SQL_669dac6c9eccb485	SQL_PLAN_6d7dcdkgctd456dd1df11	AUTO-CAPTURE	YES	NO	NO	YES

Abb. 9.12: Deaktivierung eines automatisch aufgezeichneten Ausführungsplans.

Damit sind die Voraussetzungen für die Weiterentwicklung geschaffen. Diese führt man nun in der bereits beschriebenen Weise aus und folgt der Empfehlung im Report.

Dann führt man den SQL-Befehl erneut aus und lässt sich den verwendeten Ausführungsplan anzeigen:

```
SELECT *
  FROM TABLE (
           DBMS_XPLAN.DISPLAY_CURSOR (SQL_ID           =>
                                     'bqdk7asqjzaxf',
                                      CURSOR_CHILD_NO  => 0,
                                      FORMAT           => 'TYPICAL'));
```

Nach der Evaluierung wird der automatisch aufgezeichnete Ausführungsplan verwendet, weil dieser bei der Evaluierung eine wesentlich geringere Laufzeit hatte (siehe Abbildung 9.13).

Dass nach dem *Evolving* der automatisch erzeugte Ausführungsplan verwendet wird, erkennt man auch an Zeitstempeln, welche man mit der *View* DBA_SQL_PLAN_BASELINES anzeigen kann:

```
SELECT SIGNATURE,
       SQL_HANDLE,
       PLAN_NAME,
       ORIGIN,
       LAST_MODIFIED,
       LAST_EXECUTED,
       LAST_VERIFIED
  FROM DBA_SQL_PLAN_BASELINES
 WHERE SIGNATURE = 7394255745732883589;
```

```
SQL_ID  bqdk7asqjzaxf, child number 0
-------------------------------------
SELECT A.AUDIT_ADT_BENUMUT_ID,        A.AUDIT_ADT_MUT_TIST,
A.BETRAG,          A.BUCHUNGHABEN_ID,          A.BUCHUNGSOLL_ID,
A.ID,          A.INXKONTEXTINFORMATION_ID,          A.KEINAUSGLEICH_FLAG,
     A.KONTO_ID,          A.MAND_ID,          A.OFFENERPOSTENZAHLWEISE_CD,
      A.OFFENERPOSTEN_ID,          A.TRX_ADT_ETRX_ID,
A.TRX_ADT_FTRX_ID,          A.TRX_ADT_SICHTBAR_FLAG   FROM
FUT30_AWK.PLF_AUSGLEICHSPOSTEN A  WHERE A.ID = :1

Plan hash value: 1842470673

---------------------------------------------------------------------------------------------------------------
| Id  | Operation                           | Name                      | Rows  | Bytes | Cost (%CPU)| Time     |
---------------------------------------------------------------------------------------------------------------
|   0 | SELECT STATEMENT                    |                           |       |       |     7 (100)|          |
|*  1 |  FILTER                             |                           |       |       |            |          |
|*  2 |   TABLE ACCESS BY INDEX ROWID BATCHED| KTF_AUSGLEICHSPOSTEN_TRX |     1 |    81 |     7   (0)| 00:00:01 |
|*  3 |    INDEX RANGE SCAN                 | KTF_AUPOX_PK              |     1 |       |     3   (0)| 00:00:01 |
|*  4 |   INDEX RANGE SCAN                  | KTF_AUPOX_PK              |     1 |    13 |     3   (0)| 00:00:01 |
---------------------------------------------------------------------------------------------------------------

Predicate Information (identified by operation id):
---------------------------------------------------

   1 - filter(("AUPOX"."TRX_ADT_FTRX_ID"="KTF_AUPO$"."FTRXID"("AUPOX"."AUPOK_ID") OR
              ("AUPOX"."TRX_ADT_SICHTBAR_FLAG"=1 AND  IS NULL)))
   2 - filter("AUPOX"."MAND_ID"="SBV_KONTEXT"."MAND_ID"())
   3 - access("AUPOX"."AUPOK_ID"=TO_NUMBER(:1))
   4 - access("AUPOK_ID"=:B1)
       filter("TRX_ADT_FTRX_ID"<>:B1)

Note
-----
   - SQL plan baseline SQL_PLAN_6d7dcdkgctd456dd1df11 used for this statement
```

Abb. 9.13: Verwendeter Ausführungsplan nach *Evolving* der Baselines.

Derjenige Ausführungsplan, der nach dem *Evolving* verwendet wird, hat einen Eintrag im Attribut LAST_VERIFIED. Man erkennt die Verwendung des Ausführungsplans auch daran, dass im Attribut LAST_EXECUTED ein Zeitstempel eingetragen ist, der größer ist als der Zeitstempel im Attribut LAST_VERIFIED. Ebenso muss der Zeitstempel in LAST_MODIFIED größer sein als im Attribut LAST_VERIFIED:

SIGNATURE	SQL_HANDLE	PLAN_NAME	ORIGIN	LAST_MODIFIED	LAST_EXECUTED	LAST_VERIFIED
7394255745732883589	SQL_669dac6c9eccb485	SQL_PLAN_6d7dcdkgctd45407be93f	MANUAL-LOAD	28.07.2017 07:58:24,000000	27.07.2017 08:16:39,000000	
7394255745732883589	SQL_669dac6c9eccb485	SQL_PLAN_6d7dcdkgctd456dd1df11	AUTO-CAPTURE	31.07.2017 07:27:38,000000	31.07.2017 07:27:38,000000	31.07.2017 07:26:15,000000

Abb. 9.14: Baselines mit geänderten Attributen nach dem *Evolving*.

9.4 Strategien für die Erfassung

SQL-Befehle, die ein Attribut enthalten, dessen Ausprägung bei wiederholender Ausführung wechseln kann, sind eine gewisse Herausforderung für SPM. Die folgenden Abschnitte werden erläutern, dass die Planstabilität in solchen Fällen in der Regel mit Hilfe von Binde-Variablen erreicht wird. Dann werden jedoch Histogramme für die parametrisierten Attribute nicht verwendet. Das Konzept der Planstabilität wird durch die Binde-Variablen gewährleistet. Wenn stattdessen Histogramme verwendet sollen, kann keine Planstabilität gewährleistet werden, wenn der SQL-Befehl zur Laufzeit mit einer großen Anzahl von unterschiedlichen Ausprägungen für ein Attribut aufgerufen wird. Das ist die Konsequenz, wenn keine Binde-Variable in dem SQL-Befehl verwendet wird.

Die Planstabilität wird also durch die Verwendung von Binde-Variablen sichergestellt. Das Konzept für Histogramme hat dagegen keine Bedeutung für die Planstabilität. Denn dieses Konzept fordert für jede Variante eines SQL-Befehls die erneute Erzeugung eines Ausführungsplans, sofern die Variante nicht im LC vorhanden ist. Wenn es sehr viele Varianten gibt, kann es auch schnell zu einer Verdrängung von Varianten aus dem LC kommen, wenn sehr viele Varianten des SQL-Befehls ausgeführt werden. Dann steigt auch der Zeitanteil für das Parsen der Varianten.

9.4.1 Binde-Variablen

Wenn man SPM nutzt, sollte man die SQL-Befehle unbedingt parametrisieren, wenn darin variable Werte vorkommen. Wenn die SQL-Befehle nicht parametrisiert sind, muss ein Ausführungsplan zur Laufzeit erzeugt werden, wenn der SQL-Befehl mit den variablen Anteilen mit SPM noch nicht erfasst wurde. Wenn die Wertemenge der Variablen sehr klein ist, dann ist es möglich, alle SQL-Befehle aufzuzeichnen, in denen die Variablen bereits mit den Ausprägungen gesetzt sind. Bei einer großen Wertemenge ist das nicht möglich. Wenn also beispielsweise ein variabler Anteil des SQL-Befehls mit einer beliebigen Ganzzahl besetzt wird, gibt es zu viele mögliche Varianten des SQL-Befehls. Es ist dann nicht möglich, alle Varianten mit SPM zu erfassen. Wenn dann zur Laufzeit ein SQL-Befehl verarbeitet werden muss, der eine Variante ist, welche mit SPM nicht aufgezeichnet wurde, kann die Planstabilität nicht gewährleistet werden. Denn der Ausführungsplan wird erst zur Laufzeit erzeugt. Mit Hilfe von Binde-Variablen wird die gewünschte Planstabilität erreicht. Denn mit SPM werden nicht die Varianten aufgezeichnet, sondern der parametrisierte SQL-Befehl wird aufgezeichnet. SPM enthält für diesen parametrisierten SQL-Befehl einen Ausführungsplan, der immer verwendet wird, unabhängig von den Werten, welche zur Laufzeit mit den Binde-Variablen verknüpft werden. Daher findet kein *Parsing* des SQL-Befehls zur Laufzeit statt, so dass mit Hilfe der Binde-Variablen die Planstabilität gewährleistet wird.

Der folgende SQL-Befehl enthält eine Binde-Variable:

```
SELECT A.AUDIT_ADT_BENUMUT_ID,
       A.AUDIT_ADT_MUT_TIST,
       A.BETRAG,
       A.BUCHUNGHABEN_ID,
       A.BUCHUNGSOLL_ID,
       A.ID,
       A.INXKONTEXTINFORMATION_ID,
       A.KEINAUSGLEICH_FLAG,
```

```
       A.KONTO_ID,
       A.MAND_ID,
       A.OFFENERPOSTENZAHLWEISE_CD,
       A.OFFENERPOSTEN_ID,
       A.TRX_ADT_ETRX_ID,
       A.TRX_ADT_FTRX_ID,
       A.TRX_ADT_SICHTBAR_FLAG
  FROM FUT30_AWK.PLF_AUSGLEICHSPOSTEN A
 WHERE A.ID = :1;
```

Wenn der SQL-Befehl ausgeführt wird, wird der Ausführungsplan nur dann neu erzeugt, wenn dieser noch nicht im LC enthalten ist. Ermöglicht wird das durch die Binde-Variable „:1“. Dieser Variablen wird erst bei der Ausführung des SQL-Befehls ein Wert zugewiesen. Dadurch ist es möglich, dass der Ausführungsplan aus dem LC wiederverwendet werden kann, so dass dieser SQL-Befehl für SPM geeignet ist. Denn in SPM wird nur der parametrisierte SQL-Befehl mit einer Signatur gespeichert. Es ist dann egal, welcher Wert der Binde-Variablen zur Laufzeit zugewiesen wird. Aufgrund der Parametrisierung ändert sich die Signatur nicht, so dass die aufgezeichnete Baseline angewendet wird. Bei der Erzeugung des Ausführungsplans werden auch keine Histogramme für die Binde-Variablen verwendet. Stattdessen wird eine Gleichverteilung der Ausprägungen von dem Planoptimierer angewendet. Dies ermöglicht die Erzeugung eines generischen Ausführungsplans. Histogramme können nur zum Einsatz kommen, wenn die Ausprägung eines Attributs schon zum Zeitpunkt des Parsen bekannt ist. Dies ist hier nicht der Fall.

9.4.2 Histogramme

Wenn Histogramme bei der Erzeugung des Ausführungsplans verwendet werden sollen, darf man für die betroffenen Attribute keine Binde-Variablen verwenden. Stattdessen muss die Ausprägung in dem SQL-Befehl als Wert eingetragen sein. Das folgende Beispiel zeigt den SQL-Befehl vom vorigen Abschnitt, bei dem die Binde-Variable entfernt wurde und stattdessen direkt die Ausprägung eingetragen wurde:

```
SELECT A.AUDIT_ADT_BENUMUT_ID,
       A.AUDIT_ADT_MUT_TIST,
       A.BETRAG,
       A.BUCHUNGHABEN_ID,
       A.BUCHUNGSOLL_ID,
       A.ID,
       A.INXKONTEXTINFORMATION_ID,
       A.KEINAUSGLEICH_FLAG,
       A.KONTO_ID,
       A.MAND_ID,
```

```
       A.OFFENERPOSTENZAHLWEISE_CD,
       A.OFFENERPOSTEN_ID,
       A.TRX_ADT_ETRX_ID,
       A.TRX_ADT_FTRX_ID,
       A.TRX_ADT_SICHTBAR_FLAG
  FROM FUT30_AWK.PLF_AUSGLEICHSPOSTEN A
 WHERE A.ID = 76113060;
```

In diesem Fall kann der Ausführungsplan aus dem LC nur dann wiederverwendet werden, wenn der SQL-Befehl bereits zuvor mit derselben Ausprägung für das Attribut ID ausgeführt wurde. Jedes Mal, wenn sich die Ausprägung ändert, wird ein neuer Ausführungsplan erzeugt. Aufgrund der geänderten Ausprägung ändert sich auch die Signatur des SQL-Befehls. Jede Änderung der Signatur führt zu einer weiteren Aufzeichnung mit SPM. Die gewünschte Planstabilität kann nicht gewährleistet werden; denn sobald eine Ausprägung gesetzt wird, die noch nicht aufgezeichnet wurde, hat das zur Folge, dass kein Ausführungsplan in SPM vorhanden ist. Daher gibt es dann auch keine Planstabilität. Wenn die automatische Aufzeichnung aktiviert ist, hat das zur Folge, dass viele Varianten des SQL-Befehls aufgezeichnet werden. Trotzdem kann keine Planstabilität gewährleistet werden. Denn der Wertebereich der Ausprägung für das Attribut ID ist INTEGER. Dieser Wertebereich ist so groß, dass alle möglichen Varianten nicht aufgezeichnet werden können. Auch erhöht sich der Wartungsaufwand für die vielen Varianten, welche aufgezeichnet werden. Denn wenn die Ausführungspläne mit dem *Evolving* weiterentwickelt werden, müssen alle Varianten geprüft werden. Das kann viel Laufzeit verbrauchen, wenn eine große Anzahl von Varianten aufgezeichnet wurde. Für jede Variante kann es ja schließlich auch mehrere Ausführungspläne geben, welche ausgeführt und dann die Laufzeiten verglichen werden müssen. Die vielen Varianten verbrauchen auch viel Speicher. Die Aufzeichnungen werden im *Tablespace* SYSAUX gespeichert. Dieser *Tablespace* muss dann mit einer ausreichenden Anzahl von *Data Files* entsprechend groß dimensioniert werden.

Aufgrund dieser Ausführungen erkennt man, dass SQL-Befehle mit Binde-Variablen parametrisiert werden müssen, wenn die Planstabilität gewährleistet werden soll. Das gilt nur dann nicht, wenn der Wertebereich der Ausprägung klein ist, so dass alle Varianten des SQL-Befehls mit SPM aufgezeichnet werden können.

Man muss also in der Regel die SQL-Befehle parametrisieren, wenn man diese mit SPM aufzeichnen möchte, um die Planstabilität zu gewährleisten. Das hat zur Folge, dass Histogramme nicht auf die Attribute angewendet werden, die mit Hilfe von Binde-Variablen parametrisiert sind. Für diese Attribute wird bei der Erzeugung des Ausführungsplans eine Gleichverteilung der Ausprägungen angenommen. Wenn das nicht akzeptabel ist, sollte der betroffene SQL-Befehl nicht mit SPM aufgezeichnet werden. Denn wenn die Histogramme verwendet werden sollen, kann keine Planstabilität gewährleistet werden, weil jedes Mal ein neuer Ausführungsplan erzeugt werden muss, wenn eine Variante des SQL-Befehls ausgeführt wird, die noch nicht im LC vorhanden ist. Die neue Erzeugung des Ausführungsplans ist erforderlich, damit mit Hilfe der Histogramme die Treffermenge für die Ausprägung ermittelt werden kann. Denn Histogramme werden verwendet, wenn die Ausprägungen eines Attributs ungleich verteilt sind. Dann muss das Histogramm verwendet werden, um die jeweilige Treffermenge für die Ausprägung zu ermitteln.

9.5 Transfer von SPM

Die *SPM Datasets* können zwischen Datenbank-Instanzen transferiert werden. Bei zwei existierenden Instanzen kann dies durch Exportieren und Importieren der *Datasets* erfolgen. Unter bestimmten Voraussetzungen ist es auch möglich, die *SPM Datasets* mit Hilfe von Tools zu kopieren.

9.5.1 Export der Baselines

SPM bietet die Möglichkeit an, die Aufzeichnungen zu exportieren. Dadurch wird der Import in eine andere Oracle-Instanz ermöglicht. Der Export erfolgt mit Hilfe einer *Staging Table*. Diese Tabelle muss zuerst erzeugt werden:

```
EXEC DBMS_SPM.CREATE_STGTAB_BASELINE('VBO_STGTAB',
'FUT30_AWK', 'FUT30_T_1');
```

Mit diesem Befehl erfolgt die Anlage der Tabelle. Das erste Argument liefert den Namen der Tabelle. Mit dem zweiten Argument wird das Datenbank-Schema festgelegt, in dem die Tabelle gespeichert wird. Das letzte Argument nennt den *Tablespace* für die Tabelle.

Nach der Anlage können die Aufzeichnungen in die Tabelle exportiert werden. Dazu folgt ein Beispiel:

```
VARIABLE CNT NUMBER;

EXEC :CNT := DBMS_SPM.PACK_STGTAB_BASELINE ( TABLE_NAME => 'VBO_STGTAB',
TABLE_OWNER => 'FUT30_AWK', SQL_HANDLE => 'SQL_669dac6c9eccb485');
```

Mit diesem Beispiel werden alle Ausführungspläne in die *Staging Table* exportiert, welche dem SQL_HANDLE mit der ID SQL_669dac6c9eccb485 zugeordnet sind. Mit den anderen beiden Argumenten werden der Name der *Staging Table* und das Datenbank-Schema geliefert.

Mit Hilfe einer Selektion kann man den Inhalt der Tabelle überprüfen:

```
SELECT SQL_HANDLE, OBJ_NAME, PLAN_ID FROM FUT30_AWK.VBO_STGTAB;
```

Es werden mit dem Befehl einige ausgewählte Attribute aus der Tabelle selektiert (siehe Abbildung 9.15).

Das Ergebnis der Abfrage zeigt, dass zwei aufgezeichnete Ausführungspläne, die dem SQL_HANDLE zugeordnet sind, exportiert wurden.

SQL_HANDLE	OBJ_NAME	PLAN_ID
SQL_669dac6c9eccb485	SQL_PLAN_6d7dcdkgctd456dd1df11	1842470673
SQL_669dac6c9eccb485	SQL_PLAN_6d7dcdkgctd45407be93f	1081862463

Abb. 9.15: Ausgewählte Attribute aus der *Staging Table* für Baselines.

Nachdem man alle gewünschten Ausführungspläne exportiert hat, kann man einen *Dump* der Tabelle erzeugen. Dies ist mit dem Oracle-Tool *Data Pump* möglich:

```
expdp SYSTEM/<Passwort>@VBO3 tables=FUT30_AWK.VBO_STGTAB
directory=DATA_PUMP_DIR dumpfile=VBO_STGTAB.dmp
logfile=expdpVBO_STGTAB.log
```

Mit diesem Befehl wird ein *Dump File* für die Tabelle erstellt. Das *Dump File* wird in dem Verzeichnis mit dem Namen DATA_PUMP_DIR gespeichert. Den zugeordneten Verzeichnispfad kann man mit dem folgenden SQL-Befehl ermitteln:

```
SELECT DIRECTORY_NAME,  DIRECTORY_PATH
  FROM DBA_DIRECTORIES
 WHERE DIRECTORY_NAME = 'DATA_PUMP_DIR';
```

Die Ausführung des Befehls liefert dann den Verzeichnispfad:

	DIRECTORY_NAME	DIRECTORY_PATH
▸	DATA_PUMP_DIR	/oracle/product/12102/db/rdbms/log/

Abb. 9.16: Anzeige des Verzeichnispfades für DATA_PUMP_DIR.

Die erfolgreiche Erzeugung des *Dump File* kann man anhand der Ausgaben von *Data Pump* kontrollieren:

```
Export: Release 12.1.0.2.0 - Production on Fr Aug 4 08:33:49 2017

Copyright (c) 1982, 2014, Oracle and/or its affiliates.  All rights reserved.

Angemeldet bei: Oracle Database 12c Enterprise Edition Release 12.1.0.2.0 - 64bit Production
With the Partitioning, Automatic Storage Management, OLAP, Advanced Analytics
and Real Application Testing options
"SYSTEM"."SYS_EXPORT_TABLE_01":  SYSTEM/********@VBO3 tables=FUT30_AWK.VBO_STGTAB directory=DATA_PUMP_DIR
dumpfile=VBO_STGTAB.dmp logfile=expdpVBO_STGTAB.log  wird gestartet
Schätzung erfolgt mit Methode BLOCKS...
Objekttyp TABLE_EXPORT/TABLE/TABLE_DATA wird verarbeitet
Gesamte Schätzung mit BLOCKS Methode: 100 KB
Objekttyp TABLE_EXPORT/TABLE/TABLE wird verarbeitet
Objekttyp TABLE_EXPORT/TABLE/INDEX/STATISTICS/INDEX_STATISTICS wird verarbeitet
Objekttyp TABLE_EXPORT/TABLE/STATISTICS/TABLE_STATISTICS wird verarbeitet
Objekttyp TABLE_EXPORT/TABLE/STATISTICS/MARKER wird verarbeitet
. . "FUT30_AWK"."VBO_STGTAB"                        11.42 KB       2 Zeilen exportiert
Master-Tabelle "SYSTEM"."SYS_EXPORT_TABLE_01" erfolgreich geladen/entladen
******************************************************************************
Für SYSTEM.SYS_EXPORT_TABLE_01 festgelegte Dump-Datei ist:
  /oracle/product/12102/db/rdbms/log/VBO_STGTAB.dmp
```

Abb. 9.17: *Export* der *Staging Table* mit *Data Pump*.

Am Ende der Ausgabe wird auch der Verzeichnispfad ausgedruckt, der dem Verzeichnisname `DATA_PUMP_DIR` zugeordnet ist. Das nun dort gespeicherte *Dump File* kann man in ein Verzeichnis kopieren, auf das die Datenbank-Instanz zugreifen kann, in welche die Ausführungspläne importiert werden sollen. Wenn exportierende und importierende Datenbank-Instanz auf demselben Rechner installiert sind, kann die Datei mit dem Kopierbefehl des Betriebssystems übertragen werden. Wenn die importierende Datenbank-Instanz auf einem anderen Rechner installiert ist, dann kann man die Datei mit FTP (*File Transfer Protocol*) übertragen, wenn beide Rechner über ein Netzwerk verbunden werden können. Ansonsten kann man auch transportierbare Speichermedien, wie beispielsweise einen *USB Stick* (*Universal Serial Bus Stick*), verwenden.

9.5.2 Import der Baselines

Nachdem ein *Dump File* der *Staging Table* erstellt wurde und in ein Verzeichnis der Ziel-Datenbank kopiert wurde, kann der Import in die Ziel-Datenbank erfolgen. Dieser Import kann mit dem Tool *Data Pump* erfolgen:

```
impdp SYSTEM/<Passwort>@VBO6 tables=FUT30_AWK.VBO_STGTAB
directory=DATA_PUMP_DIR dumpfile=VBO_STGTAB.dmp
logfile=impdpVBO_STGTAB.log
```

Mit diesem Befehl wird die *Staging Table* in die Ziel-Datenbank importiert. Der erfolgreiche Import wird durch die Ausgaben des Tools bestätigt:

```
Import: Release 12.1.0.2.0 - Production on Mo Aug 7 06:41:42 2017

Copyright (c) 1982, 2014, Oracle and/or its affiliates.  All rights reserved.

Angemeldet bei: Oracle Database 12c Enterprise Edition Release 12.1.0.2.0 - 64bit Production
With the Partitioning, Automatic Storage Management, OLAP, Advanced Analytics
and Real Application Testing options
Master-Tabelle "SYSTEM"."SYS_IMPORT_TABLE_01" erfolgreich geladen/entladen
"SYSTEM"."SYS_IMPORT_TABLE_01":  SYSTEM/********@VBO6 tables=FUT30_AWK.VBO_STGTAB directory=DATA_PUMP_DIR
dumpfile=VBO_STGTAB.dmp logfile=impdpVBO_STGTAB.log  wird gestartet
Objekttyp TABLE_EXPORT/TABLE/TABLE wird verarbeitet
Objekttyp TABLE_EXPORT/TABLE/TABLE_DATA wird verarbeitet
. . "FUT30_AWK"."VBO_STGTAB"                    11.42 KB       2 Zeilen importiert
Objekttyp TABLE_EXPORT/TABLE/INDEX/STATISTICS/INDEX_STATISTICS wird verarbeitet
Objekttyp TABLE_EXPORT/TABLE/STATISTICS/TABLE_STATISTICS wird verarbeitet
Objekttyp TABLE_EXPORT/TABLE/STATISTICS/MARKER wird verarbeitet
Job "SYSTEM"."SYS_IMPORT_TABLE_01" erfolgreich um Mo Aug 7 06:42:57 2017 elapsed 0 00:01:03 abgeschlossen
```

Abb. 9.18: *Import* der *Staging Table* mit *Data Pump*.

Nun müssen die Datensätze der *Staging Table* in die SPM-Tabellen importiert werden:

```
VARIABLE CNT NUMBER;

EXEC CNT := DBMS_SPM.UNPACK_STGTAB_BASELINE( ( TABLE_NAME => 'VBO_STGTAB',
TABLE_OWNER => 'FUT30_AWK');
```

Dieser Vorgang wird als Entpacken bezeichnet, weil die Datensätze der *Staging Table* auf mehrere Tabellen von SPM verteilt werden. Denn zu SPM gehören die folgenden Tabellen, welche dem SYS-User zugeordnet sind:

- SQLOBJ$AUXDATA
- SQLOBJ$DATA
- SQLOBJ$
- SQL$TEXT
- SQLOBJ$PLAN
- SQLLOG$
- SQL$

9.5.3 Kopieren der Baselines

Wenn eine Datenbank-Instanz kopiert wird, dann werden die *SPM Datasets* auch mitkopiert, wenn das Datenbank-Duplikat mit dem RMAN erstellt wird. Mit dem RMAN wird eine physikalische Kopie der Datenbank-Instanz erzeugt. Die SPM-Tabellen sind im *Tablespace* SYSAUX enthalten. Dieser *Tablespace* wird bei der Erzeugung eines *RMAN Duplicate* berücksichtigt. Bei der Verwendung von *Data Pump* ist das nicht der Fall. Mit *Data Pump* kann nur eine logische Kopie der Datenbank-Instanz erzeugt werden. Eine physikalische Kopie ist mit *Data Pump* nicht möglich. Denn *Data Pump* kann den *Tablespace* SYSAUX bei der Kopie nicht berücksichtigen. Daher werden die SPM-Tabellen mit *Data Pump* auch nicht kopiert. Wenn man das Tool IMP/EXP verwendet, dann kann man auch den *Tablespace* SYSAUX kopieren. Mit diesem Tool können also die SPM-Tabellen kopiert werden.

9.6 Anzeigen der Baselines

Für die Anzeige von Baselines gibt es das Package DBMS_XPLAN. Darin ist die Funktion DISPLAY_SQL_PLAN_BASELINE enthalten. Diese Funktion ermöglicht das Anzeigen aller Ausführungspläne, die einem SQL_HANDLE zugeordnet sind. Die Funktion hat das SQL_HANDLE als Argument und das Ausgabeformat:

```
SELECT *
  FROM TABLE (
           DBMS_XPLAN.DISPLAY_SQL_PLAN_BASELINE (
               SQL_HANDLE    => 'SQL_669dac6c9eccb485',
               FORMAT        => 'basic'));
```

Wenn man nur die Basis-Informationen benötigt, dann wählt man das Ausgabeformat BASIC:

```
--------------------------------------------------------------------------------
SQL handle: SQL_669dac6c9eccb485
SQL text: SELECT A.AUDIT_ADT_BENUMUT_ID,        A.AUDIT_ADT_MUT_TIST,
          A.BETRAG,        A.BUCHUNGHABEN_ID,        A.BUCHUNGSOLL_ID,
          A.ID,        A.INXKONTEXTINFORMATION_ID,        A.KEINAUSGLEICH_FLAG,
                 A.KONTO_ID,        A.MAND_ID,
          A.OFFENERPOSTENZAHLWEISE_CD,        A.OFFENERPOSTEN_ID,
          A.TRX_ADT_ETRX_ID,        A.TRX_ADT_FTRX_ID,
          A.TRX_ADT_SICHTBAR_FLAG   FROM FUT30_AWK.PLF_AUSGLEICHSPOSTEN A
          WHERE A.ID = :1
--------------------------------------------------------------------------------

--------------------------------------------------------------------------------
Plan name: SQL_PLAN_6d7dcdkgctd45407be93f         Plan id: 1081862463
Enabled: YES     Fixed:          Accepted: NO      Origin: MANUAL-LOAD
Plan rows: From dictionary
--------------------------------------------------------------------------------

Plan hash value: 2720569287

-------------------------------------------------------
| Id  | Operation            | Name                    |
-------------------------------------------------------
|   0 | SELECT STATEMENT     |                         |
|   1 |  FILTER              |                         |
|   2 |   TABLE ACCESS FULL| KTF_AUSGLEICHSPOSTEN_TRX |
|   3 |   INDEX RANGE SCAN | KTF_AUPOX_PK              |
-------------------------------------------------------

--------------------------------------------------------------------------------
Plan name: SQL_PLAN_6d7dcdkgctd456dd1df11         Plan id: 1842470673
Enabled: YES     Fixed: NO       Accepted: YES    Origin: AUTO-CAPTURE
Plan rows: From dictionary
--------------------------------------------------------------------------------

Plan hash value: 1842470673

--------------------------------------------------------------------------
| Id  | Operation                             | Name                     |
--------------------------------------------------------------------------
|   0 | SELECT STATEMENT                      |                          |
|   1 |  FILTER                               |                          |
|   2 |   TABLE ACCESS BY INDEX ROWID BATCHED| KTF_AUSGLEICHSPOSTEN_TRX |
|   3 |    INDEX RANGE SCAN                   | KTF_AUPOX_PK             |
|   4 |   INDEX RANGE SCAN                    | KTF_AUPOX_PK             |
--------------------------------------------------------------------------
```

Abb. 9.19: Anzeige eines SQL_HANDLE mit DISPLAY_SQL_PLAN_BASELINE.

In dem Beispiel werden die zwei Ausführungspläne angezeigt, die dem SQL_HANDLE zugeordnet sind. Zusätzlich werden die *SPM Flags* angezeigt. Daran erkennt man, dass der erste Ausführungsplan als Masterplan akzeptiert wurde.

Mit der Funktion DISPLAY_CURSOR kann man den Ausführungsplan ermitteln, der zur Laufzeit für einen SQL-Befehl verwendet wurde. Der SQL-Befehl wird mit seiner SQL_ID identifiziert. Die SQL_ID ist im LC registriert. Im AWR-Report wird die SQL_ID auch ausgedruckt. Ein Beispiel für die Verwendung von DISPLAY_CURSOR findet man im Abschnitt 9.1 mit dem Thema „Erfassung der Ausführungspläne“.

10 CORDA

10.1 Motivation

10.1.1 Grundlagen

In den vorigen Kapiteln wurde beschrieben, auf welche Weise Laufzeitprobleme identifiziert werden können. Wenn man die Probleme erkannt hat, kann man Maßnahmen einleiten, mit denen die Laufzeit verbessert werden kann. Man kann beispielsweise die Ausführungspläne optimieren, um eine bessere Performanz zu erreichen. Wenn man alle Probleme identifiziert hat und dann die Ursachen für die Probleme beseitigt hat, prüft man die Performanz erneut. Wenn die Performanz zufriedenstellend ist, waren die umgesetzten Maßnahmen erfolgreich und es sind keine Aktivitäten mehr erforderlich. Benötigt man jedoch nach der Optimierung immer noch eine Laufzeit-Verbesserung, dann müssen weitere Maßnahmen eingeleitet werden. Wenn nun jedoch das verfügbare Optimierungspotential ausgeschöpft ist, kann man weitere Verbesserungen nur durch Änderungen an der Systemarchitektur erzielen. Man kann beispielsweise Festplatten durch SSD ersetzten. Bei einer großen Datenmenge kann das jedoch recht teuer werden. Hat man jedoch einen kleinen Datenbestand, wird man seine Performanz-Ziele auch in der Regel mit der Festplatten-Technologie erreichen können. Die Nutzung von SSD ist daher typischerweise kein besonders geeignetes Instrument, um Performanz-Probleme bei der Abwägung von Kosten und Nutzen optimal zu beheben. Insbesondere fallen bei redundant ausgelegten Systemen erhebliche Kosten für die Spiegelung der Daten mit SSD-Technologie an.

Oracle bietet für die Optimierung das *Exadata System* an. Hierbei handelt es sich um eine Komplettlösung. Denn das *Exadata System* beinhaltet die Hardware, das Betriebssystem und die Datenbank. Das *Exadata System* wird bereits von vielen Firmen genutzt. Man muss jedoch in der Regel mit Kosten von mindestens einer Million Euro rechnen. Performanz-Probleme mit dem *Exadata System* zu beheben, kann also recht teuer sein. Daher ist auch die Kosten-Nutzen-Bilanz des *Exadata System* nicht in jedem Fall optimal.

Der Autor hat daher ein System entwickelt, in dem der zentrale Performanz-Vorteil des *Exadata System* integriert ist. Denn mit *Exadata* können aus der SGA verdrängte Datensätze auf eine SSD verlagert werden. Die SSD dient als flüchtiger Sekundärspeicher, welcher bei Bedarf eine schnelle Wiedereinlagerung von Datensätzen ermöglicht, wenn diese im weiteren Verlauf der Verarbeitung wieder benötigt werden.

Darüber hinaus ist das System jedoch mit einer zusätzlichen Software-Lösung kombiniert. Das Ergebnis dieser Kombination ist CORDA. CORDA ist die Abkürzung für

`Charging Objects` **`into`** `RAM for Database Acceleration.`

https://doi.org/10.1515/9783110601817-010

CORDA ist oft schneller als das *Exadata System*. Denn mit CORDA werden Datenbank-Objekte gezielt in den RAM geladen, bevor die Verarbeitung startet. Diese Vorladung erfolgt mit einer sehr hohen Geschwindigkeit, so dass durch die Vorladung keine maßgebliche zusätzliche Laufzeit eingeplant werden muss.

Durch die Kombination mit einer Softwarelösung wird diese Beschleunigung gegenüber dem *Exadata System* oft erreicht. Man benötigt jedoch für typische Anwendungsfälle häufig nur ein Zehntel der Kosten des *Exadata System*. Das zentrale Beschleunigungs-Konzept des *Exadata System* ist der Smart-Flash-Cache. Hierbei handelt es sich um einen Sekundärspeicher, welcher die SGA erweitert. Es handelt sich also ebenfalls um einen flüchtigen Speicher. Der Smart-Flash-Cache basiert auf SSD-Technologie. Dort werden Blöcke gespeichert, welche aus der SGA verdrängt wurden. Dieser Smart-Flash-Cache bietet gegenüber herkömmlicher SSD im SAN deutliche Vorteile. Die Datenblöcke müssen nämlich nicht vom SAN zum Datenbankserver transportiert werden, weil der Smart-Flash-Cache im Server des *Exadata System* bereits integriert ist. Zusätzlich ist der Smart-Flash-Cache günstiger als SSD im SAN. Denn der Smart-Flash-Cache ist eine Erweiterung der SGA. Es handelt sich also ebenfalls um einen flüchtigen Speicher. Daher entfällt eine Spiegelung der Daten.

CORDA greift das Konzept des Smart-Flash-Cache auf. Das *Exadata System* nutzt das Betriebssystem Oracle-Linux®. Nur dieses Betriebssystem enthält den Smart-Flash-Cache. CORDA ist dagegen an keinerlei Betriebssystem gekoppelt. Die Nachbildung des Smart-Flash-Cache kann mit jedem Betriebssystem erfolgen. Ein zentraler Baustein dieser Nachbildung ist der *Keep Pool*, welcher Bestandteil des *Buffer Pool* ist. Der *Keep Pool* ermöglicht die permanente Bereitstellung von Datenbank-Objekten. Der Nutzer des *Keep Pool* legt fest, welche Datenbank-Objekte dauerhaft im *Keep Pool* verfügbar sein sollen. Bei diesen Objekten kann es sich um Datenbank-Tabellen oder Indizes handeln. Auf die Blöcke dieser Datenbank-Objekte kann dann sehr schnell zugegriffen werden, da diese Blöcke im Hauptspeicher dauerhaft verfügbar sind. Wenn also auf diese Datenbank-Objekte bei der Verarbeitung zugegriffen wird, sind keine *Physical Reads* erforderlich. Dies kann eine schnelle Verarbeitung gewährleisten, weil lesende Zugriffe auf diese Datenbank-Objekte ausschließlich mit *Logical Reads* erfolgen. Diesen Vorteil nutzt CORDA und gewährleistet damit eine schnellere Verarbeitung im Vergleich zum Smart-Flash-Cache. Um diesen Laufzeitvorteil gegenüber dem Smart-Flash-Cache wirtschaftlich zu realisieren, kombiniert CORDA den *Keep Pool* mit maßgeschneiderten Vorladeskripten. CORDA verfügt für jeden laufzeitkritischen Prozess über ein maßgeschneidertes Vorladeskript. Bei einem Prozess kann es sich beispielsweise um einen *Batch* oder einen Bericht handeln. Mit dem Vorladeskript wird festgelegt, welche Datenbank-Objekte für den Prozess im *Keep Pool* verfügbar sein sollen. Zusätzlich werden diese Objekte noch vor dem Prozessstart in den *Keep Pool* vorgeladen. Die Vorladung erfolgt parallelisiert mit sehr hoher Geschwindigkeit. Durch paralleles Laden werden Ladegeschwindigkeiten von bis zu 1,2 GB pro Sekunde erreicht. Dabei werden die Daten von Festplatte geladen.

Diese hohe Ladegeschwindigkeit wird durch das parallele Laden der Daten erreicht. Die Tabellen werden mit *Full Table Scan* geladen. Bei diesem Ladevorgang wird die Oracle-Parallelität genutzt. Zusätzlich werden alle benötigten Tabellen gleichzeitig geladen. Die Tabellen werden also durch die Kombination von zwei parallelen Verfahren in den Hauptspeicher geladen. Indizes werden ebenfalls gleichzeitig geladen. Jedoch wird für Indizes die Oracle-Parallelität nicht genutzt, weil für Indizes diese Option zusätzliche Lizenzkosten benötigen würde. Zwar ist das parallele Laden der Indizes bereits mit den Lizenzkosten für die *Oracle Database Enterprise Edition* abgegolten, jedoch muss man beachten, dass Indizes nur mit der Oracle-Parallelität geladen werden können, wenn der Index partitioniert ist. Die Partitionierung ist jedoch nicht in der *Oracle Database Enterprise Edition* enthalten. Stattdessen muss die Partitionierung zusätzlich erworben werden und dann müssen die Indizes natürlich auch erst noch partitioniert werden, so dass hierfür weitere Kosten anfallen. Aus Gründen der Wirtschaftlichkeit wurde daher auf diese Möglichkeit verzichtet. Aus technischer Sicht besteht hier jedoch keinerlei Einschränkung für die Nutzung der Oracle-Parallelität zum Laden der Indizes. Jedoch war es nicht erforderlich, das Laden der Indizes mit Hilfe der Oracle-Parallelität zu beschleunigen, weil die kostenpflichtige Oracle-Parallelität für das Anwendungs-Szenario durch ein äquivalentes Verfahren ersetzt wurde. Dieses Verfahren wurde vom Autor selbst entwickelt und gewährleistet damit auch ein performantes Laden der Indizes. Zu diesem Zweck wird jeder Index in Intervalle zerlegt. Jedes Intervall wird dann mit dem *Range Index Scan* gleichzeitig geladen. Damit wird auch das Laden der Indizes mit zwei parallelen Verfahren gleichzeitig ermöglicht. Indizes und Tabellen können daher mit vergleichbarer Performanz geladen werden, ohne dass zusätzliche Lizenzkosten für die Oracle-Parallelität zum Laden der Indizes erforderlich werden. Die Intervalle müssen jedoch in der Regel unterschiedlich groß sein, damit ein gleichmäßiges Laden ermöglicht wird. Die Analyse hat nämlich ergeben, dass die zu ladenden Indizes der Exponentialverteilung unterliegen. Hierbei handelt es sich um eine Verteilung mit einem Gipfel. Die Exponentialverteilung startet mit dem Gipfel. Der Gipfel fällt dann mit größer werdenden Indexwerten ab. Die Ursache sei am Beispiel von Buchungen erläutert. In der Datenbank sind Buchungen für Arbeitgeber und deren Beschäftigte enthalten. Diese beiden werden als Partner bezeichnet. Jede Buchung verweist auf das Konto eines Partners. Die technische `ID` des Kontos ist als Fremdschlüssel in der Tabelle für Buchungen eingetragen. Für diesen Fremdschlüssel gibt es einen Index. Die Konten der Arbeitgeber wurden als Erstes in der Datenbank angelegt. Daher haben die Arbeitgeber Konten mit niedrigen technischen IDs. Die Beschäftigten haben Konten mit größeren IDs. Für Arbeitgeber werden im System die meisten Buchungen gespeichert. Daher hat der Index die meisten Einträge für die niedrigen Indexwerte. Dies ist die Ursache für die Exponentialverteilung. Daher muss für jeden Index die zugrunde liegende Exponentialverteilung analysiert werden. Wenn die jeweilige Exponentialverteilung bekannt ist, können die Größen der parallel zu ladenden Intervalle bestimmt werden. Wegen der Form der Exponentialverteilung mit einem Gipfel müssen die Intervalle am Indexanfang klein dimensioniert werden. Mit steigenden Indexwerten müssen die Intervalle immer größer werden. Dadurch wird sichergestellt, dass in jedem Intervall nahezu gleich viele Indexwerte enthalten sind. Dies ist die Voraussetzung für ein gleichmäßiges paralleles Laden der Indizes mit dem *Range Index Scan*. Dazu wird jedes Intervall mit einem Thread geladen. Jeder Thread hat dann ungefähr die gleiche Arbeitslast zu bewältigen, so dass alle Threads ungefähr zur gleichen Zeit fertig werden. Würde man stattdessen den Index in jeweils gleich groß dimensionierte Intervalle zerlegen, würde die Exponentialverteilung bewirken, dass die Intervalle am Indexanfang sehr viele Einträge hätten. Die Intervalle am Indexende hätten dagegen nur noch sehr wenige Einträge. Dann wären die Threads, welche die Intervalle am Indexende laden, viel schneller fertig als die Threads, welche die Intervalle am Indexanfang laden, so dass der Index nicht effizient geladen würde. Daher muss die zugrunde liegende Exponentialverteilung beim Laden der Indizes berücksichtigt werden, um ein effizientes Laden der Indizes zu garantieren.

Mit diesem Konzept können gegenüber dem *Exadata System* deutliche Laufzeitvorteile erzielt werden. Die Verarbeitung kann im Vergleich zum *Exadata System* schneller erfolgen, weil die Daten nicht von SSD gelesen werden, sondern aus dem Hauptspeicher geladen werden. Dies ist aber nicht der einzige Grund für die schnellere Verarbeitung. Ein wesentlicher Faktor ist nämlich auch die gezielte Vorladung der Daten. Durch die Vorladung ist beim Prozessstart gewährleistet, dass die laufzeitkritischen Datenbank-Objekte schon im Hauptspeicher sind. Die Vorladezeit hat keinen signifikanten Einfluss, weil die Daten mit sehr hoher Geschwindigkeit von der Festplatte geladen werden. Dies ist ein weiterer Vorteil gegenüber dem *Exadata System*. Das *Exadata System* nutzt keine Vorladung. Daher kann die Laufzeit der Prozesse beim *Exadata System* erheblich schwanken. Wenn beispielsweise vor dem Prozessstart die Datenbank neu gestartet wurde, ist der Smart-Flash-Cache leer. Dann läuft der Prozess zunächst recht langsam, weil *Physical Reads* erforderlich sind. Erst mit zunehmender Laufzeit der Datenbank steigt die Füllung des Smart-Flash-Cache, so dass die Laufzeit der Prozesse reduziert wird. Jedoch wird man die Geschwindigkeit von CORDA nicht erreichen können, weil die Füllung des Smart-Flash-Cache nach dem Zufallsprinzip erfolgt. Es ist also nicht sehr wahrscheinlich, dass beim Prozessstart alle laufzeitkritischen Objekte im Smart-Flash-Cache verfügbar sind. Vielmehr wird im Smart-Flash-Cache eine Mischung von Datenbank-Objekten vorhanden sein. Es werden Objekte im Smart-Flash-Cache sein, welche keinen signifikanten Einfluss auf die Laufzeit des Prozesses haben, und zusätzlich werden laufzeitkritische Objekte im Smart-Flash-Cache sein, weil das *Exadata System* keine gezielte Vorladung anbietet.

CORDA kann also im Vergleich zum *Exadata System* deutliche Laufzeitvorteile bei gleichzeitiger Wirtschaftlichkeit gewährleisten. Denn durch die gezielte Vorladung der laufzeitkritischen Objekte für den jeweiligen Prozess wird der Bedarf an Hauptspeicher minimiert. Somit kann der *Keep Pool* von CORDA wesentlich kleiner dimensioniert werden im Vergleich zum Smart-Flash-Cache des *Exadata System*. Die kleinere Dimensionierung des *Keep Pool* gleicht die höheren Kosten für RAM im Vergleich zu eingesparter SSD wieder aus. Ein wirtschaftlicher Betrieb von CORDA wird daher durch die gezielte Vorladung gewährleistet.

10.1.2 Problemstellung

Die schlechte Performanz eines Software-Programms wird häufig bei der Verarbeitung von großen Datenmengen zu einem Problem. Das kann sich beispielsweise durch zu lange Laufzeiten von Berichten oder *Batches* manifestieren. In solchen Fällen muss man zunächst seine Anforderungen an die Performanz des Programms formulieren und dann diese Anforderungen mit der realen Situation vergleichen. Es könnte beispielsweise gefordert werden, dass ein *Batch* maximal vier Stunden laufen darf. Durch diese Forderung kann man sich gegen Störungen im Batch-Processing wappnen. Denn häufig müssen Batch-Processing und Online-Betrieb exklusiv laufen. In diesem Fall kann man die *Batches* nur in der Nacht oder am Wochenende durchführen. Wenn der Online-Betrieb von 6 Uhr am Morgen bis 22 Uhr am Abend stattfindet, hat man an einem Arbeitstag nur ein Zeitfenster von acht Stunden für das Batch-Processing. Wenn ein *Batch* maximal vier Stunden läuft, dann kann der *Batch* in der Nacht zweimal aufgerufen werden, ohne dass der um 6 Uhr beginnende Online-Betrieb gestört wird. Wenn nun ein *Batch* bei der ersten Ausführung wegen einer Störung fehlschlägt, kann man den *Batch* ein zweites Mal aufrufen. Der *Batch* hat dann noch die Möglichkeit, vor dem Start des Online-Betriebs fertigzuwerden. Das zweite Batch-Processing wird also als Reserve benötigt, um die Störanfälligkeit des Betriebs zu senken. Wenn es jedoch *Batches* gibt, die länger als vier Stunden laufen, werden die geforderten Performanz-Anforderungen nicht erfüllt. Solche *Batches* müssen beim Abgleich der Soll-Laufzeit mit der Ist-Laufzeit identifiziert werden. Wenn dann zu langlaufende *Batches* festgestellt werden, muss man Maßnahmen einleiten, mit denen die Performanz des Systems gesteigert werden kann.

10.1.2.1 Tuning

Dazu muss man zunächst die Ursachen für die zu lange Laufzeit identifizieren. Dieser Vorgang kann beispielsweise mit Hilfe eines AWR-Reports unterstützt werden. Nach Abschluss des Vorgangs muss man geeignete Maßnahmen für ein Tuning einleiten. Das können dann Änderungen an der Software oder der Hardware sein. Typischerweise versucht man die Laufzeitprobleme zunächst durch Änderungen an der Software zu beheben, weil diese Problemlösung meistens günstiger ist im Vergleich zu Hardware-Änderungen. In den vorigen Kapiteln sind Möglichkeiten erläutert worden, mit denen die Laufzeit des Programms durch Software-Änderungen verbessert werden kann. Oft kann man seine Ziele schon durch das Ergänzen von *Hints* in den SQL-Befehlen erreichen. Dies ist eine kostengünstige Maßnahme, mit der die Performanz eines Programms effektiv verbessert werden kann. Wenn jedoch die Laufzeit des Programms mit kostengünstigen Instrumenten nicht erreicht werden kann, müssen teurere Maßnahmen evaluiert werden. Hier kommen Änderungen an der Software-Architektur oder am Hardware-System in Frage.

10.1.2.2 Architektur

Bei einem großen Software-Projekt kann die Änderung der Software-Architektur sehr teuer sein, weil durch die Änderung der Architektur unerwünschte negative Seiteneffekte auftreten können. Zusätzlich können bei der Veränderung der Software auch Fehler passieren, welche vor der Inbetriebnahme der neuen Architektur entdeckt werden müssen. Daher muss man das komplette System testen, wodurch erhebliche Kosten verursacht werden. Änderungen an der Hardware sind dann vergleichsweise günstig zu realisieren, denn der zusätzliche Testaufwand ist überschaubar. Ersetzt man beispielsweise Festplatten durch SSD, dann ist die Software nicht betroffen. Es fallen hier also keine Kosten für den kompletten Test des Software-Programms an. Außerdem profitiert man vom technischen Fortschritt bei der Weiterentwicklung der Hardware. Durch diesen Fortschritt werden die Hardwarekomponenten günstiger und leistungsfähiger.

CORDA ist eine kombinierte Software- und Hardwarelösung. Jedoch sind keine Veränderungen an der Software-Architektur erforderlich. Daher kann CORDA recht günstig eingeführt werden. CORDA hat einen erhöhten Bedarf an Memory. Dieser Bedarf ist jedoch durch die Kombination mit einer Software-Lösung moderat. Mit dieser Lösung wird für die laufzeitkritischen Prozesse nur die Menge an Memory beansprucht, welche für das Erreichen der Performanz-Ziele erforderlich ist. Das wird durch die Vorladeskripte gewährleistet. Damit ermöglicht CORDA das effiziente Erreichen der Performanz-Ziele, wenn man bereits günstigere Software-Maßnahmen ausgeschöpft hat und man mit diesen günstigen Maßnahmen die Performanz-Ziele nicht erreichen konnte.

10.1.2.3 Prozessorientierung

CORDA kann nachgerüstet werden. Das ist ein Vorteil, wenn die Performanz der Software im Projektverlauf schlechter wird. Die Nachrüstung kann dann erfolgen, ohne dass Veränderungen an der bestehenden Software-Architektur erforderlich werden.

Die Nachrüstung kann sehr flexibel erfolgen, weil kein Eingriff in das bestehende Programm erforderlich ist, weil Datenbank-Objekte mit CORDA in das Memory geladen werden können. Diese Objekte werden vor dem Start eines Prozesses geladen. Es ist daher sogar möglich, dass die Performanz eines Programms verbessert werden kann, welches von einem externen EDV-Dienstleister bereitgestellt und gewartet wird. Durch diese Flexibilität kann man das Programm unabhängig von dem externen EDV-Dienstleister autonom beschleunigen und damit die Wartungskosten deutlich senken. Denn die signifikante Beschleunigung eines Programms durch einen externen EDV-Dienstleister ist erfahrungsgemäß in der Regel recht teuer. Doch auch wenn das Programm in eigener Verantwortung gewartet wird, kann man mit CORDA die Beschleunigung meistens vergleichsweise günstig realisieren, weil keine Arbeitskosten für Änderungen am bestehenden Programm erforderlich sind. Vergleicht man beispielsweise CORDA mit der Partitionierung von Oracle, dann erkennt man diesen Vorteil. Zunächst fallen bei der Partitionierung nicht selten erhebliche Lizenzkosten an, weil diese zusätzliche Option nicht in der *Oracle Database Enterprise Edition* enthalten ist. Diese Lizenzkosten können durchaus so hoch sein wie die Kosten für das zusätzliche Memory, das CORDA benötigt. Für die Partitionierung fallen dann jedoch noch weitere Kosten an, welche für Änderungen am bestehenden Programm erforderlich werden. Aufgrund dieser Kosten kann die Partitionierung recht teuer werden. Auch beim Vergleich mit der neuen Option *In Memory* schneidet CORDA oft recht gut ab. Bei dieser Option muss man beachten, dass die zusätzlichen Lizenzkosten im Vergleich zur Partitionierung noch wesentlich höher sind. Die Lizenzkosten können dann sogar die Kosten für das zusätzliche Memory für CORDA schon deutlich übertreffen. Jedoch braucht man auch bei der Option *In Memory* zusätzliches Memory. Dieses muss im Vergleich zu CORDA jedoch bei vielen Anwendungsfällen häufig wesentlich größer dimensioniert werden. Denn mit der Option *In Memory* kann man nicht dynamisch zur Laufzeit die Datenbank-Objekte für den aktuell zu startenden Prozess auf komfortable Weise aus der Anwendung heraus in das Memory laden. Denn es handelt sich aus Sicht der Anwendung um eine eher statische Lösung, weil man bereits vor dem Start der Anwendung festlegen sollte, welche Datenbank-Objekte in das Memory geladen werden sollen. Eine dynamische Allokation des Memory während der Verarbeitung bietet diese Lösung nicht so komfortabel an. Aus diesem Grund benötigt man dann häufig auch deutlich mehr Memory im Vergleich zu CORDA.

10.1.2.4 Selektionsorientierung

Mit CORDA kann auch selektionsorientiert vorgeladen werden. Die Vorladung der Datenbank-Objekte kann für jede Selektion individuell erfolgen. Bei der selektionsorientierten Vorladung werden genau diejenigen Datenbank-Objekte in das Memory geladen, welche der aktuell auszuführende SQL-Befehl benötigt. Die Vorladung erfolgt also direkt vor der Ausführung des SQL-Befehls. Daher kann man mit der selektionsorientierten Vorladung im Vergleich zur prozessorientierten Vorladung den Bedarf an Memory deutlich senken. Denn bei der prozessorientierten Vorladung müssen bereits vor dem Prozessstart alle Datenbank-Objekte in das Memory geladen werden, die von den SQL-Befehlen des Prozesses während der Verarbeitung benötigt werden. Wenn also beispielsweise ein Prozess zehn Selektionen enthält, können alle Selektionen des Prozesses nur dann beschleunigt werden, wenn vor dem Prozessstart alle Datenbank-Objekte in das Memory geladen werden, welche die zehn Selektionen benötigen.

Wenn also jede Selektion einen *Full Table Scan* auf einer anderen Tabelle ausführt, müssen zehn Tabellen vor dem Prozessstart in das Memory geladen werden. Wenn jede Tabelle eine Größe von beispielsweise einem GB hat, beträgt der Bedarf an Memory bereits vor dem Prozessstart zehn GB. Wenn man jedoch die selektionsorientierte Eigenschaft von CORDA nutzt, reduziert sich der Bedarf an Memory erheblich. Denn dann erfolgt die Vorladung jeweils direkt vor der Ausführung der Selektion. Es muss also jeweils nur ein GB vor jeder Selektion in das Memory geladen werden. Damit reduziert sich der Bedarf an Memory mit der selektionsorientierten Eigenschaft in diesem Beispiel auf ein GB. Es wird also nur 1/10 des Bedarfs an Memory für die prozessorientierte Eigenschaft benötigt. Man muss jedoch beachten, dass CORDA aus dem Prozess heraus aufgerufen werden muss. Die selektionsorientierte Eigenschaft kann man daher nur nutzen, wenn die Wartung des Prozesses in der eigenen Verantwortung ist. Wird der Prozess jedoch von einem externen EDV-Dienstleister betreut, muss dieser beauftragt werden, die selektionsorientierten Aufrufe von CORDA in den Prozess zu integrieren, weil die selektionsorientierte Vorladung dann nur während der Laufzeit des Prozesses erfolgen kann.

Technisch bereitet die Integration der Vorladung in den Prozess keine Probleme. Natürlich hängt die Integration von der Implementierung des Prozesses ab. Die Vorladung von CORDA erfolgt durch den Aufruf eines Unix-Shell-Skripts. Wenn der Prozess in Java programmiert ist, ist der Aufruf des Unix-Skripts kein Problem. Denn Java unterstützt den Aufruf von Betriebssystembefehlen, so dass das Unix-Skript einfach aus der Java-Anwendung heraus aufgerufen werden kann. Dazu muss dann lediglich CORDA auf dem Rechner installiert werden, auf dem der Prozess ausgeführt wird. Dies wird typischerweise ein Rechner sein, auf dem ein Applikations-Server installiert ist. Das kann beispielsweise der *Tomcat Server* sein, welcher der Container für die Java-Anwendung ist.

Wenn jedoch der Prozess mit PL/SQL programmiert ist, kann das Unix-Skript zum Aufruf der Vorladung von CORDA nicht mit Hilfe von PL/SQL aufgerufen werden, weil PL/SQL keine Aufrufe von Betriebssystem-Befehlen ermöglicht. Jedoch kann man Java-Klassen in Oracle-Datenbanken installieren und dann die Methoden der Java-Klassen aus PL/SQL heraus aufrufen. Daher muss man nur eine Java-Klasse in der Oracle-Datenbank installieren, die eine Methode zur Ausführung von Betriebssystem-Kommandos anbietet. Mit Hilfe dieser Methode ruft man dann das Unix-Skript auf, welches die selektionsorientierte Vorladung startet. CORDA wird in diesem Fall auf dem Datenbankserver installiert. Für jede Selektion muss es eine eigene Konfigurationsdatei geben. In dieser Konfigurationsdatei sind die Datenbank-Objekte eingetragen, welche die Selektion benötigt. Das Unix-Skript erhält dann als Startparameter den Namen der Konfigurationsdatei. Dadurch wird gewährleistet, dass diejenigen Datenbank-Objekte in das Memory geladen werden, welche von der Selektion benötigt werden. Für den Aufruf des Unix-Skripts muss also lediglich eine Zeile vor der Selektion im Prozess ergänzt werden. Die erforderlichen Änderungen am Prozess, um die selektionsorientierte Vorladung von CORDA in den Prozess zu integrieren, können also als geringfügig betrachtet werden, so dass für diese Integration auch dann keine erheblichen Kosten zu erwarten sind, wenn der Prozess von einem externen EDV-Dienstleister gewartet wird.

10.1.2.5 Dynamik

Programme, welche über einen längeren Zeitraum eingesetzt werden, sind typischerweise von Änderungen betroffen. Die folgenden Ereignisse sind häufig der Auslöser für Änderungen:
- Qualitätsverbesserung
- Austausch von Software- oder Hardwarekomponenten
- Fehlerbehebung
- Erweiterung der Funktionalität
- Änderungen an verwendeten Komponenten von Drittanbietern

Der Austausch von Software- oder Hardwarekomponenten kann die Folge einer gewünschten Qualitätsverbesserung sein. Es gibt hier jedoch keinen zwingenden kausalen Zusammenhang. Komponenten werden auch beispielsweise ausgetauscht, wenn günstigere Alternativen verfügbar sind. Dann wird keine Qualitätsverbesserung erreicht, jedoch können die Lizenzkosten für den Betrieb des Programms reduziert werden.

Aufgrund der dynamischen Veränderungen am Programm kann im Zeitverlauf auch die Datenmenge stärker ansteigen als ursprünglich prognostiziert. Dieses Phänomen wird man in der Praxis häufig beobachten. Es stellt keinen Ausnahmefall dar, weil zum Zeitpunkt der Prognose die zukünftigen Änderungen unbekannt waren, so dass diese nicht in die Prognose einfließen konnten. Daher ist es eher der Regelfall, dass die prognostizierte Datenmenge für die Zukunft unterschätzt wird. Diese Unterschätzung kann dazu führen, dass die Systemarchitektur in der Zukunft nicht mehr ausreicht, um die gewünschten Performanz-Ziele zu erreichen.

Setzt man jedoch CORDA ein, kann man sehr flexibel auf diese dynamischen Veränderungen reagieren. Dies wird durch die einfache Nachrüstbarkeit gewährleistet. In der Regel muss man CORDA lediglich mehr Memory zur Verfügung stellen und bei Bedarf die Ladeskripte für die Prozesse anpassen. Mit diesem Vorgehen können die Prozesse wieder beschleunigt werden. Dazu kann man in den Ladeskripten zusätzliche Datenbank-Objekte ergänzen, welche vor dem jeweiligen Prozessstart in das nun zusätzlich verfügbare Memory geladen werden. Diese Nachrüstfähigkeit ermöglicht eine sehr effiziente Reaktion auf die Änderungen. Dazu identifiziert man diejenigen Datenbank-Objekte, welche von den Änderungen betroffen sind. Die Änderungen können bewirken, dass der Speicherbedarf der Datenbank-Objekte ansteigt. Es können jedoch auch neue Objekte dazukommen. Wenn der Speicherbedarf der bereits existierenden Objekte ansteigt, reicht es mitunter schon, wenn man nur das Memory erweitert. Änderungen an den Ladeskripten sind nicht erforderlich, wenn nämlich die von der Änderung betroffenen Datenbank-Objekte bereits in den Ladeskripten enthalten sind. Dies ist jedoch nicht der Fall, wenn durch die Änderungen auch neue Datenbank-Objekte hinzugekommen sind. Dann muss man zunächst prüfen, ob die neuen Datenbank-Objekte einen relevanten Einfluss auf die Laufzeit des Programms haben. Wenn das der Fall ist, muss man die neuen Datenbank-Objekte auch in den Ladeskripten ergänzen. Durch dieses Vorgehen kann man zielgerichtet auf die dynamischen Veränderungen der Software reagieren. CORDA wird also exakt so aufgerüstet, dass nur die absolut notwendigen Investitionen getätigt werden, um die gewünschten Performanz-Ziele wieder zu erreichen. Diese zielgerichtete Aufrüst-Fähigkeit von CORDA ermöglicht eine kostengünstige Reaktion auf dynamische Software-Veränderungen. Eine solch kostengünstige Reaktion ist durch ausschließliche Anpassung der Hardware nicht zu erreichen. Bei einem solchen Vorgehen muss man mit wesentlich höheren Kosten und dennoch geringeren Performanz-Verbesserungen rechnen. Weil dann keine prozessorientierte Ausrichtung möglich ist. Beschafft man also beispielsweise ein neues *Exadata System*, welches im Vergleich zum bestehenden System leistungsfähiger ist, dann sind sehr hohe Investitionen erforderlich. Jedoch erzielt man nur eine vergleichsweise geringere Verbesserung der Performanz, weil das *Exadata System* keine prozessorientierte Ausrichtung hat und daher in der Regel nicht die Performanz von CORDA erreichen wird.

10.1.2.6 Fehlerbehebung

Mit CORDA kann die Fehlerbehebung der Anwendung deutlich beschleunigt werden. Daher kann man CORDA auch exklusiv bei der Fehlerbehebung nutzen. Das ist möglich, wenn die Anwendung im produktiven Betrieb ohne Unterstützung von CORDA grundsätzlich die Performanz-Anforderungen erfüllen kann. Durch ineffiziente Programmierung kann es jedoch vorkommen, dass diese Performanz-Ziele nicht erreicht werden. Dann müssen lediglich die ineffizient programmierten Stellen identifiziert und bereinigt werden. Jedoch gestaltet sich dieser Prozess insbesondere bei Performanz-Problemen oft schwierig. Denn die lange Laufzeit kann die Identifikation der ineffizient programmierten Stellen schwierig gestalten. Muss man beispielsweise einen SQL-Bericht analysieren, der mehrere Tage läuft, kann das für den Test ein großes Problem darstellen, wenn der Fehler nicht offensichtlich erkennbar ist. Dann kann die lange Laufzeit dazu führen, dass die Fehleranalyse viel Zeit in Anspruch nimmt. Dann können die Kosten für Fehlerbehebung und Test ungeplant hohe Beträge verbrauchen. Nutzt man jedoch CORDA für die Fehleranalyse, werden diese Kosten deutlich reduziert. Die exklusive Nutzung von CORDA für Fehlerbehebung und Test wird sich dann nämlich sehr schnell amortisieren. Denn die prozessorientierte Eigenschaft von CORDA wird die Fehleranalyse und -behebung kostengünstig gestalten. Es muss nur zusätzliches Memory in dem Ausmaß bereitgestellt werden, das benötigt wird, um das ineffizient programmierte Modul zu beschleunigen. Dazu werden ausschließlich die von dem Modul benötigten Datenbank-Objekte in das

Memory von CORDA geladen. Durch dieses Vorgehen wird das ineffizient programmierte Modul deutlich beschleunigt und der Prozess der Fehleranalyse und -behebung wird schneller abgewickelt. Somit werden die Arbeitskosten erheblich reduziert. Dies wird durch die beschleunigte Fehlerbehebung mit Hilfe von CORDA ermöglicht, so dass eine schnelle Amortisation von CORDA erfolgen wird. Wenn also beispielsweise ein SQL-Bericht beschleunigt werden soll, der mehrere Tage läuft, dann muss man zunächst die Datenbank-Objekte identifizieren, welche einen maßgeblichen Anteil an der langen Laufzeit des Berichts haben. Nur diese Datenbank-Objekte werden in das Memory von CORDA geladen. Dieses Vorgehen ist deshalb wichtig, weil damit die Kosten für das benötigte Memory reduziert werden. Denn würde man alle Datenbank-Objekte in das Memory laden, welche der SQL-Bericht braucht, steigen die Kosten für das Memory unnötigerweise. Daher ist es wichtig, nur die laufzeitkritischen Datenbank-Objekte vorzuladen. Typischerweise können SQL-Berichte, die tagelang laufen, mit CORDA auf eine Laufzeit von wenigen Stunden reduziert werden. Damit wird sich die Fehleranalyse viel schneller gestalten. Denn bei nicht offensichtlichen Fehlern muss man den Bericht in der Regel mehrmals laufen lassen, um den Fehler zu identifizieren und die Fehlerbehebung zu testen. Denn manchmal stellt sich beim Test der Fehlerbehebung heraus, dass die Behebung nicht ausreicht, um die Performanz-Ziele zu erreichen. Es kann also durchaus vorkommen, dass der SQL-Bericht beispielsweise viermal ausgeführt werden muss, bis die gewünschten Performanz-Ziele erreicht sind. Wenn der fehlerbehaftete SQL-Bericht drei Tage läuft, wird die Fehlerbehebung ohne CORDA also mindestens zwölf Tage dauern. Braucht der nicht performante Bericht dagegen mit CORDA nur vier Stunden, kann der Fehler mit Hilfe von CORDA jedoch bereits in 16 Stunden behoben werden. Wenn der Arbeitstag acht Stunden hat, dauert die Fehlerbehebung mit CORDA also zwei Tage und ist somit sechsmal schneller im Vergleich zur Fehlerbehebung ohne CORDA. Somit wird sich CORDA zweifellos schnell amortisieren. Denn das Beispiel zeigt das hohe Einsparpotential bei den Arbeitskosten. Der eigentliche Prozess der Fehleranalyse und -behebung kann mit den hier beschriebenen Methoden effizient gestaltet werden. Für die Fehleranalyse kann man AWR-Reporte auswerten. Die Beseitigung der Laufzeitprobleme kann dann beispielsweise durch *Hints* erfolgen. Wenn die Fehlerbehebung abgeschlossen ist, wird das optimierte Modul in der Produktion installiert. Dort wird es die gewünschten Performanz-Ziele dann auch ohne die Hilfe von CORDA erreichen.

10.1.3 Kombination von CORDA mit Schrumpfbeständen

Zur effizienten Unterstützung der Testfähigkeit der Anwendung kann CORDA mit Schrumpfbeständen kombiniert werden. Schrumpfbestände enthalten lediglich eine Teilmenge des gesamten Datenbestandes. Wenn also beispielsweise die Anwendung für Versicherte entwickelt wurde, sind im Schrumpfbestand nicht alle Versicherten enthalten, sondern nur ein Teil der Versicherten. Jedoch ist die Erzeugung eines solchen Schrumpfbestands sehr komplex, weil die extrahierte Teilmenge konsistent sein muss. Wenn man also nur einen Teil der Versicherten in den Schrumpfbestand übernehmen möchte, dann muss deren komplettes Objektgeflecht in den Schrumpfbestand übertragen werden. Nur dadurch kann gewährleistet werden, dass die Anwendung auch auf dem Schrumpfbestand genauso einwandfrei funktioniert wie mit einem kompletten Bestand.

Der Autor hat ein Verfahren entwickelt, mit dem Schrumpfbestände effizient und weitgehend generisch erstellt werden können. Das Verfahren benötigt nur einen geringen zusätzlichen Aufwand für die Anpassung an die jeweilige Anwendung, für welche der Schrumpfbestand erstellt werden soll. Die Extraktion eines konsistenten Schrumpfbestands wird durch die Analyse des *Data Dictionary* der Datenbank unterstützt. Mit Hilfe der Fremdschlüssel-Referenzen und der anwendungsspezifischen Konfigurations-Informationen identifiziert das Verfahren die Objektgeflechte selbständig und trägt damit zu einer weitgehend generischen Erzeugung der Schrumpfbestände bei.

Mit Schrumpfbeständen kann die Qualität einer Anwendung effizient gesteigert werden, weil in derselben Zeit deutlich mehr Tests ausgeführt werden können. Alle Prozesse der Anwendung werden auf einem Schrumpfbestand deutlich schneller ausgeführt im Vergleich zur Ausführung der Prozesse auf dem Vollbestand. Dies führt dazu, dass in derselben Zeit mehr Fehler identifiziert werden können. Ebenso können die Fehler mit Hilfe eines Schrumpfbestands schneller behoben werden. Denn auch der Test der behobenen Fehler wird schneller ausgeführt. Insgesamt wird dadurch die Qualität der Anwendung nachhaltig verbessert. Mit Schrumpfbeständen wird diese Qualitätsverbesserung ohne zusätzliche Investitionen ermöglicht. Vielmehr wird der Einsatz von Schrumpfbeständen zu einer deutlichen Reduktion der benötigten Ressourcen führen, weil für Schrumpfbestände der Speicherbedarf wesentlich geringer ist.

Die Effizienz von Schrumpfbeständen kann durch die Kombination mit CORDA noch deutlich gesteigert werden. Schrumpfbestände verbrauchen deutlich weniger Speicherplatz als Vollbestände. Wenn also Schrumpfbestände mit CORDA kombiniert werden, muss auch nur eine geringere Datenmenge in das Memory vorgeladen werden. Bei kleinen Schrumpfbeständen müssen dann keine nennenswerten Kosten für das Memory berücksichtigt werden, weil dieses Memory recht klein dimensioniert werden kann. Jedoch wird die Effizienz der Schrumpfbestände mit Hilfe von CORDA noch deutlich schneller gesteigert. Die Prozesse der Anwendung werden auf dem Schrumpfbestand mit Hilfe von CORDA noch schneller ausgeführt, so dass die Fehleranalyse und Fehlerbehebung noch effizienter werden. Mit Hilfe von CORDA wird damit die Qualität der Anwendung noch weiter gesteigert, ohne dass signifikante Investitionen erforderlich werden. Vielmehr kann man langfristig mit einem deutlichen Rückgang der Kosten für den Test der Anwendung rechnen. Die Kombination der Schrumpfbestände mit CORDA wird die Testfähigkeit der Anwendung rapide steigern.

Durch diese Rationalisierung werden langfristig erhebliche Personalkosten bei den folgenden Verfahren eingespart:
- Test
- Fehlerbehebung
- Qualitätsverbesserung
- Änderungen an der fachlichen Funktionalität

Bei diesen Verfahren müssen Prozesse der Anwendung ausgeführt werden. Die stark beschleunigte Ausführung der Prozesse wird daher diese Verfahren rationalisieren. Diese Rationalisierung wird zur erheblichen Senkung der Personalkosten führen und damit die Kosten für die Wartung der Anwendung nachhaltig senken.

10.1.4 Testfähigkeit

Mit CORDA kann die Testfähigkeit der Anwendung erhöht werden. Bei Anwendungen mit länger laufenden Prozessen können diese Prozesse mit CORDA signifikant beschleunigt werden. Damit ermöglicht CORDA eine deutlich höhere Produktivität, weil in derselben Zeit mit Hilfe von CORDA mehr Prozesse getestet werden können. Durch die Skalierbarkeit von CORDA kann die gewünschte Produktivität des Testteams exakt eingestellt werden. Je höher die Produktivität des Testteams sein soll, umso größer muss das Memory für CORDA dimensioniert werden. Mit CORDA wird die höchste Produktivität erreicht, wenn für jeden Prozess, der getestet werden soll, alle Datenbank-Objekte, die der Prozess benötigt, mit CORDA vorgeladen werden. Damit wird die maximale Beschleunigung für jeden Prozess erreicht. CORDA bietet hier den Vorteil, dass die Vorladung für jeden Prozess individuell konfiguriert werden kann. Wenn man diese Möglichkeit nutzt, wird der Maximalwert für das Memory durch denjenigen Prozess bestimmt, dessen benötigte Datenbank-Objekte den meisten Speicherplatz brauchen. Mit Hilfe der Skalierbarkeit von CORDA ist man nun in der Lage, die optimale Größe des Memory bei Abwägung von Kosten und Nutzen zu bestimmen. Man wählt die Größe des Memory so, dass der Nutzen aus der gesteigerten Produktivität größer ist als die zusätzlichen Kosten, die für das zusätzliche Memory benötigt werden. Da durch eine hohe Produktivität des Testteams die Personalkosten deutlich gesenkt werden können, entscheidet man sich typischerweise für eine recht große Dimensionierung des Memory. Wenn man das Memory so groß dimensioniert, dass alle benötigten Datenbank-Objekte für alle Prozesse mit einem einzigen Vorladeskript in das Memory geladen werden, erreicht man die höchste Produktivität und den maximalen Komfort. Dies ist die teuerste Variante, für die man sich nicht unbedingt entscheiden wird. Denn wenn alle benötigten Datenbank-Objekte vor dem Beginn der Tests in das Memory geladen werden, kann der Bedarf an Memory so groß sein, dass man einen neuen Rechner benötigt. Diese Variante kann also zu einem sprunghaften Anstieg der Kosten führen. Wenn man diesen sprunghaften Anstieg vermeiden möchte, entscheidet man sich für die Variante, bei der vor jedem Start eines Prozesses dessen benötigte Datenbank-Objekte in das Memory geladen werden. Auch mit diesem Vorgehen werden die Prozesse noch maximal beschleunigt. Jedoch gewährleistet diese Variante nicht dieselbe Produktivität wie die Komfortlösung, weil ja noch zusätzliche Wartezeit vor jedem Prozessstart für das Vorladen entsteht. CORDA hat jedoch den großen Vorteil, dass damit sehr hohe Vorladegeschwindigkeiten erreicht werden. Es können deutlich mehr als 1 GB pro Sekunde mit CORDA vorgeladen werden. Daher haben diese zusätzlichen Vorladezeiten keinen nennenswerten negativen Einfluss auf die Produktivität des Testteams. Daher wird man sich in vielen Fällen bei der Abwägung von Kosten und Nutzen für diese Variante entscheiden, weil damit der Bedarf an Memory im Vergleich zur Komfortlösung deutlich gesenkt werden kann. Natürlich kann man auch Gebrauch von der Skalierbarkeit von CORDA machen. Dann lädt man vor jedem Prozessstart nur einen Teil der benötigten Datenbank-Objekte in das Memory. Diese Variante ist unter Abwägung von Kosten und Nutzen nur dann interessant, wenn man damit einen sprunghaften Anstieg der Hardwarekosten vermeiden kann, weil das vorhandene Memory nur diese Variante ermöglicht und man für die anderen beiden Varianten ansonsten einen neuen Rechner beschaffen muss. Somit bietet die Skalierbarkeit von CORDA die maximale Flexibilität, um die gewünschte Produktivitäts-Steigerung des Testteams bei Abwägung von Kosten und Nutzen zu erreichen.

Es ist auch durchaus möglich, CORDA exklusiv für die Verbesserung der Produktivität des Testteams zu nutzen. Diese Möglichkeit wird man dann nutzen, wenn die Performanz der produktiven Anwendung ausreicht und nicht mit CORDA beschleunigt werden muss. Wenn das zutrifft, kann man CORDA sehr kostengünstig nutzen. Denn in diesem Fall kann es ausreichen, nur einen Rechner in der Testumgebung mit CORDA auszustatten. Benötigt man CORDA hingegen auch in der Produktion, so kann man es in der Regel nicht vermeiden, dass man mindestens zwei Rechner mit CORDA ausstatten muss. Denn man benötigt CORDA dann für den produktiven Rechner und mindestens noch für einen weiteren Testrechner.

10.1.5 Kosten-Nutzen-Vergleich

Der Umfang der Einführung von CORDA erfolgt nach der Evaluierung von Kosten und Nutzen. Dazu prüft man die zu erreichenden Performanz-Ziele. Diese Ziele können mit allen hier erläuterten Techniken angestrebt werden.

Bei dieser Analyse wird festgelegt, welchen Anteil die Hilfe von CORDA haben soll, um die geforderten Ziele zu erreichen. Wenn das Ausmaß festgelegt ist, hat man die Basis, um die zusätzlich anfallenden Kosten für CORDA zu bestimmen. Der Nutzen ergibt sich aus der zu erwartenden Performanz-Beschleunigung. Dabei wird insbesondere die gesteigerte Produktivität gemessen. Bei dieser Betrachtung berücksichtigt man die höhere Effizienz des produktiven Betriebs, wodurch beispielsweise der Umsatz gesteigert werden kann. Dann muss man noch die zusätzlichen Investitions-Kosten für CORDA vom gesteigerten Umsatz abziehen, um schließlich den Gewinn zu ermitteln. Wenn bei diesem Beispiel eine Gewinnsteigerung erreicht wird, wird CORDA beschafft, um den zusätzlichen Gewinn zu realisieren. Die Einflussfaktoren auf Kosten und Nutzen werden von Fall zu Fall variieren. Jedoch hat man mit der hier beschriebenen Kosten-Nutzen-Analyse ein allgemeines Validierungs-Instrument zur Verfügung, mit dem ermittelt werden kann, ob sich der Einsatz von CORDA lohnt. Bei dieser Evaluierung berücksichtigt man nicht nur die prognostizierte Produktivitäts-Steigerung der Produktion. Es wurde bereits erklärt, dass mit CORDA auch Fehlerbehebungen und Tests beschleunigt werden können. Diese Produktivitäts-Steigerungen werden dann ebenfalls in die Evaluierung einfließen. Nachdem die Kosten-Nutzen-Analyse abgeschlossen ist, wird man den Umfang festlegen, in welchem CORDA eingeführt werden soll. Die Skalierbarkeit von CORDA ermöglicht das. Durch diese Skalierbarkeit kann der angestrebte Umfang exakt erreicht werden. Die volle Skalierbarkeit ergibt sich durch die stufenlose Regulierung von CORDA durch die Festlegung des erforderlichen Memory. Das benötigte Memory wiederum ist der maßgebliche Faktor für die Festlegung der Kosten. Zu einem sprunghaften Anstieg der Kosten wird es erst dann kommen, wenn ein neuer Rechner benötigt wird, um das erforderliche Memory bereitzustellen. Der sprunghafte Anstieg der Kosten kann dazu führen, dass die Kosten-Nutzen-Analyse zu Ungunsten von CORDA ausfallen kann. Doch selbst in diesem Fall besteht die Möglichkeit, CORDA in Kombination mit Schrumpfbeständen einzuführen. Mit Hilfe von Schrumpfbeständen wird die Skalierbarkeit von CORDA noch deutlich gesteigert. Denn mit Hilfe von Schrumpfbeständen kann CORDA mit Hilfe von zwei Parametern skaliert werden. Als zusätzlicher Parameter steht nun auch noch die Größe des Schrumpfbestands zur Verfügung. Je kleiner man die Größe des Schrumpfbestands wählt, umso weniger Memory benötigt man für CORDA. Hat man also beispielsweise eine Anwendung, in welcher eine Million Versicherte enthalten sind, dann kann man einen Schrumpfbestand mit nur einem Versicherten erzeugen, der nur minimalen Speicherbedarf hat. Somit kann die Größe des Schrumpfbestands über die Anzahl der Versicherten gesteuert werden. Dieser zweite Skalierungs-Faktor von CORDA hat dann einen Wertebereich zwischen eins und einer Million und bietet damit die gewünschte Skalierbarkeit. Durch die Kombination von CORDA mit Schrumpfbeständen ergibt sich daher eine so hohe Skalierbarkeit, dass die Kosten-Nutzen-Analyse typischerweise zugunsten von CORDA ausfallen wird. Denn durch die volle Ausschöpfung der Skalierbarkeit können die Kosten für CORDA so deutlich reduziert werden, dass der Nutzen bei der Evaluierung ein Übergewicht erhält.

10.2 Architektur von CORDA

In den folgenden Abschnitten werden die Komponenten, Methoden und Konfigurationseinstellungen erläutert, die CORDA benötigt.

10.2.1 Keep Pool

Der *Keep Pool* von CORDA gewährleistet den schnellsten Zugriff auf die Daten. Der *Keep Pool* ist Bestandteil des *Buffer Pool* in der SGA. Der *Keep Pool* nutzt also den RAM für die Speicherung der Daten und gewährleistet den schnellen Zugriff. Der *Keep Pool* von CORDA ist für jeden Prozess der Anwendung konfigurierbar. Mit der Konfiguration wird festgelegt, welche Tabellen und Indizes im *Keep Pool* für den Prozess gespeichert werden sollen. Diese Datenbank-Objekte werden dann vor dem Prozessstart vollständig in den *Keep Pool* geladen:

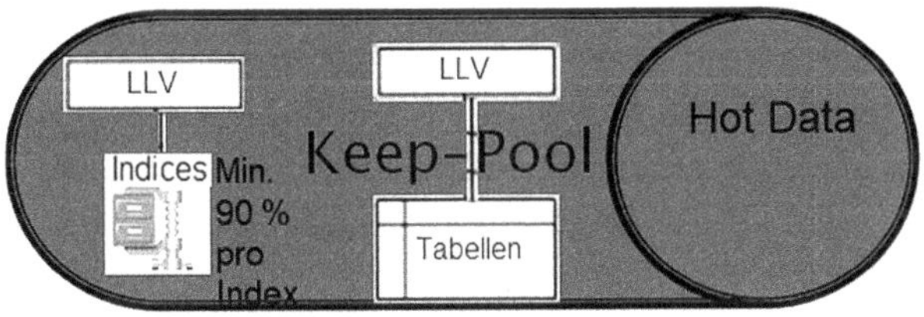

Abb. 10.1: *Keep Pool* mit *Hot Data* für CORDA.

Die Anwendung greift über LLVs (*Low Level Views*) auf die Datenbank-Objekte zu. Aufgrund der erfolgten Vorladung findet dieser Zugriff direkt auf den Hauptspeicher statt. Dadurch wird die schnelle Verarbeitung gewährleistet, weil kein Laden der Daten von der Festplatte erfolgt. Der *Keep Pool* gewährleistet den schnellsten Zugriff auf die Daten. Da es sich jedoch um Memory handelt, ist der *Keep Pool* auch der teuerste Speicher. Deshalb werden prinzipiell nicht alle Datenbank-Objekte in den *Keep Pool* geladen, die der Prozess benötigt, sondern nur diejenigen Objekte, welche einen signifikanten Einfluss auf die Laufzeit des Prozesses haben. Diese Datenbank-Objekte werden als *Hot Data* bezeichnet. In den *Keep Pool* werden nur die *Hot Data* geladen. Der Ausführungsplanoptimierer ist so konfiguriert, dass er mindestens 90 % eines Index im *Buffer Pool* erwarten kann:

```
OPTIMIZER_INDEX_CACHING = 90
```

Dies wird mit dem Parameter `OPTIMIZER_INDEX_CACHING` konfiguriert, der auf den Wert `90` gesetzt wird. Diese Konfiguration der Anwendung wird durch CORDA gewährleistet, weil die Indizes mit CORDA vollständig in den *Keep Pool* geladen werden können und dann sogar mit 100 % verfügbar sind. Dies gewährleistet eine hochwertige Planoptimierung. Denn wenn weniger als 90 % eines Index im *Buffer Pool* gespeichert wären, dann würde der Planoptimierer den Ausführungsplan unter falschen Annahmen erstellen. Dies könnte einen suboptimalen Ausführungsplan zur Folge haben.

Die Konfiguration des *Keep Pool* erfolgt mit dem *Alter Command*:

```
ALTER TABLE FUT10_PLF.VTG_DAUERKOMPONENTE STORAGE (BUFFER_POOL KEEP);
```

Mit dem Beispiel-Kommando wird die Tabelle VTG_DAUERKOMPONENTE des Users FUT10_PLF für die Speicherung im *Keep Pool* registriert. Mit dem nächsten Beispieleintrag erfolgt diese Registrierung für den Index VTG_DAKO_IX_VERTRAG_ID_4:

```
ALTER INDEX FUT10_PLF.VTG_DAKO_IX_VERTRAG_ID_4 STORAGE (BUFFER_POOL
                                                KEEP);
```

10.2.2 Vorladung

In den *Keep Pool* können sowohl Indizes als auch Tabellen vorgeladen werden. Die Vorladung erfolgt vor dem Prozessstart. Dadurch wird gewährleistet, dass für den Prozess diejenigen Datenbank-Objekte vorgeladen werden, welche maßgeblich an der Laufzeit des Prozesses beteiligt sind. Durch das prozessorientierte Vorladen wird Speicher eingespart, weil immer nur so viel Memory reserviert wird, welches für den aktuell zu startenden Prozess benötigt wird. Die Vorladung wird durch drei Module unterstützt. Mit dem Modul *Two-Way Parallel Preloading* werden die Tabellen in den *Keep Pool* geladen. Für das Laden der Indizes werden die Module *Dynamic Compression* und *Quantil Index Preloading* verwendet:

Abb. 10.2: Die Module von CORDA für die Vorladung der Daten.

10.2.3 Two Way Parallel Preloading

10.2.3.1 Funktionalität

Die Tabellen werden mit dem Modul *Two-Way Parallel Preloading* vorgeladen. Die Tabellen werden mit Hilfe von zwei parallelen Methoden geladen. Denn es wird die Oracle-Parallelität zum Vorladen benutzt und zusätzlich werden alle benötigten Tabellen gleichzeitig geladen. Wenn die Systemarchitektur über ausreichende Ressourcen verfügt, können die Daten von der Festplatte mit hohen Lesegeschwindigkeiten geladen werden. Diese Geschwindigkeit erreichten wir mit einem System, bei dem die Datenblöcke mit Hilfe von ASM auf zwölf logische Festplatten möglichst gleichverteilt wurden. Es waren auch mindestens zwölf logische *IBM-Power-7*-Prozessoren mit vier GHz (Gigahertz) Taktfrequenz verfügbar, so dass die Datenblöcke mit maximal zwölffacher Parallelität von den Festplatten geladen wurden. Somit können jeweils gleichzeitig bis zu höchstens zwölf Tabellen geladen werden. Mit diesem System erreichten wir Lesegeschwindigkeiten von maximal 1,2 GB pro Sekunde. Die durchschnittliche Lesegeschwindigkeit bei der Vorladung betrug 1,035 GB pro Sekunde. Diese hohen Lesegeschwindigkeiten werden durch die Kombination mit der Oracle-Parallelität erreicht.

Damit die Tabellen mit Hilfe der Oracle-Parallelität geladen werden können, muss jede Tabelle mit dem *Full Table Scan* geladen werden. Nur auf den *Full Table Scan* kann die Oracle-Parallelität angewendet werden:

```
SELECT /*+ FULL(LOAD_TABLE) PARALLEL(LOAD_TABLE,60) */ SUM(ID) FROM
FUT10_PLF.VTC_DAUERKOMPONENTE LOAD_TABLE;
```

Die Nutzung des *Full Table Scan* wird durch den *Hint* FULL sichergestellt. Der optimale Parallelitäts-Grad für die Oracle-Parallelität wird mit dem *Hint* PARALLEL gesteuert. Der optimale Parallelitätsgrad muss individuell für das jeweilige System ermittelt werden. Die Selektionen werden zur Laufzeit von dem Modul *Two-Way Parallel Preloading* automatisch mit einem Codegenerator erzeugt. Nur durch den Codegenerator kann eine prozessorientierte Konfiguration gewährleistet werden.

10.2.3.2 Konfiguration

Bei der prozessorientierten Konfiguration werden Datenbank-Objekte in eine Textdatei eingetragen. Diese Datenbank-Objekte werden vor dem Prozessstart mit Hilfe von CORDA in das Memory geladen. In die Konfigurationsdatei werden die laufzeitkritischen Datenbank-Objekte eingetragen. Hierbei kann es sich sowohl um Tabellen als auch um Indizes handeln. In die Konfigurationsdatei wird nur der Name des Datenbank-Objekts eingetragen. CORDA ermittelt mit Hilfe der *Data Dictionary Views* dann selbständig, ob es sich um eine Tabelle oder einen Index handelt. Da CORDA eine prozessorientierte Konfiguration ermöglicht, wird für jeden zu beschleunigenden Prozess eine Konfigurationsdatei angefertigt und im Konfigurationsverzeichnis von CORDA gespeichert:

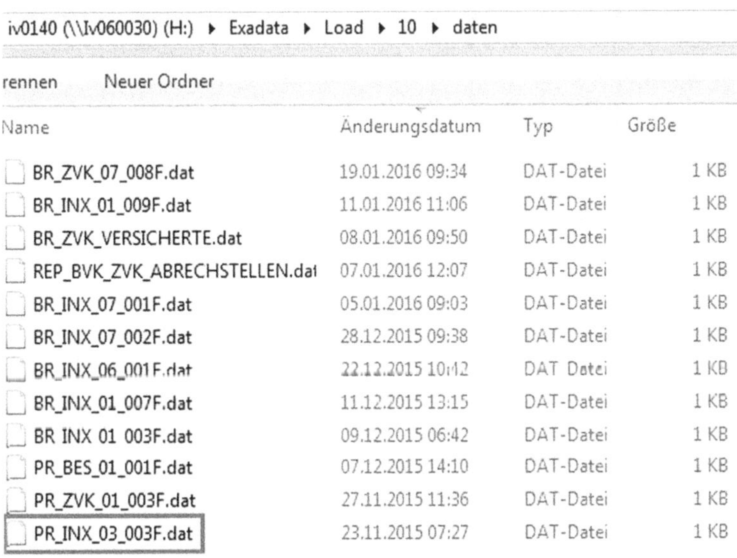

Abb. 10.3: Liste mit Konfigurationsdateien für CORDA.

PR_INX_03_003F.dat

```
KTF_OFFENERPOSTEN_TRX
KTF_KONTO_TRX
KTF_BUCHUNG
PRO_JOBDURCHFUEHRUNG
KTF_AUSGLEICHSPOSTEN_TRX
PAR_BANKVERBINDUNG
VTG_ROLLE_TRX
VTG_ROLLE
KTF_BUCHUNGSSATZDEF
KTF_AUSZAHLUNGSKREIS
KTF_BUCHUNGSDEFINITION
KTF_KONTODEFINITION
REF_CODE
PAR_PARTNER_TRX
PAR_PARTNER
PRO_PROZESSDEFINITION
PRO_MANDANT
PRO_BATCHELEMENT
VTG_STICHTAGKOMPONENTE_TRX
VTG_VERTRAG_TRX
VTG_VERTRAG
KTF_BELEG
```

Abb. 10.4: Beispiel mit den Einträgen einer Konfigurationsdatei.

Die Konfigurationsdatei erhält den Namen des Prozesses, für den die Datei erstellt wurde (siehe Abbildung 10.4).

Das Beispiel zeigt eine Konfigurationsdatei, in der 22 Tabellen enthalten sind. Diese Konfigurationsdatei wurde für den Prozess `PR_INX_03_003F` erstellt. Diese Datei ist im Konfigurationsverzeichnis von CORDA enthalten. In dem folgenden Beispiel enthält das Konfigurationsverzeichnis zwölf Konfigurationsdateien. Die Konfigurationsdatei für den Prozess `PR_INX_03_003F` ist in der Abbildung 10.3 grau umrandet. Für die Vorladung vor dem Prozessstart wird die Datei mit Hilfe des *SQL Loader* in eine Konfigurations-Tabelle von CORDA geladen:

OBJEKT	TYP	STATUS
VTG_ROLLE	TABLE	LOAD
VTG_ROLLE_TRX	TABLE	LOAD
VTG_VERTRAG	TABLE	LOAD
VTG_VERTRAG_TRX	TABLE	LOAD
VTG_VERSORGVERHAELTNIS_TRX	TABLE	LOAD
PAR_BEZIEHUNG	TABLE	LOAD
PAR_BEZIEHUNG_TRX	TABLE	LOAD
VTG_DAUERKOMPONENTE	TABLE	LOAD
PRO_MANDANT	TABLE	LOAD
PAR_PARTNER	TABLE	LOAD
PAR_PARTNER_TRX	TABLE	LOAD

Abb. 10.5: Konfigurations-Tabelle für CORDA.

Die Abbildung zeigt ein Beispiel für eine Konfigurations-Tabelle. In der ersten Spalte sind die zu ladenden Datenbank-Objekte eingetragen. Das können Indizes und Tabellen sein. CORDA ermittelt mit Hilfe der *Data Dictionary Views* selbständig den Typ des Datenbank-Objekts und trägt diesen in die zweite Spalte der Konfigurations-Tabelle ein. In die dritte Spalte wird der Status des Ladevorgangs für jedes Datenbank-Objekt eingetragen. Ungeladene Objekte werden mit `UNLOAD` gekennzeichnet und geladene Objekte mit `LOAD`. Wenn alle Datenbank-Objekte mit `LOAD` gekennzeichnet sind, ist der Ladevorgang abgeschlossen.

Diese Konfigurations-Tabelle wird dann mit den *Data Dictionary Views* verknüpft. Das Resultat der Verknüpfung ist die Grundlage der Codegenerierung. Denn diese *Views* liefern Informationen über die Attribute der Datenbank-Objekte. Ebenso wird mit Hilfe der *Views* ermittelt, ob es sich bei den Datenbank-Objekten um Tabellen oder Indizes handelt. Mit Hilfe dieser Information können die SQL-Befehle zur Laufzeit dynamisch erzeugt werden. Wenn es sich um Tabellen handelt, werden SQL-Befehle zum Laden der Daten mit Hilfe des *Full Table Scan* erzeugt. Mit *Hints* wird sichergestellt, dass der *Full Table Scan* mit Hilfe der Oracle-Parallelität ausgeführt wird. Diese Codegenerierung erfolgt mit Hilfe eines PL/SQL-Programms. Nach der Generierung ruft das Programm auch die erzeugten Befehle auf, um die Daten vor dem Prozessstart in das Memory zu laden. In dem Beispiel werden also zunächst 22 SQL-Befehle zum Laden der Tabellen erzeugt. Anschließend werden diese 22 Befehle von dem Programm parallel ausgeführt. Die 22 Tabellen werden also gleichzeitig mit Hilfe der Oracle-Parallelität in das Memory geladen. Durch diese doppelte Parallelisierung des Ladevorgangs werden die Daten von der Festplatte mit hoher Geschwindigkeit in das Memory geladen. Dabei wurden Ladegeschwindigkeiten von bis zu maximal 1,2 GB pro Sekunde gemessen. Im Durchschnitt wurden 1,035 GB pro Sekunde gemessen. Die maximale Größe des Memory betrug 200 GB. Somit wurden maximal 3,22 Minuten für die Vorladung benötigt:

$$\frac{200\,\text{GB}}{1{,}035\,\frac{\text{GB}}{\text{s}}} = 3{,}22\,\text{Minuten}\,. \tag{10.1}$$

Da die Massenverarbeitungs-Prozesse oft mehrere Stunden Laufzeit beanspruchen, kann die Vorladezeit vernachlässigt werden.

10.2.4 Quantil Index Preloading

Ebenso wie die Tabellen können auch die Indizes vorgeladen werden. Die Datenbank ist so konfiguriert, dass der Planoptimierer bei der Erzeugung der Pläne die Annahme zugrunde legt, dass mindestens 90 % des Index im Memory verfügbar ist. Dies wird mit dem Parameter

```
OPTIMIZER_INDEX_CACHING
```

konfiguriert.

Die Ausführungspläne sind also nur dann optimal, wenn diese Voraussetzung auch zutrifft. Das prozessorientierte Vorladen gewährleistet die Erfüllung dieser Voraussetzung. Es werden diejenigen Indizes sogar zu 100 % in das Memory geladen, welche für die Laufzeit des Prozesses maßgeblich sind.

10.2.5 Index Prefetching

Um diese Voraussetzung zu erfüllen, hat Oracle ein automatisch arbeitendes Modul entwickelt, welches ebenfalls Indizes in das Memory lädt. Dies ist das bereits erläuterte *Prefetch Modul*. Mit dem *Prefetch Modul* werden Indizes automatisch in das Memory geladen. Diese Indizes werden parallelisiert vorgeladen.

Auch CORDA lädt die Indizes parallel in das Memory. Im Unterschied zu CORDA gewährleistet das *Prefetch Modul* jedoch kein grundsätzliches Verharren des Index im Memory. Wenn ein Prozess große Datenmengen verarbeitet und dabei streckenweise auf einen Index im Memory zugreift, kann es zu einer Verdrängung des Index kommen, wenn lediglich der Automatismus des *Prefetch Modul* genutzt wird. Das ist dann der Fall, wenn auf einen Index im Memory zugegriffen wird und danach weitere große Datenmengen verarbeitet werden, ohne dass dabei auf den Index zugegriffen wird. Dann kann der Index aus dem Memory verdrängt werden. Wird danach wieder auf den Index zugegriffen, ist dieser nicht mehr im Memory vorhanden und wird erneut mit dem *Prefetch Modul* vorgeladen. Dies kann zu einem erheblichen Zeitverbrauch für das sich regelmäßig wiederholende *Prefetching* führen. Mit CORDA wird das sich wiederholende *Prefetching* zuverlässig vermieden. Mit CORDA wird sichergestellt, dass die vorgeladenen Indizes während der gesamten Verarbeitungsdauer des Prozesses im Memory verharren. Durch diese permanente Verfügbarkeit kann erhebliche Laufzeit eingespart werden.

Auch die Indizes sollen ebenso wie die Tabellen schnell geladen werden. Um die Zeit für das Vorladen kurz zu halten, werden auch die Indizes parallel in das Memory geladen. Alle Indizes, die der Prozess benötigt, werden daher gleichzeitig in das Memory geladen. Zusätzlich werden auch noch die Datenblöcke für jeden Index parallel geladen. Diese zweite Form der Parallelität kann durch die Nutzung der Oracle-Parallelität gewährleistet werden. Jedoch wird die Oracle-Parallelität nur für Tabellen verwendet, jedoch nicht für Indizes genutzt. Denn zur Nutzung der Oracle-Parallelität für Indizes muss für jede vorhandene *Oracle Database Enterprise Edition* eine zusätzliche Lizenz für die Partitionierung erworben werden, weil nur partitionierte Indizes mit der Oracle-Parallelität geladen werden können. Die Nutzung der Oracle-Parallelität für Indizes kann also recht teuer werden. Das hängt insbesondere davon ab, welche Anzahl von Zusatzlizenzen man benötigt. Zusätzlich können dann auch noch erhebliche Aufwände für die Partitionierung der Indizes anfallen. Mit CORDA werden diese Aufwände vermieden. Denn CORDA verfügt über eine eigene Implementierung, die eine ähnliche Funktionalität anbietet, welche auch von der Oracle-Parallelität bereitgestellt wird. Um das zu erreichen, wird jeder Index in Intervalle gegliedert. Diese Intervalle werden dann parallel mit Hilfe des *Range Index Scan* geladen. Jedes Intervall wird mit einem *Range Index Scan* geladen. Dabei bestimmen die Intervallgrenzen den Bereich (*Range*) des Index, der mit einem *Range Index Scan* geladen wird. Diese Intervallgrenzen werden für jeden Index bestimmt und gehören zur Konfiguration von CORDA. Es ist grundsätzlich nicht sinnvoll, mit äquidistanten Intervallen zu arbeiten. Wenn nämlich die Intervalle des Index einen gleich großen Wertebereich haben, kann die Menge der Datenblöcke, die einem Bereich des Index angehören, erheblich schwanken. Da jedes Intervall mit einem Thread geladen wird, führt das zu einer ungleichen Verteilung der Arbeitslast bei den Threads. Das hat zur Folge, dass die Ladedauer der Threads stark voneinander abweichen kann. Es gibt dann also Threads, die das Intervall schnell laden können, und Threads, welche lange brauchen, um das Intervall zu laden. Dann wird das System nicht optimal ausgelastet, weil die langlaufenden Threads die Vorladung erheblich verzögern können. Eine zügige Vorladung wird nur dann gewährleistet, wenn alle Threads mit dem Laden der Intervalle ungefähr gleich lang beschäftigt sind. Damit das funktioniert, muss die Arbeitslast bei jedem Intervall ungefähr gleich groß sein.

10.2.6 Quantil-Bildung

Beim Vorgang der Quantil-Bildung wird dafür gesorgt, dass jeder Thread beim Laden eines Bereichs die gleiche Arbeitslast zu bewältigen hat. Das betrifft natürlich nur Threads, die einen Bereich des gleichen Index laden müssen. Jeder Bereich wird mit einem *Range Index Scan* geladen. Die Bereiche werden nicht als Intervalle bezeichnet. Denn die Größe des Wertebereichs kann pro Intervall stark schwanken. Jedoch ist die Arbeitslast für alle Intervalle gleich. Dies wird durch die Bildung von Quantilen gewährleistet. Ein Quantil hat die Eigenschaft, dass es jeweils die gleiche Arbeitslast enthält. Diese Arbeitslast wird prozentual festgelegt. Zerlegt man also beispielsweise einen Index in 50 Bereiche, dann entspricht jeder Bereich einem Quantil, in dem jeweils 2 % der Arbeitslast enthalten sein müssen. Man muss also 100 durch die Anzahl der Quantile teilen, um die Arbeitslast pro Quantil zu erhalten.

Das Vorgehen der Quantil-Bildung soll am Beispiel eines Index für eine Buchungs-Tabelle erklärt werden:

```
CREATE INDEX FUTFLORCZYK1_PLF.KTF_BUCH_IX_SOLLKONTO_ID_4 ON
FUTFLORCZYK1_PLF.KTF_BUCHUNG
(SOLLKONTO_ID, WERTSTELLUNGSDATUM_DATE, AUDIT_ADT_MUT_TIST, MAND_ID);
```

In dem Beispiel enthält der Index vier Attribute. Wenn es mehr als ein Attribut in dem Index gibt, dann ist das führende Attribut maßgeblich für die Quantil-Bildung. In dem Beispiel ist dies das Attribut `SOLLKONTO_ID`. Der Wertebereich dieses Attribut wird nun in 50 Quantile zerlegt.

$$\frac{100}{\text{Anzahl der Quantile}} = \text{Arbeitslast in Prozent pro Thread}\,. \qquad (10.2)$$

In dem Beispiel benötigt man 50 Threads um den Index vollständig zu laden:

TABELLE	ATTRIBUT	QUANTIL_START	QUANTIL_ENDE	THREAD_NR	VERTEILUNG
KTF_BUCHUNG	SOLLKONTO_ID	0	1013	1	EXPONENTIAL
KTF_BUCHUNG	SOLLKONTO_ID	1013	1014	2	EXPONENTIAL
KTF_BUCHUNG	SOLLKONTO_ID	1014	1013	3	EXPONENTIAL
KTF_BUCHUNG	SOLLKONTO_ID	1013	1014	4	EXPONENTIAL
KTF_BUCHUNG	SOLLKONTO_ID	1014	1013	5	EXPONENTIAL
KTF_BUCHUNG	SOLLKONTO_ID	....	....	...	EXPONENTIAL
KTF_BUCHUNG	SOLLKONTO_ID	....	....	...	EXPONENTIAL
KTF_BUCHUNG	SOLLKONTO_ID	....	....	...	EXPONENTIAL
KTF_BUCHUNG	SOLLKONTO_ID	....	....	...	EXPONENTIAL
KTF_BUCHUNG	SOLLKONTO_ID	....	....	...	EXPONENTIAL
KTF_BUCHUNG	SOLLKONTO_ID	....	....	...	EXPONENTIAL
KTF_BUCHUNG	SOLLKONTO_ID	2656108988	3330904220	45	EXPONENTIAL
KTF_BUCHUNG	SOLLKONTO_ID	3330904220	4251935429	46	EXPONENTIAL
KTF_BUCHUNG	SOLLKONTO_ID	4251935429	4252051421	47	EXPONENTIAL
KTF_BUCHUNG	SOLLKONTO_ID	4252051421	4252159100	48	EXPONENTIAL
KTF_BUCHUNG	SOLLKONTO_ID	4252159100	4370911409	49	EXPONENTIAL
KTF_BUCHUNG	SOLLKONTO_ID	4370911409	5963913095	50	EXPONENTIAL

Abb. 10.6: Tabelle mit Quantil-Bildung für einen Index.

Die Abbildung zeigt das Ergebnis der Quantil-Bildung. In der ersten Spalte ist der Name der Tabelle eingetragen. Dann folgt in der zweiten Spalte das führende Attribut eines Index. Diese Tabelle kann auf alle Indizes angewendet werden, welche dieses führende Attribut haben. Die gebildeten Quantile können also eventuell für das Laden mehrerer Indizes verwendet werden. Die Quantil-Bildung hat also keinen direkten Bezug zu einem Index. Vielmehr ergibt sich der Bezug über das führende Attribut eines Index. In der dritten Spalte ist der Startwert des Quantils eingetragen und in der vierten Spalte der Endwert. Somit definieren diese beiden Werte den Bereich des Index. Der Thread lädt also den Index mit dem *Range Index Scan*. Der *Range* wird dabei durch den Startwert und den Endwert bestimmt. CORDA erzeugt zum Ladezeitpunkt mit Hilfe eines Codegenerators den Befehl für den *Range Index Scan*:

```
SELECT /*+ INDEX(LOAD_TABLE KTF_BUCH_IX_SOLLKONTO_ID_4) */
       SUM (SOLLKONTO_ID)
  FROM FUT10_PLF.KTF_BUCHUNG LOAD_TABLE
 WHERE SOLLKONTO_ID >= 4370911409;
```

Das Beispiel zeigt das Ergebnis des Codegenerators für das letzte Quantil. Der *Range Index Scan* wird mit einem *Hint* und zusätzlicher Angabe des zu ladenden Bereichs

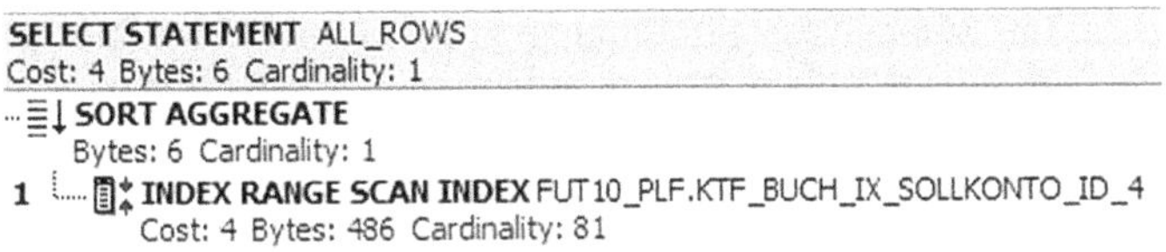

Abb. 10.7: Ausführungsplan zum Laden des letzten Quantils mit CORDA.

angefordert. Im *Hint* wird der Name des Index eingetragen, der mit CORDA geladen werden soll (siehe Abbildung 10.7).

Der Ausführungsplan zeigt, dass der Bereich des gewünschten Index mit dem *Range Index Scan* geladen wird. Typischerweise wird der *Range* durch zwei Werte beschrieben: dem Startwert und Endwert des *Range*. Dies trifft lediglich für das erste und letzte Quantil nicht zu. Der Codegenerator berücksichtigt das und erzeugt die SQL-Befehle dementsprechend. Das folgende Beispiel zeigt das Ergebnis der Codegenerierung für den Standardfall:

```
SELECT /*+ INDEX(LOAD_TABLE KTF_BUCH_IX_SOLLKONTO_ID_4) */
       SUM (SOLLKONTO_ID)
  FROM FUT10_PLF.KTF_BUCHUNG LOAD_TABLE
 WHERE SOLLKONTO_ID >= 2656108988 AND SOLLKONTO_ID < 3330904220;
```

Dargestellt ist ein SQL-Befehl für das 45. Quantil aus der Arbeitstabelle des Beispiels.

In der vorletzten Spalte der Arbeitstabelle ist die Nummer des Threads eingetragen, welcher das Quantil lädt. Also handelt es sich um eine Arbeitstabelle für die Threads. Jeder Thread erkennt, für welche Quantile er verantwortlich ist. Schließlich folgt in der letzten Spalte noch die zugrunde liegende statistische Verteilung. In diesem Fall folgt das Attribut der Exponentialverteilung. Dies ist eine Verteilung mit einem Gipfel. Dabei beginnt die Verteilung mit dem Gipfel und fällt dann anschließend kontinuierlich ab. Dies erkennt man in der Arbeitstabelle. Der Wertebereich der ersten Quantile ist sehr klein. Thread 1 muss einen Wertebereich von 1.013 laden. Der letzte Thread muss einen Wertebereich von 1.593.001.686 laden. Jedoch zeichnen sich die Quantile durch die Besonderheit aus, dass die Arbeitslast bei beiden Threads gleich ist. Jeder Thread muss pro Quantil ungefähr 2 % der Datenblöcke des Index laden. Somit ist gewährleistet, dass alle Threads ungefähr zur gleichen Zeit fertig werden. Es gibt in dem Beispiel auch eine fachliche Erklärung für die Exponentialverteilung. In der Buchungs-Tabelle werden nämlich die Buchungen von Renten-Versicherungsbeiträgen von Arbeitgebern für deren Beschäftigte erfasst. Wenn es sich um eine Soll-Buchung handelt, dann wird das Konto mit dem Attribut `SOLLKONTO_ID` referenziert. Hierbei handelt es sich um die Konten der Arbeitgeber und deren Beschäftigten. Die Konten der Arbeitgeber wurden zuerst im System angelegt. Daher haben deren Konten niedrige Nummern. Für die Arbeitgeber werden jedoch die meisten Buchungen erfasst. Daher haben die ersten Quantile einen kleinen Wertebereich. Die Konten der

Versicherten wurden später im System erfasst und haben größere Nummern. Für die Versicherten werden weniger Buchungen registriert. Daher haben die letzten Quantile sehr große Wertebereiche.

10.2.7 Konfiguration

CORDA enthält ein Skript, mit dem die Arbeitstabellen für jeden Index erstellt werden können, welche vorgeladen werden sollen. Diese Arbeitstabellen müssen mit dem Skript vor dem Einsatz von CORDA erzeugt werden. Mit dem Skript werden für jeden gewünschten Index die Arbeitstabellen erzeugt und als Bestandteil der Konfiguration in CORDA hinterlegt. Während des Betriebs von CORDA greifen dann die Threads beim Vorladen auf diese Arbeitstabellen zu. Dadurch wird ein gleichmäßiges und sehr schnelles Laden der Indizes gewährleistet, ohne dass kostenpflichtige Zusatzlizenzen von Oracle beschafft werden müssen. Die Indizes können also mit CORDA parallel geladen werden, ohne dass man die Oracle-Parallelität nutzen muss, welche noch zusätzlich eine Partitionierung der Indizes benötigen würde. Diese kostenpflichtige Partitionierung würde daher noch weitere Aufwände verursachen, weil das Datenbank-Schema für die Partitionierung angepasst werden müsste.

10.2.8 Dynamische Kompression

CORDA kann mit der Oracle-Komprimierung für Indizes kombiniert werden, um die Performanz zu erhöhen und die Kosten für den Betrieb zu reduzieren. Die Oracle-Komprimierung für Indizes ist bereits in der *Oracle Database Enterprise Edition* enthalten. Es fallen daher keine zusätzlichen Lizenzkosten für die Komprimierung der Indizes an. Das grundsätzliche Vorgehen bei der Komprimierung der Indizes ist bereits erläutert worden. Das Konzept von CORDA verlangt grundsätzlich nicht die Komprimierung aller Indizes, welche sich bei einer entsprechenden Analyse als komprimierbar erweisen. Die Komprimierung der Indizes soll vielmehr bei Bedarf zusätzlich eingesetzt werden. Das muss jedoch vorher sorgfältig geprüft werden. CORDA unterstützt insbesondere eine prozessorientierte Komprimierung. Es wird also für jeden Prozess individuell festgelegt, welche Indizes beim Vorgang des Vorladens komprimiert werden sollen. Dieses prozessorientierte Vorgehen wird als dynamische Kompression bezeichnet. Die dynamische Kompression gewährleistet eine performante Nutzung der Kompression. Denn die Komprimierung eines bestimmten Index kann im ungünstigsten Fall nur für einen einzigen Prozess vorteilhaft sein. Für die restlichen Prozesse kann die Komprimierung negative Effekte haben. Das muss man vor der Nutzung der dynamischen Komprimierung testen. Welche Auswirkungen die Komprimierung eines Index auf die Performanz hat, hängt davon ab, in welchem Ausmaß der Prozess auf einen Index lesend und schreibend zugreift. Schreibvorgänge werden nämlich durch die

Komprimierung des Index langsamer. Die Lesevorgänge werden jedoch beschleunigt. Denn durch die Komprimierung werden redundante Daten des Index konsolidiert. Dadurch wird zunächst der benötigte physikalische Speicherplatz reduziert. Wenn CORDA die dynamische Komprimierung nutzt, wird der Index vor der Vorladung in das Memory zunächst auf dem physikalischen Speicher komprimiert. Das hat dann zur Folge, dass weniger Datenblöcke in das Memory geladen werden müssen. Der Index kann von CORDA schneller in das Memory geladen werden. Jedoch hat die Vorladung typischerweise keinen nennenswerten Anteil an der gesamten Laufzeit des Prozesses. Daher wird der größte Laufzeitvorteil bei der Verarbeitung des Prozesses erreicht. Hier kommt es nun darauf an, mit welchen Anteilen der Prozess lesend und schreibend auf den Index zugreift. Wenn der Prozess nur lesend auf den Index zugreift, ist der Index ein Kandidat für die dynamische Komprimierung. Denn wenn der Index aus weniger Datenblöcken besteht, weil die redundanten Daten konsolidiert wurden, kann man eine beschleunigte Verarbeitung des Index erwarten. In welchem Ausmaß diese Beschleunigung stattfindet, hängt davon ab, welchen Anteil der lesende Indexzugriff an der gesamten Laufzeit des Prozesses hat. Die Beschleunigung des Prozesses wird umso spürbarer ausfallen, je größer der lesende Anteil der Indexzugriffe auf die gesamte Laufzeit des Prozesses entfällt. Ein zweiter entscheidender Faktor ist der zu erreichende Komprimierungsgrad für den Faktor. Je mehr redundante Daten konsolidiert werden können, umso größer ist der Komprimierungsgrad. Dieser Komprimierungsgrad kann den Speicherbedarf des Index um mehrere Faktoren reduzieren. Je höher dieser Komprimierungsgrad ausfällt, umso günstiger wird sich die Komprimierung des Index auf die Reduktion der Laufzeit auswirken. Es ist bereits erläutert worden, wie der zu erwartende Komprimierungsgrad ermittelt werden kann. Zusammenfassend kann man also sagen, dass die Reduktion der Laufzeit durch einen hohen Komprimierungsgrad und einen hohen Anteil der lesenden Zugriffe an der Gesamtlaufzeit des Prozesses begünstigt wird.

Jedoch wirken sich schreibende Vorgänge auf den Index negativ auf die Gesamtlaufzeit des Prozesses aus. Je größer der Anteil der schreibenden Vorgänge auf den Index an der Gesamtlaufzeit des Prozesses ist, umso mehr wird die Laufzeit des Prozesses ansteigen. Denn bei Schreibvorgängen muss zunächst eine Dekomprimierung erfolgen. Hierfür wird zusätzliche Laufzeit benötigt, welche die Gesamtlaufzeit des Prozesses erhöhen wird. Je größer der Komprimierungsgrad des Index ist, umso mehr Laufzeit wird für die Dekomprimierung benötigt. Daher können Schreibvorgänge auf einen komprimierten Index um mehrere Faktoren langsamer sein im Vergleich zu Schreibvorgängen auf einem nicht komprimierten Index.

Wenn der Prozess also nur schreibend auf den Index zugreift, erfolgt keine Komprimierung dieses Index für den Prozess, weil dann die Laufzeit des Prozesses größer wird. Hat der Prozess jedoch nur lesende Zugriffe auf den Index, wird der Index komprimiert, wenn ein Komprimierungsgrad vorab ermittelt wurde. Dann wird die Gesamtlaufzeit des Prozesses reduziert. Wenn der Prozess sowohl lesend als auch schreibend auf den Index zugreift, ist eine Prognose zur Nützlichkeit der Komprimierung für den Index schwierig, weil sehr viele Faktoren in diesem Fall die Laufzeit des Prozesses beeinflussen. Dann muss man den Nutzen der dynamischen Komprimierung für den Prozess testen. Wenn bei dem Test die Laufzeit des Prozesses reduziert wird, erfolgt die prozessorientierte Komprimierung für den Index.

10.2.9 Kostenvorteile der dynamischen Komprimierung

Mit der dynamischen Komprimierung wird physikalischer Speicherplatz gespart. Diese Ersparnis ist jedoch kein so bedeutender Kostenvorteil, weil der physikalische Speicher bei CORDA aus Festplatten besteht, welche recht günstig in der Anschaffung sind. Ein entscheidender Kostenvorteil wird durch die Einsparung von Memory erreicht. Denn durch die Konsolidierung von redundanten Daten wird die Anzahl der benötigten Datenblöcke für den Index reduziert. Der Ausführungsplanoptimierer von CORDA ist so konfiguriert, dass mindestens 90 % eines Index im Memory verfügbar sein sollen. Daher wird ein Index mit CORDA komplett in das Memory geladen. Dann entscheidet der Komprimierungsgrad über die erreichbare Kostenersparnis. Wenn also beispielsweise ein Index durch die Komprimierung um die Hälfte reduziert wird, halbiert sich auch der Bedarf an Memory für diesen Index, wenn der Index für einen Prozess vorgeladen wird.

CORDA nutzt die Index-Komprimierung und vermeidet damit zusätzliche Lizenzkosten. Denn die Nutzung der Index-Komprimierung ist bereits in den Lizenzkosten der *Oracle Database Enterprise Edition* enthalten. Dies ist ein weiterer Kostenvorteil. Denn zusätzliche Lizenzkosten für optionale Komponenten können zu einem beachtlichen Kostenfaktor werden. Dies hängt davon ab, welche Anzahl von zusätzlichen Lizenzen für optionale Komponenten benötigt wird. Eine zusätzliche optionale Komponente ist beispielsweise die *Advanced Compression*. Mit dieser Komponente können auch redundante Daten von Tabellen komprimiert werden. Jedoch benötigt CORDA diese Komponente nicht, wodurch sich ein weiterer Kostenvorteil ergibt, weil zusätzliche Lizenzkosten vermieden werden. Ein Verzicht auf die Komprimierung von Tabellen wird durch die Prozessorientierung von CORDA begünstigt. Durch das prozessorientierte Vorladen wird das verfügbare Memory bereits sehr effizient und sparsam genutzt. Deshalb wird der zusätzliche Spareffekt, der durch die Komprimierung von Tabellen erreicht werden kann, in der Regel eher gering ausfallen. Dann lohnt es nicht, die zusätzlichen Lizenzkosten zu tragen. Daher ist im Konzept von CORDA grundsätzlich keine Komprimierung von Tabellen vorgesehen. Eine Kombination von CORDA mit der Komprimierung von Tabellen ist jedoch möglich. Wenn man das beabsichtigt, sollte man jedoch vorher Kosten und Nutzen abwägen. Nur wenn der Nutzen größer ist als die zusätzlichen Lizenzkosten, sollte man die Komprimierung von Tabellen nutzen. Der Nutzen hängt natürlich auch hier vom Komprimierungsgrad ab, der erzielt werden kann. Nur wenn die Tabellen eine maßgebliche Menge von redundanten Daten haben, kann ein hoher Komprimierungsgrad erreicht werden. Nur wenn ein hoher Komprimierungsgrad erreicht wird, können die zusätzlich anfallenden Lizenzkosten kompensiert werden. Hat man jedoch seine Datenbank sorgfältig entworfen, kann man bereits mit diesem Entwurf das Entstehen von Redundanzen vermeiden. Eine Datenbank, welche sich mindestens in der dritten Normalform befindet, wird bei der Nutzung der *Advanced Compression* keinen hohen Komprimierungsgrad erreichen. Dann lohnt sich die Nutzung dieser Option nicht. Das Konzept von CORDA fordert daher den Entwurf der Datenbank in der dritten Normalform. Wenn diese Richtlinie beachtet wird, gibt es auch keine Notwendigkeit für die Nutzung der *Advanced Compression*. Hat man jedoch gegen diese Richtlinie im nennenswerten Ausmaß verstoßen, ist ein höherer Komprimierungsgrad nicht auszuschließen. Jedoch muss man dann den Komprimierungsfaktor zunächst ermitteln, damit man Kosten und Nutzen vergleichen kann. Dies muss mit Hilfe von Tests erfolgen, bei denen die *Advanced Compression* auf Tabellen angewendet wird. Bei diesen Tests misst man dann den erreichten Komprimierungsfaktor. Oracle bietet für solche Studien Testlizenzen an, mit denen man innerhalb eines limitierten Zeitraums seine Tests ausführen kann. Solche Studien sind jedoch nur dann erforderlich, wenn die Datenbank nicht mindestens in der dritten Normalform ist. Wenn die Datenbank mindestens in der dritten Normalform ist, sind keine Tests erforderlich, weil der erforderliche hohe Komprimierungsfaktor nicht erreicht wird. Daher enthält das Konzept von CORDA den Entwurf der Datenbank in der dritten Normalform.

10.2.10 Physikalischer Speicher

Das Konzept von CORDA ermöglicht die Nutzung von Festplatten zur Speicherung der Tabellen und Indizes, welche in permanenten *Tablespaces* enthalten sind. Die Anwendung greift auf diese Datenbank-Objekte mit LLVs zu:

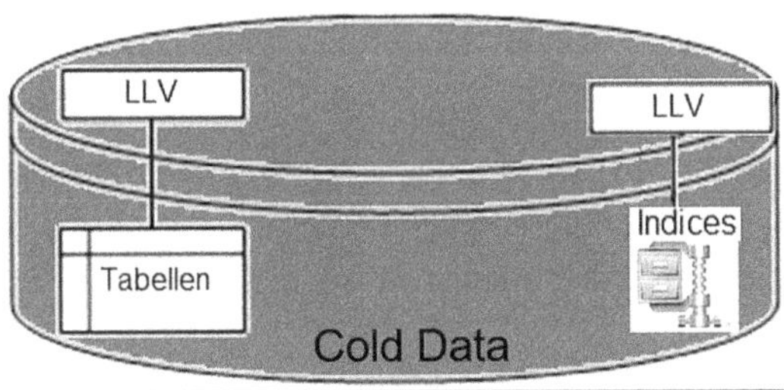

Abb. 10.8: Physikalischer Speicher mit *Cold Data* für CORDA.

Die Anwendung greift direkt über die *Low Level Views* auf die Daten der Festplatte zu, wenn *Cold Data* benötigt werden. Hierbei handelt es sich um Daten, welche keinen signifikanten Einfluss auf die Laufzeit eines Prozesses haben. Dies ist in der Abbildung durch die graue Füllung symbolisiert. CORDA benötigt keine schnelleren Speichermedien für diese *Cold Data*. Es ist also nicht erforderlich, die *Cold Data* auf SSDs zu speichern. Die Nutzung von SSDs für die *Cold Data* hätte keinen nennenswerten Einfluss auf die Performanz der Anwendung. Jedoch würden die Betriebskosten deutlich steigen, weil SSDs in der Anschaffung und Wartung teurer sind als Festplatten. SSDs haben eine deutlich geringere Lebensdauer als Festplatten und verursachen deshalb wesentlich höhere Wartungskosten.

Die prozessorientierte Eigenschaft von CORDA ermöglicht den Verzicht auf SSDs für die *Cold Data*. Denn mit Hilfe der Zwei-Wege-Parallelität kann CORDA die laufzeitrelevanten Daten für einen Prozess so rapide in das Memory laden, dass SSDs keinen weiteren Vorteil bieten. CORDA erreicht dabei eine durchschnittliche Ladegeschwindigkeit von mehr als einem GB pro Sekunde. Für Prozesse müssen jedoch in der Regel maximal ein paar 100 GB vorgeladen werden. Wenn also beispielsweise für einen Prozess 200 GB vorgeladen werden müssen, dann dauert das maximal 200 Sekunden. Selbst wenn man diese Vorladezeit mit SSD halbieren könnte, würde das keinen signifikanten Nutzen erbringen. Denn man würde lediglich 100 Sekunden einsparen. Wenn jedoch für einen Prozess mehrere 100 GB vorgeladen werden müssen, beträgt dessen Laufzeit oft mehrere Stunden. Ein Einsparpotential von 100 Sekunden ist bei solchen Prozesslaufzeiten bedeutungslos. Damit fällt die Abwägung von Kosten und Nutzen zu Ungunsten von SSD aus. Denn durch die erhöhten Anschaffungs- und Wartungskosten wird der Einsatz von SSD damit uninteressant. Denn man muss auch beachten, dass die Anwendung redundant ausgelegt werden muss, um die Ausfallsicherheit zu garantieren und um keinen Datenverlust zu erleiden. Daher muss zumindest der physikalische Speicher der produktiven Anwendung gespiegelt werden. Eine Spiegelung der SSDs wäre jedoch im Vergleich zu Festplatten sehr teuer. Bei Testsystemen kann man auf diese Spiegelung verzichten. Dennoch muss die Spiegelung der produktiven Anwendung bei der Abwägung von Kosten und Nutzen berücksichtigt werden. Daher sind im Konzept von CORDA nur Festplatten zur Speicherung der *Cold Data* vorgesehen. Dies ist das Ergebnis aus der Abwägung von Kosten und Nutzen.

10.2.11 Temporäre Tabellen

CORDA verzichtet nicht vollständig auf SSD. Denn das Konzept von CORDA verwendet SSD für den *Tablespace* TEMP:

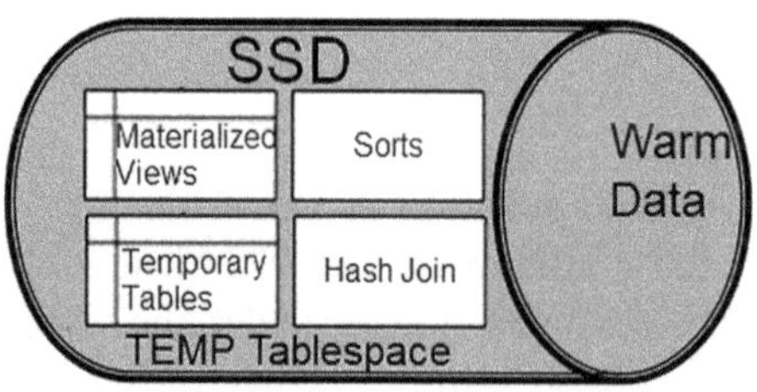

Abb. 10.9: *Tablespace* TEMP mit *Warm Data* für CORDA.

Bei Abwägung von Kosten und Nutzen ist das akzeptabel. Denn der *Tablespace* TEMP ist typischerweise nicht so groß. Daher sind die zusätzlichen Kosten für die erforderlichen SSDs akzeptabel. Im *Tablespace* TEMP werden temporäre Tabellen gespeichert, die vom Ausführungsplanoptimierer im Ausführungsplan ergänzt wurden. Die temporären Tabellen können das Ergebnis einer *Join Operation* sein, welches noch weiterverarbeitet werden muss. Solche Zwischenergebnisse können im *Result Cache* gespeichert werden, dessen Größe mit einem Datenbank-Parameter konfiguriert werden kann. Wenn die konfigurierte Größe jedoch überschritten wird, erfolgt die Auslagerung der temporären Tabellen auf den *Tablespace* TEMP. Diese temporären Tabellen unterscheiden sich von explizit vom Benutzer angelegten temporären Tabellen, weil die nicht im *Tablespace* TEMP gespeichert werden. Auf SSD werden also diejenigen temporären Tabellen gespeichert, die automatisch von der Oracle-Datenbank angelegt werden. Temporäre Tabellen im *Tablespace* TEMP können vom Benutzer nicht konfiguriert werden. Die Konfiguration erfolgt durch das System. Bei regulären Tabellen kann der Benutzer den Parallelitäts-Grad festlegen, mit dem der Zugriff auf eine Tabelle erfolgen kann, wenn ein *Full Table Scan* erfolgt. Wenn kein paralleler Zugriff gewünscht ist, kann der Parallelzugriff für die Tabelle auch deaktiviert werden. Diese Konfiguration kann allerdings mit einem *Hint* übersteuert werden. Bei temporären Tabellen im *Tablespace* TEMP kann der Parallelzugriff nicht konfiguriert werden. Die Konfiguration erfolgt automatisch. Eine Übersteuerung dieser Konfiguration mit Hilfe eines *Hint* ist auch hier möglich.

Im *Tablespace* TEMP werden *Materialized Views* gespeichert, wenn diese mit dem *With Command* angefordert werden. Der *With Command* ist für diesen Zweck konzipiert und ist dann Teil eines SQL-Kommandos. Der *Tablespace* TEMP wird auch für Sortieroperationen verwendet. Denn wenn eine große Datenmenge sortiert werden soll und diese Menge nicht mehr in das Memory passt, erfolgt die Sortierung auf der SSD. Bei einem *Hash Join* kann auch die Auslagerung der temporär erzeugten Hashtabelle auf den *Tablespace* TEMP erforderlich werden, sofern die Hashtabelle wegen ihrer Größe nicht mehr in das Memory passt. Die Größe der RAM-Region für die Sortierung von Daten und für die Hashtabelle ist jeweils durch Datenbank-Parameter konfigurierbar. Erst wenn für die Operation mehr als der konfigurierte RAM-Bereich benötigt wird, erfolgt die Auslagerung der Daten auf den *Tablespace* TEMP.

Die Nutzung von SSD für den *Tablespace* TEMP ist ein kostengünstiges Konzept von CORDA, ausgewählte Schritte des Ausführungsplans zu beschleunigen. Diese Ausführungsschritte sind nämlich nicht durch den *Keep Pool* zu beeinflussen. Stattdessen müssten weitere RAM-Regionen entsprechend groß dimensioniert werden. Dies würde jedoch höhere Kosten verursachen, weil RAM-Speicher teurer ist als SSD-Speicher. Mit diesem Konzept wird die prozessorientierte Eigenschaft von CORDA gestützt, weil im *Tablespace* TEMP nur die *Warm Data* gespeichert werden. Die *Warm Data* werden nur während der Bearbeitung des Prozesses benötigt. Daher muss der *Tablespace* TEMP auch nicht so groß dimensioniert werden. Die Abwägung von Kosten und Nutzen fällt daher hier zugunsten von SSD für den *Tablespace* TEMP.

10.2.12 Objektorientierte Anwendung

Die Datenbank von CORDA wird über den *OR Mapper* an die Anwendung angebunden (siehe Abbildung 10.10). Die Anwendung wird in einer objektorientierten Programmiersprache, wie beispielsweise Java oder C++, entwickelt. Die Objekte der Anwendung werden mit Hilfe eines *OR Mapper* auf die relationalen Tabellen der Datenbank abgebildet. Diese Abbildung kann beispielsweise mit Hilfe von *Hibernate* oder *Quasar* erfolgen. Für jede Basisklasse gibt es eine relationale Tabelle, die den Namen der Basisklasse trägt. In dieser Tabelle werden die Objekte der Basisklasse und deren Ableitungen gespeichert. Ein Beispiel für eine Basisklasse kann der `PARTNER` sein. Von dem `PARTNER` können die Objekte `PERSON` und `ORGANISATION` abgeleitet sein. Dann werden beide Ableitungen in der Tabelle `PARTNER` gespeichert. In dieser Tabelle gibt es ein Attribut `DISCRIMINATOR`. Dort wird der Typ der Ableitung eingetragen. Wenn also ein Objekt der Klasse `ORGANISATION` als Datensatz in der Tabelle gespeichert wird, dann wird in das Attribut `DISCRIMINATOR` die Ausprägung `ORGANISATION` eingetragen. Anlog wird ein Objekt der Klasse `PERSON` mit der Ausprägung `PERSON` gespeichert. Das Speichern der Basisklasse kann bei Bedarf unterbunden werden, indem diese Klasse als abstrakte Klasse deklariert wird. In diesem Fall dürfen keine Instanzen der Basisklasse erzeugt werden. Dann werden nur die Instanzen der abgeleiteten Klassen in der relationalen Tabelle gespeichert.

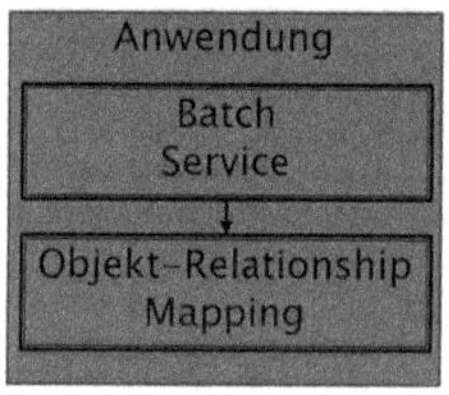

Abb. 10.10: Anbindung von CORDA an die OLTP-Applikation mit OR *Mapper*.

Der *Batch Service* der Anwendung steuert die Massenverarbeitung der Anwendung. Bei der Massenverarbeitung kann eine große Anzahl von ausgewählten Geschäftsvorfällen vollautomatisch verarbeitet werden. Dabei verarbeitet der *Batch Service* die Objekte der Anwendung. Der *Batch Service* führt typischerweise Geschäftsvorfälle aus, die routinemäßig ausgeführt werden können und daher keine manuelle Eingabe und Bearbeitung benötigen. Ein Beispiel für eine solche Massenverarbeitung ist die jährliche Erhöhung von Renten für Versicherte einer Rentenkasse. Mit der jährlichen Erhöhung soll der Kaufkraftverlust ausgeglichen werden. Hierbei handelt es sich um eine Massenverarbeitung von Geschäftsvorfällen. Lediglich die prozentuale Erhöhung muss als variabler Parameter vor jeder Rentenerhöhung angepasst werden. Ansonsten erfolgt eine routinemäßige Massenverarbeitung, welche jedoch eine zügige Ausführung benötigt, weil die Anpassung für alle Rentner möglichst schnell erfolgen muss, damit allen Rentnern gleichzeitig die erhöhte Rente ausgezahlt werden kann.

10.2.13 Konfiguration von CORDA

Mit Hilfe der Konfiguration von CORDA wird das prozessorientierte Vorladen gesteuert (siehe Abbildung 10.11). In einer Textdatei werden die Tabellen und Indizes mit deren Namen eingetragen. Diese Datenbank-Objekte werden für einen Prozess vor dessen Start in das Memory geladen. Jeder Prozess kann eine eigene Konfiguration haben. Für jede Konfiguration eines Prozesses gibt es eine eigene Textdatei. Beim Vorladen wird der Name der Textdatei als Parameter verwendet, so dass dadurch die Verwendung der passenden Konfiguration für den Prozess gewährleistet ist. Damit die Konfigurationsdatei erzeugt werden kann, muss man diejenigen Datenbank-Objekte identifizieren, welche für den Prozess vorgeladen werden sollen. Man muss diejenigen Objekte in das Memory laden, welche maßgeblichen Anteil an der Laufzeit des Prozesses haben. Dabei muss man beachten, dass die ausgewählten Objekte in das Memory passen. Die Konfiguration ist dann optimal, wenn mit den ausgewählten Datenbank-Objekten die geringste Laufzeit des Prozesses erzielt werden kann. Bei der Konfiguration kann die Größe des Memory nicht mehr gesteigert werden, weil diese Entscheidung bereits beim *Setup* von CORDA erfolgte. Daher kann in dieser Phase die Laufzeit des Prozesses nur noch durch die optimale Auswahl der geeigneten Datenbank-Objekte erfolgen.

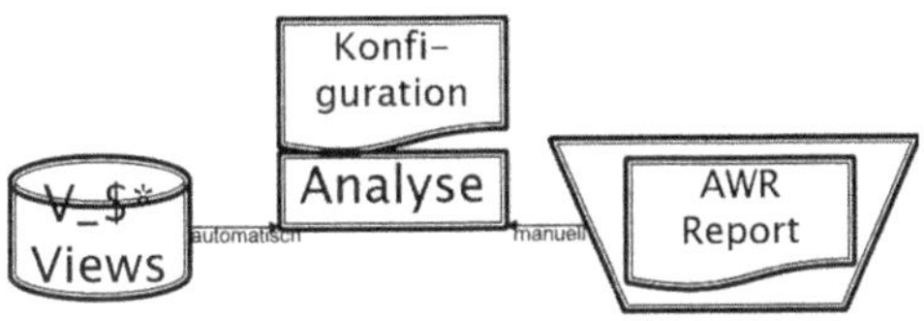

Abb. 10.11: Vorgehen für die Konfiguration von CORDA.

Die Identifikation der Datenbank-Objekte für die Konfiguration des Prozesses kann automatisch oder manuell erfolgen. Die optimale Lösung wird man eher durch eine manuelle Analyse finden. Eine manuelle Analyse benötigt jedoch auch mehr Zeit und ist daher teurer als eine automatische Analyse. Daher kann es bei der Abwägung von Kosten und Nutzen sinnvoll sein, auf die Identifikation der optimalen Lösung durch eine manuelle Analyse zu verzichten, auch wenn mit der automatischen Analyse nur eine suboptimale Lösung gefunden wird, deren Laufzeit akzeptabel ist.

Für die manuelle Analyse werden AWR-Reporte verwendet, welche für den Prozess erstellt wurden. AWR-Reporte wurden bereits detailliert erläutert. In einem AWR-Report findet man Hinweise zur Identifikation der Datenbank-Objekte, welche für den Prozess vorgeladen werden sollten. Ein Beispiel sind SQL-Befehle, welche viel Laufzeit für *Physical Reads* benötigen.

Bei der Diskussion der AWR-Reporte wurde auch erklärt, dass die Inhalte der Tabellen auf den *V_$* Views* des SYS-Users basieren. Diese *Views* wurden auch genannt. Bei der automatischen Analyse wird auf diese *Views* zugegriffen. Die Inhalte der *Views* werden dann automatisiert ausgewertet, um die Datenbank-Objekte automatisch zu identifizieren, welche für einen Prozess vorgeladen werden sollen. Die Größe des verfügbaren Memory ist bei der automatischen Auswertung natürlich auch bekannt. Daher wird auch hier bei der Auswahl der Objekte darauf geachtet, dass diese in das verfügbare Memory passen.

10.2.14 Schnittstellen

CORDA bildet Schnittstellen zwischen den *Hot Data*, *Cold Data* und *Warm Data*. Diese Schnittstellen werden in diesem Abschnitt erläutert.

10.2.14.1 Prefetch Module

Die *Hot Data* werden ausschließlich im *Keep Pool* gespeichert. Der *Keep Pool* ist eine Komponente der SGA und gewährleistet den schnellsten Zugriff auf die *Hot Data*. In den *Keep Pool* werden sowohl Tabellen als auch Indizes vorgeladen. Diese Vorladung wird durch das PM (*Prefetch Module*) gesteuert, welches die Schnittstelle zwischen *Cold Data* und *Hot Data* bildet. Die *Cold Data* werden auf Festplatte gespeichert. Das *Prefetch Module* besteht aus drei Komponenten. Jede Komponente hat eine Schnittstelle zum *Keep Pool*:

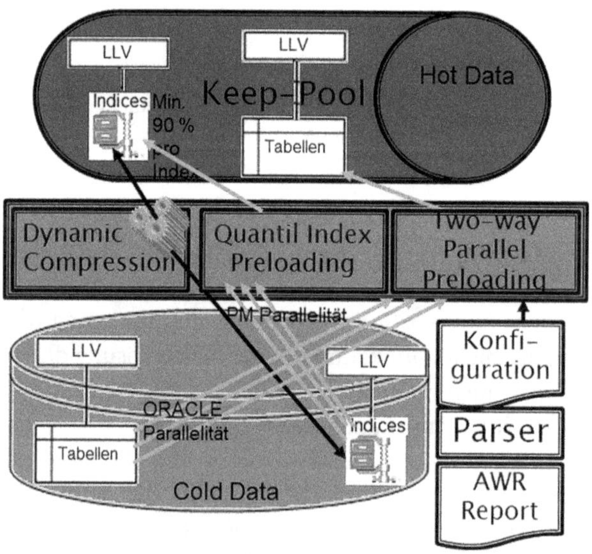

Abb. 10.12: Beteiligte Module bei der Vorladung mit CORDA.

Indizes werden mit der Komponente *Quantil Index Preloading* in den *Keep Pool* geladen. Jeder Index wird parallel über die Schnittstelle in den *Keep Pool* geladen. Das parallele Laden eines Index wird durch die Parallelität des *Prefetch Module* ermöglicht. Dies ist eine eigene Implementierung von CORDA, mit der das schnelle Laden der Indizes ermöglicht wird.

Eine Komprimierung der Indizes ist möglich. Dies erfolgt bei Bedarf mit der Komponente *Dynamic Compression*. Diese Komponente gewährleistet, dass die Indizes komprimiert von Festplatte in den *Keep Pool* geladen werden.

Eine weitere Schnittstelle wird für die Komponente *Two-Way Parallel Preloading* benötigt. Über diese Schnittstelle werden die Tabellen in den *Keep Pool* geladen. Die Komponente nutzt dazu nicht die LLVs der Anwendung. Mit Hilfe der Oracle-Parallelität wird nämlich direkt auf die jeweilige Tabelle zugegriffen, welche in den *Keep Pool* geladen werden soll. Die Komponente hat eine weitere Schnittstelle zur Konfiguration. Mit Hilfe der Konfiguration wird festgelegt, welche Tabellen und Indizes für einen Prozess mit Hilfe der Komponente *Two-Way Parallel Preloading* in den *Keep Pool* geladen werden.

10.2.14.2 Anwendung

Die Anwendung hat Schnittstellen zu allen drei Speichermedien von CORDA. Bei diesen drei Speichermedien handelt es sich um Festplatte, Memory und SSD. Die *Hot Data* werden im Memory gespeichert. Dafür wird ein Bereich in der SGA reserviert. Dies ist der *Keep Pool*, zu dem die Anwendung eine Schnittstelle hat:

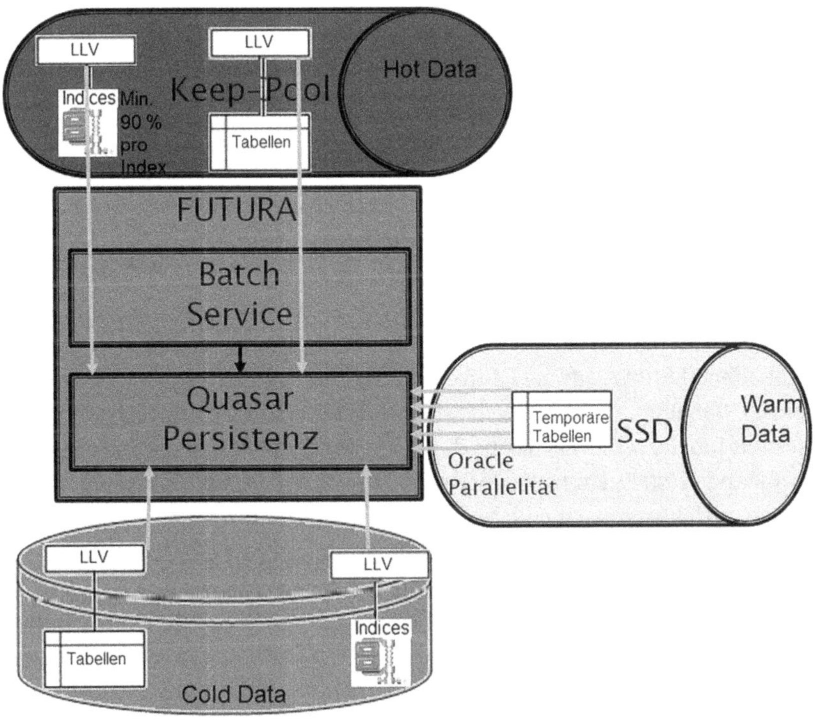

Abb. 10.13: OLTP-Applikation mit Schnittstellen zu CORDA.

Die Anwendung greift auf die Daten ausschließlich über LLVs zu. Ein direkter Zugriff auf die Tabellen erfolgt nicht.

Der Zugriff auf die LLVs wird durch die Persistenz-Schicht der Anwendung gesteuert. Die Persistenz-Schicht kann mit einem *OR Mapping Tool* ausgestattet sein. Das kann beispielsweise *Quasar* oder *Hibernate* sein. Diese Tools bilden die Objekte der Anwendung auf die relationalen Tabellen der Datenbank ab.

Auf die *Hot Data* kann die Anwendung am schnellsten zugreifen. Dies wird durch die prozessorientierte Eigenschaft von CORDA ermöglicht. Mit CORDA werden die *Hot Data* in das Memory geladen. Die *Hot Data* sind Tabellen und Indizes, welche maßgeblichen Einfluss auf die Laufzeit des Prozesses haben. Aufgrund der hohen Bedeutung für die Laufzeit des Prozesses werden die *Hot Data* prozessorientiert in das Memory geladen. Dies ermöglicht den schnellsten Zugriff auf die Daten.

Indizes und Tabellen, die nicht vorgeladen werden, haben keinen maßgeblichen Einfluss auf die Laufzeit der Anwendung. Hierbei handelt es sich um die *Cold Data*. Die *Cold Data* werden auf Festplatte gespeichert. Während der Verarbeitung des Prozesses lädt die Anwendung die *Cold Data* ebenfalls mit Hilfe der LLVs. Da die *Cold Data* jedoch auf Festplatte lagern, erfolgt der Zugriff auf diese Daten langsamer. Dies hat jedoch für die Laufzeit eines Prozesses keine signifikante Auswirkung, so dass auf das Vorladen dieser Daten bewusst verzichtet wird, weil dadurch erhebliche Anschaffungs- und Betriebskosten gespart werden können. Denn das Memory ist das teuerste Speichermedium, welches daher von CORDA hocheffizient genutzt wird, um einen kostengünstigen Betrieb der Anwendung zu gewährleisten.

Während der Verarbeitung des Prozesses können auch temporäre Tabellen entstehen. Diese Tabellen werden von der Datenbank während der Laufzeit des Prozesses erzeugt. Eine Vorladung dieser temporären Tabellen ist daher ausgeschlossen, weil diese Tabellen beim Prozessstart noch nicht existieren. Diese temporären Tabellen können beispielsweise das Ergebnis eines *Join* von zwei Tabellen sein. Bei den zur Laufzeit entstehenden temporären Tabellen handelt es sich teilweise um laufzeitkritische Tabellen. Denn das Ergebnis eines *Join* von zwei Tabellen aus dem *Keep Pool* kann maßgeblichen Einfluss auf die Laufzeit des Prozesses haben. Es werden jedoch auch temporäre Tabellen erzeugt, welche nicht laufzeitkritisch sind. Das kann beispielsweise eine Tabelle sein, welche aus dem *Join* zweier kleinerer Tabellen des *Cold Data Pool* entstanden ist. Es kann also für den Prozess eine Mischung von temporären Tabellen geben, welche unterschiedlichen Einfluss auf die Laufzeit des Prozesses haben. Aufgrund dieser Mischung bilden die temporären Tabellen die *Warm Data*. Für die *Warm Data* muss ein Kompromiss für die Zugriffsgeschwindigkeit ermöglicht werden. Es wird also für die *Warm Data* ein Speichermedium benötigt, von dem die Daten schneller als von Festplatte geladen werden können. Der Zugriff darf jedoch langsamer sein im Vergleich zur Lesegeschwindigkeit auf die *Hot Data*. Daher werden *Warm Data* auf SSDs gespeichert, welche genau die beschriebene Anforderung an die Zugriffsgeschwindigkeit erfüllen. Da für die temporären Tabellen keine *Views* vorhanden sind, erfolgt der Zugriff direkt auf die Tabellen. Dieser Zugriff kann mit Hilfe der Oracle-

Parallelität beschleunigt werden. Die Nutzung der Oracle-Parallelität kann durch die Anwendung bei temporären Tabellen nicht gesteuert werden. Die Steuerung erfolgt automatisch durch die Oracle-Datenbank. Dies ist ein entscheidender Unterschied im Vergleich zum Zugriff über die *Views*. Die *Views* werden durch die Anwendung gesteuert. Die Nutzung der Oracle-Parallelität durch die *Views* muss von der Anwendung ermöglicht werden.

CORDA nutzt die drei Speichermedien effizient aus, um die Daten prozessorientiert vorzuladen und zu verarbeiten. Dies ermöglicht eine optimale Verarbeitungsgeschwindigkeit. Diese effiziente Nutzung ist das Ergebnis der Abwägung von Kosten und Nutzen. Die hohe Flexibilität von CORDA ermöglicht die Konfiguration der optimalen Ladestrategie individuell für jeden Prozess.

10.2.15 Datenkategorisierung

Die Datenkategorisierung ist ein zentrales Konzept von CORDA. Mit diesem Konzept erfolgt eine Einteilung der Daten in *Cold Data*, *Warm Data* und *Hot Data*. Die jeweilige Wärmeklassifikation der Daten erfolgt aufgrund der Bedeutung für den Einfluss auf die Laufzeit eines Prozesses. Je größer der Einfluss der Datenbank-Objekte auf die Laufzeit eines Prozesses ist, umso höher ist der Wärmegrad der Daten. Der Wärmegrad eines Datenbank-Objekts ist immer an einen Prozess gebunden. Daher ist die Datenklassifikation an die prozessorientierte Eigenschaft von CORDA gekoppelt. Es gibt keine Datenkategorisierung in CORDA, die von dessen prozessorientierter Eigenschaft entkoppelt ist. Die Datenklassifizierung erfolgt für Tabellen und Indizes. Mit CORDA wird die Verteilung dieser Datenbank-Objekte auf die Datenklassen gesteuert. Diese Steuerung wird von dem Nutzer mit Hilfe von Konfigurationsdateien festgelegt. Der Nutzer kann für jeden Prozess ein Vorladeskript abspeichern. In dem Vorladeskript werden die Datenbank-Objekte eingetragen, welche den größten Einfluss auf die Laufzeit des Prozesses haben (siehe Abbildung 10.14).

Mit diesen Vorladeskripten erhöht der Nutzer den Wärmegrad von ausgewählten Datenbank-Objekten für einen Prozess. Datenbank-Objekte, die vom Nutzer für einen Prozess nicht vorgeladen werden, haben den niedrigsten Wärmegrad. Je höher der Wärmegrad eines Datenbank-Objekts für einen Prozess ist, umso schneller kann der Prozess auf die Daten zugreifen. Denn mit dem Wärmegrad wird gesteuert, auf welchem Speichermedium die Datenbank-Objekte platziert werden. Datenbank-Objekte mit dem höchsten Wärmegrad werden dem Speichermedium zugeordnet, welches den schnellsten Zugriff auf die Daten gewährleisten kann. Je mehr der Wärmegrad eines Datenbank-Objektes abnimmt, umso langsamer ist der Zugriff auf diese Daten. Denn für jede Wärmeklasse wird ein anderes Speichermedium verwendet. Die Lesegeschwindigkeit des Speichermediums sinkt dann ebenfalls mit der fallenden Wärmeklasse.

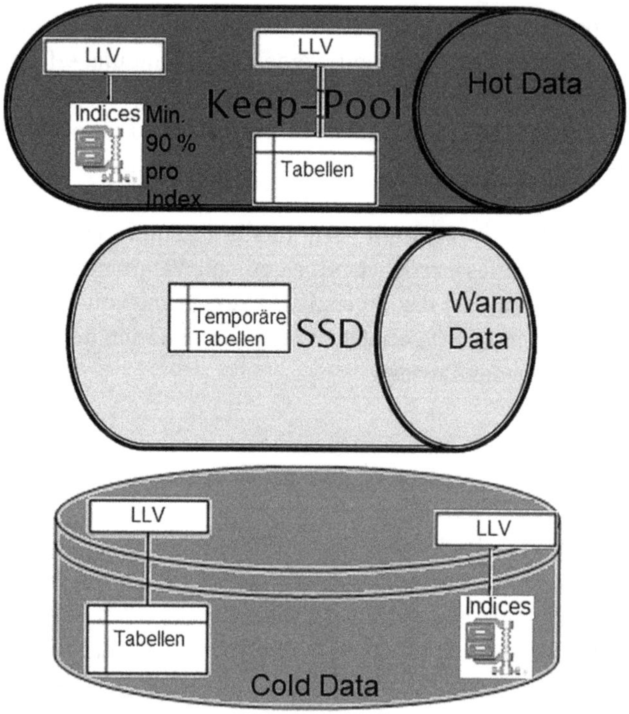

Abb. 10.14: Komponenten von CORDA mit Wärmegraden.

10.2.15.1 Cold Data

Alle Tabellen und Indizes der Anwendung sind auf Festplatte gespeichert. Die Festplatte ist das langsamste Speichermedium von CORDA. Daher haben die dort gespeicherten Datenbank-Objekte den niedrigsten Wärmegrad (siehe Abbildung 10.15). Durch Ausnutzung der prozessorientierten Eigenschaft von CORDA kann der Zugriff eines Prozesses auf *Cold Data* vermieden werden. Grundsätzlich wird CORDA so konfiguriert, dass mindestens die Datenbank-Objekte in das Memory geladen werden, die einen signifikanten Einfluss auf die Laufzeit des aktuell zu startenden Prozesses haben. Somit lädt der Prozess also allenfalls *Cold Data*, wenn diese für die Laufzeit des Prozesses nicht relevant sind. Dann erfolgt der Zugriff auf die Datenbank-Objekte mit Hilfe von LLVs. Bevor der Prozess gestartet wird, muss natürlich die Vorladung von CORDA diejenigen *Cold Data* in das Memory laden, welche einen maßgeblichen Einfluss auf die Laufzeit des Prozesses haben. Dazu verfügt CORDA über speziell entwickelte Vorladealgorithmen, welche die *Cold Data* mit hohem Parallelitätsgrad in das Memory laden. Mit den parallelen Vorladealgorithmen werden Ladegeschwindigkeiten von bis zu 1,2 GB pro Sekunde erreicht. Daher können die *Cold Data* sogar von Festplatte geladen werden, ohne dass für die Vorladung maßgebliche Zeit benötigt wird.

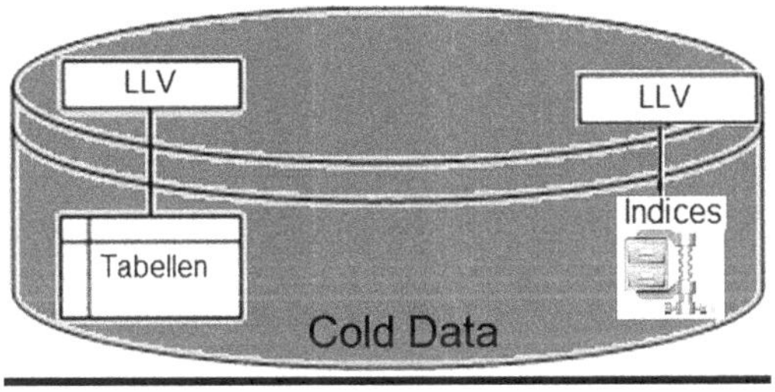

Abb. 10.15: Festplatte mit Datenbank-Objekten.

Die parallelen Vorladealgorithmen ermöglichen also den kostengünstigen Betrieb von CORDA und ermöglichen dennoch eine hohe Performanz. Der kostengünstige Betrieb wird durch die Nutzung der Festplatte als Speichermedium für alle Datenbank-Objekte der Anwendung gewährleistet. Denn die Festplatte ist sehr günstig in der Anschaffung. Die Festplatte ist auch sehr robust und garantiert damit eine lange Lebensdauer. Daher sind auch die Kosten für die Wartung sehr niedrig. Die niedrigen Kosten in der Anschaffung und Wartung sind bei einem redundant ausgelegten System von besonderem Vorteil. Denn dann müssen die Daten gespiegelt werden. Durch die Spiegelung verdoppeln sich die Kosten für die benötigten Speichermedien bei der Anschaffung und der Wartung. Die prozessorientierte Eigenschaft von CORDA stellt sicher, dass nur ein geringer Anteil der *Cold Data* in das Memory geladen werden muss. Somit sind auch die meisten Daten während der Prozessverarbeitung exklusiv auf der Festplatte gespeichert. Die prozessorientierte Eigenschaft von CORDA ist also ein maßgeblicher Faktor für den kostengünstigen und dennoch performanten Betrieb von CORDA.

10.2.15.2 Warm Data

SSDs werden ausschließlich für temporäre Tabellen im *Tablespace* TEMP verwendet. Diese temporären Tabellen werden exklusiv von der Datenbank verwaltet. Der Nutzer hat keinen Zugriff auf diese temporären Tabellen. Damit unterscheiden sich die temporären Tabellen im *Tablespace* TEMP von temporären Tabellen in anderen *Tablespaces*. Denn temporäre Tabellen, die nicht im *Tablespace* TEMP platziert sind, werden vom Nutzer gesteuert. In den temporären Tabellen des *Tablespace* TEMP werden *Warm Data* gespeichert. *Warm Data* sind Bestandteil der prozessorientierten Eigenschaft von CORDA. Die Datenbank entscheidet exklusiv zur Laufzeit eines Prozesses, welche Datenbank-Objekte zu den *Warm Data* gehören sollen. Da diese Entscheidung zur Laufzeit des Prozesses fällt, wird auch hier die prozessorientierte Eigenschaft von CORDA genutzt. Auch die *Warm Data* haben maßgeblichen Einfluss auf die Laufzeit eines Prozesses. Dieser Einfluss ist jedoch im Vergleich zu den *Hot Data* geringer. Daher ist es nicht erforderlich, die *Warm Data* im Memory zu speichern. Jedoch ist die Speicherung auf Festplatte für die *Warm Data* auch nicht angemessen. Daher werden die *Warm Data* auf einem Medium gespeichert, das schneller ist als Festplatte, jedoch langsamer als Memory. Bei diesem Speichermedium handelt es sich um SSD:

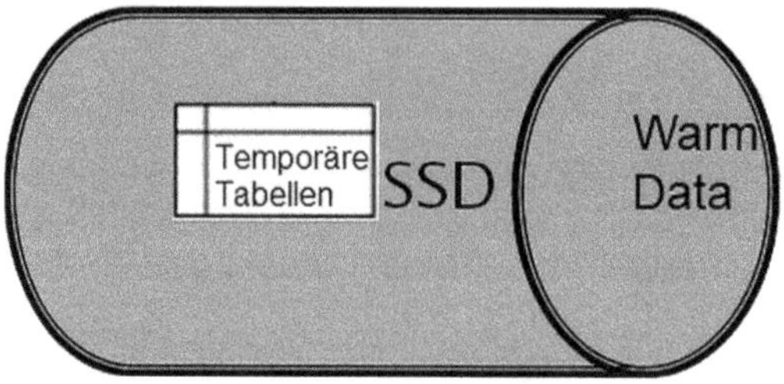

Abb. 10.16: SSD mit temporären Tabellen.

Im *Tablespace* TEMP werden nicht nur temporäre Tabellen gespeichert. Dieser *Tablespace* wird auch für die Ausführung von speicherintensiven Operationen verwendet. Dies sind Sortierungen und *Hash Joins*. Für diese Operationen werden die SSDs als Auslagerungsdatei verwendet, wenn das verfügbare Memory für diese Operationen nicht reicht. Die Größe des Memory für Sortierungen und *Hash Joins* kann mit Hilfe von Datenbank-Parametern eingestellt werden. Aufgrund des Konzepts der *Warm Data* ist eine mäßige Reservierung von Memory für diese beiden Operationen ausreichend. Denn wenn bei Ausführung der Operationen die Daten auf SSD ausgelagert werden müssen, dann gewährleisten auch die SSDs einen schnellen Zugriff auf die ausgelagerten Daten.

Mit dem Konzept *Warm Data* von CORDA ist ein kostengünstiger Betrieb möglich. SSDs sind günstiger als Memory und bieten für die *Warm Data* ausreichende Zugriffsgeschwindigkeit an. Im *Tablespace* TEMP werden nur zur Laufzeit Daten aufgebaut. Daher sind die *Warm Data* auch Bestandteil der prozessorientierten Eigenschaft von CORDA. Mit dieser Eigenschaft wird der Speicherbedarf für SSD optimiert, weil ein Prozess typischerweise nur einen kleinen Anteil der gesamten Datenmenge benötigt. Somit kann die Größe von SSD entsprechend sparsam dimensioniert werden. Das ist insbesondere für redundant ausgelegte Systeme ein großer Vorteil, weil auch der *Tablespace* TEMP gespiegelt werden muss. Denn SSD hat eine deutlich kürzere Lebensdauer im Vergleich zu Festplatten. Damit hilft der sparsame Einsatz von SSD mit Hilfe des Konzepts *Warm Data*, die Wartungskosten zu senken.

10.2.15.3 Hot Data

Diejenigen Daten mit dem größten Einfluss auf die Laufzeit eines Prozesses werden als *Hot Data* bezeichnet und im Memory gespeichert (siehe Abbildung 10.17). Das Memory gewährleistet den schnellsten Zugriff auf die *Hot Data*. Jeder Prozess wird in CORDA mit einer eigenen Datei konfiguriert. In die Datei werden die Datenbank-Objekte eingetragen, welche maßgeblichen Anteil an der Laufzeit des jeweiligen Prozesses haben. Diese Datenbank-Objekte sind die *Hot Data*. CORDA lädt die *Hot Data* vor dem Start des Prozesses in das Memory. Für die *Hot Data* ist im Memory der *Keep Pool* reserviert. Dort werden die *Hot Data* gespeichert. Die *Hot Data* verbleiben während der gesamten Prozess-Verarbeitung im *Keep Pool*. Wenn der Prozess Datenbank-Objekte verändert, welche dem *Keep Pool* angehören, dann wird das entsprechende Datenbank-Objekt im *Keep Pool* aktualisiert. Im *Keep Pool* sind die Datenbank-Objekte also immer auf dem neuesten Stand. Der Prozess greift auf die Datenbank-Objekte mit Hilfe von LLVs zu. Bei den Datenbank-Objekten kann es sich sowohl um Tabellen als auch um Indizes handeln. CORDA lädt die Datenbank-Objekte mit hoher Geschwindigkeit von Festplatte in den *Keep Pool*. Es wurden Ladegeschwindigkeiten von bis zu 1,2 GB pro Sekunde gemessen. Somit hat die Vorladung grundsätzlich keinen maßgeblichen Anteil an der Gesamtlaufzeit des Prozesses. Denn die Vorladung wird genutzt, um langlaufende Prozesse zu beschleunigen. Solche Prozesse haben typischerweise Laufzeiten von vielen Stunden oder sogar mehrere Tage. Für CORDA wurde ein schnelles Ladeprogramm entwickelt. Mit diesem Ladeprogramm werden die Datenbank-Objekte mit hoher Parallelität in den *Keep Pool* geladen. Dann werden hohe Ladegeschwindigkeiten erreicht, wenn die Datenbank-Objekte gleichmäßig auf mehrere Festplatten verteilt sind. Die gleichmäßige Verteilung der Daten wird mit Hilfe von ASM sichergestellt. Es sollten mindestens zehn physikalische Festplatten zur Verfügung stehen. Denn die Anzahl der Festplatten und die gleichmäßige Verteilung der Daten hat maßgeblichen Anteil an der zu erreichenden Ladegeschwindigkeit. Es sollten auch möglichst kleine Festplatten verwendet werden, weil diese eine kürzere Strecke zwischen Plattenrand und Spindel haben im Vergleich zu einer größeren Festplatte. Daher wird mit kleineren Festplatten die Zeit für die Positionierung des Lese-/Schreibkopfs reduziert, weil dieser im Vergleich zu größeren Festplatten nur kleinere Strecken überwinden muss, um sich für einen zu ladenden Datenblock zu positionieren. Denn die Zeitdauer für das Positionieren des Lese-/Schreibkopfs hat erheblichen Einfluss auf die Ladezeit der Datenblöcke.

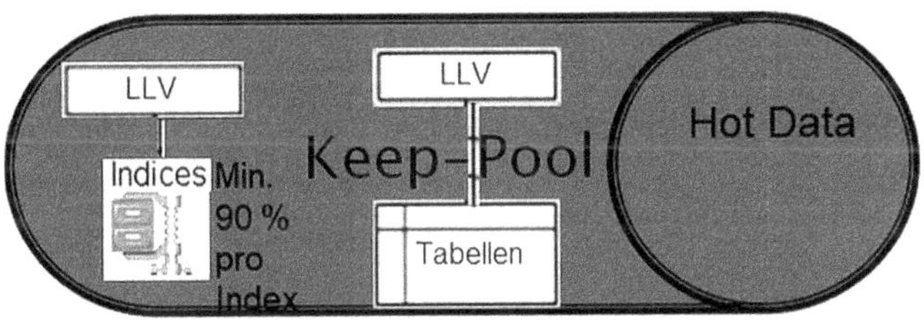

Abb. 10.17: *Keep Pool* mit vorgeladenen Datenbank-Objekten.

Das Konzept *Hot Data* ist wesentlicher Bestandteil der prozessorientieren Eigenschaft von CORDA. Mit dieser Eigenschaft kann ein wirtschaftlicher Betrieb gewährleistet werden. Denn die maximale Größe des *Keep Pool* wird mit Hilfe dieser Eigenschaft optimiert. Denn die Größe des *Keep Pool* muss sich nur nach einem Prozess richten. Dabei handelt es sich um denjenigen Prozess, für den die größte Datenmenge vorgeladen werden muss. Dies ergibt den Kostenvorteil. Es müssen nicht die Datenbank-Objekte für alle Prozesse gleichzeitig vorgeladen werden. Denn dann wäre der Bedarf an Memory deutlich höher. Die Kosten für die Anschaffung des erforderlichen Memory wären dadurch eine größere Belastung.

10.3 Ausführungspläne

Mit CORDA kann auch Einfluss auf die Ausführungspläne genommen werden. Durch die Bereitstellung von ausreichend Memory kann die Auslagerung von Datenblöcken vermieden werden. Die Auslagerung wird für die Operationen *Sort* und *Hash Join* genutzt. Wenn das Memory für die Ausführung dieser Operationen nicht mehr ausreicht, erfolgt die Auslagerung der Datenblöcke auf den *Tablespace* `TEMP`. Wenn ausreichend Memory zur Verfügung steht, kann diese Auslagerung vermieden werden. Die Operationen werden dann wesentlich schneller ausgeführt, weil IO-Operationen nicht erforderlich sind. Wenn dennoch eine Auslagerung erfolgt, verlängert sich die Ausführung jedoch auch nicht so erheblich, weil der *Tablespace* `TEMP` auf SSD platziert ist. Die SSD gewährleistet eine zügige Abwicklung der dann erforderlichen IO-Operationen. Die Größe des Arbeitsbereichs für die Sortierung wird mit dem Parameter `SORT_AREA_SIZE` festgelegt. Für die Konfiguration des Arbeitsbereichs mit dem *Hash Join* gibt es den Parameter `HASH_AREA_SIZE`.

Wenn man sich dafür entscheidet, das zusätzliche Memory von CORDA zu nutzen, um die `SORT_AREA_SIZE` zu erhöhen, beeinflusst man damit den automatischen Ausführungsplanoptimierer. Denn dieser wird dann *Sort Merge Joins* bevorzugt im Ausführungsplan verwenden, wenn die dafür erforderliche Sortierung vollständig im Memory erfolgen kann. Dann hat der *Sort Merge Join* gegenüber dem *Hash Join* einen Vorteil, wenn für die Ausführung des *Hash Join* eine Auslagerung von Datenblöcken auf den *Tablespace* `TEMP` erfolgen muss. Daher ist es am besten, wenn man das zusätzliche Memory von CORDA auch nutzt, um ebenso die *Hash Area Size* zu vergrößern. Wenn nämlich beide Operationen im Memory ausgeführt werden können, wird sich der Planoptimierer meistens für den *Hash Join* entscheiden. Denn dieser kann grundsätzlich schneller ausgeführt werden als der *Sort Merge Join*. CORDA wird also optimal konfiguriert, indem beide Parameter proportional erhöht werden. Wenn man das beachtet, werden im Ausführungsplan häufiger *Hash Joins* anstelle von *Nested Loops* verwendet. Dies wird insbesondere dann der Fall sein, wenn die Hashtabelle komplett in das Memory geladen werden kann. Dies wird durch den zusätzlich verfügbaren Arbeitsbereich für den *Hash Join* dann auch häufiger der Fall sein. *Hash Joins*, die vollständig im Hauptspeicher ausgeführt werden können, sind schneller als *Nested Loops*. Daher erhält man durch das zusätzlich verfügbare Memory von CORDA auch bessere Ausführungspläne, wenn man das zusätzliche Memory auch für die Konfiguration der Arbeitsbereiche nutzt. Der Vorteil dieser Vorgehensweise besteht darin, dass man keinen direkten Einfluss auf die Ausführungspläne mit Hilfe von *Hints* nehmen muss, weil der Planoptimierer die Ausführungspläne automatisch an die geänderte Konfiguration anpasst.

Es ist jedoch auch möglich, mit CORDA schnellere Ausführungspläne zu erhalten, ohne dass man zusätzliches Memory für die Arbeitsbereiche von *Hash Join* und *Sort Merge Join* bereitstellt. Dies kann der Fall sein, wenn man das zusätzliche Memory vollständig für die Vorladung der Datenbank-Objekte benötigt, so dass kein weiteres Memory für die Vergrößerung der Arbeitsbereiche verfügbar ist. Dann kann man aufgrund der Flexibilität von CORDA dennoch schnellere Ausführungspläne erhalten, wenn man dafür das Konzept *Warm Data* nutzt. Denn wenn die Hashtabelle teilweise auf den *Tablespace* TEMP ausgelagert werden muss, kann der *Hash Join* oft dennoch schneller ausgeführt werden als eine *Nested Loop*, weil die zusätzlich erforderlichen IO-Operationen auf SSD erfolgen. Denn der *Tablespace* TEMP ist auf SSD platziert. Dann muss man jedoch beachten, dass der automatische Planoptimierer diese spezielle Konfiguration von CORDA nicht beachten kann. Denn der automatische Planoptimierer muss bei der Erzeugung des Ausführungsplans die durchschnittliche Dauer einer IO-Operation berücksichtigen. Diese entnimmt er den Systemstatistiken. Dort sind natürlich bei der Messung auch die IO-Operationen auf die *Cold Data* berücksichtigt worden, welche auf Festplatte gespeichert sind. Daher wird der automatische Planoptimierer den *Hash Join* nicht bevorzugen, weil der gemessene Wert für eine durchschnittliche IO-Operation deutlich größer ist als die Dauer einer IO-Operation, welche auf dem *Tablespace* TEMP erfolgt. Dann muss man den Ausführungsplan aktiv mit Hilfe von *Hints* beeinflussen. Wenn also mit Hilfe von CORDA ein *Hash Join* schneller ausgeführt werden kann als eine *Nested Loop*, weil der Zugriff auf ausgelagerte Datenblöcke der Hashtabelle mit Hilfe von SSD schnell ermöglicht wird, dann muss man den *Hash Join* mit Hilfe eines *Hint* in den Ausführungsplan einbauen, weil der Planoptimierer diesen Sachverhalt nicht automatisch erkennen kann.

10.3.1 OPTIMIZER_INDEX_CACHING

Mit der Parametrisierung kann man auch festlegen, welcher prozentuale Anteil eines Index grundsätzlich im Memory erwartet werden kann. Das erfolgt mit dem Parameter OPTIMIZER_INDEX_CACHING. Wenn dieser Wert beispielsweise auf 90 gesetzt wird, erzeugt der Optimierer die Ausführungspläne mit der Annahme, dass jeder im Ausführungsplan verwendete Index mit 90 % im Memory vorhanden ist. In diesem Fall wird sich der Planoptimierer bevorzugt für einen Index-Scan und nicht für den *Full Table Scan* entscheiden. Mit Hilfe von CORDA kann die Erfüllung dieser Annahme sicher gewährleistet werden. Dazu muss man nur vor dem Prozessstart alle Indizes, die in den Ausführungsplänen der benötigten SQL-Statements eingetragen sind, mit Hilfe der Vorladung in den *Keep Pool* laden. Dort werden die Indizes während der Verarbeitungsdauer verharren. Alle benötigten Indizes sind dann zu 100 % verfügbar und man kann daher mit Hilfe von CORDA den Parameter OPTIMIZER_INDEX_CACHING sogar auf 100 setzen. Dann kann man Memory einsparen. Denn der Optimierer wird sich bevorzugt für den Index-Scan und nicht für den *Full Table Scan* entscheiden. Man kann Memory einsparen, wenn man nur die benötigten Indizes und nicht die Tabellen in den *Keep Pool* vorlädt. Das Einsparpotential für das Memory ergibt sich, weil ein Index weniger Speicher verbraucht als eine Tabelle. Allerdings muss man beachten, dass man nur Memory sparen kann, wenn für eine Tabelle nicht mehrere Indizes vorgeladen werden müssen. Denn mehrere Indizes können eventuell zusammen den Speicherbedarf der referenzierten Tabelle überschreiten. Man spart natürlich auch nur dann Memory, wenn man nicht noch zusätzlich die benötigte Tabelle in das Memory lädt. Das kann sich jedoch negativ auf die Dauer der Laufzeit auswirken, nämlich dann, wenn mit dem Index die `ROWID` des Datensatzes in der Tabelle ermittelt wird und mit der `ROWID` auf den Datensatz zugegriffen wird. Denn der Datensatz der Tabelle wird dann von der Festplatte geladen. Wenn dann eine größere Anzahl von Datensätzen aus der Tabelle benötigt wird, kann die Selektion der benötigten Datensätze recht lange dauern. Dann kann ein *Full Table Scan* sogar schneller sein, wenn die Tabelle komplett in das Memory vorgeladen wird. Denn wenn nur der Index im Memory ist, kann nur die `ROWID` schnell ermittelt werden. Das Laden der benötigten Datensätze aus der Tabelle dauert recht lange, weil diese Datensätze von der Festplatte geladen werden müssen.

10.3.2 Ladestrategien

Grundsätzlich sind daher mehrere Strategien denkbar, welche man mit CORDA durch die Konfiguration der Vorladung unterstützen kann:

1. Nur die benötigten Indizes werden vorgeladen.
2. Nur die benötigten Tabellen werden vorgeladen.
3. Die benötigten Indizes und Tabellen werden vorgeladen.

Wenn die Selektionen eine größere Anzahl von Datensätzen aus den Tabellen benötigen, kann die zweite Strategie besser sein. Dann sollte man den Wert für den Parameter `OPTIMIZER_INDEX_CACHING` reduzieren, damit sich der Optimierer bevorzugt für den *Full Table Scan* entscheidet. Grundsätzlich ist eine deutliche Reduktion des Wertes erforderlich. Denn ohne Vorladung wird meistens nur ein geringer Anteil des Index im Memory vorhanden sein. Wenn dann eine größere Anzahl von Datensätzen aus einer Tabelle benötigt wird, wird sich der Optimierer bevorzugt für den *Full Table Scan* entscheiden. Der kann zügig verarbeitet werden, weil die Tabelle vollständig im Memory vorhanden ist. Die schnellste Verarbeitung wird in vielen Fällen durch die dritte Strategie erreicht. Bei der dritten Strategie werden sowohl die benötigten Indizes als auch die Tabellen in das Memory geladen. Der Parameter `OPTIMIZER_INDEX_CACHING` wird dann auf 100 gesetzt und der Optimierer wird sich bevorzugt für den Index-Scan entscheiden, um mit Hilfe der ermittelten `ROWID`s auf die Datensätze der ebenfalls vorgeladenen Tabellen zuzugreifen. Wenn jedoch in den Ausführungsplänen hauptsächlich *Full Table Scans* eingetragen sind, verursacht die Strategie zusätzliche Kosten, jedoch keinen entsprechenden Nutzenzuwachs im Vergleich zur Strategie zwei, weil dann die zusätzlich im Memory verfügbaren Indizes nicht verwendet werden. In diesem Fall nutzt man natürlich die Strategie zwei mit CORDA, damit ein kostenoptimaler Betrieb garantiert wird.

Die Auswahl aus den drei verfügbaren Strategien richtet sich nach der erzielbaren Beschleunigung und den anfallenden Kosten. Die Entscheidung für eine Strategie erfolgt situationsbedingt. Typischerweise steigen die Kosten mit der Nummerierung der Strategie. In der Regel ist also Strategie eins am günstigsten und Strategie drei die teuerste. Strategie eins ist nur dann effektiv, wenn in den Ausführungsplänen keine *Full Table Scans* enthalten sind. Diese Strategie ist dann optimal, wenn in den Ausführungsplänen ausschließlich auf Indizes und nicht auf Tabellen zugegriffen wird.

Wenn dagegen nur *Full Table Scans* in den Ausführungsplänen enthalten sind, ist Strategie zwei die optimale Wahl.

Strategie drei ist die komfortabelste Strategie. Da sowohl Indizes als auch Tabellen vorgeladen werden, bietet diese Strategie eine optimale Performanz, wenn in den Ausführungsplänen sowohl Scans auf Tabellen als auch auf Indizes erfolgen. Diese Strategie ist allerdings am teuersten, weil am meisten Memory benötigt wird.

10.3.3 OPTIMIZER_INDEX_COST_ADJ

Bei der Auswahl aus einer der drei Ladestrategien wird nicht immer nur die Performanz der ausschlaggebende Faktor für die Entscheidung sein. Oft wird auch das verfügbare Budget einen Einfluss auf die Auswahl der Strategie haben. Das kann dann zur Folge haben, dass die ausgewählte Strategie nicht optimal zu den Ausführungsplänen passt. Es kann also beispielsweise die Entscheidung für die Strategie zwei fallen, obwohl die Strategie drei besser zu den Ausführungsplänen passen würde.

In solchen Fällen kann man auch mit Hilfe der Parametrisierung auf die Ausführungspläne einwirken. Dadurch sollen sich die Ausführungspläne ändern, so dass diese dann besser zu der ausgewählten Ladestrategie passen. Diese Beeinflussung der Ausführungspläne darf jedoch nur dann erfolgen, wenn eine nicht optimale Ladestrategie gewählt werden musste, weil die Entscheidung für die nicht optimale Ladestrategie wegen eines begrenzten Budgets erfolgen musste.

Wenn man sich also beispielsweise wegen eines begrenzten Budgets für die zweite Ladestrategie entscheidet, muss man die Ausführungspläne in der Art beeinflussen, dass der Optimierer bevorzugt *Full Table Scans* in die Ausführungspläne einbaut. Die Entscheidung für *Full Table Scans* kann mit Hilfe des Parameters `OPTIMIZER_INDEX_COST_ADJ` begünstigt werden. Dieser Parameter kann im Bereich zwischen `1` und `10.000` gesetzt werden. Bei einem Wert von 1 favorisiert der Optimierer einen Index-Scan. Je stärker der Wert erhöht wird, umso mehr sinkt diese Favorisierung. Wenn also höhere Werte gesetzt werden, wird der *Full Table Scan* begünstigt und man erhält dann eher Ausführungspläne, die zu der zweiten Ladestrategie passen. Wenn der Parameter auf `100` gesetzt wird, wird der Index-Scan mit seinen regulär anfallenden Kosten durch den Optimierer bewertet. Daher ist das der empfohlene Wert für den Parameter. Wenn der Wert auf `50` gesetzt wird, kalkuliert der Optimierer nur mit der Hälfte der regulären Kosten für den Index-Scan. Durch die Reduktion des

Wertes werden also Index-Scans begünstigt. Wird der Wert jedoch auf `200` erhöht, verdoppelt der Optimierer die regulären Kosten für den Index-Scan. Wenn also der Wert des Parameters erhöht wird, favorisiert der Optimierer den *Full Table Scan*. Mit diesem Parameter kann also die ausgewählte Ladestrategie unterstützt werden, indem Ausführungspläne erzeugt werden, die zu der Ladestrategie passen.

10.4 Kosten-Nutzen-Analyse

Die Einführung von CORDA kann beim Setup zunächst zusätzliche Kosten verursachen. Dies ist beispielsweise dann der Fall, wenn zusätzliches Memory beschafft werden muss, um die Vorladung von CORDA optimal zu unterstützen. Daher wird CORDA dann eingeführt, wenn es zu einer Amortisierung der Investitionen kommt. Bevor CORDA eingeführt wird, muss man daher die Kosten für die zusätzlichen Investitionen ermitteln und dem zu erwartenden Nutzen gegenüberstellen. Der Nutzen muss ebenfalls bewertet werden. Wenn diese Bewertung erfolgt ist, kann man den Zeitpunkt berechnen, bei dem Kosten und Nutzen gleich groß sind. Dies ist der Amortisationszeitpunkt. Ab diesem Zeitpunkt hat sich die Investition für CORDA amortisiert. Wenn man also beispielsweise für CORDA zusätzliches Memory in Höhe von 50.000 € benötigt, dann handelt es sich hierbei um eine erforderliche Investition. Durch die beschleunigte Verarbeitung kann jedoch auch die Produktivität der Mitarbeiter gesteigert werden. Denn wenn beispielsweise ein *Batch* abends gestartet wird und dieser am nächsten Morgen noch nicht fertig ist, kann das den Online-Betrieb beeinträchtigen, wenn das Batch-Processing und der Online-Betrieb aus technischen Gründen nicht parallel ausgeführt werden können. Wenn also der *Batch* um 7 Uhr fertig wird und der Online-Betrieb um 6 Uhr beginnt, dann sind die betroffenen Mitarbeiter blockiert und damit für eine Stunde unproduktiv, sofern die Mitarbeiter keine alternativen Aufgaben erledigen können. Dann kann die Produktivität der Mitarbeiter gesteigert werden, wenn der *Batch* in einem Ausmaß beschleunigt wird, dass dessen Terminierung spätestens um 6 Uhr gewährleistet ist. Also werden durch die Beschleunigung des *Batch* auch Personalkosten eingespart. Das könnten beispielsweise innerhalb eines Jahres ebenfalls 50.000 € sein. Dann amortisiert sich CORDA in dem Beispiel innerhalb eines Jahres. Ab diesem Zeitpunkt übersteigt der Nutzen die Investitionskosten. Vor der Einführung von CORDA ist es daher wichtig, die anfallenden Kosten und den Nutzen möglichst vollständig zu ermitteln und zu bewerten. Mit Hilfe dieser Kosten-Nutzen-Analyse hat man eine fundierte Entscheidungsgrundlage für die Einführung von CORDA. Diese Analyse folgt zunächst einer buchhalterischen Strategie. Jedoch muss man hierbei beachten, dass die Messung des Nutzens nicht immer einfach ist. Das hängt insbesondere davon ab, ob ein quantitativer Nutzen oder ein qualitativer Nutzen beurteilt werden muss. Denn nur der quantitative Nutzen kann mit buchhalterischen Prinzipien bewertet werden. Bei den Personalkosten handelt es sich um ein Beispiel für einen quantitativen Nutzen. Die Personalkosten werden mit der Buchhaltung erfasst.

Daher können die eingesparten Personalkosten einfach bewertet werden. Schwieriger lässt sich der qualitative Nutzen beurteilen. Dieser Nutzen kann nicht einfach bewertet werden. Es erfolgt keine Erfassung in der Buchhaltung. Jedoch kann durch die Einführung von CORDA auch qualitativer Nutzen erzielt werden. In diesem Fall kann man nur eine korrekte Kosten-Nutzen-Analyse erstellen, wenn man auch den qualitativen Nutzen bewertet und in der Kosten-Nutzen-Analyse erfasst. Ein Beispiel für einen qualitativen Nutzen kann die Kundenzufriedenheit sein. Wenn also beispielsweise ein Mitarbeiter die telefonischen Anfragen von Kunden schneller beantworten kann, weil er von einer beschleunigten Anwendung die erforderlichen Informationen für die Beantwortung der Fragen schneller bekommt, kann dadurch die Kundenzufriedenheit steigen. Bei zufriedenen Kunden steigt die Wahrscheinlichkeit, dass man Folgeaufträge erhält. Daher muss man dann die zusätzlich zu erwartenden Folgeaufträge abschätzen und bewerten. Das Ergebnis der Bewertung muss in die Kosten-Nutzen-Analyse einfließen.

10.4.1 Quantitativer Nutzen

Der quantitative Nutzen von CORDA kann unmittelbar gemessen werden. Dieser direkt erkennbare Nutzen wirkt sich unmittelbar auf die Bilanz aus. Das können beispielsweise eingesparte Lizenzkosten sein. Häufig setzen Unternehmen zusätzliche Optionen von Oracle ein, um die gewünschte Beschleunigung einer Anwendung zu erhalten. Beispiele für diese Optionen sind *Compression*, *Partitioning* und *In Memory*. Wenn man nun eine oder auch mehrere dieser Optionen durch CORDA ersetzt, kann man damit die Lizenzkosten für die ersetzten Optionen einsparen. Lizenzen müssen pro Prozessor oder Nutzer erworben werden. Die Ersparnis ist dann also umso größer, wenn man viele Prozessoren oder Nutzer hat. Wenn mit CORDA die Option *In Memory* ersetzt wird, kann man in diesem besonderen Fall nicht nur Lizenzkosten einsparen, sondern auch Kosten für die Hardware. Dies wird durch die prozessorientierte Eigenschaft von CORDA ermöglicht. Diese Eigenschaft ermöglicht eine besonders sparsame Nutzung des Memory, weil nur die Datenbank-Objekte vorgeladen werden, welche der aktuell zu startende Prozess benötigt. Die Option *In Memory* hat die prozessorientierte Eigenschaft in der beschriebenen Form nicht. Vielmehr werden meistens alle benötigten Datenbank-Objekte permanent in das Memory geladen. Eine dynamische Anpassung der geladenen Datenbank-Objekte während der Laufzeit der Anwendung erfolgt in der Regel nicht. Daher kann man in solchen Fällen mit Hilfe von CORDA zusätzlich zu den Lizenzkosten auch Kosten für die Hardware einsparen. Hierbei handelt es sich um einen weiteren quantitativen Nutzen. Denn auch die Kosten für Hardware werden unmittelbar in der Bilanz berücksichtigt.

CORDA ermöglicht auch eine hohe Skalierbarkeit. Diese Eigenschaft bezieht sich auf das benötigte Memory. Denn der Bedarf an Memory kann stufenlos mit Hilfe der Konfiguration reguliert werden. Durch den Umfang der Datenbank-Objekte in der

Konfiguration wird das benötigte Memory festgelegt. Die Skalierbarkeit von CORDA erfolgt durch die Variation der zu ladenden Datenbank-Objekte. Wenn nämlich die gewünschte Laufzeit mit der aktuellen Konfiguration bereits deutlich unterschritten wird, dann werden Datenbank-Objekte aus der Konfiguration entfernt. Somit wird die Skalierbarkeit genutzt, um Memory einzusparen. Die Skalierbarkeit von CORDA ermöglicht also eine Reduktion der Kosten.

Mit CORDA kann die Realisierung oder Änderung an bereits existierenden SQL-Befehlen in der Regel einfacher ausgeführt werden im Vergleich zu kostenpflichtigen Optionen von Oracle. Dadurch können Programmierkosten eingespart werden. Wenn die Realisierung umfangreich ist oder eine größere Anzahl von Änderungen an bestehenden SQL-Befehlen erfolgen soll, können erhebliche Kosten für die Realisierung eingespart werden. Wenn man beispielsweise die Option *Partitioning* nutzt, muss man sowohl Tabellen als auch Indizes partitionieren. Das erfordert typischerweise umfangreichen Realisierungsaufwand. Die Partitionierung muss sorgfältig geplant werden. Nach der Realisierung sind umfangreiche Tests erforderlich. Dagegen erreicht man mit CORDA in der Regel eine höhere Performanz mit deutlich geringerem Aufwand. Denn man muss lediglich mit Hilfe der zu realisierenden SQL-Befehle festlegen, welche Datenbank-Objekte vorgeladen werden sollen. Wenn man die Datenbank-Objekte identifiziert hat, müssen diese nur noch in die Konfiguration eintragen werden, welche vor dem Prozessstart genutzt wird, um die Datenbank-Objekte in das Memory zu laden. Daher ist die Beschleunigung mit CORDA meistens einfach zu realisieren, so dass man erhebliche Programmierkosten einspart, wenn man CORDA anstelle von kostenpflichtigen Oracle-Optionen verwendet.

Ein weiterer typischer Bilanzposten sind die Personalkosten. Die Bilanzkosten für diesen Posten kann man grundsätzlich mit CORDA reduzieren. Aufgrund der beschleunigten Verarbeitung durch die Anwendung kann die Produktivität der Nutzer deutlich erhöht werden. Durch diese höhere Produktivität wird die Verarbeitung von Geschäftsprozessen beschleunigt. Der Mitarbeiter kann also mit Hilfe von CORDA mehr Geschäftsprozesse in der gleichen Zeit bearbeiten. Diese schnellere Bearbeitung der Geschäftsprozesse führt dann dazu, dass man insgesamt weniger Mitarbeiter für die Bearbeitung der Geschäftsprozesse benötigt, so dass der Bedarf an Mitarbeitern sinkt und damit die Personalkosten reduziert werden.

Anstatt die Personalkosten zu senken, kann man jedoch auch von der schnelleren Verarbeitung des Workflows profitieren. Für diese Variante wird man sich dann entscheiden, wenn die schnellere Verarbeitung des Workflows zu einer Steigerung des Umsatzes führt und sich daraus resultierend der Gewinn erhöht. Wenn dann der zusätzlich zu erzielende Gewinn größer ist als das Einsparpotential für die Personalkosten, wird man sich für die Beschleunigung des Workflows entscheiden.

Mit Hilfe von CORDA kann auch die Massenverarbeitung der Anwendung beschleunigt werden. Die Massenverarbeitung wird in der Regel nicht gleichzeitig mit dem Online-Betrieb erfolgen. Typischerweise wird die Massenverarbeitung nachts ausgeführt; wenn nämlich kein Online-Betrieb stattfindet. Die Beschleunigung der

Massenverarbeitung hat eine Wirkung, welche mit der Beschleunigung des Workflows vergleichbar ist. Denn durch die beschleunigte Massenverarbeitung kann ebenfalls der Umsatz gesteigert werden. Auch ist eine Reduktion der Personalkosten möglich. Dies ist insbesondere dann der Fall, wenn die Massenverarbeitung und der Online-Betrieb nicht parallel erfolgen können und die Gefahr besteht, dass der Online-Betrieb durch eine langlaufende Massenverarbeitung blockiert wird. Denn diese Blockade reduziert dann die Produktivität der Mitarbeiter.

Langlaufende Prozesse sind auch störanfälliger. Ein typisches Beispiel sind SQL-Berichte, welche parallel zum Workflow oder zur Massenverarbeitung erstellt werden. Ein langlaufender SQL-Bericht kann nämlich mit dem Fehler *Snapshot too Old* abbrechen, wenn während der Laufzeit des Berichts der Bestand durch langlaufende Verarbeitungen verändert wird. Der SQL-Bericht wird abbrechen, wenn diese Änderungen von der Datenbank nicht mehr aufgezeichnet werden können. Denn dann besteht die Gefahr, dass der SQL-Bericht mit inkonsistenten Daten arbeitet, weil er anstelle der ursprünglichen Daten nur noch auf die geänderten Daten zugreifen kann. Solange die Änderungen aufgezeichnet werden, besteht diese Gefahr nicht. Denn der Bericht greift dann bei Bedarf auf die Aufzeichnungen zu. Diese Aufzeichnungen sind im *Tablespace* UNDO enthalten. Wenn jedoch ältere Aufzeichnungen aus dem *Tablespace* UNDO entfernt werden müssen, weil der *Tablespace* ansonsten nicht mehr ausreichen würde, um jüngere Änderungen einzutragen, kann ein Abbruch des SQL-Berichts erfolgen, weil nur noch die veränderten Daten verfügbar sind, welche der Bericht nicht verwenden darf, weil das Ergebnis des SQL-Berichts inkonsistent wird.

Mit CORDA wird der Test der Anwendung beschleunigt, so dass die Kosten für den Test deutlich reduziert werden können. Insbesondere bei Anwendungen, die länger genutzt werden, muss man während der Lebensdauer der Anwendung mit erheblichen Kosten für das Testen der Anwendung rechnen. Denn bei einer Veränderung an der Anwendung sind meistens Tests erforderlich. Mit den Tests muss die korrekte Funktionalität der Änderung überprüft werden. Ebenso werden Seiteneffekte überprüft, welche durch eine Änderung ausgelöst werden können. Je mehr Änderungen während der Lebensdauer einer Anwendung erfolgen, umso mehr Tests müssen ausgeführt werden. Der Umfang der Tests wird maßgeblich durch die Anzahl der Fehler und der funktionalen Änderungswünsche bestimmt. Je größer dieser Umfang ist, umso mehr Kosten für den Test können mit CORDA eingespart werden. Denn die Ausführung der Tests wird erheblich beschleunigt. Das hat zur Folge, dass man die Kosten für das Testteam reduzieren kann, weil das Team weniger Zeit für die Tests benötigt. Anstatt das Testteam zu reduzieren, kann man jedoch auch in der gleichen Zeit mehr Tests ausführen. Wenn man sich für diese Strategie entscheidet, wird man mit Hilfe von CORDA mehr Fehler finden. Fehler, die man bereits in der Testphase identifiziert, verursachen geringere Kosten. Denn wenn man den Fehler beim Test nicht findet, wird dieser in der produktiven Instanz installiert. Dann wird der Fehler meistens erst während des produktiven Betriebs von einem Anwender entdeckt. In diesem Fall kann es insbesondere dann zu höheren Kosten kommen, wenn der Anwender eine schnelle

Fehlerbehebung benötigt. Das ist meistens dann der Fall, wenn es keinen akzeptablen Workaround für den Fehler gibt. In diesem Fall muss eine außerplanmäßige Fehlerbehebung in die Produktion geliefert werden. Da es sich um eine außerplanmäßige Lieferung handelt, werden zusätzliche Kosten für die Lieferung anfallen, weil man diese Lieferung bisher nicht in der Kalkulation berücksichtigt hatte.

10.4.2 Qualitativer Nutzen

Der qualitative Nutzen kann nicht unmittelbar gemessen werden. Der Nutzen wirkt sich also nicht unmittelbar auf die Bilanz aus. Bei der Kundenzufriedenheit handelt es sich beispielsweise um einen qualitativen Nutzen. Wenn die Kundenzufriedenheit erhöht wird, ist die Auswirkung auf die Bilanz nicht unmittelbar ersichtlich. Dennoch hat dieser Nutzen eine hohe Bedeutung für das Unternehmen. Denn wenn die Kundenzufriedenheit erhöht wird, senkt man dadurch das Risiko, dass Kunden zur Konkurrenz wechseln. Denn auch die Konkurrenz ist an einer Erweiterung des Kundenstamms interessiert. Daher muss man damit rechnen, dass auch die Konkurrenz die Kundenzufriedenheit steigern will. Daher ist es wichtig, dass man bei dem Wettbewerb um Kunden nicht in Rückstand zur Konkurrenz gerät. Der qualitative Nutzen hat also eine hohe Bedeutung für einen nachhaltigen Kundenerfolg, auch wenn der Nutzen sich nicht direkt auf die Bilanz auswirkt.

Mit CORDA kann der qualitative Nutzen einer Anwendung gesteigert werden. Denn durch die beschleunigte Verarbeitung können Kundenanfragen schneller erledigt werden. Wenn die Kunden beispielsweise ihre Anfragen telefonisch stellen können, dann werden diese mit Hilfe von CORDA schneller beantwortet, wenn der Sachbearbeiter für die Beantwortung der Fragen auf Daten der Anwendung zugreifen muss und der Zugriff auf diese Daten ohne die Unterstützung von CORDA recht lange dauert. Denn insbesondere bei telefonischen Anfragen erwartet der Anrufer eine schnelle Antwort.

Eine ähnliche Erwartungshaltung hat der Kunde bei Portalanfragen. Durch die Nutzung eines Portals kann das Unternehmen seine Geschäftsprozesse optimieren, indem ein Teil der Tätigkeiten des Sachbearbeiters auf den Kunden verlagert werden. Das kann beispielsweise die Pflege der Stammdaten sein. Wenn der Kunde seine Stammdaten selber pflegt, wird dadurch die Zeit des Sachbearbeiters eingespart und somit erfolgt damit eine Reduktion der Personalkosten. Damit das funktioniert, muss das Portal von den Kunden akzeptiert werden. Wenn die Akzeptanz gewährleistet ist, wird der Kunde das Portal auch nutzen, um dort beispielsweise eine Adressänderung selbst eintragen, ohne dass ein Sachbearbeiter eingeschaltet werden muss. Die Akzeptanz des Portals kann auch durch eine zügige Verarbeitung gefördert werden. Denn damit der Nutzer das Portal verwendet, um selbst einen Teil der Sachbearbeiter-Aufgaben zu übernehmen, muss ihm auch ein zusätzlicher Nutzen geboten werden, indem ihm zum Beispiel umfangreiche Informationen über das Portal zugänglich gemacht werden. Das kann beispielsweise bei einer Rentenversicherung die Information über die relevanten Daten seiner zu erwartenden Rente sein. Dann können dem Versicherten auch die bisher eingezahlten Beiträge vollständig aufgelistet werden. Mit Hilfe von CORDA können die Informationen zügig aus der Datenbank ermittelt und dem Kunden im Portal präsentiert werden.

Wenn bei einem Unternehmen eine Anwendung im Einsatz ist, hat die Kundenzufriedenheit eine hohe Bedeutung. Jedoch muss diese Zufriedenheit auch bei den Sachbearbeitern vorhanden sein. Denn wenn die Anwendung bei dem Sachbearbeiter eine hohe Akzeptanz hat, arbeitet dieser gerne mit der Anwendung. Dies ist eine Voraussetzung für eine qualitativ hochwertige Arbeit des Sachbearbeiters. CORDA fördert die Zufriedenheit des Sachbearbeiters durch die zügige Verarbeitung der Geschäftsvorfälle. Denn dies ist typischerweise ein signifikantes Kriterium, welches hohen Einfluss auf die Akzeptanz einer Anwendung durch den Sachbearbeiter hat.

Eine schnelle Verarbeitung mit CORDA fördert die termingerechte Erbringung der Leistungen. Wenn beispielsweise eine Rentenversicherung am Anfang des Monats die Renten an ihre Versicherten auszahlt, erwarten diese Versicherten, dass ihnen die Rente pünktlich überwiesen wird. Für die Auszahlung der Renten wird dann ein *Bulk Batch* ausgeführt. Je größer die Menge der Versicherten ist, umso länger wird der *Bulk Batch* für die Verarbeitung der Renten benötigen. Bei einer großen Anzahl von Rentnern besteht die Gefahr, dass nicht allen Versicherten die Rente pünktlich überwiesen werden kann. In diesem Fall kann man CORDA nutzen, um die termintreue Auszahlung der Rente zu gewährleisten. Eine termintreue Erbringung der Leistung durch das Unternehmen wirkt sich nicht unmittelbar auf die Bilanz aus. Jedoch wird das Image des Unternehmens dadurch gestärkt. Insofern kann eine termintreue Erbringung der Leistung dazu beitragen, dass neue Kunden gewonnen werden können, weil diese auch von der Termintreue des Unternehmens begeistert sind.

Wenn Anwendungen mit CORDA beschleunigt werden, erfolgen keine Veränderungen an den SQL-Befehlen. Denn die Vorladung der Datenbank-Objekte erfolgt vor der Ausführung der SQL-Befehle. Daher ist es möglich, mit CORDA die Anwendung zu beschleunigen, ohne dass zusätzliche Tests notwendig werden, mit denen die fachliche Funktionalität der Anwendung überprüft werden muss. Denn wenn die Anwendung mit CORDA beschleunigt wird, erfolgt keine Änderung an der fachlichen Logik. Daher muss man nur die Laufzeit testen. Weitere Tests sind nicht erforderlich. Wenn also die Möglichkeit besteht, die Anwendung durch die Umstrukturierung von SQL-Befehlen ausreichend zu beschleunigen, so sollte dennoch der Einsatz von CORDA geprüft werden. Bei der Umstrukturierung der SQL-Befehle sind keine zusätzlichen Kosten für Memory erforderlich. Jedoch kann die Verwendung von CORDA günstiger sein, auch wenn dann mehr Memory benötigt wird. Denn bei der Umstrukturierung von SQL-Befehlen kann die fachliche Logik unbeabsichtigt verändert werden. Daher muss man bei den geänderten SQL-Befehlen sowohl die Laufzeit als auch die fachliche Funktionalität überprüfen. Bei den Tests wird erwartet, dass sich die Laufzeit verringert und die fachliche Funktionalität sich nicht ändert. Wenn jedoch die fachliche Funktionalität unbeabsichtigt verändert wird, dann muss dieser Fehler beseitigt werden, wenn er beim Test entdeckt wird. Der Aufwand steigt noch weiter, wenn die fachliche Änderung beim Test unentdeckt bleibt und in der produktiven Umgebung installiert wird. Ein solcher Fehler wird meistens erst vom Anwender entdeckt. Wenn dann kein Workaround verfügbar ist und der Anwender eine schnelle Fehlerbehebung braucht, muss eine außerplanmäßige Auslieferung erfolgen. Daher ist die Umstrukturierung von SQL-Befehlen mit Risiken behaftet. Die daraus zusätzlich resultierenden Kosten für Test und Fehlerbehebung können dann deutlich höher sein als die Kosten für das zusätzliche Memory, das CORDA benötigt. Das wird insbesondere dann der Fall sein, wenn eine größere Anzahl von SQL-Befehlen umstrukturiert werden müssten, um die gewünschte Beschleunigung zu erreichen.

Mit CORDA lässt sich in solchen Fällen die Beschleunigung auch deutlich schneller realisieren. Denn die Umstrukturierung von SQL-Befehlen ist eine komplexe Aufgabe. Insbesondere bei umfangreicheren SQL-Befehlen muss die Umstrukturierung sorgfältig erfolgen, damit sich keine fachlichen Fehler einschleichen. Das kann dann dazu führen, dass die Umstrukturierung sehr zeitaufwändig wird. Dann kann man die Beschleunigung der Anwendung mit CORDA deutlich schneller erreichen. Denn mit diesem Tool ist die Realisierung einfach. Es handelt sich nämlich um ein standardisiertes Vorgehen. Die Nutzung des Tools ist also für einen Programmierer keine komplexe Aufgabe. Der Programmierer muss sich lediglich mit dem Standardvorgehen einmalig vertraut machen. Dann kann er dieses standardisierte Vorgehen grundsätzlich immer anwenden. Die Komplexität der SQL-Befehle ist unerheblich. Daher sollte die Beschleunigung mit CORDA anstelle der Umstrukturierung von SQL-Befehlen insbesondere dann erfolgen, wenn es sich um recht komplexe SQL-Befehle handelt.

10.5 Testergebnisse

CORDA wurde mit der Anwendung Futura® getestet. Diese Anwendung wurde individuell entwickelt und wird von einer öffentlichen Körperschaft in München verwendet, um damit Renten und Pensionen für deren Pflichtversicherte zu administrieren. Diese Zahlungen werden durch Beiträge von Arbeitgebern und Arbeitnehmern geleistet. Daher erfolgt die Auszahlung der Renten zusätzlich zu einer gesetzlichen Rente, sofern der Pflichtversicherte auf eine solche gesetzliche Rente auch einen Anspruch haben sollte.

Die Anwendung besteht aus vier Fachmodulen und einer Plattform. In der Plattform sind die technische Basis und allgemeine fachliche Funktionalität implementiert, die von den vier Fachmodulen genutzt wird. Jedes Fachmodul ist auf einen Kreis von Versicherten ausgerichtet. Es gibt daher vier Kreise von Versicherten:

1. Angestellte der bayerischen Kommunen
2. Beamte der bayerischen Kommunen

3. Versicherte, die ausgewählten Berufsständen, wie beispielsweise Apotheker oder Rechtsanwälte, angehören
4. Schauspieler auf Bühnen und Angehörige von Orchestern

CORDA wurde mit den beiden Fachmodulen eins und vier getestet. Fachmodul eins ist am größten und hat einen Datenbestand mit einer Größe von rund 2 TB. Fachmodul vier ist mit einem Datenbestand von 200 GB deutlich kleiner.

10.5.1 Messungen

Bei beiden Fachmodulen konnte die Laufzeit von langlaufenden *Bulk Batches* um mehr als 60 % reduziert werden. Bei dem Fachmodul vier wurde die Jahresendverarbeitung optimiert. Dieser *Bulk Batch* benötigte ohne CORDA 8 h 46 min. Mit Hilfe von CORDA wurde diese Laufzeit auf 3 h 48 min reduziert.

Bei dem Fachmodul eins wurde die Laufzeit bei einem monatlich auszuführenden *Bulk Batch* reduziert, mit dem die monatlichen Rentenbeträge ausgezahlt werden. Dieser *Batch* wird am Monatsanfang ausgeführt. Die Ausführung erfolgt an einem beliebigen Werktag. Der *Batch* kann nicht parallel mit dem Online-Betrieb ausgeführt werden. Daher erfolgt der *Batch Start* nach dem Online-Ende. Das tritt um 18 Uhr ein. Um 6 Uhr des nächsten Tages beginnt der Online-Betrieb wieder. Der Online-Betrieb soll durch den *Batch* nicht gestört werden. Daher muss der *Bulk Batch* spätestens um 6 Uhr fertig sein. Die Laufzeit des *Batch* dauerte ohne CORDA meistens bis zu 11 h 40 min. Dann wurde die Auszahlung auch rechtzeitig vor dem Online-Beginn fertig. Jedoch kam es öfters zu Abweichungen von dieser erwarteten Laufzeit, so dass die Laufzeit von 11 h 40 min manchmal um mehrere Stunden überschritten wurde. Dann musste der Online-Beginn dementsprechend auch verschoben werden. Die pünktliche Auszahlung der Renten hat eine hohe Priorität. Daher muss der Online-Betrieb bei unerwartet langer Laufzeit des *Batch* verschoben werden. Denn wegen der hohen Priorität des *Batch* ist es nicht möglich, diesen um 6 Uhr abzubrechen und erst beim nächsten Online-Ende den *Batch* wieder zu starten. Daher sollte der *Batch* mit CORDA beschleunigt werden. Dies ist mit großem Erfolg gelungen. Denn die Laufzeit reduzierte sich auf 4 h 20 min. Mit dieser reduzierten Laufzeit ist eine Störung des Online-Betriebs in der Zukunft ausgeschlossen.

Während der Optimierung sind auch technische Referenzwerte des Auszahlungslaufs erhoben worden. Die lange Laufzeit wurde durch eine große Anzahl von *Physical Single Reads* verursacht. Das System benötigte für einen *Physical Single Read* 3,24 ms im Durchschnitt. Dies ist bereits sehr schnell. Ein noch schnelleres Laden einzelner Blöcke von der Festplatte ist technisch nicht möglich. Denn die erforderlichen Blöcke sind grundsätzlich auf den Festplatten verteilt, so dass in der Regel vor dem Laden eines einzelnen Blockes der Lese-/Schreibkopf neu positioniert werden muss. In diesem Fall beträgt die mittlere Zugriffszeit für einen Datenblock die Dauer einer halben Umdrehung der Festplatte. Bei der Messung kamen Festplatten mit einer Umdrehungszahl von 7.200 Umdrehungen (U)/Minute (min) zum Einsatz. Für diese Festplatten berechnet sich die mittlere Zugriffszeit nach der folgenden Formel:

$$\frac{\frac{U}{2}}{7.200\,U} \times 60.000\,\text{ms} = 4{,}17\,\text{ms}\,. \tag{10.3}$$

Die mittlere Zugriffszeit für einen einzelnen Datenblock beträgt also 4,17 ms für Festplatten mit 7.200 U/min. Diese mittlere Zugriffszeit wurde mit den gemessenen 3,24 ms bereits deutlich unterschritten. Daraus ist zu schließen, dass die geladenen Blöcke teilweise benachbart waren, so dass nicht vor jedem Laden eines Blockes der Lese-/Schreibkopf neu positioniert werden musste. Durch diese Zeitersparnis konnte die mittlere Zugriffszeit unterschritten werden.

Es war auch nicht möglich, die Blöcke mit parallelisierten *Full Table Scans* zu laden, weil der *Bulk Batch* auf die einzelne Verarbeitung von Versicherten ausgelegt ist. Daher werden jeweils nur die Datensätze für den aktuell in Bearbeitung befindlichen Versicherten selektiert. Aufgrund des daraus resultierenden relativ geringen Anteils der Treffermenge an der Gesamtgröße der jeweiligen Tabelle muss die Selektion der Datensätze mit Hilfe der `ROWID` erfolgen. Die `ROWID` wird mit einem Index-Scan ermittelt. Der Index-Scan kann nicht parallelisiert werden, weil die kostenpflichtige Option *Partitioning* nicht erworben wurde. Eine gewisse Parallelisierung ist jedoch durch die parallele Bearbeitung von bis zu maximal 20 Versicherten gleichzeitig möglich. Diese zwanzigfache Parallelität ermöglichte jedoch die bereits erwähnte durchschnittliche Ladegeschwindigkeit von 3,24 ms pro Block.

Mit Hilfe von CORDA konnten die Blöcke der benötigten Tabellen jedoch mit einer wesentlich höheren Parallelität in das Memory vorgeladen werden. Denn die Vorladung erfolgte mit parallelisierten *Full Table Scans*. Damit konnten jeweils 107 Datenblöcke parallel vorgeladen werden. Zusätzlich wurden mit CORDA auch alle benötigten Tabellen parallel in das Memory geladen, so dass mit zwei parallelen Methoden gleichzeitig vorgeladen wurde. Dieses parallelisierte Vorladen von Festplatte ermöglichte eine durchschnittliche Ladegeschwindigkeit von 0,79 ms pro Block. Die Größe eines Blocks betrug 8.192 Byte. Da 107 Blöcke gleichzeitig geladen wurden, erreichte CORDA mit diesen Parametern eine durchschnittliche Ladegeschwindigkeit von 1,03 GB pro Sekunde. Es wurden sogar maximale Lesegeschwindigkeiten von bis zu 1,2 GB gemessen. Mit dieser hohen Vorladegeschwindigkeit wurde die gewünschte Beschleunigung erreicht. Denn der *Bulk Batch* hat dann während der Verarbeitung die meisten Blöcke aus dem Memory der Datenbank geladen. Das langsamere Laden der Datenblöcke erfolgte nur noch in einem geringen Ausmaß.

Insgesamt wurden für den *Bulk Batch* 143,8 GB in das Memory vorgeladen. Für diese Vorladung benötigte CORDA lediglich 139 Sekunden. Somit beträgt die Zeit für das Vorladen nur einen Bruchteil der gesamten Verarbeitungszeit des *Batch* und hat somit keinen signifikanten Einfluss auf die Gesamtlaufzeit des *Bulk Batch*.

10.5.2 Hardware

Beim Test des *Bulk Batch* wurden 200 GB Memory eingesetzt. Dies entsprach der größten Tabelle des Bestandes. Somit war es möglich, mindestens die größte Tabelle komplett in das Memory zu laden. Wenn große Tabellen an einer Selektion beteiligt sind, dann haben diese oft einen signifikanten Anteil an der gesamten Laufzeit des *Batch*. Daher sollte das Memory grundsätzlich so groß dimensioniert werden, dass die größte Tabelle komplett in das Memory geladen werden kann.

Bei dem Test kam ein Power-7-Prozessor von IBM mit 4 GHz Taktfrequenz zum Einsatz. Es wurde also ein sehr leistungsfähiger Prozessor mit hoher Taktfrequenz verwendet. Die Verarbeitungsgeschwindigkeit des Prozessors hat für CORDA eine hohe Bedeutung. Mit Hilfe von CORDA kann die Auslastung des Prozessors erheblich gesteigert werden. Mit CORDA werden Anwendungen erheblich beschleunigt, bei denen ein großer Zeitanteil der Verarbeitung für IO-Vorgänge verbraucht wird. Wenn dies der Fall ist, kann eine optimale Auslastung des Prozessors nicht erreicht werden, weil der Prozessor auf die IO-Vorgänge warten muss. Mit CORDA wird dieser *Bottleneck* aufgelöst. Die Datenblöcke werden mit hoher Parallelität in das Memory vorgeladen. Durch die hohe Parallelität werden die Blöcke mit einer so großen Geschwindigkeit in das Memory geladen, dass die Wartezeit für die IO-Vorgänge keinen maßgeblichen Anteil mehr an der Gesamtlaufzeit des *Bulk Batch* hat. Danach folgt die Verarbeitung der Daten. Nun greift der Prozessor hauptsächlich auf die Daten im Memory zu. Da der Prozessor nun nicht mehr auf die IO-Vorgänge warten muss, erfolgt jetzt die gewünschte optimale Auslastung. Durch die Beseitigung des *Bottleneck* mit Hilfe von CORDA wird die erhebliche Beschleunigung bei der Verarbeitung erreicht. Da man bei der Auswahl des Prozessors die freie Wahl hat, sollte man sich für einen leistungsfähigen Prozessor mit hoher Taktfrequenz entscheiden. Die Power-7-Prozessoren von IBM erfüllen diese Voraussetzung. Damit bietet CORDA gegenüber der *Exadata* einen entscheidenden Vorteil. Die *Exadata* beinhaltet bereits Prozessoren von Intel. Eine freie Wahl des Prozessors ist nicht möglich. Jedoch sind die Prozessoren von Intel langsamer in der Verarbeitung im Vergleich zu den Power-7-Prozessoren von IBM. Das ist ein entscheidender Nachteil, weil die Verarbeitungsgeschwindigkeit der Prozessoren maßgeblichen Anteil an der Laufzeit der Prozesse hat.

Bei dem Testsystem waren alle permanenten Daten auf Festplatte. Mit Festplatte ist ein kostengünstiger Betrieb möglich, weil sowohl die Anschaffungskosten als auch die Wartungskosten relativ gering sind. Das Laden der Daten von der Festplatte dauert recht lange, weil typischerweise viel Zeit für die Lese-/Schreibkopfpositionierung verbraucht wird. Mit CORDA werden die Daten jedoch mit hoher Parallelität vorgeladen, so dass die Verarbeitung nicht mehr durch lang dauernde IO-Vorgänge blockiert wird. Mit CORDA kann daher eine Anwendung mit günstigen Festplatten bei gleichzeitiger hoher Verarbeitungsgeschwindigkeit betrieben werden.

Nur der *Tablespace* TEMP war beim Test auf SSD platziert. Der *Tablespace* TEMP hat typischerweise nur einen kleinen Anteil am gesamten Datenbestand. Insofern haben die zusätzlichen Anschaffungskosten und Wartungskosten für den *Tablespace* TEMP keine große Bedeutung für die Gesamtkosten, die zum Betrieb von CORDA benötigt werden. Wenn der *Tablespace* TEMP jedoch auf SSD positioniert wird, kann das die Laufzeit der Anwendung deutlich reduzieren, wenn eine Auslagerung von Daten auf den *Tablespace* TEMP während der Verarbeitung erfolgt. Das ist bei den Operationen *Hash Join* und *Sort* der Fall.

10.5.3 Vergleichstest mit Partitionierung

CORDA wurde mit der Oracle-Option *Partitioning* verglichen. Diese Option ist nicht im Umfang der *Oracle Database Enterprise Edition* enthalten. Für die Nutzung müssen daher zusätzliche Lizenzen erworben werden. Die Lizenzkosten und die Wartungskosten orientieren sich an der Anzahl der Prozessoren oder der Anzahl der User. Wenn also beispielsweise für eine Anwendung eine größere Anzahl von Prozessoren benötigt wird, kann die Nutzung von *Partitioning* eine erhebliche zusätzliche Kostenbelastung verursachen. Denn es müssen sowohl Anschaffungskosten als auch jährliche Wartungskosten geleistet werden.

Für die Anwendung Futura® werden zwei zusätzliche Datenbestände aus dem operativen Bestand erzeugt. Das sind der Auswertungsbestand und der Mathematikbestand. Auf dem Auswertungsbestand werden Berichte ausgeführt, welche Informationen für die Entscheidungsunterstützung bereitstellen. Der Mathematikbestand wird mit versicherungsmathematischen Methoden analysiert. Diese Bestände werden in partitionierten Tabellen gespeichert. Die Option *Partitioning* kann dazu beitragen, die IO-Zugriffszeiten zu reduzieren. Dies erfolgt durch Optimierung der Lese-/Schreibkopfpositionierungen. Diese Reduktion wurde durch Tests bestätigt. Bei diesen Tests wurde auch gemessen, wie lange das Laden eines Oracle-Datenblocks von der Festplatte dauert. Ohne *Partitioning* benötigte das sequentielle Laden eines Blockes im Durchschnitt 5,62 ms. Mit Hilfe von *Partitioning* wurde diese Zeit auf 3,11 ms reduziert. Daher können die Auswertungsbestände mit Hilfe von *Partitioning* schneller aufgebaut und ausgewertet werden. Denn das Laden der Datenblöcke von der Festplatte wird mit *Partitioning* um ca. 45 % beschleunigt. Jedoch wurde der Einsatz von CORDA geprüft, um die zusätzlichen Wartungskosten für die Auswertungsbestände einzusparen. Daher musste die Option *Partitioning* aus den partitionierten Tabellen und Indizes entfernt werden. Als Ausgleich wurde stattdessen CORDA verwendet. Für den Aufbau und die Auswertung der Bestände wurde die selektionsorientierte Eigenschaft von CORDA verwendet. Mit Hilfe der selektionsorientierten Eigenschaft war der Betrieb von CORDA im Vergleich zu *Partitioning* sehr günstig. Mit Hilfe der selektionsorientierten Eigenschaft wird das verfügbare Memory sparsam genutzt. Jedoch wird auch die Verarbeitung maßgeblich beschleunigt. Denn die Datenblöcke werden mit hoher Geschwindigkeit parallelisiert in das Memory vorgeladen. Bei dieser Vorladung wird eine durchschnittliche Geschwindigkeit von 1,035 GB pro Sekunde erreicht. Mit Partitionierung kann dieser Wert selbst dann nicht erreicht werden, wenn die Datenblöcke parallelisiert verarbeitet werden. In diesem Fall ergab die Messung einen Wert von 15,96 MB pro Sekunde. Dieser deutliche Zeitunterschied beim Laden der Datenblöcke bewirkt eine deutlich schnellere Verarbeitung der Daten mit CORDA. Denn nachdem die Datenblöcke mit hoher Geschwindigkeit in das Memory geladen wurden, war eine schnelle Verarbeitung im Memory möglich.

Der Zugriff auf den Auswertungsbestand war mit CORDA sogar fast viermal so schnell im Vergleich zur Verarbeitung mit der Option *Partitioning*. Denn nachdem die Daten mit CORDA mit hoher Geschwindigkeit in das Memory geladen wurden, war eine schnelle Verarbeitung der Daten hauptsächlich mit den Prozessoren möglich. Bei dem Test wurden insgesamt 80 GB von Festplatte geladen. Jedoch wurden lediglich 60 GB vorgeladen. Die restlichen 20 GB wurden von den SQL-Selektionen während der Verarbeitung nachgeladen. Es wurden also nur drei Viertel der gesamten Datenmenge von Festplatte vorgeladen. Die Vorladung in diesem Umfang war schon ausreichend, um im Vergleich zur Option *Partitioning* eine viermal schnellere Verarbeitung zu erlangen. Natürlich war die Anzahl der *Physical Reads* während der Verarbeitung mit CORDA deutlich geringer. Mit *Partitioning* erfolgten viermal so viele *Physical Reads*.

Mit CORDA wurden ausschließlich Tabellen vollständig vorgeladen. Es erfolgte dagegen keine Vorladung von Indizes. Insofern waren zu Beginn jeder Selektion die für die Laufzeit maßgeblichen Tabellen, welche die Selektion benötigte, im Memory vorgeladen. Die selektionsorientierte Eigenschaft ermöglichte das. Indizes waren jedoch nicht vorgeladen. Der Zugriff auf die Tabellen erfolgte meistens mit Hilfe von *Views*. Diese *Views* wurden für die jeweilige Verarbeitungstechnologie optimiert. Bei CORDA erfolgte diese Optimierung mit Hilfe von *Hints*, die den Zugriff auf die in das Memory vorgeladenen Tabellen mit dem parallelisierten *Full Table Scan* ermöglichten. Die Ergänzung der *Hints* in den *Views* war erforderlich, weil die Vorladung von Tabellen in das Memory nicht in den Statistiken erfasst war. Daher wurde die Vorladung von dem Planoptimierer nicht berücksichtigt. Jedoch war der Zugriff mit dem parallelisierten *Full Table Scan* auf die vorgeladenen Tabellen die optimale Strategie für CORDA. Weil diese Tabellen im Memory verfügbar waren, konnte diese Verarbeitungsmethode sehr schnell ausgeführt werden. Wenn stattdessen der Zugriff über die `ROWID` erfolgt wäre, hätte die `ROWID` zunächst mit Hilfe eines Indexzugriffs ermittelt werden müssen. Jedoch wurden keine Indizes vorgeladen. Daher hätten Indexblöcke von Festplatte geladen werden müssen, um die `ROWID`s zu ermitteln, mit denen auf die benötigten Datensätze der vorgeladenen Tabellen zugegriffen worden wäre. Dieses Vorgehen hätte also zusätzliche *Physical Reads* während der Ausführung des SQL-Befehls benötigt. Diese zusätzlichen *Physical Reads* hätten sich dann negativ auf die Laufzeit ausgewirkt. Insofern waren die mit *Hints* ausgestatteten *Views* optimal auf die Konfiguration von CORDA ausgerichtet.

Auch bei der Option *Partitioning* wurden die *Views* eingesetzt. Die *Hints* wurden jedoch aus den *Views* entfernt. Daher wurde der optimale Ausführungsplan für diese Verarbeitungstechnologie in der Regel vom Planoptimierer selbständig bestimmt.

Eine Beeinflussung der Ausführungspläne mit Hilfe von *Hints* erfolgte nur punktuell und dann direkt im SQL-Befehl, wenn der vom Planoptimierer erzeugte Ausführungsplan durch einen *Hint* nachweislich verbessert werden konnte. Dieser Nachweis musste durch Laufzeitvergleiche erbracht werden. Nur wenn der SQL-Befehl mit dem *Hint* schneller ausgeführt werden konnte, wurde der *Hint* auch verwendet. Für die Option *Partitioning* kamen jedoch die *Hints* meistens nicht zum Einsatz. Denn die Statistiken waren optimal auf diese Verarbeitungstechnologie ausgerichtet, so dass ein Eingriff mit Hilfe von *Hints* meistens nicht erforderlich war.

Durch diese Strategien war nun gewährleistet, dass beide Verarbeitungstechnologien jeweils mit den optimalen Ausführungsplänen die Verarbeitung ausführten. CORDA führte die Verarbeitung hauptsächlich mit *Full Table Scans* aus. Die Option *Partitioning* nutzt eine stärkere Mischverarbeitung. Auch diese Option verwendet *Full Table Scans*. Es erfolgten jedoch auch Zugriffe auf die Datensätze mit Hilfe von `ROWID`s, welche zuvor durch Indexzugriffe ermittelt wurden. Mit diesem Vorgehen ist gewährleistet, dass auch die Option *Partitioning* mit den optimalen Ausführungsplänen arbeitet. Jedoch ist *Partitioning* auch bei den besten Bedingungen deutlich langsamer im Vergleich zur Verarbeitung mit CORDA, das die Verarbeitung viermal schneller ausführen kann, obwohl die SQL-Befehle wesentlich mehr *Logical Reads* ausführen, weil die Ausführungspläne mit CORDA hauptsächlich *Full Table Scans* enthalten. Die SQL-Befehle müssen daher im Vergleich zu *Partitioning* 40 % mehr *Logical Reads* ausführen. Da die meisten *Logical Reads* jedoch mit CORDA parallelisiert erfolgen, kann das vernachlässigt werden. Denn der entscheidende Laufzeitvorteil wird durch die erhebliche Reduktion der *Physical Reads* erreicht. Natürlich wird bei der Vorladung durch CORDA auch eine große Menge von *Physical Reads* verursacht. Diese *Physical Reads* haben jedoch keinen maßgeblichen Einfluss auf die Laufzeit, weil CORDA diese *Physical Reads* aufgrund der hohen Parallelisierung mit großer Geschwindigkeit ausführt. Dabei wird eine durchschnittliche Ladegeschwindigkeit von 1,03 GB pro Sekunde erreicht. Somit dauert jede Vorladung vor der Ausführung eines SQL-Befehls weniger als eine Minute und hat damit keinen signifikanten Anteil an der Gesamtlaufzeit. Denn der Aufbau der Auswertungsbestände dauert mit *Partitioning* vier Tage. Durch die vierfache Beschleunigung mit CORDA reduzierte sich die Laufzeit für den Aufbau auf einen Tag.

10.6 Ausblick

10.6.1 Selektionsorientierte Eigenschaft

Beim Test des *Bulk Batch* wurde noch nicht die selektionsorientierte Eigenschaft von CORDA verwendet. Die Nutzung dieser Eigenschaft kann dazu beitragen, die erforderliche Größe des Memory zu reduzieren. Das Batch-Processing besteht aus mehreren Verarbeitungsschritten. Mit Hilfe der selektionsorientierten Eigenschaft kann man nun vor jedem Verarbeitungsschritt vorladen. Damit hat man die Möglichkeit, nur jeweils diejenigen Datenbank-Objekte vorzuladen, welche der aktuell auszuführende Verarbeitungsschritt benötigt. Dadurch erreicht man die Reduktion des Memory. Ein *Bulk Batch* startet mit dem Selektionsschritt. Hier wird typischerweise ein recht komplexer SQL-Befehl ausgeführt, mit dem beispielsweise die betroffenen Versicherten identifiziert werden, welche von dem *Bulk Batch* verarbeitet werden müssen. Danach folgt der Verarbeitungsschritt. Hier erfolgt die Ausführung der fachlichen Funktionalität des *Batch*. Das kann beispielsweise der automatisierte Aufruf eines Geschäftsvorfalls für jeden Versicherten sein, der im Selektionsschritt identifiziert wurde. Bei der Ausführung der Geschäftsvorfälle werden dann SQL-Befehle ausgeführt. Die Vorladung für den Ausführungsschritt wird sich an diesen SQL-Befehlen orientieren. Danach folgt die Nachbereitung in einem weiteren Verarbeitungsschritt. Hier können Protokolle über die erfolgte Ausführung des *Bulk Batch* erstellt werden. In den Protokollen können statistische Werte über die Ausführung eingetragen werden. Das kann beispielsweise die Anzahl der verarbeiteten Versicherten sein und die bei der Verarbeitung aufgetretenen Fehler. Für die Erstellung der Protokolle werden ebenfalls SQL-Befehle benötigt, auf welche die Vorladung von CORDA dann auch ausgerichtet wird. Wenn man die Größe des Memory noch weiter reduzieren möchte, kann man die selektionsorientierte Vorladung auch nutzen, um vor jeder Selektion vorzuladen. Da der *Bulk Batch* im Verarbeitungsschritt auch Geschäftsvorfälle ausführen kann, muss man in diesem Fall die Vorladung von CORDA in die Geschäftsvorfälle integrieren. Bei diesem Vorgehen wird dann auch der Online-Betrieb beschleunigt. Denn Geschäftsvorfälle können sowohl automatisiert durch einen *Batch* bei der Massenverarbeitung aufgerufen werden als auch manuell für die Einzelverarbeitung durch den Sachbearbeiter. Wenn man also nur vor den Ausführungsschritten des *Bulk Batch* vorlädt, wird die Einzelverarbeitung von Geschäftsvorfällen nicht beschleunigt. Dies ist jedoch dann der Fall, wenn man vor jedem SQL-Befehl die selektionsorientierte Vorladung von CORDA nutzt.

10.6.2 Komprimierung von Indizes

Bei dem Test wurde die Index-Komprimierung noch nicht genutzt. Die Index-Komprimierung ist bereits in der *Oracle Database Enterprise Edition* enthalten. Die Nutzung dieser Option verursacht also keine zusätzlichen Lizenzkosten. Durch die Komprimierung der Indizes können die Betriebskosten für CORDA reduziert werden. Die Komprimierung reduziert den Speicherbedarf für komprimierbare Indizes. Dadurch wird weniger Speicherplatz auf Festplatte verbraucht. Allerdings ist dieser Speicherplatz schon recht günstig, so dass nur eine moderate Reduktion der Kosten erwartet werden kann. Jedoch wird auch weniger Memory benötigt, weil die komprimierten Datenbank-Objekte in den Arbeitsspeicher geladen werden. Diese Kostenersparnis kann dann schon erheblich sein, weil der Hauptspeicher recht teuer ist.

Mit der Komprimierung kann auch zusätzlich die Laufzeit der Anwendung reduziert werden, weil die komprimierten Indizes schneller von Festplatte in das Memory geladen werden können. Dies ist deshalb möglich, weil die Indizes weniger Speicher benötigen, so dass auch weniger Daten von der Festplatte in das Memory übertragen werden müssen, wodurch das beschleunigte Laden ermöglicht wird. Jedenfalls kann eine Reduktion der Laufzeit erreicht werden, wenn die Daten während der Verarbeitung nicht dekomprimiert werden müssen. Eine Dekomprimierung ist nicht erforderlich, wenn ausschließlich lesende Zugriffe auf die komprimierten Daten erfolgen. Wenn jedoch schreibende Zugriffe auf die komprimierten Daten erfolgen, müssen die betroffenen Datenblöcke dekomprimiert werden. Nachdem der Schreibvorgang ausgeführt wurde, muss dann wieder eine Komprimierung erfolgen. Dieses erforderliche Dekomprimieren und Komprimieren benötigt Laufzeit und kann zu einer Reduktion der Verarbeitungsgeschwindigkeit führen. Ein Laufzeitvorteil kann dann nur noch erreicht werden, wenn die Anzahl der Lesevorgänge auf komprimierten Daten einen recht hohen Anteil an den insgesamt erforderlichen I/O-Vorgängen hat.

Bei dem getesteten *Bulk Batch* wurde eine große Anzahl von Schreibvorgängen auf Indizes registriert. In solchen Fällen kann nicht unbedingt mit einer signifikanten Beschleunigung aufgrund der Komprimierung von Indizes gerechnet werden. Es können jedoch trotzdem die Kosten mit Hilfe der Komprimierung von Indizes reduziert werden. Bei dem Test des *Bulk Batch* wurden allerding die Kosten nicht betrachtet, sondern es wurde ausschließlich die Beschleunigung der Laufzeit analysiert. Weil für den *Bulk Batch* keine signifikante Reduktion der Laufzeit mit Hilfe der Index-Komprimierung erwartet wird, erfolgt auch keine Komprimierung der Indizes.

Daher muss man bei der Nutzung der Index-Komprimierung überprüfen, ob mit dieser Option die gewünschten Ziele erreicht werden können. Wenn man insbesondere an einer maßgeblichen Beschleunigung interessiert ist, sind diejenigen Prozesse interessant, welche hauptsächlich lesende Zugriffe auf Indexblöcke benötigten. Das können Prozesse sein, welche SQL-Berichte erstellen. Bei diesen Prozessen überwiegt typischerweise die Anzahl der lesenden Zugriffe auf komprimierte Indizes. Denn für die Erstellung von Berichten werden meistens SQL-Selektionen aufgerufen.

Diese Erläuterungen zur Komprimierung von Indizes gelten grundsätzlich auch für die Komprimierung von Tabellen. Jedoch ist diese Option nicht Bestandteil der *Oracle Database Enterprise Edition*, sondern es müssen zusätzliche Lizenzen erworben werden. Jedoch sollen mit Hilfe von CORDA die Betriebskosten gesenkt werden. Aus diesem Grund wurde die Komprimierung von Tabellen beim Test nicht berücksichtigt.

10.6.3 Feingranulares Vorladen

Mit der selektionsorientierten Eigenschaft kann CORDA besonders kostengünstig betrieben werden, wenn die Tabellen der Anwendung recht klein sind. Denn vor einer Selektion werden die benötigten Tabellen in das Memory geladen. Wenn diese Tabellen klein sind, wird weniger Memory für den Betrieb von CORDA benötigt. Die Größe der Tabellen kann man schon beim Entwurf der Tabellen beeinflussen. Bei einer objektorientierten Anwendung kann man das durch ein geeignetes Mapping der Klassen auf die Tabellen erreichen. Wenn man kleine Tabellen anstrebt, bildet man genau eine Klasse auf eine Tabelle ab. In diesem Fall werden nur die Objekte der referenzierten Klasse in der Tabelle gespeichert. Wenn man diese Entwurfsrichtlinie berücksichtigt, wird die Vererbungsstruktur der Klassen nicht berücksichtigt. Sowohl die Basisklasse als auch die davon abgeleiteten Klassen werden jeweils in einer eigenen Tabelle gespeichert. Man kann jedoch auch Klassen, die derselben Vererbungslinie angehören, auf eine Tabelle abbilden. Dann werden alle Objekte dieser Klassen in einer Tabelle gespeichert. Dies hat größere Tabellen zur Folge und ist keine optimale Entwurfsstrategie für CORDA. Zusätzlich hat diese Entwurfsrichtlinie den Nachteil, dass ein *Full Table Scan* auf einer großen Tabelle länger dauert. Hat man also beispielsweise eine Anwendung, welche die drei Klassen `PARTNER`, `PERSON` und `ORGANISATION` enthält, kann man die Instanzen dieser drei Klassen in einer Tabelle speichern, wenn die beiden Klassen `PERSON` und `ORGANISATION` von der Basisklasse `PARTNER` abgeleitet sind. Bei dieser Entwurfsrichtlinie `VERERBUNG ABBILDEN` werden die Tabellen dann recht groß. Das kann man jedoch mit der Entwurfsrichtlinie `OHNE VERERBUNG` vermeiden. Dann wird für jede der drei Klassen eine eigene Tabelle angelegt. In dem Beispiel gibt es dann drei Tabellen, die jeweils eine der drei Tabellen referenzieren.

Es ist auch nicht erforderlich, die Entwurfsrichtlinie `OHNE VERERBUNG` konsequent anzuwenden. Es ist auseichend, wenn diese Entwurfsrichtlinie für Tabellen eingesetzt wird, welche recht groß werden können. Bei kleineren Tabellen kann man die Entwurfsrichtlinie `VERERBUNG ABBILDEN` verwenden. Einen optimalen Datenbankentwurf für CORDA erhält man durch die Kombination dieser beiden Entwurfsrichtlinien. Diese beiden Entwurfsrichtlinien werden kombiniert, indem für große Tabellen die Entwurfsrichtlinie `OHNE VERERBUNG` angewendet wird. Für kleine Tabellen wird die Entwurfsrichtlinie `VERERBUNG` genutzt. Die Kombination dieser beiden Entwurfsrichtlinien hat den Vorteil, dass insgesamt keine so große Anzahl von Tabellen benötigt wird. Wenn die Anzahl der Tabellen nicht zu groß wird, dann bleibt der Datenbank-Entwurf übersichtlich. Die Kombination der beiden Entwurfsrichtlinien bietet für CORDA den Vorteil, dass nur jeweils kleine Tabellen in das Memory geladen werden müssen. Mit Hilfe der selektionsorientierten Eigenschaft kann CORDA dann kostengünstig betrieben werden. Das ist dann der Fall, wenn die Selektionen nicht auf alle Tabellen zugreifen müssen, welche derselben Vererbungslinie angehören. Wenn also eine Selektion auf die Tabelle `PERSON` zugreifen muss, wird der kostengünstige Betrieb erreicht. Denn die anderen beiden Tabellen `PARTNER` und `ORGANISATION` müssen nicht in das Memory geladen werden. Die Kombination der Entwurfsrichtlinien ist sogar dann vorteilhaft, wenn die Selektion auf alle drei Tabellen `PARTNER`, `PERSON` und `ORGANISATION` zugreifen muss. In diesem Fall kann man die selektionsorientierte Eigenschaft von CORDA nutzen, um nur eine Untermenge der drei Tabellen in das Memory vorzuladen. Natürlich wird man nicht die optimale Laufzeit erhalten, weil ja nur ein Teil der Tabellen im Memory vorgeladen ist. Jedoch kann auch eine beschleunigte Laufzeit ausreichend sein, auch wenn diese Laufzeit suboptimal ist. Somit ermöglicht eine Kombination der Entwurfsrichtlinien ein feingranulares Vorladen der Tabellen in das Memory. Das feingranulare Vorladen bietet den Vorteil, dass die gewünschte Laufzeit sehr genau erzielt werden kann. Mit großen Tabellen wäre das nicht möglich, weil CORDA die Tabellen komplett in das Memory lädt. Es ist also nicht möglich, nur Instanzen von ausgewählten Klassen in das Memory zu laden. In diesem Fall dürfte nämlich kein *Full Table Scan* auf der großen Tabelle erfolgen. Denn mit einem *Full Table Scan* wird die gesamte Tabelle in das Memory geladen. Stattdessen müsste man die benötigten Datensätze mit Hilfe der ROWID ermitteln. Die ROWID erhält man durch einen Indexzugriff. Diese Zugriffsart kann jedoch nicht parallelisiert werden, so dass das Laden der benötigten Datensätze zu lange dauern würde, wenn recht viele benötigt werden. Daher benötigt CORDA für das feingranulare Vorladen der Tabellen die Kombination der beiden Entwurfsrichtlinien VERERBUNG und OHNE VERERBUNG.

Zusätzlich wird das feingranulare Vorladen beschleunigt, wenn nicht alle Tabellen einer Vererbungslinie für die Selektion geladen werden müssen. Denn die erforderlichen *Full Table Scans* auf der Untermenge der Tabellen ist schneller als ein einziger *Full Table Scan* auf einer großen Tabelle, weil weniger Daten in das Memory geladen werden müssen. Auch ist die anschließende Verarbeitung durch die Selektion schneller, weil diese auf kleinere Tabellen zugreift. Dann wird beispielsweise auch ein *Full Table Scan* bei der Verarbeitung der Selektion schneller abgewickelt. Dabei ist es unerheblich, ob die Tabelle schon in das Memory vorgeladen wurde oder nicht. Jedoch wird der Zugriff durch die Selektion besonders für nicht vorgeladene Selektionen deutlich beschleunigt, weil diese Tabellen noch von der Festplatte geladen werden müssen, was bei der Verarbeitung der Selektion recht lange dauert.

11 Virtuelle Partitionierung

Die virtuelle Partitionierung wurde vom Autor entwickelt, um diese in Kombination mit CORDA anstelle der Oracle-Partitionierung [115–120] nutzen zu können. Durch diese Kombination können in vielen Fällen die Lizenzkosten für die kostenpflichtige Oracle-Option eingespart werden.

Das Konzept der virtuellen Partitionierung orientiert sich an der Funktionalität der Oracle-Partitionierung. Ein wesentlicher Unterschied zur Oracle-Partitionierung besteht darin, dass die Partitionen nicht auf einem externen Speichermedium existieren, sondern im Memory erzeugt werden. Die virtuellen Partitionen werden mit Hilfe von CORDA aufgebaut. Durch diese Kombination mit CORDA wird die virtuelle Partitionierung häufig zu einer schnelleren Verarbeitung befähigt im Vergleich zur Oracle-Partitionierung. In den folgenden Abschnitten dieses Kapitels wird grundsätzlich für die Oracle-Partitionierung vorausgesetzt, dass die Partitionen auf einem Festplatten-System gespeichert werden. Denn dies ist ein typisches Einsatzfeld für die Oracle-Partitionierung, um die IO-Verarbeitung zu beschleunigen.

11.1 Motivation

Mit der virtuellen Partitionierung wird die Funktionalität der Oracle-Partitionierung weitgehend nachgebildet. Die virtuelle Partitionierung soll den Austausch der Oracle-Partitionierung in einem Datenbank-Bestand ermöglichen, so dass dadurch die mit der Oracle-Partitionierung verbundenen Lizenzkosten eingespart werden können. Die weitgehende Nachbildung der Oracle-Funktionalität bietet den weiteren Vorteil, dass keine Veränderungen an den Stellen erfolgen müssen, welche die Partitionierung nutzen, so dass der gesamte Änderungsaufwand möglichst gering ist. Die folgenden Funktionalitäten wurden mit Hilfe der virtuellen Partitionierung nachgebildet:
- Statistiken für Partitionen berechnen
- Statistiken löschen
- Partition erzeugen
- Partition entfernen
- Partition leeren
- Partition teilen

Diese Funktionalitäten sind in einem Package mit Prozeduren enthalten, in denen die virtuelle Partitionierung implementiert ist oder verwendet wird. Es existieren die folgenden Prozeduren:
- `PROCEDURE erzeugepartitionen`
- `PROCEDURE erzeugepartition`
- `PROCEDURE entfernepartition`

https://doi.org/10.1515/9783110601817-011

- PROCEDURE leerepartition
- PROCEDURE berechneVirtPartStat
- PROCEDURE teilepartition
- PROCEDURE sammlestatistik
- PROCEDURE loeschestatistik

Die Oracle-Partitionierung wird genutzt, um die Laufzeit zu reduzieren und um Unterstützung bei der Verwaltung von Beständen zu erhalten.

11.2 Laufzeit

Mit der Oracle-Partitionierung wird die Laufzeit verbessert, indem eine Tabelle auf Partitionen verteilt wird. Dadurch werden die Zugriffszeiten des Lese-/Schreibkopfs auf die Datenblöcke reduziert. Denn eine Partition ist mit einer Tabelle vergleichbar. Durch die Partitionierung kann man also eine große Tabelle in kleinere Einheiten zerlegen, was die Laufzeitreduktion bewirkt. Denn die durchschnittliche Zugriffszeit auf den Datenblock einer kleinen Tabelle ist geringer als die durchschnittliche Zugriffszeit auf den Datenblock einer großen Tabelle.

Daher wird empfohlen, dass die virtuelle Partitionierung mit CORDA kombiniert wird. Durch diese Kombination kann in vielen Anwendungsfällen eine wesentlich größere Laufzeitreduktion erzielt werden. Denn mit Hilfe von CORDA kann eine Tabelle vollständig in das Memory geladen werden. Dann ist ein sehr schneller Zugriff auf die Datenblöcke der virtuellen Partitionen möglich. Beim Vergleich ist der Zugriff auf die Datenblöcke mit der Oracle-Partitionierung in der Regel deutlich langsamer, weil in diesem Fall die Datenblöcke noch von der Festplatte geladen werden. Denn der Zugriff auf Datenblöcke im Memory ist bis zu hundertmal schneller.

11.3 Statistiken

Für Partitionen können auch Statistiken gerechnet werden. Eine Partition ist eine kleinere Komponente einer Tabelle, welche eine Teilmenge der Datensätze beinhaltet. Die Anzahl der Datensätze in dieser Teilmenge kann als statistische Kennzahl berechnet werden. Mit der virtuellen Partitionierung ist das auch möglich. Die virtuelle Partitionierung unterstützt die Berechnung und permanente Speicherung von Statistiken für die virtuellen Partitionen.

11.4 Verwaltung von Partitionen

Datenbank-Bestände nutzen die komfortable Verwaltung von Partitionen. Teilbestände werden in Partitionen gespeichert und mit dem Attribut TBE_ID gekennzeichnet. Dieses Attribut ist in den Tabellen enthalten, in denen die Teilbestände gespeichert werden. Die TBE_ID wird für das *Range Partitioning* genutzt. Partitionen können gelöscht oder entleert werden. Damit ermöglicht das *Range Partitioning* das gezielte Löschen von Teilbeständen. Denn es gibt eine eindeutige Zuordnung zwischen einem Teilbestand und einer Partition. Mit der virtuellen Partitionierung wird diese Verwaltung von Partitionen in derselben Weise ermöglicht.

11.4.1 Tabelle für die virtuelle Partitionierung

Die Verwaltung der virtuellen Partitionen erfolgt mit der Tabelle
- VIRTPARTTABS$.

Die Tabelle ersetzt die *Oracle Views*
- ALL_PART_TABLES,
- ALL_PART_KEY_COLUMNS und
- ALL_PART_COL_STATISTICS.

Denn diese *Views* können nicht mehr genutzt werden, wenn die Oracle-Partitionierung nicht mehr verwendet wird. Das Konzept der virtuellen Partitionierung ist nahe an die Oracle-Partitionierung angelehnt.

In der Tabelle für die virtuelle Partitionierung sind die folgenden Attribute enthalten. Die Tabelle enthält eine Teilmenge der Attribute, welche in den aufgelisteten *Views* für die Oracle-Partitionierung enthalten sind. Auch sind sich die Attribute sehr ähnlich. Die Bedeutung jedes Attributs dieser beiden Datenbank-Objekte ist auch vergleichbar. Die folgende Liste enthält die Attribute der Tabelle:
- OWNER VARCHAR2 (30 BYTE)
  - das Schema, welches die virtuell partitionierte Tabelle enthält
- TABLE_NAME VARCHAR2 (30 BYTE)
  - Name der virtuell partitionierten Tabelle
- PARTITIONING_TYPE VARCHAR2 (9 BYTE)
  - Art der Partitionierung
    - RANGE
    - HASH
    - SYSTEM
    - LIST
    - REFERENCE

- SUBPARTITIONING_TYPE VARCHAR2 (9 BYTE)
  - Art der Subpartitionierung
    - NONE
    - RANGE
    - HASH
    - SYSTEM
    - LIST
    - REFERENCE
- PARTITION_COUNT NUMBER
  - Anzahl der virtuellen Partitionen in einer Tabelle
- OBJECT_TYPE CHAR (5 BYTE)
  - Typ des partitionierten Datenbank-Objekts
    - Tabelle
    - Index
- COLUMN_NAME VARCHAR2 (4000 BYTE)
  - Name des partitionierten Attributs
- COLUMN_POSITION NUMBER
  - Position der Spalte im partitionierten Schlüssel
- PARTITION_NAME VARCHAR2 (30 BYTE)
  - Name der Tabellenpartition
- SUBPARTITION_COUNT NUMBER
  - die Default-Anzahl der Subpartitionen
- HIGH_VALUE CHAR (10 BYTE)
  - der obere Grenzwert, der nicht mehr in der Partition enthalten ist
- PARTITION_POSITION NUMBER
  - Position der Partition innerhalb der Tabelle
- TABLESPACE_NAME VARCHAR2 (30 BYTE)
  - der Name des *Tablespace*, in dem sich die Partition befindet
- PCT_FREE NUMBER
  - minimaler Prozentsatz von freiem Speicherplatz in einem Block
- INI_TRANS NUMBER
  - initiale Anzahl von *Transaction Slots* in einem Block
- MAX_TRANS NUMBER
  - maximale Anzahl von *Transaction Slots* in einem Block
- INITIAL_EXTENT NUMBER
  - Größe eines initialen *Extent* in Bytes (*Range Partition*) oder in Blöcken (*Composite Partition*)
- NEXT_EXTENT NUMBER
  - Größe eines sekundären *Extent* in Bytes (*Range Partition*) oder in Blöcken (*Composite Partition*)
- MIN_EXTENT NUMBER
  - minimal erforderliche Anzahl von *Extents* in einem Segment

- `MAX_EXTENT` NUMBER
  - maximal zulässige Anzahl von *Extents* in einem Segment
- `LOGGING` VARCHAR2 (7 BYTE)
  - *Logging Attribute* der *Partition*
    - NONE
    - YES
    - NO
- `COMPRESSION` VARCHAR2 (8 BYTE)
  - Nutzung der *Compression* für eine *Partition*
    - NONE
    - ENABLED
    - DISABLED
- `BUFFER_POOL` VARCHAR2 (7 BYTE)
  - Typ des BUFFER_POOL für eine *Partition*
    - DEFAULT
    - KEEP
    - RECYCLE
    - NULL
- `FLASH_CACHE` VARCHAR2 (7 BYTE)
  - Nutzung des Datenbank-Smart-Flash-Cache für eine *Partition*
    - DEFAULT
    - KEEP
    - NONE
- `CELL_FLASH_CACHE` VARCHAR2 (7 BYTE)
  - Nutzung des *Cell Flash Cache* für eine *Partition*
    - DEFAULT
    - KEEP
    - NONE
- `NUM_ROWS` NUMBER
  - Anzahl der Datensätze in einer Partition
- `LAST_ANALYZED` DATE
  - Datum der letzten statistischen Analyse für ein Attribut

Die folgende Abbildung enthält ein Beispiel für einen Datensatz aus der Tabelle VIRTPARTTABS$:

OWNER	TABLE_NAME	PARTITIONING_TYPE	SUBPARTITIONING_TYPE	PARTITION_COUNT
FUT10_RMB	RMB_ABRECHNUNGSSTELLE$	RANGE	NONE	82

OBJECT_TYPE	COLUMN_NAME	COLUMN_POSITION	PARTITION_NAME	SUBPARTITION_COUNT	HIGH_VALUE	PARTITION_POSITION
TABLE	EZBE_ID	1	P_62	0	63	6

TABLESPACE_NAME	PCT_FREE	INI_TRANS	MAX_TRANS	INITIAL_EXTENT	NEXT_EXTENT	MIN_EXTENT	MAX_EXTENT	LOGGING
REP10_T_1	10	1	255	65536	1048576	1	2147483645	YES

COMPRESSION	BUFFER_POOL	FLASH_CACHE	CELL_FLASH_CACHE	NUM_ROWS	LAST_ANALYZED
DISABLED	DEFAULT	DEFAULT	DEFAULT	89	18.02.2007 17:58:37

Abb. 11.1: Datensatz in der Tabelle VIRTPARTTABS$.

11.4.2 Verwaltung der virtuellen Partitionierung

Mit Hilfe der Tabelle für die virtuelle Partitionierung werden die Verwaltungs-Funktionen für die virtuellen Partitionen unterstützt.

11.4.2.1 Partition erzeugen

Mit der Prozedur ERZEUGEPARTITION wird eine Partition etabliert. Mehrere Partitionen werden mit der Prozedur ERZEUGEPARTITIONEN angelegt.

Eine neue Partition wird durch die Teilung einer bestehenden Partition erzeugt. Diese Funktionalität wird durch die Prozedur TEILEPARTITION bereitgestellt, welche von den beiden Prozeduren verwendet wird, mit denen Partitionen erzeugt werden können.

11.4.2.2 Partition teilen

Geteilt wird eine Partition mit der Prozedur TEILEPARTITION. Mit dieser Prozedur wird eine bestehende Partition geteilt. Bei der Teilung wird eine neue Partition erzeugt.

Die neue Partition wird mit einem *Insert Command* in die Tabelle für die virtuelle Partitionierung eingefügt. Das Einfügen in die Tabelle erfolgt mit dynamischem SQL. Der Einfüge-Befehl wird dabei zur Laufzeit erzeugt und anschließend ausgeführt. Das dynamische SQL ermöglicht eine Parametrisierung des SQL-Kommandos. Als Blaupause für die neue Partition wird diejenige Partition verwendet, welche aufgeteilt wird. Daher wird der zugehörige Datensatz aus der Tabelle VIRTPARTTABS$ selektiert und mit Hilfe der Parametrisierung so modifiziert, dass ein neuer Datensatz entsteht, welcher in die Tabelle VIRTPARTTABS$ eingefügt wird. Dieser neu eingefügte Datensatz repräsentiert die neue virtuelle Partition:

```
--Neue Partition einfügen
L_QUERY :=
'INSERT INTO FUT10_RMB.VIRTPARTTABS$
SELECT
OWNER,
TABLE_NAME,
PARTITIONING_TYPE ,
SUBPARTITIONING_TYPE,
PARTITION_COUNT,
OBJECT_TYPE    ,
COLUMN_NAME   ,
COLUMN_POSITION , ' ||
'''' || I_NEUEPARTITION || '''' || '  PARTITION_NAME   ,
SUBPARTITION_COUNT , ' ||
(I_TEILUNGSWERT + 1) || ' HIGH_VALUE      ,
PARTITION_POSITION  ,
```

```
TABLESPACE_NAME   ,
PCT_FREE      ,
INI_TRANS ,
MAX_TRANS,
INITIAL_EXTENT   ,
NEXT_EXTENT,
MIN_EXTENT   ,
MAX_EXTENT    ,
LOGGING    ,
COMPRESSION  ,
BUFFER_POOL    ,
FLASH_CACHE     ,
CELL_FLASH_CACHE,
NUM_ROWS,
LAST_ANALYZED
FROM
FUT10_RMB.VIRTPARTTABS$
WHERE
OWNER = ' || '''' || L_SCHEMANAME || ''''   || ' AND TABLE_NAME =
'
|| '''' || L_TABELLENNAME || '''' || ' AND PARTITION_NAME = ' ||
'''' || I_PARTITIONSNAME || '''';

RZD_SQL.EXECUTESQL  (L_QUERY,I_BATCHID);
```

Die Ausprägungen für die Parameter erhält der *Insert Command* von den Aufrufparametern der Prozedur:

```
-- I_BATCHID          ID des Batch, welcher die Aufteilung der
--                    Partition anfordert.
-- I_TABELLENNAME     Synonym/Name der Tabelle
-- I_PARTITIONSNAME   Die Partition, die geteilt werden soll.
-- I_TEILUNGSWERT     für die Partitionierungsspalte, an der geteilt
--                    wird.
-- I_NEUEPARTITION    Der Name der neuen Partition, die die Daten
--                    unterhalb des Teilungswertes  enthalten soll.
-- I_TABLESPACE       TABLESPACE für die neue Partition
PROCEDURE TEILEPARTITION (
        I_BATCHID         IN NUMBER
       ,I_TABELLENNAME    IN VARCHAR2
       ,I_PARTITIONSNAME  IN VARCHAR2
       ,I_TEILUNGSWERT    IN NUMBER
       ,I_NEUEPARTITION   IN VARCHAR2
       ,I_TABLESPACE      IN VARCHAR2)
```

- I_NEUEPARTITION
  - Der Name der neuen Partition wird mit dem Parameter I_NEUEPARTITION geliefert. Der neue Name wird im Attribut PARTITION_NAME gespeichert.
    - Beispiel: P_937
- I_TEILUNGSWERT
  - liefert den oberen Grenzwert, der noch in der neuen Partition enthalten ist
    - Beispiel: 937
- HIGH_VALUE
  - liefert den oberen Grenzwert, der nicht mehr in der neuen Partition enthalten ist. Gesetzt wird der um 1 erhöhte Parameter.
    - Beispiel: 937 + 1
- I_TABELLENNAME
  - Name oder Synonym der Tabelle, in welcher die neue Partition eingefügt wird. Die Methode LOESESYNONYMAUF liefert immer den passenden Tabellennamen im Parameter I_TABELLENNAME. Daher wird nur der Parameter I_TABELLENNAME beim Einfügen der neuen Partition verwendet.
    - Beispiel: ABRECHNUNGSSTELLE$
- L_SCHEMANAME
  - wird ebenso wie der Parameter I_TABELLENNAME von der Methode LOESESYNONYMAUF ermittelt.
    - Beispiel: FUT10_RMB
- I_PARTITIONSNAME
  - die existierende Partition, die geteilt werden soll. Der zugehörige Datensatz wird mit diesem Parameter selektiert und dient als Blaupause für die neue virtuelle Partition.
    - Beispiel: P_REST

11.4.2.3 Partition leeren

Das Package für die Verwaltung der Partitionen enthält die Prozedur LEEREPARTITION. Mit dieser Prozedur werden alle Datensätze einer ausgewählten virtuellen Partition gelöscht. Die Partition bleibt jedoch erhalten. Nach der Leerung werden die Statistiken für die betroffene Partition aktualisiert. Der Löschbefehl für die Partition wird zur Laufzeit dynamisch erzeugt. Die in der virtuellen Partition enthaltenen Datensätze werden mit Hilfe der Tabelle VIRTPARTTABS$ ermittelt. Dazu wird auf diese Tabelle ein *Self Join* angewendet, um die untere und obere Grenze der virtuellen Partition zu ermitteln. Dabei müssen drei Fälle unterschieden werden:

1. Die erste Partition wird geleert.
2. Die letzte Partition wird geleert.
3. Eine Partition wird geleert, welche weder die erste noch die letzte ist.

Die Selektion identifiziert den Fall mit Hilfe von DECODE und generiert den für den Fall passenden Löschbefehl. Mit Hilfe des *Self Join* werden dann die passende untere und obere Grenze der zu leerenden Partition ermittelt. Nach der Ausführung des Befehls werden die Statistiken für die geleerte Partition aktualisiert:

```
        SELECT
        'DELETE FROM ' || V1.TABLE_NAME || ' WHERE '
        || V1.COLUMN_NAME ||
        DECODE (V1.PARTITION_POSITION,1,' < ',' >= ')
        || REPLACE(V2.HIGH_VALUE ,' ',NULL) ||
        DECODE( REPLACE(V1.HIGH_VALUE ,' ',NULL),'MAXVALUE',NULL,
        ' AND ' || V1.COLUMN_NAME || ' < ' || REPLACE(V1.HIGH_VALUE ,'
',NULL)
        )
        COM
        INTO  L_QUERY
        FROM
        FUT10_RMB.VIRTPARTTABS$ V1,
        FUT10_RMB.VIRTPARTTABS$ V2
        WHERE
        V1.OWNER = L_SCHEMANAME AND
        V1.TABLE_NAME =  L_TABELLENNAME
        AND V1.PARTITION_NAME = I_PARTITIONSNAME AND
        V1.OWNER =V2.OWNER AND V1.TABLE_NAME = V2.TABLE_NAME AND
        V1.COLUMN_NAME = V2.COLUMN_NAME AND
        (V1.PARTITION_POSITION =  V2.PARTITION_POSITION +1 OR
(V1.PARTITION_POSITION = 1 AND V2.PARTITION_POSITION = 1));

        RZD_SQL.EXECUTESQL (L_QUERY, I_BATCHID);

        -- Statistik für die Partition zurücksetzen
        BERECHNEVIRTPARTSTAT (I_PARTITIONSNAME,L_SCHEMANAME,
L_TABELLENNAME);


    --I_BATCHID                Die ID des Batch, der die Prozedur aufruft.
    --I_TABELLENNAME           Tabelle mit der zu leerenden Partition
    --I_PARTITIONSNAME         Zu leerende Partition
    --I_UPDATEGLOBALINDIZES    Zeigt die globale Aktualisierung von Indizes
    --                         an.
    PROCEDURE LEEREPARTITION (
       I_BATCHID               IN NUMBER
      ,I_TABELLENNAME          IN VARCHAR2
      ,I_PARTITIONSNAME        IN VARCHAR2
      ,I_UPDATEGLOBALINDIZES IN BOOLEAN DEFAULT TRUE)
```

Die Selektion benutzt die beiden Parameter
- I_TABELLENNAME und
- I_PARTITIONSNAME,

deren Werte die Prozedur zur Laufzeit erhält. Mit diesen Werten wird der Löschbefehl generiert.

11.4.2.4 Partition entfernen

Im Package für die Verwaltung der Partitionen ist die Prozedur ENTFERNEPARTITION enthalten. Diese Prozedur entfernt eine Partition vollständig. Das Entfernen einer Partition beinhaltet zwei Arbeitsschritte:
1. Löschen aller Datensätze der Partition
2. Löschen der Partition

Arbeitsschritt 1 entspricht dem Leeren einer Partition. Arbeitsschritt 2 wird zusätzlich benötigt. Der hierfür erforderliche SQL-Befehl wird ebenfalls zur Laufzeit dynamisch generiert:

```
SELECT
'DELETE FROM ' || V1.TABLE_NAME || ' WHERE '
|| V1.COLUMN_NAME ||
DECODE (V1.PARTITION_POSITION,1,' < ',' >= ')
|| REPLACE(V2.HIGH_VALUE ,' ',NULL) ||
DECODE( REPLACE(V1.HIGH_VALUE ,'
',NULL),'MAXVALUE',NULL,
' AND ' || V1.COLUMN_NAME || ' < ' ||
 REPLACE(V1.HIGH_VALUE ,' ',NULL)
)
COM
,
'DELETE FROM VIRTPARTTABS$ WHERE OWNER = ' ||
'''' || L_SCHEMANAME || '''' || ' AND TABLE_NAME =
' ||
   '''' || V1.TABLE_NAME || ''''
  || ' AND COLUMN_NAME = ' || '''' || V1.COLUMN_NAME
||
 ''''
|| ' AND PARTITION_NAME = ' || '''' ||
 V1.PARTITION_NAME || ''''
COM2
INTO L_QUERY1,  L_QUERY2
FROM
FUT10_RMB.VIRTPARTTABS$ V1,
```

```
FUT10_RMB.VIRTPARTTABS$ V2
WHERE
V1.OWNER = L_SCHEMANAME AND
V1.TABLE_NAME =  L_TABELLENNAME
AND V1.PARTITION_NAME = I_PARTITIONSNAME AND
V1.OWNER =V2.OWNER AND V1.TABLE_NAME =
 V2.TABLE_NAME
 AND
V1.COLUMN_NAME = V2.COLUMN_NAME AND
(V1.PARTITION_POSITION =  V2.PARTITION_POSITION +1
 OR
(V1.PARTITION_POSITION = 1 AND
 V2.PARTITION_POSITION = 1));

RZD_SQL.EXECUTESQL(L_QUERY1,I_BATCHID);
RZD_SQL.EXECUTESQL(L_QUERY2,I_BATCHID);
```

Zum Löschen der virtuellen Partition erhält der Löschbefehl die erforderlichen Parameterwerte von der Prozedur:

```
-- I_BATCHID          Die ID des Batch, welcher die Entfernung der
--                    Partition anfordert.
-- I_TABELLENNAME     Synonym/Name der Tabelle
-- I_PARTITIONSNAME   Partition, die entfernt werden soll.
PROCEDURE ENTFERNEPARTITION (
          I_BATCHID        IN NUMBER
        , I_TABELLENNAME   IN VARCHAR2
        , I_PARTITIONSNAME IN VARCHAR2)
```

Diese drei Parameter wurden bereits im Kapitel zum Teilen von Partitionen vorgestellt und haben auch hier dieselbe Bedeutung. Neu ist hier also nur der Löschbefehl COM2:

```
'DELETE FROM VIRTPARTTABS$ WHERE OWNER = ' ||
'''' || L_SCHEMANAME || '''' || ' AND TABLE_NAME = ' ||
'''' || V1.TABLE_NAME || ''''
|| ' AND COLUMN_NAME = ' || '''' || V1.COLUMN_NAME ||
''''
|| ' AND PARTITION_NAME = ' || '''' ||
V1.PARTITION_NAME || ''''
COM2;
```

mit dem die virtuelle Partition aus der Tabelle VIRTPARTTABS$ entfernt wird. Der Löschbefehl ist auch wieder das Resultat eines *Self Join* der Tabelle VIRTPARTTABS$. Der im Löschbefehl verwendete Parameter L_SCHEMANAME wird auch mit der Prozedur LOESESYNONYMAUF ermittelt. Denn der Parameter I_TABELLENNAME kann auch hier eine

Tabelle oder ein Synonym sein. Wenn es also ein Synonym ist, dann liefert die Prozedur LOESESYNONYMAUF den Tabellennamen für das Synonym. Zusätzlich liefert die Prozedur auch immer das Schema, in dem sich die Tabelle befindet. Der Schemaname wird auch dann geliefert, wenn die Prozedur direkt den Tabellennamen erhält und daher kein Synonym auflösen muss. Dann wird der Tabellenname aus dem Parameter I_TABELLENNAME unverändert in den Parameter L_TABELLENNAME kopiert.

11.4.3 Statistiken

Ebenso wie für Tabellen werden auch für Partitionen die Statistiken berechnet. Auslöser für die Berechnung können Aktionen der Verwaltung von Partitionen sein. Diese Aktionen können das Mengengerüst der virtuellen Partition erheblich beeinflussen. Eine Leerung der Partition führt sogar zu einer Löschung der Statistiken.

11.4.3.1 Statistik für virtuelle Partition berechnen

Wenn sich der Inhalt einer virtuellen Partition wesentlich ändert, dann müssen die Statistiken für die betroffene Partition aktualisiert werden. Dafür gibt es die Prozedur BERECHNEVIRTPARTSTAT.

Die Statistiken für eine virtuelle Partition sollten neu gerechnet werden, wenn sich der Inhalt um mehr als 10 % ändert. Grundsätzlich werden die Statistiken neu gerechnet, wenn eine Partition geleert wird.

Bei der Aktualisierung der Statistiken wird die Anzahl der Datensätze ermittelt, welche in der virtuellen Partition aktuell enthalten sind. Dies erfolgt mit Hilfe einer Selektion, welche zur Laufzeit einen SQL-Befehl erzeugt, mit dem die Anzahl der Datensätze in einer virtuellen Partition ermittelt werden kann.

Für die Aktualisierung werden zwei Arbeitsschritte benötigt:

1. Ermittlung der aktuellen Anzahl von Datensätzen in der virtuellen Partition
2. Aktualisierung der Statistik für die virtuelle Partition mit der ermittelten Anzahl aus Schritt 1

Damit die Anzahl der Datensätze in der virtuellen Partition bestimmt werden kann, muss mit Hilfe eines *Self Join* der Tabelle VIRTPARTTABS$ die untere und obere Grenze der virtuellen Partition bestimmt werden:

```
SELECT
'SELECT COUNT(*) FROM ' ||  V1.OWNER || '.' ||  V1.TABLE_NAME
|| '
WHERE ' ||
V1.COLUMN_NAME ||
DECODE (V1.PARTITION_POSITION,1,' < ',' >= ')
|| REPLACE(V2.HIGH_VALUE ,' ',NULL) ||
```

```
DECODE( REPLACE(V1.HIGH_VALUE ,' ',NULL),'MAXVALUE',NULL,
' AND ' || V1.COLUMN_NAME || ' < ' || REPLACE(V1.HIGH_VALUE
,'
',NULL)) INTO  L_QUERY
FROM
VIRTPARTTABS$ V1,
VIRTPARTTABS$ V2
WHERE
V1.OWNER = I_SCHEMANAME AND
V1.TABLE_NAME =  I_TABELLENNAME
AND V1.PARTITION_NAME =  I_PARTITIONSNAME AND
V1.OWNER =V2.OWNER AND V1.TABLE_NAME = V2.TABLE_NAME AND
V1.COLUMN_NAME = V2.COLUMN_NAME AND
(V1.PARTITION_POSITION =  V2.PARTITION_POSITION +1 OR
(V1.PARTITION_POSITION = 1 AND V2.PARTITION_POSITION =
1));
```

Die Bestimmung der beiden Grenzen erfolgt mit Hilfe des *Decode Command* und entspricht dem Vorgehen im Kapitel zum Leeren der Partition. Der dort generierte SQL-Befehl ist dem hier erzeugten SQL-Befehl sehr ähnlich. Der Unterschied besteht nur darin, dass er anstelle des *Delete Clause* einen *Select Clause* enthält, mit dem die aktuelle Anzahl der Datensätze in der virtuellen Partition ermittelt wird.

Dazu wird der generierte SQL-Befehl ausgeführt und die ermittelte Anzahl in der Variablen L_ANZAHL gespeichert:

```
EXECUTE IMMEDIATE L_QUERY INTO L_ANZAHL;
```

Dann wird ein *Update Command* erzeugt:

```
L_QUERY :=
'UPDATE
VIRTPARTTABS$
SET LAST_ANALYZED = SYSDATE, NUM_ROWS = ' || L_ANZAHL || '
WHERE
TABLE_NAME = ' || '''' || I_TABELLENNAME || '''' || ' AND OWNER = ' ||
'''' || I_SCHEMANAME || '''' || ' AND PARTITION_NAME = ' || '''' ||
I_PARTITIONSNAME || '''';
```

Mit dem *Update Command* werden die ermittelte Anzahl und das Analysedatum für die virtuelle Partition in der Tabelle VIRTPARTTABS$ aktualisiert:

```
EXECUTE IMMEDIATE L_QUERY;
```

Die Parameter der Selektion werden von der Prozedur BERECHNEVIRTPARTSTAT geliefert:

```
-- I_PARTITIONSNAME   Partition, für die die Statistik berechnet
--                    werden soll.
-- I_SCHEMANAME       Schemaname der Partition
-- I_TABELLENNAME     Tabelle, welcher die Partition zugeordnet ist.
PROCEDURE BERECHNEVIRTPARTSTAT (I_PARTITIONSNAME IN VARCHAR2,
I_SCHEMANAME IN VARCHAR2, I_TABELLENNAME IN VARCHAR2 )
```

11.4.3.2 Sammle Statistik

Das Berechnen der Statistiken für eine Tabelle oder eine Partition erfolgt mit der Prozedur SAMMLESTATISTIK. Für eine Tabelle werden die Statistiken mit

- DBMS_STATS.GATHER_TABLE_STATS

berechnet. Für eine Partition werden die Statistiken mit der Prozedur

- BERECHNEVIRTPARTSTAT

berechnet.

Die Prozedur SAMMLESTATISTIK erhält Parameter, mit denen festgelegt wird, ob die Statistiken für eine Tabelle oder Partition berechnet werden:

```
-- I_BATCHID            Die ID des Batch, welcher die Berechnung der
--                      Statistik anfordert.
-- I_TABELLENNAME       Tabelle, welcher die Partition zugeordnet ist.
-- I_PARTITIONSNAME     Partition, für die die Statistik berechnet werden
--                      soll.
-- I_STATISTIK_PERCENT  Prozentualer Anteil der Datensätze für die
--                      Stichprobe
-- I_STATISTIKDEGREE    Parallelitätsgrad für die Berechnung der Statistik
PROCEDURE SAMMLESTATISTIK (
        I_BATCHID            IN NUMBER
       ,I_TABELLENNAME       IN VARCHAR2
       ,I_PARTITIONSNAME     IN VARCHAR2 DEFAULT NULL
       ,I_STATISTIKPERCENT   IN NUMBER DEFAULT NULL
       ,I_STATISTIKDEGREE    IN NUMBER DEFAULT NULL)
```

Wenn der Parameter I_PARTITIONSNAME nicht gesetzt ist, dann werden die Statistiken für die Tabelle berechnet:

```
IF I_PARTITIONSNAME IS NULL THEN
     DBMS_STATS.GATHER_TABLE_STATS (OWNNAME => L_SCHEMANAME, TABNAME =>
     L_TABELLENNAME, ESTIMATE_PERCENT => L_STATISTIKPERCENT, CASCADE =>
     TRUE,
     DEGREE => L_STATISTIKDEGREE);
ELSE
       BERECHNEVIRTPARTSTAT
     (I_PARTITIONSNAME,L_SCHEMANAME,L_TABELLENNAME);
END IF;
```

Ist dieser Parameter jedoch gesetzt, dann wird die Statistik für die virtuelle Partition berechnet.

11.4.3.3 Lösche Statistik

Wenn eine Tabelle oder eine Partition geleert wird, muss das auch in der Statistik berücksichtigt werden. Die Prozedur `LOESCHESTATISTIK` wertet den Parameter `I_PARTITIONSNAME` aus:

```
-- I_BATCHID           Die ID des Batch, welcher die Löschung der
--                     Statistik anfordert.
-- I_TABELLENNAME      Tabelle, welcher die Partition zugeordnet ist.
-- I_PARTITIONSNAME    Partition, für die die Statistik gelöscht werden
--                     soll.
PROCEDURE LOESCHESTATISTIK (
     I_BATCHID          IN NUMBER
    ,I_TABELLENNAME     IN VARCHAR2
    ,I_PARTITIONSNAME IN VARCHAR2 DEFAULT NULL)
```

Wenn dieser Parameter nicht gesetzt ist, wird die Statistik für die Tabelle gelöscht:

```
IF I_PARTITIONSNAME IS NULL THEN
      DBMS_STATS.DELETE_TABLE_STATS (OWNNAME => L_SCHEMANAME, TABNAME =>
      L_TABELLENNAME);
ELSE
      BERECHNEVIRTPARTSTAT (I_PARTITIONSNAME, L_SCHEMANAME,
                            L_TABELLENNAME);
END IF;
```

Ansonsten wird die Statistik für die Partition mit der Prozedur `BERECHNEVIRTPARTSTAT` zurückgesetzt.

12 Zusammenfassung

Für OLTP-Applikationen mit Oracle-Datenbanken als *Backend* gab es bisher kein maßgeschneidertes *In Memory*. Zwar bietet Oracle als kostenpflichtige Zusatzoption *In Memory* an. Diese Option ist jedoch in der Regel für *Dataware House Applications* besser geeignet. Der Autor hat deshalb das Konzept CORDA für OLTP-Applikationen entwickelt. CORDA ist ein standardisiertes Verfahren und kann prinzipiell in beliebigen OLTP-Applikationen zum Einsatz kommen. Mit CORDA werden die Prozesse der Anwendung beschleunigt, indem die benötigten Datenblöcke vor der Verarbeitung mit hoher Geschwindigkeit in das Memory vorgeladen werden. CORDA erreichte in einem Festplatten-System eine Vorladegeschwindigkeit von bis zu 1,2 GB pro Sekunde. Mit CORDA werden sowohl Tabellen als auch Indizes vorgeladen. Die hohe Vorladegeschwindigkeit wird auch deshalb erreicht, weil der Autor ein Modul für CORDA entwickelt hat, mit dem auch alle Datenblöcke eines Index mit einem *Full Index Scan* parallel vorgeladen werden. Parallele *Full Index Scans* können mit Oracle-Datenbanken nicht realisiert werden. Nur *Range Index Scans* können mit Oracle-Datenbanken parallel ausgeführt werden. Das ist jedoch nur möglich, wenn man den betroffenen Index und die Tabelle partitioniert. Man benötigt dann also die kostenpflichtige Zusatzoption *Partitioning* von Oracle. Wenn man viele Lizenzen benötigt, muss man auch entsprechende Kosten für diese Zusatzoption berücksichtigen. Für CORDA benötigt man keine Zusatzoptionen. Es reicht die *Oracle Database Enterprise Edition.* Denn CORDA verfügt über eine eigene Implementierung zur parallelen Ausführung von *Full Index Scans.* Das Vorladen von Indizes mit parallelen *Range Index Scans* kommt auch beim *Block Prefetching* zum Einsatz. Dieses ist ein völlig autonomes Verfahren, welches die Oracle-Datenbank nutzt. Auf dieses autonome Verfahren hat der Nutzer keinen Einfluss. Die Vorladung von Indizes erfolgt mit Hilfe einer heuristischen Analyse. Eine optimale Vorladestrategie für Indizes wird damit nicht immer garantiert. Da auch hier mit parallelen *Range Index Scans* vorgeladen wird, erreicht man in der Regel nicht die Geschwindigkeit der parallelen *Full Index Scans*, welche exklusiv von CORDA verwendet werden.

CORDA kann oft verwendet werden, um bereits genutzte Zusatzoptionen wieder auszubauen. Dadurch können mit CORDA auch erhebliche Lizenzkosten eingespart werden. Der Autor hat dafür das Konzept der virtuellen Partitionierung entwickelt. Dieses Konzept ist in diesem Buch beschrieben. Die virtuelle Partitionierung wird mit CORDA kombiniert. Durch diese Kombination erreicht man nicht selten eine schnellere Ausführung der Prozesse von OLTP-Applikationen im Vergleich zur Ausführung mit der Oracle-Partitionierung. Das Konzept der virtuellen Partitionierung ermöglicht ebenfalls die Verwaltung der virtuellen Partitionen. Auch können für virtuelle Partitionen zugehörige Statistiken bereitgestellt werden. Die Oracle-Partitionierung kann also in vielen Anwendungsfällen durch die virtuelle Partitionierung ersetzt werden. Die virtuelle Partitionierung soll eine ähnliche Funktionalität bereitstellen. Durch die

https://doi.org/10.1515/9783110601817-012

Kombination mit CORDA ist die Ausführung der OLTP-Applikation häufig wesentlich schneller im Vergleich zur Partitionierung mit Oracle. Die virtuelle Partitionierung soll eine Reduktion der Lizenzkosten für die Zusatzoption *Partitioning* ermöglichen. Diese Reduktion kann erheblich sein, wenn viele Lizenzen benötigt werden.

CORDA kommt typischerweise dann zum Einsatz, wenn die konventionellen Methoden zur Beschleunigung der OLTP-Applikation ausgeschöpft sind. Zu diesen konventionellen Methoden gehören *Hints*, mit denen die Ausführungspläne beschleunigt werden können. Die maßgeblichen *Hints* für OLTP-Applikationen sind in diesem Buch beschrieben. Weitere konventionelle Methoden sind die Reorganisation von Tabellen mit *Row Resequencing* und die Verwendung von Binde-Variablen.

Ebenso findet man eine Erläuterung von weiteren Zusatzoptionen, die Oracle für die Beschleunigung anbietet. Vorgestellt wurden RAC, ASM, Clusterware, *Compression* und Smart-Flash-Cache.

Wenn die konventionellen Methoden und die Zusatzoptionen von Oracle ausgeschöpft sind, kann mit CORDA oft noch eine deutliche Beschleunigung der OLTP-Applikation erreicht werden. Die optimale Vorladestrategie kann für jeden Prozess der OLTP-Applikation individuell festgelegt werden. Durch die Auswertung von AWR-Reporten können die prozessorientierten Vorladestrategien erzeugt werden. Die Auswertung von AWR-Reporten ist in diesem Buch ebenfalls beschrieben.

Literatur

[1] Müller I. Engineering Aggregation Operators for Relational In-Memory Database Systems. Dissertation. Karlsruhe (Deutschland), Karlsruher Institut für Technologie, 2016.

[2] Lang CA, Bhattacharjee B, Malkemus T, Wong K. Increasing Buffer-Locality for Multiple Index Based Scans through Intelligent Placement and Index Scan Speed Control. Proceedings of the 33th International Conference on Very Large Data Bases. Koch C, Gehrke J, Garofalakis MN, Srivastava D, Aberer K, Deshpande A (Hrsg.). Wien (Österreich), ACM, 23.–27. September, 2007, 1298–1309.

[3] Cremer S, Bagein M, Mahmoudi S, Manneback P. CuDB: A Relational Database Engine Boosted by Graphics Processing Units. Proceedings of the First PhD Symposium on Sustainable Ultrascale Computing Systems. Carretero J, Blas JG, Petcu D (Hrsg.). Timisoara (Rumänien), NESUS (Network for Sustainable Ultrascale Computing), 8.–11. Februar, 2016, 13–16.

[4] Pathirage AP. Scalable In-Memory Data Management Model for Enterprise Applications. Diplomarbeit. Moratuwa (Sri Lanka), University of Moratuwa, 2015.

[5] Oracle C. Using Oracle TimesTen Application-Tier Database Cache to Accelerate the Oracle Database. White Paper. Redwood Shores (Kalifornien), Oracle Corporation, Oktober, 2014, 1–24.

[6] Wang H. SharkDB: An In-Memory Storage System for Large Scale Trajectory Data Management. Dissertation. Queensland (Australien), University of Queensland, 2016.

[7] Nobari S, Qu Q, Jensen CS. In-Memory Spatial Join: The Data Matters! Proceedings of the 20th International Conference on Extending Database Technology. Markl V, Orlando S, Mitschang B, Andritsos P, Sattler K-U, Breß S, (Hrsg.). Venedig (Italien), OpenProceedings.org, 21.–24. März, 2017, 462–465.

[8] Haerder T. Implementing a Generalized Access Path Structure for a Relational Database System. ACM Transactions on Database Systems. New York (NY), ACM, Vol. 3, Heft 3, September, 1978, 285–298.

[9] Leymann F. UDH: A Universal Relation System. Data & Knowledge Engineering. Amsterdam (Niederlande), Elsevier, Vol. 5, Heft 1, März, 1990, 21–38.

[10] Kochte MA, Natarajan R. A Framework for Scheduling Parallel DBMS User-Defined Programs on an Attached High-Performance Computer. Proceedings of the 5th Conference on Computing Frontiers. D'Angelo S (Hrsg.). Ischia (Italien), ACM, 5.–7. Mai, 2008, 97–104.

[11] Valduriez P. Parallel Database Systems: Open Problems and New Issues. Distributed and Parallel Databases. Boston (Massachusetts), Kluwer Academic Publishers, Vol. 1, 1993, 137–165.

[12] Ng WK, Ravishankar CV. Block-Oriented Compression Techniques for Large Statistical Databases. IEEE Transactions on Knowledge and Data Engineering. IEEE, Vol. 9, Heft 2, März/April, 1997, 314–328.

[13] Hsu SH, Snodgrass RT. Optimal Block Size for Set-Valued Attributes. Information Processing Letters. Amsterdam (Niederlande), Elsevier, Vol. 45, Heft 3, 8. März, 1993, 153–158.

[14] Sacco GM. Fast Block-Compressed Inverted Lists. Database and Expert Systems Applications – 23rd International Conference on Database and Expert Systems Applications. Wien (Österreich), Springer, 3.–6. September, 2012, 412–421.

[15] Li Z, Chen Z, Zhou Y. Mining Block Correlations to Improve Storage Performance. ACM Transactions on Storage. New York (NY), ACM, Vol. 1, Heft 2, Mai, 2005, 213–245.

[16] Lee C, Chang Y, Yang W. An Efficient Conflict-Resolution Approach to Support Read/Write Operations in a Video Server. International Journal of Software Engineering and Knowledge Engineering. Vol. 7, Heft 3, 1997, 321–349.

https://doi.org/10.1515/9783110601817-013

[17] Sante T, Vergult S, Volders P-J, et al. ViVar: A Comprehensive Platform for the Analysis and Visualization of Structural Genomic Variation. PLoS One. Lisacek F (Hrsg.). Vol. 9, Heft 3, 12. Dezember, 2014, 1–12.

[18] Trinh A. Scalability Study of Database-Backed File Systems for High Throughput Computing. Diplomarbeit. Lund (Schweden), Computer Science and Engineering (Lund University), 2017.

[19] Valduriez P. Join Indices. ACM Transactions on Database Systems. Jensen CS (Hrsg.). New York (NY), ACM, Vol. 12, Heft 2, Juni, 1987, 218–246.

[20] Dar A. VoloDB: High Performance and ACID Compliant Distributed Key Value Store with Scalable Prune Index Scans. Diplomarbeit. Stockholm (Schweden), School of Information and Communication Technology, 2015.

[21] Berckenvanden J, Widmayer P. The Bulk Index Join: A Generic Approach to Processing Non-Equijoins. Proceedings 15th International Conference on Data Engineering. Sydney (Australien), 1999, 257.

[22] Mokadem R, Hameurlain A, Morvan F. Performance Improvement of Join Queries through Algebraic Signatures. International Journal of Intelligent Information and Database Systems. Nguyen NT (Hrsg.). Olney (England), Inderscience Publishers, Vol. 4, Heft 3, 2010.

[23] Schindler J. Matching Application Access Patterns to Storage Device Characteristics. Dissertation. Pittsburgh (Pennsylvania), Carnegie Mellon University, 2004.

[24] Meng W, Yu C, Wang W, Rishe N. Performance Analysis of Several Algorithms for Processing Joins between Textual Attributes. Proceedings of the Twelfth International Conference on Data Engineering. Su SYW (Hrsg.). New Orleans (Louisiana), IEEE Computer Society, 26. Februar–1. März, 1996, 636–644.

[25] Zeller H, Gray J. An Adaptive Hash Join Algorithm for Multiuser Environments. Proceedings of the 16th International Conference on Very Large Data Bases. Brisbane (Australien), Very Large Data Base Endowment Inc. 1990, 186–197.

[26] Lawrence R. Early Hash Join: A Configurable Algorithm for the Efficient and Early Production of Join Results. Proceedings of the 31th International Conference on Very Large Data Bases. Böhm K, Jensen CS, Haas LM, Kersten ML, Larson P-Å, Ooi BC (Hrsg.). Trondheim (Norwegen), ACM, 30. August–2. September, 2005, 841–852.

[27] He B, Luo Q. Cache-Oblivious Nested-Loop Joins. Proceedings of the 15th ACM International Conference on Information and Knowledge Management. Arlington (Virginia), ACM, 06.–11. November, 2006, 718–727.

[28] Steenhagen HJ, Apers PMG, Blanken HM, Byde RA. From Nested-Loop to Join Queries in OODB. Proceedings of the 20th International Conference on Very Large Data Bases. Santiago (Chile), Morgan Kaufmann Publishers Inc. September, 1994, 618–629.

[29] Shukla D, Arora D, Pandey RK, Agrawal KK. An Efficient Approach of Block Nested Loop Algorithm Based on Rate of Block Transfer. International Journal of Computer Applications. New York (NY), Foundation of Computer Science, Vol. 21, Heft 3, Mai, 2011, 24–30.

[30] Graefe G. The Value of Merge-Join and Hash-Join in SQL Server. Proceedings of the 25th International Conference on Very Large Data Bases. Edinburgh (Schottland), Morgan Kaufmann, 7.–10. September, 1999, 250–253.

[31] Patel JM, DeWitt DJ. Partition Based Spatial – Merge Join. Proceedings of the 1996 ACM SIGMOD International Conference on Management of Data. Jagadish HV, Mumick IS (Hrsg.). Montreal (Kanada), ACM, Vol. 25, Heft 2, 4.–6. Juni, 1996, 259–270.

[32] Mokbel MF, Luo M, Aref WG. Hash-Merge Join: A Non-Blocking Join Algorithm for Producing Fast and Early Join Results. Proceedings of the 20th International Conference on Data Engineering. Boston (Massachusetts), IEEE, 30. März–2. April, 2004, 251–262.

[33] Dittrich JP, Seeger B, Taylor DS, Widmayer P. Progressive Merge Join: A Generic and Non-Blocking Sort-Based Join Algorithm. Proceedings of the 28th International Conference on Very

Large Data Bases. Hong Kong (China), Morgan Kaufmann Publishers Inc. 20.–23. August, 2002, 299–310.

[34] Larson PÅ, Zhou J. View Matching for Outer-Join Views. Proceedings of the 31st International Conference on Very Large Data Bases. Böhm K, Jensen CS, Haas LM, Kersten ML, Larson PÅ, Ooi BC (Hrsg.). Trondheim (Norwegen), ACM, 30. August–2. September, 2005, 445–456.

[35] Larson PÅ, Zhou J. Efficient Maintenance of Materialized Outer-Join Views. Proceedings of the 23rd International Conference on Data Engineering. Istanbul (Türkei), IEEE Computer Society, 15.–20. April, 2007, 56–65.

[36] Lee WF. Performance Evaluation of Outer Join Operations on Adds System. Diplomarbeit. Stillwater (Oklahoma), Oklahoma State University, 1987.

[37] Hao M. Performance Analysis and Optimization of Left Outer Join on Map Side. Diplomarbeit. Stavanger (Norwegen), University of Stavanger, 2012.

[38] Soussi N, Bahaj M. Semantics Preserving SQL-to-SPARQL Query Translation for Nested Right and Left Outer Join. Journal of Applied Research and Technology. Ascanio G (Hrsg.). Amsterdam (Niederlande), Elsevier, Vol. 15, Heft 5, 2017, 504–512.

[39] Zhang W, Larson PÅ. Buffering and Read-Ahead Strategies for External Mergesort. Proceedings of 24rd International Conference on Very Large Data Bases. Gupta A, Shmueli O, Widom J (Hrsg.). New York City (NY), Morgan Kaufmann, 24.–27. August, 1998, 523–533.

[40] Xiaoling L, Jimin Y. The Design of Statistic System in the Country Enterprise Based on SAS and GIS. International Journal of Computer Science Issues. Vol. 10, Heft 1, Nr. 2, Januar, 2013, 619–624.

[41] Tendulkar DM, Phalak C. Enhancement of SDLC Process by Integrating it with SQL-PASS (SQL Performance Assurance Services). International Journal of Computer Applications. Vol. 9, 2011, 1–7.

[42] Eger A. Database Statistics Applied to Investigate the Effects of Electronic Information Services on Publication of Academic Research – a Comparative Study Covering Austria, Germany and Switzerland. GMS Medizin – Bibliothek – Information. Vol. 8, Heft 1, Nr. Doc07, 2008, 1–9.

[43] Hohenstein U. Using Aspect-Orientation to Manage Database Statistics. Business, Technologie und Web Workshop Proceedings. Aachen (Deutschland), Verlagshaus Mainz, 5.–6. März, 2007, 366–376.

[44] Saraç K, Egecioglu Ö, ElAbbadi A. DFT Techniques for Size Estimation of Database Join Operations. International Journal of Foundations of Computer Science. Singapur (Singapur), World Scientific, Vol. 10, Heft 1, März, 1999, 81–102.

[45] Tao Y, Sun J, Papadias D. Analysis of Predictive Spatio-Temporal Queries. ACM Transactions on Database Systems. New York (NY), ACM, Vol. 28, Heft 4, Dezember, 2003, 295–336.

[46] Xuyang S. XML Selectivity Estimation. Diplomarbeit. Singapur (Singapur), National University of Singapore, 2005.

[47] Chatterjee K, Mrinal N, Kumari A. Histogram Based Image Searching Using Fuzzy Sets. International Journal of Enhanced Research in Science Technology & Engineering. Janajreh I (Hrsg.). Neu Delhi (Indien), Enhanced Research Publications, Vol. 2, Heft 4, April, 2013, 74–78.

[48] Sinha AK, Shukla KK. A Study of Distance Metrics in Histogram Based Image Retrieval. International Journal of Computers & Technology. Singh G (Hrsg.). Manteca (Kalifornien), Rajasansi (Indien), Cirworld, Vol. 4, Heft 3, März-April, 2013, 821–830.

[49] Davidson SB, Khanna K, Milo T, Roy S. Using the Crowd for Top-k and Group-by Queries. Proceedings of the 16th International Conference on Database Theory. Tan W-C, Guerrini G, Catania B, Gounaris A (Hrsg.). Genua (Italien), ACM, 18.–22. März, 2013, 225–236.

[50] Martin P, Powley W, Xu X, Tian W. Automated Configuration of Multiple Buffer Pools. The Computer Journal. Furber S (Hrsg.). Oxford (England), Oxford University Press, Vol. 49, Heft 4, 1. Juli, 2006, 487–499.

[51] Zhou N, Zhou X, Zhang X, Wang S. An I/O-Efficient Buffer Batch Replacement Policy for Update-Intensive Graph Databases. Data Science and Engineering. Wang X, Bertino E (Hrsg.). Berlin (Deutschland), Heidelberg (Deutschland), Springer, Vol. 1, Heft 4, Dezember, 2016, 231–241.

[52] Ku FY. Towards Automatic Initial Buffer Configuration. Diplomarbeit. Waterloo (Kanada), University of Waterloo, 2003.

[53] Sacco GM, Schkolnick M. A Technique for Managing the Buffer Pool in a Relational System Using the Hot Set Model. Proceedings of the 8th International Conference on Very Large Data Bases. Mexiko Stadt (Mexiko), Morgan Kaufmann Publishers Inc. 8.–10. September, 1982, 257–262.

[54] He B, Luo Q. Cache-Oblivious Databases: Limitations and Opportunities. ACM Transactions on Database Systems. Jensen CS (Hrsg.). New York (NY), ACM, Vol. 33, Heft 2, Juni, 2008, 8:1–8:42.

[55] Alonso R, Barbará D, Garcia-Molina H. Data Caching Issues in an Information Retrieval System. ACM Transactions on Database Systems. Jensen CS (Hrsg.). New York (NY), ACM, Vol. 15, Heft 3, September, 1990, 359–384.

[56] Buda TS, Cerqueus T, Murphy J, Kristiansen M. CoDS: A Representative Sampling Method for Relational Databases. Lecture Notes in Computer Science. Berlin (Deutschland), Heidelberg (Deutschland), Springer, Vol. 8055, 2013, 342–356.

[57] Antoshenkov G, Ziauddin M. Query Processing and Optimization in Oracle Rdb. VLDB Journal. Berlin (Deutschland), Heidelberg (Deutschland), Springer, Vol. 5, Heft 4, Dezember, 1996, 229–237.

[58] Bisbal J, Grimson J. Generalizing the Consistent Database Sampling Process. Proceedings of the Joint Meeting of the 4th World Multiconference on Systemics, Cybernetics and Informatics and the 6th International Conference on Information Systems Analysis and Synthesis. Vol. 2, 2000, 11–16.

[59] Bisbal J, Grimson J. Database Sampling with Functional Dependencies. Information & Software Technology. Vol. 43, Heft 10, August, 2001, 607–615.

[60] Gieske EJ. B+ Tree Cache Memory Performance. Diplomarbeit. Cincinnati (Ohio), University of Cincinnati, 2004.

[61] Hankins RA, Patel JM. Effect of Node Size on the Performance of Cache Conscious B+-Trees. Proceedings of the 2003 ACM SIGMETRICS International Conference on Measurement and Modeling of Computer Systems. San Diego (Kalifornien), ACM, Vol. 31, Heft 1, 11.–14. Juni, 2003, 283–294.

[62] Gupta A, Davis KC, Grommon-Litton J. Performance Comparison of Property Map and Bitmap Indexing. Proceedings of the Fifth International Workshop on Data Warehousing and OLAP. Song I-Y, Theodoratos D (Hrsg.). McLean (Virginia), ACM, 8. November, 2002, 65–71.

[63] Cioloca C, Georgescu M. Increasing Database Performance Using Indexes. Database Systems Journal. Lungu I, Bara A, Botha I (Hrsg.). Bukarest (Rumänien), Bucharest Academy of Economic Studies Publishing House, Vol. 2, Heft 2, 2011, 13–22.

[64] Surbhi B, Rajinder SV. Static vs Dynamic Techniques for Selectivity Evaluation in Distributed Query Optimization. International Journal of Computer Applications. Vol. 96, Heft 25, Juni, 2014, 42–47.

[65] Song H, Dharmapurikar S, Turner J, Lockwood J. Fast Hash Table Lookup Using Extended Bloom Filter: An Aid to Network Processing. Proceedings of the ACM SIGCOMM 2005 Conference on Applications, Technologies, Architectures, and Protocols for Computer Communications. Guérin R, Govindan R, Minshall G (Hrsg.). Philadelphia (Pennsylvania), ACM, 22.–26. August, 2005, 181–192.

[66] Achyutuni KJ. On-Line Tuning of Data Placement in Parallel Databases. Dissertation. Atlanta (Georgia), Georgia Institute of Technology, 1996.

[67] Jeong B-S. Indexing in Parallel Database Systems. Dissertation. Atlanta (Georgia), Georgia Institute of Technology, 1995.

[68] Geum S. An Approximate Load Balancing Parallel Hash Join Algorithm to Handle Data Skew in a Parallel Data Base System. Diplomarbeit. Atlanta (Georgia), Georgia Institute of Technology, 1995.

[69] Thiruvaipati P. Relational Database Applications' Optimization and Performance Study. Diplomarbeit. Lubbock (Texas), Texas Tech University, 1998.

[70] Rahm E, Stöhr T. Analysis of Parallel Scan Processing in Shared Disk Database Systems. Proceedings of the First International EURO-PAR 95 Parallel Processing Conference. Haridi S, Magnusson P (Hrsg.). Stockholm (Schweden), Springer, Vol. 15, 29.–31. August, 1995, 485–500.

[71] Thomson A, Diamond T, Weng S-C, Ren K, Shao P, Abadi DJ. Fast Distributed Transactions and Strongly Consistent Replication for OLTP Database Systems. ACM Transactions on Database Systems. New York (NY), ACM, Vol. 39, Heft 2, Mai, 2014, 11:1–11:39.

[72] Kamal J, Murshed M, Buyya R. Workload-Aware Incremental Repartitioning of Shared-Nothing Distributed Databases for Scalable OLTP Applications. Future Generation Computer Systems. Amsterdam (Niederlande), Elsevier, Vol. 56, März, 2016, 421–436.

[73] Colohan CB, Ailamaki A, Steffan JG, Mowry TC. Optimistic Intra-Transaction Parallelism on Chip Multiprocessors. Proceedings of the 31st International Conference on Very Large Data Bases. Böhm K, Jensen CS, Haas LM, Kersten ML, Larson P-Å, Ooi BC (Hrsg.). Trondheim (Norwegen), ACM, 30. August–2. September, 2005, 73–84.

[74] Chhabra A, Sharma S, Ojha S. Performance Analysis and Architectural Overview of SAP HANA. International Journal of Emerging Technologies in Computational and Applied Sciences. Neu-Delhi (Indien), International Association of Scientific Innovation and Research (IASIR), Vol. 7, Heft 3, Dezember 2013–Februar 2014, 2014, 321–326.

[75] Pavlo A, Curino C, Zdonik S. Skew-Aware Automatic Database Partitioning in Shared-Nothing, Parallel OLTP Systems. Proceedings of the 2012 ACM SIGMOD International Conference on Management of Data. Fuxman A (Hrsg.). Scottsdale (Arizona), ACM, 20.–24. Mai, 2012, 61–72.

[76] Qian L. Online Data Processing at Scale. Dissertation. Singapur (Singapur), National University of Singapore, 2017.

[77] Schiller O. Supporting Multi-Tenancy in Relational Database Management Systems for OLTP-Style Software as a Service Applications. Dissertation. Stuttgart (Deutschland), Universität Stuttgart, 2015.

[78] Dong H, Liang Y. Genetic Algorithms for Large Join Query Optimization. Proceedings of the 9th Annual Conference on Genetic and Evolutionary Computation. Thierens D (Hrsg.). London (England), ACM, 7.–11. Juli, 2007, 1211–1218.

[79] Eurviriyanukul K, Paton NW, Fernandes AAA, Lynden SJ. Adaptive Join Processing in Pipelined Plans. Proceedings of the 13th International Conference on Extending Database Technology. Lausanne (Schweiz), ACM, 22.–26. März, 2010, 183–194.

[80] Pukdesree S, Vitalwonhyo L, Parinya S. Evaluating of Distributed Database on PC Cluster Computers. Proceedings of the 10th WSEAS International Conference on COMPUTERS. Bojkovic ZS (Hrsg.). Athen (Griechenland), WSEAS, 13.–15. Juli, 2006, 1269–1273.

[81] Pukdesree S, Vitalwonhyo L, Parinya S. Performance Evaluation of Distributed Database on PC Cluster Computers Using MySQL Cluster. Proceedings of the World Congress on Engineering and Computer Science. Ao SI, Douglas C, Grundfest WS, Burgstone J (Hrsg.). San Francisco (Kalifornien), IAENG, Vol. 1, 20.–22. Oktober, 2010, 97–100.

[82] Mehta H, Kanungo P, Ch M. Generic Data Access and Integration Service for Distributed Computing Environment. International Journal of Grid Computing & Applications. Nagamalai D (Hrsg.). Chennai (Indien), AIRCC Publishing Corporation, Vol. 1, Heft 1, September, 2010, 14–21.

[83] Sassi M, Touzi A, Ounelli H. Flexible Database Querying Based on Ordered Lattice Theory Extension. The International Arab Journal of Information Technology. Hassan M, Ridley M (Hrsg.). Zarqa (Jordanien), Zarqa University, Vol. 5, Heft 4, Oktober, 2008, 170–179.

[84] Dempster EW, Tomov N, Williams MH, et al. Modelling Parallel Oracle for Performance Prediction. Distributed and Parallel Databases. Boston (Massachusetts), Kluwer Academic Publishers, Vol. 13, Heft 3, Mai, 2003, 251–269.

[85] Oramus P. Parallel and Distributed Calculations Supported and Managed by the Relational Database. Computer Science. Kitowski J (Hrsg.). Krakau (Polen), AGH University of Science and Technology, Vol. 10, 2009, 75–84.

[86] Trancoso P, Larriba-Pey J-L, Zhang Z, Torrellas J. The Memory Performance of DSS Commercial Workloads in Shared-Memory Multiprocessors. Proceedings of the 3rd IEEE Symposium on High-Performance Computer Architecture. San Antonio (Texas), IEEE Computer Society, 1.–5. Februar, 1997, 250–260.

[87] Denehy TE, Bent B, Popovici FI, Arpaci-Dusseau AC, Arpaci-Dusseau RH. Deconstructing Storage Arrays. Proceedings of the 11th International Conference on Architectural Support for Programming Languages and Operating Systems. Mukherjee S, McKinley S (Hrsg.). Boston (Massachusetts), ACM, 7.–13. Oktober, 2004, 59–71.

[88] Chau S-C, Fu AW-C. A Gracefully Degradable Declustered RAID Architecture with near Optimal Maximal Read and Write Parallelism. IEEE International Conference on Cluster Computing (CLUSTER). Chemnitz (Deutschland), IEEE Computer Society, 28. November–1. Dezember, 2000, 309–318.

[89] Baek SH, Park KH. Matrix Stripe Cache-Based Contiguity Transform for Fragmented Writes in RAID-5. IEEE Transactions on Computers. Montuschi P, Bruguera JD (Hrsg.). Los Alamitos (Kalifornien), IEEE Computer Society, Vol. 56, August, 2007, 1040–1054.

[90] Liu C. An Alternative Scalable Storage System. Diplomarbeit. Turku (Finnland), Turku University of Applied Sciences, 2009.

[91] Feng L, Lu H. Managing Multiuser Database Buffers Using Data Mining Techniques. Knowledge and Information Systems. London (England), Springer, Vol. 6, Heft 6, 15. Januar, 2004, 679–709.

[92] Chen S, Ailamaki A, Gibbons PB, Mowry TC. Improving Hash Join Performance through Prefetching. ACM Transactions on Database Systems. New York (NY), ACM, Vol. 32, Heft 3, September, 2007, 1–32.

[93] Teeuw WB, Rich C, Scholl MH, Blanken HM. An Evaluation of Physical Disk I/Os for Complex Object Processing. Proceedings of the Ninth International Conference on Data Engineering. Wien (Österreich), IEEE Computer Society, 19.–23. April, 1993, 363–371.

[94] Roth MA, Hornvan SJ. Database Compression. SIGMOD RECORD. Vol. 22, Heft 3, September, 1993, 31–39.

[95] Fang W, He B, Luo Q. Database Compression on Graphics Processors. Proceedings of the VLDB Endowment. Singapur (Singapur), Very Large Data Base Endowment Inc., Vol. 3, Heft 1, 13.–17. September, 2010, 670–680.

[96] Kimura H, Narasayya V, Syamala M. Compression Aware Physical Database Design. Proceedings of the VLDB Endowment. Seattle (Washington), Very Large Data Base Endowment Inc., Vol. 4, Heft 10, 29. August–3. September, 2011, 657–668.

[97] Kumar S, Bhadauria SS, Gupta R. A Temporal Database Compression with Differential Method. International Journal of Computer Applications. Vol. 48, Heft 6, Juni, 2012, 65–68.

[98] Barton S, Gouet-Brunet V, Rukoz M. Large Scale Disk-Based Metric Indexing Structure for Approximate Information Retrieval by Content. 1st Workshop on New Trends in Similarity Search. Uppsala (Schweden), März, 2011, 1–6.

[99] Shyam SR. Enhancements to SQLite Library to Improve Performance on Mobile Platforms. Diplomarbeit. College Station (Texas), Texas A & M University, 2013.

[100] Liu X. Optimizing Hierarchical Storage Management for Database System. Dissertation. Waterloo (Kanada), University of Waterloo, 2014.

[101] Laga A, Boukhobza J, Singhoff F, Koskas M. MONTRES: Merge On-The-Run External Sorting Algorithm for Large Data Volumes on SSD Based Storage Systems. IEEE Transactions on Computers. IEEE, Vol. 66, Heft 10, 2017, 1689–1702.

[102] Whang K-Y, Kim S-W, Wiederhold G. Dynamic Maintenance of Data Distribution for Selectivity Estimation. VLDB Journal. Berlin (Deutschland), Heidelberg (Deutschland), Springer, Vol. 3, Heft 1, Januar, 1994, 29–51.

[103] Luo J, Zhou X, Zhang Y, Shen HT, Li J. Selectivity Estimation by Batch-Query Based Histogram and Parametric Method. Proceedings of the Eighteenth Australasian Database Conference. Bailey J, Fekete A (Hrsg.). Ballarat (Australien), ACM, Vol. 242, 29. Januar–2. Februar, 2007, 93–102.

[104] Yousaf H. Performance Evaluation of Java Object-Relational Mapping Tools. Diplomarbeit. Athens (Georgia), University of Georgia, 2012.

[105] He B, Li Y, Luo Q, Yang D. EaseDB: A Cache-Oblivious In-Memory Query Processor. Proceedings of the ACM SIGMOD International Conference on Management of Data. Chan CY, Ooi BC, Zhou A (Hrsg.). Peking (China), ACM, 12.–14. Juni, 2007, 1064–1066.

[106] Koltsidas I. Flashing Up the Storage Hierarchy. Dissertation. Edinburgh (Schottland), University of Edinburgh, 2010.

[107] Fan Y, Meng X. MixSL: An Efficient Transaction Recovery. LNCS. Berlin (Deutschland), Heidelberg (Deutschland), Springer, Vol. 7923, 2013, 393–404.

[108] ChavesCarniel A, RodriguesCiferri R, DutradeAguiarCiferri C. Analyzing the Performance of Spatial Indices on Hard Disk Drives and Flash-Based Solid State Drives. Journal of Information and Data Management. Brayner A, Holanda M (Hrsg.). Porto Alegre (Brasilien), Brazilian Computer Society, Vol. 8, Heft 1, April, 2017, 34–49.

[109] Petrov I, Gottstein R, Ivanov T, Bausch D, Buchmann A. Page Size Selection for OLTP Databases on SSD RAID Storage. Journal of Information and Data Management. Brayner A, Holanda M (Hrsg.). Porto Alegre (Brasilien), Brazilian Computer Society, Vol. 2, Heft 1, Februar, 2011, 11–17.

[110] Lorie RA. Physical Integrity in a Large Segmented Database. ACM Transactions on Database Systems. New York (NY), ACM, Vol. 2, Heft 1, März, 1977, 91–104.

[111] Rosenblum M, Ousterhout JK. The Design and Implementation of a Log-Structured File System. ACM Transactions on Computer Systems. New York (NY), ACM, Vol. 10, Heft 1, Februar, 1992, 26–52.

[112] KumarSharma H, Shastri A, Biswas R. Architecture of Automated Database Tuning Using SGA Parameters. Database Systems Journal. Lungu I, Bara A, Botha I (Hrsg.). Bukarest (Rumänien), Bucharest Academy of Economic Studies Publishing House, Vol. 3, Heft 1, 11. Mai, 2012, 3–10.

[113] KumarSharma H, Shastri A, Biswas R. A Framework for Automated Database Tuning Using Dynamic SGA Parameters and Basic Operating System Utilities. Database Systems Journal. Lungu I, Bara A, Botha I (Hrsg.). Bukarest (Rumänien), Bucharest Academy of Economic Studies Publishing House, Vol. 3, Heft 4, 31. Dezember, 2012, 25–32.

[114] KumarSharma H, Shastri A, Biswas R. ARH_Db_Tuner: The GUI Tool to Monitor and Diagnose the SGA Parameters Automatically. Database Systems Journal. Lungu I, Bara A, Botha I (Hrsg.). Bukarest (Rumänien), Bucharest Academy of Economic Studies Publishing House, Vol. 4, Heft 1, 13. Mai, 2013, 3–10.

[115] Wei H, Tianzhou C, Qingsong S, Ning J. A Data Centered Approach for Cache Partitioning in Embedded Real-Time Database System. WSEAS Transactions on Computers. Music J (Hrsg.). WSEAS, Vol. 7, Heft 3, März, 2008, 140–146.

[116] Fejzaj J, Xhina E, Saatciu D, Bimbari B. Performance Improvement through Table Partitioning (Comparison of Table Partitioning in SQL Server 2008). 1st International Symposium on Computing in Informatics and Mathematics (ISCIM). Moisiu A (Hrsg.). Durres (Tirana), University of Durrës, 2.–4. Juni, 2011, 186–194.

[117] Wang P, Tian A, Guo C. Table Partitioning Technology Based on Massive Data. TELKOMNIKA Indonesian Journal of Electrical Engineering. Vol. 12, Heft 3, März, 2014, 1676–1686.

[118] Parker T, Ritchey P. High Capacity Single Table Performance Design Using Partitioning in Oracle or PostgreSQL. ARL-CR-0689. ICF I, Duchow L (Hrsg.). Fairfax (Virginia), Adelphi (Maryland), U. S. Army Research Laboratory, März, 2012, 1–22.

[119] Kyte T, Kuhn D. Expert Oracle Database Architecture. Berkeley (Kalifornien), Apress, 2014, 581–658.

[120] Gorla N. A Methodology for Vertically Partitioning in a Multi-Relation Database Environment. Journal of Computer Science and Technology. DeGiusti AE, Jordan R, Naiouf M, TiradoFernández F (Hrsg.). La Plata (Argentinien), RedUNCI (Argentinian Universities Network with Computer Science Degree), Vol. 7, Heft 3, Oktober, 2007, 217–227.

Stichwortverzeichnis

https://doi.org/10.1515/9783110601817-014